严格依据中华人民共和国住房和城乡建设部印发的
造价工程师职业资格考试大纲编写

全国一级造价工程师职业资格考试

名师讲义及同步强化训练

建设工程技术与计量

(土木建筑工程)

◎ 环球网校造价工程师考试研究院 组编

图书在版编目（CIP）数据

建设工程技术与计量．土木建筑工程/环球网校造价工程师考试研究院组编．—北京：中国石化出版社，2019.8（2022.6 重印）

全国一级造价工程师职业资格考试·名师讲义及同步强化训练

ISBN 978-7-5114-5475-1

Ⅰ.①建… Ⅱ.①环… Ⅲ.①土木工程—建筑造价管理—资格考试—自学参考资料 Ⅳ.①TU723.3

中国版本图书馆 CIP 数据核字（2019）第 157891 号

中国石化出版社出版发行

地址：北京市东城区安定门外大街 58 号

邮编：100011　电话：(010) 57512500

发行部电话：(010) 57512575

http://www.sinopec-press.com

E-mail：press@sinopec.com

三河市中晟雅豪印务有限公司印刷

全国各地新华书店经销

*

787×1092 毫米 16 开本 26 印张 632 千字

2019 年 8 月第 1 版　2022 年 6 月第 6 次印刷

定价：85.00 元

全国一级造价工程师职业资格考试
名师讲义及同步强化训练·建设工程技术与计量(土木建筑工程)

编委会

主　　审　夏立明　孙凌志

本册主编　武立叶

参编人员　陈　辉　赵知启　蒋莉莉　张　静
(排名不分先后)　王　颖　汤　菁　胡倩倩　王宏伟

编者寄语

各位亲爱的读者大家好，非常荣幸能有机会参与本套图书的编写，与大家分享我在土建计量科目专业上的一些心得和体会。

《建设工程技术与计量》（土木建筑工程）属于造价工程师考试的专业课，知识点繁多琐碎、记忆难度大，是历年考生比较头疼的科目，一致被认为是造价考试中难度仅次于案例的科目。鉴于此，在教学过程中，除了理论原理的讲解，我也比较重视琐碎内容的梳理和总结以及联想记忆法的使用，力求让考生高效学习。本书基于我多年的教学经验编写。在书中，我对知识点进行了梳理、归类和整理，去粗取精、逻辑清晰，多以图表形式展示，还以下划线的形式标注知识点中的关键词语，同时与大家分享了我在教学中的心得体会，以及经过验证的记忆方法，希望能够帮助大家强化记忆，顺利通过考试。

真题是非常重要的备考资料。本书统计了近10年真题的考查情况，具体知识点的考查年份及考查形式在书中都进行了标注，让大家一目了然地掌握命题规律和趋势，把握复习方向。此外，本书在重要知识点后放置了若干经典真题，涵盖了具体知识点的不同考查形式，帮助大家多维度掌握知识点。

对于复习顺序，我的建议如下：由于建设工程技术与计量和两门基础课关系不大，也不需要基础课的内容做铺垫，所以专业课可以和基础课同时进行复习，最好将计量科目贯穿于整个复习周期。

不积跬步，无以至千里；不积小流，无以成江海。我坚信方法总比困难多，在备考之路上我会和大家并肩作战！在土建计量科目的教学过程中，我会不遗余力地探索学习方法和记忆窍门，你需要做的就是跟我一起努力。在备考之路上，环球网校定能助大家一臂之力！

最后，祝各位考生顺利通过考试！

武立叶

本书特点

> 名师执笔，倾心打造精编教辅

本套丛书由环球网校造价工程师考试研究院组织一线名师执笔编写。在编写过程中，作者以最新考试大纲为依据，融合多年的教学经验，针对近年来的命题趋势，对知识点进行了梳理、归类和整理，逻辑清晰、内容精炼，便于读者备考，提高复习效率。

> 脉络清晰，构建完整知识体系

在本套丛书中，每章都配有学习提示、知识脉络、考情分析等栏目。“学习提示”旨在为读者提供学习本章的主要思路，让读者迅速把握重点、难点。“知识脉络”旨在为读者提供知识框架及学习要点，有助于读者提纲挈领地掌握本章知识框架，缕清知识脉络，避免走入“只见树木，不见森林”的误区。“考情分析”旨在让读者了解本章知识点在历年考试中所考察的分值，从而把握重点章节，进行有针对性的学习。

> 重点突出，提高复习备考效率

本套丛书在编写过程中统计了每个知识点在近10年真题的考查情况，列出了考查年份及考查形式。考生能够通过“考分统计”这个栏目，洞悉该知识点的命题规律及命题趋势。

此外，本套丛书用波浪线画出了重要知识点中的关键词、句，采用图表、口诀、对比分等方法，帮助考生强化记忆，便于读者快速抓取关键内容，有针对性地进行学习。

> 学练结合，触类旁通，活学活用

唯有多做题、巧做题，才能融会贯通、举一反三，提高应试能力。本套丛书为每个知识点都配备了相应的题目，既有历年真题，也有编者精心选择的经典习题，涵盖了具体知识点的不同考查形式。此外，每章都配有章节同步训练，考生可以及时查漏补缺，夯实基础。

> 移动课堂，海量题库，助力通关

为更好地复习备考，环球网校造价工程师考试研究院统计了考生不易理解的知识点，在这些知识点旁边配有二维码，读者通过微信扫码即可看到老师对该知识点的讲解。此外，读者可以扫描封底二维码兑换精品课程，还可以下载题库APP（包含章节练习、历年真题和模拟试卷三大模块），随时随地进行自测，以提升应试水平。

环球网校祝您顺利通过一级造价工程师职业资格考试！

备考指导

一、考试概览

全国一级造价工程师职业资格考试的考试时间、考试科目、考试时长等信息见下表。

表 1　全国一级造价工程师职业资格考试相关信息

考试时间		考试科目	考试时长/小时	满分/分	试题类型
每年十月的中、下旬（周六）	上午 9：00—11：30	建设工程造价管理	2.5	100	客观题
	下午 2：00—4：30	建设工程计价	2.5	100	客观题
每年十月的中、下旬（周日）	上午 9：00—11：30	建设工程技术与计量（土木建筑工程、交通运输工程、水利工程、安装工程）	2.5	100	客观题
	下午 2：00—6：00	建设工程造价案例分析（土木建筑工程、交通运输工程、水利工程、安装工程）	4	120	主观题

“建设工程技术与计量（土木建筑工程）”科目的合格标准为 60 分。考查形式为客观题，包括单项选择题（60 题，每题 1 分，共 60 分）和多项选择题（20 题，每题 2 分，共 40 分）。

二、备考指导

（一）分值分布

表 2　2018～2021 年真题分值分布统计表　（单位：分）

章节名称	2021 年		2020 年		2019 年		2018 年	
	单选	多选	单选	多选	单选	多选	单选	多选
第一章　工程地质	6	4	6	4	6	4	6	4
	10		10		10		10	
第二章　工程构造	11	8	11	8	11	8	11	8
	19		19		19		19	
第三章　工程材料	8	8	8	8	8	8	8	8
	16		16		16		16	
第四章　工程施工技术	15	10	9	8	15	10	15	10
	25		17		25		25	
第五章　工程计量	20	10	26	12	20	10	20	10
	30		38		30		30	

（二）教材架构分析

第一章：工程地质——独立成章、内容抽象（10 分左右）。

本章知识点分散、内容抽象。复习时注意务必理解理论再记忆。

第二章：工程构造——系统性强、理解性强（19 分左右）。

本章内容比较稳定，知识点比较成熟。考试中以工民建为主，道桥涵、地下工程部分的知识复习以重点内容为主。

第三章：工程材料——考点分散、理解记忆（16 分左右）。

命题集中，规律性强。命题点也是比较固定的。重点抓住钢筋、水泥、混凝土以及沥青等几个重要材料即可拿到本章大多分数。近几年对功能材料的考查也有所增加。

第四章：工程施工技术——考点分散、专业背景强（25 分左右）。

本章是本书中篇幅最大的一章，与施工现场结合紧密，理解难度较大，注意对施工原理的理解。

第五章：工程计量——独立成章、考点分散（30 分左右）。

本章的专业背景非常强，主要考查造价人员的看家本领，考查分值最大。整体来讲主要考查 2 个规范：建筑面积计算规范、建筑与装饰工程的计量规范。本章独立成章，备考时可以提前复习本章内容，常看、多看，争取不丢分。

（三）试卷分析

1. 常规知识点占主要地位

对历年真题进行分析可知，真题考查的知识点绝大多数来自常规考点，其中常规重难点占主要地位。

典型例题

[**典型例题·单选**] 正常情况下，岩浆岩中的侵入岩与喷出岩相比，其显著特征为（　　）。

A. 强度低

B. 强度高

C. 抗风化能力差

D. 岩性不均匀

[**解析**] 喷出岩比侵入岩强度低，透水性强，抗风能力差。

[**答案**] B

[**典型例题·单选**] 隧道选线时，应优先布置在（　　）。

A. 褶皱两侧

B. 向斜核部

C. 背斜核部

D. 断层带

[**解析**] 在向斜核部不宜修建地下工程。从理论而言，背斜核部较向斜优越，但实际上由于背斜核部外缘受拉伸处于张力带，内缘受挤压，加上风化作用，岩层往往很破碎。因此，在布置地下工程时，原则上应避开褶皱核部。若必须在褶皱岩层地段修建地下工程，可以将地下工程放在褶皱的两侧。

[**答案**] A

2. 数字题少

数字有些来自于书某一句话，还有一些是来自书中的表格，记忆量非常大，重在考查记忆能力，看似简单，其实难度很大。

典型例题

[**典型例题·多选**] 常用于高温季节环境中的保温隔热材料有（　　）。

A. 泡沫塑料制品　　B. 玻璃棉制品

C. 陶瓷纤维制品　　D. 膨胀珍珠岩制品

E. 膨胀蛭石制品

[**解析**] 聚苯乙烯泡沫塑料和聚氯乙烯泡沫塑料的最高使用温度约为70℃，聚氨酯泡沫塑料的最高使用温度达120℃，玻璃棉制品的最高使用温度为350～600℃，陶瓷纤维最高使用温度为1100～1350℃，膨胀珍珠岩的最高使用温度为800℃，膨胀蛭石的最高使用温度为1000～1100℃。

[**答案**] CDE

3. 理解分析题是考查方向

近年来的真题，有几道是没有原文依据的，需要深入理解知识点后，根据已知条件进行分析才能得出正确答案。理解分析题对考生的理论分析能力要求较高，这也是本科目的考查趋势之一。

典型例题

[**典型例题·单选**] 以下岩石形成的溶隙或溶洞中，常赋存岩溶水的是（　　）。

A. 安山岩　　B. 玄武岩

C. 流纹岩　　D. 石灰岩

[**解析**] 岩溶水赋存和运移于可溶岩的溶隙、溶洞（洞穴、管道、暗河）中。在厚层灰岩的包气带中，常有局部非可溶的岩层存在，起着隔水作用，在其上部形成岩溶上层滞水；岩溶潜水广泛分布在大面积出露的厚层灰岩地区，动态变化很大，水位变化幅度可达数十米；岩溶地层被覆盖或岩溶层与砂页岩互层分布时，在一定的构造条件下，就能形成动态较稳定的岩溶承压水。

[**答案**] D

[**典型例题·单选**] 基坑开挖时，造价相对偏高的边坡支护方式应为（　　）。

A. 水平挡土板　　B. 垂直挡土板

C. 地下连续墙　　D. 水泥土搅拌桩

[**解析**] 水平挡土板和垂直挡土板属于横撑式支护结构，水泥土搅拌桩属于深基坑支护方式，所以地下连续墙造价较高。

[**答案**] C

（四）复习建议

“建设工程技术与计量（土木建筑工程）”科目中，工程地质需要理解的内容相对较多；工程构造、工程材料需要注意对于各种数据的考查；工程施工技术篇幅大，施工工艺与数据很多，需要考生在复习时有所取舍；工程计量部分是全书考试分值占比最大的部分，必须仔细学习每一个计算与计量规则，需要全部记住，考试时应做到不丢分。

1. 总体把握知识体系

精读本书，在理解基础上记忆。首先总体把握五大部分知识体系，其次了解各部分具体包含的知识点，梳理出知识点的脉络图，从而更好地把握考点。

2. 重点内容，重点、灵活学习

建设工程技术与计量科目的考题可能是书中的任何一句话，但还是有一些极为常考的知识点。工程计量是考查重点，建议考生重点学习并记住建筑面积计算与工程量计算规则的每一句话。计量科目五章之间的联系性不强，可以改变章节的学习顺序，建议先学工程计量，工程计量也可以跟工程构造穿插学习，提高学习效率。工程施工技术需要考生结合现场实际施工学习，因为其篇幅太多，建议第一轮精学，重点学习土石方、地基与基础等常考内容，之后不要花费太多时间，考前突击效果比较好。

3. 真题习题化

习题是检验学习效果的最佳途径。重点做近 4 年的真题，把真题当做习题来做．做完之后，查漏补缺，多总结，多分析，把握考试重点。根据真题命题趋势选择优质模拟题，不要搞题海战术，题不在多在于精。

4. 合理分配时间、制定学习计划

制定中、短期（每周、每月）学习计划，并且合理安排学习时间，即使临近考试，也不要熬夜学习，休息好才能学得好。每天、每周、每月总结学习进度与质量，做到心中有数，高效学习。

目　录

第一章　工程地质

本章主要包括：岩体、地下水、工程地质问题和工程地质对工程建设的影响。与造价人员日常生产实践关联度较小。考查分值为 10～12 分，从 2017 年开始，分值下降为 10 分，减少的 2 分分配到第二章。本章内容抽象，理解内容多，要求大家具备一定的空间想象力。

知识脉络

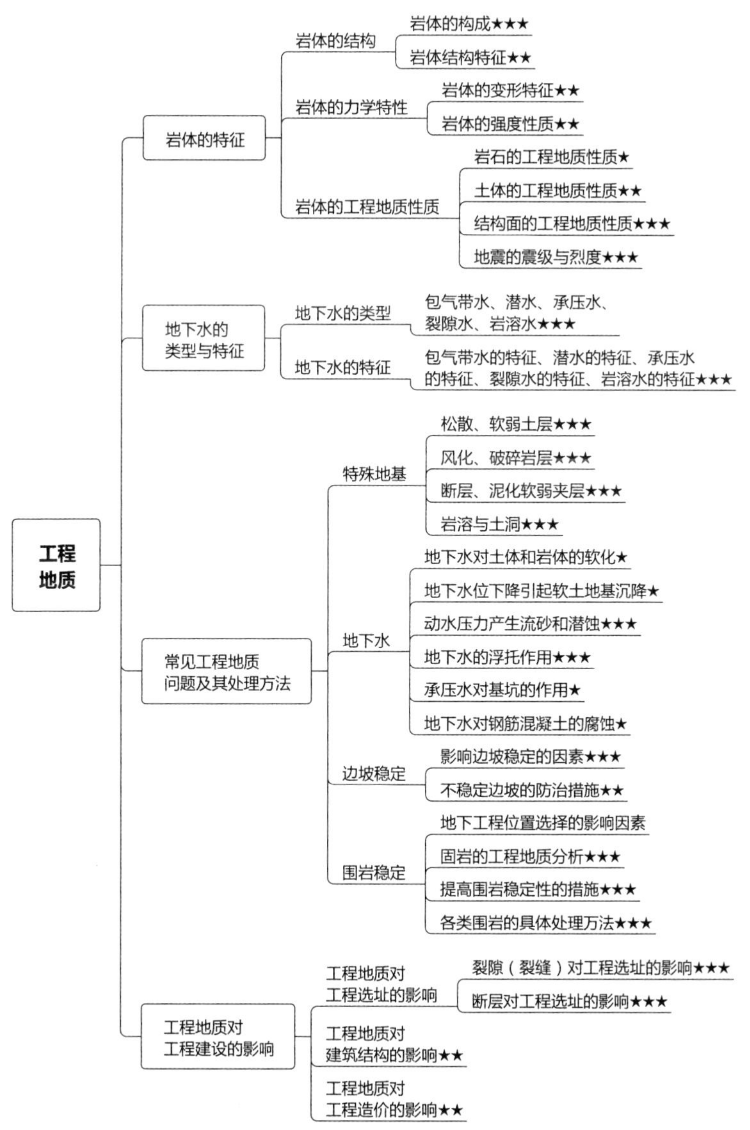

考情分析

近四年真题分值分布统计表（单位：分）

节序	节名	2021 年		2020 年		2019 年		2018 年	
		单选	多选	单选	多选	单选	多选	单选	多选
第一节	岩体的特征	1	2	1	2	1	2	1	2
第二节	地下水的类型与特征	1	2	1	0	1	0	1	0
第三节	常见工程地质问题及其处理方法	3	0	3	2	3	2	3	2
第四节	工程地质对工程建设的影响	1	0	1	0	1	0	1	0
小结		6	4	6	4	6	4	6	4
		10		10		10		10	

第一节　岩体的特征

岩石是矿物的集合体，岩体可能由一种或多种岩石组合，且在形成现实岩体的过程中经受了构造变动、风化作用、卸荷作用等各种内力和外力地质作用的破坏及改造。建设工程通常将工程影响范围内的岩石综合体称为工程岩体。工程岩体有：地基岩体、边坡岩体、地下工程围岩，见图 1-1-1。

（a）地基岩体

（b）边坡岩体

（c）地下工程围岩

图 1-1-1　工程岩体

知识点 1　岩石

扫码听课

一、岩石的主要矿物

岩石中的石英含量越多，钻孔的难度就越大，钻头、钻机等消耗量就越多。物理性质是鉴别矿物的主要依据。矿物的颜色分为自色、他色和假色，自色可以作为鉴别矿物的特征，而他色和假色则不能。例如：①颜色（鉴定矿物的成分和结构）；②光泽（鉴定风化程度）；③硬度（鉴定矿物类别）。矿物硬度见表 1-1-1。

表 1-1-1　矿物硬度

硬度	1	2	3	4	5	6	7	8	9	10
矿物	滑石（最软）	石膏	方解石	萤石	磷灰石	长石	石英	黄玉	刚玉	金刚石（最硬）

在实际工作中常用可刻划物品来大致测定矿物的相对硬度，如指甲约为 2～2.5 度，小刀约为 5～5.5 度，玻璃约为 5.5～6 度，钢刀约为 6～7 度。

二、岩石成因类型及其特征

（1）岩浆岩（火成岩），具块状、流纹状、气孔状、杏仁状构造。

岩浆岩的类型及特征见表 1-1-2。

表 1-1-2　岩浆岩的类型及特征

类型	特征		举例
侵入岩	浅成岩	侵入体与周围岩体的接触部位岩性不均一	花岗斑岩、闪长玢岩、辉绿岩、脉岩
	深成岩	理想的建筑基础	花岗岩、正长岩、闪长岩、辉长岩 ➤ 记忆口诀：一朵长花
喷出岩	产状不规则，岩性很不均匀，比侵入岩强度低、透水性强、抗风化能力差		流纹岩、粗面岩、安山岩、玄武岩、火山碎屑岩 ➤ 记忆口诀：安六（流）玄粗火

（2）沉积岩（水成岩）。

常见的构造是层理构造。根据沉积岩的组成成分、结构、构造和形成条件，可分为：①碎屑岩：如砾岩、砂岩、粉砂岩；②黏土岩：如泥岩、页岩；③化学岩及生物化学岩：如石灰岩、白云岩、泥灰岩。

（3）变质岩。

变质岩是地壳中原有的岩浆岩、沉积岩，由于地壳运动和岩浆活动所形成的新岩石，如大理岩、石英岩。多具片理构造。

➤ **考分统计**：统计近 10 年该知识点的考核情况，在 2013、2015、2016、2018、2019、2020 年进行了考核。考核频次为 60%。其中 2013 年考核一道多选题，2015 年考核一道单选题，2016 年考核一道多选题，2018 年考核一道单选题、一道多选题，2019 年考核一道单选题，2020 年考核一道单选题、一道多选题。

典型例题

［**2020 真题·单选**］下列造岩矿物中，硬度最高的是（　　）。

A. 方解石　　B. 长石　　C. 萤石　　D. 磷灰石

［**解析**］方解石硬度为 3，长石硬度为 6，萤石硬度为 4，磷灰石硬度为 5。

［**答案**］B

［**2018 真题·单选**］正常情况下，岩浆岩中的侵入岩与喷出岩相比，其显著特征为（　　）。

A. 强度低　　B. 强度高

C. 抗风化能力差　　D. 岩性不均匀

［**解析**］喷出岩比侵入岩强度低，透水性强，抗风能力差。

［**答案**］B

［**2018 真题·多选**］以下矿物可用玻璃刻划的有（　　）。

A. 方解石　　B. 滑石　　C. 刚玉　　D. 石英

E. 石膏

［**解析**］在实际工作中常用可刻划物品来大致测定矿物的相对硬度，如指甲约为 2～2.5 度，小刀约为 5～5.5 度，玻璃约为 5.5～6 度，钢刀约为 6～7 度。根据表 1-1-1，比玻璃软的有滑石、石膏、方解石、萤石、磷灰石。

［**答案**］ABE

［**2016 真题·多选**］工程岩体分类有（　　）。

A. 稳定岩体　　B. 不稳定岩体

C. 地基岩体　　D. 边坡岩体

E. 地下工程围岩

［**解析**］建设工程通常将工程影响范围内的岩石综合体称为工程岩体。工程岩体有地基岩体、边坡岩体和地下工程围岩三类。

［**答案**］CDE

知识点 2　土

一、土的组成

土是由颗粒（固相）、水溶液（液相）和气（气相）所组成的三相体系。组成土的固体颗

粒矿物可分为原生矿物、不溶于水的次生矿物、可溶盐类及易分解的矿物、有机质四种。

二、土的结构和构造

(一) 单粒结构

单粒结构也称散粒结构，是碎石（卵石)、砾石类土和砂土等无黏性土的基本结构形式，其对土的工程性质影响主要在于其松密程度。

(二) 集合体结构

集合体结构也称团聚结构或絮凝结构，此结构为黏性土所特有。

(三) 土的构造

整个土体构成上的不均匀性包括：层理、夹层、透镜体、结核、组成颗粒大小悬殊及裂隙特征与发育程度等。这种构成上的不均匀性是由于土的矿物成分及结构变化所造成的。一般土体的构造在水平方向或竖直方向变化往往较大，受成因控制。

三、土的分类

(一) 根据颗粒级配和塑性指数分类

根据颗粒级配和塑性指数，可分为碎石土、砂土、粉土（塑性指数≤10）和黏性土（塑性指数>10)。

(二) 根据颗粒大小及含量分类

根据颗粒大小和含量不同可分为巨粒土（卵石、漂石)、粗粒土（砂土、砾石)、细粒土（黏土、粉土）等，见图 1-1-2。

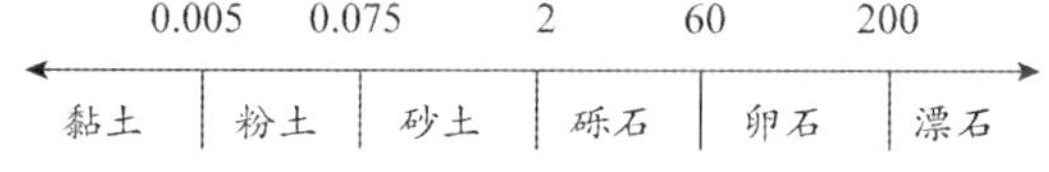

图 1-1-2　土的分类与土粒粒径

➤ **考分统计**：统计近 10 年该知识点的考核情况，在 2010、2016、2017 年进行了考核。考核频次为 30%。其中 2010 年考核一道单选题，2016 年考核一道单选题，2017 年考核一道多选题。

典型例题

[**2016 真题·单选**] 黏性土的塑性指数（　　）。

A. >2　　B. <2　　C. >10　　D. ≤10

[**解析**] 黏性土是塑性指数大于 10 的土。

[**答案**] C

知识点 3　结构面

(1) 结构面的产状由走向、倾向和倾角三个要素表示，见图 1-1-3。空间位置详见表1-1-3。

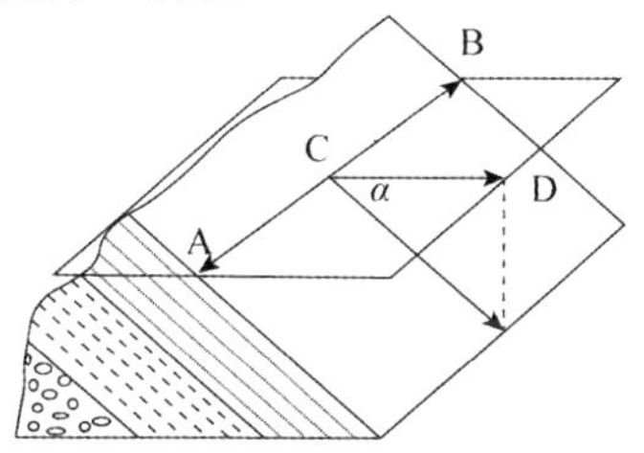

图 1-1-3　结构面产状要素

AB—走向；CD—倾向；α—倾角

表 1-1-3　结构面产状三要素的空间位置

要素	空间位置
走向	结构面在空间延伸的方向
倾向	结构面在空间的倾斜方向
倾角	结构面在空间倾斜角度的大小

（2）节理组数的多少决定了岩石的块体大小及岩体的结构类型。可以根据节理组数划分结构面发育程度。

知识点 4　地质构造

扫码听课

一、褶皱构造

（1）褶皱构造是指组成地壳的岩层受构造力（水平挤压力、垂直力、力偶）的强烈作用，使岩层形成一系列波状弯曲而未丧失其连续性的构造，是岩层产生的塑性变形。其中一个弯曲称为褶曲。褶皱示意图及实物图见图 1-1-4。

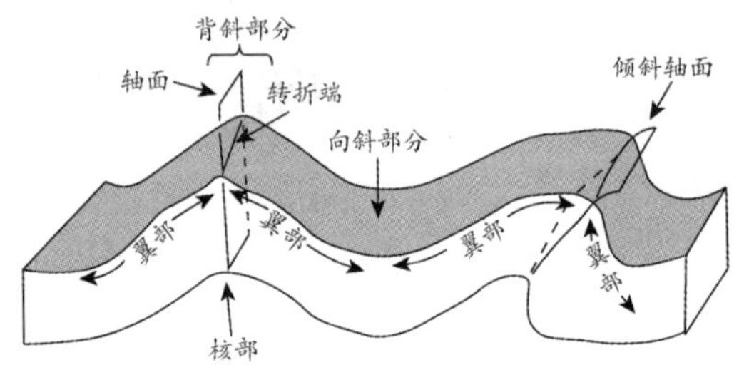

（a）褶皱示意图

（b）褶皱实物图

图 1-1-4　褶皱

（2）褶曲的基本形态。

褶曲是褶皱构造中的一个弯曲，两个或两个以上褶曲的组合构成褶皱构造，每一个褶曲都有核部、翼、轴面、轴及枢纽等几个褶曲要素。背斜与向斜见图 1-1-5，褶曲与褶皱见图 1-1-6。褶曲的基本形态见表 1-1-4。

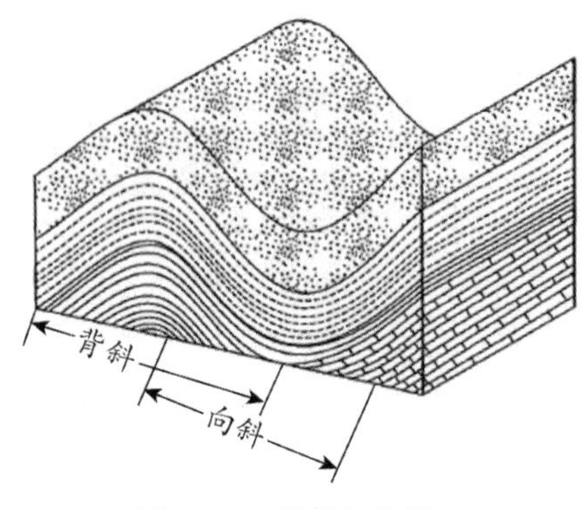

图 1-1-5　背斜与向斜

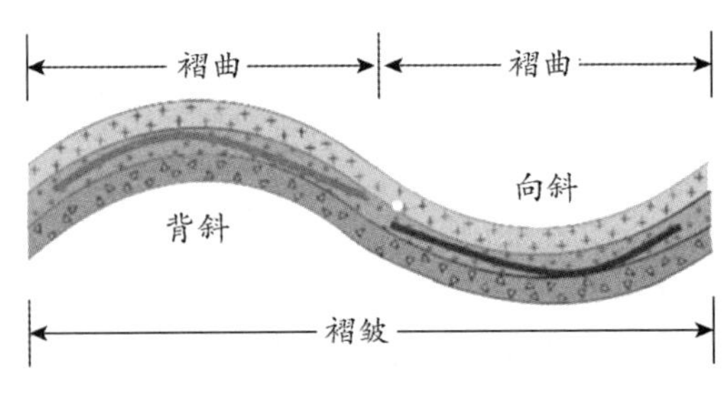

图 1-1-6　褶曲与褶皱

表 1-1-4　褶曲的基本形态

分类	形态
背斜（上拱弯曲）	当地面受到剥蚀，较老岩层出现在褶曲的轴部，从轴部向两翼依次出现的是渐新的岩层（新老新）

续表

分类	形态
向斜（下凹弯曲）	当地面遭受剥蚀，在褶曲轴部出露的是较新的岩层，向两翼依次出露的是较老的岩层（老新老）

➤ **记忆口诀**：背朝上，老在中新两翼；向朝下，新在中老两翼。

（3）工程在褶曲的翼部遇到的基本上是单斜构造，一般对建筑物的地基没有不良的影响。但对路基或隧道走向的选择有影响，见表 1-1-5。

表 1-1-5　产状与路线关系问题分析

产状	与路线关系	
深路堑高边坡（见图 1-1-7）	有利	（1）路线垂直岩层走向 （2）路线与岩层走向平行但岩层倾向与边坡倾向相反
	不利	路线走向与岩层的走向平行，边坡与岩层的倾向一致
	最不利	路线与岩层走向平行，岩层倾向与路基边坡一致，边坡的倾角大于（陡于）岩层的倾角
隧道工程	有利	一般从褶曲的翼部通过是比较有利的（见图 1-1-8）
	不利	褶曲构造的轴部，是岩层应力最集中的地方，容易遇到工程地质问题（见图 1-1-8）

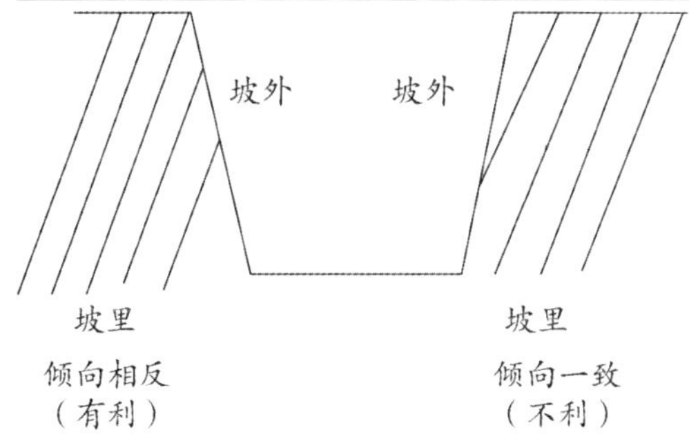

图 1-1-7　深路堑高边坡

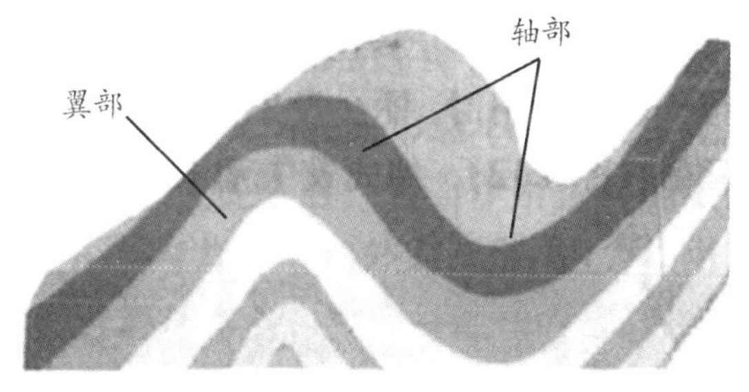

图 1-1-8　褶曲的翼部与轴部

二、断裂构造

（一）裂隙

裂隙发育等级见表 1-1-6。

表 1-1-6　裂隙发育程度分级

不发育	较发育	发育	很发育
1～2 组 间距 1m 以上	2～3 组 间距>0.4m	3 组以上 间距<0.4m	3 组以上 间距<0.2m
对基础工程 无影响	对基础工程 影响不大	对工程建筑物 可能产生很大影响	对工程建筑物 产生严重影响

（二）断层

断层要素见图 1-1-9，正断层和逆断层见图 1-1-10。断层一般由断层面、断层线、断盘和断距四个部分组成的。根据断层两盘相对位移的情况，可分为正断层、逆断层、平推断层，详见表 1-1-7。

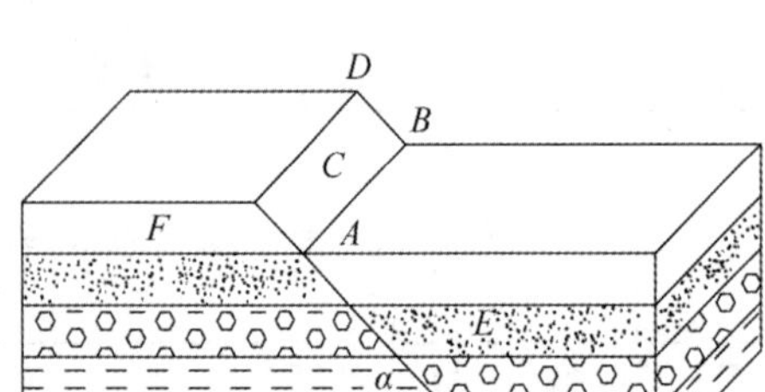

图 1-1-9　断层要素

AB—断层线；C—断层面；α—断层倾角；
E—上盘；F—下盘；DB—总断距

图 1-1-10　正断层和逆断层

表 1-1-7　正断层、逆断层和平推断层

类别	内容
正断层 （上下下上）	(1) 上盘沿断层面相对下降，下盘相对上升的断层 (2) 受水平张应力或垂直作用力 (3) 在构造变动中多垂直于张应力的方向上发生，但也有沿已有的剪节理发生
逆断层 （上上下下）	(1) 上盘沿断层面相对上升，下盘相对下降的断层 (2) 受到水平方向强烈挤压力的作用 (3) 断层线的方向常和岩层走向或褶皱轴的方向近于一致，和压应力作用的方向垂直
平推断层	(1) 两盘沿断层面发生相对水平位移的断层 (2) 受水平扭应力作用

➤ **考分统计**：统计近 10 年该知识点的考核情况，在 2010、2011、2013、2014、2015、2017 年进行了考核。考核频次为 60%。其中 2010 年考核一道单选题、一道多选题，2011 年考核一道单选题，2013 年考核一道单选题，2014 年考核两道单选题，2015 年考核一道多选题，2017 年考核一道单选题。

典型例题

[**2014 真题・单选**] 隧道选线应尽可能避开（　　）。

A. 褶皱核部　　B. 褶皱两侧

C. 与岩层走向垂直　　D. 与裂缝垂直

[**解析**] 本题考查隧道选线。在布置地下工程时，原则上应避开褶皱核部，若必须在褶皱岩层地段修建地下工程，可以将地下工程放在褶皱的两侧。

[**答案**] A

[**2014 真题・单选**] 某基岩被 3 组较规则的 X 型裂隙切割成大块状，多数为构造裂隙，间距 0.5～1.0m，裂隙多密闭少有填充物，此基岩的裂隙对基础工程（　　）。

A. 无影响　　B. 影响不大　　C. 影响很大　　D. 影响很严重

[**解析**] 本题考查裂隙的发育程度分级。裂隙 2～3 组，呈 X 型，较规则，以构造型为主，多数间距大于 0.4m，多为密闭裂隙，少有填充物。岩体被切割成大块状，为裂隙较发育，较发育对基础工程影响不大，对其他工程可能产生相当影响，所以正确答案为 B。

[**答案**] B

[**2013 真题・单选**] 褶皱构造是（　　）。

A. 岩层受构造力作用形成一系列波状弯曲且未丧失连续性的构造

B. 岩层受构造力作用形成一系列波状弯曲而丧失连续性的构造

C. 岩层受水平挤压力作用形成一系列波状弯曲而丧失连续性的构造

D. 岩层受垂直力作用形成一系列波状弯曲而丧失连续性的构造

[解析] 本题考查褶皱构造的概念。褶皱构造是组成地壳的岩层，受构造力的强烈作用，使岩层形成一系列波状弯曲而未丧失其连续性的构造，它是岩层产生的塑性变形。

[答案] A

[**2015 真题·多选**] 岩体中的张性裂隙主要发生在（　　）。

A. 向斜褶皱的轴部　　B. 向斜褶皱的翼部

C. 背斜褶皱的轴部　　D. 背斜褶皱的翼部

E. 软弱夹层中

[解析] 本题考查裂隙。按裂隙的力学性质，可将构造裂隙分为张性裂隙和扭（剪）性裂隙。张性裂隙主要发育在背斜和向斜的轴部，裂隙张开较宽。

[答案] AC

知识点 5　岩体结构类型

岩体结构的基本类型可分为整体块状结构、层状结构、碎裂结构和散体结构。详见表1-1-8。

表 1-1-8　岩体结构类型

结构类型	内容
整体块状结构	较理想的各类工程建筑地基、边坡岩体及地下工程围岩
层状结构	（1）沿层面方向的抗剪强度明显比垂直层面方向的更低 （2）结构面倾向坡外时要比倾向坡里时的工程地质性质差得多（倾向坡里好）
碎裂结构	变形模量、承载能力均不高，工程地质性质较差
散体结构	属于碎石土类

知识点 6　岩体的变形特征

岩体的变形通常包括结构面变形和结构体变形两个部分。设计人员所关心的主要是岩体的变形特性。岩体变形参数是由变形模量或弹性模量来反映的。

知识点 7　岩体的强度性质

岩体是由结构面和各种形状岩石块体组成的，所以，其强度同时受二者性质的控制。

（1）当岩体中结构面不发育，呈完整结构时，岩石的强度可视为岩体强度。

（2）如果岩体沿某一结构面产生整体滑动时，则岩体强度完全受结构面强度控制。

➤ **考分统计**：统计近 10 年该知识点的考核情况，在 2011 年考核一道单选题。考核频次为 10%。

典型例题

[**2011 真题·单选**] 工程岩体沿某一结构面产生整体滑动时，其岩体强度完全受控于（　　）。

A. 结构面强度　　B. 节理的密集性　　C. 母岩的岩性　　D. 层间错动幅度

[解析] 本题考查的是岩体的力学特性。如当岩体中结构面不发育，呈完整结构时，岩石强度可视为岩体强度。如果岩体沿某一结构面产生整体滑动时，则岩体强度完全受结构面强度控制。

[答案] A

知识点 8 岩石的工程地质性质

一、岩石的主要物理性质

岩石的主要物理性质包括：重量、孔隙性、吸水性、软化性和抗冻性，详见表1-1-9。

表 1-1-9 岩石的主要物理性质

物理性质	内容
重量	（1）一般用比重和重度两个指标表示 （2）岩石重度的大小决定于岩石中矿物的比重、岩石的孔隙性及其含水情况 （3）在相同条件下的同一种岩石，重度大就说明岩石的结构致密、孔隙性小，岩石的强度和稳定性也较高
孔隙性	（1）岩石的孔隙性用孔隙度表示 （2）孔隙度＝岩石中各种孔隙的总体积/岩石的总体积
吸水性	（1）吸水率＝岩石的吸水重量/同体积干燥岩石重量 （2）与岩石孔隙度的大小、孔隙张开程度有关
软化性	（1）软化系数＝岩石饱和状态下的极限抗压强度/风干状态下的极限抗压强度 （2）值越小，表示岩石的强度和稳定性受水作用的影响越大
抗冻性	在高寒冰冻地区，抗冻性是评价岩石工程性质的一个重要指标

二、岩石的主要力学性质

（一）岩石的变形

岩石在弹性变形范围内用弹性模量和泊桑比两个指标表示。

（二）岩石的强度

抗压强度＞抗剪强度＞抗拉强度，抗剪强度约为抗压强度的10%～40%，抗拉强度仅是抗压强度的2%～16%。

岩石的抗压强度和抗剪强度，是评价岩石（岩体）稳定性的指标，是对岩石（岩体）的稳定性进行定量分析的依据。

知识点 9 土体的工程地质性质

扫码听课

一、土的物理力学性质

（一）土的主要性能参数

（1）土的饱和度：Sr＝土中被水充满的孔隙体积/孔隙总体积。

Sr＜50%：稍湿状态。

Sr＝50%～80%：很湿状态。

Sr＞80%：饱水状态。

（2）孔隙比：土中孔隙体积/土粒体积，用来评价天然土的密实度。

孔隙比＜0.6：密实的低压缩性土。

孔隙比＞1.0：疏松的高压缩性土。

（3）土的孔隙率：土中孔隙体积/土的体积（三相）。

（4）土的塑性指数和液性指数。缩限、塑限和液限见图 1-1-11。

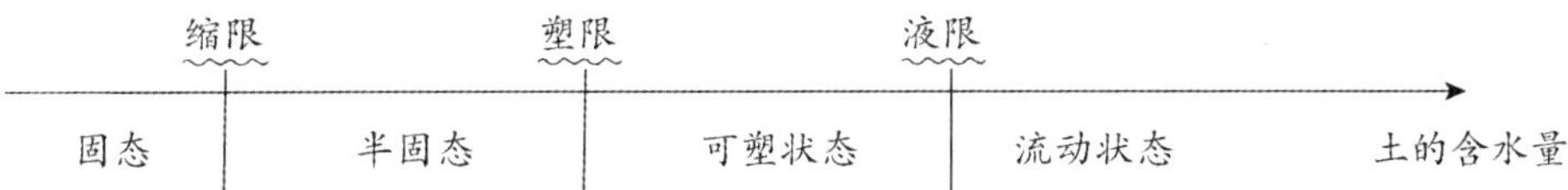

图 1-1-11 土的缩限、塑限和液限

1）塑性指数＝液限－塑限。塑性指数愈大，可塑性就愈强。

2）液性指数＝（黏性土的天然含水量－塑限）/塑性指数。液限指数愈大，土质愈软。

（二）土的力学性质

（1）土的压缩性：计算地基沉降量时，必须取得土的压缩性指标。

（2）土的抗剪强度：土对剪切破坏的极限抗力称为土的抗剪强度。

二、特殊土的主要工程性质

（1）软土。泛指淤泥及淤泥质土。具有高含水量、高孔隙性、低渗透性、高压缩性、低抗剪强度、较显著的触变性和蠕变性等特性。

（2）湿陷性黄土。分为自重湿陷性和非自重湿陷性黄土。

（3）红黏土。一般呈现较高的强度和较低的压缩性。由于塑性很高，所以尽管天然含水量高，一般仍处于坚硬或硬可塑状态。甚至饱水的红黏土也是坚硬状态的。

（4）膨胀土。吸水膨胀，失水收缩，涨缩变形往复可逆。天然条件下一般处于硬塑或坚硬状态，强度较高，压缩性较低，一般易被误认为工程性能较好的土。

（5）填土。根据填土的组成物质和堆填方式形成的工程性质的差异，可划分为三类，具体见表 1-1-10。

表 1-1-10 填土的类型

类型	内容
素填土	堆填时间超过 10 年的黏性土；堆填时间超过 5 年的粉土；堆填时间超过 2 年的砂土
杂填土	（1）建筑垃圾或一般工业废料组成的杂填土处理后可作为一般建筑物地基 （2）生活垃圾和腐蚀性及易变性工业废料为主要成分的杂填土不宜做建筑物地基
冲填土	比同类自然沉积饱和土的强度低、压缩性高

注：可作为一般建筑物的天然地基。

➤ **考分统计**：统计近 10 年该知识点的考核情况，在 2012 年进行了考核。考核频次为 10%。2012 年考核一道单选题。

典型例题

［**2012 真题·单选**］不宜作为建筑物地基填土的是（　　）。

A. 堆填时间较长的砂土　　B. 经处理后的建筑垃圾

C. 经压实后的生活垃圾　　D. 经处理后的一般工业废料

［**解析**］本题考查的是土体的工程地质性质。以生活垃圾和腐蚀性及易变性工业废料为主要成分的杂填土，一般不宜作为建筑物地基。主要以建筑垃圾或一般工业废料组成的杂填土，采用适当的措施进行处理后可作为一般建筑物地基。

［**答案**］C

知识点 10 结构面的工程地质性质

对岩体影响较大的结构面的物理力学性质，主要是结构面的产状、延续性和抗剪强度。结构面的规模是结构面影响工程建设的重要性质。结构面分为Ⅰ～Ⅴ级，见表1-1-11。

表1-1-11 结构面分级

级别	内容
Ⅰ级	大断层或区域性断层，控制工程建设地区的稳定性，直接影响工程岩体稳定性
Ⅱ、Ⅲ级	往往是对工程岩体力学和对岩体破坏方式有控制意义的边界条件，它们的组合往往构成可能滑移岩体的边界面，直接威胁工程安全稳定性
Ⅳ级	Ⅳ结构面主要控制着岩体的结构、完整性和物理力学性质
Ⅴ级	又称微结构面，控制岩块的力学性质

➤ **考分统计**：统计近10年该知识点的考核情况，在2014年考核一道多选题。考核频次为10%。

典型例题

［**2014真题·多选**］结构面对岩体工程性质影响较大的物理力学性质主要是结构面的（ ）。

A. 产状　　B. 岩性

C. 延续性　　D. 颜色

E. 抗剪强度

［**解析**］本题考查结构面的工程地质性质。岩体的完整性、渗透性、稳定性和强度等物理力学性质取决于岩石和结构面的物理力学性质，很多情况是结构面的比岩石的影响大。对岩体影响较大的结构面的物理力学性质主要是结构面的产状、延续性和抗剪强度。

［**答案**］ACE

知识点 11 地震的震级与烈度

一、地震震源

（1）震源：产生地壳震动的发源地。

（2）震中：震源在地面上的垂直投影。震中区受破坏最大。

（3）等震线：地面上受震动破坏程度相同点的外包线。

（4）地震波：地震波特点见表1-1-12。

地震见图1-1-12。

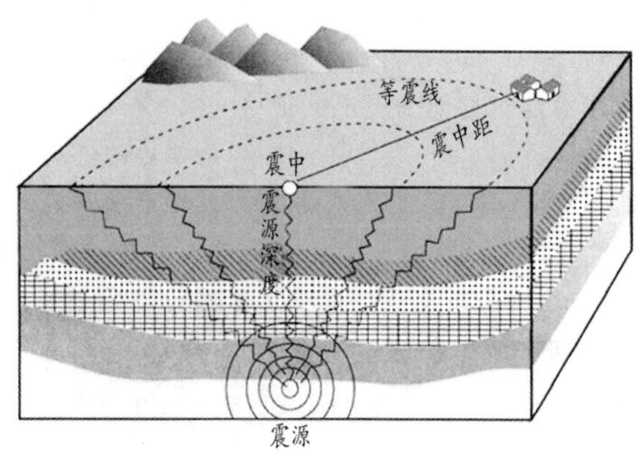

图1-1-12 地震

表 1-1-12 地震波特点

类型	特点		
体波	通过地球内部介质传播	纵波	质点振动方向与震波传播方向一致，周期短、振幅小、传播速度快
		横波	质点振动方向与震波传播方向垂直，周期长、振幅大、传播速度较慢
面波	体波经过反射、折射而沿地面附近传播	面波的传播速度最慢	

二、地震震级

地震是依据释放出来的能量多少来划分震级的。中国科学院将地震震级分为五级，详见表 1-1-13。

表 1-1-13 地震震级

微震	轻震	强震		烈震		大灾震
一般无震感	一般有震感	无害强震	有害强震	破坏烈震	大毁坏震	毁灭性地震

震级是以离震中距 100km 处标准地震仪记录的最大振幅的 μm 数的对数表示。比如：最大振幅 10mm→lg10000＝4（4 级）；100mm→lg100000＝5（5 级）。

三、地震烈度

地震烈度，是指某一地区的地面和建筑物遭受一次地震破坏的程度。其不仅与震级有关，还和震源深度，距震中距离以及地震波通过介质条件（岩石性质、地质构造、地下水埋深）等多种因素有关。地震烈度又可分为基本烈度、建筑场地烈度和设计烈度，详见表 1-1-14。一个工程从建筑场地的选择到工程建筑的抗震措施等都与地震烈度有密切的关系。

表 1-1-14 地震烈度

类型	特点
基本烈度	代表一个地区的最大地震烈度
建筑场地烈度（小区域烈度）	建筑场地内因地质条件、地貌地形条件和水文地质条件的不同而引起的相对基本烈度有所降低或提高的烈度
设计烈度	设计烈度是抗震设计所采用的烈度，对基本烈度的调整

四、震级与烈度的关系

一般情况下，震级越高、震源越浅、距震中越近，地震烈度就越高。一次地震只有一个震级，但震中周围地区的破坏程度，随距震中距离的加大而逐渐减小，形成多个不同的地震烈度区，它们由大到小依次分布。震级与烈度关系见表 1-1-15。

表 1-1-15 震级与烈度关系

震级（级）	3 以下	3	4	5	6	7	8	8 以上
震中烈度（度）	Ⅰ～Ⅱ	Ⅲ	Ⅳ～Ⅴ	Ⅵ～Ⅶ	Ⅶ～Ⅷ	Ⅸ～Ⅹ	Ⅺ	Ⅻ

➤ **考分统计**：统计近 10 年该知识点的考核情况，在 2011、2012 年进行了考核。考核频次为 20%。其中 2011 年考核一道单选题，2012 年考核一道单选题。

典型例题

［**2012 真题·单选**］关于地震烈度的说法，正确的是（　　）。

A. 地震烈度是按一次地震所释放的能量大小来划分

B. 建筑场地烈度是指建筑场地内的最大地震烈度

C. 设计烈度需根据建筑物的要求适当调低

D. 基本烈度代表一个地区的最大地震烈度

［解析］本题考查地震的震级和烈度。地震烈度，不仅与震级有关，还和震源深度，距震中距离以及地震波通过介质条件（岩石性质、地质构造、地下水埋深）等多种因素有关。建筑场地烈度，是指建筑场地内因地质条件、地貌地形条件和水文地质条件的不同而引起的相对基本烈度有所降低或提高的烈度。设计烈度是抗震设计所采用的烈度，对基本烈度的调整。

［答案］D

［**2011 真题·单选**］关于地震震级和强度的说法，正确的是（　　）。

A. 建筑抗震设计的依据是国际通用震级划分标准

B. 震级高、震源线浅、距震中近的地震其烈度不一定高

C. 一次地震一般会形成多个烈度区

D. 建筑抗震措施应根据震级大小确定

［解析］本题考查震级与烈度。设计烈度是抗震设计所采用的烈度，是根据建筑物的重要性、永久性、抗震性以及工程的经济性等条件对基本烈度的调整。一般情况下，震级越高、震源越浅，距震中越近，地震烈度就越高。一次地震只有一个震级，但震中周围地区的破坏程度，随距震中距离的加大而逐渐减小，形成多个不同的地震烈度区。一个工程从建筑场地的选择到工程建筑的抗震措施等都与地震烈度有密切的关系。

［答案］C

第二节　地下水的类型与特征

知识点 1　地下水的类型

根据埋藏条件，将地下水分为包气带水、潜水、承压水三大类。根据含水层的空隙性质，地下水又分为孔隙水、裂隙水和岩溶水三个亚类。地下水的分类见图 1-2-1，其示意图见图1-2-2。

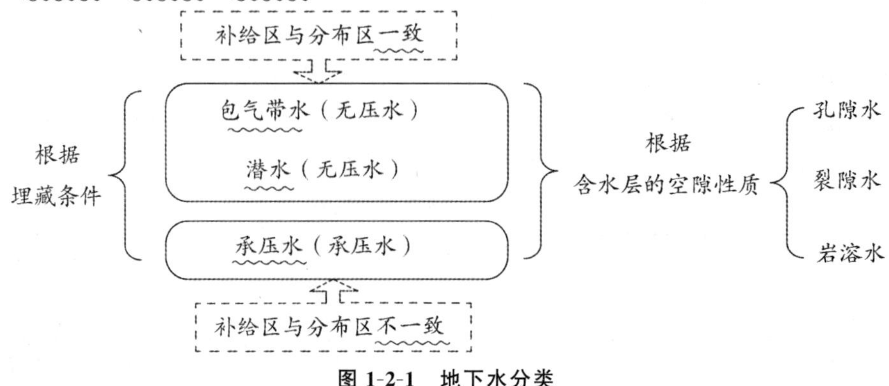

图 1-2-1　地下水分类

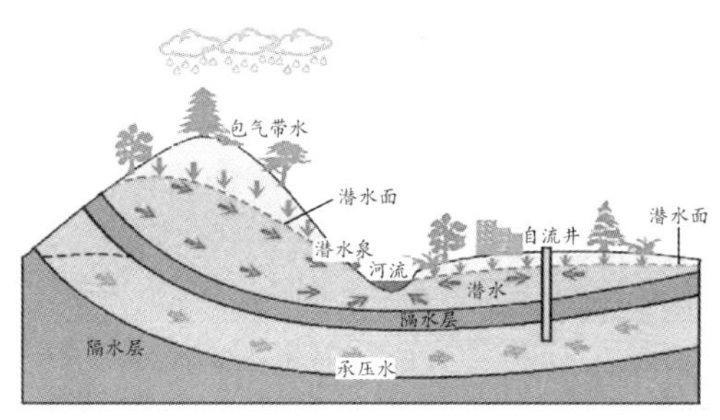

图 1-2-2　地下水分类示意图

➤ **考分统计**：统计近 10 年该知识点的考核情况，在 2015、2020、2021 年进行了考核。考核频次为 30%。其中 2015 年考核一道单选题，2020 年考核一道单选题，2021 年考核一道单选题、一道多选题。

典型例题

[**2021 真题 · 单选**] 下列地下水中，补给区和分布区不一致的是（　　）。

A. 包气带水　　B. 潜水

C. 承压水　　D. 裂隙水

[**解析**] 包气带水和潜水均属于无压水，补给区与分布区一致。裂隙水属于包气带水。

[**答案**] C

[**2020 真题 · 单选**] 基岩上部裂隙中的潜水常为（　　）。

A. 包气带水　　B. 承压水　　C. 无压水　　D. 岩溶水

[**解析**] 基岩上部裂缝中的潜水，常为无压水。

[**答案**] C

知识点 2　地下水的特征

扫码听课

地下水的概念和特征见表 1-2-1。

表 1-2-1　地下水的概念和特征

类型	概念	特征
包气带水	处于地表面以下潜水位以上的包气带岩土层中，包括土壤水、沼泽水、上层滞水以及岩层风化壳（黏土裂隙）中季节性存在的水	(1) 水量与水质受气候控制，季节性明显，变化大 (2) 对农业有很大意义，对工程意义不大
潜水	埋藏在地表以下第一层较稳定的隔水层以上具有自由水面的重力水	(1) 自由表面承受大气压力，受气候条件影响，季节性变化明显 (2) 潜水面以上无稳定的隔水层存在；潜水自水位较高处向水位较低处渗流 (3) 潜水面常与地形有一定程度的一致性；一般地面坡度越大，潜水面的坡度也越大，但潜水面坡度经常小于当地的地面坡度
承压水（自流水）	地表以下充满两个稳定隔水层之间的重力水。承压水含水层上部的隔水层称为隔水顶板，下部的隔水层称为隔水底板，顶底板之间的距离为含水层厚度	(1) 受气候的影响很小，动态较稳定，不易受污染 (2) 适宜形成承压水的地质构造：向斜构造盆地、单斜构造自流斜地 (3) 正地形，下部含水层压力高，下部含水层的水通过裂隙补给上部含水层。反之，含水层通过一定的通道补给下部的含水层，这是因为下部含水层的补给与排泄区常位于较低的位置

续表

类型	概念		特征
裂隙水	埋藏在基岩裂隙中的地下水	风化裂隙水	主要受大气降水的补给，有明显季节性循环交替，常以泉水的形式排泄于河流中
		成岩裂隙水	多呈层状，在一定范围内相互连通
		构造裂隙水	(1) 构造应力分布比较均匀、强度足够：形成比较密集均匀且相互连通的张开性构造裂隙，常赋存层状构造裂隙水 (2) 构造应力分布不均匀：岩体中张开性构造裂隙分布不连续不沟通，则赋存脉状构造裂隙水
岩溶水	赋存和运移于可溶岩的溶隙、溶洞中，可以是潜水，也可以是承压水		岩溶潜水广泛分布在大面积出露的厚层灰岩地区

➤ **考分统计**：统计近 10 年该知识点的考核情况，在 2013、2014、2016、2017、2018、2019 年进行了考核。考核频次为 60%。其中 2013 年考核一道单选题，2014 年考核一道单选题，2016 年考核一道单选题，2017 年考核一道单选题，2018 年考核一道单选题，2019 年考核一道单选题。

典型例题

[**2019 真题・单选**] 地下水在自流盆地易形成（　　）。

A. 包气带水　　B. 承压水

C. 潜水　　D. 裂隙水

[**解析**] 一般来说，适宜形成承压水的地质构造有两种：一为向斜构造盆地，也称为自流盆地；二为单斜构造自流斜地。

[**答案**] B

[**2018 真题・单选**] 以下岩石形成的溶隙或溶洞中，常赋存岩溶水的是（　　）。

A. 安山岩　　B. 玄武岩

C. 流纹岩　　D. 石灰岩

[**解析**] 本题考查岩溶水。岩溶水赋存和运移于可溶岩的溶隙、溶洞（洞穴、管道、暗河）中。在厚层灰岩的包气带中，常有局部非可溶的岩层存在，起着隔水作用，在其上部形成岩溶上层滞水；岩溶潜水广泛分布在大面积出露的厚层灰岩地区，动态变化很大，水位变化幅度可达数十米；岩溶地层被覆盖或岩溶层与砂页岩互层分布时，在一定的构造条件下，就能形成动态较稳定的岩溶承压水。

[**答案**] D

[**2017 真题・单选**] 当构造应力分布较均匀且强度足够时，在岩体中形成张开裂隙，这种裂隙常赋存（　　）。

A. 成岩裂隙水　　B. 风化裂隙水

C. 脉状构造裂隙水　　D. 层状构造裂隙水

[**解析**] 本题考查裂隙水。当构造应力分布比较均匀且强度足够时，则在岩体中形成比较密集均匀且相互连通的张开性构造裂隙，这种裂隙常赋存层状构造裂隙水。当构造应力分布不均匀时，岩体中张开性构造裂隙分布不连续不沟通，则赋存脉状构造裂隙水。

[**答案**] D

［**2016 真题·单选**］常处于第一层隔水层以上的重力水为（　　）。

A. 包气带水　　B. 潜水

C. 承压水　　D. 裂隙水

［**解析**］本题考查地下水的概念。潜水是埋藏在地表以下第一层较稳定的隔水层以上具有自由水面的重力水，其自由表面承受大气压力，受气候条件影响，季节性变化明显。

［**答案**］B

第三节　常见工程地质问题及其处理方法

知识点 1　特殊地基

扫码听课

一、松散、软弱土层

松散、软弱土层强度、刚度低，承载力低，抗渗性差。处理方法详见表 1-3-1。

表 1-3-1　松散、软弱土层处理方法

类型	处理方法	
不满足承载力要求	松散土层 （砂和砂砾石地层）	（1）挖除 （2）也可采用固结灌浆、预制桩或灌注桩、地下连续墙或沉井（见图 1-3-1）等加固
	软弱土层 （淤泥及淤泥质土）	（1）浅层的挖除 （2）深层的可以采用振冲等方法用砂、砂砾、碎石或块石等置换
不满足抗渗要求		灌水泥浆或水泥黏土浆，或地下连续墙防渗
影响边坡稳定		喷射混凝土护面（见图 1-3-2）和打土钉支护

图 1-3-1　沉井

图 1-3-2　喷射混凝土护面

二、风化、破碎岩层

风化、破碎岩层，岩体松散，强度低，整体性差，抗渗性差，有的不能满足建筑物对地基的要求。处理方法详见表 1-3-2。

表 1-3-2　风化、破碎岩层处理方法

类型		处理方法
不满足对地基的要求	风化	一般在地基表层，可以挖除
	破碎岩层	（1）较浅可以挖除 （2）埋藏较深，如断层破碎带，可以用水泥浆灌浆加固或防渗
影响边坡稳定		喷混凝土或挂网喷混凝土护面，必要时配合灌浆和锚杆加固
结构面不利交汇切割和岩体软弱破碎的地下工程围岩		地下工程开挖后，要及时采用支撑、支护和衬砌： （1）支撑由柱体、钢管排架发展为钢筋或型钢拱架 （2）支护多采用喷混凝土、挂网喷混凝土、随机锚杆和系统锚杆 （3）衬砌多用混凝土和钢筋混凝土，也有采用钢板衬砌的
裂隙发育影响地基承载能力和抗渗要求		可以用水泥浆灌浆加固或防渗

三、断层、泥化软弱夹层

断层、泥化软弱夹层处理方法详见表 1-3-3。

表 1-3-3　断层、泥化软弱夹层处理方法

类型	处理方法
断层	浅埋的尽可能清除回填，深埋的灌水泥浆处理
泥化夹层	浅埋的尽可能清除回填，深埋的一般不影响承载能力
断层、泥化软弱夹层是基础或边坡的滑动控制面	不便清除回填的，可采用锚杆、抗滑桩、预应力锚索等进行抗滑处理
滑坡	（1）在滑坡体上方：修筑截水设施 （2）在滑坡体下方：筑好排水设施 （3）在滑坡体上部：刷方减重（经过论证） （4）不能在上部刷方减重的：在滑坡体坡脚采用挡土墙、抗滑桩等支挡措施，以及采用固结灌浆等措施改善滑动面和滑坡体的抗滑性能 ➤ **总结**：上截下排、上刷下挡、固结灌浆

四、岩溶与土洞

岩溶与土洞处理方法详见表 1-3-4。

表 1-3-4　岩溶与土洞处理方法

地质问题	处理方法
塌陷或浅埋溶（土）洞	宜采用挖填夯实法、跨越法、充填法、垫层法进行处理
深埋溶（土）洞	宜采用注浆法、桩基法、充填法进行处理
对于岩溶地区地貌、地质、水文条件复杂及塌陷量大、影响范围大的地段，可采用多种方法综合处理；岩溶地基处理与施工时，应对岩溶水进行疏导或封堵，减少淘蚀、潜蚀	

➤ **考分统计**：统计近 10 年该知识点的考核情况，在 2013、2015、2016、2018、2019、2020、2021 年进行了考核。考核频次为 70%。其中 2013 年考核两道单选题，2015 年考核一道单选题，2016 年考核一道单选题、一道多选题，2018 年考核一道单选题，2019 年考核一道单选题，2020 年考核一道单选题，2021 年考核两道单选题。

典型例题

[**2021 真题·单选**] 对埋藏较深的断层破碎带，提高其抗渗能力和承载性的处理方法优先考虑（　　）。

A. 打土钉　　B. 打抗滑桩

C. 打锚杆　　D. 灌浆

[**解析**] 风化一般在地基表层，可以挖除。破碎岩层有的较浅，也可以挖除。有的埋藏较深，如断层破碎带，可以用水泥浆灌浆加固或防渗。

[**答案**] D

[**2015 真题·单选**] 对开挖后的岩体软弱破碎的大型隧洞围岩，应优先采用的支撑方式为（　　）。

A. 钢管排架　　B. 钢筋或型钢拱架

C. 钢筋混凝土柱　　D. 钢管混凝土柱

[**解析**] 本题考查风化、破碎岩层。对结构面不利交汇切割和岩体软弱破碎的地下工程围岩，地下工程开挖后，要及时采用支撑、支护和衬砌。支撑由柱体、钢管排架发展为钢筋或型钢拱架，拱架的结构和间距根据围岩破碎的程度决定。

[**答案**] B

[**2013 真题·单选**] 对不能在上部刷方减重的滑坡体，为了防止滑坡常用的措施是（　　）。

A. 在滑坡体上部筑挡土墙　　B. 在滑坡体坡脚筑抗滑桩

C. 在滑坡体上部筑抗滑桩　　D. 在滑坡体坡脚挖截水沟

[**解析**] 本题考查断层、泥化软弱夹层。不能在上部刷方减重的，可考虑在滑坡体坡脚采用挡土墙、抗滑桩等支挡措施，也可采用固结灌浆等措施改善滑动面和滑坡体的抗滑性能。

[**答案**] B

[**2016 真题·多选**] 加固不满足承载力要求的砂砾地层，常用的措施有（　　）。

A. 喷混凝土　　B. 沉井

C. 黏土灌浆　　D. 灌注桩

E. 碎石置换

[**解析**] 本题考查松散、软弱土层。对不满足承载力要求的松散土层，如砂和砂砾石地层等，可挖除，也可采用固结灌浆、预制桩或灌注桩、地下连续墙或沉井等加固。

[**答案**] BD

知识点 2 地下水

一、地下水对土体和岩体的软化

地下水使结构面的黏结力降低和摩擦角减小，使结构面的抗剪强度降低，造成岩体的承载力和稳定性下降。

二、地下水位下降引起软土地基沉降

（1）如果抽水井滤网和砂滤层的设计不合理或施工质量差，使周围地面土层很快产生不均匀沉降，造成地面建筑物和地下管线不同程度的损坏。

（2）井周围形成漏斗状的弯曲水面——降水漏斗，降水漏斗往往是不对称的，因而使周围

建筑物或地下管线产生不均匀沉降，甚至开裂。

三、动水压力产生流砂和潜蚀

（一）流砂

1. 流砂概念及分类

当地下水的动水压力大于土粒的浮容重或地下水的水力坡度大于临界水力坡度时，就会产生流砂。其严重程度按现象可分三种，见表 1-3-5。

表 1-3-5　流砂按照严重程度分类

类别	内容
轻微流砂（渗漏）	细小的土颗粒会随着地下水渗漏穿过缝隙而流入基坑
中等流砂（冒泡）	在基坑底部，尤其是靠近围护桩墙的地方，出现粉细砂堆及其许多细小土粒缓慢流动的渗水沟纹
严重流砂（沸腾）	流砂冒出速度增加，甚至像开水初沸翻泡

2. 流砂处置

常用的处置方法有人工降低地下水位和打板桩等，特殊情况下也有采取化学加固法、爆炸法及加重法等。在基槽开挖的过程中局部地段突然出现严重流砂时，可立即抛入大块石等阻止流砂。

（二）潜蚀

潜蚀作用可分为机械潜蚀和化学潜蚀两种，具体要点见表 1-3-6。

表 1-3-6　潜蚀作用的要点

潜蚀	要点
机械潜蚀	地下水渗流产生的动水压力＜土颗粒的有效重度（渗流水力坡度＜临界水力坡度）
化学潜蚀	地下水溶解土中的易溶盐分，破坏土粒间的结合力和土的结构，土粒被水带走，形成洞穴的作用

对潜蚀的处理可以采用堵截地表水流入土层、阻止地下水在土层中流动、设置反滤层、改良土的性质、减小地下水流速及水力坡度等措施。

四、地下水的浮托作用

（1）如果基础位于粉土、砂土、碎石土和节理裂隙发育的岩石地基上，按地下水位 100％计算浮托力。

（2）如果基础位于节理裂隙不发育的岩石地基上，按地下水位 50％计算浮托力。

（3）如果基础位于黏性土地基上，其浮托力较难确切地确定，结合地区的实际经验考虑。

五、承压水对基坑的作用

当基坑底为隔水层且层底作用有承压水时，应进行坑底突涌验算，必要时可采取水平封底隔渗或钻孔减压措施，保证坑底土层稳定。当坑底含承压水层且上部土体压重不足以抵抗承压水水头时，应布置降压井降低承压水水头压力，防止承压水突涌，确保基坑开挖施工安全。

➢ **考分统计**：统计近 10 年该知识点的考核情况，在 2014、2015、2017、2019、2020、2021 年进行了考核。考核频次为 60％。其中 2014 年考核一道单选题，2015 年考核一道多选题，2017 年考核一道单选题，2019 年考核一道单选题、一道多选题，2020、2021 年各考核一道单选题。

典型例题

［2020 真题·单选］ 建筑物基础位于黏性土地基上的，其地下水的浮托力（　　）。

A. 按地下水位 100%计算

B. 按地下水位 50%计算

C. 结合地区的实际经验考虑

D. 无须考虑和计算

［解析］ 如果基础位于黏性土地基上，其浮托力较难确切地确定，应结合地区的实际经验考虑。

［答案］ C

［2019 真题·单选］ 开挖基槽局部突然出现严重流砂时，可立即采取的处理方式是（　　）。

A. 抛入大块石　　B. 迅速降低地下水位

C. 打板桩　　D. 化学加固

［解析］ 流砂易产生在细沙、粉沙、粉质黏土等土中，致使地表塌陷或建筑物的地基破坏，给施工带来很大困难，或直接影响工程建设及附近建筑物的稳定。因此，必须进行处治。常用的处治方法有人工降低地下水位和打板桩等，特殊情况下也有采取化学加固法、爆炸法及加重法等。在基槽开挖的过程中局部地段突然出现严重流砂时，可立即抛入大块石等阻止流砂。

［答案］ A

［2019 真题·多选］ 工程地基防止地下水机械潜蚀常用的方法有（　　）。

A. 取消反滤层

B. 设置反滤层

C. 提高渗流水力坡度

D. 降低渗流水力坡度

E. 改良土的性质

［解析］ 对潜蚀的处理可以采用堵截地表水流入土层、阻止地下水在土层中流动、设置反滤层、改良土的性质、减小地下水流速及水力坡度等措施。

［答案］ BDE

知识点 3　边坡稳定

影响边坡稳定性的因素有内在因素与外在因素两个方面；详见表 1-3-7。

表 1-3-7　影响边坡稳定性的因素

影响因素	内容
内在因素	边坡岩土体的性质、地质构造、岩体结构、地应力（主要控制作用）
外在因素	地表水和地下水的作用、地震、风化作用、人工挖掘、爆破以及工程荷载

一、地层岩性

地层岩性对边坡稳定性的影响很大，软硬相间，并有软化、泥化或易风化的夹层时，最易造成边坡失稳。地层岩性对边坡的影响详见表 1-3-8。

表 1-3-8 地层岩性对边坡的影响

地层岩性	影响
深成侵入岩、厚层坚硬的沉积岩以及片麻岩、石英岩	一般稳定程度是较高的
喷出岩边坡，如玄武岩、凝灰岩、火山角砾岩、安山岩	易形成直立边坡并易发生崩塌
含有黏土质页岩、泥岩、煤层、泥灰岩、石膏等夹层的沉积岩边坡	最易发生顺层滑动，或因下部蠕滑而造成上部岩体的崩塌
千枚岩、板岩及片岩	(1) 临近斜坡表部容易出现蠕动变形 (2) 受节理切割遭风化后，常出现顺层（或片理）滑坡
黄土	(1) 当具有垂直节理、疏松透水，浸水后易崩解湿陷 (2) 受水浸泡或作为水库岸边时，极易发生崩塌或塌滑现象

二、地下水

地下水是影响边坡稳定最重要、最活跃的外在因素，作用主要表现在以下几个方面：

(1) 使岩石软化或溶蚀，导致上覆岩体塌陷，进而发生崩塌或滑坡。

(2) 产生静水压力或动水压力，促使岩体下滑或崩倒。

(3) 增加了岩体重量，可使下滑力增大。

(4) 在寒冷地区，渗入裂隙中的水结冰，产生膨胀压力，促使岩体破坏倾倒。

(5) 产生浮托力，使岩体有效重量减轻，稳定性下降。

➤ **记忆口诀**：“一无是处”。

➤ **考分统计**：统计近 10 年该知识点的考核情况，在 2010、2011、2012、2013、2015、2016、2017 年进行了考核。考核频次为 70%。其中 2010 年考核一道单选题，2011 年考核一道单选题、一道多选题，2012 年考核一道单选题，2013 年考核一道多选题，2015 年考核一道单选题，2016 年考核一道单选题，2017 年考核一道单选题。

典型例题

[**2017 真题·单选**] 地层岩性对边坡稳定性的影响很大，稳定程度较高的边坡岩体一般是（　　）。

A. 片麻岩　　B. 玄武岩

C. 安山岩　　D. 角砾岩

[**解析**] 本题考查地层岩性。对于深成侵入岩、厚层坚硬的沉积岩以及片麻岩、石英岩等构成的边坡，一般稳定程度是较高的。

[**答案**] A

[**2016 真题·单选**] 下列导致滑坡的因素中最重要、最活跃的因素是（　　）。

A. 地层岩性　　B. 地质构造

C. 岩体构造　　D. 地下水

[**解析**] 本题考查地下水。地下水是影响边坡稳定最重要、最活跃的外在因素，绝大多数滑坡都与地下水的活动有关。许多滑坡、崩塌均发生在降雨之后，原因在于降水渗入岩土体后，产生不良影响所致。

[**答案**] D

[**2015 真题 · 单选**] 边坡易直接发生崩塌的岩层是（　　）。

A. 泥灰岩　　B. 凝灰岩

C. 泥岩　　D. 页岩

[**解析**] 本题考查地层岩性。对于喷出岩边坡，如玄武岩、凝灰岩、火山角砾岩、安山岩等，其原生的节理，尤其是柱状节理发育时，易形成直立边坡并易发生崩塌。

[**答案**] B

[**2012 真题 · 单选**] 关于地下水对边坡稳定性影响的说法，正确的是（　　）。

A. 地下水产生动水压力，增强了岩体的稳定性

B. 地下水增加了岩体重量，减小了边坡下滑力

C. 地下水产生浮托力，减轻岩体自重，增加边坡稳定

D. 地下水产生的静水压力，容易导致岩体崩塌

[**解析**] 本题考查地下水的作用。地下水的作用主要表现在以下几个方面：①地下水会使岩石软化或溶蚀，导致上覆岩体塌陷，进而发生崩塌或滑坡；②地下水产生静水压力或动水压力，促使岩体下滑或崩倒；③地下水增加了岩体重量，可使下滑力增大；④在寒冷地区，渗入裂隙中的水结冰，产生膨胀压力，促使岩体破坏倾倒；⑤地下水产生浮托力，使岩体有效重量减轻，稳定性下降。

[**答案**] D

[**2013 真题 · 多选**] 影响岩石边坡稳定的主要地质因素有（　　）。

A. 地质构造　　B. 岩石的成因

C. 岩石的成分　　D. 岩体结构

E. 地下水

[**解析**] 本题考查影响边坡稳定的因素。影响边坡稳定性的因素有内在因素与外在因素两个方面。内在因素有组成边坡岩土体的性质、地质构造、岩体结构、地应力等，它们常常起着主要的控制作用；外在因素有地表水和地下水的作用、地震、风化作用、人工挖掘、爆破以及工程荷载等。

[**答案**] ADE

[**2011 真题 · 多选**] 关于地下水以下正确的说法有（　　）。

A. 地下水能够软化和溶蚀边坡岩体，导致崩塌或滑坡

B. 地下水增加了岩体重量，提高了下滑力

C. 地下水产生静水浮托力，提高了基础抗滑稳定性

D. 地下水产生静水压力或动水压力，提高岩体稳定性

E. 地下水对岩体产生浮托力，使岩体重量相对减轻，稳定性下降

[**解析**] 本题考查地下水的作用。地下水的作用主要表现在以下几个方面：①地下水会使岩石软化或溶蚀，导致上覆岩体塌陷，进而发生崩塌或滑坡；②地下水产生静水压力或动水压力，促使岩体下滑或崩倒；③地下水增加了岩体重量，可使下滑力增大；④在寒冷地区，渗入裂隙中的水结冰，产生膨胀压力，促使岩体破坏倾倒；⑤地下水产生浮托力，使岩体有效重量减轻，稳定性下降。

[**答案**] ABE

知识点 4 不稳定边坡的防治措施

一、防渗和排水

(1) 防止大气降水向岩体中渗透：在滑坡体外围布置截水沟槽，以截断流至滑坡体上的水流。

(2) 已渗入滑坡体的水：采用地下排水廊道，截住渗透的水流或将滑坡体中的积水排出滑坡体以外。

(3) 另外也有采用钻孔排水的方法。

二、削坡

将陡倾的边坡上部的岩体挖除，一部分使边坡变缓，同时也可使滑体重量减轻，以达到稳定的目的。削减下来的土石，可填在坡脚，起反压作用，更有利于稳定。削坡见图 1-3-3。

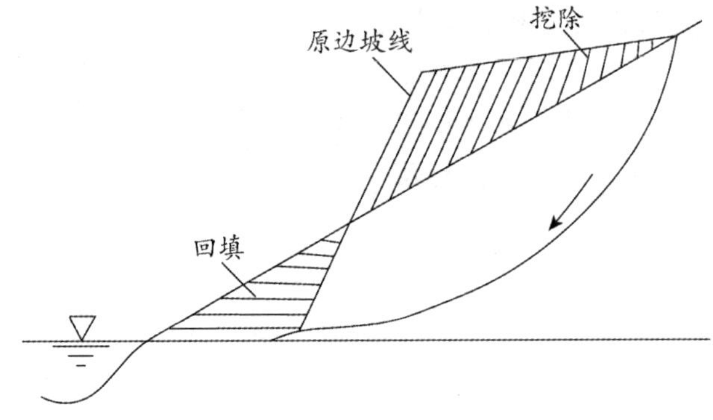

图 1-3-3 削坡

三、支挡建筑

主要是在不稳定岩体的下部修建挡墙或支撑墙（或墩），材料用混凝土、钢筋混凝土或砌石。支挡建筑物的基础要砌置在滑动面以下。抗滑挡墙见图 1-3-4。

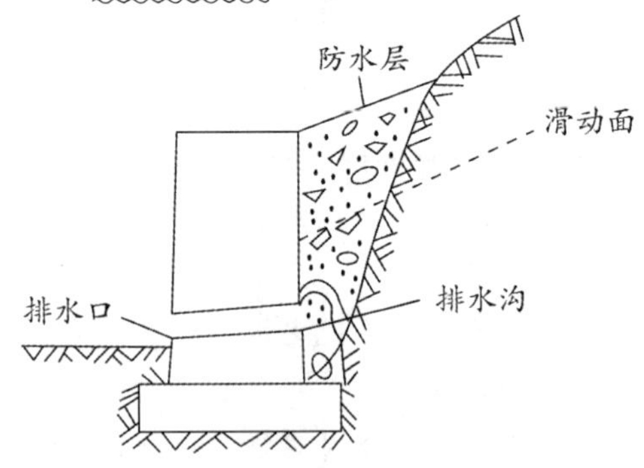

图 1-3-4 抗滑挡墙

四、锚固

(1) 预应力锚索或锚杆：适用于加固岩体边坡和不稳定岩块。

(2) 锚固桩（或称抗滑桩）：适用于浅层或中厚层的滑坡体滑动。一般垂直于滑动方向布置一排或两排，桩径通常 1～3m，深度一般要求滑动面以下桩长占全桩长的 1/4～1/3。

锚固措施见图 1-3-5。

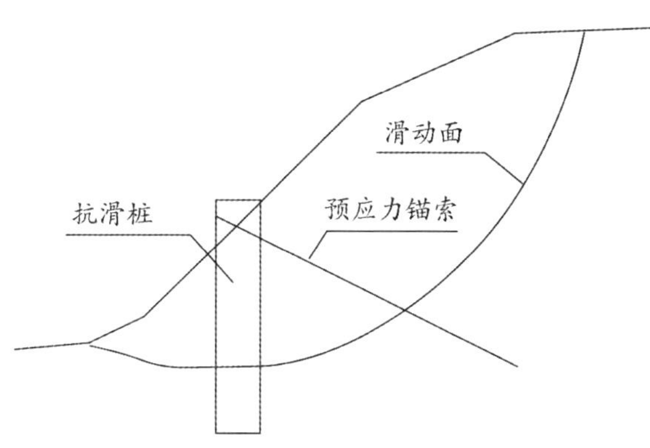

图 1-3-5　锚固措施

除上述几项较多采用的防治措施外，还可采用混凝土护面、灌浆及改善滑动带土石的力学性质等措施。

知识点 5　围岩稳定

扫码听课

一、地下工程位置选择的影响因素

（一）地形条件

在地形上要求山体完整，地下工程周围包括洞顶及傍山侧应有足够的山体厚度。洞口岩石岩层最好倾向山里以保证洞口坡的安全。

（二）岩性条件

一般在坚硬完整岩层中开挖，围岩稳定、进度快、造价低。在软弱、破碎、松散岩层中开挖，顶板易坍塌，边墙及底板易产生鼓胀挤出变形等事故，且需边开挖边支护或超前支护，进而影响工程造价和工期。岩性对工程的影响详见表 1-3-9。

表 1-3-9　岩性对工程的影响

岩性	影响
岩浆岩、厚层坚硬的沉积岩及变质岩	适于修建大型的地下工程
凝灰岩、黏土岩、页岩、胶结不好的沙砾岩、千枚岩及某些片岩	不宜建大型地下工程
松散及破碎的岩石	选址时应尽量避开

（三）地质构造条件

地质构造是控制岩体完整性及渗透性的重要因素，详细内容见表 1-3-10。

表 1-3-10　地质构造的影响

地质构造	影响
褶皱	(1) 在背斜核部，岩层呈上拱形，有利于洞顶的稳定。向斜核部岩层呈倒拱形，顶部被张裂隙切割的岩块上窄下宽，易于塌落 (2) 布置地下工程时，原则上应避开褶皱核部；可以将地下工程放在褶皱的两侧
断裂	(1) 地下工程开挖如遇较大规模的断层，基本上都会产生塌方甚至冒顶（洞顶大规模突然坍塌破坏） (2) 应避免地下工程轴线沿断层带布置。在选址时应尽量避开断层
岩层产状	(1) 应尽量使地下工程位于均质厚层的坚硬岩层中；地下工程必须切穿软硬不同的岩层组合时，应将坚硬岩层作为顶板，避免将软弱岩层或软弱夹层置于顶部，易于造成顶板悬垂或坍塌 (2) 顺倾向一侧的围岩易于变形或滑动，造成很大的偏压；逆倾向一侧围岩侧压力小，有利于稳定

（四）地下水

在选址时最好选在地下水位以上的干燥岩体内，或地下水量不大、无高压含水层的岩体内。

（五）地应力

初始应力状态是决定围岩应力重分布的主要因素。

二、围岩的工程地质分析

岩体变形与破坏的形式多种多样，主要有五种，详见表1-3-11。

表1-3-11　岩体变形与破坏的形式

形式	特点
脆性破裂	经常产生于高地应力地区，它是储存有很大弹性应变能的岩体；与岩石性质、地应力积聚水平及地下工程断面形状等因素有关
块体滑移	块状结构围岩常见的破坏形式；常以结构面交汇切割组合成不同形状的块体滑移、塌落等形式出现
岩层的弯曲折断	层状围岩变形失稳的主要形式： （1）在倾斜层状围岩中：顺倾向一侧边墙或顶拱易滑落掉块；逆倾向一侧拱脚以上部分岩层易弯曲折断 （2）在陡倾或直立岩层中：因洞周的切向应力与边墙岩层近于平行，所以边墙容易凸邦弯曲
碎裂结构岩体	在张力和振动力作用下容易松动、解脱，在洞顶则产生崩落，在边墙上则表现为滑塌或碎块的坍塌；当结构面间夹泥时，往往会产生大规模的塌方，如不及时支护，将越演越烈，直至冒顶
强烈风化、强烈构造破碎或新近堆积的土体	在重力、围岩应力和地下水作用下常产生冒落及塑性变形

三、提高围岩稳定性的措施

（一）支撑与衬砌

（1）支撑是在地下工程开挖过程中用以稳定围岩用的临时性措施。

（2）衬砌是加固围岩的永久性结构。

（二）喷锚支护

喷锚支护是在地下工程开挖后，及时地向围岩表面喷一薄层混凝土（一般厚度为5～20cm），有时再增加一些锚杆。如果喷混凝土再配合锚杆加固围岩，则会更有效地提高围岩自身的承载力和稳定性。

喷混凝土的作用有：

（1）能紧跟工作面，速度快。及时填补围岩表面的裂缝和缺损。使围岩的应力状态得到改善。

（2）浆液能充填张开的裂隙，起着加固岩体的作用，提高了岩体整体性。

（3）起到承载拱的作用。

（三）各类围岩的具体处理方法

各类围岩的具体处理方法见表1-3-12。

表 1-3-12　各类围岩的具体处理方法

围岩类型	处理方法
坚硬的整体围岩	喷混凝土的作用主要是防止围岩表面风化，当地下工程围岩中出现拉应力区时，应采用锚杆稳定围岩
块状围岩	喷混凝土支护即可，但对于边墙部分岩块可能沿某一结构面出现滑动时，应该用锚杆加固
层状围岩	以锚杆为主要的支护手段
软弱围岩	必须立即喷射混凝土，有时还要加钢筋网，然后打锚杆才能稳定围岩

➤ **考分统计**：统计近 10 年该知识点的考核情况，在 2013、2014、2017、2018、2019、2020 年进行了考核。考核频次为 60%。其中 2013 年考核一道单选题，2014 年考核两道单选题、一道多选题，2017 年考核一道单选题、一道多选题，2018 年考核三道单选题，2019 年考核一道单选题，2020 年考核一道单选题。

典型例题

[**2018 真题 · 单选**] 地下工程开挖后，对于软弱围岩优先选用的支护方式为（　　）。

A. 锚索支护　　B. 锚杆支护

C. 喷射混凝土支护　　D. 喷锚支护

[**解析**] 对于软弱围岩，相当于围岩分类中的Ⅳ类和Ⅴ类围岩，一般为强度低、成岩不牢固的软岩，破碎及强烈风化的岩石。该类围岩在地下工程开挖后一般都不能自稳，所以必须立即喷射混凝土，有时还要加锚杆和钢筋网才能稳定围岩。

[**答案**] D

[**2017 真题 · 单选**] 为提高围岩自身的承载力和稳定性，最有效的措施是（　　）。

A. 锚杆支护　　B. 钢筋混凝土衬砌

C. 喷层+钢丝网　　D. 喷层+锚杆

[**解析**] 本题考查提高围岩稳定性的措施。如果喷混凝土再配合锚杆加固围岩，则会更有效地提高围岩和稳定性。

[**答案**] D

[**2017 真题 · 多选**] 围岩变形与破坏的形式多种多样，主要形式及其状况有（　　）。

A. 脆性破裂，常在储存有很大塑性应变能的岩体开挖后发生

B. 块体滑移，常以结构面交汇切割组合成不同形状的块体滑移形式出现

C. 岩层的弯曲折断，是层状围岩应力重分布的主要形式

D. 碎裂结构岩体在洞顶产生崩落，是由于张力和振动力的作用

E. 风化、构造破碎，在重力、围岩应力作用下产生冒落及塑性变形

[**解析**] 本题考查围岩的工程地质分析。脆性破裂是储存有很大弹性应变能的岩体，在开挖卸荷后，能量突然释放形成的。块体滑移，是块状结构围岩常见的破坏形式，常以结构面交汇切割组合成不同形状的块体滑移、塌落等形式出现。岩层的弯曲折断，是层状围岩变形失稳的主要形式。碎裂结构岩体在张力和振动力作用下容易松动、解脱，在洞顶则产生崩落，在边墙上则表现为滑塌或碎块的坍塌。一般强烈风化、强烈构造破碎或新近堆积的土体，在重力、围岩应力和地下水作用下常产生冒落及塑性变形。

[**答案**] BD

［2014 真题·多选］对于软弱，破碎围岩中的隧洞开挖后喷混凝土的主要作用在于（　　）。

A. 及时填补裂缝阻止碎块松动　　B. 防止地下水渗入隧洞

C. 改善开挖面的平整度　　D. 与围岩紧密结合形成承载拱

E. 防止开挖面风化

［解析］本题考查喷射混凝土的作用。喷锚支护能使混凝土喷层与围岩紧密结合，防止围岩的松动和坍塌。喷层与围岩紧密结合，有较高的黏结力和抗剪强度，能在结合面上传递各种应力，可以起到承载拱的作用。

［答案］AD

第四节　工程地质对工程建设的影响

知识点 1 工程地质对工程选址的影响

工程地质对建设工程选址的影响，主要是各种地质缺陷对工程安全和工程技术经济的影响，工程选址要求见表 1-4-1。

表 1-4-1　工程选址要求

工程类型	选址要求
一般中小型建设工程	考虑工程建设一定影响范围内，地质构造和地层岩性等地质问题对工程建设的影响和威胁
大型建设工程	考虑区域地质构造和地质岩性形成的整体滑坡，地下水的性质、状态和活动
特殊重要工程	考虑地区的地震烈度，尽量避免在高烈度地区建设
地下工程	工程地质的影响要考虑区域稳定性的问题，注意避免工程走向与岩层走向交角太小甚至近乎平行
道路选线	(1) 尽量避开断层裂谷边坡，尤其是不稳定边坡 (2) 避开岩层倾向与坡面倾向一致的顺向坡，尤其是岩层倾角小于坡面倾角的 (3) 避免路线与主要裂隙发育方向平行，尤其是裂隙倾向与边坡倾向一致的 (4) 避免经过大型滑坡体、不稳定岩堆和泥石流地段及其下方

➤ 考分统计：统计近 10 年该知识点的考核情况，在 2013、2014、2015、2016、2017、2021 年进行了考核。考核频次为 60%。其中 2013 年考核一道多选题，2014 年考核一道多选题，2015 年考核一道单选题，2016 年考核两道单选题、一道多选题，2017、2021 年各考核一道单选题。

典型例题

［2021 真题·单选］在地下工程选址时，考虑较多的地质问题是（　　）。

A. 区域稳定性　　B. 边坡稳定性

C. 泥石流　　D. 斜坡滑动

［解析］对于地下工程的选址，工程地质的影响要考虑区域稳定性的问题。

［答案］A

［**2017 真题・单选**］大型建设工程的选址，对工程地质的影响还要特别注重考察（ ）。

A. 区域性深大断裂交汇
B. 区域地质构造形成的整体滑坡
C. 区域的地震烈度
D. 区域内潜在的陡坡崩塌

［**解析**］对于大型建设工程的选址，工程地质的影响还要考虑区域地质构造和地质岩性形成的整体滑坡，地下水的性质、状态和活动对地基的危害。

［**答案**］B

［**2016 真题・单选**］道路选线应特别注意避开（ ）。

A. 岩层倾角大于坡面倾角的顺向坡
B. 岩层倾角小于坡面倾角的顺向坡
C. 岩层倾角大于坡面倾角的逆向坡
D. 岩层倾角小于坡面倾角的逆向坡

［**解析**］道路选线应尽量避开断层裂谷边坡，尤其是不稳定边坡；避开岩层倾向与坡面倾向一致的顺向坡，尤其是岩层倾角小于坡面倾角的；避免路线与主要裂隙发育方向平行，尤其是裂隙倾向与边坡倾向一致的；避免经过大型滑坡体、不稳定岩堆和泥石流地段及其下方。

［**答案**］B

［**2016 真题・多选**］工程地质对建设工程选址的影响主要在于（ ）。

A. 地质岩性对工程造价的影响
B. 地质缺陷对工程安全的影响
C. 地质缺陷对工程造价的影响
D. 地质结构对工程造价的影响
E. 地质构造对工程造价的影响

［**解析**］工程地质对建设工程选址的影响，主要是各种地质缺陷对工程安全和工程技术经济的影响。

［**答案**］BC

知识点 2 裂隙（裂缝）、断层对工程选址的影响

（1）裂隙（裂缝）对工程建设的影响主要表现在破坏岩体的整体性，促使岩体风化加快，增强岩体的透水性，使岩体的强度和稳定性降低。

（2）裂隙（裂缝）的主要发育方向与建筑边坡走向平行的，边坡易发生坍塌。裂隙（裂缝）的间距越小，密度越大，对岩体质量的影响越大。

（3）当路线与断层走向平行，路基靠近断层破碎带时，由于开挖路基容易引起边坡发生大规模坍塌，直接影响施工和公路的正常使用。在公路工程建设中，应尽量避开大的断层破碎带。

（4）当隧道轴线与断层走向平行时，应尽量避免与断层破碎带接触。

➢ **考分统计**：统计近 10 年该知识点的考核情况，在 2013、2018、2020 年进行了考核。考核频次为 30%。其中 2013 年考核一道单选题，2018 年考核一道单选题，2020 年考核一道单选题。

典型例题

［**2020 真题・单选**］隧道选线应优先考虑避开（ ）。

A. 裂隙带
B. 断层带
C. 横穿断层
D. 横穿张性裂隙

［**解析**］对于在断层发育地带修建隧道来说，由于岩层的整体性遭到破坏，加之地面水或地下水的侵入，其强度和稳定性都是很差的，容易产生洞顶塌落，影响施工安全。因此，当隧道轴线与断层走向平行时，应尽量避免与断层破碎带接触。

［答案］B

［**2013 真题·单选**］对地下隧道的选线应特别注意避免（　　）。

A. 穿过岩层裂缝

B. 穿过软弱夹层

C. 平行靠近断层破碎带

D. 交叉靠近断层破碎带

［解析］对于在断层发育地带修建隧道来说，由于岩层的整体性遭到破坏，加之地面水或地下水的侵入，其强度和稳定性都是很差的，容易产生洞顶塌落，影响施工安全。因此，当隧道轴线与断层走向平行时，应尽量避免与断层破碎带接触。

［答案］C

知识点 3　工程地质对建筑结构的影响

工程地质对建筑结构的影响，主要是地质缺陷和地下水造成的地基稳定性、承载力、抗渗性、沉降和不均匀沉降等问题，对建筑结构选型、建筑材料选用、结构尺寸和钢筋配置等多方面的影响：

（1）对建筑结构选型和建筑材料选择的影响。

（2）对基础选型和结构尺寸的影响。

（3）对结构尺寸和钢筋配置的影响。

➤ **考分统计**：统计近 10 年该知识点的考核情况，在 2015 年考核了一道多选题，2019 年考核一道单选题。考核频次为 20%。

典型例题

［**2019 真题·单选**］工程地质情况影响建筑结构的基础选型，在多层住宅基础选型中，出现较多的情况是（　　）。

A. 按上部荷载本可选片筏基础的，因地质缺陷而选用条形基础

B. 按上部荷载本可选条形基础的，因地质缺陷而选用片筏基础

C. 按上部荷载本可选箱形基础的，因地质缺陷而选用片筏基础

D. 按上部荷载本可选桩基础的，因地质缺陷而选用条形基础

［解析］由于地基土层松散软弱或岩层破碎等工程地质原因，不能采用条形基础，而要采用片筏基础甚至箱形基础。对较深松散地层有的要采用桩基础加固，还要根据地质缺陷的不同程度，加大基础的结构尺寸。

［答案］B

知识点 4　工程地质对工程造价的影响

地质资料准确性风险属于发包人应承担的风险范围，工程地质勘察不符合实际建设条件，必然会带来工程变更，导致工程造价增加。

工程地质对工程造价的影响有三方面：

（1）选择工程地质条件有利的路线，对工程造价起着决定作用。

（2）勘察资料的准确性直接影响工程造价。

（3）由于对特殊不良工程地质问题认识不足导致的工程造价增加。

同步强化训练

一、单项选择题（每题的备选项中，只有1个最符合题意）

1. 下列岩石中属于深成岩的是（　　）。

A. 白云岩　　B. 石英岩　　C. 花岗岩　　D. 玄武岩

2. 下列对于褶皱构造的叙述，不正确的是（　　）。

A. 绝大多数褶皱构造是在水平挤压力作用下形成的

B. 背斜褶曲是以褶曲轴为中心向两翼倾斜

C. 对于背斜褶曲，当地面受到剥蚀而露出时，较老的岩层出现在褶曲的轴部

D. 对于向斜褶曲，当地面受到剥蚀而露出时，较新的岩层出现在褶曲的两翼

3. 对于断层的叙述，错误的是（　　）。

A. 断层的四要素是断层面、断层线、断盘、断距

B. 断层线的形态决定断层面的形状和地面的起伏情况

C. 当断层面直立时则无上盘、下盘之分

D. 断距是指岩层原来相连的两点，沿断层面错开的距离

4. 在有褶皱构造的地区进行隧道工程设计，选线的基本原则是（　　）。

A. 尽可能沿褶曲构造的轴部　　B. 尽可能沿褶曲构造的翼部

C. 尽可能沿褶曲构造的向斜轴部　　D. 尽可能沿褶曲构造的背斜核部

5. 岩体沿某一结构面产生整体滑动时，则岩体强度完全受控于（　　）。

A. 岩体的整体性　　B. 层面错动幅度

C. 结构面强度　　D. 节理裂隙的发育度

6. 在岩石的三项强度中，下列说法正确的是（　　）。

A. 岩石的抗压强度最高，抗剪强度居中，抗拉强度最小

B. 岩石的抗剪强度最高，抗压强度居中，抗拉强度最小

C. 岩石的抗拉强度最高，抗剪强度居中，抗压强度最小

D. 岩石的抗压强度最高，抗拉强度居中，抗剪强度最小

7. 某竣工验收合格的引水渠工程，初期通水后两岸坡体出现了很长的纵向裂缝，并且局部地面下沉，该地区土质可能为（　　）。

A. 红黏土　　B. 软岩

C. 砂土　　D. 湿陷性黄土

8. 对黏性土的说法，正确的是（　　）。

A. 塑性指数越大，可塑性就越低　　B. 液性指数越大，土质越软

C. 塑性指数越大，土质越硬　　D. 液性指数越大，可塑性就越低

9. 对地震和地震波的叙述，错误的是（　　）。

A. 震中是指震源在地面上的垂直投影

B. 纵波的质点振动方向与震波传播方向一致，周期短、振幅大、传播速度快

C. 横波的质点振动方向与震波传播方向垂直，周期长、振幅大、传播速度较慢

D. 面波沿地面附近传播，传播速度最慢

10. 不受气候影响的地下水是（　　）。

A. 包气带水　　B. 潜水　　C. 承压水　　D. 裂隙水

11. 常以泉水形成出现，主要受大气降水的补给，有明显季节性循环交替的地下裂隙水是（　　）。

A. 风化裂隙水　　B. 成岩裂隙水

C. 层状构造裂隙水　　D. 脉状构造裂隙水

12. 防止滑坡体下滑的有效措施是（　　）。

A. 在滑坡体上方筑挡土墙　　B. 在滑坡体坡脚筑抗滑桩

C. 在滑坡体下方修截水设施　　D. 在滑坡体坡脚挖截水沟

13. 关于常见工程地质问题与防治，下列说法错误的是（　　）。

A. 对不满足承载力要求的松散土层，可以挖除

B. 风化一般在地基表层，可以挖除，破碎岩层则不可以挖除

C. 对于影响地基承载能力和抗渗要求的，可以用水泥浆注浆加固或防渗

D. 采用固结灌浆等措施可以改善滑动面和滑坡体的抗滑性能

14. 流砂是一种不良的工程地质现象，在基坑底部，尤其是靠近围护桩墙的地方，常会出现一堆粉细砂缓缓冒起，仔细观察，可以看到粉细砂堆中形成许多小小的排水沟，按严重程度这种流砂现象是（　　）。

A. 轻微流砂　　B. 严重流砂

C. 中等流砂　　D. 破坏性流砂

15. 机械潜蚀在（　　）的土层中施工建筑物基础时，可能出现。

A. 渗流水力坡度大于临界水力坡度

B. 渗流水力坡度等于临界水力坡度

C. 动水压力小于土颗粒有效重度

D. 动水压力大于土颗粒有效重度

16. 下列边坡岩体中，边坡的稳定性较高的是（　　）。

A. 喷出岩如玄武岩、凝灰岩等构成的边坡

B. 侵入岩、沉积岩及片麻岩、石英岩等构成的边坡

C. 含有黏土质页岩、泥岩、泥灰岩等夹层的沉积岩构成的边坡

D. 千枚岩、板岩及片岩构成的边坡

17. 特殊重要的工业、能源、国防、科技和教育等方面新建项目的工程选址要高度重视地区的（　　）。

A. 地层岩性　　B. 地质构造

C. 地震烈度　　D. 岩层倾角

18. 由于受工程地质的影响，建筑物由框架结构变为筒体结构，这属于工程地质（　　）。

A. 对建筑结构选型的影响　　B. 对建筑材料选择的影响

C. 对基础选型的影响　　D. 对结构尺寸及配筋的影响

二、多项选择题（每题的备选项中，有 2 个或 2 个以上符合题意，至少有 1 个错项）

1. 下盘沿断层面相对下降，这类断层大多是（　　）。

A. 受到水平方向强烈张应力形成的

B. 受到水平方向强烈挤压力形成的

C. 断层线与褶皱轴的方向基本一致

D. 断层线与拉应力作用方向基本垂直

E. 断层线与压应力作用方向基本平行

2. 根据埋藏条件，地下水分为（　　）。

A. 孔隙水　　B. 包气带水

C. 潜水　　D. 承压水

E. 裂隙水

3. 下列描述中，属于潜水特征的有（　　）。

A. 潜水面以上无稳定的隔水层存在，大气降水和地表水可直接渗入，成为潜水的主要补给来源

B. 受气候影响小，季节性明显，变化大

C. 自水位较高处向水位较低处渗流

D. 大多数的情况下潜水的分布区与补给区是不一致的

E. 潜水面坡度经常小于当地的地面坡度

4. 松散、软弱土层可采用措施（　　）。

A. 在上部刷方减重

B. 可灌水泥浆

C. 可灌水泥黏土浆

D. 用砂、砂砾、碎石或块石等置换

E. 预制桩或灌注桩、地下连续墙或沉井等加固

5. 地下水的浮托作用，以下说法正确的有（　　）。

A. 如果基础位于碎石土和节理裂隙发育的岩石地基上，则按地下水位100%计算浮托力

B. 如果基础位于粉土、砂土的岩石地基上，则按地下水位50%计算浮托力

C. 如果基础位于节理裂隙不发育的岩石地基上，则按地下水位100%计算浮托力

D. 如果基础位于节理裂隙不发育的岩石地基上，则按地下水位50%计算浮托力

E. 如果基础位于黏性土地基上，其浮托力较难确切地确定

6. 地下水对边坡岩体稳定的影响，正确的有（　　）。

A. 地下水会产生水压力，促使岩体下滑或崩塌

B. 地下水增加了岩体重量，从而增大抗滑力

C. 地下水产生浮托力，使岩体有效重量减轻，从而减小下滑力

D. 地下水会使岩石软化或溶蚀，导致上覆岩体塌陷，导致崩塌或滑坡

E. 在寒冷地区，裂隙中水结冰，产生膨胀压力，促使岩体破坏倾倒

7. 一般中小型建设工程的选址，工程地质的影响主要考虑（　　）形成的地质问题对工程建设的影响和威胁。

A. 工程建设一定影响范围内地质构造

B. 区域地质构造

C. 工程建设一定影响范围内地层岩性

D. 区域地质岩性

E. 土体松软

8. 工程地质主要影响建筑的（　　）。

A. 结构选型　　B. 建筑造型

C. 结构尺寸　　D. 材料选用

E. 钢筋配置

参考答案及解析

一、单项选择题

1. ［答案］C

［解析］侵入岩分为浅成岩和深成岩。其中深成岩有：花岗岩、正长岩、闪长岩、辉长岩。

2. ［答案］D

［解析］背斜褶曲是岩层向上拱起的弯曲，以褶曲轴为中心向两翼倾斜。当地面受到剥蚀而出露有不同地质年代的岩层时，较老的岩层出现在褶曲的轴部，从轴部向两翼，依次出现的是渐新的岩层。向斜褶曲，是岩层向下凹的弯曲，其岩层的倾向与背斜相反，两翼的岩层都向褶曲的轴部倾斜。当地面遭受剥蚀，在褶曲轴部出露的是较新的岩层，向两翼依次出露的是较老的岩层。

3. ［答案］B

［解析］选项A，断层一般由四个部分组成：①断层面和破碎带；②断层线；③断盘；④断距。选项B，断层线是断层面与地面的交线，表示断层的延伸方向，其形状决定于断层面的形状和地面的起伏情况，所以应该是断层面的形状和地面的起伏情况决定断层的形状。选项C，断层面是指两侧岩块发生相对位移的断裂面，可以是直立的，也可以是倾斜的。当断层面倾斜时，位于断层面上部的称为上盘；位于断层面下部的称为下盘。若断层面直立则无上下盘之分。选项D，断距断层两盘相对错开的距离。

4. ［答案］B

［解析］对于隧道工程来说，褶曲构造的轴部是岩层倾向发生显著变化的地方，是岩层应力最集中的地方，容易遇到工程地质问题，主要是由于岩层破碎而产生的岩体稳定问题和向斜轴部地下水的问题。因而，隧道一般从褶曲的翼部通过是比较有利的。

5. ［答案］C

［解析］岩体是由结构面和各种形状岩石块体组成的，一般情况下，岩体强度是二者共同影响表现出来的强度。如当岩体中结构面不发育，呈完整结构时，岩石的强度可视为岩体强度。如果岩体沿某一结构面产生整体滑动时，则岩体强度完全受结构面强度控制。

6. ［答案］A

［解析］三项强度中，岩石的抗压强度最高，抗剪强度居中，抗拉强度最小。抗剪强度一般为抗压强度的10%～40%，抗拉强度仅是抗压强度的2%～16%。岩石越坚硬，其值相差越大，软弱岩石的差别较小。

7. ［答案］D

［解析］在自重湿陷性黄土地区修筑渠道，初次放水时就可能产生地面下沉，两岸出现与渠道平行的裂缝。

8. ［答案］B

［解析］液限和塑限的差值称为塑性指数，塑性指数越大，可塑性就越强。黏性土的天然含水量和塑限的差值与塑性指数之比，称为液性指数，液性指数越大，土质越软。

9. ［答案］B

［解析］体波分为纵波和横波，纵波的质点振动方向与震波传播方向一致，周期短、振幅小、传播速度快；横波的质点振动方向与震波传播方向垂直，周期长、振幅大、传播速度较慢。体波经过反射、折射而沿地面附近传播的波称为面波，面波的传播速度最慢。

10. ［答案］C

［解析］承压水是因为限制在两个隔水层之间而具有一定压力，特别是含水层透水性越好，压力越大，人工开凿后能自流到地表。因有隔水顶板存在，承压水不受气候的影响，动态稳定，不易受污染。

11. ［答案］A

［解析］风化裂隙水主要受大气降水的补给，有明显季节性循环交替，常以泉水的形式排泄于河流中。

12. ［答案］B

［解析］滑坡的发生往往与水有很大关系，

渗水降低滑坡体尤其是滑动控制面的摩擦系数和黏聚力，要注重在滑坡体上方修筑截水设施，在滑坡体下方筑好排水设施；经过论证方可以在滑坡体的上部刷方减重以防止滑坡，未经论证不要轻易扰动滑坡体。不能在上部刷方减重的，可考虑在滑坡体坡脚采用挡土墙、抗滑桩等支挡措施，也可采用固结灌浆等措施改善滑动面和滑坡体的抗滑性能。

13. [答案] B

[解析] 选项B，风化一般在地基表层，可以挖除。破碎岩层有的较浅，可以挖除；有的埋藏较深，如断层破碎带，可以用水泥浆灌浆加固或防渗；风化、破碎处于边坡影响稳定的，可根据情况采用喷混凝土或挂网喷混凝土护面，必要时配合注浆和锚杆加固。

14. [答案] C

[解析] 流砂是一种不良的工程地质现象。在建筑物深基础工程和地下建筑工程的施工中遇到的流砂现象，按其严重程度可分下列三种：轻微流砂，中等流砂，严重流砂。在基坑底部，尤其是靠近围护桩墙的地方，常会出现一堆粉细砂缓缓冒起，仔细观察，可以看到粉细砂堆中形成许多小小的排水沟，冒出的水夹带着细小土粒在慢慢地流动。这种现象的流砂为中等流砂。

15. [答案] C

[解析] 地下水渗流产生的动水压力小于土颗粒有效重度，即渗流水力坡度小于临界水力坡度，虽然不会产生流砂现象，但是土中细小颗粒仍有可能穿过粗颗粒之间的孔隙被渗流携带而走。时间长了，将在土层中形成管状空洞，使土体结构破坏，强度降低，压缩性增加，这种现象称为机械潜蚀。

16. [答案] B

[解析] 对于深成侵入岩、厚层坚硬的沉积岩以及片麻岩、石英岩等构成的边坡，一般稳定程度是较高的。

17. [答案] C

[解析] 特殊重要的工业、能源、国防、科技和教育等方面新建项目的工程选址，还要考虑地区的地震烈度，尽量避免在高烈度地区建设。

18. [答案] A

[解析] 对建筑结构选型和建筑材料选择的影响。例如，按功能要求可以选用砖混结构的、框架结构的，因工程地质原因造成的地基承载力、承载变形及其不均匀性的问题，要采用框架结构、筒体结构。

二、多项选择题

1. [答案] BC

[解析] 断层基本类型：①正断层是上盘沿断层面相对下降，下盘相对上升的断层。②逆断层是上盘沿断层面相对上升，下盘相对下降的断层。它一般是由于岩体受到水平方向强烈挤压力的作用，使上盘沿断面向上错动而成。断层线的方向常和岩层走向或褶皱轴的方向近于一致，和压应力作用的方向垂直。③平推断层是两盘沿断层面发生相对水平位移的断层。其倾角一般是近于直立的。本题是逆断层，故选BC。

2. [答案] BCD

[解析] 根据埋藏条件，地下水分为包气带水、潜水和承压水。

3. [答案] ACE

[解析] 潜水有两个特征：①潜水面以上无稳定的隔水层存在，大气降水和地表水可直接渗入，成为潜水的主要补给来源；②潜水自水位较高处向水位较低处渗流。在山脊地带潜水位的最高处可形成潜水分水岭，自此处潜水流向不同的方向。选项B属于包气带水的特征；选项D中大多数的情况下潜水的分布区与补给区是一致的。

4. [答案] BCDE

[解析] 松散、软弱土层可采用措施：对不满足承载力要求的松散土层，如砂和砂砾石地层等，可挖除，也可采用固结灌浆、预制桩或灌注桩、地下连续墙或沉井等加固；淤泥及淤泥质土，可挖除，也可采用振冲等方法用砂、砂砾、碎石或块石等置换。对不满

足抗渗要求的，可灌水泥浆或水泥黏土浆，或地下连续墙防渗。对于影响边坡稳定的，可喷射混凝土或用土钉支护。

5. ［答案］ADE

［解析］如果基础位于粉土、砂土、碎石土和节理裂隙发育的岩石地基上，则按地下水位100％计算浮托力；如果基础位于节理裂隙不发育的岩石地基上，则按地下水位50％计算浮托力；如果基础位于黏性土地基上，其浮托力较难确切地确定，应结合地区的实际经验考虑。

6. ［答案］ADE

［解析］地下水的作用是很复杂的，主要表现在以下几个方面：①地下水会使岩石软化或溶蚀，导致上覆岩体塌陷，进而发生崩塌或滑坡。②地下水产生静水压力或动水压力，促使岩体下滑或崩倒。③地下水增加了岩体重量，可使下滑力增大。④在寒冷地区，渗入裂隙中的水结冰，产生膨胀压力，促使岩体破坏倾倒。⑤此外，地下水产生浮托力，使岩体有效重量减轻，稳定性下降。

7. ［答案］AC

［解析］一般中小型建设工程的选址，工程地质的影响主要是在工程建设一定影响范围内，地质构造和地层岩性形成的土体松软、湿陷、湿胀、岩体破碎、岩石风化和潜在的斜坡滑动、陡坡崩塌、泥石流等地质问题对工程建设的影响和威胁。

8. ［答案］ACDE

［解析］工程地质对建筑结构的影响，主要是地质缺陷和地下水造成的地基稳定性、承载力、抗渗性、沉降和不均匀沉降等问题，对建筑结构选型、材料选用、结构尺寸和钢筋配置等多方面的影响。

第二章　工程构造

本章主要包括：工业与民用建筑；道路、桥梁、涵洞以及地下工程。每年考查分值约19分。本章内容比较稳定，知识点比较成熟。考试中以工业与民用建筑为主，道路、桥梁、地下工程部分的知识复习以重点内容为主。

知识脉络

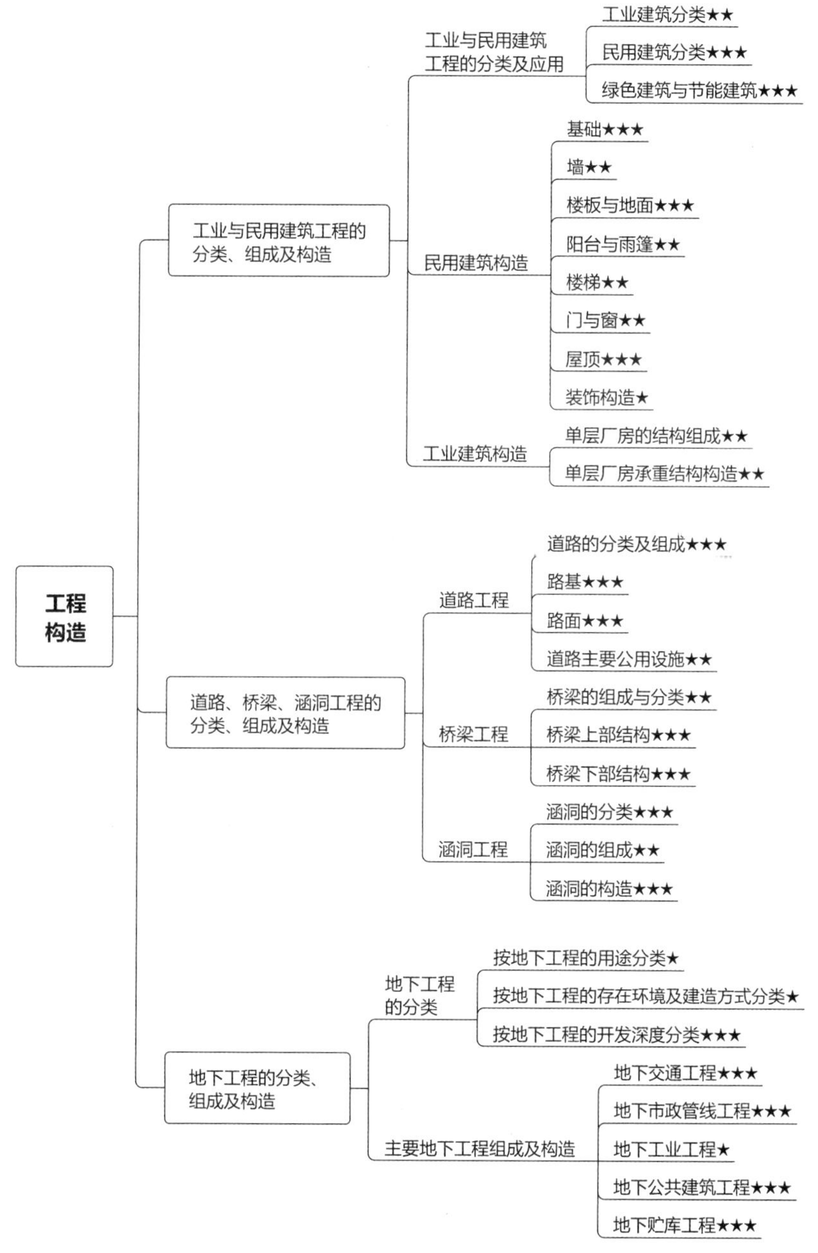

考情分析

近四年真题分值分布统计表（单位：分）

节序	节名	2021 年		2020 年		2019 年		2018 年	
		单选	多选	单选	多选	单选	多选	单选	多选
第一节	工业与民用建筑工程的分类、组成及构造	5	6	5	6	5	6	5	6
第二节	道路、桥梁、涵洞工程的分类、组成及构造	4	2	4	2	4	2	4	2
第三节	地下工程的分类、组成及构造	2	0	2	0	2	0	2	0
小结		11	8	11	8	11	8	11	8
		19		19		19		19	

第一节　工业与民用建筑工程的分类、组成及构造

知识点 1 建筑分类

建筑分类见图 2-1-1。

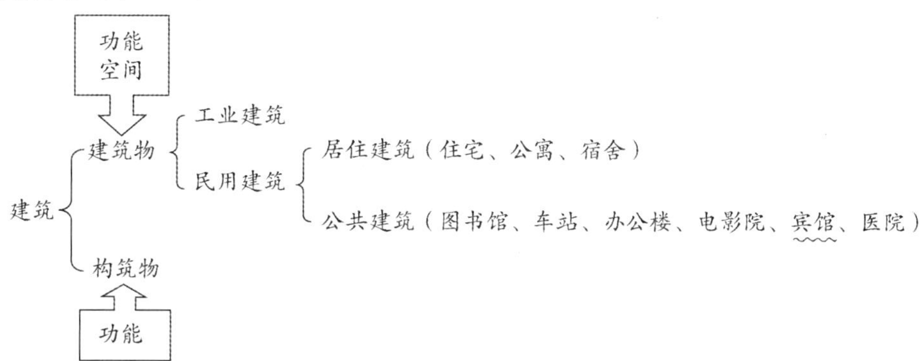

图 2-1-1　建筑分类

➤ **考分统计**：统计近 10 年该知识点的考核情况，在 2015、2021 年各考核了一道单选题。考核频次为 20%。

典型例题

[**2021 真题·单选**] 与建筑物相比，构筑物的主要特征是（　　）。

A. 供生产使用　　B. 供非生产使用

C. 满足功能需求　　D. 占地面积小

[**解析**] 建筑一般包括建筑物和构筑物，满足功能要求并提供活动空间和场所的建筑称为建筑物，是供人们生活、学习、工作、居住以及从事生产和文化活动的房屋，如工厂、住宅、学校、影剧院等；仅满足功能要求的建筑称为构筑物，如水塔、纪念碑等。

[**答案**] C

知识点 2 工业建筑分类

一、按厂房层数分

工业建筑按厂房层数分类及适用范围见表 2-1-1。

表 2-1-1　工业建筑按厂房层数分类及适用范围

分类	适用范围
单层厂房	适用于大型机器设备或有重型起重运输设备的厂房
多层厂房 （常用层数 2～6）	生产设备及产品较轻，可沿垂直方向组织生产的厂房
混合层数厂房	多用于化学工业、热电站的主厂房

二、按工业建筑用途分

工业建筑按用途分类及示例见表 2-1-2。

表 2-1-2　工业建筑按用途分类及示例

分类	示例
生产厂房	铸工车间、电镀车间、热处理车间、机械加工车间和装配车间等
生产辅助厂房	修理车间、工具车间等
动力用厂房	发电站、变电所、锅炉房等
储存用建筑	金属材料库、木材库、油料库、半成品库、成品库
运输用建筑	汽车库、机车库、起重车库、消防车库

三、按主要承重结构形式分

（一）排架结构型

排架结构型的厂房承重柱的柱顶与屋架（屋架梁）为铰接连接，柱下端嵌固于基础中。是目前单层厂房中最基本、应用最普遍的结构形式。排架结构见图 2-1-2。

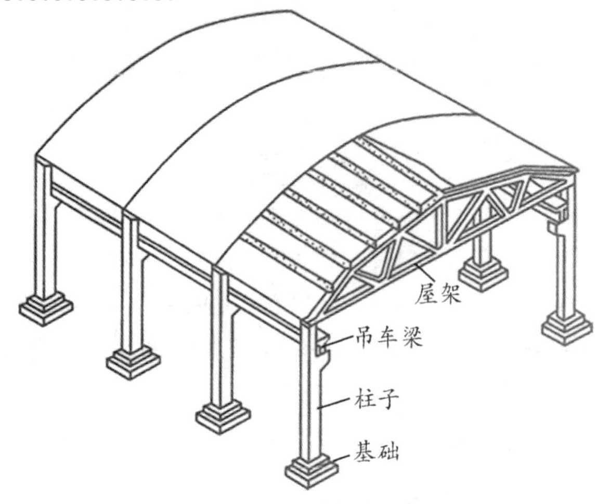

图 2-1-2　排架结构

（二）刚架结构型

刚架结构型的柱和屋架合并为同一个刚性构件，柱与基础的连接通常为铰接。一般重型单层厂房多采用刚架结构。钢架结构见图 2-1-3。

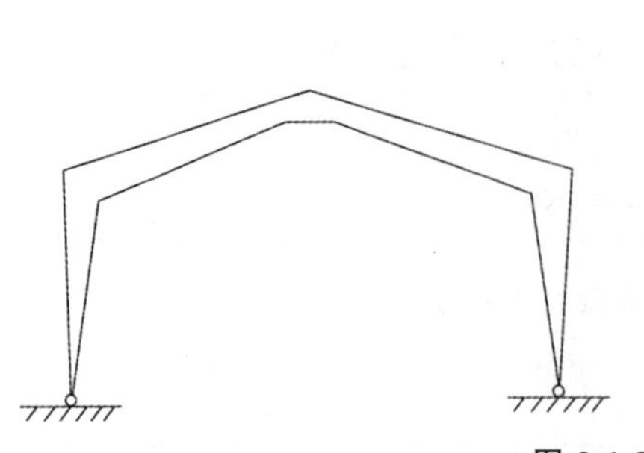

图 2-1-3　刚架结构

（三）空间结构型

常见的空间结构型有：膜结构（见图 2-1-4）、网架结构、薄壳结构、悬索结构等。

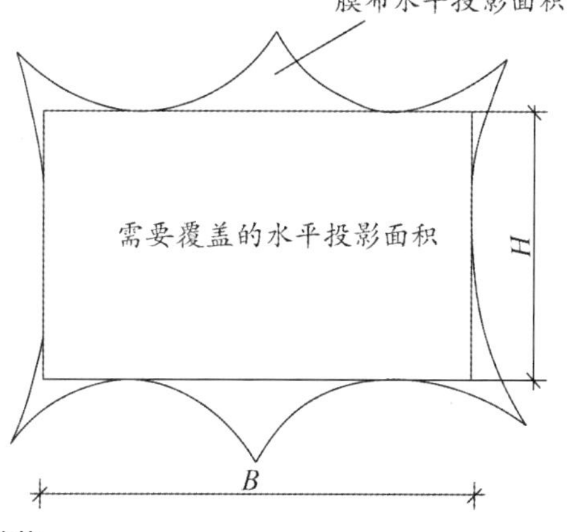

图 2-1-4　膜结构

四、按车间生产状况分

工业建筑按车间生产状况分类及示例见表 2-1-3。

表 2-1-3　工业建筑按车间生产状况分类及示例

分类	示例
冷加工车间（常温状态）	金工车间、修理车间等
热加工车间	机械制造类的铸造、锻压、热处理等车间
恒温恒湿车间	精密仪器、纺织等车间
洁净车间	药品生产车间、集成电路车间等
其他特种状况	防放射性物质、防电磁波干扰等车间

➤ **考分统计**：统计近 10 年该知识点的考核情况，在 2013、2019、2020 年进行了考核。考核频次为 30%。其中 2013 年考核一道单选题，2019 年考核一道单选题，2020 年考核一道单选题。

典型例题

［**2019 真题·单选**］柱与屋架铰接连接的工业建筑结构是（　　）。

A. 网架结构　　B. 排架结构

C. 钢架结构　　D. 空间结构

［**解析**］排架结构型是将厂房承重柱的柱顶与屋架或屋面梁作铰接连接，而柱下端则嵌固于基础中，构成平面排架，各平面排架再经纵向结构构件连接组成一个空间结构，它是目前单层厂房中最基本、应用最普遍的结构形式。

［**答案**］B

知识点 3　民用建筑分类

一、按建筑的层数和高度分

民用建筑按地上建筑高度或层数进行分类应符合表 2-1-4 的规定。

表 2-1-4　民用建筑按地上建筑高度或层数分类

建筑高度或层数	分类
建筑高度≤27.0m 的住宅建筑 建筑高度≤24.0m 的公共建筑 建筑高度>24.0m 的单层公共建筑	低层或多层民用建筑
建筑高度>27.0m 的住宅建筑 建筑高度>24.0m 的非单层公共建筑	高层民用建筑
建筑高度>100.0m	超高层建筑

➤ **总结**：住宅和公共建筑的分类见图 2-1-5。

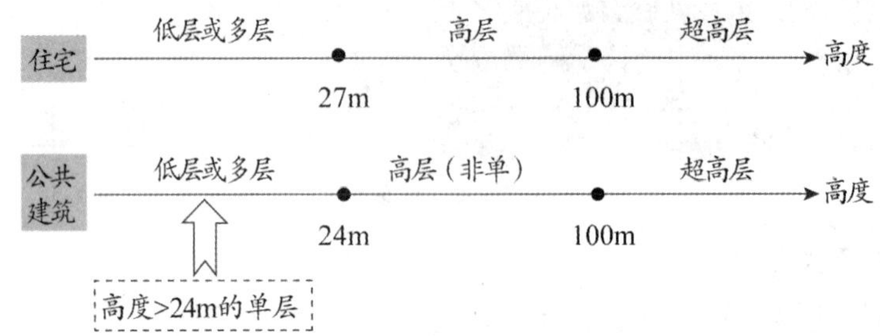

图 2-1-5　住宅和公共建筑的分类

二、按建筑的设计使用年限分

建筑结构的设计基准期应为 50 年，民用建筑的设计使用年限应符合表 2-1-5 的规定。

表 2-1-5　民用建筑设计使用年限分类

类别	设计使用年限/年	示例
1	5	临时性建筑
2	25	易于替换结构构件的建筑
3	50	普通建筑和构筑物
4	100	纪念性建筑和特别重要的建筑

三、按建筑物的承重结构材料分

（1）木结构：现代木结构具有绿色环保、节能保温、建造周期短、抗震耐久等诸多优点，是我国装配式建筑发展的方向之一。所谓现代木结构建筑是指建筑的主要结构部分由木方、集成材、木质板材所构成的结构系统。构件连接节点采用金属连接件连接。从结构形式上分，一般分为重型梁柱木结构和轻型桁架木结构。

（2）砖木结构：适用于低层建筑（1～3 层）。

（3）砖混结构：适合开间进深较小、房间面积小、多层或低层的建筑。

（4）钢筋混凝土结构：①主要承重构件（梁、板、柱）采用钢筋混凝土材料；②非承重墙：砖砌或其他轻质材料。

（5）钢结构：强度高、自重轻、整体刚性好、变形能力强、抗震性能好，适用于建造大跨度和超高、超重型的建筑物。

（6）型钢混凝土组合结构：①比传统的钢筋混凝土结构承载力大、刚度大、抗震性能好；②与钢结构相比，具有防火性能好，结构局部和整体稳定性好，节省钢材的优点；③应用于大型结构中，力求截面最小化，承载力最大，节约空间，但是造价比较高。

四、按建筑物的施工方法分

（1）现浇、现砌式。

（2）装配式建筑见图 2-1-6。

图 2-1-6　装配式建筑

1）装配式混凝土结构建筑。

①构件的装配方法一般有现场后浇叠合层混凝土、钢筋锚固后浇混凝土连接等，钢筋连接可采用套筒灌浆连接、焊接、机械连接及预留孔洞搭接连接等做法。装配式混凝土建筑是建筑工业化最重要的方式，具有提高质量、缩短工期、节约能源、减少消耗、清洁生产等许多优点。

②按照预制构件的预制部位不同可以分为全预制装配式混凝土结构体系和预制装配整体式混凝土结构体系，两者的特点见表 2-1-6。

表 2-1-6　全预制装配式混凝土结构体系和预制装配整体式混凝土结构体系的特点

项目	特点
全预制装配式混凝土结构体系	通常采用柔性连接技术
	恢复性能好，震后只需对连接部位进行修复即可继续使用，具有较好的经济效益
	主要优点是生产效率高，施工速度快，构件质量好，受季节性影响小，在建设量较大而又相对稳定的地区，采用工厂化生产可以取得较好的效果
预制装配整体式混凝土结构体系	通常采用强连接节点
	能够达到与现浇混凝土现浇结构相同或相近的抗震能力，具有良好的整体性能，足够的强度、刚度和延性，能安全抵抗地震力
	主要优点是生产基地一次投资比全装配式少，适应性大，节省运输费用，便于推广。在一定条件下也可以缩短工期，实现大面积流水施工，结构的整体性良好，并能取得较好的经济效果

2）装配式钢结构建筑。

装配式钢结构建筑适用于构件的工厂化生产，可以将设计、生产、施工、安装一体化。具有自重轻、基础造价低、安装容易、施工快、施工污染环境少、抗震性能好、可回收利用、经济环保等特点，适用于软弱地基。

3）装配式木结构建筑。

装配式木结构建筑采用工厂预制的各类标准或非标准木制结构组件，是以现场装配为主要手段建造而成的结构，包括装配式纯木结构、装配式木组合结构、装配式木混合结构等。

五、按建筑物的承重体系分

（一）混合结构体系

混合结构见图 2-1-7。

混合结构根据承重墙所在的位置，划分为纵墙承重和横墙承重两种方案，详见表 2-1-7。大多用在住宅、办公楼、教学楼建筑中，住宅建筑最适合采用混合结构，一般在 6 层以下。

表 2-1-7　混合结构承重方案

承重方案	受力情况	优缺点
纵墙承重	楼板支承于梁上	开间相对大些，使用灵活
横墙承重	楼板直接支承在横墙上	横向刚度大，整体性好，但平面使用灵活性差

（二）框架结构体系

框架结构见图 2-1-8。框架结构体系优缺点见表 2-1-8。

图 2-1-7　混合结构

图 2-1-8　框架结构

表 2-1-8　框架结构体系优缺点

优缺点	内容
优点	建筑平面布置灵活，可形成较大的建筑空间，建筑立面处理也比较方便
缺点	侧向刚度较小，当层数较多时，会产生较大的侧移，易引起非结构性构件（如隔墙、装饰等）破坏，而影响使用

（三）剪力墙体系

剪力墙结构见图 2-1-9。其优缺点见表 2-1-9。剪力墙一般为钢筋混凝土墙，厚度不小于 160mm，剪力墙的墙段长度一般不超过 8m，适用于小开间的住宅和旅馆等。在 180m 高的范围内都可以适用。

图 2-1-9　剪力墙结构

表 2-1-9　剪力墙体系优缺点

优缺点	内容
优点	侧向刚度大，水平荷载作用下侧移小
缺点	间距小，建筑平面布置不灵活，不适用于大空间的公共建筑，结构自重也较大

（四）框架-剪力墙结构体系

框架-剪力墙结构见图 2-1-10。

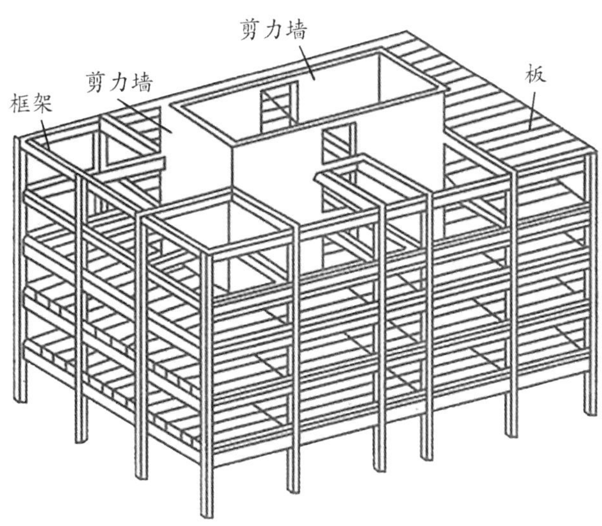

图 2-1-10　框架-剪力墙结构

(1) 剪力墙主要承受水平荷载（至少承受 80%的水平荷载）。竖向荷载主要由框架承担。

(2) 一般适用于不超过 170m 高的建筑。

(五) 筒体结构体系

筒体结构见图 2-1-11。

(1) 筒体结构是抵抗水平荷载最有效的结构体系。

(2) 筒体结构可分为框架-核心筒结构、筒中筒和多筒结构等。

(3) 内筒一般由电梯间、楼梯间组成。

(4) 适用于高度不超过 300m 的建筑。

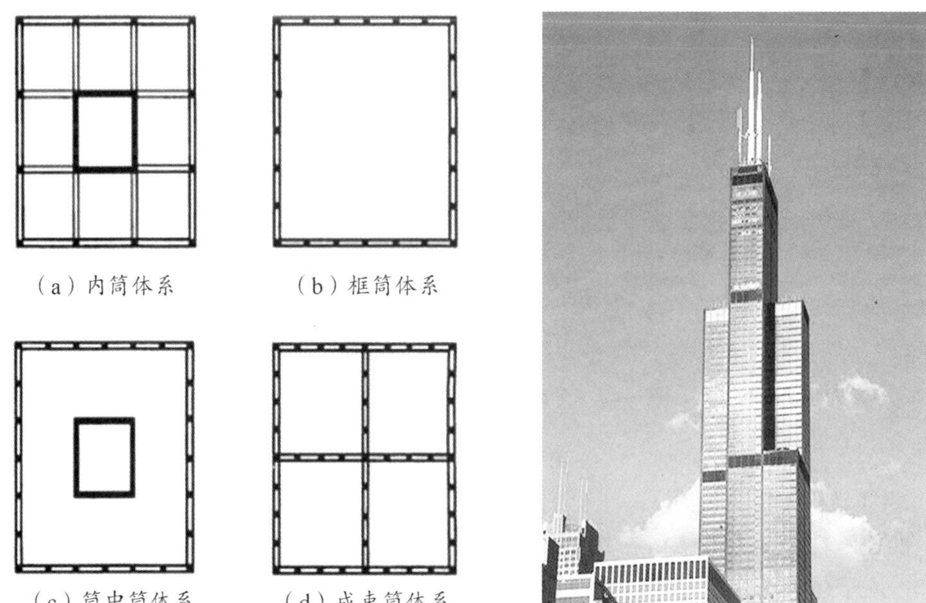

图 2-1-11　筒体结构

➤ **总结**：结构体系适用高度见图 2-1-12。适用高度、侧向刚度、抵抗水平荷载都是从左向右依次增大。

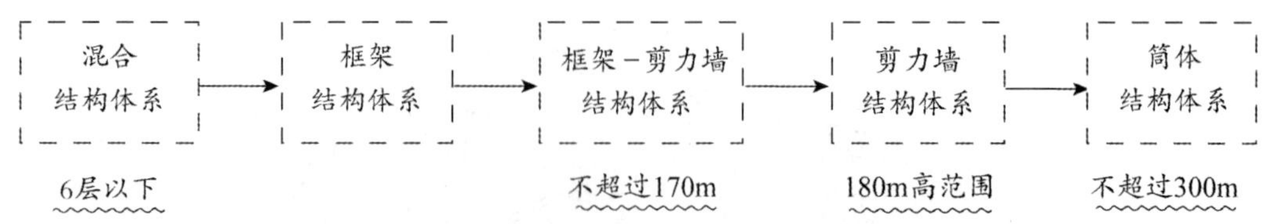

图 2-1-12　结构体系适用高度

（六）桁架结构体系

（1）杆件只有轴向力，其材料的强度可得到充分发挥。

（2）优点是利用截面较小的杆件组成截面较大的构件。

（3）同样高跨比的屋架，当上下弦呈三角形时，弦杆内力最大；当上弦节点在拱形线上时，弦杆内力最小。一般屋架为平面结构，平面外刚度非常弱。桁架结构屋架见图2-1-13。

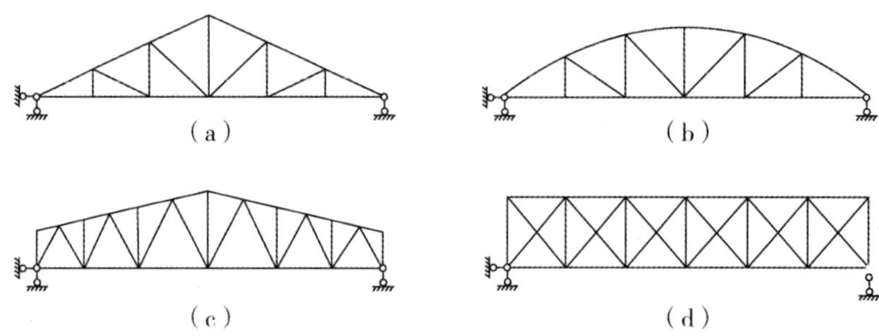

图 2-1-13　桁架结构屋架

（七）网架结构体系

（1）高次超静定的空间结构。

（2）优点：空间受力体系，杆件主要承受轴向力，受力合理，节约材料，整体性能好，刚度大，抗震性能好。杆件类型少，适用于工业化生产。网架结构见图 2-1-14。

图 2-1-14　网架结构

（八）拱式结构体系

（1）拱是一种有推力的结构，其主要内力是轴向压力。拱式结构见图 2-1-15。

（2）适用于体育馆、展览馆等建筑中。

图 2-1-15　拱式结构

(九) 悬索结构体系

(1) 悬索结构主要承重构件是受拉的钢索，钢索是用高强度钢绞线或钢丝绳制成。悬索结构见图 2-1-16。

(2) 悬索屋盖结构的跨度已达 160m，主要用于体育馆、展览馆中。

图 2-1-16　悬索结构

(十) 薄壁空间结构体系

薄壁空间主要承受曲面内的轴向压力。薄壳常用于大跨度的屋盖结构，如展览馆、俱乐部、飞机库等。薄壁空间结构见图 2-1-17。

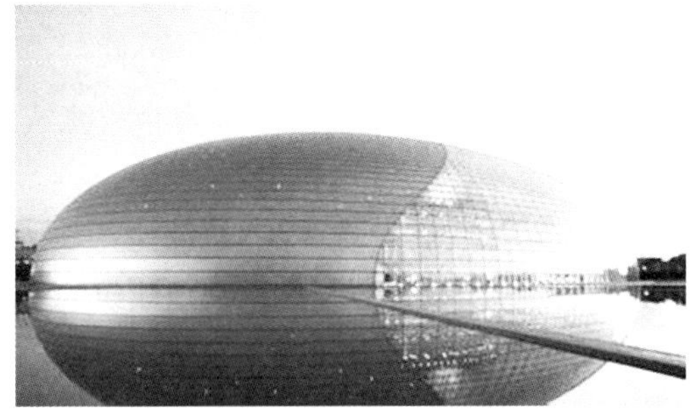

图 2-1-17　薄壁空间结构

➤ **考分统计**：统计近 10 年该知识点的考核情况，在 2012、2013、2014、2015、2016、2017、2018、2019、2020、2021 年进行了考核。考核频次为 100%。其中 2012 年考核一道单选题，2013 年考核一道多选题，2014 年考核一道单选题，2015 年考核一道单选题，2016 年考核两道单选题，2017 年考核一道单选题，2018 年考核一道单选题，2019 年考核一道多选题，2020 年考核一道单选题、一道多选题，2021 年考核一道多选题。

典型例题

[**2020 真题·单选**] 目前多层住宅房楼房多采用（　　）。

A. 砖木结构　　B. 砖混结构

C. 钢筋混凝土结构　　D. 木结构

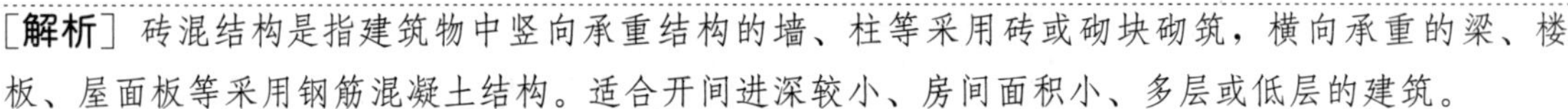

[解析] 砖混结构是指建筑物中竖向承重结构的墙、柱等采用砖或砌块砌筑，横向承重的梁、楼板、屋面板等采用钢筋混凝土结构。适合开间进深较小、房间面积小、多层或低层的建筑。

[答案] B

[**2017 真题·单选**] 建飞机库应优先考虑的承重体系是（　　）。

A. 薄壁空间结构体系　　B. 悬索结构体系

C. 拱式结构体系　　D. 网架结构体系

[解析] 薄壳常用于大跨度的屋盖结构，如展览馆、俱乐部、飞机库等。

[答案] A

[**2016 真题·单选**] 空间较大的 18 层民用建筑的承重体系可优先考虑（　　）。

A. 混合结构体系　　B. 框架结构体系

C. 剪力墙体系　　D. 框架-剪力墙体系

[解析] 选项 A 错误，混合结构体系一般应用于 6 层以下住宅；选项 B 错误，框架结构在非抗震地区，一般不超过 15 层；选项 C 错误，剪力墙体系适用于小开间的住宅和旅馆，不适用于大开间的公共建筑。

[答案] D

[**2015 真题·单选**] 设计跨度为 120m 的展览馆，应优先采用（　　）。

A. 桁架结构　　B. 筒体结构　　C. 网架结构　　D. 悬索结构

[解析] 悬索结构是比较理想的大跨度结构形式之一。目前，悬索屋盖结构的跨度已达 160m，主要用于体育馆、展览馆中。

[答案] D

[**2014 真题·单选**] 高层建筑抵抗水平荷载最有效的结构是（　　）。

A. 剪力墙结构　　B. 框架结构

C. 筒体结构　　D. 混合结构

[解析] 在高层建筑中，特别是超高层建筑中，水平荷载愈来愈大，起着控制作用，筒体结构是抵抗水平荷载最有效的结构体系。

[答案] C

[**建造师真题·单选**] 按照民用建筑分类标准，属于超高层建筑的是（　　）。

A. 高度 50m 的建筑　　B. 高度 70m 的建筑

C. 高度 90m 的建筑　　D. 高度 110m 的建筑

[解析] 建筑高度大于 100.0m 为超高层建筑。

[答案] D

[**2021 真题·多选**] 下列房屋结构中，抗震性能好的有（　　）。

A. 砖木结构　　B. 砖混结构　　C. 现代木结构　　D. 钢结构

E. 型钢混凝土组合结构

[解析] 现代木结构具有绿色环保、节能保温、建造周期短、抗震耐久等诸多优点，是我国装配式建筑发展的方向之一。钢结构的特点是强度高、自重轻、整体刚性好、变形能力强，抗震性能好，适用于建造大跨度和超高、超重型的建筑物。型钢、钢筋、混凝土三者结合使型钢混凝土结构具备了比传统的钢筋混凝土结构承载力大、刚度大、抗震性能好的优点。

[答案] CDE

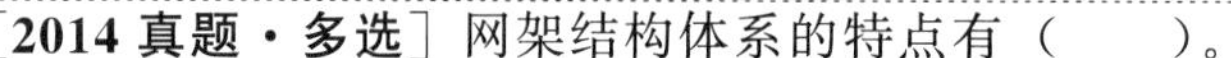

［2014 真题·多选］网架结构体系的特点有（　　）。

A. 空间受力体系，整体性好

B. 杆件轴向受力合理，节约材料

C. 高次超静定，稳定性差

D. 杆件适于工业化生产

E. 结构刚度小，抗震性能差

［解析］网架结构可分为平板网架和曲面网架。它改变了平面桁架的受力状态，是高次超静定的空间结构。平板网架采用较多，其优点是：空间受力体系，杆件主要承受轴向力，受力合理，节约材料，整体性能好，刚度大，抗震性能好。杆件类型较少，适于工业化生产。

［答案］ABD

［2013 真题·多选］与钢筋混凝土结构相比，型钢混凝土组合结构的优点在于（　　）。

A. 承载力大

B. 防火性能好

C. 抗震性能好

D. 刚度大

E. 节约钢材

［解析］型钢、钢筋、混凝土三者结合使型钢混凝土结构具备了比传统的钢筋混凝土结构承载力大、刚度大、抗震性能好的优点。

［答案］ACD

知识点 4　绿色建筑与节能建筑

一、绿色建筑

（一）概念

绿色建筑是指在全寿命期内，节约资源、保护环境、减少污染，为人们提供健康、适用、高效的使用空间，最大限度地实现人与自然和谐共生的高质量建筑。

（二）评价

（1）绿色建筑的评价应以单栋建筑或建筑群为评价对象。

（2）绿色建筑评价应在建筑工程竣工后进行。在建筑工程施工图设计完成后，可进行预评价。

（3）绿色建筑评价指标体系应由安全耐久、健康舒适、生活便利、资源节约、环境宜居五类指标组成，且每类指标均应包括控制项和评分项；评价指标体系还统一设置加分项。

➢ **总结**：“生环安康资”（生活环境不仅要安康还要小资）。

（三）绿色建筑等级划分

绿色建筑分为基本级、一星级、二星级、三星级四个等级，见表 2-1-10。

表 2-1-10　绿色建筑等级划分

等级	划分要求
基本级	当满足全部控制项要求时
一星级	绿色建筑总得分达到 60 分
二星级	绿色建筑总得分达到 70 分
三星级	绿色建筑总得分达到 85 分

二、节能建筑分类

根据建筑节能水平可分为一般节能建筑、被动式节能建筑、零能耗建筑和产能型建筑。

知识点 5 基础

基础是建筑物的一个组成部分。地基是支承基础的土体或岩体，不是建筑物的组成部分。地基与基础见图 2-1-18。

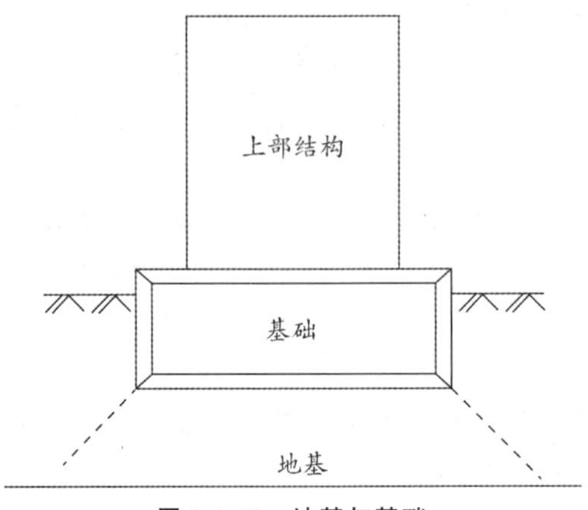

图 2-1-18 地基与基础

一、基础类型

（1）按受力特点及材料性能可分为刚性基础和柔性基础。

（2）按构造方式可分为条形基础、独立基础、柱下十字交叉基础、片筏基础、箱形基础、桩基础等。

（一）按材料及受力特点分类

1. 刚性基础

刚性基础所用的材料如砖、石、混凝土等，抗压强度较高，但抗拉及抗剪强度偏低。用此类材料建造的基础，应保证其基底只受压，不受拉。刚性基础受力见图 2-1-19。

应尽力使基础大放脚与基础材料的刚性角相一致，以确保基础底面不产生拉应力。构造上通过限制刚性基础宽高比来满足刚性角的要求。刚性角只受材料影响。

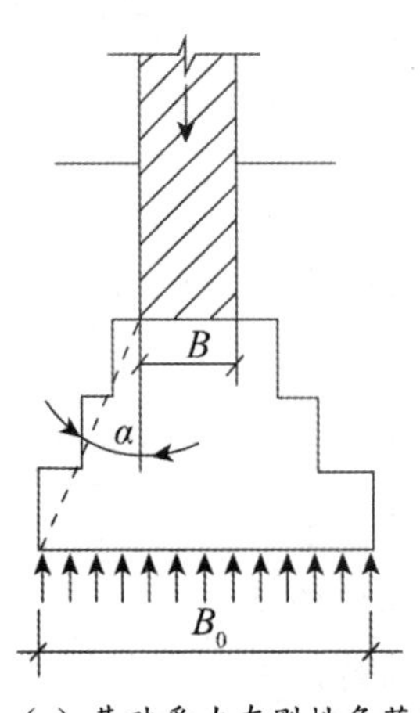

（a）基础受力在刚性角范围以内

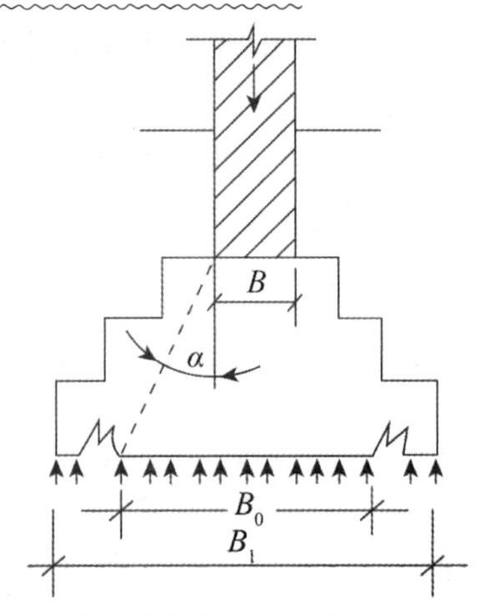

（b）基础宽度超过刚性角范围而破坏

图 2-1-19 刚性基础受力

（1）砖基础。

每一阶梯挑出的长度为砖长的 1/4，见图 2-1-20。大放脚的砌法有两皮一收和二一间隔收两种，见图 2-1-21，在相同底宽的情况下，二一间隔收可减少基础高度，但为了保证基础的强度，底层需要用两皮一收砌筑。只适用于地基土好、地下水位较低、五层以下的砖木结构或砖混结构。

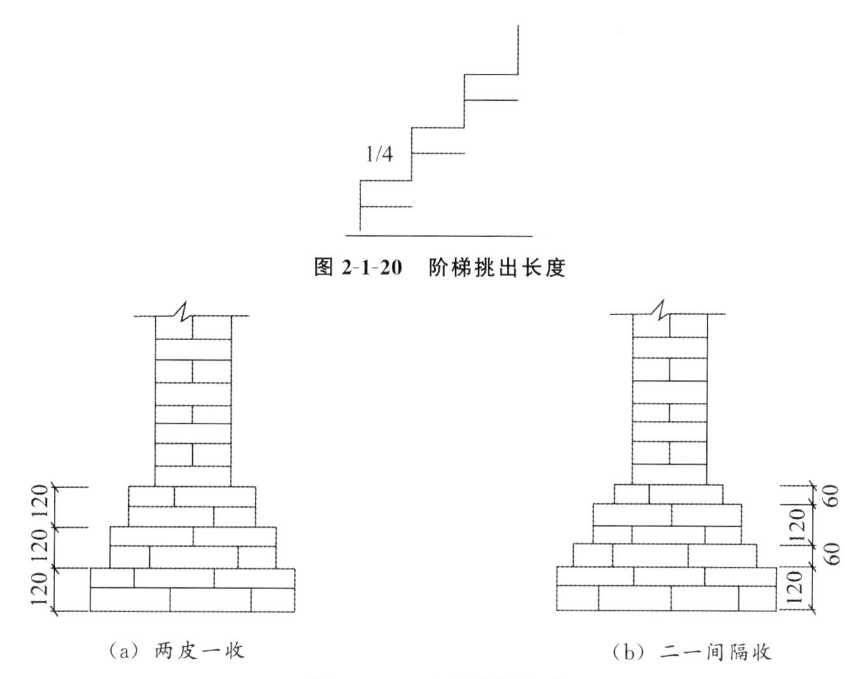

图 2-1-20　阶梯挑出长度

（a）两皮一收　　（b）二一间隔收

图 2-1-21　大放脚的砌法

（2）混凝土基础。

常用于地下水位高，受冰冻影响的建筑物。混凝土基础台阶宽高比为 1∶1～1∶1.5，实际使用时可把基础断面做成锥形或阶梯形。对于锥形或阶梯形基础断面，应保证两侧有不小于 200mm 的垂直面。

2. 柔性基础

（1）在相同条件下，采用钢筋混凝土基础比混凝土基础可减小基础埋深，节省大量的混凝土材料和挖土工程量。钢筋混凝土基础见图 2-1-22。

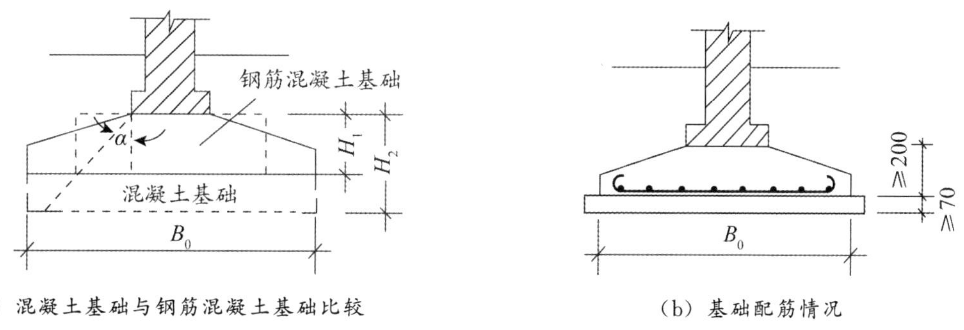

（a）混凝土基础与钢筋混凝土基础比较　　（b）基础配筋情况

图 2-1-22　钢筋混凝土基础

（2）钢筋混凝土基础断面可做成锥形，最薄处高度不小于 200mm；若做成阶梯形，每踏步高 300～500mm。

（3）通常情况下，钢筋混凝土基础下面设有素混凝土垫层，厚度 100mm 左右；无垫层时，钢筋保护层不宜小于 70mm，以保护受力钢筋不受锈蚀。

（二）按基础构造形式分类

（1）独立基础（单独基础）。

（2）条形基础。

（3）柱下十字交叉基础。

（4）片筏基础。

（5）箱形基础（高层建筑中多采用）。

➤ **总结**：各类型基础形式见图 2-1-23。点→线→面→立体空间。

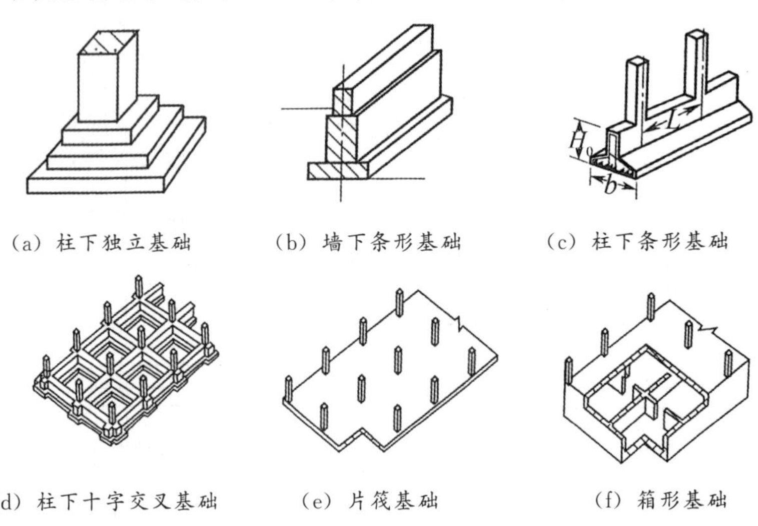

（a）柱下独立基础　（b）墙下条形基础　（c）柱下条形基础

（d）柱下十字交叉基础　（e）片筏基础　（f）箱形基础

图 2-1-23　基础形式

（6）桩基础。当建筑物荷载较大，地基的软弱土层厚度在 5m 以上，基础不能埋在软弱土层内，或对软弱土层进行人工处理困难和不经济时，常采用桩基础。端承桩和摩擦桩见图2-1-24。

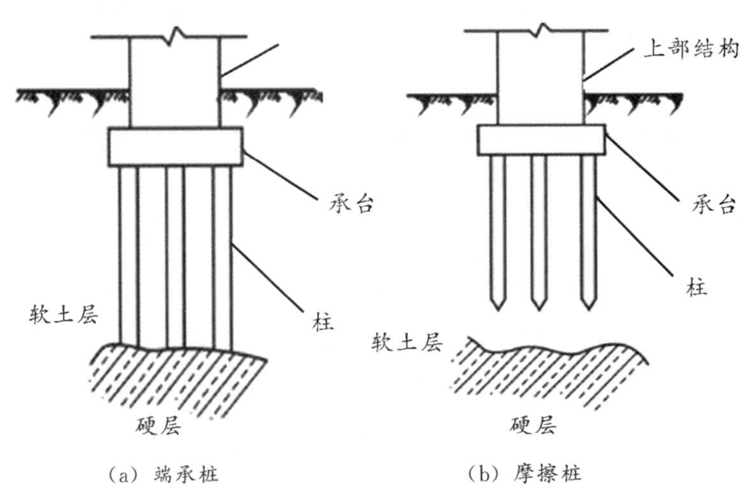

（a）端承桩　（b）摩擦桩

图 2-1-24　端承桩和摩擦桩

二、基础埋深

（1）基础埋深：从室外设计地面至基础底面的垂直距离。基础埋深见图 2-1-25。

（2）深基础：埋深≥5m 或埋深≥基础宽度 4 倍的基础；浅基础：埋深在 0.5～5m 或埋深＜

基础宽度的 4 倍的基础。

（3）基础埋深的原则是在保证安全可靠的前提下尽量浅埋，除岩石地基外，不应浅于 0.5m。基础顶面应低于设计地面 100mm 以上。

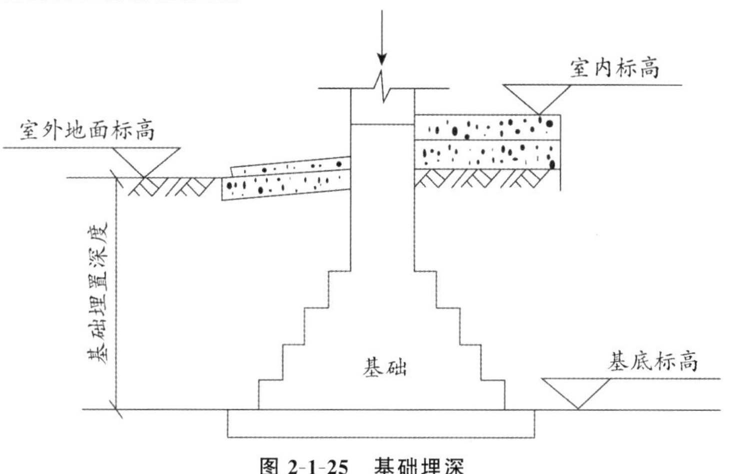

图 2-1-25 基础埋深

三、地下室防潮与防水构造

（一）地下室防潮

（1）墙外侧设垂直防潮层。

（2）两道水平防潮层：一道设在地下室地坪附近；另一道设置在室外地面散水以上 150～200mm 的位置。地下室防潮示意图见图 2-1-26。

（3）地下室地面主要借助混凝土材料的憎水性能来防潮，但当地下室的防潮要求较高时，地层应做防潮处理。一般设在垫层与地面面层之间，且与墙身水平防潮层在同一水平面上。

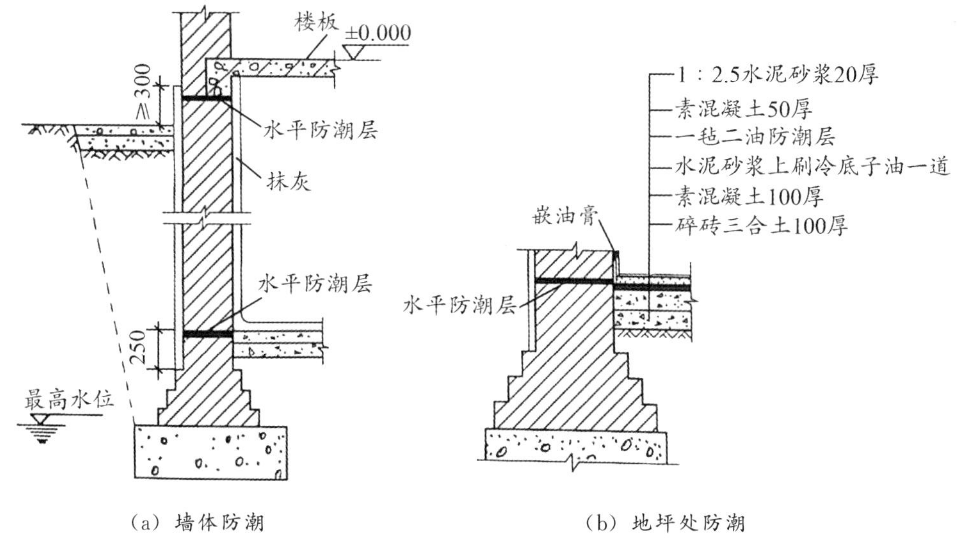

图 2-1-26 地下室防潮示意图

（二）地下室防水

当地下室地坪位于最高设计地下水位以下时，地下室四周墙体及底板均受水压影响，应有防水功能。

（1）根据防水材料与结构基层的位置关系，有内防水和外防水两种，其特点见表 2-1-11。

表 2-1-11　内防水和外防水的特点

类别	特点
外防水	对防水较为有利
内防水	对防水不太有利，但施工简便，易于维修，多用于修缮工程

（2）一般处于侵蚀介质中的工程应采用耐腐蚀的防水混凝土、防水砂浆或卷材、涂料。结构刚度较差或受振动影响的工程应采用卷材、涂料等柔性防水材料。地下室卷材防水做法见图2-1-27。

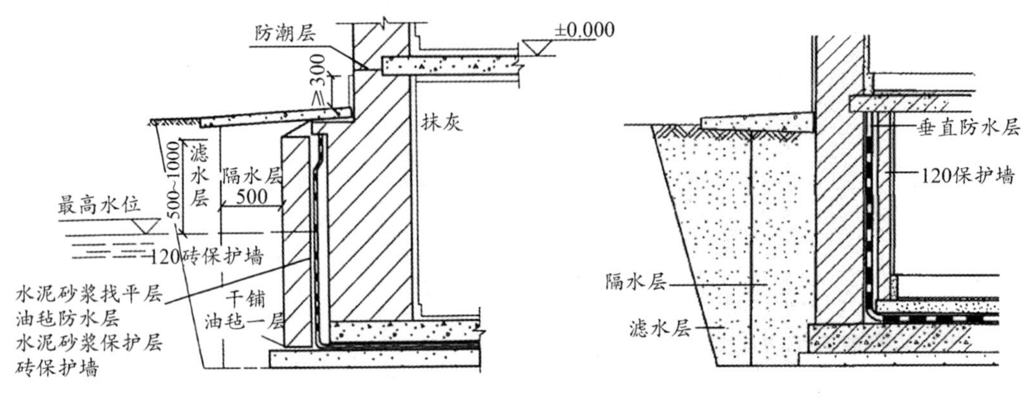

（a）卷材外防水做法　　（b）卷材内防水做法

图 2-1-27　地下室卷材防水做法

➤ **考分统计**：统计近 10 年该知识点的考核情况，在 2011、2012、2013、2014、2016、2017、2018、2019、2020 年进行了考核。考核频次为 90%。其中 2011 年考核两道单选题，2012 年考核一道单选题，2013 年考核一道单选题，2014 年考核一道单选题、一道多选题，2016 年考核一道单选题，2017 年考核一道单选题，2018 年考核一道单选题，2019 年考核一道单选题，2020 年考核一道单选题。

典型例题

［**2020 真题 · 单选**］相对刚性基础而言，柔性基础的本质在于（　　）。

A. 基础材料的柔性　　B. 不受刚性角的影响

C. 不受混凝土强度的影响　　D. 利用钢筋抗拉承受弯矩

［**解析**］鉴于刚性基础受其刚性角的限制，要想获得较大的基底宽度，相应的基础埋深也应加大，这显然会增加材料消耗和挖方量，也会影响施工工期。在混凝土基础底部配置受力钢筋，利用钢筋抗拉，这样基础可以承受弯矩，也就不受刚性角的限制，所以钢筋混凝土基础也称为柔性基础。

［**答案**］B

［**2017 真题 · 单选**］对于地基软弱土层厚、荷载大和建筑面积不太大的一些重要高层建筑物，最常采用的基础构造形式为（　　）。

A. 独立基础　　B. 柱下十字交叉基础

C. 片筏基础　　D. 箱形基础

［**解析**］箱形基础适用于地基软弱土层厚、荷载大和建筑面积不太大的一些重要建筑物，目前高层建筑中多采用箱形基础。

［**答案**］D

[**2014 真题·单选**] 地下室墙体垂直防水卷材外侧一般做完水泥砂浆保护层后再做（　　）。

A. 500mm 宽隔水层　　B. 500mm 宽滤水层

C. 一道冷底子油和两道热沥青　　D. 砖保护墙

[**解析**] 地下室墙体垂直防水卷材外侧一般做完水泥砂浆保护层后再做砖保护墙。

[**答案**] D

[**2011 真题·单选**] 关于刚性基础的说法，正确的是（　　）。

A. 刚性基础基底主要承受拉应力

B. 通常使基础大放脚与基础材料的刚性角一致

C. 刚性角受工程地质性质影响，与基础宽高比无关

D. 刚性角受设计尺寸影响，与基础材质无关

[**解析**] 刚性基础所用的材料如砖、抗拉及抗剪强度偏低。刚性基础上的压力分布角称为刚性角。在设计中，应尽力使基础的大放脚与基础材料的刚性角相一致，以确保基础底面不产生拉应力。受刚性角限制的基础称为刚性基础。构造上通过限制刚性基础宽高比来满足。

[**答案**] B

[**2011 真题·单选**] 关于钢筋混凝土基础的说法，正确的是（　　）。

A. 钢筋混凝土条形基础底宽不宜大于 600mm

B. 锥形基础断面最薄处高度不小于 200mm

C. 通常宜在基础下面设 300mm 左右厚的素混凝土垫层

D. 阶梯形基础断面每踏步高 120mm 左右

[**解析**] 钢筋混凝土基础断面可做成锥形，最薄处高度不小于 200mm；也可做成阶梯形，每踏步高 300～500mm。通常情况下，钢筋混凝土基础下面设有素混凝土垫层，厚度 100mm 左右；无垫层时，钢筋保护层不宜小于 70mm，以保护受力钢筋不受锈蚀。

[**答案**] B

[**典型例题·单选**] 地下室垂直卷材防水层的顶端，应高出地下最高水位（　　）。

A. 0.10～0.20m　　B. 0.20～0.30m　　C. 0.30～0.50m　　D. 0.50～1.00m

[**解析**] 地下室垂直卷材防水层的顶端，应高出地下最高水位 500～1000mm。

[**答案**] D

[**2014 真题·多选**] 承受相同荷载条件下，相对刚性基础而言柔性基础的特点有（　　）。

A. 节约基础挖方量　　B. 节约基础钢筋用量

C. 增加基础钢筋用量　　D. 减小基础埋深

E. 增加基础埋深

[**解析**] 鉴于刚性基础受其刚性角的限制，要想获得较大的基底宽度，相应的基础埋深也应加大，这显然会增加材料消耗和挖方量，也会影响施工工期。在相同条件下，采用钢筋混凝土基础比混凝土基础可节省大量的混凝土材料和挖土工程量。

[**答案**] ACD

知识点 6　墙的类型

一、几种特殊材料墙体

（1）预制钢筋混凝土墙。

（2）加气混凝土墙。

1）如无切实有效措施，不得使用的情况：①建筑物±0.00以下；②长期浸水、干湿交替部位；③受化学浸蚀的环境；④制品表面经常处于80℃以上的高温环境。

2）加气混凝土墙可作承重墙或非承重墙，设计时应进行排块设计。

3）在承重墙转角处每隔墙高1m左右放水平拉接钢筋，以增加抗震能力。

➢ **总结**：怕水怕高温。

（3）压型金属板墙：是一种轻质高强的建筑材料，有保温型与非保温型两种。

（4）石膏板墙：适用于中低档民用和工业建筑中的非承重内隔墙。

（5）舒乐舍板墙（见图2-1-28）：具有强度高、自重轻、保温隔热、防火及抗震等良好的综合性能，适用于框架建筑的围护外墙及轻质内墙、承重的外保温复合外墙的保温层、低层框架的承重墙和屋面板等。

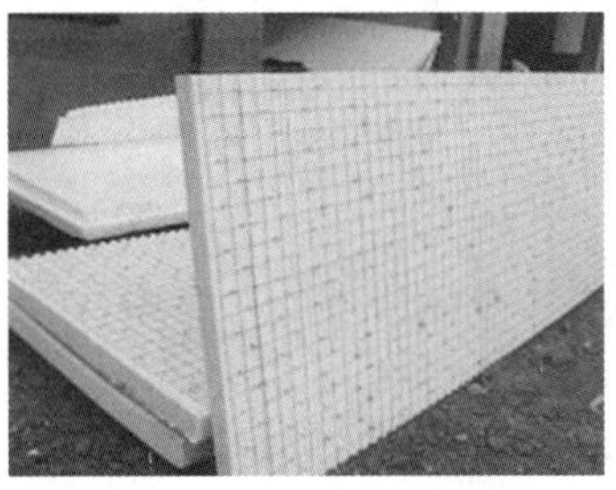

图2-1-28 舒乐舍板墙

二、隔墙

隔墙是分隔室内空间的非承重构件。隔墙的类型很多，按其构造方式可分为块材隔墙、骨架隔墙和板材隔墙三大类，见图2-1-29。

图2-1-29 隔墙实例

➢ **考分统计**：统计近10年该知识点的考核情况，在2010、2017年进行了考核。考核频次为20%。其中2010年考核一道单选题，2017年考核一道多选题。

典型例题

［**2010真题·单选**］下列墙体中，保温、防火、承重性均较好的是（　　）。

A. 舒乐舍板墙　　B. 轻钢龙骨石膏板墙

C. 预制混凝土板墙　　D. 加气混凝土板墙

［**解析**］舒乐舍板墙具有强度高、自重轻、保温隔热、防火及抗震等良好的综合性能，适用于框架建筑的围护外墙及轻质内墙、承重的外保温复合外墙的保温层、低层框架的承重墙和屋面板等。

［**答案**］A

［**2017 真题·多选**］加气混凝土墙，一般不宜用于（　　）。

A. 建筑物±0.00 以下　　B. 外墙板

C. 承重墙　　D. 干湿交替部位

E. 环境温度＞80℃的部位

［**解析**］加气混凝土砌块墙如无切实有效措施，不得在建筑物±0.00 以下，或长期浸水、干湿交替部位，以及受化学浸蚀的环境，制品表面经常处于 80℃以上的高温环境。

［**答案**］ADE

知识点 7 墙体细部

一、防潮层

（1）当室内地面均为实铺时，外墙墙身防潮层在室内地坪以下 60mm 处。

（2）当建筑物墙体两侧地坪不等高时，在每侧地表下 60mm 处，防潮层应分别设置，并在两个防潮层间的墙上加设垂直防潮层。

（3）当室内地面采用架空木地板时，外墙防潮层应设在室外地坪以上，地板木搁栅垫木之下。墙体防潮层见图 2-1-30。

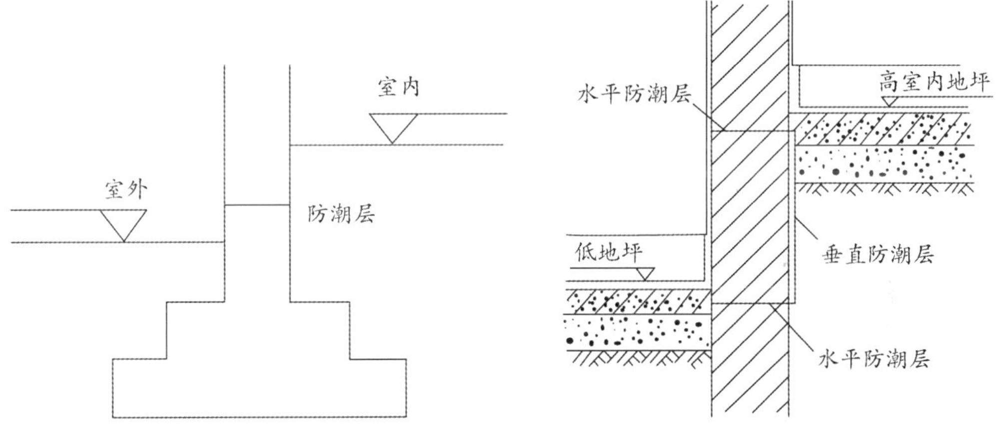

图 2-1-30 墙体防潮层

二、勒脚

勒脚的高度一般为室内地坪与室外地坪高差，也可以根据立面的需要而提高勒脚的高度尺寸。勒脚见图 2-1-31。

图 2-1-31 勒脚

三、散水和暗沟（明沟）

散水和暗沟的设置要求见表 2-1-12。

表 2-1-12　散水和暗沟的设置要求

地区类型	设置要求
降水量大于 900mm 的地区	（1）暗沟（明沟）：坡度为 0.5%～1% （2）散水：宽度一般为 600～1000mm，坡度为 3%～5%
降水量小于 900mm 的地区	可只设置散水（见图 2-1-32）

图 2-1-32　散水

四、窗台

窗台的设置要求见表 2-1-13。

表 2-1-13　窗台的设置要求

窗台类型	设置要求
外窗台	（1）防止在窗洞底部积水，并流向室内 （2）外窗台外挑部分应做滴水，滴水可做成水槽或鹰嘴形
内窗台	排除窗上的凝结水

五、过梁

宽度超过 300mm 的洞口上部应设置过梁。过梁见图 2-1-33。

图 2-1-33　过梁

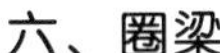

六、圈梁

（1）可以提高建筑物的空间刚度和整体性，增加墙体稳定，减少由于地基不均匀沉降而引起的墙体开裂，并防止较大振动荷载对建筑物的不良影响。在抗震设防地区，设置圈梁是减轻震害的重要构造措施。

（2）圈梁的设置。

1）宿舍、办公楼等多层砌体民用房屋，设置位置见表 2-1-14。

表 2-1-14　多层砌体民用房屋圈梁的设置位置

层数	设置位置
3～4 层	应在底层和檐口标高处各设置一道圈梁
超过 4 层	除应在底层和檐口标高处各设置一道圈梁外，至少应在所有纵、横墙上隔层设置

2）多层砌体工业房屋，应每层设置现浇混凝土圈梁。

（3）钢筋混凝土圈梁的宽度一般同墙厚，当墙厚不小于 240mm 时，其宽度不宜小于墙厚的 2/3，高度不小于 120mm。纵向钢筋数量不少于 4 根，直径不应小于 10mm，箍筋间距不应大于 250mm。当圈梁遇到洞口不能封闭时，应在洞口上部设置截面不小于圈梁截面的附加梁，其搭接长度不小于 1m，且应大于两梁高差的 2 倍。圈梁见图 2-1-34，附加梁见图 2-1-35。

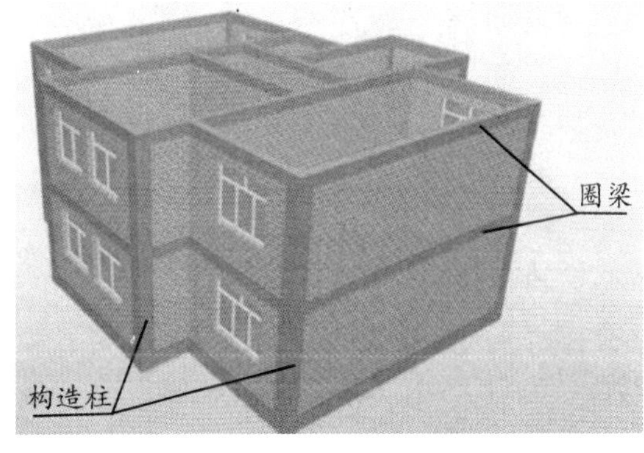

图 2-1-34　圈梁

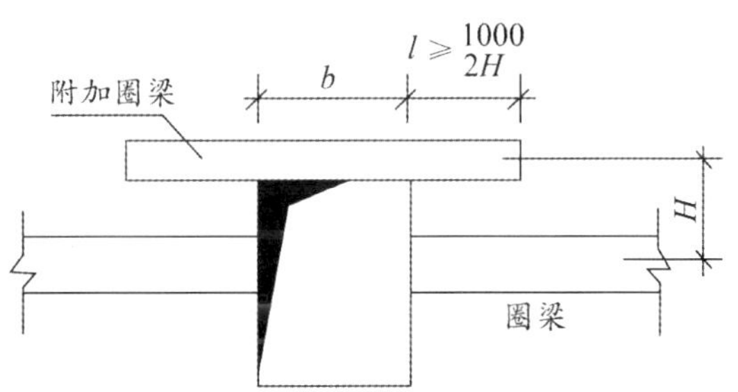

图 2-1-35　附加梁示意图

七、构造柱

（1）构造柱是按先砌墙后浇灌混凝土柱的施工顺序制成的混凝土柱。

（2）与圈梁一起构成空间骨架，提高了建筑物的整体刚度和墙体的延性，约束墙体裂缝的开展，从而增加建筑物承受地震作用的能力。因此，有抗震设防要求的建筑物中须设钢筋混凝土构造柱。

（3）构造柱一般在外墙四角、错层部位、横墙与外纵墙交接处、较大洞口两侧等处设置，沿整个建筑高度贯通，并与圈梁、地梁现浇成一体。

（4）施工时先砌墙并留马牙槎，马牙槎凹凸尺寸不宜小于 60mm，高度不应超过 300mm；马牙槎应先退后进，对称砌筑。拉结钢筋应沿墙高每隔 500mm 设 2ϕ6 水平钢筋和由 ϕ4 分布短筋平面内点焊组成的拉结网片或 ϕ4 点焊钢筋网片，每边伸入墙内不宜小于 1m。

（5）拉结钢筋网片应沿墙体水平通长设置的条件和位置：

1）6、7 度抗震设防时，底部 1/3 楼层。

2）8 度抗震设防时，底部 1/2 楼层。

3）9 度抗震设防时，全部楼层。

（6）构造要求见表 2-1-15。

表 2-1-15　构造柱的构造要求

项目	构造要求
最小截面尺寸	240mm×180mm
竖向钢筋	一般用 4ϕ12，箍筋间距不大于 250mm，且在柱上下端应适当加密
	6、7 度抗震设防时超过 6 层，8 度抗震设防时超过 5 层和 9 度抗震设防时，构造柱纵向钢筋宜采用 4ϕ14，箍筋间距不应大于 200mm
基础	可不单独设置基础，但应伸入室外地面下 500mm，或与埋深小于 500mm 的基础圈梁相连

构造柱示意图见图 2-1-36。

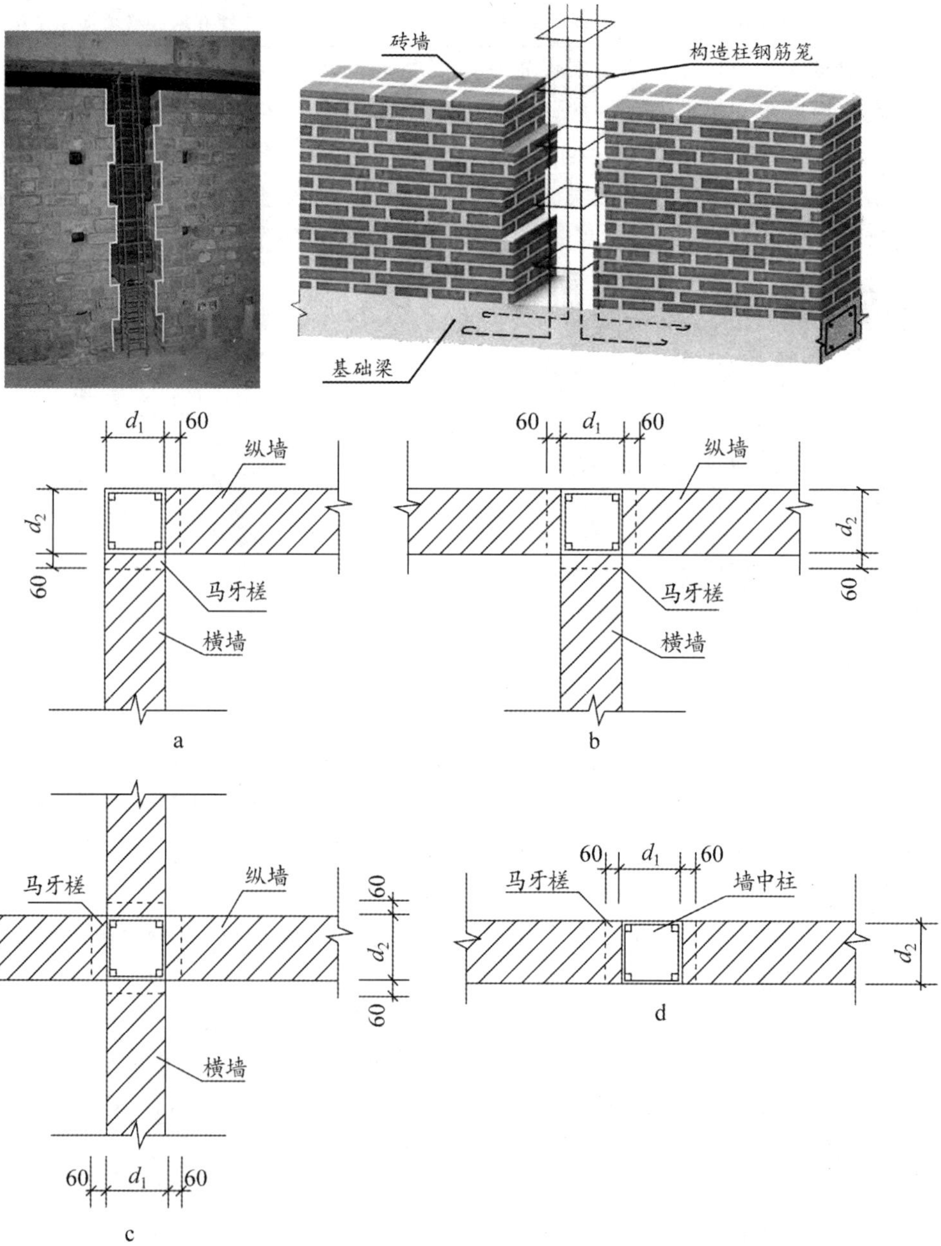

图 2-1-36　构造柱示意图

八、变形缝

变形缝包括伸缩缝、沉降缝和防震缝，其设置要求见表 2-1-16。

表 2-1-16　伸缩缝、沉降缝和防震缝设置要求

类型	设置要求
伸缩缝（温度缝）	将建造物从屋顶、墙体、楼层等地面以上构件全部断开，基础因受温度变化影响较小，不必断开
沉降缝	基础部分也要断开
防震缝	一般从基础顶面开始，沿房屋全高设置

九、烟道与通风道

烟道与通风道的构造基本相同，主要不同之处是烟道道口靠墙下部，距楼地面 600～1000mm，通风道道口靠墙上方，比楼板低约 300mm。

➤ **考分统计**：统计近 10 年该知识点的考核情况，在 2012、2015、2016、2018、2019、2020、2021 年进行了考核。考核频次为 70%。其中 2012 年考核一道单选题、一道多选题，2015 年考核一道单选题，2016 年考核一道单选题，2018 年考核一道单选题，2019 年考核一道单选题、一道多选题，2020 年考核一道多选题，2021 年考核一道单选题。

典型例题

[**2016 真题·单选**] 墙体为构造柱砌成的马牙槎，其凹凸尺寸和高度可约为（　　）。

A. 60mm 和 345mm　　B. 60mm 和 260mm

C. 70mm 和 385mm　　D. 90mm 和 385mm

[**解析**] 构造柱与墙体的连接，墙体应砌成马牙槎，马牙槎凹凸尺寸不宜小于 60mm，高度不应超过 300mm。

[**答案**] B

[**2012 真题·单选**] 关于砖墙墙体防潮层设置位置的说法，正确的是（　　）。

A. 室内地面均为实铺时，外墙防潮层设在室内地坪处

B. 墙体两侧地坪不等高时，应在较低一侧的地坪处设置

C. 室内采用架空木地板时，外墙防潮层设在室外地坪以上、地板木搁栅垫木以下

D. 钢筋混凝土基础的砖墙墙体不需设置水平和垂直防潮层

[**解析**] 当室内地面均为实铺时，外墙墙身防潮层在室内地坪以下 60mm 处；当建筑物墙体两侧地坪不等高时，在每侧地表下 60mm 处，防潮层应分别设置，并在两个防潮层间的墙上加设垂直防潮层。钢筋混凝土基础的砖墙墙体需设置水平和垂直防潮层。

[**答案**] C

[**2020 真题·多选**] 设置圈梁的主要意义在于（　　）。

A. 提高建筑物空间刚度

B. 提高建筑物的整体性

C. 传递墙体荷载

D. 提高建筑物的抗震性

E. 增加墙体的稳定性

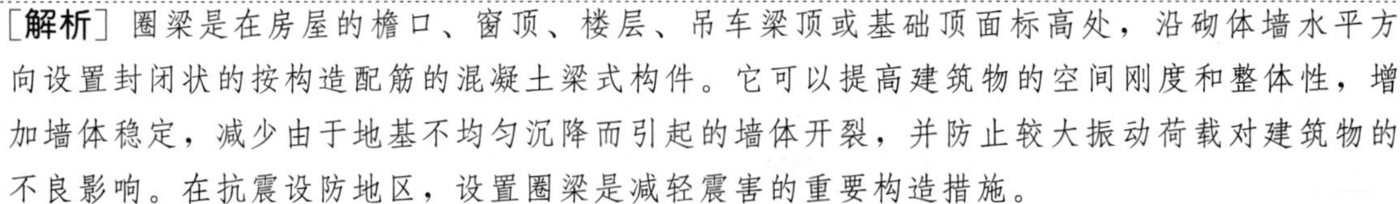

［解析］圈梁是在房屋的檐口、窗顶、楼层、吊车梁顶或基础顶面标高处，沿砌体墙水平方向设置封闭状的按构造配筋的混凝土梁式构件。它可以提高建筑物的空间刚度和整体性，增加墙体稳定，减少由于地基不均匀沉降而引起的墙体开裂，并防止较大振动荷载对建筑物的不良影响。在抗震设防地区，设置圈梁是减轻震害的重要构造措施。

［答案］ABDE

［**2012 真题·多选**］为了防止地表水对建筑物基础的侵蚀，在降雨量大于 900mm 的地区，建筑物的四周地面上应设置（　　）。

A. 沟底纵坡坡度为 0.5%～1%的明沟

B. 沟底横坡坡度为 3%～5%的明沟

C. 宽度为 600～1000mm 的散水

D. 坡度为 0.5%～1%的现浇混凝土散水

E. 外墙与明沟之间坡度为 3%～5%的散水

［解析］为了防止地表水对建筑基础的侵蚀，在建筑物的四周地面上设置暗沟（明沟）或散水，降水量大于 900mm 的地区应同时设置暗沟（明沟）和散水。暗沟（明沟）沟底应做纵坡，坡度为 0.5%～1%，坡向窨井。外墙与暗沟（明沟）之间应做散水，散水宽度一般为 600～1000mm，坡度为 3%～5%。降水量小于 900mm 的地区可只设置散水。

［答案］ACE

知识点 8 墙体保温隔热

建筑围护结构的传热损失占总耗热量的 73%～77%。在围护结构的传热损失中，外墙占 25%左右。我国节能标准中，不仅对围护结构墙体的主体部分提出了保温隔热要求，而且对围护结构中的构造柱、圈梁等周边热桥部分也提出了保温要求。

外墙的保温构造，按其保温层所在的位置不同分为单一保温外墙、外保温外墙、内保温外墙和夹芯保温外墙 4 种类型，见图 2-1-37。

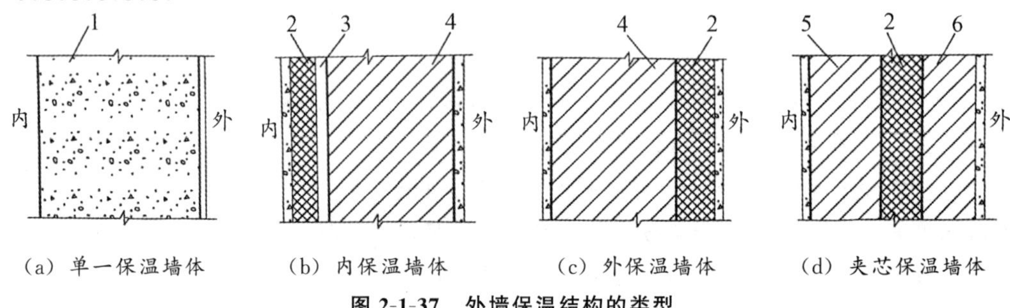

（a）单一保温墙体　（b）内保温墙体　（c）外保温墙体　（d）夹芯保温墙体

图 2-1-37　外墙保温结构的类型

1—主体结构兼保温材料；2—保温材料；3—空气层；4—主体结构；5—内层墙体；6—外层墙体

一、外墙外保温

外墙外保温是最科学、最高效的保温节能技术。

（一）外墙外保温的构造

外墙外保温的构造要求见表 2-1-17。

表 2-1-17　外墙外保温的构造要求

项目	构造要求
保温层	常用的外保温材料有：膨胀型聚苯乙烯板（EPS）、挤塑型聚苯乙烯板（XPS）、岩棉板、玻璃棉毡以及超轻保温浆料等

续表

项目	构造要求
保温层的固定	(1) 固定方式：粘贴、钉固、粘贴＋钉固相结合 (2) 国内常用经过防锈处理的钢质膨胀螺栓作为锚固件 (3) 超轻保温浆可直接涂抹在外墙表面上
保温层的面层	薄型抹灰面层是在保温层的外表面上涂抹聚合物水泥砂浆，薄型面层的厚度一般在10mm以内，厚型面层是在保温层的外表面上涂抹水泥砂浆，厚度为25～30mm

(二) 外墙外保温的优缺点

1. 优点

(1) 外墙外保温系统不会产生热桥。

(2) 外保温对提高室内温度的稳定性有利。

(3) 外保温墙体能有效地减少温度波动对墙体的破坏，保护建筑物的主体结构，延长建筑物的使用寿命。

(4) 外保温墙体构造可用于新建的建筑物墙体，也可以用于旧建筑外墙的节能改造。在旧房的节能改造中，外保温结构对居住者影响较小。

(5) 外保温有利于加快施工进度，室内装修不致破坏保温层。

2. 缺点

由于保温层在室外侧，故外保温构造必须能满足水密性、抗风压以及抵抗温度变化带来的不利影响。应考虑抵抗外界可能产生的外力，还应处理好门窗洞口、穿墙管线、墙角处以及面层装饰等方面的问题。

二、外墙内保温

(一) 外墙内保温的构造

外墙内保温的构造要求见表2-1-18。

表2-1-18　外墙内保温的构造要求

项目	构造要求
组成	(1) 由保温板和空气层组成 (2) 常用的保温板有GRC内保温板、玻纤增强石膏外墙内保温板、P—GRC外墙内保温板等
隔汽层	(1) 在保温层靠室内的一侧加设隔汽层，让水蒸气不要进入保温层内部 (2) 也可不采用设隔汽层的办法，而是在保温层与主体结构之间加设一个空气间层
薄弱部位	(1) 内外墙交接处：将保温层拐入内墙一定距离 (2) 外墙转角部位：加强保温处理 (3) 保温结构中龙骨部位：以石膏板为面层的现场拼装的保温板采用聚苯石膏复合保温龙骨

(二) 外墙内保温的优缺点

1. 优点

(1) 外墙内保温的保温材料在楼板处被分割，施工时仅在一个层高内进行保温施工，施工时不用脚手架或高空吊篮，施工比较安全方便，不损害建筑物原有的立面造型，施工造价相对较低。

(2) 由于绝热层在内侧，在夏季的晚上，墙的内表面温度随空气温度的下降而迅速下降，减少闷热感。

（3）耐久性好于外墙外保温，增加了保温材料的使用寿命。

（4）有利于安全防火。

（5）施工方便，受风、雨天影响小。

2. 缺点

（1）保温隔热效果差，外墙平均传热系数高。

（2）热桥保温处理困难，易出现结露现象。

（3）占用室内使用面积。

（4）不利于室内装修。

（5）不利于既有建筑的节能改造。

（6）保温层易出现裂缝。昼夜和四季的更替，易引起内表面保温层的开裂，特别是保温板之间的裂缝尤为明显。外墙内保温容易引起开裂或产生“热桥”的部位有：保温板板缝、顶层建筑女儿墙沿屋面板的底部、两种不同材料在外墙同一表面的接缝、内外墙之间丁字墙外侧的悬挑构件等部位。

➤ **考分统计**：此知识点为2017年新增内容。统计近5年该知识点的考核情况，在2018、2021年进行了考核。考核频次为40%。其中2018年考核一道多选题，2021年考核一道单选题。

典型例题

［**2021真题·单选**］外墙外保温层采用厚型面层结构时，正确的做法是（　　）。

A. 在保温层外表面抹水泥砂浆

B. 在保温层外表面涂抹聚合物水泥砂浆

C. 在底涂层和面层抹聚合物水泥砂浆

D. 在底涂层中设置玻璃纤维网格

［**解析**］薄面层一般为聚合物水泥胶浆抹面，厚面层则采用普通水泥砂浆抹面。薄型抹灰面层是在保温层的外表面上涂抹聚合物水泥砂浆，施工时分为底涂层和面涂层，在底涂层的内部设置有玻璃纤维网格或钢丝网等加强材料。

［**答案**］A

知识点 9 楼板与地面

楼板主要由楼板结构层、楼面面层、板底天棚三个部分组成。

一、楼板的类型

（1）钢筋混凝土楼板强度高、刚度好、耐久性好、防火性能好，且具有良好的可塑性，便于机械化施工等特点，是目前我国工业与民用建筑楼板的基本形式。

（2）压型钢板组合楼板主要有组合板和非组合板两类，其特点见表2-1-19。

表2-1-19　组合板和非组合板的特点

项目	特点
组合板	指压型钢板除用作现浇混凝土的永久性模板外，还充当板底受拉钢筋的现浇混凝土楼板
	结构跨度加大，梁的数量减少，楼板自重减轻，施工速度加快，在高层建筑中广泛应用
非组合板	指压型钢板仅作为混凝土楼板的永久性模板，不考虑参与结构受力的现浇混凝土楼板

二、现浇钢筋混凝土楼板

现浇钢筋混凝土楼板主要分为板式、梁板式、井字形密肋式、无梁式四种。

(一) 板式楼板

板式楼板分为单向板、双向板和悬挑板。板式楼板的特点见表 2-1-20。房屋中跨度较小的房间(如厨房、厕所、贮藏室、走廊)及雨篷、遮阳等常采用现浇钢筋混凝土板式楼板。

表 2-1-20 板式楼板的特点

类型	特点
单向板	(1) 长短边比值≥3,四边支承;仅短边受力,该方向所布钢筋为受力筋,另一方向所配钢筋(一般在受力筋上方)为分布筋 (2) 板的厚度一般为跨度的 1/40~1/35,且不小于 80mm
双向板	长短边比值<3,四边支承;双向受力,按双向配置受力钢筋
悬挑板	(1) 只有一边支承,其主要受力钢筋摆在板的上方,分布钢筋放在主要受力筋的下方 (2) 板厚根部不小于 80mm

注:单向板、双向板见图 2-1-38。

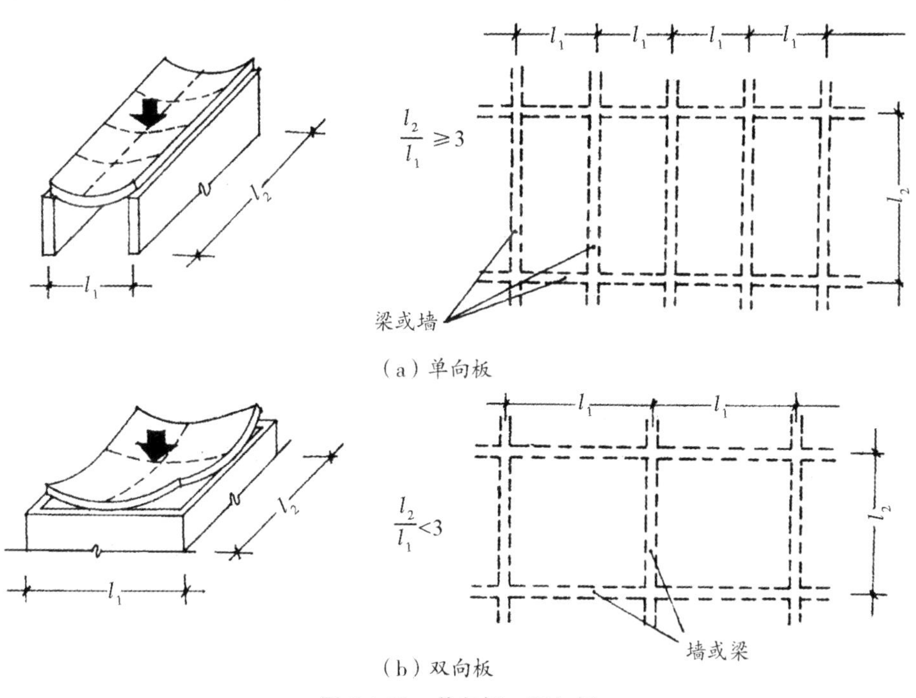

图 2-1-38 单向板、双向板

(二) 梁板式肋形楼板

(1) 梁板式肋形楼板由主梁、次梁(肋)、板组成。它具有传力线路明确、受力合理的特点。当房屋的开间、进深较大,楼面承受的弯矩较大时,常采用这种楼板。

(2) 梁板式肋形楼板的主梁沿房屋的短跨方向布置,其经济跨度为 5~8m。

(3) 梁和板的搁置长度:①板的搁置长度不小于 120mm。②梁在墙上的搁置长度与梁高有关:梁高≤500mm,搁置长度≥180mm;梁高>500mm,搁置长度≥240mm。

通常,次梁搁置长度为 240mm,主梁的搁置长度为 370mm。当梁上的荷载较大,梁在墙上的支承面积不足时,为了防止梁下墙体因局部抗压强度不足而破坏,需设置混凝土梁垫或钢筋混凝土梁垫。梁、板、柱示意图见图 2-1-39。

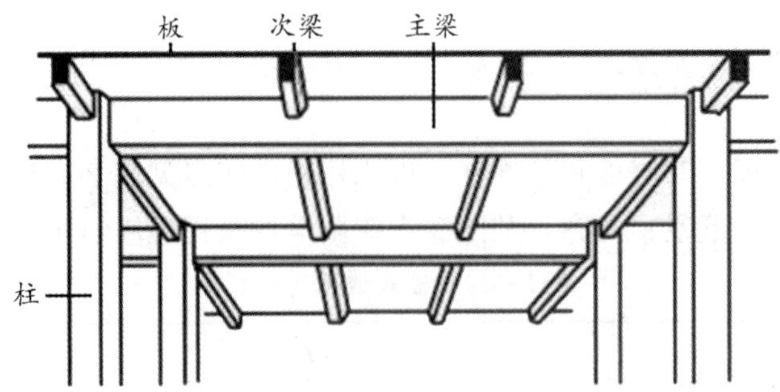

图 2-1-39　梁、板、柱示意图

（三）井字形肋楼板

（1）肋与肋间的距离较小，通常只有 1.5～3.0m，肋高也只有 180～250mm，肋宽120～200mm。

（2）当房间的平面形状近似正方形，跨度在 10m 以内时，常采用这种楼板。具有天棚整齐美观，有利于提高房屋的净空高度等优点，常用于门厅、会议厅等处。井字形肋楼板见图2-1-40。

图 2-1-40　井字形肋楼板

（四）无梁楼板

（1）无梁楼板分无柱帽和有柱帽两种类型。无梁楼板的柱网一般布置成方形或矩形，以方形柱网较为经济，跨度一般不超过 6m，板厚通常不小于 120mm。

（2）无梁楼板的底面平整，增加了室内的净空高度，适用于荷载较大、管线较多的商店和仓库等。无梁楼板见图 2-1-41。

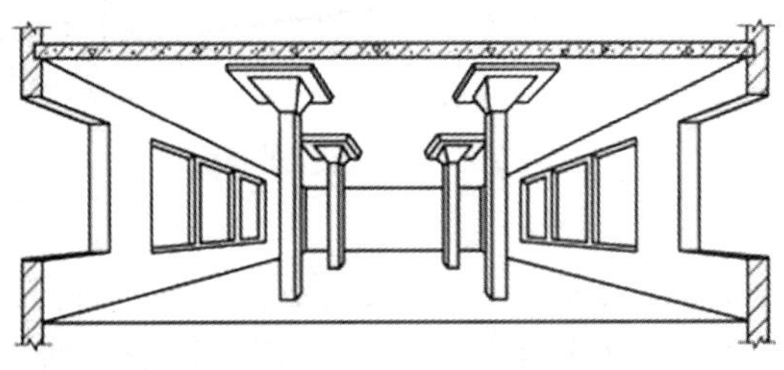

图 2-1-41　无梁楼板

三、预制混凝土楼板

（一）预制装配式钢筋混凝土楼板

此做法可节省模板，改善劳动条件，提高效率，缩短工期，促进工业化水平。但预制楼板的整体性不好，灵活性也不如现浇板，且不宜在楼板上穿洞。

（二）装配整体式钢筋混凝土楼板

1. 叠合楼板

预制板既是楼板结构的组成部分，又是现浇钢筋混凝土叠合层的永久性模板，现浇叠合层内应设置负弯矩钢筋，并可在其中敷设水平设备管线。其示意图见图 2-1-42。

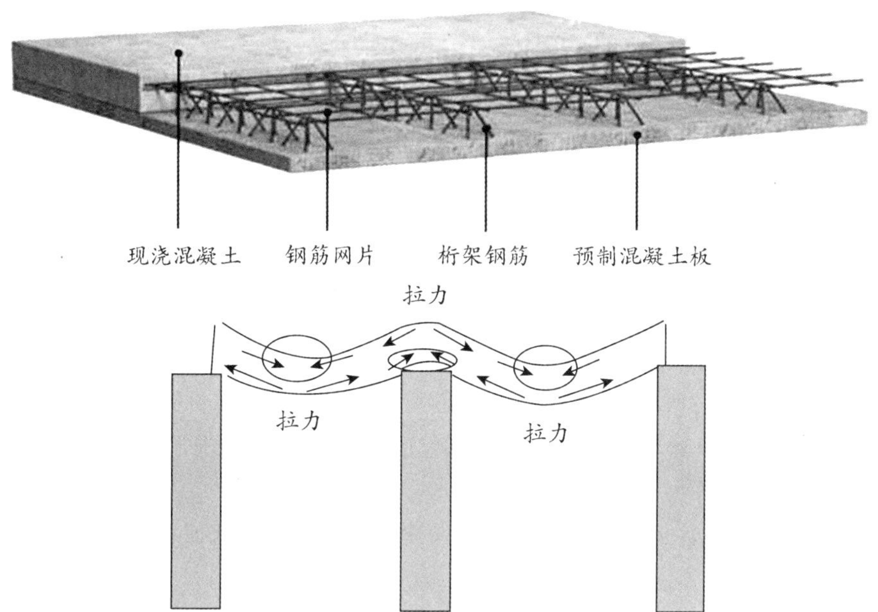

图 2-1-42　叠合楼板示意图

2. 密肋填充块楼板

密肋填充块楼板的密肋小梁有现浇和预制两种。现浇密肋填充块楼板以陶土空心砖、矿渣混凝土空心块等作为肋间填充块，然后现浇密肋和面板。密肋填充块楼板底面平整，隔声效果好，能充分利用不同材料的性能，节约模板且整体性好，见图 2-1-43。

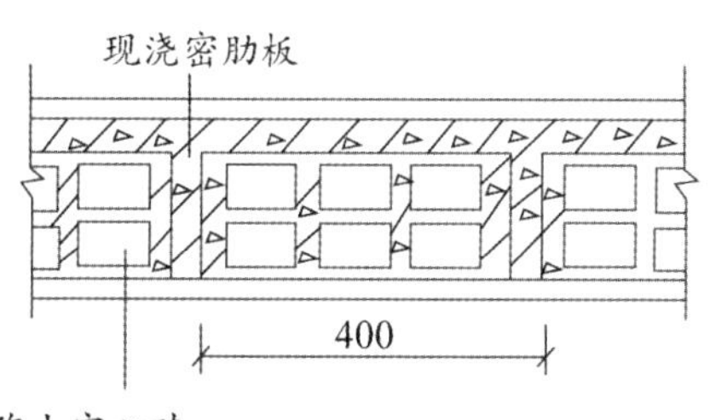

预制小梁　现浇混凝土

600

预制煤渣空心砖

图 2-1-43　密肋填充块楼板

四、地面构造

地面主要由面层、垫层和基层三部分组成，见图 2-1-44。

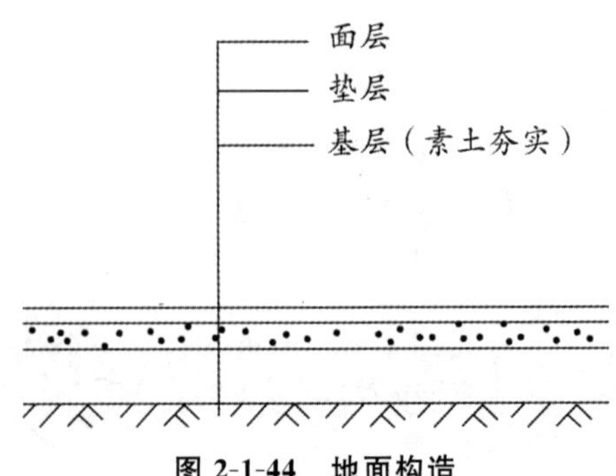

图 2-1-44　地面构造

五、地面节能构造

地面按是否直接与土壤接触分为两类：①直接接触土壤的地面；②不直接与土壤接触的地面（分为接触室外空气的地板和不采暖地下室上部的地板两种）。

（一）直接与土壤接触地面的节能构造

（1）对一般性的民用建筑，房间中部的地面可以不做保温隔热处理。但是，靠近外墙四周边缘部分的地面下部的土壤，温度变化是相当大的。常见的保温构造方法是在距离外墙周边2m 的范围内设保温层。

（2）对特别寒冷的地区或保温性能要求高的建筑，可对整个地面利用聚苯板对地面进行保温处理。

外墙周边地面的保温构造见图 2-1-45；地面保温构造见图 2-1-46。

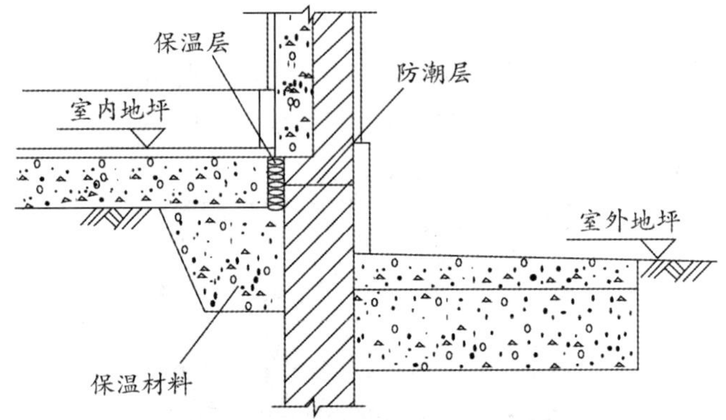

图 2-1-45　外墙周边地面的保温构造

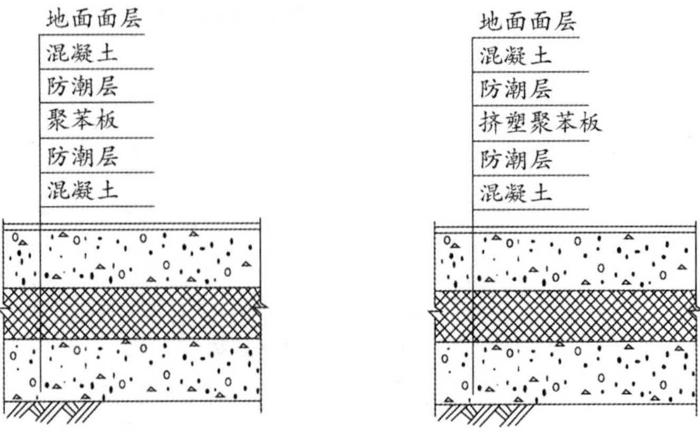

图 2-1-46　地面保温构造

（二）与室外空气接触地板的节能构造

对直接与室外空气接触的地板［如骑楼（见图 2-1-47）、过街楼（见图 2-1-48）的地板］以及不采暖地下室上部的地板等，应采取保温隔热措施，使这部分地板满足建筑节能的要求。其节能构造见图 2-1-49。

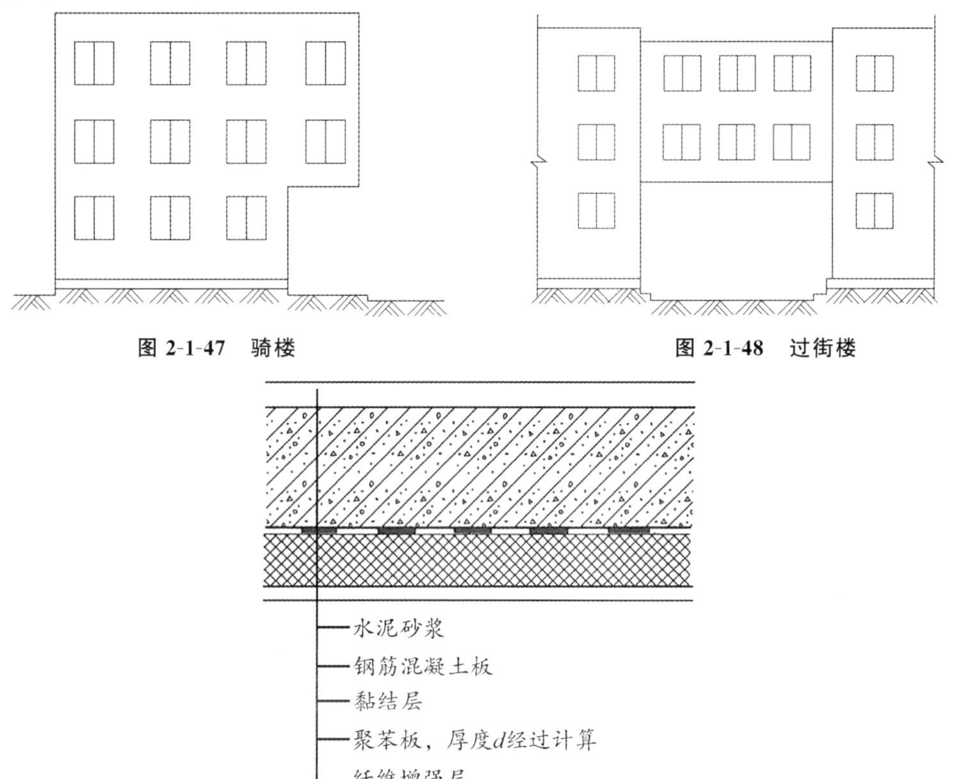

图 2-1-47　骑楼

图 2-1-48　过街楼

图 2-1-49　与室外空气接触地板的节能构造

➤ **考分统计**：统计近 10 年该知识点的考核情况，在 2013、2015、2017、2018、2019、2020、2021 年进行了考核。考核频次为 70%。其中 2013 年考核一道单选题，2015 年考核一道单选题，2017 年考核一道单选题，2018 年考核一道多选题，2019 年考核一道单选题，2020 年考核一道多选题，2021 年考核一道单选题。

典型例题

［**2021 真题 · 单选**］在以下工程结构中，适宜采用现浇钢筋混凝土井字形密肋楼板的是（　　）。

A. 厨房　　　　B. 会议厅

C. 储藏室　　　D. 仓库

［**解析**］井字形密肋楼板具有天棚整齐美观，有利于提高房屋的净空高度等优点，常用于门厅、会议厅等处。

［**答案**］B

［**2017 真题 · 单选**］叠合楼板是由预制板和现浇钢筋混凝土层叠合而成的装配整体式楼板，现浇叠合层内设置的钢筋主要是（　　）。

A. 构造钢筋　　　B. 正弯矩钢筋

C. 负弯矩钢筋　　D. 下部受力钢筋

［**解析**］叠合楼板是由预制板和现浇钢筋混凝土层叠合而成的装配整体式楼板。预制板既是

楼板结构的组成部分，又是现浇钢筋混凝土叠合层的永久性模板，现浇叠合层内应设置负弯矩钢筋，并可在其中敷设水平设备管线。

[答案] C

[典型例题·单选] 某宾馆门厅 9m×9m，为了提高净空高度，宜优先选用（　　）。

A. 普通板式楼板　　B. 梁板式肋形楼板

C. 井字形密肋楼板　　D. 普通无梁楼板

[解析] 井字形密肋楼板没有主梁，都是次梁（肋），且肋与肋间的跨离较小，通常只有 1.5～3.0m，肋高也只有 180～250mm，肋宽 120～200mm。当房间的平面形状近似正方形，跨度在 10m 以内时，常采用这种楼板。井字形密肋楼板具有天棚整齐美观，有利于提高房屋的净空高度等优点，常用于门厅、会议厅等处。

[答案] C

[2018 真题·多选] 预制装配式钢筋混凝土楼板与现浇钢筋混凝土楼板相比，其主要优点在于（　　）。

A. 工业化水平高　　B. 节约工期　　C. 整体性能好　　D. 劳动强度低

E. 节约模板

[解析] 预制装配式钢筋混凝土楼板是在工厂或现场预制好的楼板，然后人工或机械吊装到房屋上经坐浆灌缝而成。此做法可节省模板，改善劳动条件，提高效率，缩短工期，促进工业化水平。但预制楼板的整体性不好，灵活性也不如现浇板，更不宜在楼板上穿洞。

[答案] ABE

知识点 10 阳台与雨篷

一、阳台

（一）阳台的承重构件

阳台承重结构的支承方式有墙承式、悬挑式等，见表 2-1-21。

表 2-1-21　阳台承重结构的支承方式

形式		支承方式
墙承式		阳台板直接搁置在墙上，多用于凹阳台
悬挑式	挑梁式	挑梁压入墙内的长度一般为悬挑长度的 1.5 倍左右
	挑板式	（1）将阳台板和墙梁现浇在一起，阳台宽度不受房间开间限制，但梁受力复杂，阳台悬挑长度受限，一般不宜超过 1.2m （2）将房间楼板直接向外悬挑形成阳台板；这种做法构造简单，阳台底部平整，外形轻巧，但板受力复杂，构件类型增多，由于阳台地面与室内地面标高相同，不利于排水

（二）阳台的细部构造

（1）阳台栏板或栏杆净高，六层及六层以下不应低于 1.05m；七层及七层以上不应低于 1.10m。七层及七层以上住宅和寒冷、严寒地区住宅宜采用实体栏板。

（2）阳台地面应低于室内地面 30～50mm，并应沿排水方向做排水坡，泄水管管口外伸至少 80mm。

二、雨篷

（1）悬挑长度一般为 0.9～1.5m。

（2）雨篷有板式和梁板式两种。板式雨篷多做成变截面形式，一般板根部厚度不小于70mm，板端部厚度不小于50mm。雨篷见图2-1-50。

图 2-1-50　雨篷

➤ **考分统计**：统计近10年该知识点的考核情况，在2020年考核一道单选题。考核频率为10%。

典型例题

［**2020真题·单选**］将房间楼板直接向外悬挑形成阳台板，阳台承重支承方式为（　　）。

A. 墙承式　　B. 挑梁式　　C. 挑板式　　D. 板承式

［**解析**］阳台承重结构的支承方式有墙承式、悬挑式等。悬挑式分为挑梁式和挑板式，挑板式是将阳台板悬挑，一般有两种做法：一种是将阳台板和墙梁现浇在一起，利用梁上部的墙体或楼板来平衡阳台板，以防止阳台倾覆。另一种是将房间楼板直接向外悬挑形成阳台板。

［**答案**］C

知识点 11　楼梯

一、楼梯的组成

楼梯一般由梯段、平台、栏杆扶手三部分组成，见表2-1-22，其示意图见图2-1-51。

表 2-1-22　楼梯的组成

组成部分	内容
梯段	梯段的踏步步数一般不宜超过18级，且一般不宜少于3级
平台	楼梯梯段净高不宜小于2.2m，楼梯平台过道处的净高不应小于2.0m
栏杆与扶手	栏杆与梯段的连接方法有：预埋铁件焊接、预留孔洞插接、螺栓连接

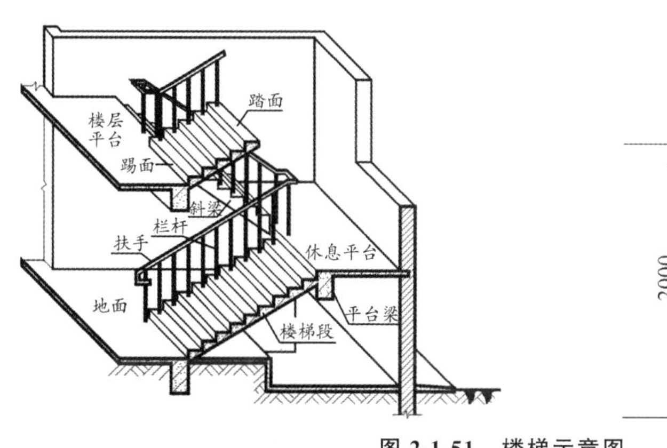

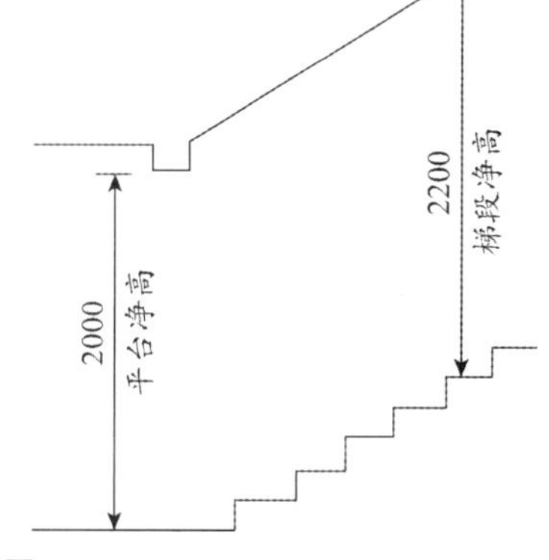

图 2-1-51　楼梯示意图

二、钢筋混凝土楼梯构造

（一）现浇钢筋混凝土楼梯

现浇钢筋混凝土楼梯按楼梯段传力的特点可以分为板式和梁式两种，见图 2-1-52。其类型见表 2-1-23。

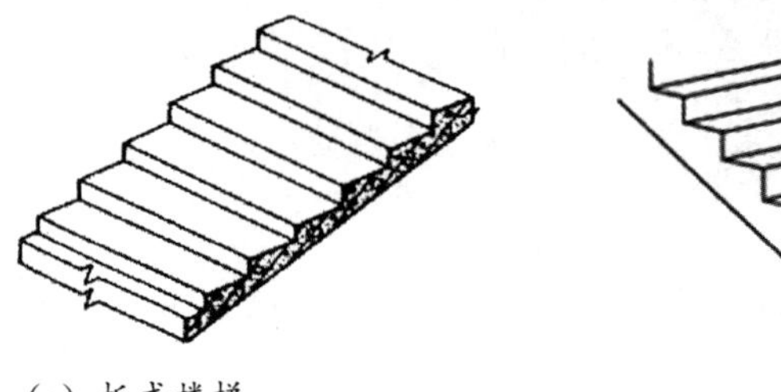

(a) 板式楼梯

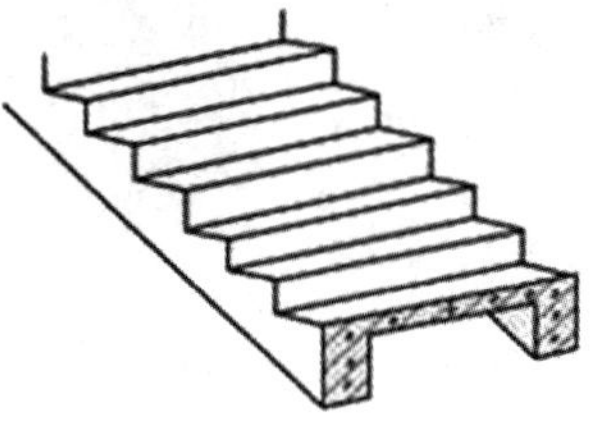

(b) 梁式楼梯

图 2-1-52　现浇钢筋混凝土楼梯

表 2-1-23　现浇钢筋混凝土楼梯类型

类型	内容
板式楼梯	(1) 通常由梯段板、平台梁和平台板组成 (2) 梯段底面平整，外形简洁，便于支撑施工 (3) 当梯段跨度不大时采用，当梯段跨度较大时，梯段板厚度增加，自重较大，不经济
梁式楼梯	当荷载或梯段跨度较大时，采用梁式楼梯比较经济

（二）预制装配式钢筋混凝土楼梯

预制装配式钢筋混凝土楼梯根据构件尺度的差别，大致可分为：小型构件装配式楼梯、中型构件装配式楼梯和大型构件装配式楼梯。其类型见表 2-1-24。

表 2-1-24　预制装配式钢筋混凝土楼梯类型

类型	内容
小型构件装配式楼梯	(1) 将梯段、平台分割成若干部分，分别预制成小构件装配而成 (2) 按照预制踏步的支承方式分为悬挑式（见图 2-1-53）、墙承式（见图 2-1-54）、梁承式三种
中型构件装配式楼梯	一般是由楼梯段和带有平台梁的休息平台板两大构件组合而成。楼梯段与现浇钢筋混凝土楼梯类似，有梁板式和板式两种
大型构件装配式楼梯	将楼梯段与休息平台一起组成一个构件

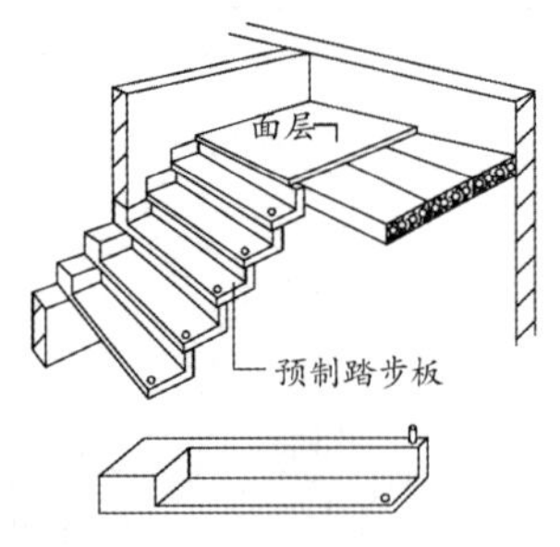

图 2-1-53　悬挑式

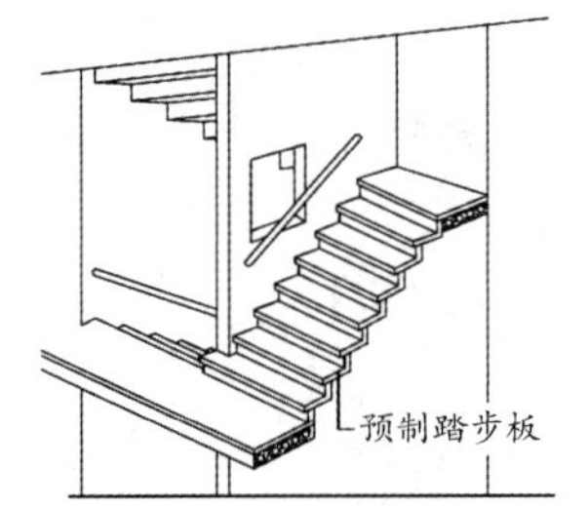

图 2-1-54　墙承式

三、台阶与坡道

(1) 室外台阶一般包括踏步和平台两部分。通常踏步高度为 100～150mm，宽度为 300～400mm。

(2) 坡道对防滑要求较高或坡度较大时可设置防滑条或做成锯齿形。

➤ **考分统计**：统计近 10 年该知识点的考核情况，在 2013、2015、2016、2018、2021 年进行了考核。考核频次为 50%。其中 2013 年考核一道多选题，2015 年考核一道单选题，2016 年考核一道多选题，2018 年考核一道单选题，2021 年考核一道多选题。

典型例题

[**2018 真题·单选**] 建筑物楼梯跨度较大时，为了经济合理，通常不宜采用（　　）。

A. 预制装配墙承式楼梯　　B. 预制装配梁承式楼梯

C. 现浇钢筋混凝土梁式楼梯　　D. 现浇钢筋混凝土板式楼梯

[**解析**] 板式楼梯的梯段底面平整，外形简洁，便于支撑施工。当梯段跨度不大时采用。当梯段跨度较大时，梯段板厚度增加，自重较大，不经济。

[**答案**] D

[**2015 真题·单选**] 将楼梯段与休息平台组成一个构件再组合的预制钢筋混凝土楼梯是（　　）。

A. 大型构件装配式楼梯　　B. 中型构件装配式楼梯

C. 小型构件装配式楼梯　　D. 悬挑装配式楼梯

[**解析**] 大型构件装配式楼梯是将楼梯段与休息平台一起组成一个构件，每层由第一跑及中间休息平台和第二跑及楼层休息平台板两大构件组成。

[**答案**] A

[**2016 真题·多选**] 钢筋混凝土楼梯按楼梯段传力特点划分有（　　）。

A. 墙承式楼梯　　B. 梁式楼梯　　C. 梁板式楼梯　　D. 板式楼梯

E. 悬挑式楼梯

[**解析**] 钢筋混凝土楼梯按楼梯段传力的特点可以分为板式和梁式两种。

[**答案**] BD

知识点 12 门与窗

一、门与窗的类型

(1) 应根据使用和安全要求确定铝合金门窗的风压强度性能、雨水渗漏性能、空气渗透性能等综合指标。

(2) 塑料门窗与铝合金门窗相比，塑料门窗的保温效果较好，造价经济，单框双玻璃窗的传热系数小于双层铝合金窗的传热系数，但是运输、储存、加工要求较严格。

二、门与窗的尺度

(一) 门的尺度（宽度）

(1) 住宅中的厕所、浴室：700mm。

(2) 厨房：800mm。

(3) 卧室：900mm。

(4) 住宅入户门、普通教室、办公室等：1000mm。

(5) 当门宽大于 1000mm 时，应根据使用要求采用双扇门、四扇门或者增加门的数量。双扇门的宽度可为 1200～1800mm，四扇门的宽度可为 2400～3600mm。

(二) 窗的尺度

(1) 一般平开木窗的窗扇高度为 800～1200mm，宽度不宜大于 500mm。

（2）上下悬窗的窗扇高度为300～600mm，中悬窗窗扇高不宜大于1200mm，宽度不宜大于1000mm。

（3）推拉窗高宽均不宜大于1500mm。

（4）各类窗的高度与宽度尺寸通常采用扩大模数3M数列作为洞口的标志尺寸。

三、门与窗的节能

门窗是建筑节能的薄弱环节，提高建筑门窗的节能效率应从改善门窗的保温隔热性能和加强门窗的气密性两个方面进行。

（一）窗的节能

1. 控制窗户的面积

窗墙比是节能设计的一个控制指标，指窗口面积与房间立面单元面积（即房间层高与开间定位线围成的面积）的比值。不同热工分布区不同朝向的窗墙比限值见表2-1-25。

表2-1-25　不同热工分布区不同朝向的窗墙比限值

朝向	不同热工分布区			
	严寒地区	寒冷地区	夏热冬冷地区	夏热冬暖地区
北	0.25	0.30	0.40	0.40
东、西	0.30	0.35	0.35	0.30
南	0.45	0.50	0.45	0.40

2. 提高窗的气密性

窗的空气渗透主要是由窗框与墙洞、窗框与窗扇、玻璃与窗扇这三个部位的缝隙产生的。

3. 减少窗户传热

减少窗户的传热能耗应从减少窗框、窗扇型材的传热耗能和减少窗玻璃的传热耗能两个方面考虑。

（1）减少窗框、窗扇型材的传热耗能。通过下列三个途径实现：①选择导热系数小的框料型材；②采用导热系数小的材料截断金属框料型材的热桥形成断桥式窗户；③利用框料内的空气腔室或利用空气层截断金属框料型材的热桥。

（2）减少玻璃的传热耗能。

（3）采用隔热保温窗帘。

（二）门的节能

（1）入户门。北京地区应选择传热系数不大于2.0W/（m²·K）的入户门。

（2）阳台门。落地玻璃阳台门，这种门的节能设计可将其看作外窗来处理。

（三）建筑遮阳

窗户遮阳板根据其外形可分为水平式遮阳、垂直式遮阳、综合式遮阳和挡板式遮阳四种基本形式。遮阳板的基本形式见图2-1-55。遮阳板的基本形式及功能见表2-1-26。

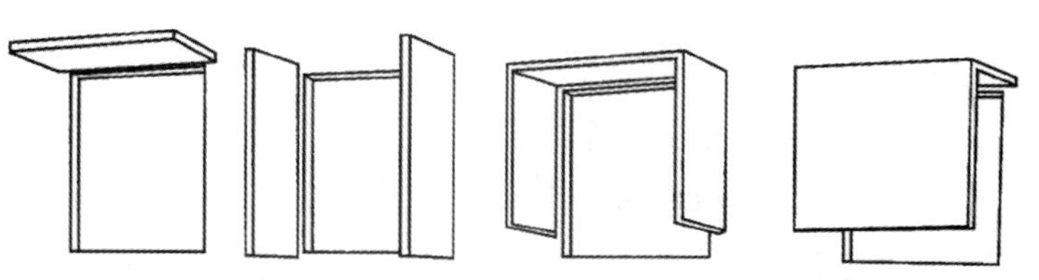

（a）水平遮阳　（b）垂直遮阳　（c）综合遮阳　（d）挡板遮阳

图2-1-55　遮阳板的基本形式

表 2-1-26　遮阳板的基本形式及功能

基本形式	功能
水平式遮阳	(1) 能够遮挡太阳高度角较大时从窗口上方照射下来的阳光 (2) 适合于南向及南向附近的窗口；北回归线以南低纬度地区的北向窗口也可用这种遮阳板
垂直式遮阳	(1) 能够遮挡太阳高度角较小时从窗口两侧斜射下来的阳光 (2) 适用于东北、北和西北附近的窗口
综合式遮阳	(1) 能够遮挡从窗口正上方和两侧斜射之阳光 (2) 主要用于南、东南及西南附近的窗口
挡板式遮阳	(1) 能够遮挡太阳高度角较小时正射窗口的阳光 (2) 主要适用于东、西向以及附近朝向的窗口

➤ **考分统计**：统计近 10 年该知识点的考核情况，在 2013 年考核一道单选题。考核频次为 10%。

典型例题

[**2013 真题·单选**] 单扇门的宽度一般不超过（　　）。

A. 900mm　　B. 1000mm

C. 1100mm　　D. 1200mm

[**解析**] 当房间面积较大，使用人数较多时，单扇门宽度小，不能满足通行要求，为了开启方便和少占使用面积，当门宽大于 1000mm 时，应根据使用要求采用双扇门、四扇门或者增加门的数量。

[**答案**] B

知识点 13　屋顶的类型

屋顶的类型归纳起来大致可分为三大类：平屋顶、坡屋顶和曲面屋顶，详见表 2-1-27。

表 2-1-27　屋顶的类型及特点

类型	特点
平屋顶	屋面坡度在 10%以下的屋顶，最常用的排水坡度为 2%～3%
坡屋顶	屋面坡度在 10%以上的屋顶
曲面屋顶	屋顶为曲面，如球形、悬索形、鞍形等

知识点 14　平屋顶的构造

一、平屋顶的排水

平屋顶的排水要求见表 2-1-28。

表 2-1-28　平屋顶的排水要求

项目	要求
起坡方式	(1) 材料找坡（垫坡）：坡度宜为 2% (2) 结构起坡（搁置起坡）：坡度宜为 3%

续表

项目	要求
排水方式	（1）高层建筑屋面宜采用内排水；多层建筑屋面宜采用有组织外排水；低层建筑及檐高小于10m的屋面，可采用无组织排水 （2）重力式排水时，屋面每个汇水面积内，雨水排水管不宜少于2根，排水管见图2-1-56 （3）暴雨强度较大地区的大型屋面，宜采用虹吸式屋面雨水排水系统 （4）严寒地区应采用内排水 （5）湿陷性黄土地区宜采用有组织排水，并应将雨雪水直接排至排水管网
屋面落水管的布置	（1）$F=438D^2/H$ 式中，F——单根落水管允许集水面积（m²）；D——落水管管径（cm）；H——每小时最大降雨量（mm/h） （2）在工程实践中，落水管间的距离（天沟内流水距离）以10～15m为宜

图 2-1-56　排水管

二、平屋顶的柔性防水及构造

平屋顶的柔性防水及构造见表2-1-29。

表 2-1-29　平屋顶的柔性防水及构造

防水等级	建筑类别	设防要求	具体做法
Ⅰ级	重要建筑和高层建筑	两道	（1）卷材防水层和卷材防水层 （2）卷材防水层和涂膜防水层 （3）复合防水层
Ⅱ级	一般建筑	一道	（1）卷材防水层 （2）涂膜防水层 （3）复合防水层

（1）找平层。找平层厚度及技术要求见表2-1-30。

表 2-1-30　找平层厚度及技术要求

找平层分类	适用的基层	厚度/mm	技术要求
水泥砂浆找平层	整体现浇混凝土板	15～20	1∶2.5水泥砂浆
	整体材料保温层	20～25	
细石混凝土找平层	装配式混凝土板	30～35	C20混凝土宜加钢筋网片
	板状材料保温板		C20混凝土

保温层上的找平层应留设分隔缝，缝宽宜为5～20mm，纵横缝的间距不宜大于6m。基层转角处应抹成圆弧形，其半径不小于50mm。分格缝处应铺设带胎体增强材料的空铺附加层，

其宽度为200～300mm。

（2）结合层。

（3）卷材防水屋面。为了防止屋面防水层出现龟裂现象的措施：①阻断来自室内的水蒸气，构造上常采取在屋面结构层上的找平层表面做隔汽层；②在屋面防水层下保温层内设排汽通道，并使通道开口露出屋面防水层，使防水层下水蒸气能直接从透气孔排出。

（4）涂膜防水屋面。其类型及做法见表2-1-31。涂膜防水屋面的构造见图2-1-57。

表2-1-31　涂膜防水屋面类型及做法

类型	做法
正置式屋面	隔热保温层在防水层的下面
倒置式涂膜屋面	（1）防水层在下面，保温隔热层在上面 （2）与传统施工法相比该工法能使防水层无热胀冷缩现象，延长了防水层的使用寿命；同时保温层对防水层提供一层物理性保护，防止其受到外力破坏

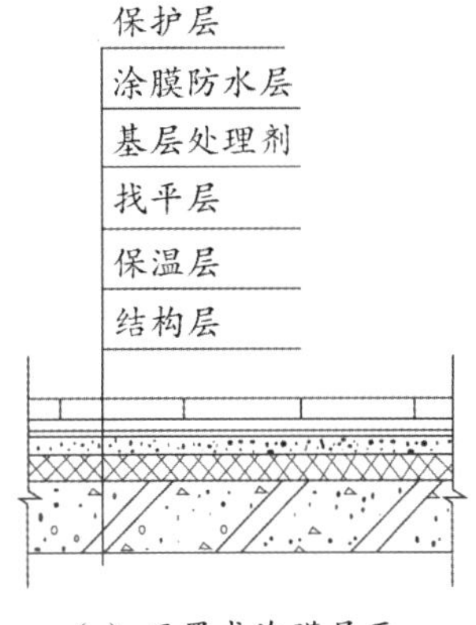

（a）正置式涂膜屋面

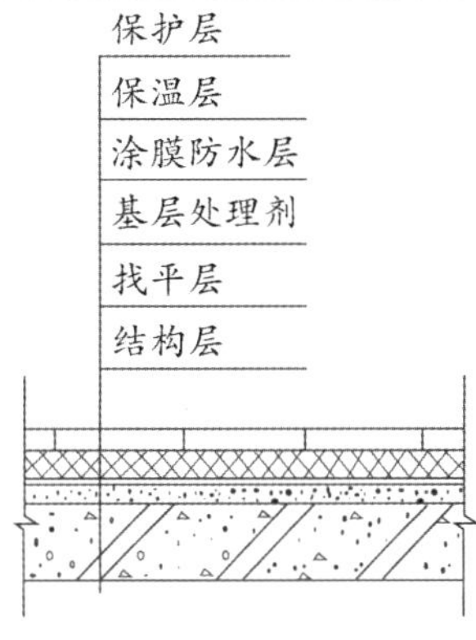

（b）倒置式涂膜屋面

图2-1-57　涂膜防水屋面的构造

（5）复合防水屋面。

（6）保护层。采用块体材料做保护层时，宜设分隔缝，其纵横间距不宜大于10m，分隔缝宽度宜为20mm，并用密封材料嵌填。采用细石混凝土做保护层时，表面应抹平压光，并应设分隔缝，其纵横间距不应大于6m，分格缝宽度宜为10～20mm，并应用密封材料嵌填。

（7）平屋顶防水细部构造。

1）檐口。卷材防水屋面檐口800mm范围内应满粘，卷材收头应采用金属压条钉压，并应用密封材料封严，见图2-1-58。涂膜防水屋面檐口的涂膜收头，应用防水涂料多遍涂刷，见图2-1-59。

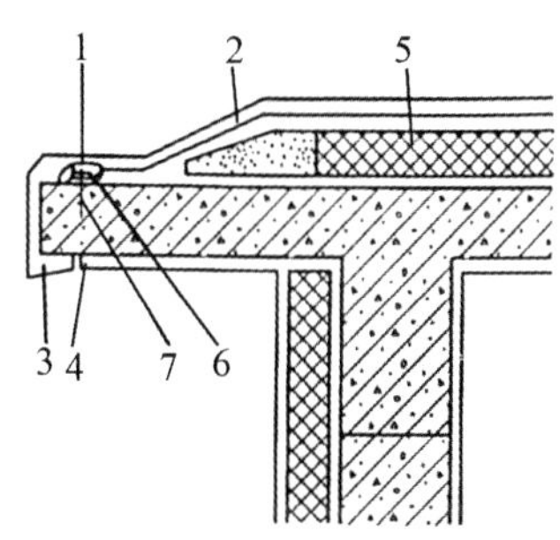

图2-1-58　卷材防水屋面檐口

1—密封材料；2—卷材防水层；3—鹰嘴；4—滴水槽；5—保温层；6—金属压条；7—水泥钉

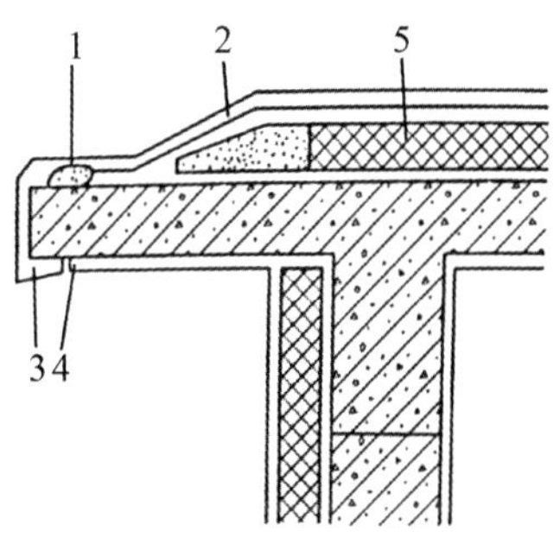

图2-1-59　涂膜防水屋面檐口

1—涂料多遍涂刷；2—涂料防水层；3—鹰嘴；4—滴水槽；5—保温层

2）檐沟和天沟。卷材或涂膜防水屋面檐沟和天沟的防水层下应增设附加层，附加层伸入屋面的宽度不应小于250mm。卷材、涂膜防水屋面檐沟见图2-1-60。

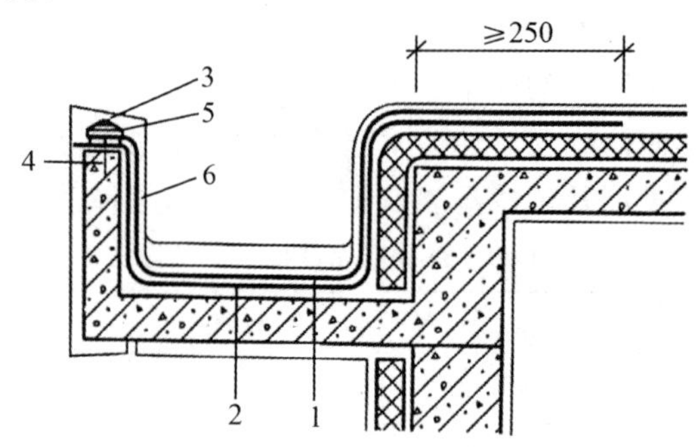

图2-1-60 卷材、涂膜防水屋面檐沟

1—防水层；2—附加层；3—密封材料；4—水泥钉；5—金属压条；6—保护层

3）女儿墙。女儿墙泛水处的防水层下应增设附加层，附加层在平面和立面的宽度均不应小于250mm。低女儿墙泛水处的防水层可直接铺贴或涂刷至压顶下（见图2-1-61），高女儿墙泛水处的防水层泛水高度不应小于250mm（见图2-1-62）。

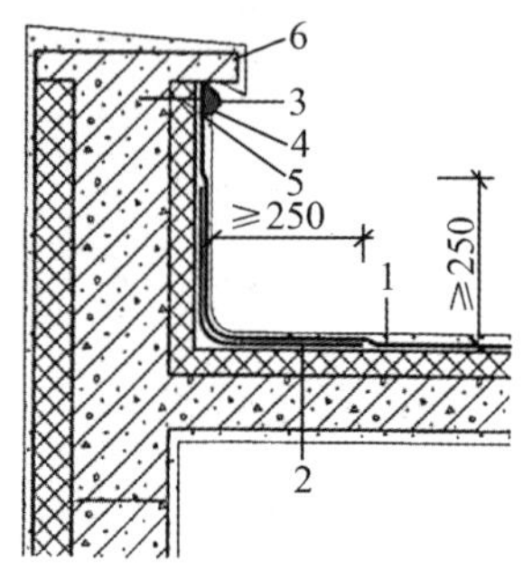

图2-1-61 低女儿墙防水处理

1—防水层；2—附加层；3—密封材料；4—金属压条；5—水泥钉；6—压顶

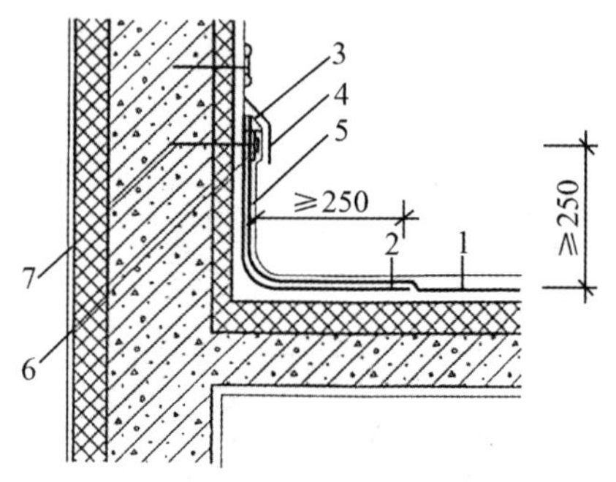

图2-1-62 高女儿墙防水处理

1—防水层；2—附加层；3—密封材料；4—金属盖板；5—保护层；6—金属压条；7—水泥钉

三、平屋顶的保温、隔热

保温层分为板状材料、纤维材料、整体材料三种类型。隔热层分为种植、架空、蓄水三种形式。

（一）平屋顶的节能措施

（1）屋顶的保温、隔热要求应符合现行国家标准的规定。

（2）平屋顶保温层的构造方式有正置式和倒置式两种，在可能的条件下平屋顶应优先选用倒置式保温。倒置式屋顶可以减轻太阳辐射和室外高温对屋顶防水层的不利影响，提高防水层的使用年限。

（3）平屋顶均可在屋顶设置架空通风隔热层或布置屋顶绿化，以提高屋顶的通风和隔热效果。

（4）在室内空气湿度常年大于80%的地区，吸湿性保温材料不宜用于封闭式保温层。

（二）平屋顶的保温材料

（1）倒置式保温材料可采用：挤塑聚苯板、泡沫玻璃保温板等。

（2）正置式保温材料可采用：膨胀聚苯板、挤塑聚苯板、硬泡聚氨酯、石膏玻璃棉板、水泥聚苯板、加气混凝土等。

（三）平屋顶的几种节能构造做法

平屋顶的几种节能构造有：高效保温材料节能屋顶构造；架空型保温节能屋顶构造；保温、找坡结合型保温节能屋顶构造和倒置型保温节能屋顶构造。

架空隔热层宜在屋顶有良好通风的建筑物上采用，不宜在寒冷地区采用。当采用混凝土板架空隔热层时，屋面坡度不宜大于5%。架空隔热层的高度宜为180～300mm，架空板与女儿墙的距离不应小于250mm。当屋面宽度大于10m时，架空隔热层中部应设置通风屋脊。架空隔热层的进风口宜设置在当地炎热季节最大频率风向的正压区，出风口宜设置在负压区。

➤ **考分统计**：统计近10年该知识点的考核情况，在2010、2011、2014、2016、2018、2019年进行了考核。考核频次为60%。其中2010年考核一道单选题，2011年考核一道单选题，2014年考核一道单选题，2016年考核一道单选题，2018年考核一道多选题，2019年考核两道单选题。

典型例题

［**2019真题·单选**］所谓倒置式保温屋顶指的是（　　）。

A. 先做保温层，后做找平层　　B. 先做保温层，后做防水层

C. 先做找平层，后做保温层　　D. 先做防水层，后做保温层

［**解析**］倒置式屋顶是将传统屋顶构造中保温隔热层与防水层的位置“颠倒”，将保温隔热层设置在防水层之上。倒置式屋顶可以减轻太阳辐射和室外高温对屋顶防水层的不利影响，提高防水层的使用年限。

［**答案**］D

［**2016真题·单选**］平屋顶装配式混凝土板上的细石混凝土找平层厚度一般是（　　）。

A. 15～20mm　　B. 20～25mm　　C. 25～30mm　　D. 30～35mm

［**解析**］装配式混凝土板上的细石混凝土找平层厚度为30～35mm。

［**答案**］D

［**2011真题·单选**］某建筑物的屋顶集水面积为1800m^2，当地气象记录每小时最大降雨量160mm，拟采用落水管直径为120mm，该建筑物需设置落水管的数量至少为（　　）。

A. 4根　　B. 5根

C. 8根　　D. 10根

［**解析**］$F=438D^2/H$，$F=438\times12^2/160=394.2$（$m^2$），落水管的数量$=1800/394.2=4.57$（根），取整为5根。

［**答案**］B

知识点 15　坡屋顶的构造

一、坡屋顶的承重结构

坡屋顶的承重结构方式见图2-1-63。

（1）砖墙承重（硬山搁檩）：适用于开间较小的房屋。

（2）屋架承重：①通常屋架搁置在房屋的纵向外墙或柱上，使房屋有一个较大的使用空间；②屋架的形式较多，有三角形、梯形、矩形、多边形等；③屋架支撑主要有垂直剪刀撑和水平系杆等。

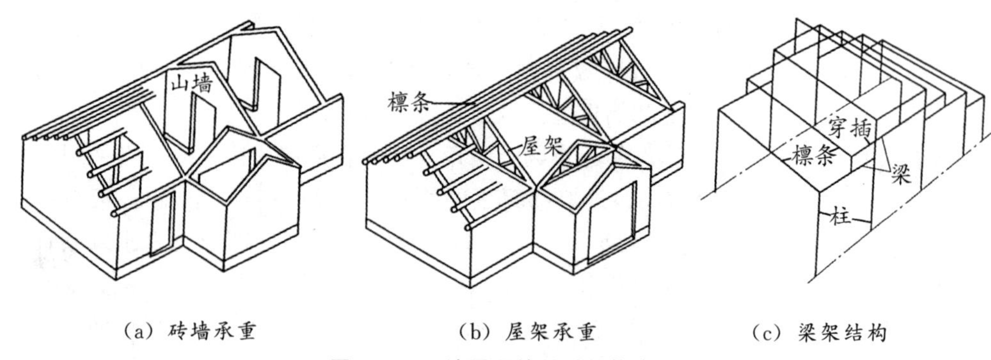

（a）砖墙承重　　（b）屋架承重　　（c）梁架结构

图 2-1-63　坡屋顶的承重结构方式

（3）梁架结构。

（4）钢筋混凝土梁板承重：①钢筋混凝土折板结构（见图 2-1-64）整个结构层整体现浇，提高了坡屋顶建筑的防水、防渗性能。②屋面瓦可直接用水泥砂浆粘贴于结构层上。

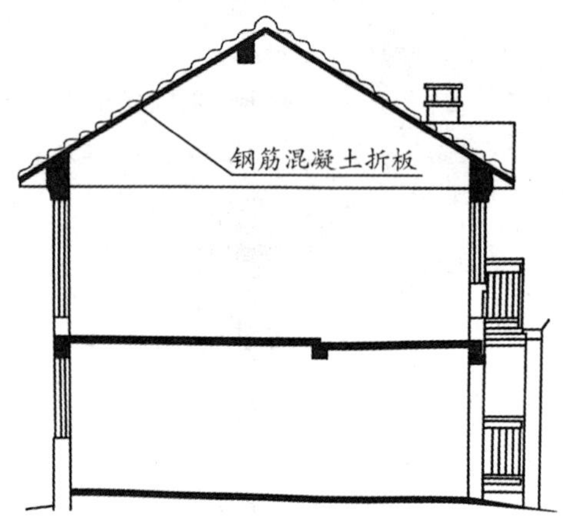

图 2-1-64　钢筋混凝土折板结构

二、坡屋顶的屋面

坡屋顶屋面有如下三种类型：平瓦屋面、波形瓦屋面、小青瓦屋面。其中，对于平瓦屋面，防水垫层的最小厚度和搭接宽度见表 2-1-32。

表 2-1-32　防水垫层的最小厚度和搭接宽度　（单位：mm）

防水垫层品种	最小厚度	搭接宽度
自粘聚合物沥青防水垫层	1.0	80
聚合物改性沥青防水垫层	2.0	100

三、坡屋面的保温、隔热与通风

（1）坡屋面的保温：①当结构层为钢筋混凝土板时，保温层宜设在结构层上部；②当结构层为轻钢结构时，保温层可设置在上侧或下侧；③坡屋顶保温节能构造根据屋面瓦材的安装方式不同分为钉挂型和粘铺型两种。

（2）坡屋面的隔热与通风：①做通风屋面；②吊顶隔热通风。

➢ **考分统计**：统计近 10 年该知识点的考核情况，在 2013、2014、2015、2016、2017、2021 年进行了考核。考核频次为 60%。其中 2013 年考核一道单选题，2014 年考核一道单选题，2015 年考核一道多选题，2016 年考核一道多选题，2017 年考核一道多选题，2021 年考核一道多选题。

典型例题

[**2014 真题 · 单选**] 坡屋顶的钢筋混凝土折板结构一般是（　　）。

A. 由屋架支承的　　B. 由檩条支承的

C. 整体现浇的　　D. 由托架支承的

[**解析**] 钢筋混凝土折板结构是目前坡屋顶建筑使用较为普遍的一种结构形式，这种结构形式无须采用屋架、檩条等结构构件，而且整个结构层整体现浇，提高了坡屋顶建筑的防水、防渗性能。在这种结构形式中，屋面瓦可直接用水泥砂浆粘贴于结构层上。

[**答案**] C

[**2013 真题 · 单选**] 平瓦屋面下，聚合物改性沥青防水垫层的搭接宽度为（　　）。

A. 60mm　　B. 70mm

C. 80mm　　D. 100mm

[**解析**] 聚合物改性沥青防水垫层的搭接宽度为 100mm。

[**答案**] D

[**2021 真题 · 多选**] 通常情况下，坡屋顶可以采用的承重结构类型有（　　）。

A. 钢筋混凝土梁板　　B. 屋架

C. 柱　　D. 硬山搁檩

E. 梁架结构

[**解析**] 坡屋顶的承重结构有：①砖墙承重，砖墙承重又叫硬山搁檩；②屋架承重；③梁架结构；④钢筋混凝土梁板承重。

[**答案**] ABDE

[**2015 真题 · 多选**] 坡屋顶的承重屋架，常见的形式有（　　）。

A. 三角形　　B. 梯形　　C. 矩形　　D. 多边形

E. 弧形

[**解析**] 屋顶上搁置屋架，用来搁置檩条以支承屋面荷载。通常屋架搁置在房屋的纵向外墙或柱上，使房屋有一个较大的使用空间。屋架的形式较多，有三角形、梯形、矩形、多边形等。

[**答案**] ABCD

知识点 16 装饰构造

一、装饰构造类别

（1）墙面装饰。

（2）楼地面装饰。

（3）天棚装饰。

二、墙体饰面装修构造

（1）抹灰类。

（2）贴面类。

（3）涂料类。涂料类是一种最有发展前途的装饰材料。

（4）裱糊类。

（5）铺钉类。

三、楼地面装饰构造

楼地面装饰主要有：整体浇筑楼地面、块料楼地面、卷材楼地面和涂料楼地面。

（一）整体浇筑楼地面

（1）水泥砂浆楼地面（见图 2-1-65）：具有构造简单、施工方便、造价低、耐水、整体性能好等优点，但地面易起灰、无弹性、热传导性高，且装饰效果较差。水泥砂浆的强度等级不应低于 M15，水泥砂浆的体积比（强度等级）应符合设计要求，且体积比应为 1∶2，厚度不应小于 20mm。

（2）现浇水磨石楼地面（见图 2-1-66）：地面坚硬、耐磨、光洁，不透水，不起灰，施工较复杂，无弹性，吸热性强，常用于人流量较大的交通空间和房间。

（3）菱苦土楼地面（见图 2-1-67）：不宜用于经常有水存留及地面温度经常处在 35℃以上的房间。

图 2-1-65　水泥砂浆楼地面

图 2-1-66　水磨石楼地面

图 2-1-67　菱苦土楼地面

（4）细石混凝土楼地面的强度高、干缩性小，与水泥砂浆楼地面相比，其耐久性和防水性更好，且不易起砂，一般为 35～40mm 厚。

（二）块料楼地面

1. 陶瓷板块楼地面

（1）构造做法：基层清理以后，在基层上做 10～20mm 厚 1∶4～1∶3 水泥砂浆找平层，刷素水泥浆一道，以增加表面黏结力，铺贴完成后用白水泥嵌缝。

（2）陶瓷板块楼地面的特点是坚硬耐磨、色泽稳定，易于保持清洁，而且具有较好的耐水和耐酸碱腐蚀的性能，但造价偏高，一般适用于用水的房间以及有腐蚀的房间。

2. 石板楼地面

（1）构造做法：在基层清理以后，可在基层上抹 30mm 厚 1∶3 干硬性水泥砂浆，刷素水泥浆一道，然后铺贴石材板块。

（2）天然石楼地面具有较好的耐磨、耐久性能和装饰性，但造价较高。

➤ **考分统计**：统计近 10 年该知识点的考核情况，在 2012、2017 年进行了考核。考核频次为 20%。其中 2012 年考核一道单选题，2017 年考核一道单选题。

典型例题

［**2012 真题·单选**］坚硬耐磨、装饰效果好、造价偏高，一般适用于用水的房间和有腐蚀房间楼地面的装饰构造为（　　）。

A. 水泥砂浆地面　　B. 水磨石地面　　C. 陶瓷板块地面　　D. 人造石板地面

［**解析**］陶瓷板块地面的特点是坚硬耐磨、色泽稳定，易于保持清洁，而且具有较好的耐水和耐酸碱腐蚀的性能，但造价偏高，一般适用于用水的房间以及有腐蚀的房间。

［**答案**］C

知识点 17　单层厂房的结构组成

一、承重结构

单层厂房结构组成见图 2-1-68。

(1) 横向排架：由基础、柱、屋架组成，主要是承受厂房的各种竖向荷载。

(2) 纵向连系构件：由吊车梁、圈梁、连系梁、基础梁等组成，与横向排架构成骨架，保证厂房的整体性和稳定性。

(3) 支撑系统构件（见图 2-1-69）：支撑系统包括柱间支撑和屋盖支撑两大部分。支撑构件主要传递水平荷载，起保证厂房空间刚度和稳定性的作用。

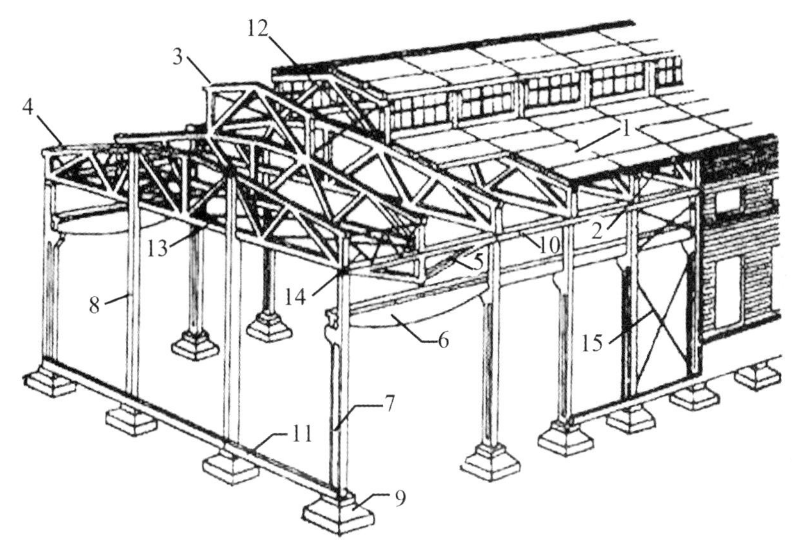

图 2-1-68　单层厂房结构组成

1—屋面板；2—天沟板；3—天窗架；4—屋架；5—托架；6—吊车梁；7—排架柱；8—抗风柱；9—基础；10—连系梁；11—基础梁；12—天窗架垂直支撑；13—屋架下弦横向水平支撑；14—屋架端部垂直支撑；15—柱间支撑

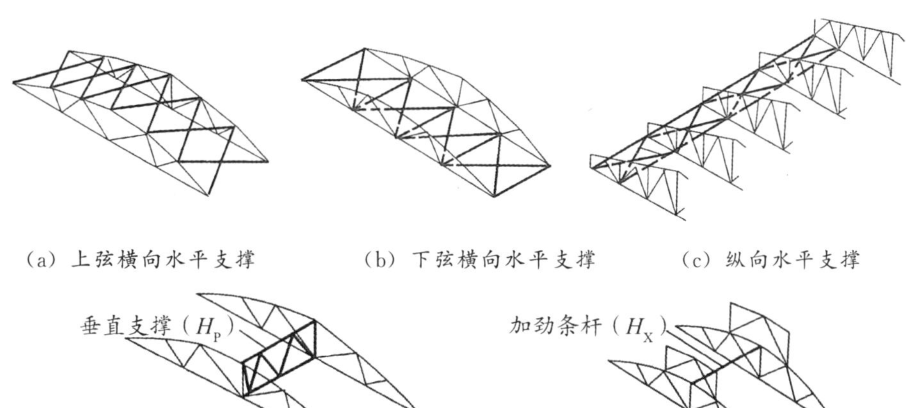

图 2-1-69　支撑系统构件

二、围护结构

单层厂房的围护结构包括外墙、屋顶、地面、门窗、天窗、地沟、散水、坡道、消防梯、吊车梯等。

知识点 18 单层厂房承重结构构造

一、屋盖结构

（一）屋盖的结构类型

（1）有檩体系屋面：适用于中小型厂房。

（2）无檩体系屋面：适用于大中型厂房。

（二）屋盖的承重构件

屋盖承重构件的类型及特点见表 2-1-33。

表 2-1-33 屋盖承重构件的类型及特点

类型	特点
钢筋混凝土屋架或屋面梁	（1）普通钢筋混凝土屋面梁的跨度一般不大于 15m，预应力钢筋混凝土屋面梁跨度一般不大于 18m （2）两铰或三铰拱屋架刚度较差，一般的实用跨度是 9～15m （3）桁架式屋架按外形可分为三角形、梯形、拱形、折线形等类型，折线形屋架吸引了拱形屋架的合理外形，改善了屋面坡度，是目前较常采用的一种屋架形式
钢屋架	（1）中型以上特别是重型厂房，因其对厂房的横向刚度要求较高，采用无檩方案比较合适 （2）对于中小型厂房，特别是不需要设保温层的厂房，采用有檩方案比较合适
木屋架、钢木屋架	钢木屋架的下弦受力状况好，刚度也较好，适用跨度为 18～21m

二、柱

（1）钢筋混凝土柱。

（2）钢-混凝土组合柱。

（3）钢柱。

（4）柱牛腿（见图 2-1-70）：①为了避免沿支承板内侧剪切破坏，牛腿外缘高 $h_k \geqslant h/3 \geqslant$ 200mm。②支承吊车梁的牛腿，其外缘与吊车梁的距离为 100mm。③牛腿挑出距离 c 大于 100mm 时，牛腿底面的倾斜角 $\alpha \leqslant 45°$，否则会降低牛腿的承载能力。当 c 小于等于 100mm 时，牛腿底面的倾斜角 α 可以为 0°。

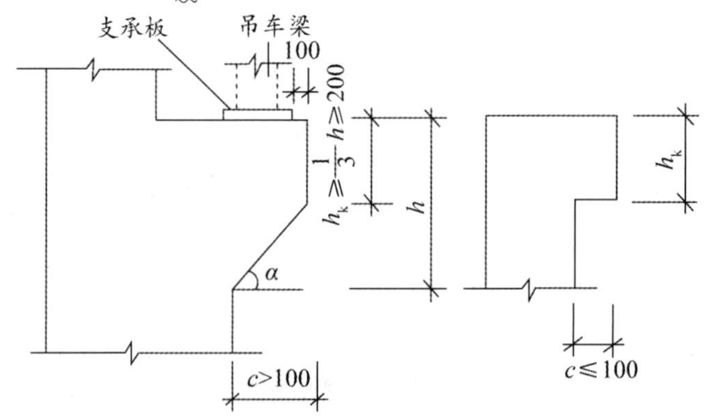

图 2-1-70 牛腿的构造要求

三、基础

厂房的基础一般多采用独立式基础。

四、吊车梁

吊车梁的类型见图 2-1-71。吊车梁的相关参数见表 2-1-34。

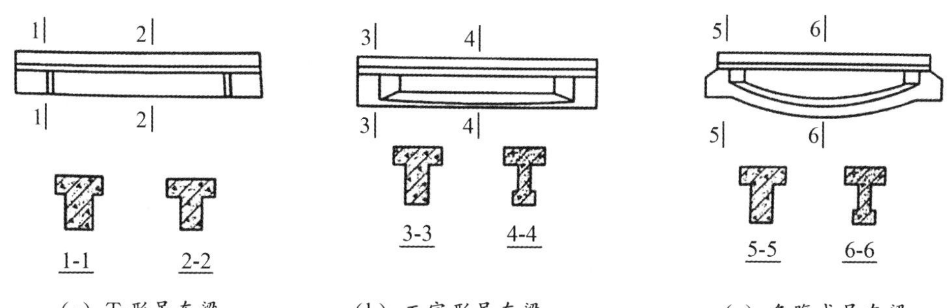

(a) T 形吊车梁　(b) 工字形吊车梁　(c) 鱼腹式吊车梁

图 2-1-71　吊车梁的类型

表 2-1-34　吊车梁的相关参数

吊车梁类型	柱距	厂房跨度	吨位
T 形吊车梁（非预应力）	6m	不大于 30m	10t 以下（预应力 10～30t）
工字形吊车梁（预应力）	6m	12～33m	5～25t
鱼腹式吊车梁（预应力）	不大于 12m	12～33m	15～150t

五、支撑

厂房的支撑主要是承受和传递吊车纵向制动力、山墙风荷载、纵向地震力等水平荷载。支撑分为屋架支撑和柱间支撑两大类。

柱间支撑：加强厂房纵向刚度和稳定性，将吊车纵向制动力和山墙抗风柱经屋盖系统传来的风力经柱间支撑传至基础。

第二节　道路、桥梁、涵洞工程的分类、组成及构造

知识点 1　道路的分类及组成

一、道路的分类

道路的分类见图 2-2-1，城市道路分类的特点及设计年限见表 2-2-1。

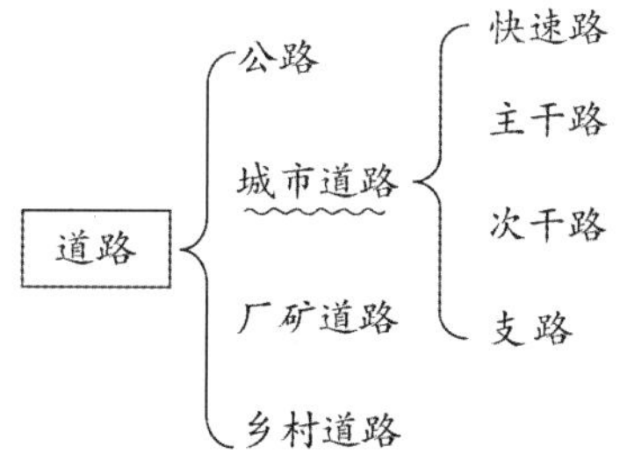

图 2-2-1　道路的分类

表 2-2-1 城市道路分类的特点及设计年限

分类	特点	设计年限
快速路 （见图 2-2-2）	中央分隔、全部控制出入，实现交通连续通行，单向设置不少于两条车道；两侧不应设置吸引大量车流、人流的公共建筑物的出入口	20 年
主干路 （见图 2-2-3）	连接城市各主要分区，应以交通功能为主；主干路两侧不宜设置吸引大量车流、人流的公共建筑物的出入口	
次干路 （见图 2-2-4）	应以集散交通的功能为主，兼有服务功能	15 年
支路 （见图 2-2-5）	以解决局部地区交通，以服务功能为主	10～15 年

图 2-2-2 快速路

图 2-2-3 主干路

图 2-2-4 次干路

图 2-2-5 支路

二、公路的分类

公路分为高速公路、一级公路、二级公路、三级公路及四级公路等五个技术等级，其特点及年平均日设计交通量见表 2-2-2。

表 2-2-2 公路等级特点及年平均日设计交通量

技术等级	特点	年平均日设计交通量
高速公路	全部控制出入的多车道公路	15000 辆小客车以上
一级公路	根据需要控制出入的多车道公路	
二级公路	供汽车行驶的双车道公路	5000～15000 辆小客车
三级公路	供汽车、非汽车交通混合行驶的双车道公路	2000～6000 辆小客车
四级公路	供汽车、非汽车交通混合行驶的双车道或单车道公路	双车道：2000 辆小客车以下 单车道：400 辆小客车以下

（1）主要干线公路应选用高速公路。

（2）次要干线公路应选用二级及二级以上公路。

（3）主要集散公路宜选用一、二级公路。次要集散公路宜选用二、三级公路。

（4）支线公路宜选用三、四级公路。

三、道路的组成

道路组成可以分为几何（或称“线形”）组成和结构组成两部分。

（一）线形组成

线形组成中重点注意各种宽度规定。

（1）机动车道，机动车道路面宽度应包括车行道宽度及两侧路缘带宽度。一条机动车道最小宽度见表 2-2-3。

表 2-2-3　一条机动车道最小宽度　（单位：m）

车型及车道类型	设计速度/（km/h）	
	＞60	≤60
大型车或混行车道	3.75	3.50
小客车专用车道	3.50	3.25

➤ **记忆口诀**：小小 3.25、大大 3.75、一大一小 3.50。

（2）非机动车道宽度规定：①与机动车道合并设置的非机动车道，车道数单向不应小于2 条，宽度不应小于 2.5m；②非机动车专用道路面宽度应包括车道宽度及两侧路缘带宽度，单向不宜小于 3.5m，双向不宜小于 4.5m；③一条非机动车道最小宽度自行车不得小于 1.0m，三轮车不得小于 2.0m。

（3）人行道最小宽度见表 2-2-4。

表 2-2-4　人行道最小宽度

项目	人行道最小宽度/m	
	一般值	最小值
各级道路	3.0	2.0
商业或公共场所集中路段	5.0	4.0
火车站、码头附近路段	5.0	4.0
长途汽车站	4.0	3.0

（4）分车带。

（5）设施带。

（6）绿化带：最小宽度为 1.5m。

（7）应急车道。当快速路单向机动车道数小于 3 条时，应设不小于 3.0m 的应急车道，见图 2-2-6。当连续设置有困难时，应设置应急停车港湾，间距不应大于 500m，宽度不应小于 3.0m，见图 2-2-7。

图 2-2-6　应急车道

图 2-2-7　应急停车港湾

（8）保护性路肩，其宽度自路缘带外侧算起，快速路不应小于 0.75m；其他道路不应小于 0.50m；当有少量行人时，不应小于 1.50m，见图 2-2-8。

图 2-2-8　保护性路肩

（二）结构组成

道路工程结构组成一般分为路基、垫层、基层和面层四个部分。高级道路的结构由路基、垫层、底基层、基层、联结层和面层等六部分组成。道路的结构组成见图 2-2-9。

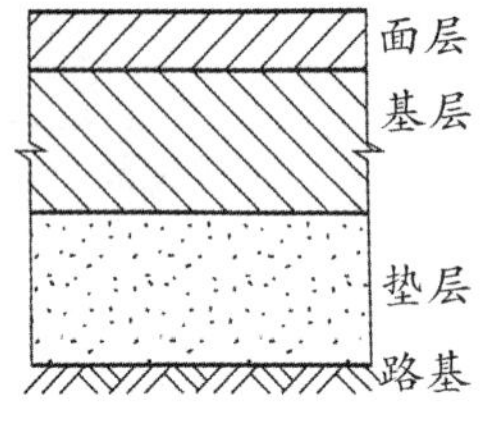

（a）低、中级路面

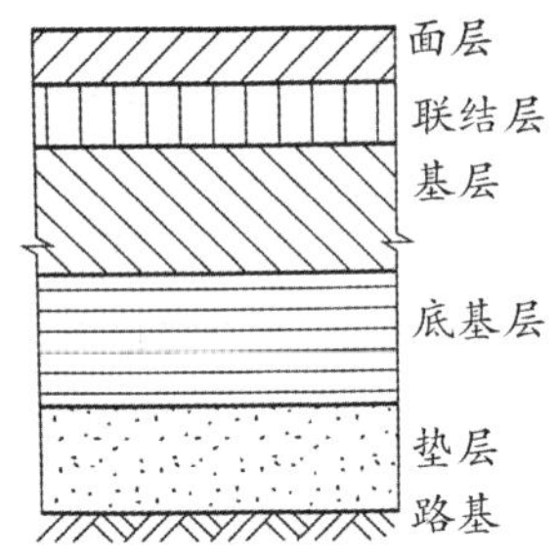

（b）高级路面

图 2-2-9　道路的结构组成

➤ **考分统计**：统计近 10 年该知识点的考核情况，在 2014、2015、2016、2018 年进行了考核。考核频次为 40%。其中 2014 年考核一道多选题，2015 年考核一道单选题，2016 年考核一道单选题，2018 年考核一道单选题。

典型例题

［**2018 真题 · 单选**］公路设计等级选取，应优先考虑（　　）。

A. 年均日设计交通量　　　　B. 路基强度

C. 路面材料　　　　D. 交通设施

［**解析**］公路技术等级选用应根据路网规划、公路功能，并结合交通量论证确定。

［**答案**］A

[**2016 真题·单选**] 交通量达到饱和状态的次干路设计年限应为（　　）。

A. 5 年　　B. 10 年　　C. 15 年　　D. 20 年

[**解析**] 道路交通量达到饱和状态时的道路设计年限为：快速路、主干路应为 20 年，次干路应为 15 年，支路宜为 10～15 年。

[**答案**] C

[**2015 真题·单选**] 设计速度≤60km/h，每条大型车道的宽度宜为（　　）。

A. 3.25m　　B. 3.30m　　C. 3.50m　　D. 3.75m

[**解析**] 本题考查的是道路工程。大型车道或混合车道对于设计时速小于 60km/h 的车道宽度是 3.50m。

[**答案**] C

[**2014 真题·多选**] 土基上的高级路面相对中级路而言，道路的结构层中增设了（　　）。

A. 加强层　　B. 底基层

C. 垫层　　D. 联结层

E. 过渡层

[**解析**] 道路工程结构组成一般分为路基、垫层、基层和面层四个部分。高级道路的结构由路基、垫层、底基层、基层、联结层和面层等六部分组成。

[**答案**] BD

知识点 2 路基

一、路基的作用

高于原地面的填方路基称为路堤，低于原地面的挖方路基称为路堑。路面底面以下 80cm 范围内的路基部分称为路床。路堤与路堑见图 2-2-10。

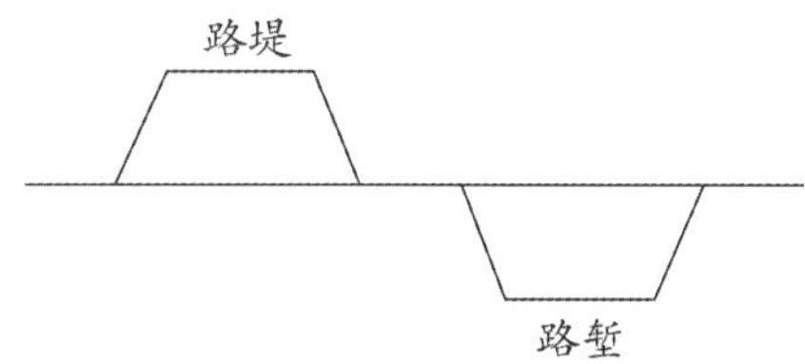

图 2-2-10　路堤与路堑

二、路基的基本要求

（1）路基结构物的整体必须具有足够的稳定性。

（2）路基必须具有足够的强度、刚度和水温稳定性。

三、路基的形式

路基的形式有填方路基、挖方路基和半填半挖路基。

（一）填方路基

（1）填土路基：宜选用级配较好的粗粒土作填料。用不同填料填筑路基时，应分层填筑，每一水平层均应采用同类填料。（同类土、分层填）

（2）填石路基：填石路基是指用不易风化的开山石料填筑的路堤。

（3）砌石路基：用不易风化的开山石料外砌、内填而成的路堤。砌石顶宽采用 0.8m，基底面以 1∶5 向内倾斜，砌石高度为 2～15m。砌石路基应每隔 15～20m 设伸缩缝一道。当基础地质条件变化时，应分段砌筑，并设沉降缝。当地基为整体岩石时，可将地基做成台阶形，见图 2-2-11。

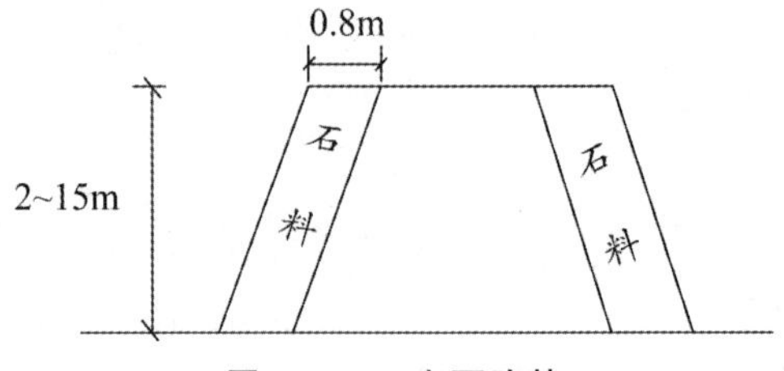

图 2-2-11　砌石路基

（4）护肩路基：当填方不大，但边坡伸出较远不易修筑时，可修筑护肩。护肩应采用当地不易风化片石砌筑，高度一般不超过 2m，其内外坡均直立，基底面以 1∶5 坡度向内倾斜。见图 2-2-12。

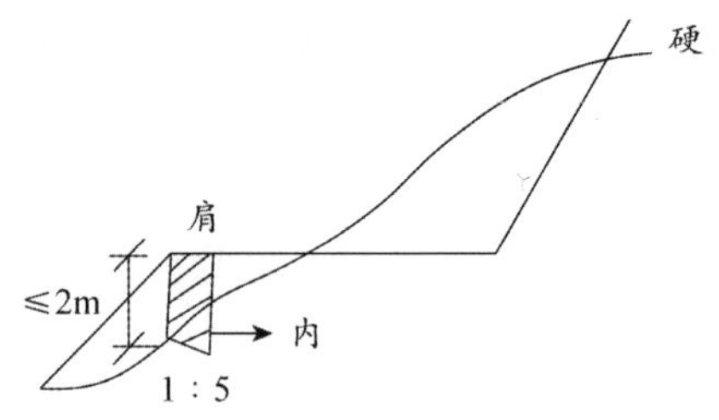

图 2-2-12　护肩路基

（5）护脚路基：当山坡上的填方路基有沿斜坡下滑的倾向或为加固、收回填方坡脚时，可采用护脚路基。护脚断面为梯形，顶宽不小于 1m，内外侧坡坡度可采用 1∶0.5～1∶0.75，其高度不宜超过 5m。护脚路基见图 2-2-13。

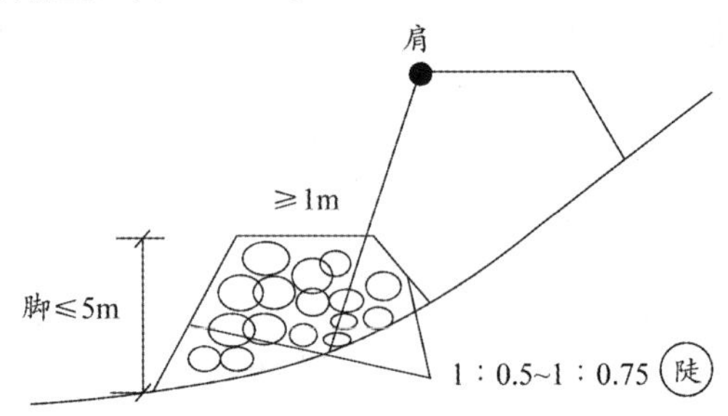

图 2-2-13　护脚路基

（二）半填半挖路基

（1）在地面自然横坡度陡于 1∶5 的斜坡上修筑路堤时，路堤基底应挖台阶，台阶宽度不得小于 1m，台阶底应有 2%～4%向内倾斜的坡度，见图 2-2-14。

（2）分期修建和改建公路加宽时，新旧路基填方边坡的衔接处，应开挖台阶。高速公路、一级公路，台阶宽度一般为 2m。土质路基填挖衔接处应采取超挖回填措施。

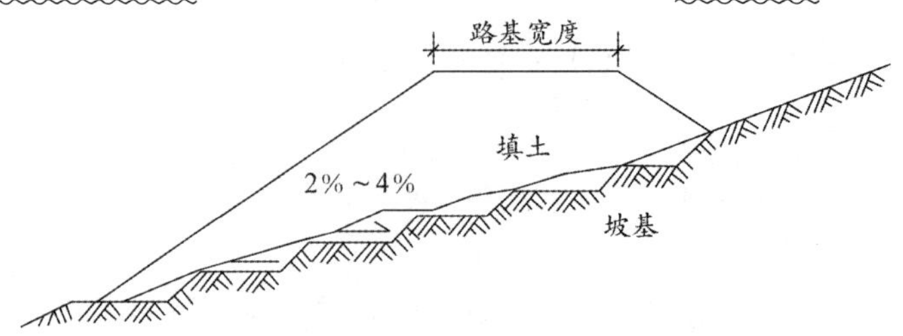

图 2-2-14　半填半挖路基

➤ **考分统计**：统计近 10 年该知识点的考核情况，在 2012、2013、2015、2016、2020、2021 年进行了考核。考核频次为 60%。其中 2012 年考核一道单选题，2013 年考核一道单选题，2015 年考核一道单选题，2016 年考核一道单选题，2020 年考核一道单选题，2021 年考核一道单选题。

典型例题

[**2020 真题·单选**] 砌石路基沿线遇到基础地质条件明显变化时应（ ）。

A. 设置挡土墙　　B. 将地基做成阶梯

C. 设置伸缩缝　　D. 设置沉降缝

[**解析**] 砌石路基，当基础地质条件变化时，应分段砌筑，并设沉降缝。当地基为整体岩石时，可将地基做成台阶形。

[**答案**] D

[**2016 真题·单选**] 砌石路基的砌石高度最高可达（ ）。

A. 5m　　B. 10m

C. 15m　　D. 20m

[**解析**] 砌石路基是指用不易风化的开山石料外砌、内填而成的路堤。砌石顶宽采用 0.8m，基底面以 1∶5 向内倾斜，砌石高度为 2～15m。砌石路基应每隔 15～20m 设伸缩缝一道。当基础地质条件变化时，应分段砌筑，并设沉降缝。当地基为整体岩石时，可将地基做成台阶形。

[**答案**] C

[**2013 真题·单选**] 在地面自然横坡陡于 1∶5 的斜坡上修筑半填半挖路堤时，其基底应开挖台阶，具体要求是（ ）。

A. 台阶宽度不小于 0.8m

B. 台阶宽度不大于 1.0m

C. 台阶底应保持水平

D. 台阶底应设 2%～4%的内倾坡

[**解析**] 在地面自然横坡度陡于 1∶5 的斜坡上修筑路堤时，路堤基底应挖台阶，台阶宽度不得小于 1m，台阶底应有 2%～4%向内倾斜的坡度。分期修建和改建公路加宽时，新旧路基填方边坡的衔接处，应开挖台阶。高速公路、一级公路，台阶宽度一般为 2m，土质路基填挖衔接处应采取超挖回填措施。

[**答案**] D

[**2012 真题·单选**] 关于道路工程填方路基的说法，正确的是（ ）。

A. 砌石路基，为保证其整体性不宜设置变形缝

B. 护肩路基，其护肩的内外侧均应直立

C. 护脚路基，其护脚内外侧坡坡度宜为 1∶5

D. 用粗粒土作路基填料时，不同填料应混合填筑

[**解析**] 砌石路基应每隔 15～20m 设伸缩缝一道。护脚路基，其护脚内外侧坡坡度宜为 1∶0.5～1∶0.75。用粗粒土作路基填料时，不同填料应分层填筑。

[**答案**] B

知识点 3 路面结构

路面结构层次划分见图 2-2-15。

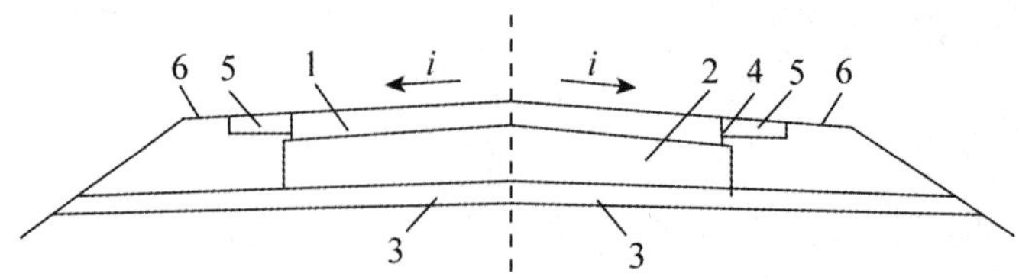

图 2-2-15 路面结构层次划分

i—路拱横坡度；1—面层；2—基层；3—垫层；4—路缘石；5—加固路肩；6—土路肩

面层、基层和垫层是路面结构的基本层次，为了保证车轮荷载的向下扩散和传递，下一层应比其上一层的每边宽出 0.25m，其要求见表 2-2-5。

表 2-2-5 面层、基层、垫层的要求

类型	要求
面层	应满足结构强度、高温稳定性、低温抗裂性、抗疲劳、抗水损害及耐磨、平整、抗滑、低噪声等表面特性的要求
基层	(1) 基层是设置在面层之下，并与面层一起将车轮荷载的反复作用传递到底基层、垫层、土基等起主要承重作用的层次 (2) 应满足强度、扩散荷载的能力以及水稳定性和抗冻性的要求
垫层	垫层应满足强度和水稳定性的要求

知识点 4 坡度与路面排水

保护性路肩横坡度可比路面横坡度加大 1.0%。路肩横坡度一般应较路面横向坡度大 1.0%。道路横坡坡度的适用范围见图 2-2-16。

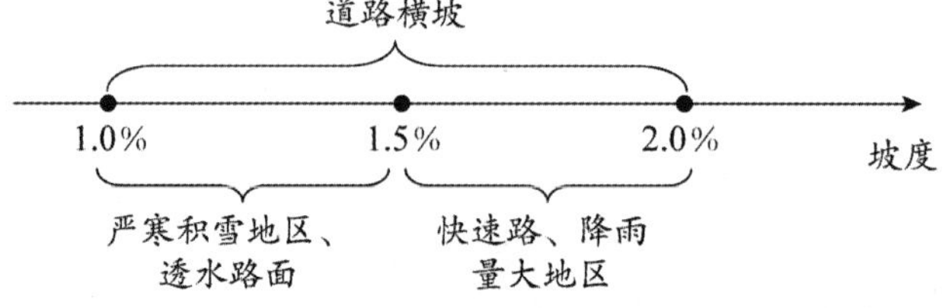

图 2-2-16 道路横坡坡度的适用范围

知识点 5 路面的等级与类型

一、路面的等级

路面的等级有：高级路面、次高级路面、中级路面和低级路面。

二、路面的类型

(一) 路面基层的类型

路面基层用料的类型及其对基层与底基层的适用性见表 2-2-6。

表 2-2-6　路面基层用料的类型及其对基层与底基层的适用性

分类	用料类型	基层		底基层
		道路等级	路面等级	各级
无机结合料稳定类	水泥稳定粗粒土	各级	各级	都适用
	水泥稳定中粒土			
	水泥稳定细粒土（水泥土）	除高速、一级	除高级路面	
	石灰稳定土			
	石灰工业废渣稳定细粒土（二灰土）			
	石灰工业废渣稳定中粒土	各级	—	
	石灰工业废渣稳定粗粒土			
粒料类	级配碎石	各级	—	
	级配砾石	≤二级	—	
	填隙碎石	≤三级	—	

（二）路面面层的类型

路面面层的类型及适用性见表 2-2-7，各级路面所具有的面层类型及其所适用的公路等级见表 2-2-8。

表 2-2-7　路面面层的类型及适用性

类型			适用性
沥青路面	沥青混合料	沥青混凝土混合料	高速、一级均应采用
		沥青碎石混合料	仅适用于过渡层及整平层
	乳化沥青碎石		（1）适用于三、四级公路的沥青面层 （2）二级公路的罩面层施工以及各级公路沥青路面的联结层或整平层 （3）乳化沥青碎石混合料路面的沥青面层宜采用双层式，单层式只宜在少雨干燥地区或半刚性基层上使用
	沥青贯入式		≤三级
	沥青表面处治		≤三级公路面层、加铺罩面层或磨耗层
水泥混凝土路面			各种等级公路
其他类型路面			—

表 2-2-8　各级路面所具有的面层类型及其所适用的公路等级

路面等级	面层类型	公路等级
高级路面	沥青混凝土	高速、一、二级公路
	水泥混凝土	
次高级路面	沥青贯入式	三、四级公路
	沥青碎石	
	沥青表面处治	

续表

路面等级	面层类型	公路等级
中级路面	碎、砾石（泥结或级配）	四级公路
	半整齐石块	
	其他粒料	
低级路面	粒料加固土	四级公路
	其他当地材料加固或改善土	

➤ **考分统计**：统计近 10 年该知识点的考核情况，在 2011、2012、2013、2014、2015、2017、2018、2020 年进行了考核。考核频次为 80%。其中 2011 年考核两道单选题，2012 年考核一道单选题，2013 年考核一道多选题，2014 年考核一道单选题，2015 年考核一道多选题，2017 年考核一道单选题，2018 年考核一道单选题，2020 年考核一道单选题。

典型例题

［**2020 真题·单选**］三级公路的面层应采用（　　）。

A. 沥青混凝土　　B. 水泥混凝土

C. 沥青碎石　　D. 半整齐石块

［**解析**］三、四级公路的面层类型有沥青贯入式、沥青碎石和沥青表面处治。

［**答案**］C

［**2018 真题·单选**］三级公路的面层多采用（　　）。

A. 沥青贯入式路面　　B. 粒料加固土路面

C. 水泥混凝土路面　　D. 沥青混凝土路面

［**解析**］沥青贯入式路面适用于三、四级公路的沥青面层。

［**答案**］A

［**2017 真题·单选**］在少雨干燥地区，四级公路适宜使用的沥青路面面层是（　　）。

A. 沥青碎石混合料　　B. 双层式乳化沥青碎石混合料

C. 单层式乳化沥青碎石混合料　　D. 沥青混凝土混合料

［**解析**］乳化沥青碎石混合料路面的沥青面层宜采用双层式，单层式只宜在少雨干燥地区或半刚性基层上使用。

［**答案**］C

［**2015 真题·多选**］填隙碎石可用于（　　）。

A. 一级公路底基层　　B. 一级公路基层

C. 二级公路底基层　　D. 三级公路基层

E. 四级公路基层

［**解析**］填隙碎石基层用单一尺寸的粗碎石做主骨料，形成嵌锁作用，用石屑填满碎石间的空隙，增加密实度和稳定性，这种结构称为填隙碎石，可用于各级公路的底基层和二级以下公路的基层。

［**答案**］ACDE

［**2013 真题·多选**］可用于二级公路路面基层的有（　　）。

A. 级配碎石基层　　B. 级配砾石基层

C. 填隙碎石基层　　D. 二灰土基层

E. 石灰稳定土基层

［解析］填隙碎石基层可用于各级公路的底基层和二级以下公路的基层。
［答案］ABDE

知识点 6　道路主要公用设施

道路主要公用设施有停车场、公共交通站点、道路照明、人行天桥和人行地道、道路交通管理设施等。

一、停车场

（1）大、中型停车场出入口不得少于 2 个，特大型停车场出入口不得少于 3 个，并应设置专用人行出入口，且两个机动车出入口之间的净距不小于 15m。小型停车场只有 1 个出入口时，出（入）口宽度不得小于 9m。

（2）停车场的出口与入口宜分开设置，单向行驶的出（入）口宽度不得小于 5m，双向行驶的出（入）口宽度不得小于 7m。

（3）停放场的最大纵坡与通道平行方向为 1%，与通道垂直方向为 3%。出入通道的最大纵坡为 7%，一般以小于或等于 2%为宜。

二、公共交通站点

（1）城区停靠站间距宜为 400～800m，郊区停靠站间距应根据具体情况确定。

（2）站台长度最短应按同时停靠两辆车布置，最长不应超过同时停靠 4 辆车的长度，否则应分开设置。站台高度宜采用 0.15～0.20m，站台宽度不宜小于 2m；当条件受限时，站台宽度不得小于 1.50m。

三、人行天桥和人行地道

（1）人行天桥宜建在交通量大，行人或自行车需要横过行车带的地段或交叉口上。在城市商业网点集中的地段。

（2）在下列情况下，可考虑修建人行地道：①重要建筑物及风景区附近，修人行天桥会破坏风景或城市美观；②横跨的行人特别多的站前道路等；③修建人行地道比修人行天桥在工程费用和施工方法上有利；④有障碍物影响，修建人行天桥需显著提高桥下净空时。

四、道路交通管理设施

道路交通管理设施主要有交通标志、交通标线及交通信号灯。

（1）交通标志。

1）主标志：警告标志、禁令标志、指示标志、指路标志、旅游区标志、作业区标志、告示标志等。

2）辅助标志：附设在主标志下面，对主标志起补充说明的标志，不得单独使用。

（2）交通标线。为保证视认性，同一地点需要设置两个以上标志时，可安装在一根立柱上，但最多不应超过四个；标志板在一根支柱上并设时，应按警告、禁令、指示的顺序，先上后下，先左后右地排列。

➤ **考分统计**：统计近 10 年该知识点的考核情况，在 2010、2017 年进行了考核。考核频次为 20%。其中 2010 年考核一道单选题，2017 年考核一道单选题。

典型例题

[**2017 真题·单选**] 两个以上交通标志在一根支柱上并设时，其从左到右排列正确的顺序是（　　）。

A. 禁令、警告、指示　　B. 指示、警告、禁令

C. 警告、指示、禁令　　D. 警告、禁令、指示

[**解析**] 标志板在一根支柱上并设时，应按警告、禁令、指示的顺序，先上后下，先左后右地排列。

[**答案**] D

[**2010 真题·单选**] 在城市道路上，人行天桥宜设置在（　　）。

A. 重要建筑物附近　　B. 重要城市风景区附近

C. 商业网点集中的地段　　D. 旧城区商业街道

[**解析**] 人行天桥宜建在交通量大，行人或自行车需要横过行车带的地段或交叉口上。在城市商业网点集中的地段。

[**答案**] C

[**典型例题·单选**] 停车场与通道平行方向的纵坡坡度应（　　）。

A. 不超过 3%　　B. 不小于 1%　　C. 不小于 3%　　D. 不超过 1%

[**解析**] 停放场的最大纵坡与通道平行方向为 1%，与通道垂直方向为 3%。出入通道的最大纵坡为 7%，一般以小于或等于 2% 为宜。

[**答案**] D

知识点 7 桥梁的组成与分类

一、桥梁的基本组成部分

桥梁的基本组成见图 2-2-17；其示意图见图 2-2-18。

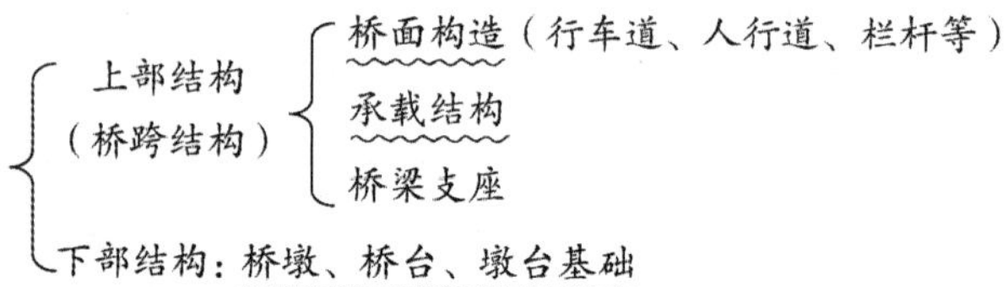

图 2-2-17　桥梁的基本组成

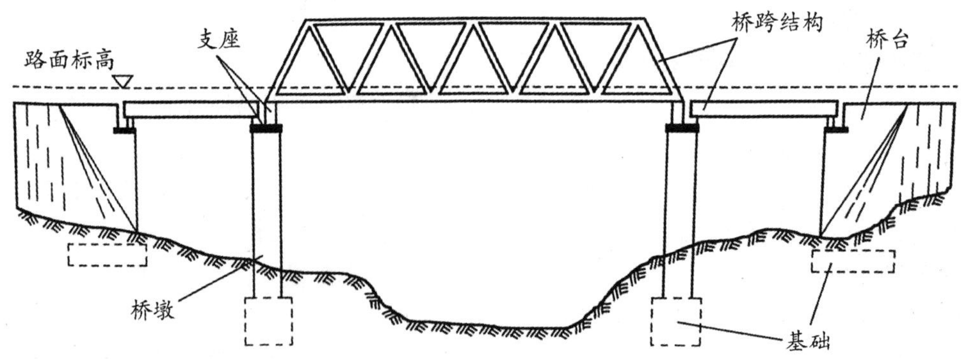

图 2-2-18　桥梁的基本组成示意图

二、桥梁的分类

（1）根据桥梁跨径总长 L 和单孔跨径 L_K 的不同，桥梁可分为特大桥、大桥、中桥、小桥。桥梁根据跨径总长和单孔跨径的分类见表 2-2-9。

表 2-2-9　桥梁根据跨径总长和单孔跨径的分类

跨径总长	单孔跨径	分类
$L>1000m$	$L_K>150m$	特大桥
$1000m \geq L \geq 100m$	$150m \geq L_K \geq 40m$	大桥
$100m>L>30m$	$40m>L_K \geq 20m$	中桥
$30m \geq L \geq 8m$	$20m>L_K \geq 5m$	小桥

➤ **总结**：结合数轴来记忆。

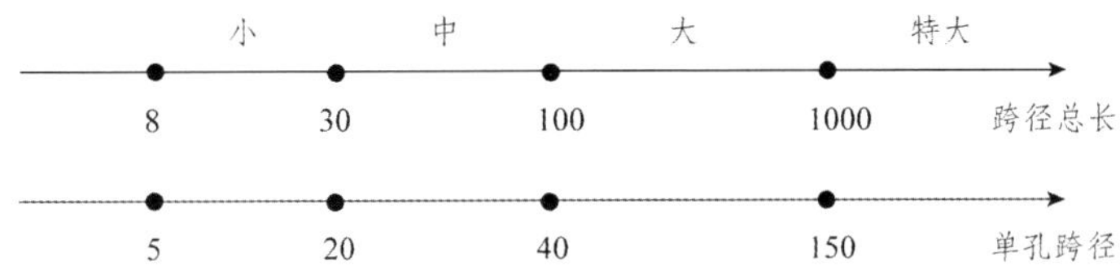

（2）根据桥面在桥跨结构中的位置，桥梁可分为上承式、中承式和下承式桥，见图2-2-19。

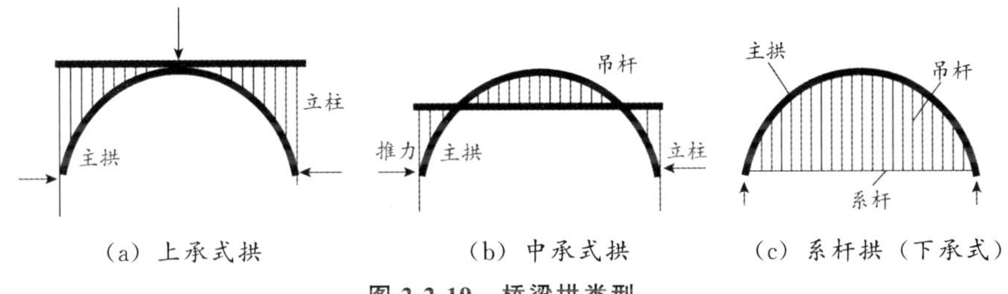

（a）上承式拱　　（b）中承式拱　　（c）系杆拱（下承式）

图 2-2-19　桥梁拱类型

（3）根据桥梁的结构形式，桥梁可划分为梁式桥、拱式桥、刚架桥、悬索桥和组合式桥。

➤ **记忆口诀**：梁拱悬刚组合。

知识点 8　桥面构造

一、桥面铺装及排水、防水系统

（一）桥面铺装

1. 水泥混凝土或沥青混凝土铺装

（1）装配式钢筋混凝土、预应力混凝土桥通常采用水泥混凝土或沥青混凝土铺装，其厚度为 60～80mm。

（2）桥上的沥青混凝土铺装可以做成单层式的（50～80mm）或双层式的（底层 40～50mm，面层 30～40mm）。

2. 防水混凝土铺装

（1）在需要防水的桥梁上，当不设防水层时，可在桥面板上以厚 80～100mm 且带有横坡的防水混凝土作铺装层。

（2）为了延长桥面铺装层的使用年限，宜在上面铺筑厚 20mm 的沥青表面作磨耗层。为使铺装层具有足够的强度和良好的整体性（亦能起联系各主梁共同受力的作用），一般宜在混凝土中铺设直径为4～6mm的钢筋网。

（二）桥面纵横坡

桥面纵横坡做法见表2-2-10。桥面板顶面垫层构成见图2-2-20。

表2-2-10 桥面纵横坡做法

类型	做法
纵坡	桥上纵坡机动车道不宜大于4.0%，非机动车道不宜大于2.5%；桥头引道机动车道纵坡不宜大于5.0%；高架桥桥面应设不小于0.3%的纵坡
横坡	桥面的横坡，一般采用1.5%～3.0%，做法如下： (1) 通常是在桥面板顶面铺设混凝土三角垫层 (2) 在墩台顶部做成倾斜的桥面板 (3) 直接将行车道板做成双向倾斜的横坡

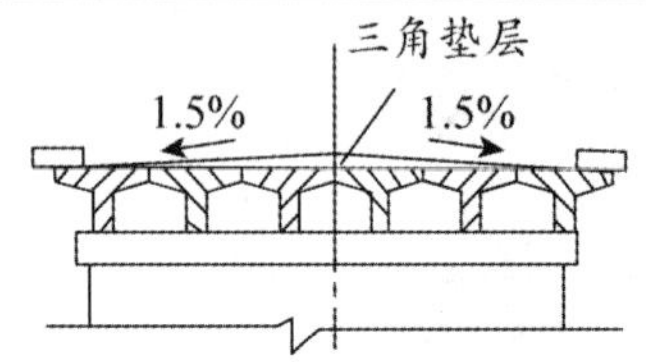

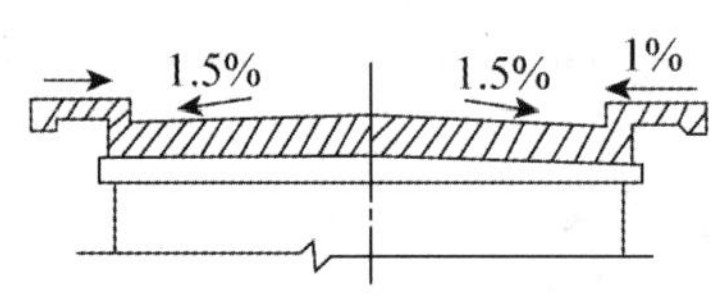

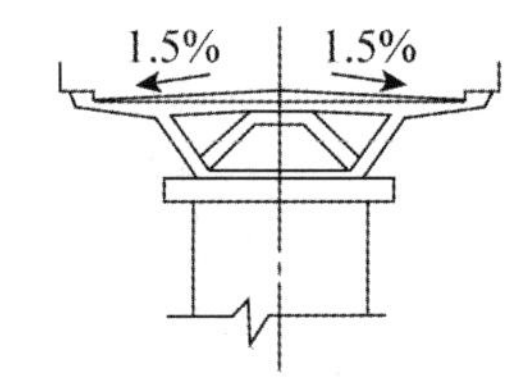

图2-2-20 桥面板顶面垫层构成

（三）桥面排水和防水设施

1. 桥面排水

(1) 排水管道直径不宜小于150mm。排水管根据纵坡的选择见表2-2-11。

表2-2-11 排水管根据纵坡的选择

纵坡	排水管的选择
纵坡<1%	设置排水管的截面积不宜小于100mm²/m²
纵坡>2%	设置排水管的截面积不宜小于60mm²/m²
中桥、小桥且纵坡≥3%	可不设排水口，但应在桥头引道上两侧设置雨水口

(2) 沥青混凝土铺装在桥跨伸缩缝上坡侧现浇带与沥青混凝土相接处应设置渗水管。高架桥桥面应设置横坡及不小于0.3%的纵坡；当纵断面为凹形竖曲线时，宜在凹形竖曲线最低点及其前后3～5m处分别设置排水口。

2. 防水层

桥面防水层设置在桥面铺装层下面，将透过铺装层渗下来的雨水汇集到排水设施（泄水管）排出。

二、伸缩缝

通常在两梁端之间、梁端与桥台之间或桥梁的铰接位置上设置伸缩缝。

（一）伸缩缝的构造要求

(1) 在平行、垂直于桥梁轴线的两个方向，均能自由伸缩。

(2) 在设置伸缩缝处，栏杆与桥面铺装都要断开。

（二）伸缩缝的类型

伸缩缝的类型与适用性见表2-2-12。

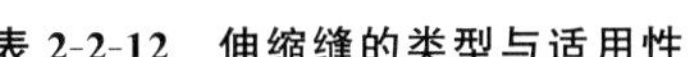

表 2-2-12　伸缩缝的类型与适用性

类型	适用性
镀锌薄钢板伸缩缝	中小跨径的装配式简支梁桥上；当梁的变形量在 20～40mm 以内时常选用
钢伸缩缝	（1）宜在斜桥上使用；只有在温差较大的地区或跨径较大的桥梁上才采用 （2）当跨径很大时，一方面要加厚钢板，另一方面需要采用更完善的梳形钢板伸缩缝
橡胶伸缩缝	在变形量较大的大跨度桥上，可以采用橡胶和钢板组合的伸缩缝

三、人行道、栏杆、灯柱

人行道、安全带、栏杆、灯柱的规定见表 2-2-13。

表 2-2-13　人行道、安全带、栏杆、灯柱的规定

项目	规定
人行道	可选用 0.75m、1m 宽，大于 1m 时按 0.5m 倍数递增；人行道一般高出行车道 0.25～0.35m
安全带	不设人行道的桥上，两边应设宽度不小于 0.25m，高为 0.25～0.35m 的护轮安全带
栏杆、灯柱	栏杆的高度一般为 0.8～1.2m，标准设计为 1.0m；栏杆间距一般为 1.6～2.7m，标准设计为 2.5m

➢ **考分统计**：统计近 10 年该知识点的考核情况，在 2012、2013、2017、2020 年进行了考核。考核频次为 40%。其中 2012 年考核一道多选题，2013 年考核一道单选题，2017 年考核一道单选题，2020 年考核一道单选题。

典型例题

[**2020 真题・单选**] 桥面采用防水混凝土铺装的（　　）。

A. 要另设面层承受车轮荷载　　B. 可不另设面层而直接承受车轮荷载

C. 不宜在混凝土中铺设钢丝网　　D. 不宜在其上面铺筑沥青表面磨耗层

[**解析**] 在需要防水的桥梁上，当不设防水层时，可在桥面板上以厚 80～100mm 且带有横坡的防水混凝土作铺装层，其强度不低于行车道板混凝土强度等级，其上一般可不另设面层而直接承受车轮荷载。但为了延长桥面铺装层的使用年限，宜在上面铺筑厚 20mm 的沥青表面作磨耗层。为使铺装层具有足够的强度和良好的整体性（亦能起联系各主梁共同受力的作用），一般宜在混凝土中铺设直径为 4～6mm 的钢筋网。

[**答案**] B

[**2017 真题・单选**] 沥青混凝土铺装在桥跨伸缩缝上坡侧现浇带与沥青混凝土相接处应设置（　　）。

A. 渗水管　　B. 排水管　　C. 导流管　　D. 雨水管

[**解析**] 沥青混凝土铺装在桥跨伸缩缝上坡侧现浇带与沥青混凝土相接处应设置渗水管。

[**答案**] A

[**2013 真题・单选**] 桥面横坡一般采用（　　）。

A. 0.3%～0.5%　　B. 0.5%～1.0%

C. 1.5%～3%　　D. 3%～4%

[**解析**] 桥面的横坡，一般采用 1.5%～3%。

[**答案**] C

知识点 9 梁式桥

一、简支梁式桥

简支梁式桥属于静定结构，其各跨独立受力。

（一）简支板桥

主要用于小跨度桥梁。

（1）跨径在 4～8m 时，采用钢筋混凝土实心板桥。

（2）跨径在 6～13m 时，采用钢筋混凝土空心倾斜预制板桥。

（3）跨径在 8～16m 时，采用预应力混凝土空心预制板桥。

（二）肋梁式简支梁桥（简支梁桥）

简支梁桥主要用于中等跨度的桥梁。

（1）中小跨径在 8～12m 时，采用钢筋混凝土简支梁桥。

（2）跨径在 20～50m 时，多采用预应力混凝土简支梁桥。

（3）在我国使用最多的简支梁桥的横截面形式是由多片 T 形梁组成的横截面，见图2-2-21。

图 2-2-21 T 形梁

（三）箱形简支梁桥

主要用于预应力混凝土梁桥，尤其适用于桥面较宽的预应力混凝土桥梁结构和跨度较大的斜交桥和弯桥。箱形简支梁桥见图 2-2-22。

图 2-2-22 箱形简支梁桥

二、连续梁式桥和悬臂梁式桥

连续梁式桥和悬臂梁式桥见图 2-2-23，其特点见表 2-2-14。

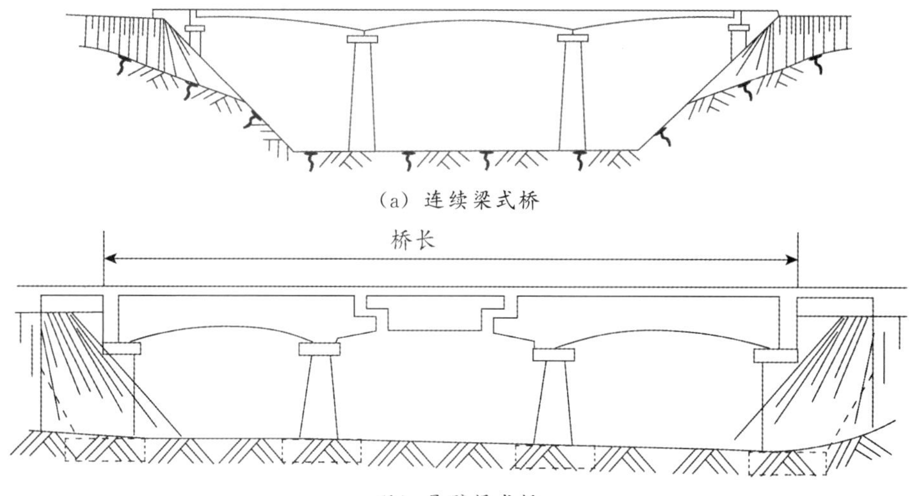

（a）连续梁式桥

（b）悬臂梁式桥

图 2-2-23　连续梁式桥和悬臂梁式桥

表 2-2-14　连续梁式桥和悬臂梁式桥的特点

类型	特点
连续梁式桥	大跨度桥梁广泛采用的结构体系之一，一般采用预应力混凝土结构
悬臂梁式桥	悬臂跨与挂孔跨交替布置，通常为奇数跨布置

➤ **考分统计**：统计近 10 年该知识点的考核情况，在 2020、2021 年进行了考核。考核频次为 20%。其中 2020、2021 年各考核一道单选题。

典型例题

［**2021 真题 · 单选**］桥面较宽、跨度较大的预应力混凝土梁桥应优先选用的桥梁形式是（　　）。

A. 箱形简支梁桥　　B. 肋梁式简支梁桥

C. 装配式简支板桥　　D. 整体式简支板桥

［**解析**］箱形简支梁桥主要用于预应力混凝土梁桥，尤其适用于桥面较宽的预应力混凝土桥梁结构和跨度较大的斜交桥和弯桥。

［**答案**］A

［**2020 真题 · 单选**］悬臂梁桥的结构特点是（　　）。

A. 悬臂跨与挂孔跨交替布置　　B. 通常为偶数跨布置

C. 多跨在中间支座处连接　　D. 悬臂跨与挂孔跨分左右岸布置

［**解析**］悬臂梁桥相当于简支梁桥的梁体越过其支点向一端或两端延长所形成的梁式桥结构。其结构特点是悬臂跨与挂孔跨交替布置，通常为奇数跨布置。

［**答案**］A

知识点 10　拱式桥

拱式桥在竖向荷载作用下，两拱脚处不仅产生竖向反力，还产生水平反力（推力）。因此，拱式桥对地基要求很高，适建于地质和地基条件良好的桥址。拱式桥见图 2-2-24。

图 2-2-24　拱式桥

一、简单体系拱

桥上的全部荷载由主拱单独承受，它们是桥跨结构的主要承重构件。拱的水平推力直接由墩台或基础承受。

二、组合体系拱桥

根据构造方式及受力特点，组合体系拱桥可分为桁架拱桥、刚架拱桥、桁式组合拱桥和拱式组合体系桥等四大类。

知识点 11　刚架桥

由梁式桥跨结构与墩台（支柱、板墙）整体相连而形成的结构体系，其梁柱结点为刚结。

知识点 12　悬索桥

现代悬索桥（见图 2-2-25）一般由桥塔、主缆索、锚碇、吊索、加劲梁及索鞍等主要部分组成，见表 2-2-15。其示意图见图 2-2-26。

表 2-2-15　悬索桥主要组成部分

组成部分	内容
桥塔	高度主要由桥面标高和主缆索的垂跨比 f/L 确定，通常垂跨比 f/L 为 1/9～1/12，刚架式桥塔通常采用箱形截面
主缆索	悬索桥的主要承重构件，可采用钢丝绳钢缆或平行钢丝束钢缆，大跨度吊桥的主缆索多采用后者
锚碇	主缆索的锚固构造通常采用的锚碇有两种形式：重力式和隧洞式
吊索	吊索可布置成垂直形式的直吊索或倾斜形式的斜吊索，其上端通过索夹与主缆索相连，下端与加劲梁连接
加劲梁	加劲梁是承受风载和其他横向水平力的主要构件；大跨度悬索桥的加劲梁均为钢结构，通常采用桁架梁和箱形梁；预应力混凝土加劲梁仅适用于跨径 500m 以下的悬索桥，大多采用箱形梁
索鞍	支撑主缆的重要构件

图 2-2-25　悬索桥

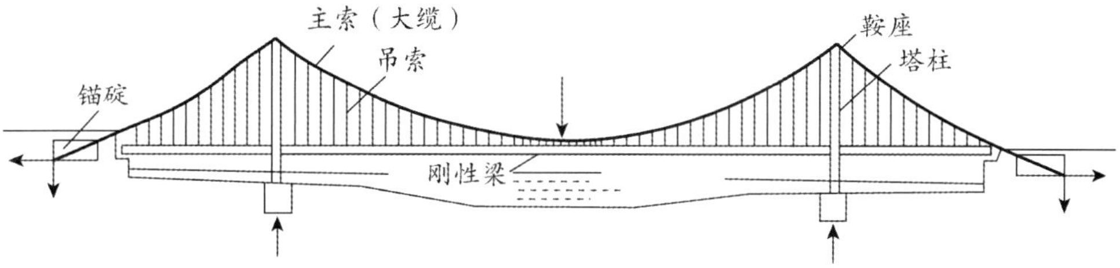

图 2-2-26 悬索桥示意图

➢ **考分统计**：统计近 10 年该知识点的考核情况，在 2014、2016、2017 年进行了考核。考核频次为 30%。其中 2014 年考核一道单选题，2016 年考核一道单选题，2017 年考核一道单选题。

典型例题

［**2017 真题·单选**］大跨度悬索桥的加劲梁主要用于承受（　　）。

A. 桥面荷载　　B. 横向水平力

C. 纵向水平力　　D. 主缆索荷载

［**解析**］加劲梁是承受风载和其他横向水平力的主要构件。大跨度悬索桥的加劲梁均为钢结构，通常采用桁架梁和箱形梁。

［**答案**］B

［**2016 真题·单选**］大跨径悬索桥一般优先考虑采用（　　）。

A. 平行钢丝束钢缆索和预应力混凝土加劲梁

B. 平行钢丝束钢缆主缆索和钢结构加劲梁

C. 钢丝绳钢缆主缆索和预应力混凝土加劲梁

D. 钢丝绳钢缆索和钢结构加劲梁

［**解析**］主缆索是悬索桥的主要承重构件，可采用钢丝绳钢缆或平行丝束钢缆，大跨度悬索桥的主缆索多采用后者。大跨度悬索桥的加劲梁均为钢结构，通常采用桁架梁和箱形梁。预应力混凝土加劲梁仅适用于跨径 500m 以下的悬索桥，大多采用箱形梁。

［**答案**］B

［**2014 真题·单选**］大跨度悬索桥的刚架式桥塔通常采用（　　）。

A. T 形截面　　B. 箱形截面

C. Ⅰ形截面　　D. Π 形式截面

［**解析**］刚架式桥塔通常采用箱形截面。

［**答案**］B

知识点 13 组合式桥

斜拉桥（见图 2-2-27）是典型的悬索结构和梁式结构组合的，由主梁、拉索及索塔组成的组合结构体系，斜拉桥组成部分见表 2-2-16。

表 2-2-16 斜拉桥组成部分

组成部分	内容
主梁	混凝土斜拉桥常用的主梁结构形式有连续梁、悬臂梁、悬臂和连续刚构等

续表

组成部分	内容
拉索	（1）拉索是斜拉桥的主要承重构件，一般拉索的造价约占全桥的25%～30% （2）目前采用较多的有平行钢丝束，钢绞线束和封闭式钢索，在某些桥上还有采用高强钢筋和型钢
索塔	对于大跨度斜拉桥采用箱形截面更为合理

图 2-2-27　斜拉桥

➤ **考分统计**：统计近10年该知识点的考核情况，2018年考核一道多选题，2019年考核一道单选题。考核频次为20%。

典型例题

［**2018真题·多选**］关于斜拉桥的说法，正确的有（　　）。

A. 是典型的悬索结构

B. 是典型的梁式结构

C. 是悬索结构和梁式结构的组合

D. 由主梁、拉索和索塔组成的组合结构体系

E. 由主梁和索塔受力，拉索起装饰作用

［**解析**］斜拉桥是典型的悬索结构和梁式结构组合的，由主梁、拉索及索塔组成的组合结构体系。

［**答案**］CD

知识点 14　桥梁支座

（1）保证桥跨结构在荷载作用下满足变形要求。

（2）支座按其允许变形的可能性分为固定支座、单向活动支座。按其材料分为钢支座、聚四氟乙烯支座、橡胶支座、铅支座等。桥梁支座见图2-2-28。

图 2-2-28　桥梁支座

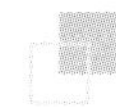

知识点 15 桥梁下部结构

一、桥墩

（一）实体桥墩

实体桥墩由墩帽、墩身和基础组成。大跨径的墩帽厚度一般不小于 0.4m，中小跨梁桥也不应小于 0.3m，并设有 50～100mm 的檐口。实体桥墩见图 2-2-29。

图 2-2-29　实体桥墩

（二）空心桥墩

（1）空心桥墩按壁厚分为厚壁与薄壁两种，一般用壁厚与中面直径（即同一截面的中心线直径或宽度）的比来区分：$t/D \geqslant 1/10$ 为厚壁，$t/D < 1/10$ 为薄壁。

（2）空心桥墩在构造尺寸上应符合下列规定：①墩身最小壁厚，对于钢筋混凝土不宜小于 300mm，对于素混凝土不宜小于 500mm；②墩身内应设横隔板或纵、横隔板，通常的做法是：对 40m 以上的高墩，按 6～10m 的间距设置横隔板；③墩身周围应设置适当的通风孔与泄水孔，孔的直径不宜小于 200mm；薄壁空心墩按计算配筋，一般配筋率在 0.5%左右，也有只按构造要求配筋的。

（三）柱式桥墩

柱式桥墩一般由基础之上的承台、柱式墩身和盖梁组成。当墩身高度大于 6～7m 时，可设横系梁加强柱身横向联系。

（四）柔性墩

（1）柔性墩是桥墩轻型化的途径之一。

（2）典型的柔性墩为柔性排架桩墩。柔性排架桩墩分单排架墩和双排架墩。单排架墩一般适用于高度不超过 5.0m。桩墩高度大于 5.0m 时，为避免行车时可能发生的纵向晃动，宜设置双排架墩。

（五）框架墩

框架墩采用压挠和挠曲构件，组成平面框架代替墩身，支撑上部结构，必要时可做成双层或更多层的框架支撑上部结构。

二、桥台

（一）重力式桥台

常用的类型有 U 形桥台、埋置式桥台、八字式和耳墙式桥台等。埋置式桥台将台身埋置于台前溜坡内，不需要另设翼墙，仅由台帽两端耳墙与路堤衔接。桥台形式见图 2-2-30。

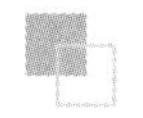

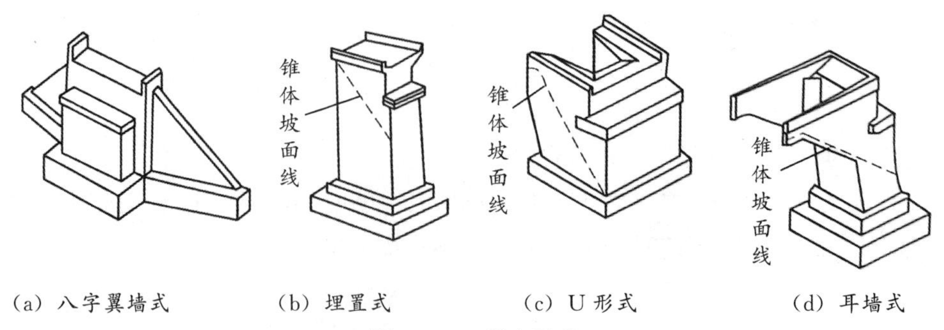

图 2-2-30　桥台形式

（二）轻型桥台

轻型桥台适用于小跨径桥梁，桥跨孔数与轻型桥墩配合使用时不宜超过 3 个，单孔跨径不大于 13m，多孔全长不宜大于 20m。

（三）框架式桥台

它所承受的土压力较小，适用于地基承载力较低、台身较高、跨径较大的梁桥。

（四）组合式桥台

常见的有锚定板式、过梁式、框架式以及桥台与挡土墙的组合等形式。

三、墩台基础

（1）扩大基础。

（2）桩基础。地基浅层地质较差，持力土层埋藏较深，需要采用深基础才能满足结构物对地基强度、变形和稳定性要求时，可用桩基础。

（3）管柱基础。

1）当桥址处的地质水文条件十分复杂，如大型的深水或海中基础，特别是深水岩面不平、流速大或有潮汐影响等自然条件下，不宜修建其他类型基础时，可采用管柱基础。

2）不适用于有严重地质缺陷的地区，如断层挤压破碎带或严重的松散区域。

（4）沉井基础。

当桥梁结构上部荷载较大，而表层地基土的容许承载力不足，但在一定深度下有好的持力层，扩大基础开挖工作量大，施工围堰支撑有困难，或采用桩基础受水文地质条件限制时，此时采用沉井基础与其他深基础相比，经济上较为合理。沉井示意图见图 2-2-31。

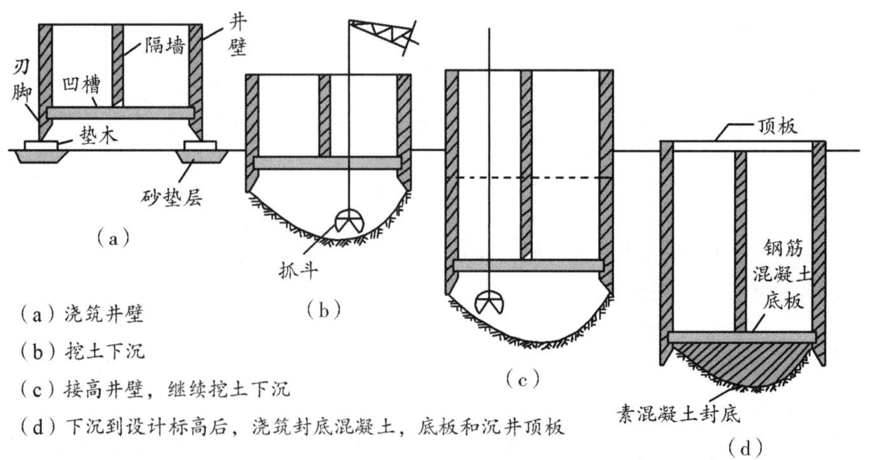

图 2-2-31　沉井示意图

➤ **考分统计**：统计近10年该知识点的考核情况，在2012、2013、2014、2015、2018、2019、2021年进行了考核。考核频次为70%。其中2012年考核一道多选题，2013年考核一道单选题，2014年考核一道单选题，2015年考核一道单选题，2018年考核一道单选题，2019年考核两道单选题，2021年考核一道单选题。

典型例题

［**2021真题·单选**］为使桥墩轻型化，除在多跨桥两端放置刚性较大的桥台外，中墩应采用的桥墩类型是（　　）。

A. 拼装式桥墩　　B. 柔性桥墩

C. 柱式桥墩　　D. 框架桥墩

［**解析**］柔性墩是桥墩轻型化的途径之一，它是在多跨桥的两端设置刚性较大的桥台，中墩均为柔性墩。同时，全桥除在一个中墩上设置活动支座外，其余墩台均采用固定支座。

［**答案**］B

［**2018真题·单选**］柔性桥墩的主要技术特点在于（　　）。

A. 桥台和桥墩柔性化　　B. 桥墩支座固定化

C. 平面框架代替墩身　　D. 桥墩轻型化

［**解析**］柔性墩是桥墩轻型化的途径之一，它是在多跨桥的两端设置刚性较大的桥台，中墩均为柔性墩。同时，在全桥除在一个中墩上设置活动支座外，其余墩台均采用固定支座。

［**答案**］D

［**2015真题·单选**］可不设置翼墙的桥台是（　　）。

A. U形桥台　　B. 耳墙式桥台

C. 八字式桥台　　D. 埋置式桥台

［**解析**］本题考查的是桥梁工程。埋置式桥台将台身埋置于台前溜坡内，不需要另设翼墙，仅由台帽两端耳墙与路堤衔接。

［**答案**］D

［**2014真题·单选**］地基承载力较低、台身较高、跨径较大的桥梁，应优先采用（　　）。

A. 重力式桥台　　B. 轻型桥台　　C. 埋置式桥台　　D. 框架式桥台

［**解析**］框架式桥台是一种在横桥向呈框架式结构的桩基础轻型桥台，它所承受的土压力较小，适用于地基承载力较低、台身较高、跨径较大的梁桥。其构造形式有柱式、肋墙式、半重力式和双排架式、板凳式等。

［**答案**］D

［**2013真题·单选**］中小跨桥实体桥墩的墩帽厚度，不应小于（　　）。

A. 0.2m　　B. 0.3m

C. 0.4m　　D. 0.5m

［**解析**］大跨径的墩帽厚度一般不小于0.4m，中小跨径桥也不应小于0.3m。

［**答案**］B

知识点16 涵洞的分类

单孔跨径小于5m，多孔跨径总长小于8m的统称为涵洞；而圆管涵及箱涵则不论孔径大小、孔数多少，都称作涵洞。

一、按建筑材料不同分类

涵洞可分为石涵、混凝土涵及钢筋混凝土涵、钢波纹管涵等。

二、按构造形式不同分类

涵洞可分为圆管涵、盖板涵、拱涵、箱涵等。

（一）圆管涵

（1）圆管涵的直径一般为0.75～2m。

（2）圆管涵受力情况和适应基础的性能较好，两端仅需设置端墙，不需设置墩台，造价低，但低路堤使用受到限制。圆管涵见图2-2-32，其适用范围见表2-2-17。

图2-2-32　圆管涵

表2-2-17　圆管涵的适用范围

类型	适用范围
钢筋混凝土管涵	适用于缺少石料地区有足够填土高度的小跨径暗涵，一般采用单孔，多孔时不宜超过3孔
倒虹吸管涵	适用于路堑挖方高度不能满足设置渡槽的净空要求时的灌溉渠道，不适用于排洪河沟
钢波纹管涵	适用于地基承载力较低，或有较大沉降与变形的路基

（二）盖板涵

盖板涵在结构形式方面有利于在低路堤上使用，当填土较小时可做成明涵。盖板涵见图2-2-33，其适用范围见表2-2-18。

图2-2-33　盖板涵

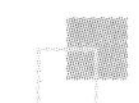

表 2-2-18　盖板涵的适用范围

类型	适用范围
钢筋混凝土盖板涵	适用于无石料地区且过水面积较大的明涵或暗涵
石盖板涵	适用于石料丰富且过水流量较小的小型涵洞

（三）拱涵

拱涵适用于跨越深沟或高路堤。一般超载潜力较大，砌筑技术容易掌握，便于群众修建，是一种普遍采用的涵洞形式。拱涵见图 2-2-34。

图 2-2-34　拱涵

（四）箱涵

适用于软土地基，但因施工困难且造价较高，较少采用。箱涵见图 2-2-35。

图 2-2-35　箱涵

三、按洞顶填土情况不同分类

（1）明涵。洞顶无填土，适用于低路堤及浅沟渠处。

（2）暗涵。洞顶有填土，且最小填土厚度应大于或等于 0.5m，适用于高路堤及深沟渠处。

➢ **总结**：盖板涵和明涵都适用于低路堤。

四、按水力性能不同分类

（1）涵洞可分为无压力式涵洞、半压力式涵洞、压力式涵洞。

（2）新建涵洞应采用无压力式涵洞；当涵前允许积水时，可采用压力式或半压力式涵洞；

当路基顶面高程低于横穿沟渠的水面高程时，也可设置倒虹吸管涵。

➤ **考分统计**：统计近 10 年该知识点的考核情况，在 2017、2018、2021 年进行了考核。考核频次为 30%。其中 2017 年考核一道多选题，2018 年考核一道单选题，2021 年考核一道单选题。

典型例题

[**2021 真题·单选**] 路基顶面高程低于横穿沟渠水面高程时，可优先考虑设置的涵洞形式是（　　）。

A. 无压式涵洞　　　　B. 压力式涵洞

C. 倒虹吸管涵　　　　D. 半压力式涵洞

[**解析**] 当路基顶面高程低于横穿沟渠的水面高程时，也可设置倒虹吸管涵。

[**答案**] C

[**2017 真题·多选**] 涵洞工程，以下说法正确的有（　　）。

A. 圆管涵不需设置墩台

B. 箱涵适用于高路堤

C. 圆管涵适用于低路堤

D. 拱涵适用于跨越深沟

E. 盖板涵在结构形式方面有利于低路堤使用

[**解析**] 圆管涵的直径一般为 0.75～2m。圆管涵受力情况和适应基础的性能较好，两端仅需设置端墙，不需设置墩台，故圬工数量少，造价低，但低路堤使用受到限制。钢筋混凝土箱涵适用于软土地基，但施工困难且造价较高，较少采用。拱涵适用于跨越深沟或高路堤。盖板涵在结构形式方面有利于在低路堤上使用，当填土较小时可做成明涵。

[**答案**] ADE

知识点 17 涵洞的组成

（1）涵洞由洞身、洞口、基础和附属工程组成。

（2）洞口包括端墙、翼墙、护坡等。

涵洞的组成见图 2-2-36。

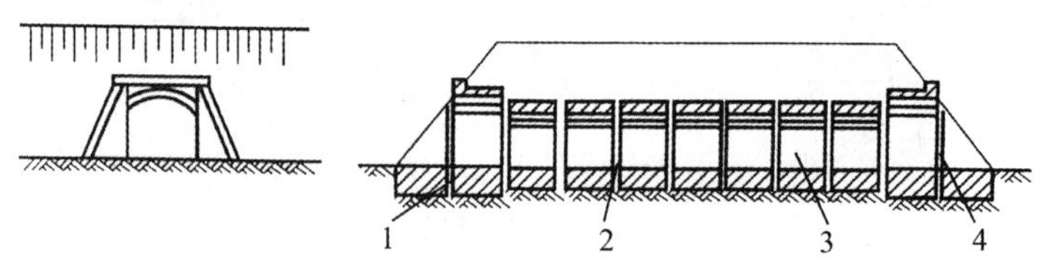

图 2-2-36　涵洞的组成

1—进水口；2—变形缝；3—洞身；4—出水口

知识点 18 涵洞的构造

一、洞身

（1）涵洞的孔径，应根据设计洪水流量、河沟断面形态、地质和进出水口沟床加固形式等条件，经水力验算确定。

（2）为充分发挥洞身截面的泄水能力，有时在涵洞如拱涵、箱涵进口处采用提高节。交通涵、灌溉涵和涵前不允许有过高积水时，不采用提高节。圆形截面不便设置提高节，所以圆形管涵不采用提高节。

(3) 洞底应有适当的纵坡，其最小值为0.4%，一般不宜大于5%，特别是圆管涵的纵坡不宜过大，以免管壁受急流冲刷。根据洞底纵坡的坡度，涵洞洞身及基础的做法见表 2-2-19。

表 2-2-19　涵洞洞身及基础的做法

洞底纵坡的坡度	做法
>5%	其基础底部宜每隔3～5m设防滑横墙，或将基础做成阶梯形（见图 2-2-37）
≥10%	涵洞洞身及基础应分段做成阶梯形，而且前后两段涵洞盖板或拱圈的搭接高度不得小于其厚度的1/4

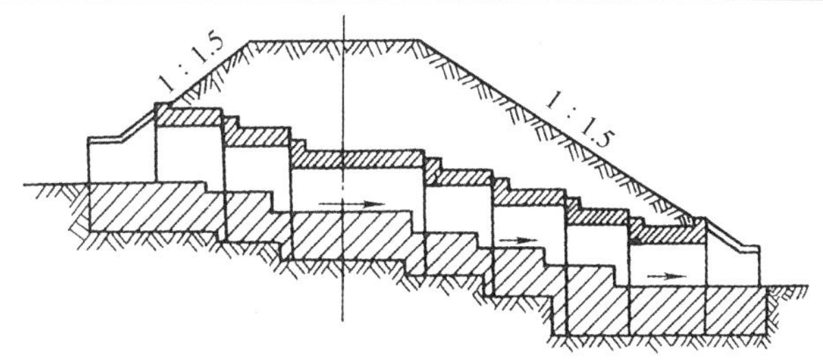

图 2-2-37　阶梯形涵洞洞身

(4) 圆管涵，分为刚性管涵和四铰式管涵。

(5) 拱涵。

(6) 矩形涵洞。盖板涵的过水能力较圆管涵大，与同孔径的拱涵相接近，施工期限较拱涵短，但钢材用量比拱涵多，对地基承载力的要求较拱涵低。因此，在要求通过较大的排洪量，地质条件较差，路堤高度较小的设涵处，常采用盖板涵，且常采用明涵。

二、洞口建筑

(1) 涵洞与路线正交的洞口建筑。涵洞与路线正交时，常用的洞口建筑形式有端墙式、八字式、井口式，其特点见表 2-2-20。

表 2-2-20　常用洞口建筑形式的特点

形式	特点
端墙式	构造简单，但泄水能力较小，适用于流量较小的孔径涵洞或人工渠道及不受冲刷影响的岩石河沟上
八字式	八字翼墙泄水能力较端墙式洞口好，多用于较大孔径的涵洞
井口式	当洞身底低于路基边沟（河沟）底时，进口可采用井口式洞口

(2) 涵洞与路线斜交的洞口建筑。斜洞口与正洞口的特点见表 2-2-21。正交与斜交见图2-2-38。

表 2-2-21　斜洞口与正洞口的特点

类型	特点
斜洞口	外形较美观，建筑费工较多
正洞口	只在管涵或斜度较大的拱涵为避免涵洞端部施工困难才采用

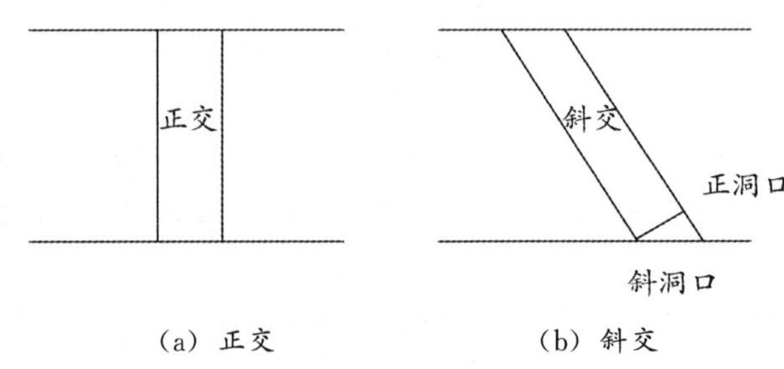

图 2-2-38　正交与斜交

三、涵洞基础

（1）洞身基础。

一般将涵洞的基础埋在允许承压应力为 200kPa 以上的天然地基上。

1）圆管涵基础。

有下列情况之一者，不得采用无基：岩石地基外，洞顶填土高度超过 5m；最大流量时，涵前积水深度超过 2.5m 者；经常有水的河沟；沼泽地区；沟底纵坡大于 5%。

2）拱涵基础。整体式基础与非整体式基础的适用范围见表 2-2-22。

表 2-2-22　整体式基础与非整体式基础的适用范围

类型	适用范围
整体式基础	适用于小孔径涵洞
非整体式基础	适用于涵洞孔径在 2m 以上、地基土壤的允许承载力在 300kPa 及以上、压缩性小的良好土壤

3）盖板涵基础。

盖板涵基础一般都采用整体式基础，孔径等于或大于 2m 的盖板涵，可采用分离式基础。

（2）洞口建筑基础。

四、沉降缝

凡地基土质发生变化，基础埋置深度不一，基础对地基的压力发生较大变化，基础填挖交界处，及采用填石抬高基础的涵洞，都应设置沉降缝。置于岩石地基上的涵洞可以不设沉降缝。

五、附属工程

涵洞的附属工程包括：锥体护坡、河床铺砌、路基边坡铺砌及人工水道等。

➤ **考分统计**：统计近 10 年该知识点的考核情况，在 2014、2016、2019 年进行了考核。考核频次为 30%。其中 2014 年考核一道单选题，2016 年考核一道单选题，2019 年考核一道单选题。

典型例题

［**2019 真题·单选**］关于涵洞，下列说法正确的是（　　）。

A. 洞身的截面形式仅有圆形和矩形两类

B. 涵洞的孔径根据地质条件确定

C. 圆形管涵不采用提高节

D. 圆管涵的过水能力比盖板涵大

[解析] 洞身是涵洞的主要部分，它的截面形式有圆形、拱形、矩形（箱形）三大类，选项A错误。涵洞的孔径，应根据设计洪水流量、河沟断面形态、地质和进出水口沟床加固形式等条件，经水力验算确定，选项B错误。在要求通过较大的排洪量、地质条件较差、路堤高度较小的设涵处，常采用盖板涵，且常采用明涵，选项D错误。

[答案] C

[2014 真题·单选] 根据地形和水流条件，涵洞的洞底纵坡应为12%，此涵洞的基础应（　　）。

A. 做成连续纵坡　　B. 在底部每隔3～5mm设防滑横墙

C. 做成阶梯形　　D. 分段做成阶梯形

[解析] 当洞底纵坡大于5%时，其基础底部宜每隔3～5m设防滑横墙或将基础做成阶梯形；当洞底纵坡大于10%时，涵洞洞身及基础应分段做成阶梯形，而且前后两段涵洞盖板或拱圈的搭接高度不得小于其厚度的1/4。

[答案] D

第三节 地下工程的分类、组成及构造

知识点 1 地下工程的分类

地下工程的分类方法很多，可以按用途分类，也可以按存在环境及建造方式，以及地下工程的开发深度分类。这里主要介绍后两种分类方式。

一、按地下工程的存在环境及建造方式分类

按地下工程的存在环境及建造方式分类见表2-3-1。

表2-3-1 按地下工程的存在环境及建造方式分类

分类	内容
岩石中的地下工程	（1）现代城市在岩石中建设的各种地下工程 （2）废旧矿井空间加以改造利用而形成的地下工程 （3）利用和改造天然溶洞形成的地下工程
土中的地下工程	（1）单建式地下工程：地面以上没有其他建筑物 （2）附建式地下工程：各种建筑物的地下室部分

二、按地下工程的开发深度分类

按地下工程的开发深度分类见表2-3-2。

表2-3-2 按地下工程的开发深度分类

分类	内容
浅层	指地表至－10m深度空间建设的地下工程，主要用于商业、文娱和部分业务空间
中层	指－10～－30m深度空间内建设的地下工程，主要用于地下交通、地下污水处理场及城市水、电、气、通信等公用设施
深层	指在－30m以下建设的地下工程，如高速地下交通轨道，危险品仓库、冷库、油库等

➤ **考分统计**：统计近10年该知识点的考核情况，2016年考核一道单选题，考核频次为10%。

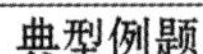

典型例题

［**2016 真题·单选**］地下油库的埋深一般不少于（　　）。

A. 10m　　B. 15m　　C. 25m　　D. 30m

［**解析**］深层地下工程主要是指在−30m 以下建设的地下工程，如高速地下交通轨道，危险品仓库、冷库、油库等。

［**答案**］D

知识点 2 地下铁路

一、定义、构成和优缺点

地下铁路的定义、构成和优缺点见表 2-3-3。

表 2-3-3　地下铁路的定义、构成和优缺点

项目	内容
定义	以电能为动力，采用轮轨运行方式的交通系统，速度大于 30km/h，单向客运能力超过 1 万人·次/h 的交通系统称为城市快速轨道交通系统（简称地铁）
构成	城市地铁工程主要由土建工程和系统工程两大部分构成
优缺点	(1) 优点：运行速度快、运送能力大；准点、安全；对地面无太大影响（噪声小，无震动，不妨碍城市景观）；不存在人、车混流现象，没有复杂的交通组织问题；不侵占地面空间；环境污染小 (2) 缺点：地铁建设在地下、施工条件困难、工期长、工程建设费用较地面高

二、地铁建设的前提

地铁建设投资巨大，真正制约地下铁路建设的因素是经济性问题。申报地铁的基本条件见表 2-3-4。

表 2-3-4　申报地铁的基本条件

指标	申报发展地铁条件
公共财政预算收入	300 亿元以上
地区生产总值	3000 亿元以上
市区常住人口	300 万人以上

三、地铁车站

（一）地铁车站形式分类

地铁车站形式分类见表 2-3-5。

表 2-3-5　地铁车站形式分类

依据	分类
根据车站与地面的相对位置	高架车站、地面车站和地下车站
根据运营性质	中间站、区域站、换乘站、枢纽站、联运站、终点站等
根据车站的结构断面	矩形、拱形、圆形、马蹄形、椭圆形等车站
根据站台形式	岛式站台（见图 2-3-1）、侧式站台（见图 2-3-2）、岛侧混合式站台等

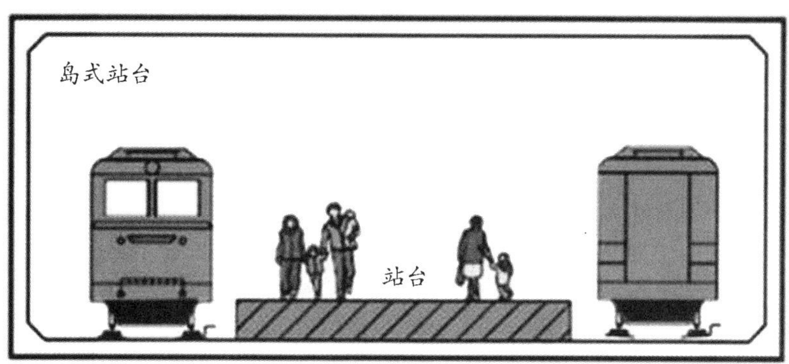

图 2-3-1　岛式站台

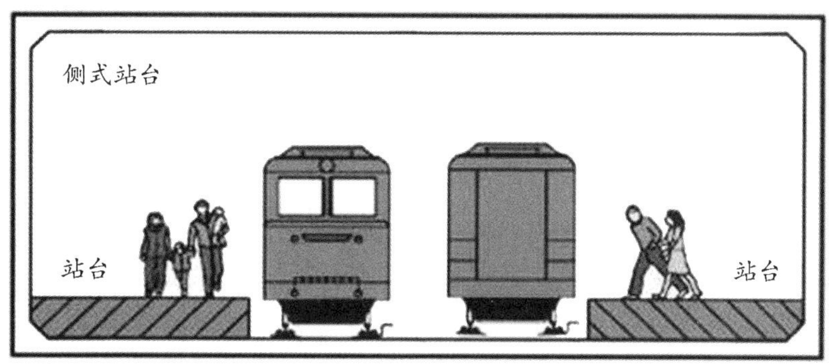

图 2-3-2　侧式站台

（1）地下车站的土建工程宜一次建成。地面车站、高架车站及地面建筑可分期建设。

（2）车站间的距离：一般在城市中心区和居民稠密地区宜为 1km 左右。

（二）地铁车站构造组成

（1）地铁车站通常由车站主体、出入口及通道、通风道及地面通风亭三大部分组成。

（2）车站的站厅、站台、出入口通道、人行楼梯、自动扶梯、售检票口（机）等部位的通过能力应按该站远期超高峰设计客流量确定。超高峰设计客流量为该站预测远期高峰小时客流量（或客流控制时期的高峰小时客流量）的 1.1～1.4 倍。

四、区间隧道与地铁线路

（1）地铁线路应为右侧行车的双线线路，并应采用 1435mm 标准轨距。

（2）正线及辅助线钢轨应依据近、远期客流量，并经技术经济综合比较确定，宜采用 60kg/m 钢轨。车场线宜采用 50kg/m 钢轨。

五、地下铁路网

（1）单线式。

（2）单环式。便于车辆运行，减少折返设备。

（3）多线式。便于乘客自一条线路换乘另一条线路，也有利于线路的延长扩建。

（4）蛛网式。运送能力很大，可减少旅客的换乘次数，又能避免客流集中堵塞，还能减轻多线式存在的市中心区换乘的负担。蛛网式铁路网见图 2-3-3。

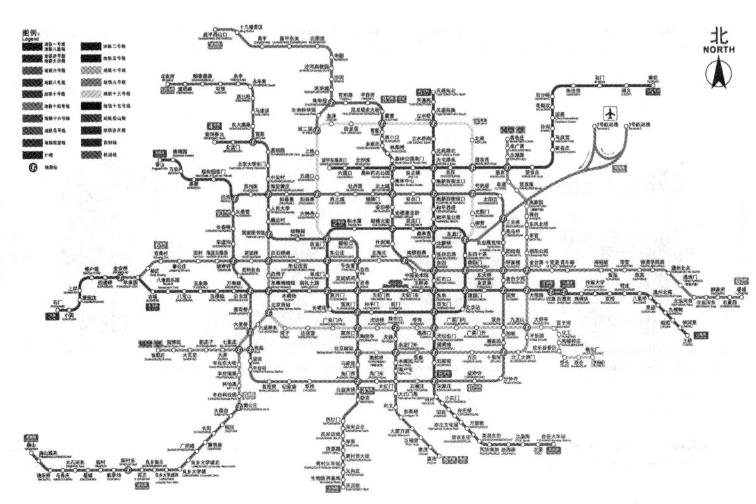

图 2-3-3　蛛网式铁路网

（5）棋盘式。线路网密度大，客流量分散，但乘客换乘次数增多，增加了车站设备的复杂性。

➤ **考分统计**：统计近 10 年该知识点的考核情况，在 2015、2017、2018、2019、2020、2021 年进行了考核。考核频次为 60%。其中 2015 年考核一道单选题，2017 年考核一道单选题，2018 年考核一道单选题，2019 年考核一道单选题，2020 年考核一道单选题，2021 年考核一道单选题。

典型例题

［**2021 真题·单选**］地铁车站的主体除站台、站厅外，还应包括的内容是（　　）。

A. 设备用房　　B. 通风道

C. 地面通风亭　　D. 出入口及通道

［**解析**］地铁车站通常由车站主体（站台、站厅、设备用房、生活用房），出入口及通道，通风道及地面通风亭三大部分组成。

［**答案**］A

［**2018 真题·单选**］地铁的土建工程可一次建成，也可分期建设，但以下设施中宜一次建成的是（　　）。

A. 地面车站　　B. 地下车站　　C. 高架车站　　D. 地面建筑

［**解析**］地下车站的土建工程宜一次建成。地面车站、高架车站及地面建筑可分期建设。

［**答案**］B

［**2015 真题·单选**］影响地下铁路建设决策的主要因素是（　　）。

A. 城市交通现状　　B. 城市规模　　C. 人口数量　　D. 经济实力

［**解析**］地铁的建设成本在 5 亿元/km 以上，轻轨的建设成本在 2 亿元/km 以上。可见地铁建设投资巨大，真正制约地下铁路建设的因素是经济性问题。

［**答案**］D

知识点 3　地下公路

一、地下公路的形式

地下公路的形式有：地下越江（海）公路、地下立交公路、地下快速公路、半地下公路。

二、地下公路的线路与断面特点

（1）地下公路隧道的纵坡通常应不小于0.3%，并不大于3%。

（2）地下公路隧道净空是指隧道衬砌内廓线所包围的空间，包括公路的建筑限界、通风及其他需要的断面积。

（3）道路建筑限界（见图2-3-4）是为保证车辆和行人正常通行，规定在道路一定宽度和高度范围内不允许有任何设施及障碍物侵入的空间范围。地下公路的建筑限界包括车道、路肩、路缘带、人行道等的宽度以及车道、人行道的净高。

➤ **记忆口诀**：（2“道”＋2“路”）宽＋（2“道”）高。

（4）公路隧道的横断面净空，除了包括建筑限界之外，还包括通过管道、照明、防灾、监控、运行管理等附属设备所需的空间，以及富裕量和施工允许误差。公路隧道见图2-3-5。

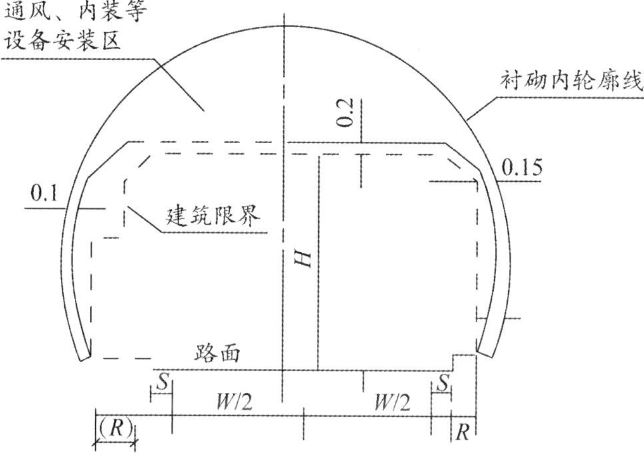

图2-3-4　道路建筑限界

图2-3-5　公路隧道

➤ **考分统计**：统计近10年本知识点的考核情况，2008、2012、2014年进行了考核。考核频次为30%。其中2008年考核一道多选题，2012年考核一道单选题，2014年考核一道单选题。

典型例题

［**2014真题·单选**］综合考虑行车和排水与通风，公路隧道的纵坡 i 应是（　　）。

A. $0.1\%\leqslant i\leqslant 1\%$　　B. $0.3\%\leqslant i\leqslant 3\%$

C. $0.4\%\leqslant i\leqslant 4\%$　　D. $0.5\%\leqslant i\leqslant 5\%$

［**解析**］地下公路隧道的纵坡通常应不小于0.3%，并不大于3%。

［**答案**］B

［**2008真题·多选**］地下公路隧道的横断面净空，除了包括建筑限界外，还应包括（　　）。

A. 管道所占空间　　B. 监控设备所占空间

C. 车道所占空间　　D. 人行道所占空间

E. 路缘带所占空间

［**解析**］公路隧道的横断面净空，除了包括建筑限界之外，还包括通过管道、照明、防灾、监控、运行管理等附属设备所需的空间，以及富裕量和施工允许误差。

［**答案**］AB

知识点 4 地下停车场

停车场的构造基准包括直线车道宽度、净高、弯道处车道宽度、车道坡度等。

知识点 5 地下市政管线工程

一、市政管线工程的分类

（1）按敷设形式分类。分为架空架设线路、地下埋设线路。

（2）按管线覆土深度分类。一般以管线覆土深度超过 1.5m 作为划分深埋和浅埋的分界线。南方北方深埋与浅埋的管道类型见表 2-3-6。

表 2-3-6 南方北方深埋与浅埋的管道类型

项目		管道类型
北方	深埋	给水、排水以及含有水分的煤气管道
	浅埋	热力管道、电力、电信线路
南方	深埋	排水管道
	浅埋	给水等管道

（3）按输送方式分类。各种输送管道，按承压情况可分为：压力管道，如给水、燃气、热力、灰渣等管道；重力流管道，如排水管道。

二、市政管线工程的布置方式与布置原则

设计地下工程管网，要综合考虑到远景规划期的发展。工程管网的线路要取直，并尽可能平行建筑红线安排。城市工程管网基本上是沿着街道和道路布置，常规做法是：

（1）建筑物与红线之间的地带用于敷设电缆。

（2）人行道用于敷设热力管网或通行式综合管道。

（3）分车带用于敷设自来水、污水、煤气管及照明电缆。

（4）街道宽度超过 60m 时，自来水和污水管道都应设在街道内两侧。

三、共同沟

共同沟也称为“地下城市管道综合管廊”，见图 2-3-6。

图 2-3-6 地下城市管道综合管廊

（一）共同沟优点

共同沟的优点包括：减少挖掘道路频率与次数，降低对城市交通和居民生活的干扰；容易

并能在必要时期收容物件，方便扩容；能在共同沟内巡视、检查，容易维修管理；结构安全性高，有利于城市防灾；由于管线不接触土壤和地下水，避免了酸碱物质的腐蚀，延长了使用寿命；对城市景观有利，为规划发展需要预留了宝贵的空间。另外，对共同沟中管线的管理部门来说，设施设计、保养、管理容易，安全性高，与相关单位协调容易，手续简单。

（二）共同沟系统组成

（1）共同沟本体。

（2）管线。共同沟中收容的各种管线是共同沟的核心和关键，以收容电力、电信、煤气、供水、污水为主。目前原则上各种城市管线都可以进入共同沟，但对于雨水管、污水管等各种重力流管线，进入共同沟将增加共同沟的造价，应慎重对待。

（3）地面设施。

（4）标识系统。

（三）共同沟建设常用形式

（1）按照其功能定位，可以分为干线共同沟、支线共同沟、缆线共同沟等，其特点见表 2-3-7。

表 2-3-7 共同沟建设常用形式及特点

形式	特点
干线共同沟	（1）主要收容城市中的各种供给主干线，但不直接为周边用户提供服务 （2）设置于道路中央下方 （3）特点为结构断面尺寸大、覆土深、系统稳定且输送量大，具有高度的安全性，维修及检测要求高
支线共同沟	（1）主要收容城市中的各种供给支线，为干线共同沟和终端用户之间联系的通道 （2）设于人行道下 （3）特点为有效断面较小，施工费用较少，系统稳定性和安全性较高
缆线共同沟	（1）直接供应各终端用户 （2）埋设在人行道下 （3）其特点为空间断面较小，埋深浅，建设施工费用较少，不设通风、监控等设备，在维护及管理上较为简单

（2）根据施工方法的不同，共同沟又可分为暗挖工法共同沟、明挖工法共同沟以及预制拼装共同沟。

➤ **考分统计**：统计近 10 年该知识点的考核情况，2011、2014、2016、2018、2019 年进行了考核。考核频次为 50%。其中 2011 年考核一道单选题，2014 年考核一道单选题，2016 年考核一道单选题，2018 年考核一道单选题，2019 年考核一道单选题。

典型例题

［**2019 真题 · 单选**］市政支线共同沟应设置于（　　）。

A. 道路中央下方　　B. 人行道下方

C. 非机车道下方　　D. 分隔带下方

［**解析**］支线共同沟主要收容城市中的各种供给支线，为干线共同沟和终端用户之间联系的通道，设于人行道下，管线为通信、有线电视、电力、燃气、自来水等，结构断面以矩形居多。

［**答案**］B

［**2018 真题 · 单选**］城市地下综合管廊建设中，明显增加工程造价的管线布置为（　　）。

A. 电力、电信线路　　B. 燃气管道

C. 给水管道　　D. 污水管道

［解析］共同沟发展的早期，以收容电力、电信、煤气、供水、污水为主，目前原则上各种城市管线都可以进入共同沟，如空调管线、垃圾真空运输管线等，但对于雨水管、污水管等各种重力流管线，进入共同沟将增加共同沟的造价，应慎重对待。

［答案］D

［**2016 真题·单选**］在我国，无论是南方还是北方，市政管线埋深均超过 1.5m 的是（　　）。

A. 给水管道　　B. 排水管道　　C. 热力管道　　D. 电力管道

［解析］一般以管线覆土深度超过 1.5m 作为划分深埋和浅埋的分界线。在北方寒冷地区，由于冰冻线较深，给水、排水，以及含有水分的煤气管道，需深埋敷设；而热力管道、电力、电信线路不受冰冻的影响，可以采用浅埋敷设。在南方地区，由于冰冻线不存在或较浅，给水等管道也可以浅埋，而排水管道需要有一定的坡度要求，排水管道往往处于深埋状况。

［答案］B

［**2014 真题·单选**］街道宽度大于 60m 时，自来水和污水管道应埋设于（　　）。

A. 分车带　　B. 街道内两侧

C. 人行道　　D. 行车道

［解析］工程管网的线路要取直，并尽可能平行于建筑红线。一些常规做法是：建筑物与红线之间的地带用于敷设电缆；人行道用于敷设热力管网或通行式综合管道；分车带用于敷设自来水、污水、煤气管及照明电缆；街道宽度超过 60m 时，自来水和污水管道都应设在街道内两侧；在小区范围内，地下工程管网多数应走专门的地方。

［答案］B

［**例题·单选**］关于市政管线工程的布置，正确的做法是（　　）。

A. 建筑线与红线之间的地带，用于敷设热力管网

B. 建筑线与红线之间的地带，用于敷设电缆

C. 街道宽度超过 60m 时，自来水管应设在街道中央

D. 人行道用于敷设通信电缆

［解析］建筑物与红线之间的地带，用于敷设电缆；人行道用于敷设热力管网或通行式综合管道；分车带用于敷设自来水、污水、煤气管及照明电缆；街道宽度超过 60m 时，自来水和污水管道都应设在街道内两侧。

［答案］B

知识点 6 地下工业工程

地下工业工程可分为：地下轻工业与机械工业工程、地下能源工业工程、地下食品工业工程、地下电力工业工程。

知识点 7 地下公共建筑工程

在我国应优先发展以下几种类型的地下综合体：

（1）道路交叉口型（以解决人行过街交通为主）。

（2）车站型。

（3）站前广场型。

（4）副都心型。

（5）中心广场型。

知识点 8 地下贮库工程

一、城市地下贮库工程的布局

(一) 贮库布置与交通的关系

(1) 对小城市的贮库布置，起决定作用的是对外运输设备（如车站、码头）的位置。

(2) 大城市除了要考虑对外交通外，还要考虑市内供应线的长短问题。

(3) 贮库不应直接沿铁路干线两侧布置，最好布置在生活居住区的边缘地带，同铁路干线有一定的距离。

(二) 贮库分布与居住区、工业区的关系

一般贮库都布置在城市外围。贮库布置要求见表 2-3-8。

表 2-3-8 贮库布置要求

类型	要求
危险品贮库	应布置在离城 10km 以外的地上与地下
食品库	(1) 应布置在城市交通干道上，不要在居住区内设置 (2) 性质类似的食品贮库，尽量集中布置在一起
冷库	设备多、容积大，需要铁路运输，一般多设在郊区或码头附近

二、城市地下贮库工程布局的基本要求

(1) 设置在地质条件较好的地区。

(2) 靠近市中心的一般性地下贮库，出入口应满足货物进出方便，且建筑形式应与周围环境相协调。

(3) 郊区的大型贮能库、军用地下贮存库注意洞口的隐蔽性。

(4) 与城市无多大关系的转运贮库，应布置在城市的下游。

(5) 有江河的城市应沿江河多布置一些贮库。

➤ **考分统计**：统计近 10 年该知识点的考核情况，2012、2013、2015、2020 年进行了考核。考核频次为 40%。其中 2012 年考核一道多选题，2013 年考核一道单选题，2015 年考核一道单选题，2020 年考核一道单选题。

典型例题

[**2020 真题·单选**] 地下批发总贮库的布置应优先考虑（　　）。

A. 尽可能靠近铁路干线　　B. 与铁路干线有一定距离

C. 尽可能接近生活居住区中心　　D. 尽可能接近地面销售分布密集区域

[**解析**] 贮库不应直接沿铁路干线两侧布置，最好布置在生活居住区的边缘地带，同铁路干线有一定的距离。

[**答案**] B

[**2015 真题·单选**] 一般地下食品贮库应布置在（　　）。

A. 距离城区 10km 以外　　B. 距离城区 10km 以内

C. 居住区内的城市交通干道上　　D. 居住区外的城市交通干道上

[**解析**] 一般食品库布置的基本要求是：应布置在城市交通干道上，不要在居住区内设置。

[**答案**] D

［**2012 真题·多选**］城市地下贮库建设应满足的要求有（　　）。

A. 应选择岩性比较稳定的岩层结构

B. 一般性运转贮库应设置在城市上游区域

C. 有条件时尽量设置在港口附近

D. 非军事性贮能库尽量设置在城市中心区域

E. 出入口的设置应满足交通和环境需求

［**解析**］与城市无多大关系的转运贮库，应布置在城市的下游，以免干扰城市居民的生活。

［**答案**］ACE

同步强化训练

一、单项选择题（每题的备选项中，只有 1 个最符合题意）

1. 电子精密仪器等生产设备及产品较轻的厂房多为（　　）。

A. 单层厂房　　B. 多层厂房

C. 混合层数的厂房　　D. 以上都可以

2. 高 27m 的住宅楼属于（　　）。

A. 低层或多层建筑　　B. 高层建筑

C. 中高层建筑　　D. 超高层建筑

3. 普通建筑和构筑物设计使用年限通常为（　　）年。

A. 25　　B. 40

C. 50　　D. 100

4. 下列建筑结构体系中，适用房屋建筑高度最高的结构体系是（　　）。

A. 框架　　B. 剪力墙

C. 框架–剪力墙　　D. 筒体

5. 在刚性基础设计时，通常要使基础大放脚与基础材料的刚性角一致，其目的是（　　）。

A. 提高地基的承载能力　　B. 加大基底接触面积

C. 节约基础材料　　D. 限制基础材料刚性角的增大

6. 柔性基础的主要优点在于（　　）。

A. 取材方便　　B. 造价较低

C. 挖土深度小　　D. 施工便捷

7. 下列保温材料常用于外墙外保温的是（　　）。

A. 膨胀型聚苯乙烯板　　B. 玻璃增强石膏板

C. P－GRC 外墙保温板　　D. GRC 保温板

8. 关于外墙外保温的特点，说法正确的是（　　）。

A. 施工时不用脚手架或高空吊篮，比较安全方便

B. 热桥保温处理困难，易出现结露现象

C. 保温层易出现裂缝

D. 对提高室内温度的稳定性有利

9. 关于墙体构造的说法，正确的是（　　）。

A. 室内地面均为实铺时，外墙墙身防潮层应设在室外地坪以下 60mm 处

B. 墙两侧地坪不等高时，墙身防潮层应设在较低一侧地坪以下 60mm 处

C. 年降雨量小于900mm的地区，只需设置明沟

D. 散水宽度一般为600～1000mm

10. 对于变形缝的叙述中，不正确的是（　　）。

A. 伸缩缝的宽度为20～30mm

B. 沉降缝应根据房屋的层数确定，基础部分要断开

C. 防震缝一般从基础底面开始，沿房屋全高设置

D. 沉降缝屋顶、楼板、墙身都要断开

11. 以下梁板式肋形楼板说法，不正确的是（　　）。

A. 梁高小于500mm，搁置长度不小于180mm

B. 梁高大于500mm时，搁置长度不小于240mm

C. 梁板式肋形楼板，板的搁置长度不小于180mm

D. 通常，次梁搁置长度为240mm，主梁的搁置长度为370mm

12. 在工程实践中，落水管间的距离（天沟内流水距离）以（　　）m为宜。

A. 9～16　　　　B. 10～15

C. 12～18　　　　D. 16～25

13. 高速公路改建加宽时，应在新旧路基填方边坡的衔接处开挖台阶，其宽度一般为（　　）m。

A. 1.5　　　　B. 1.8

C. 2.0　　　　D. 2.2

14. 面层宽度14m的混凝土道路，其垫层宽度应为（　　）m。

A. 14.0　　　　B. 15.0

C. 14.5　　　　D. 16.0

15. 通常情况下，高速公路采用的面层类型是（　　）。

A. 沥青碎石面层　　　　B. 沥青混凝土面层

C. 粒料加固土面层　　　　D. 沥青表面处治面层

16. 有关道路停车场的设置，正确的是（　　）。

A. 大、中型停车场的出入口至少要设置3个

B. 小型停车场只有一个出入口时，其宽度不得小于9m

C. 机动车出入口距学校、医院应大于50m

D. 机动车出入口距人行天桥应大于30m

17. 以下关于桥墩构造的说法，不正确的是（　　）。

A. 大跨径的实体桥墩，墩帽厚度一般不小于0.4m

B. 钢筋混凝土空心桥墩，墩身壁厚不小于300mm

C. 薄壁空心桥墩应按构造要求配筋

D. 柔性墩中墩上应设置活动支座

18. 拱涵轴线与路线斜交时，采用斜洞口比采用正洞口（　　）。

A. 施工容易　　　　B. 水流条件差

C. 洞口端部施工难度大　　　　D. 路基稳定性好

19. 地下危险品仓库及冷库一般应布置在（　　）。

A. 距地表－10米的深度空间　　　　B. －10～－30米的深度空间

C. —30 米以下的深度空间　　D. —50 米以下的深度空间

20. 下列关于共同沟的说法，正确的是（　　）。

A. 以收容雨水管、污水管等各种重力流管线为主

B. 干线共同沟不直接为周边用户提供服务，设置于人行道下

C. 支线共同沟为干线共同沟和终端用户之间联系的通道

D. 缆线共同沟空间断面较大，埋深较深，建设施工费用高

二、多项选择题（每题的备选项中，有 2 个或 2 个以上符合题意，至少有 1 个错项）

1. 网架结构体系的特点不包括（　　）。

A. 平面受力体系　　B. 是一种有推力的结构

C. 高次超静定，稳定性好　　D. 杆件类型较少，适于工业化生产

E. 结构刚度小，抗震性能差

2. 建筑物的基础，按构造方式可分为（　　）。

A. 刚性基础　　B. 条形基础

C. 独立基础　　D. 柔性基础

E. 箱形基础

3. 以下有关构造柱、圈梁的叙述，正确的有（　　）。

A. 构造柱可不单独设置基础

B. 当圈梁遇到洞口不能封闭时，应在洞口上部设置截面积不小于圈梁截面的附加梁

C. 有抗震要求的建筑物，圈梁不宜被洞口截断

D. 钢筋混凝土圈梁宽度一般同墙厚，对厚度较大的墙体可做到墙厚的 2/3

E. 圈梁高度不小于 150mm

4. 关于平屋顶防水细部构造，正确的有（　　）。

A. 卷材防水屋面檐口 800mm 范围内的应满粘

B. 女儿墙压顶向外排水坡度不应小于 5%

C. 檐沟和天沟附加层伸入屋面的宽度不应小于 250mm

D. 女儿墙泛水处的防水层下应增设附加层，平面和立面的宽度均不应小于 250mm

E. 高女儿墙泛水处的防水层泛水高度不应小于 300mm

5. 单层厂房纵向连系构件包括（　　）。

A. 吊车梁　　B. 圈梁　　C. 屋架　　D. 连系梁

E. 基础

6. 关于路面基层说法，正确的有（　　）。

A. 填隙碎石基层只能用于二级公路的基层

B. 基层可分为无机结合料稳定类和粒料类

C. 石灰稳定土基层不应作高级路面的基层

D. 级配砾石不可用于二级和二级以下公路的基层

E. 水泥稳定细粒土不能用作二级以上公路高级路面的基层

7. 地下贮库的建设，从技术和经济角度应考虑的主要因素包括（　　）。

A. 地形条件　　B. 出入口的设置

C. 所在区域的气候条件　　D. 地质条件

E. 与流经城区江河的距离

参考答案及解析

一、单项选择题

1. ［答案］B

［解析］多层厂房指层数在2层以上的厂房，常用的层数为2～6层。适用于生产设备及产品较轻，可沿垂直方向组织生产的厂房，如食品、电子精密仪器工业等用厂房。

2. ［答案］A

［解析］建筑高度不大于27.0m的住宅建筑、建筑高度不大于24.0m的公共建筑及建筑高度大于24.0m的单层公共建筑为低层或多层民用建筑。建筑高度大于27.0m的住宅建筑和建筑高度大于24.0m的非单层公共建筑，且高度不大于100.0m的，为高层民用建筑。建筑高度大于100.0m为超高层建筑。

3. ［答案］C

［解析］民用建筑设计使用年限分类如下：临时性建筑为5年；易于替换结构构件的建筑为25年；普通建筑和构筑物为50年；纪念性建筑和特别重要的建筑为100年。

4. ［答案］D

［解析］框架结构体系缺点是侧向刚度较小，当层数较多时，会产生较大的侧移，易引起非结构性构件（如隔墙、装饰等）破坏，而影响使用。剪力墙适用于小开间的住宅和旅馆等，一般在180m高度范围内都适用。框架-剪力墙结构可以适用于170m高的建筑。筒体结构体系可以适用于高度不超过300m的建筑。

5. ［答案］C

［解析］在设计中，应尽力使基础大放脚与材料的刚性角相一致，以确保基础底面不产生拉应力，最大限度地节约基础材料。

6. ［答案］C

［解析］鉴于刚性基础受其刚性角的限制，要想获得较大的基底宽度，相应的基础埋深也应加大，这显然会增加材料消耗和挖方量，也会影响施工工期。在混凝土基础底部配置受力钢筋，利用钢筋抗拉，这样基础可以承受弯矩，也就不受刚性角的限制，所以钢筋混凝土基础也称为柔性基础。在相同条件下，采用钢筋混凝土基础比混凝土基础可节省大量的混凝土材料和挖土工程量。

7. ［答案］A

［解析］外墙外保温常用的外保温材料有：膨胀型聚苯乙烯板（EPS）、挤塑型聚苯乙烯板（XPS）、岩棉板、玻璃棉毡以及超轻保温浆料等。

8. ［答案］D

［解析］选项A、B、C属于外墙内保温的特点。

9. ［答案］D

［解析］当室内地面均为实铺时，外墙墙身防潮层在室内地坪以下60mm处。当建筑物墙体两侧地坪不等高时，在每侧地表下60mm处，防潮层应分别设置，并在两个防潮层间的墙上加设垂直防潮层。年降雨量小于900mm的地区可只设散水。

10. ［答案］C

［解析］防震缝一般从基础顶面开始，沿房屋全高设置。

11. ［答案］C

［解析］梁板式肋形楼板，板的搁置长度不小于120mm。

12. ［答案］B

［解析］在工程实践中，落水管间的距离（天沟内流水距离）以10～15m为宜。

13. ［答案］C

［解析］半填半挖路基，分期修建和改建公路加宽时，新旧路基填方边坡的衔接处，应开挖台阶。高速公路、一级公路，台阶宽度一般为2.0m。

14. ［答案］B

［解析］路面的结构由垫层、基层、面层组成。为了保证车轮荷载的向下扩散和传递，下一层应比其上一层的每边宽0.25m。所以面层宽度14m，基层宽度14＋0.25×2＝14.5（m），垫层宽度为14.5＋0.25×2

=15（m）。

15. ［答案］B

［解析］高速公路、一级公路沥青面层均应采用沥青混凝土混合料铺筑，沥青碎石混合料仅适用于过渡层及整平层。其他等级公路的沥青面层的上面层，宜采用沥青混凝土混合料铺筑。

16. ［答案］B

［解析］选项A错误，大、中型停车场的出入口不少于2个。选项C错误，机动车出入口距学校、医院等人流集中的地方应大于30m。选项D错误，机动车出入口距人行天桥、地道、桥梁、隧道等引道口应大于50m。

17. ［答案］C

［解析］薄壁空心墩按计算配筋，一般配筋率在0.5%左右，也有只按构造要求配筋的。

18. ［答案］C

［解析］涵洞与路线斜交分为斜洞口与正洞口。斜洞口能适应水流条件，且外形较美观，虽建筑费工较多，但常被采用。

19. ［答案］C

［解析］深层地下工程是指在−30m以下建设的地下工程，如高速地下交通轨道，危险品仓库、冷库、油库等。

20. ［答案］C

［解析］选项A错误，共同沟发展的早期，以收容电力、电信、煤气、供水、污水为主，目前原则上各种城市管线都可以进入共同沟，如空调管线、垃圾真空运输管线等，但对于雨水管、污水管等各种重力流管线，进入共同沟将增加共同沟的造价，应慎重对待。选项B错误，干线共同沟主要收容城市中的各种供给主干线，但不直接为周边用户提供服务。设置于道路中央下方。选项D错误，缆线共同沟空间断面较小，埋深浅，建设施工费用较少。

二、多项选择题

1. ［答案］ABE

［解析］网架结构体系是高次超静定的空间结构。空间受力体系，杆件主要承受轴向力，受力合理，节约材料，整体性能好，刚度大，抗震性能好。杆件类型较少，适于工业化生产。

2. ［答案］BCE

［解析］基础按构造形式分类分为独立基础、条形基础、柱下十字交叉基础、片筏基础、箱形基础。基础按材料及受力特点分为刚性基础和柔性基础。

3. ［答案］ABCD

［解析］钢筋混凝土圈梁宽度一般同墙厚，对厚度较大的墙体可做到墙厚的2/3，高度不小于120mm。

4. ［答案］ACD

［解析］选项B错误，女儿墙压顶向内排水坡度不应小于5%。选项E错误，高女儿墙泛水处的防水层泛水高度不应小于250mm。

5. ［答案］ABD

［解析］纵向连系构件：由吊车梁、圈梁、连系梁、基础梁等组成，与横向排架构成骨架，保证厂房的整体性和稳定性。

6. ［答案］BCE

［解析］选项A错误，填隙碎石基层可用于各级公路的底基层和二级以下公路的基层。选项D错误，级配砾石可用于二级和二级以下公路的基层及各级公路的底基层。

7. ［答案］BDE

［解析］城市地下贮库工程布局的基本要求有：①设置在地质条件较好的地区；②靠近市中心的一般性地下贮库，出入口应满足货物进出方便，且建筑形式应与周围环境相协调；③郊区的大型贮能库、军用地下贮存库注意洞口的隐蔽性；④与城市无多大关系的转运贮库，应布置在城市的下游；⑤有江河的城市应沿江河多布置一些贮库。

第三章　工程材料

该部分内容每年考查分值 16 分左右。本章内容重点突出，钢筋、水泥、混凝土为主要必考的部分，保温隔热材料近两年考查力度也较大。

知识脉络

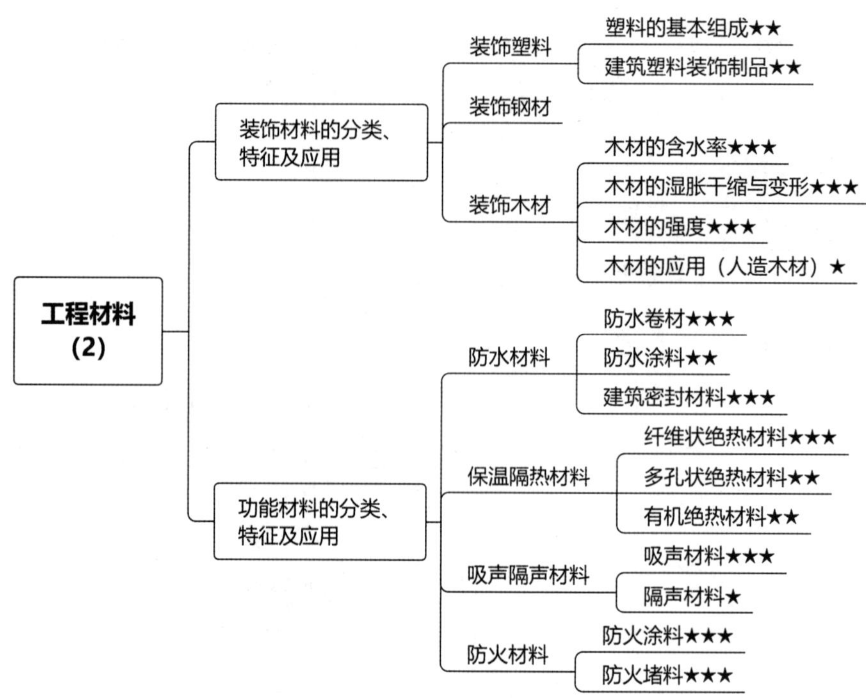

考情分析

近四年真题分值分布统计表　　（单位：分）

节序	节名	2021 年		2020 年		2019 年		2018 年	
		单选	多选	单选	多选	单选	多选	单选	多选
第一节	结构材料的分类、特性及应用	5	4	5	4	5	4	5	4
第二节	装饰材料的分类、特性及应用	2	4	2	0	2	0	2	2
第三节	功能材料的分类、特性及应用	1	0	1	4	1	4	1	2
小结		8	8	8	8	8	8	8	8
		16		16		16		16	

第一节　结构材料的分类、特性及应用

知识点 1　常用的建筑钢材

一、钢筋混凝土结构用钢

（一）热轧钢筋

热轧钢筋分类及牌号见表 3-1-1。

表 3-1-1　热轧钢筋分类及牌号

分类	牌号
热轧光圆钢筋	HPB300
热轧带肋钢筋	HRB400、HRBF400
	HRB400E、HRBF400E
	HRB500、HRBF500
	HRB500E、HRBF500E
	HRB600

（1）热轧光圆钢筋，可用于中小型混凝土结构的受力钢筋或箍筋，以及作为冷加工（冷拉、冷拔、冷轧）的原料。

（2）热轧带肋钢筋表面有纵肋和横肋，从而加强了钢筋与混凝土中间的握裹力，可用于混凝土结构受力筋，以及预应力钢筋。

（二）冷加工钢筋

常见的品种有冷拉热轧钢筋、冷轧带肋钢筋和冷拔低碳钢丝。

1. 冷拉热轧钢筋

（1）若卸荷后立即重新拉伸，卸荷点成为新的屈服点，因此冷拉可使屈服点提高，材料变脆、屈服阶段缩短，塑性、韧性降低。

（2）若卸荷后不立即重新拉伸，而是保持一定时间后重新拉伸，钢筋的屈服强度、抗拉强度进一步提高，而塑性、韧性继续降低，这种现象称为冷拉时效。

2. 冷轧带肋钢筋

（1）冷轧带肋钢筋具有强度高、握裹力强、节约钢材、质量稳定等优点，但塑性降低，强屈比变小。

（2）冷轧带肋钢筋分为 CRB550、CRB650、CRB800、CRB600H、CRB680H、CRB800H 六个牌号，其相应用途见表 3-1-2。

表 3-1-2　冷轧带肋钢筋六个牌号的相应用途

牌号	用途		
CRB550、CRB600H	非预应力	普通钢筋混凝土	CRB680H 既可作为普通钢筋混凝土用钢筋，也可作为预应力混凝土用钢筋使用
CRB650、CRB800、CRB800H	预应力	预应力钢筋混凝土	

3. 冷拔低碳钢丝

（1）冷拔低碳钢丝宜作为构造钢筋使用，作为结构构件中纵向受力钢筋使用时应采用钢丝焊接网。冷拔低碳钢丝不得作预应力钢筋使用。

（2）作为箍筋使用时，冷拔低碳钢丝的直径不宜小于5mm，间距不应大于200mm。

（3）冷拔低碳钢丝只有CDW550一个牌号。

（4）直径小于5mm的钢丝焊接网不应作为混凝土结构中的受力钢筋使用；除钢筋混凝土排水管、环形混凝土电杆外，不应使用直径3mm的冷拔低碳钢丝；除大直径的预应力混凝土桩外，不宜使用直径8mm的冷拔低碳钢丝。

（三）预应力混凝土热处理钢筋（带肋钢筋）

热处理钢筋强度高、用材省、锚固性好、预应力稳定，主要用作预应力钢筋混凝土轨枕，也可以用于预应力混凝土板、吊车梁等构件。

（四）预应力混凝土用钢丝与钢绞线

预应力钢丝与钢绞线均属于冷加工强化及热处理钢材，拉伸试验时无屈服点，但抗拉强度远远超过热轧钢筋和冷轧钢筋，并具有很好的柔韧性，应力松弛率低，适用于大荷载、大跨度及需要曲线配筋的预应力混凝土结构，如大跨度屋架、薄腹梁、吊车梁等大型构件的预应力结构。

➤ **总结**：非预应力与预应力所用钢材汇总见图3-1-1。

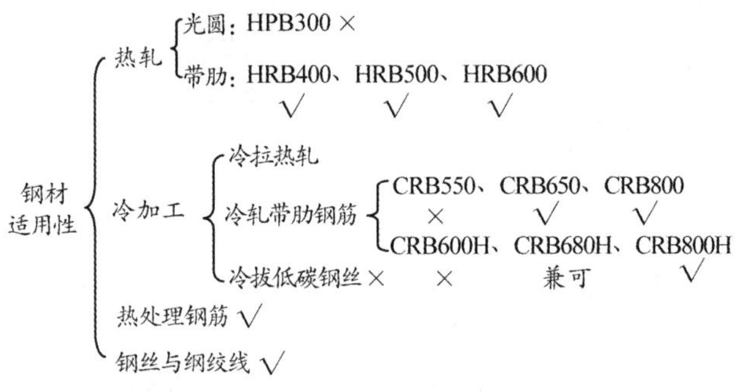

图3-1-1　预应力与非预应力所用钢材汇总

二、钢结构用钢

钢结构用钢主要是热轧成型的钢板和型钢等。型钢是钢结构中采用的主要钢材。其中常用的热轧型钢有：工字钢、H形钢、T形钢、槽钢、等边角钢、不等边角钢等。钢板分厚板和薄板，其分类及适用性见表3-1-3。

表3-1-3　钢板分类及适用性

分类		适用性
厚板	厚度＞4mm	可用于型钢的连接与焊接，组成钢结构承力构件
薄板	厚度≤4mm	用作屋面或墙面等围护结构

三、钢管混凝土结构用钢

（1）钢管混凝土结构包括实心和空心钢管混凝土构件，截面可为圆形、矩形及多边形。

（2）承重结构的圆钢管可采用焊接圆钢管、热轧无缝钢管，不宜选用输送流体用的螺旋焊管。矩形钢管可采用焊接钢管，也可采用冷成型矩形钢管。直接承受动荷载或低温环境下的外露结构，不宜采用冷弯矩形钢管。多边形钢管可采用焊接钢管，也可采用冷成型多边形钢管。

➤ **考分统计**：统计近10年该知识点的考核情况，在2012、2013、2014、2015、2018、2019、2020、2021年进行了考核。考核频次为80%。其中2012年考核一道单选题、一道多选

题，2013 年考核一道单选题，2014 年考核一道单选题、一道多选题，2015 年考核一道多选题，2018 年考核一道单选题，2019 年考核一道单选题、一道多选题，2020 年考核一道单选题，2021 年考核一道多选题。

典型例题

[**2020 真题·单选**] 制作预应力混凝土轨枕采用的预应力混凝土钢材应为（　　）。

A. 钢丝　　B. 钢绞线　　C. 热处理钢筋　　D. 冷轧带肋钢筋

[**解析**] 热处理钢筋强度高，用材省，锚固性好，预应力稳定，主要用作预应力钢筋混凝土轨枕，也可以用于预应力混凝土板、吊车梁等构件。

[**答案**] C

[**2021 真题·多选**] 下列钢筋品牌中，可用于预应力钢筋混凝土的钢筋有（　　）。

A. CRB600H　　B. CRB680H　　C. CRB800H　　D. CRB650

E. CRB800

[**解析**] CRB550、CRB600H 为普通钢筋混凝土用钢筋，CRB650、CRB800、CRB800H 为预应力混凝土用钢筋，CRB680H 既可作为普通钢筋混凝土用钢筋，也可作为预应力混凝土用钢筋。

[**答案**] BCDE

知识点 2　钢材的性能

钢材的主要性能包括力学性能和工艺性能。其中力学性能是钢材最重要的使用性能。钢材的主要性能见表 3-1-4。

表 3-1-4　钢材的主要性能

主要性能	内容
力学性能	抗拉性能、冲击性能、硬度、疲劳性能
工艺性能	弯曲性能、焊接性能

一、抗拉性能

抗拉性能是钢材的最主要性能，表征其性能的技术指标主要是屈服强度、抗拉强度和伸长率。抗拉性能技术指标见表 3-1-5。

➤ **记忆口诀**：屈拉伸。

表 3-1-5　抗拉性能技术指标

技术指标	内容
屈服强度	预应力钢筋混凝土用的高强度钢筋和钢丝具有硬钢的特点，没有明显的屈服平台，这类钢材的屈服点以产生残余变形达到原始标距长度 l_0 的 0.2%时所对应的应力作为规定的屈服强度极限
抗拉强度	(1) 强屈比能反映钢材的利用率和结构安全可靠程度 (2) 强屈比越大，反映钢材受力超过屈服点工作时的可靠性越大，因而结构的安全性越高 (3) 强屈比太大，则反映钢材不能有效地被利用
伸长率	(1) 伸长率表征了钢材的塑性变形能力。伸长率的大小与标距长度有关 (2) 塑性变形在标距内的分布是不均匀的，颈缩处的伸长较大，离颈缩部位越远变形越小 (3) 原标距与试件的直径之比越大，颈缩处伸长值在整个伸长值中的比重越小，计算伸长率越小

二、冲击性能

发生冷脆时的温度称为脆性临界温度，其数值越低，说明钢材的低温冲击韧性越好。对直接承受动荷载而且可能在负温下工作的重要结构，必须进行冲击韧性检验，并选用脆性临界温度较使用温度低的钢材。

三、硬度

表征值常用布氏硬度值 HB 表示。测试钢材硬度常采用布氏法。

四、耐疲劳性

在交变荷载反复作用下，钢材往往在应力远小于抗拉强度时发生断裂，这种现象称为钢材的疲劳破坏。疲劳破坏的危险应力用疲劳极限来表示。

➤ **记忆口诀**：交变荷载、低应力。

五、冷弯性能

（1）冷弯性能是指钢材在常温下承受弯曲变形的能力，是钢材的重要工艺性能。

（2）冷弯试验能揭示钢材是否存在内部组织不均匀、内应力、夹杂物未熔合和微裂缝等缺陷。冷弯试验是一种比较严格的试验，对钢材的焊接质量也是一种严格的检验，能揭示焊件在受弯表面存在的未熔合、裂纹和夹杂物等问题。

六、焊接性能

影响钢材可焊性的主要因素是化学成分及含量。含碳量超过 0.3%时，可焊性显著下降。

➤ **考分统计**：统计近 10 年该知识点的考核情况，2016、2017、2020、2021 年进行了考核。考核频次为 40%。其中 2016 年考核一道单选题，2017 年考核一道单选题，2020 年考核一道多选题，2021 年考核一道单选题。

典型例题

[**2017 真题·单选**] 对于钢材的塑性变形及伸长率，以下说法正确的是（　　）。

A. 塑性变形在标距内分布是均匀的　　B. 伸长率的大小与标距长度有关

C. 离颈缩部位越远变形越大　　D. 同一种钢材，δ_5 应小于 δ_{10}

[**解析**] 伸长率的大小与标距长度有关。塑性变形在标距内的分布是不均匀的，颈缩处的伸长较大，离颈缩部位越远变形越小。同一种钢材，δ_5 应大于 δ_{10}。

[**答案**] B

[**2016 真题·单选**] 钢材的强屈比愈大，则（　　）。（改编）

A. 结构的安全性愈高，钢材的有效利用率愈低

B. 结构的安全性愈高，钢材的有效利用率愈高

C. 结构的安全性愈低，钢材的有效利用率愈低

D. 结构的安全性愈低，钢材的有效利用率愈高

[**解析**] 设计中抗拉强度虽然不能利用，但强屈比能反映钢材的利用率和结构安全可靠程度。强屈比越大，反映钢材受力超过屈服点工作时的可靠性越大，因而结构的安全性越高。但强屈比太大，则反映钢材不能有效地被利用。

[**答案**] A

[**2020 真题·多选**] 表征钢材抗拉性能的技术指标主要有（　　）

A. 屈服强度　　B. 冲击韧性　　C. 抗拉强度　　D. 硬度

E. 伸长率

[解析] 抗拉性能是钢材的最主要性能，表征其性能的技术指标主要是屈服强度、抗拉强度和伸长率。

[答案] ACE

知识点 3 钢材的化学成分

钢材的主要化学成分是铁和碳元素。钢材化学成分对钢材性能的影响见表 3-1-6。

表 3-1-6　钢材化学成分对钢材性能的影响

化学成分（含量增加）	强度	可焊性/焊接性能	冷脆性	热脆性	塑性、韧性
碳	增加	降低（可焊性）	增加	—	降低
硅	增加（含量＜1%）	降低（含量 1%～1.2%）	增加（含量＜1%）	—	降低（含量 1%～1.2%）
锰	增加	降低（含量＞1%）	—	降低（消减）	降低（含量＞1%）
硫（有害）	—	降低	—	增加	—
磷（有害）	增加	降低（可焊性）	增加	—	降低
氮	增加	降低	增加	—	降低
氧（有害）	力学性能降低	降低	—	增加	降低
钛	增加	改善	—	—	塑性降低 韧性改善

知识点 4 胶凝材料的分类

胶凝材料的分类见图 3-1-2。

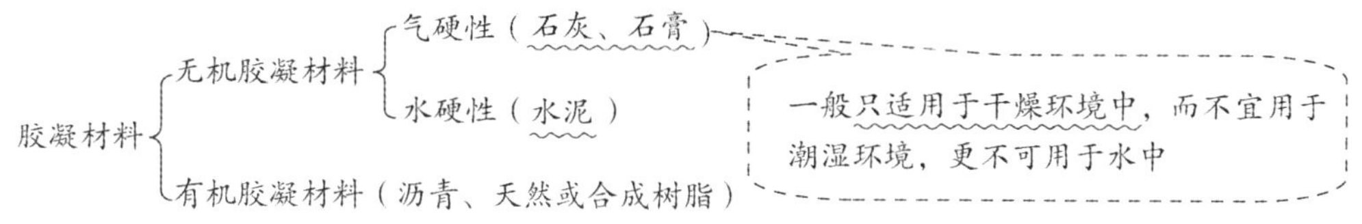

图 3-1-2　胶凝材料的分类

➤ **考分统计**：统计近 10 年该知识点的考核情况，2013 年考核了一道多选题。考核频次为 10%。

知识点 5 硅酸盐水泥、普通硅酸盐水泥

一、定义与代号

硅酸盐水泥、普通硅酸盐水泥的定义与代号见表 3-1-7。

表 3-1-7　硅酸盐水泥、普通硅酸盐水泥的定义与代号

类型	定义	代号
硅酸盐水泥	由硅酸盐水泥熟料、0～5%的石灰石或粒化高炉矿渣、适量石膏磨细制成的水硬性胶凝材料	P·Ⅰ（不掺混合材料） P·Ⅱ（混合材料≤5%水泥质量）
普通硅酸盐水泥	由硅酸盐水泥熟料、5%～20%的混合材料、适量石膏磨细制成的水硬性胶凝材料	P·O

二、硅酸盐水泥熟料的组成

硅酸盐水泥熟料的组成包括：①硅酸三钙（含量最高）；②硅酸二钙；③铝酸三钙（水化速度最快、水化热最大、体积收缩最大）；④铁铝酸四钙。

三、硅酸盐水泥的凝结硬化

影响水泥凝结硬化的主要因素有熟料的矿物组成、细度、水灰比、石膏掺量、环境温湿度和龄期等。

四、硅酸盐水泥及普通硅酸盐水泥的技术性质

硅酸盐水泥及普通硅酸盐水泥的技术性质见表 3-1-8。

表 3-1-8　硅酸盐水泥及普通硅酸盐水泥的技术性质

指标	技术性质
细度	直接影响水泥的活性和强度，颗粒越细，水化速度越快
凝结时间	初凝时间：加水拌和→开始失去塑性（初凝时间≥45min）
	终凝时间：加水拌和→完全失去塑性并开始产生强度（终凝时间：硅酸盐水泥≤6.5h；普通硅酸盐水泥≤10h）
体积安定性	体积是否均匀变化的性能
强度（胶砂强度）	在标准温度（20±1）℃的水中养护，测 3d 和 28d 试件的抗折和抗压强度
碱含量	若使用活性骨料，碱含量不得大于 0.6%
水化热	水化热主要在早期释放，后期逐渐减少，对大体积混凝土工程是不利的

注：（1）凝结时间示意图见图 3-1-3。

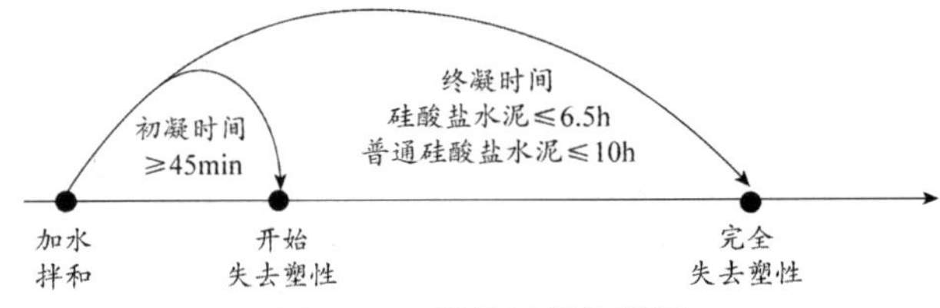

图 3-1-3　凝结时间示意图

（2）初凝时间、安定性不符合要求时视为废品水泥；终凝时间不符合要求时视为不合格水泥。

➤ **考分统计**：统计近 10 年该知识点的考核情况，2011、2016、2020 年进行了考核。考核频次为 30%。其中 2011 年考核一道单选题，2016 年考核一道单选题，2020 年考核一道单选题。

典型例题

[**2016 真题 · 单选**] 通常要求普通硅酸盐水泥的初凝时间和终凝时间为（　　）。

A. >45min 和>10h　　B. >45min 和<10h

C. <45min 和<10h　　D. <45min 和>10h

[**解析**] 根据《通用硅酸盐水泥》（GB 175—2007）规定，硅酸盐水泥初凝时间不得早于 45min，终凝时间不得迟于 6.5h；普通硅酸盐水泥初凝时间不得早于 45min，终凝时间不得迟于 10h。

[**答案**] B

[**2011 真题 · 单选**] 判定硅酸盐水泥是否废弃的技术指标是（　　）。

A. 体积安定性　　B. 水化热　　C. 水泥强度　　D. 水泥细度

[**解析**] 体积安定性不合格的水泥不得用于工程，应废弃。

[**答案**] A

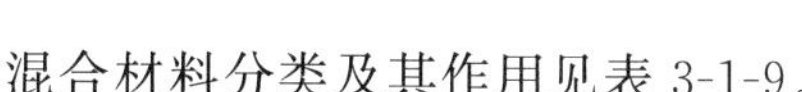

知识点 6 掺混合材料的硅酸盐水泥

一、混合材料

混合材料分类及其作用见表 3-1-9。

表 3-1-9 混合材料分类及其作用

分类	常用材料	作用
活性（水硬性）混合材料	粒化高炉矿渣、粒化高炉矿渣粉、粉煤灰、火山灰质混合材料	改善水泥性能，调节水泥强度等级，扩大水泥使用范围，提高水泥产量，利用工业废料、降低成本，有利于环境保护
非活性（填充性）混合材料	石灰石和砂岩，其中石灰石中 Al_2O_3 含量应不大于 2.5%，活性指标低于相应国家标准要求的粒化高炉矿渣、粒化高炉矿渣粉、粉煤灰、火山灰质混合材料	增加水泥产量、降低成本、降低强度等级、减少水化热、改善混凝土及砂浆的和易性等

二、定义与代号

掺混合材料的硅酸盐水泥的定义与代号见表 3-1-10。

表 3-1-10 掺混合材料的硅酸盐水泥的定义与代号

类型	定义	代号
矿渣硅酸盐水泥	由硅酸盐水泥熟料、20%～70%粒化高炉矿渣和适量石膏制成的水硬性胶凝材料	P·S
火山灰质硅酸盐水泥	由硅酸盐水泥熟料、20%～40%的火山灰质混合材料和适量石膏制成的水硬性胶凝材料	P·P
粉煤灰硅酸盐水泥	由硅酸盐水泥熟料、20%～40%的粉煤灰和适量石膏制成的水硬性胶凝材料	P·F
复合硅酸盐水泥	由硅酸盐水泥熟料、20%～50%的两种以上混合材料和适量石膏制成的水硬性胶凝材料	P·C

三、常用水泥的主要特性及适用范围

常用水泥的主要特性及适用范围见表 3-1-11。

表 3-1-11 常用水泥的主要特性及适用范围

项目	硅酸盐水泥 P·Ⅰ、P·Ⅱ	普通硅酸盐水泥 P·O	矿渣硅酸盐水泥 P·S	火山灰质硅酸盐水泥 P·P	粉煤灰硅酸盐水泥 P·F
主要特征	（1）早期强度较高，凝结硬化快 （2）水化热较大 （3）耐冻性好 （4）耐热性较差 （5）耐腐蚀及耐水性较差 （6）干缩性较小	（1）早期强度较高 （2）水化热较大 （3）耐冻性较好 （4）耐热性较差 （5）耐腐蚀及耐水性较差 （6）干缩性较小	（1）早期强度低，后期强度增长较快 （2）水化热较小 （3）耐热性较好 （4）耐硫酸盐侵蚀和耐水性较好 （5）抗冻性较差 （6）干缩性较大 （7）抗碳化能力差	（1）早期强度低，后期强度增长较快 （2）水化热较小 （3）耐热性较差 （4）耐硫酸盐侵蚀和耐水性较好 （5）抗冻性较差 （6）干缩性较大 （7）抗渗性较好 （8）抗碳化能力差	（1）早期强度低，后期强度增长较快 （2）水化热较小 （3）耐热性较差 （4）耐硫酸盐侵蚀和耐水性较好 （5）抗冻性较差 （6）干缩性较小 （7）抗碳化能力较差

续表

<table>
<tr><th>项目</th><th>硅酸盐水泥
P·Ⅰ、P·Ⅱ</th><th>普通硅酸盐水泥
P·O</th><th>矿渣硅酸盐水泥
P·S</th><th>火山灰质硅酸盐水泥
P·P</th><th>粉煤灰硅酸盐水泥
P·F</th></tr>
<tr><td rowspan="2">适用范围</td><td colspan="2" rowspan="2">（1）配制高强度等级混凝土及早期强度要求高的工程
（2）冬季严寒反复冻融地区</td><td>高温车间和有耐热、耐火要求的混凝土结构</td><td>有抗渗要求的工程</td><td>地上、地下水中的混凝土工程</td></tr>
<tr><td colspan="3">（1）有抗硫酸盐侵蚀要求的一般工程
（2）蒸气养护的混凝土构件
（3）大体积混凝土结构</td></tr>
<tr><td rowspan="2">不适用范围</td><td colspan="2" rowspan="2">（1）不宜用于大体积混凝土施工
（2）不宜用于受化学侵蚀、压力水（软水）作用及海水侵蚀的工程</td><td>—</td><td>（1）处在干燥环境的混凝土工程
（2）耐磨性要求高的工程</td><td>有抗碳化要求的工程</td></tr>
<tr><td colspan="3">（1）早期强度要求较高的工程
（2）严寒地区并处在水位升降范围内的混凝土工程</td></tr>
</table>

复合硅酸盐水泥的强度等级划分以及凝结硬化、抗冻性、耐腐蚀性等与其他掺混合料的硅酸盐水泥基本一致。

➤ **考分统计**：统计近 10 年该知识点的考核情况，在 2012、2013、2014、2015、2017、2019、2020、2021 年进行了考核。考核频次为 80%。其中 2012 年考核一道单选题，2013 年考核一道单选题，2014 年考核一道单选题，2015 年考核一道多选题，2017 年考核一道单选题，2019 年考核一道单选题，2020 年考核一道多选题，2021 年考核一道单选题。

典型例题

［**2021 真题·单选**］高温车间主体结构的混凝土配制优先选用的水泥品牌为（　　）。

A. 粉煤灰硅酸盐水泥　　B. 普通硅酸盐水泥

C. 硅酸盐水泥　　D. 矿渣硅酸盐水泥

［**解析**］矿渣硅酸盐水泥耐热性较好，适用于高温车间和有耐热、耐火要求的混凝土结构。

［**答案**］D

［**2014 真题·单选**］受反复冰冻的混凝土结构应优先选用（　　）。

A. 普通硅酸盐水泥　　B. 矿渣硅酸盐水泥

C. 火山灰质硅酸盐水泥　　D. 粉煤灰硅酸盐水泥

［**解析**］普通硅酸盐水泥适用于制造地上、地下及水中的混凝土、钢筋混凝土及预应力钢筋混凝土结构，包括受反复冰冻的结构；也可配制高强度等级混凝土及早期强度要求高的工程。

［**答案**］A

［**典型例题·单选**］隧道开挖后，喷锚支护施工采用的混凝土，宜优先选用（　　）。

A. 火山灰质硅酸盐水泥　　B. 粉煤灰硅酸盐水泥

C. 硅酸盐水泥　　D. 矿渣硅酸盐水泥

［**解析**］喷锚支护需要混凝土具有快硬早强的特点，从而保证支护结构的强度与稳定性。因此需采用硅酸盐混凝土。

［**答案**］C

[**2020 真题 · 多选**] 干缩性较小的水泥有（　　）。

A. 硅酸盐水泥　　B. 普通硅酸盐水泥

C. 矿渣硅酸盐水泥　　D. 火山灰质硅酸盐水泥

E. 粉煤灰硅酸盐水泥

[**解析**] 矿渣硅酸盐水泥、火山灰质硅酸盐水泥的干缩性较大。

[**答案**] ABE

[**2015 真题 · 多选**] 有抗化学侵蚀要求的混凝土多使用（　　）。

A. 硅酸盐水泥　　B. 普通硅酸盐水泥

C. 矿渣硅酸盐水泥　　D. 火山灰质硅酸盐水泥

E. 粉煤灰硅酸盐水泥

[**解析**] 硅酸盐水泥和普通硅酸盐水泥不适用于受化学侵蚀、压力水（软水）作用及海水侵蚀的工程。

[**答案**] CDE

知识点 7　铝酸盐水泥（CA）

铝酸盐水泥早期强度高，凝结硬化快，具有快硬、早强的特点，水化热高，放热快且放热量集中，同时具有很强的抗硫酸盐腐蚀作用和较高的耐热性，但抗碱性差。铝酸盐水泥的适用性见表 3-1-12。

表 3-1-12　铝酸盐水泥的适用性

适用性	内容
适宜	(1) 工期紧急的工程，如国防、道路和特殊抢修工程等 (2) 抗硫酸盐腐蚀的工程和冬季施工的工程
不宜	(1) 大体积混凝土工程 (2) 与碱溶液接触的工程 (3) 与未硬化的硅酸盐水泥混凝土接触使用 (4) 与硅酸盐水泥或石灰混合使用 (5) 蒸汽养护 (6) 高温季节施工

➤ **考分统计**：统计近 10 年该知识点的考核情况，2011、2012、2018 年进行了考核。考核频次为 30%。其中 2011 年考核一道单选题，2012 年考核一道单选题，2018 年考核一道单选题。

典型例题

[**2018 真题 · 单选**] 配置冬季施工和抗硫酸盐腐蚀施工的混凝土的水泥宜采用（　　）。

A. 铝酸盐水泥　　B. 硅酸盐水泥

C. 普通硅酸盐水泥　　D. 矿渣硅酸盐水泥

[**解析**] 铝酸盐水泥用于工期紧急的工程，如国防、道路和特殊抢修工程等；也可用于抗硫酸盐腐蚀的工程和冬季施工的工程。

[**答案**] A

[**2012 真题 · 单选**] 铝酸盐水泥适宜用于（　　）。

A. 大体积混凝土

B. 与硅酸盐水泥混合使用的混凝土

C. 用于蒸汽养护的混凝土

D. 低温地区施工的混凝土

[**解析**] 铝酸盐水泥用于工期紧急的工程，如国防、道路和特殊抢修工程等；也可用于抗硫酸盐腐蚀的工程和冬季施工的工程。铝酸盐水泥不宜用于大体积混凝土工程；不能用于与碱溶液接触的工程；不得与未硬化的硅酸盐水泥混凝土接触使用，更不得与硅酸盐水泥或石灰混合使用；不能蒸汽养护，不宜在高温季节施工。

[**答案**] D

[**2011 真题·单选**] 铝酸盐水泥主要适宜的作业范围是（　　）。

A. 与石灰混合使用

B. 高温季节施工

C. 蒸汽养护作业

D. 交通干道抢修

[**解析**] 铝酸盐水泥用于工期紧急的工程，如国防、道路和特殊抢修工程等；也可用于抗硫酸盐腐蚀的工程和冬季施工的工程。铝酸盐水泥不宜用于大体积混凝土工程；不能用于与碱溶液接触的工程；不得与未硬化的硅酸盐水泥混凝土接触使用，更不得与硅酸盐水泥或石灰混合使用；不能蒸汽养护，不宜在高温季节施工。

[**答案**] D

知识点 8 其他水泥

一、硫铝酸盐水泥（P·SAC）

硫铝酸盐水泥的类别、特性及应用见表 3-1-13。

表 3-1-13　硫铝酸盐水泥的类别、特性及应用

类别	（1）分为快硬硫铝酸盐水泥（R·SAC）、低碱度硫铝酸盐水泥（L·SAC）和自应力硫铝酸盐水泥（S·SAC） （2）快硬硫铝酸盐水泥以 3d 抗压强度划分为 42.5、52.5、62.5 和 72.5 四个强度等级
特性	具有快凝、早强、不收缩的特点
应用	（1）宜用于配制早强、抗渗和抗硫酸盐侵蚀等混凝土，适用于浆锚、喷锚支护、抢修、抗硫酸盐腐蚀、海洋建筑等工程 （2）不宜用于高温施工及处于高温环境的工程

二、道路硅酸盐水泥（P·R）

（1）初凝时间不得早于 1.5h，终凝时间不得迟于 12h。

（2）道路硅酸盐水泥主要用于公路路面、机场跑道等工程结构，也可用于要求较高的工厂地面和停车场等工程。

➤ **总结**：水泥的凝结时间和适用性见表 3-1-14。

表 3-1-14　水泥的凝结时间和适用性

名称	代号	初凝时间	终凝时间	适用性
硅酸盐水泥	P·Ⅰ、P·Ⅱ	≥45min	≤6.5h	（1）冬季严寒反复冰冻的工程 （2）高强度等级混凝土 （3）早期强度要求高的工程
普通硅酸盐水泥	P·O		≤10h	

续表

名称	代号	初凝时间	终凝时间	适用性
矿渣硅酸盐水泥（耐热性好）	P·S	—	—	（1）大体积混凝土工程 （2）抗硫酸盐侵蚀的工程 （3）蒸汽养护混凝土工程
火山灰质硅酸盐水泥（抗渗）	P·P	—	—	
粉煤灰硅酸盐水泥（干缩性小）	P·F	—	—	
复合硅酸盐水泥	P·C	—	—	—
道路硅酸盐水泥	P·R	≥1.5h	≤12h	公路路面、机场跑道、要求较高的工厂地面和停车场
硫铝酸盐水泥	P·SAC	≥25min	≤3h	（1）适用：浆锚、喷锚支护、抢修、抗硫酸盐腐蚀、海洋建筑 （2）不宜：高温施工及处于高温环境的工程
铝酸盐水泥	CA—60	≥60min	≤18h	（1）适宜：国防、道路和特殊抢修工程 （2）不宜：大体积混凝土工程；与碱溶液接触的工程；与未硬化的硅酸盐水泥混凝土接触使用；与硅酸盐水泥或石灰混合使用；蒸汽养护；高温季节施工
	CA—50 CA—70 CA—80	≥30min	≤6h	

知识点 9　石油沥青

一、石油沥青的组分

在石油沥青中，油分、树脂和地沥青质是石油沥青中的三大主要组分，见表 3-1-15。

表 3-1-15　石油沥青中的三大主要组分

组分	特性
油分	油分赋予沥青以流动性
树脂	（1）赋予沥青以良好的黏结性、塑性和可流动性 （2）沥青树脂中还含有少量的酸性树脂，是沥青中的表面活性物质，改善了石油沥青对矿物材料的浸润性，特别是提高了对碳酸盐类岩石的黏附性，并有利于石油沥青的可乳化性
地沥青质	决定石油沥青温度敏感性、黏性的重要组成部分，其含量越多，则软化点越高，黏性越大，即越硬脆
（1）石油沥青中还含 2%～3%的沥青碳和似碳物，是石油沥青中分子量最大的，它能降低石油沥青的黏结力 （2）石油沥青中还含有蜡，会降低石油沥青的黏结性和塑性，同时对温度特别敏感（即温度稳定性差），是石油沥青的有害成分	

二、石油沥青的技术性质

（一）防水性

石油沥青具有良好的防水性，故广泛用作土木工程的防潮、防水材料。

（二）黏滞性（黏性）

（1）反映沥青材料内部阻碍其相对流动的一种特性，以绝对黏度表示。

（2）在一定温度范围内，当温度升高时，则黏滞性随之降低，反之则随之增大。

（3）工程上常用相对黏度（条件黏度）来衡量石油沥青的黏滞性。测定相对黏度的主要方法是用标准黏度计和针入度仪。对于黏稠石油沥青的相对黏度是用针入度仪测定的针入度来表示，反映石油沥青抵抗剪切变形的能力。针入度值越小，表明黏度越大。对于液体石油沥青或较稀的石油沥青的相对黏度，可用标准黏度计测定的标准黏度表示。

（三）塑性

（1）在常温下，塑性较好的沥青在产生裂缝时，也可能由于特有的黏塑性而自行愈合。故塑性还反映了沥青开裂后的自愈能力。沥青之所以能制造出性能良好的柔性防水材料，很大程度上取决于沥青的塑性。

（2）石油沥青的塑性用延度（伸长度）表示。延度越大，塑性越好。

（四）温度敏感性

（1）土木建筑工程宜选用温度敏感性较小的沥青。

（2）通常石油沥青中地沥青质含量较多，在一定程度上能够减小其温度敏感性。在工程使用时往往加入滑石粉、石灰石粉或其他矿物填料来减小其温度敏感性。沥青中含蜡量较多时，则会增大温度敏感性。

（五）大气稳定性

石油沥青的大气稳定性常以蒸发损失和蒸发后针入度比来评定。蒸发损失百分数越小和蒸发后针入度比越大，则表示大气稳定性越高，“老化”越慢。

三、石油沥青的技术标准及选用

土木建筑工程中使用的石油沥青主要是建筑石油沥青和道路石油沥青，其特点见表 3-1-16。

表 3-1-16 土木建筑工程使用的石油沥青

类型	特点
建筑石油沥青	主要用作制造油纸、油毡、防水涂料和沥青嵌缝膏。绝大部分用于屋面及地下防水、沟槽防水防腐蚀及管道防腐等工程
道路石油沥青	（1）重交通道路石油沥青主要用于高速公路、一级公路路面，机场道面及重要的城市道路路面工程 （2）中、轻交通道路石油沥青主要用于一般的道路路面、车间地面等工程

知识点 10 改性石油沥青

一、橡胶改性沥青

SBS 改性沥青具有良好的耐高温性、优异的低温柔性和耐疲劳性，是目前应用最成功和用量最大的一种改性沥青。主要用于制作防水卷材和铺筑高等级公路路面等。

二、树脂改性沥青

常用的树脂有古马隆树脂、聚乙烯、乙烯-乙酸乙烯共聚物（EVA），无规聚丙烯（APP）等。

（1）古马隆树脂又名香豆桐树脂。这种沥青的黏性较大。

（2）聚乙烯树脂改性沥青的耐高温性和耐疲劳性有显著改善，低温柔性也有所改善。

（3）乙烯-乙酸乙烯共聚物（EVA）、无规聚丙烯（APP）制成的改性沥青具有良好的弹塑性、耐高温性和抗老化性，多用于防水卷材、密封材料和防水涂料等。

三、橡胶和树脂改性沥青

主要有卷材、片材、密封材料、防水涂料等。

四、矿物填充料改性沥青

常用的矿物填充料大多是粉状的和纤维状的，主要的有滑石粉、石灰石粉、硅藻土和石棉等，其适用性见表 3-1-17。

表 3-1-17　常用矿物填充料的适用性

填充料	适用性
滑石粉	可用于具有耐酸、耐碱、耐热和绝缘性能的沥青制品中
石灰石粉	较好的矿物填充料
硅藻土	制作轻质、绝热、吸声的沥青制品的主要填料
石棉绒或石棉粉	掺入后可提高沥青的抗拉强度和热稳定性

➤ **考分统计**：此知识点为 2019 年新增内容。统计近 3 年该知识点的考核情况，在 2019、2020、2021 年进行了考核。考核频次为 100%。其中 2019 年考核一道单选题，2020 年考核一道单选题，2021 年考核一道单选题。

典型例题

[**2020 真题・单选**] 耐酸、耐碱、耐热和绝缘的沥青制品应选用（　　）。

A. 滑石粉填充改性沥青　　B. 石灰石粉填充改性沥青

C. 硅藻土填充改性沥青　　D. 树脂改性沥青

[**解析**] 滑石粉亲油性好（憎水），易被沥青润湿，可直接混入沥青中，以提高沥青的机械强度和抗老化性能，可用于具有耐酸、耐碱、耐热和绝缘性能的沥青制品中。

[**答案**] A

[**2019 真题・单选**] 高等级公路路面铺筑应选用（　　）。

A. 树脂改性沥青　　B. SBS 改性沥青

C. 橡胶树脂改性沥青　　D. 矿物填充料改性沥青

[**解析**] SBS 改性沥青具有良好的耐高温性、优异的低温柔性和耐疲劳性，是目前应用最成功和用量最大的一种改性沥青。主要用于制作防水卷材和铺筑高等级公路路面等。

[**答案**] B

知识点 11　普通混凝土组成材料——水泥

混凝土强度等级与水泥强度等级对应关系见表 3-1-18。

表 3-1-18　混凝土强度等级与水泥强度等级对应关系

混凝土强度等级	水泥强度等级
一般强度等级的混凝土	宜为混凝土强度等级的 1.5～2.0 倍
较高强度等级的混凝土	宜为混凝土强度等级的 0.9～1.5 倍

知识点 12　普通混凝土组成材料——砂

一、定义及分类

（1）粒径在 4.75mm 以下的骨料为细骨料（砂）。主要有天然砂和机制砂两类。天然砂包括河砂、湖砂、海砂和山砂。

（2）砂按细度模数分为粗、中、细三种规格（见图 3-1-4），粗、中、细砂均可作为普通混凝土用砂，但以中砂为佳。

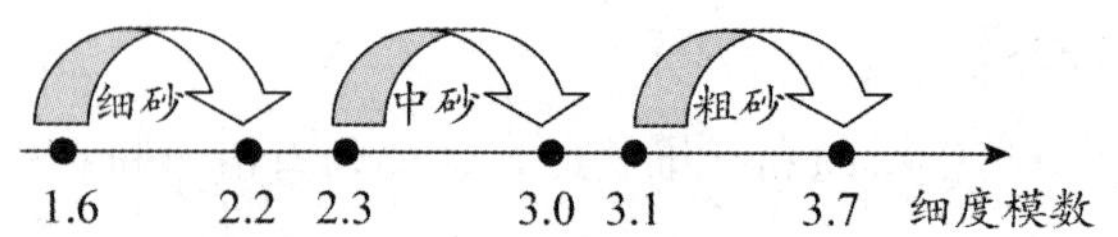

图 3-1-4　砂按细度模数分类

（3）将砂按技术要求分为Ⅰ类、Ⅱ类、Ⅲ类。

二、粗细程度及颗粒级配

（1）在砂用量相同的情况下，若砂子过粗，则拌制的混凝土黏聚性较差，容易产生离析、泌水现象；若砂子过细，砂子的总表面积增大，虽然拌制的混凝土黏聚性较好，不易产生离析、泌水现象，但水泥用量增大。

（2）级配良好的砂配制混凝土，不仅所用水泥浆量少，节约水泥，而且还可提高混凝土的和易性、密实度和强度。

（3）Ⅰ类砂应采用级配区 2 区砂。对于泵送混凝土，宜选用中砂。对于混凝土路面混凝土板，应采用符合规定级配，细度模数在 2.5 以上的粗砂、中砂。

➤ **考分统计**：统计近 10 年该知识点的考核情况，2013、2014、2015、2016、2018、2021 年进行了考核。考核频次为 60%。其中 2013 年考核一道单选题、一道多选题，2014 年考核一道单选题，2015 年考核一道单选题，2016 年考核一道单选题，2018 年考核一道单选题，2021 年考核一道单选题。

典型例题

[**2018 真题 · 单选**] 在砂用量相同的情况下，若砂子过细，则拌制的混凝土（　　）。

A. 黏聚性差

B. 易产生离析现象

C. 易产生泌水现象

D. 水泥用量增大

[**解析**] 在砂用量相同的情况下，若砂子过粗，则拌制的混凝土黏聚性较差，容易产生离析、泌水现象；若砂子过细，砂子的总表面积增大，虽然拌制的混凝土黏聚性较好，不易产生离析、泌水现象，但水泥用量增大。

[**答案**] D

[**2015 真题 · 单选**] 用于普通混凝土的砂，最佳的细度模数为（　　）。

A. 3.7～3.1　　B. 3.0～2.3

C. 2.2～1.6　　D. 1.5～1.0

[**解析**] 砂按细度模数分为粗、中、细三种规格：3.7～3.1 为粗砂，3.0～2.3 为中砂，2.2～1.6 为细砂。粗、中、细砂均可作为普通混凝土用砂，但以中砂为佳。

[**答案**] B

知识点 13　普通混凝土组成材料——石子

普通石子包括碎石和卵石，其特性见表 3-1-19。

表 3-1-19　碎石和卵石的特性

类型	特性
碎石	(1) 表面粗糙，颗粒多棱角，与水泥浆黏结力强，配制的混凝土强度高 (2) 其总表面积和空隙率较大，拌制混凝土水泥用量较多，拌和物和易性较差
卵石	(1) 表面光滑，少棱角，空隙率及表面积小，拌制混凝土需用水泥浆量少，拌和物和易性好 (2) 所含杂质常较碎石多，与水泥浆黏结力较差，故用其配制的混凝土强度较低

将粗骨料按技术要求分为Ⅰ类、Ⅱ类、Ⅲ类。

一、有害杂质含量

石子中含有黏土、淤泥、有机物、硫化物及硫酸盐和其他活性氧化硅等杂质。石子中有害杂质含量不超过相关规范规定的标准。对于重要工程混凝土所用的卵石、碎石，还应进行碱活性检验，以确定其适用性。

二、最大粒径与颗粒级配

最大粒径与颗粒级配的相关规定见表 3-1-20。

表 3-1-20　最大粒径与颗粒级配的相关规定

项目	相关规定
最大粒径	(1) ≤1/4 结构截面最小尺寸且≤3/4 钢筋间最小净距 (2) 实心板：≤1/3 板厚且≤40mm
颗粒级配	(1) 连续级配比间断级配水泥用量稍多，但其拌制的混凝土流动性和粘聚性均较好，是现浇混凝土中最常用的一种级配形式 (2) 间断级配较适用于机械振捣流动性低的干硬性拌和物

三、强度与坚固性

(一) 强度

(1) 石子的强度用岩石立方体抗压强度和压碎指标表示。

(2) 采用立方体强度检验时，将碎石或卵石制成 50mm×50mm×50mm 立方体（或直径与高均为 50mm 的圆柱体）试件，在水饱和状态下，测得其抗压强度应比所配置的混凝土强度至少高 20%。

(3) 用压碎指标表示石子强度是通过测定石子抵抗压碎的能力。（压碎指标越小，强度越高）

(二) 坚固性

坚固性试验一般采用硫酸钠溶液浸泡法。

知识点 14　普通混凝土组成材料——水

(1) 海水可用于素混凝土，但不宜用于装饰混凝土。未经处理的海水严禁用于钢筋混凝土和预应力混凝土。

(2) 对比试验。

1) 水泥凝结时间：对比试验的水泥初凝时间差及终凝时间差不应大于 30min。

2) 水泥胶砂强度：被检水样配制的水泥胶砂 3d 和 28d 强度不应低于饮用水配制的水泥胶砂 3d 和 28d 的 90%。

知识点 15 普通混凝土组成材料——外加剂

一、外加剂的分类

按其主要功能分为四类，具体见表 3-1-21。

表 3-1-21 外加剂按主要功能分类

主要功能	分类
改善流变性能	减水剂、引气剂和泵送剂
调节凝结时间、硬化性能	缓凝剂、早强剂和速凝剂
改善混凝土耐久性	引气剂、防水剂、防冻剂和阻锈剂
改善混凝土其他性能	加气剂、膨胀剂和着色剂

➤ **记忆口诀**：改善流变性能："甭引荐"；调节凝结时间、硬化性能："速早还"；改善混凝土耐久性："引房租"。

二、常用混凝土外加剂

（一）减水剂

1. 混凝土掺入减水剂的技术经济效果

（1）保持坍落度不变，可降低单位混凝土用水量，从而降低了水灰化，提高混凝土强度，同时改善混凝土的密实度，提高耐久性。

（2）保持用水量不变，掺减水剂可增大混凝土坍落度（流动性）。

（3）保持强度不变，掺减水剂可节约水泥用量。

➤ **总结**：减水增强、提高流动性、节约水泥。

2. 减水剂常用品种

减水剂的常用品种及其适用性见表 3-1-22。

表 3-1-22 减水剂常用品种及其适用性

品种	适用性
普通减水剂	宜用于日最低气温 5℃以上强度等级为 C40 以下的混凝土，但不宜单独用于蒸养混凝土
高效减水剂	（1）高效减水剂具有较高的减水率，较低的引气量，是我国使用最广、使用量最大的外加剂 （2）高效减水剂可用于素混凝土、钢筋混凝土、预应力混凝土 （3）缓凝型高效减水剂宜用于日最低气温 5℃以上施工的混凝土 （4）标准型高效减水剂宜用于日最低气温 0℃以上施工的混凝土，也可用于蒸养混凝土
高性能减水剂	目前主要为聚羧酸盐类产品，有标准型、早强型和缓凝型等品种 （1）可用于素混凝土、钢筋混凝土和预应力混凝土 （2）缓凝型聚羧酸系高性能减水剂宜用于大体积混凝土，不宜用于日最低气温 5℃以下施工的混凝土 （3）早强型聚羧酸系高性能减水剂宜用于有早强要求或低温季节施工的混凝土，但不宜用于日最低气温－5℃以下施工的混凝土，且不宜用于大体积混凝土

（二）早强剂

（1）提高混凝土早期强度，并对后期强度无显著影响。早强剂多用于抢修工程和冬季施工的混凝土。早强剂宜用于蒸养、常温、低温和最低温度不低于－5℃环境中施工的有早强要求的混凝土工程。炎热条件以及环境温度低于－5℃时不宜使用早强剂。早强剂不宜用于大体积混凝土。

（2）早强剂品种及其特点见表 3-1-23。

表 3-1-23　早强剂品种及其特点

品种	特点
氯盐早强剂	掺入氯化钙能缩短水泥的凝结时间，提高混凝土的密实度、强度和抗冻性。氯盐早强剂不能用于预应力混凝土结构
硫酸盐早强剂	不宜使用无机盐类早强剂的情形有： （1）处于水位变化的结构 （2）露天结构及经常受水淋、受水流冲刷的结构 （3）相对湿度大于 80%环境中使用的结构 （4）直接接触酸、碱或其他侵蚀性介质的结构 （5）有装饰要求的混凝土
三乙醇胺早强剂	对钢筋无锈蚀作用；三乙醇胺等有机胺类早强剂不宜用于蒸养混凝土

（三）引气剂

（1）减少拌和物泌水离析、改善和易性，同时显著提高硬化混凝土抗冻融耐久性的外加剂。兼有引气和减水作用的外加剂称为引气减水剂。

（2）以松香树脂类的松香热聚物的效果较好，最常使用。

（3）引气减水剂减水效果明显，减水率较大，不但能起到引气作用而且还能提高混凝土强度，弥补由于含气量而使混凝土强度降低的不利，而且节约水泥。常在道路、桥梁、港口和大坝等工程上采用。

（4）引气剂和引气减水剂，不宜用于蒸养混凝土和预应力混凝土。

（四）缓凝剂

（1）用于大体积混凝土、炎热气候条件下施工的混凝土或长距离运输的混凝土，不宜单独用于蒸养混凝土。

（2）缓凝剂最常用的是糖蜜和木质素磺酸钙，糖蜜的效果最好。

（五）泵送剂

泵送剂不宜用于蒸汽养护混凝土和蒸压养护预制混凝土。

（六）膨胀剂

当膨胀剂用于补偿收缩混凝土时膨胀率相当于或稍大于混凝土收缩，当膨胀剂用于自应力混凝土时，膨胀率远大于混凝土收缩率，可以达到预应力或化学自应力混凝土的目的。

➤ **点拨**：外加剂的考查频率：减水剂＞引气剂＞早强剂。

➤ **考分统计**：统计近 10 年该知识点的考核情况，2012、2013、2014、2015、2016、2018、2020 年进行了考核。考核频次为 70%。其中 2012 年考核一道单选题，2013 年考核一道单选题，2014 年考核一道多选题，2015 年考核一道多选题，2016 年考核一道多选题，2018 年考核一道单选题，2020 年考核一道单选题。

典型例题

［**2018 真题・单选**］在正常用水量条件下，配置泵送混凝土宜掺入适量（　　）。

A. 氯盐早强剂

B. 硫酸盐早强剂

C. 高效减水剂

D. 硫铝酸钙膨胀剂

［解析］混凝土掺入减水剂的技术经济效果：一是保持坍落度不变，掺减水剂可降低单位混凝土用水量，从而降低了水灰比，提高混凝土强度，同时改善混凝土的密实度，提高耐久性；二是保持用水量不变，掺减水剂可增大混凝土坍落度（流动性）；三是保持强度不变，掺减水剂可节约水泥用量。

［答案］C

［**2013 真题·单选**］对钢筋锈蚀作用最小的早强剂是（　　）。

A. 硫酸盐　　B. 三乙醇胺

C. 氯化钙　　D. 氯化钠

［解析］三乙醇胺［$N(C_2H_4OH_3)$］早强剂是一种有机化学物质，强碱性、无毒、不易燃烧，溶于水和乙醇，对钢筋无锈蚀作用。

［答案］B

［**2012 真题·单选**］混凝土外加剂中，引气剂的主要作用在于（　　）。

A. 调节混凝土凝结时间　　B. 提高混凝土早期强度

C. 缩短混凝土终凝时间　　D. 提高混凝土的抗冻性

［解析］引气剂是在混凝土搅拌过程中，能引入大量分布均匀的稳定而密封的微小气泡，以减少拌和物泌水离析、改善和易性，同时显著提高硬化混凝土抗冻融耐久性的外加剂。

［答案］D

［**2014 真题·多选**］引气剂主要改善混凝土的（　　）。

A. 凝结时间　　B. 拌和物流变性能

C. 耐久性　　D. 早期强度

E. 后期强度

［解析］引气剂是在混凝土搅拌过程中，能引入大量分布均匀的稳定而密封的微小气泡，以减少拌和物泌水离析、改善和易性，同时显著提高硬化混凝土抗冻融耐久性的外加剂。

［答案］BC

［**2010 真题·多选**］混凝土中使用减水剂的主要目的包括（　　）。

A. 有助于水泥石结构形成

B. 节约水泥用量

C. 提高拌制混凝土的流动性

D. 提高混凝土的黏聚性

E. 提高混凝土的早期强度

［解析］混凝土掺入减水剂的技术经济效果：保持坍落度不变，掺减水剂可降低单位混凝土用水量，提高混凝土早期强度，同时改善混凝土的密实度，提高耐久性。保持用水量不变，掺减水剂可增大混凝土坍落度。保持强度不变，掺减水剂可节约水泥用量。

［答案］BCE

知识点 16 混凝土的强度

一、混凝土抗压、抗拉和抗折强度

混凝土抗压、抗拉和抗折强度见表 3-1-24。

表 3-1-24　混凝土抗压、抗拉和抗折强度

强度	内容
抗压强度	(1) 立方体抗压强度f_{cu}：边长为150mm的立方体试件，在标准养护条件下（温度20±2℃，相对湿度95%以上或在氢氧化钙饱和溶液中）养护到28d，f_{cu}只是一组试件抗压强度的算术平均值，并未涉及数理统计和保证率的概念 (2) 立方体抗压强度标准值$f_{cu,k}$：按数理统计方法确定，具有不低于95%保证率的立方体抗压强度，混凝土的强度等级是根据立方体抗压强度标准值来确定的
抗拉强度	只有抗压强度的1/10～1/20，且强度等级越高，该比值越小（抗压不抗拉）
抗折强度	在道路和机场工程中，混凝土抗折强度是结构设计和质量控制的重要指标，而抗压强度作为参考强度指标

二、影响混凝土强度的因素

影响混凝土强度的因素见表 3-1-25。

表 3-1-25　影响混凝土强度的因素

因素	内容
水灰比和 水泥强度等级	(1) 当用同一品种及相同强度等级水泥时，混凝土强度等级主要取决于水灰比 (2) 在水泥强度等级相同的情况下，水灰比越小，水泥石强度越高，与骨料黏结力也越大，混凝土强度也就越高，适当控制水灰比及水泥用量，是决定混凝土密实性的主要因素
养护的温度和湿度	温度升高，混凝土强度发展快 湿度适当，混凝土强度得到充分发展
龄期	强度随着龄期增加而提高，7～14d内强度增长较快，28d以后增长缓慢

➤ **总结**：水灰比与混凝土强度呈负相关，另外几个因素都是正相关。

➤ **考分统计**：统计近10年该知识点的考核情况，2011、2012、2013、2016、2019年进行了考核。考核频次为50%。其中2011年考核一道单选题，2012年考核一道单选题，2013年考核一道多选题，2016年考核一道单选题，2019年考核一道单选题。

典型例题

[**2012真题·单选**] 关于混凝土立方体抗压强度的说法，正确的是（　　）。

A. 一组试件抗压强度的最低值　　B. 一组试件抗压强度的算术平均值

C. 一组试件不低于95%保证率的强度统计值　　D. 一组试件抗压强度的最高值

[**解析**] 立方体抗压强度只是一组试件抗压强度的算术平均值，并未涉及数理统计和保证率的概念。

[**答案**] B

[**典型例题·单选**] 水灰比增大而使混凝土强度降低的根本原因是（　　）。

A. 水泥水化反应速度加快　　B. 多余的水分蒸发

C. 水泥水化反应程度提高　　D. 水泥石与骨料的黏结力增大

[**解析**] 当用同一品种及相同强度等级水泥时，混凝土强度等级主要取决于水灰比。因为水泥水化时所需的结合水，一般只占水泥重量的25%左右，为了获得必要的流动性，保证浇灌质量，常需要较多的水，也就是较大的水灰比。当水泥水化后，多余的水分就残留在混凝土中，形成水泡或蒸发后形成气孔，减少了混凝土抵抗荷载的实际有效断面。

[**答案**] B

［2013 真题·多选］混凝土强度的决定性因素有（　　）。

A. 水灰比　　B. 骨料的颗粒形状

C. 砂率　　D. 拌合物的流动性

E. 养护湿度

［解析］影响混凝土强度的因素有：水灰比和水泥强度等级；养护的温度和湿度；龄期。

［答案］AE

知识点 17 混凝土的和易性

混凝土的和易性见表 3-1-26。

表 3-1-26　混凝土的和易性

项目	内容	
概念	流动性	产生流动并均匀密实地充满模板的能力
	黏聚性	使混凝土保持整体均匀性的能力
	保水性	在施工中不致发生严重的泌水现象的能力
评定	通常采用坍落度及坍落扩展度试验和维勃稠度试验进行评定（坍落度试验见图 3-1-5，坍落度示意图见图 3-1-6）	
影响因素	（1）水泥浆：最敏感的影响因素 （2）骨料品种与品质 （3）砂率：最佳砂率使混凝土拌和物获得最大的流动性 （4）其他因素（水泥与外加剂、温度和时间）	

图 3-1-5　坍落度试验

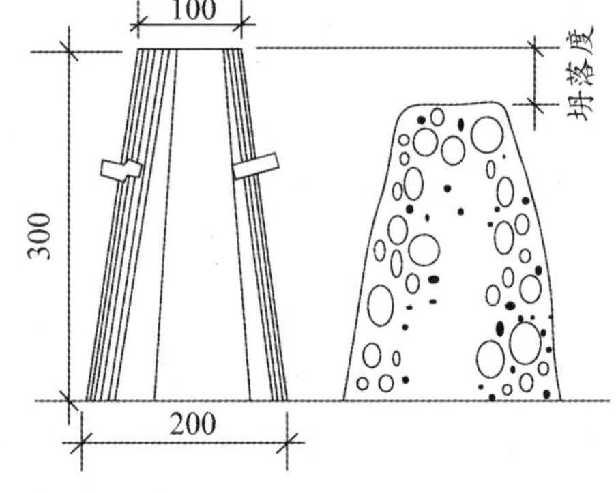

图 3-1-6　坍落度示意图

➤ **考分统计**：统计近 10 年该知识点的考核情况，2012 年进行了考核。考核频次为 10%。2012 年考核一道单选题。

典型例题

［2012 真题·单选］下列影响混凝土和易性因素中，最为敏感的因素是（　　）。

A. 砂率　　B. 温度

C. 集料　　D. 水泥浆

［解析］水泥浆是普通混凝土和易性最敏感的影响因素。

［答案］D

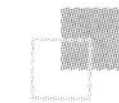

[典型例题·单选] 混凝土的整体均匀性，主要取决于混凝土拌合物的（　　）。

A. 抗渗性　　B. 流动性

C. 保水性　　D. 黏聚性

[解析] 黏聚性指混凝土拌和物具有一定的黏聚力，在施工、运输及浇筑过程中不致出现分层离析，使混凝土保持整体均匀性的能力。

[答案] D

知识点 18 混凝土耐久性

一、混凝土耐久性概念

混凝土耐久性是指混凝土在实际使用条件下抵抗各种破坏因素作用，长期保持强度和外观完整性的能力。混凝土耐久性包含的因素见表 3-1-27。

表 3-1-27　混凝土耐久性包含的因素

因素	内容
抗冻性	(1) 混凝土的密实度、孔隙的构造特征是影响抗冻性的重要因素 (2) 密实或具有封闭孔隙的混凝土，其抗冻性较好
抗渗性	水灰比对抗渗性起决定性作用
抗侵蚀性	与密实度有关
混凝土碳化	(1) 使混凝土的碱度降低，减弱了混凝土对钢筋的保护作用 (2) 环境中二氧化碳浓度、环境湿度、混凝土密实度、水泥品种与掺和料用量是影响混凝土碳化的主要因素

二、提高混凝土耐久性的措施

混凝土耐久性主要取决于组成材料的质量及混凝土密实度。提高混凝土耐久性的主要措施有：

(1) 根据工程环境及要求，合理选用水泥品种。

(2) 控制水灰比及保证足够的水泥用量。

(3) 选用质量良好、级配合理的骨料和合理的砂率。

(4) 掺用合适的外加剂。

➤ **总结**：提高混凝土耐久性的措施涉及：水泥品种、水灰比、骨料砂率、外加剂。

➤ **考分统计**：统计近 10 年该知识点的考核情况，在 2015、2017、2018、2021 年进行了考核。考核频次为 40%。其中 2015 年考核一道多选题，2017 年考核一道单选题，2018 年考核一道多选题，2021 年考核一道多选题。

典型例题

[2017 真题·单选] 对混凝土抗渗性起决定性作用的是（　　）。

A. 混凝土内部孔隙特征　　B. 水泥强度和品质

C. 混凝土水灰比　　D. 养护的温度和湿度

[解析] 混凝土水灰比对抗渗性起决定性作用。

[答案] C

［**2018 真题·多选**］提高混凝土耐久性的措施有（　　）。

A. 提高水泥用量

B. 合理选用水泥品种

C. 控制水灰比

D. 提高砂率

E. 掺用合适的外加剂

［**解析**］提高混凝土耐久性的主要措施有：①根据工程环境及要求，合理选用水泥品种；②控制水灰比及保证足够的水泥用量；③选用质量良好、级配合理的骨料和合理的砂率；④掺用合适的外加剂。

［**答案**］BCE

［**2015 真题·多选**］混凝土的耐久性主要体现在（　　）。

A. 抗压强度

B. 抗折强度

C. 抗冻等级

D. 抗渗等级

E. 混凝土碳化

［**解析**］混凝土耐久性是指混凝土在实际使用条件下抵抗各种破坏因素作用，长期保持强度和外观完整性的能力。包括混凝土的抗冻性、抗渗性、抗蚀性及抗碳化能力等。

［**答案**］CDE

知识点 19 普通混凝土配合比设计

一、设计混凝土配合比的基本要求

设计混凝土配合比的基本要求有以下几点：

（1）满足混凝土设计的强度等级。

（2）满足施工要求的混凝土和易性。

（3）满足混凝土使用要求的耐久性。

（4）满足上述条件下做到节约水泥和降低混凝土成本。混凝土配合比实质上是根据组成材料的情况，确定满足上述四项基本要求的三大参数：水灰比、单位用水量和砂率。

二、混凝土配合比设计的规定

根据混凝土强度等级、耐久性和工作性等要求进行配合比设计。

知识点 20 高性能混凝土（简称 HPC）

具有高耐久性、高工作性和高体积稳定性的混凝土。特别适用于高层建筑、桥梁以及暴露在严酷环境中的建筑物。

一、特性

（1）自密实性好：用水量较低、流动性好、抗离析性高，具有较优异的填充性。

（2）体积稳定性好：具有高弹性模量、低收缩与徐变、低温度变形。

（3）强度高：早期强度发展较快，而后期强度的增长率却低于普通强度混凝土。

（4）水化热低：水灰比较低，会较早地终止水化反应。

（5）收缩量小：总收缩量与其强度成反比，强度越高总收缩量越小。相对湿度和环境温度

仍然是影响高性能混凝土收缩性能的两个主要因素。

（6）徐变少：徐变总量有显著减少。

（7）耐久性好：具有较高的密实性和抗渗性。抗冻性、抗渗性、抗化学腐蚀性高于普通混凝土。

（8）耐高温（火）差：可掺入有机纤维改善高性能混凝土的耐高温性能。

➤ **总结**：自密体稳强度高、水化收缩徐变小、久好火差高性能。

二、制备高性能混凝土的技术途径

（一）高性能混凝土组成材料要求

高性能混凝土组成材料要求见表 3-1-28。

表 3-1-28　高性能混凝土组成材料要求

材料	要求
水泥	优质的、符合要求的水泥
石子	优质的、符合要求的粗集料
砂	优质的、符合要求的细集料
外加剂	选用高效减水剂
微细粉	选用具有一定潜在活性或者火山灰活性的矿物掺和料，如硅粉、粉煤灰、磨细矿渣粉、天然沸石粉、偏高岭土粉及复合微细粉等

（二）改善混凝土的施工工艺

（1）水泥裹砂搅拌工艺。

（2）采用超声波振动或高频振动密实。

（3）对浇筑成型的新拌混凝土进行真空吸水。

（4）在真空吸水的同时，最好采用适当的机械振动从而促使新拌混凝土的“液化”而降低脱水阻力，有利于同相颗粒位置的调整，有利于气泡的排出。

➤ **考分统计**：统计近 10 年该知识点的考核情况，2018 年考核一道多选题。考核频次为 10%。

典型例题

［**2018 真题·多选**］与普通混凝土相比，高性能混凝土的明显特性有（　　）。

A. 体积稳定性好　　B. 耐久性好

C. 早期强度发展慢　　D. 抗压强度高

E. 自密实性差

［**解析**］高性能混凝土的自密实性好、体积稳定性好、强度高、水热化低、收缩量小、徐变少、耐久性好、耐高温（火）差。

［**答案**］ABD

知识点 21　高强混凝土

高强混凝土是指等级不低于 C60 的混凝土。

一、高强混凝土的特点

高强混凝土的特点见表 3-1-29。

表 3-1-29 高强混凝土的特点

特点	内容
优点	(1) 减少结构断面，降低钢筋用量，增加房屋使用面积和有效空间，减轻地基负荷 (2) 致密坚硬，抗渗、抗冻、耐腐蚀、抗冲击性能好 (3) 高强混凝土由于刚度大、变形小，对预应力钢筋混凝土构件可以施加更大的预应力和更早地施加预应力，减少预应力损失
不利条件	(1) 易受到施工各环节中环境条件的影响，对其施工过程的质量管理水平要求高 (2) 延性差

二、高强混凝土的物理力学性能

(1) 抗压性能。高强混凝土的抗压性能与普通混凝土相比有相当大的差别。

(2) 早期与后期强度。早期强度高的后期增长较小。

(3) 抗拉强度。抗拉强度虽然随着抗压强度的提高而提高，但它们之间的比值却随着强度的增加而降低。

(4) 收缩。高强混凝土的初期收缩大，但最终收缩量与普通混凝土大体相同。

(5) 耐久性。混凝土的耐久性明显优于普通混凝土。

三、高强混凝土组成材料的要求

(1) 应选用质量稳定的硅酸盐水泥或普通硅酸盐水泥。

(2) 高强度混凝土的水泥用量不应大于 550kg/m^3。

(3) 粗骨料应采用连续级配，其最大公称粒径不应大于 25.0mm。

(4) 细骨料的细度模数 2.6～3.0，含泥量不大于 2.0%。

➤ **考分统计**：统计近 10 年该知识点的考核情况，2010、2011、2014、2015、2017 年进行了考核。考核频次为 50%。其中 2010 年考核一道单选题，2011 年考核一道单选题，2014 年考核一道单选题，2015 年考核一道单选题，2017 年考核一道多选题。

典型例题

[**2015 真题·单选**] 与普通混凝土相比，高强度混凝土的特点是（　　）。

A. 早期强度低，后期强度高　　B. 徐变引起的应力损失大

C. 耐久性好　　D. 延展性好

[**解析**] 混凝土的耐久性包括抗渗性、抗冻性、耐磨性及抗侵蚀性等。高强混凝土在这些方面的性能均明显优于普通混凝土，尤其是外加矿物掺和料的高强度混凝土，其耐久性进一步提高。

[**答案**] C

[**2011 真题·单选**] 与普通混凝土相比，高强混凝土的优点在于（　　）

A. 延性较好

B. 初期收缩小

C. 水泥用量少

D. 更适宜用于预应力钢筋混凝土构件

[**解析**] 对预应力钢筋混凝土构件，高强混凝土由于刚度大、变形小，故可以施加更大的预应力和更早地施加预应力，以及减少因徐变而导致的预应力损失。

[**答案**] D

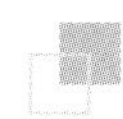

［**2010 真题·单选**］高强混凝土组成材料应满足的要求是（　　）。

A. 水泥等级不低于 32.5R　　B. 宜用粉煤灰硅酸盐水泥

C. 水泥用量不小于 500kg/m³　　D. 水泥用量不大于 550kg/m³

［**解析**］应选用质量稳定的硅酸盐水泥或普通硅酸盐水泥。高强度混凝土的水泥用量不应大于 550kg/m³。

［**答案**］D

［**2017 真题·多选**］高强混凝土与普通混凝土相比，说法正确的有（　　）。

A. 高强混凝土的延性比普通混凝土好

B. 高强混凝土的抗压能力优于普通混凝土

C. 高强混凝土抗拉强度与抗压强度的比值低于普通混凝土

D. 高强混凝土的最终收缩量与普通混凝土大体相同

E. 高强混凝土的耐久性优于普通混凝土

［**解析**］高强混凝土的延性比普通混凝土差。

［**答案**］BCDE

知识点 22 轻骨料混凝土

轻骨料混凝土是用轻砂（或普通砂）、水泥和水配制而成的干表观密度小于 1950kg/m³ 的混凝土。

一、轻骨料混凝土的分类

轻骨料混凝土的分类及干表观密度等级见表 3-1-30。

表 3-1-30　轻骨料混凝土的分类及干表观密度等级

分类	干表观密度等级
保温轻骨料混凝土	≤0.8t/m³
结构保温轻骨料混凝土	0.8～1.4t/m³
结构轻骨料混凝土	1.4～2.0t/m³

二、轻骨料混凝土的物理力学性质

轻骨料本身强度较低，结构多孔，表面粗糙，具有较高吸水率。

（1）强度等级。划分的方法同普通混凝土。

（2）表观密度。干表观密度比普通混凝土低 25%～50%。

（3）耐久性。明显改善。

（4）弹性模量。比普通混凝土低、保温隔热性能较好。

知识点 23 防水混凝土

防水混凝土抗渗性能不得小于 P6。实现混凝土自防水的技术途径有：

（1）提高混凝土的密实度。

1）调整混凝土的配合比提高密实度。

减小水灰比，降低孔隙率，减少渗水通道。适当提高水泥用量、砂率和灰砂比。

2）掺入化学外加剂提高密实度。

在混凝土中掺入适量减水剂、三乙醇胺早强剂或氯化铁防水剂均可提高密实度，增加抗渗性。

3）使用膨胀水泥（或掺用膨胀剂）提高混凝土密实度，提高抗渗性。

（2）改善混凝土内部孔隙结构。

在混凝土中掺入适量引气剂或引气减水剂。

（3）施工中应尽量少留或不留施工缝。

➤ **总结**：自防水途径见表 3-1-31。

表 3-1-31　自防水途径

类型	途径
提高密实度	调整配合比、掺入外加剂、使用膨胀水泥
改善内部孔隙	掺入引气剂或引气减水剂
施工工艺	少留施工缝

➤ **考分统计**：统计近 10 年该知识点的考核情况，2011、2016 年进行了考核。考核频次为 20%。其中 2011 年考核一道单选题，2016 年考核一道单选题。

典型例题

［**2011 真题·单选**］可实现混凝土自防水的技术途径是（　　）。

A. 适当降低砂率和灰砂比

B. 掺入适量的三乙醇胺早强剂

C. 掺入适量的缓凝剂

D. 无活性掺和料时水泥用量不少于 280kg/m^3

［**解析**］实现混凝土自防水的技术途径有以下几个方面：①提高混凝土的密实度：调整混凝土的配合比提高密实度；掺入化学外加剂提高密实度，在混凝土中掺入适量减水剂、三乙醇胺早强剂或氯化铁防水剂均可提高密实度，增加抗渗性；使用膨胀水泥（或掺用膨胀剂）提高混凝土密实度。②改善混凝土内部孔隙结构，在混凝土中掺入适量引气剂或引气减水剂。

［**答案**］B

知识点 24　碾压混凝土（超干硬性混凝土拌和物）

碾压混凝土（超干硬性混凝土拌和物）是道路工程、机场工程和水利工程中性能好、成本低的新型混凝土材料。

一、碾压混凝土组成材料的要求

碾压混凝土组成材料的要求见表 3-1-32。

表 3-1-32　碾压混凝土组成材料的要求

材料类型	要求
骨料	最大粒径以 20mm 为宜，当碾压混凝土分两层摊铺时，其下层集料最大粒径采用 40mm
混合材料	（1）缓凝剂：碾压成型后还可能承受上层或附近震动的扰动 （2）减水剂：使混凝土在水泥浆用量较少的情况下取得较好的和易性 （3）引气剂：改善混凝土的抗渗性和抗冻性

续表

材料类型	要求
水泥	（1）混合材料掺量较高：宜选用普通硅酸盐水泥或硅酸盐水泥，以便混凝土尽早获得强度 （2）不用混合材料或用量很少：宜选用矿渣水泥、火山灰水泥或粉煤灰水泥，使混凝土取得良好的耐久性

二、碾压混凝土的特点

（1）内部结构密实、强度高。

（2）干缩性小、耐久性好。

（3）节约水泥、水化热低。特别适用于大体积混凝土工程。

➤ **考分统计**：统计近 10 年该知识点的考核情况，2010、2015 年进行了考核。考核频次为 20％。其中 2010 年考核一道单选题，2015 年考核一道单选题。

典型例题

［**2015 真题·单选**］分两层摊铺的碾压混凝土，下层碾压混凝土的最大粒径不应超过（　　）。

A. 20mm　　B. 30mm

C. 40mm　　D. 60mm

［**解析**］由于碾压混凝土用水量低，较大的骨料粒径会引起混凝土离析并影响混凝土外观，最大粒径以 20mm 为宜，当碾压混凝土分两层摊铺时，其下层集料最大粒径采用 40mm。

［**答案**］C

［**2010 真题·单选**］碾压混凝土掺用粉煤灰时，宜选用（　　）。

A. 矿渣硅酸盐水泥　　B. 火山灰硅酸盐水泥

C. 普通硅酸盐水泥　　D. 粉煤灰硅酸盐水泥

［**解析**］碾压混凝土当混合材料掺量较高时宜选用普通硅酸盐水泥或硅酸盐水泥，以便混凝土尽早获得强度；当不用混合材料或用量很少时，宜选用矿渣水泥、火山灰水泥或粉煤灰水泥，使混凝土取得良好的耐久性。

［**答案**］C

知识点 25　纤维混凝土

掺入纤维的目的是提高混凝土的抗拉强度与降低其脆性。纤维混凝土的作用如下：

（1）很好地控制混凝土的非结构性裂缝。

（2）对混凝土具有微观补强的作用。

（3）利用纤维束减少塑性裂缝和混凝土的渗透性。

（4）增强混凝土的抗磨损能力。

（5）静载试验表明可替代焊接钢丝网。

（6）增加混凝土的抗破损能力。

（7）增加混凝土的抗冲击能力。

➤ **总结**：纤维混凝土的作用："三抗""两缝""一替代""一补强"。

➤ **考分统计**：统计近 10 年该知识点的考核情况，2010、2014 年进行了考核。考核频次为 20％。其中 2010 年考核一道单选题，2014 年考核一道多选题。

典型例题

［**2014 真题·多选**］混凝土中掺入纤维材料的主要作用有（　　）。

A. 微观补强　　B. 增强抗裂缝能力

C. 增强抗冻能力　　D. 增强抗磨损能力

E. 增强抗碳化能力

［**解析**］纤维混凝土的作用如下：①很好地控制混凝土的非结构性裂缝；②对混凝土具有微观补强的作用；③利用纤维束减少塑性裂缝和混凝土的渗透性；④增强混凝土的抗磨损能力；⑤静载试验表明可替代焊接钢丝网；⑥增加混凝土的抗破损能力；⑦增加混凝土的抗冲击能力。

［**答案**］ABD

知识点 26 聚合物混凝土

聚合物混凝土主要分为：聚合物浸渍混凝土、聚合物水泥混凝土和聚合物胶结混凝土（树脂混凝土）三类，聚合物混凝土分类及适用范围见表 3-1-33。

表 3-1-33　聚合物混凝土分类及适用范围

分类	适用范围
聚合物浸渍混凝土	（1）腐蚀介质中的管、桩、柱、地面砖、海洋构筑物和路面、桥面板 （2）水利工程中对抗冲、耐磨、抗冻要求高的部位 （3）现场修补构筑物的表面和缺陷，以提高其使用性能
聚合物水泥混凝土	可应用于现场灌筑构筑物、路面及桥面修补，混凝土储罐的耐蚀面层，新老混凝土的黏结以及其他特殊用途的预制品
聚合物胶结混凝土（树脂混凝土）	具有快硬、高强和显著改善抗渗、耐蚀、耐磨、抗冻融以及黏结等性能，可现场应用于混凝土工程快速修补、地下管线工程快速修建、隧道衬里等

知识点 27 沥青混合料

一、材料组成与结构

（一）主要材料要求

沥青混合料主要由沥青、粗集料、细集料、矿粉组成，有的还加入聚合物和木纤维素拌合而成。

（二）沥青混合料的组成结构

1. 悬浮密实结构

该结构具有较大的黏聚力，但内摩擦角较小，高温稳定性较差，如普通沥青混合料（AC）属于此种类型。

2. 骨架空隙结构

这种沥青混合料内摩擦角较高，但黏聚力较低，受沥青材料性质的变化影响较小，因而热稳定性较好，但沥青与矿料的黏结力较小、空隙率大、耐久性较差。沥青碎石混合料（AM）多属此类型。

3. 骨架密实结构

这种结构的沥青混合料不仅内摩擦角较高，黏聚力较高，密实度、强度和稳定性都较好，是一种较理想的结构类型，如沥青玛𤧛脂混合料（SMA）。

二、沥青混合料的技术性质

（一）高温稳定性

沥青混合料的高温稳定性，通常采用高温强度与稳定性作为主要技术指标，常用的测试评定方法有：马歇尔试验法、无侧限抗压强度试验法、史密斯三轴试验法等。

（二）低温抗裂性

沥青混合料的低温开裂是由混合料的低温脆化、低温收缩和温度疲劳引起的。

（三）耐久性

沥青混合料的耐久性与组成材料的性质和配合比有密切关系。

（四）抗滑性

为保证抗滑性能，面层集料应选用质地坚硬具有棱角的碎石，通常采用玄武岩。采取适当增大集料粒径、减少沥青用量及控制沥青的含蜡量等措施，均可提高路面的抗滑性。

（五）施工和易性

从混合料的材料性质来看，影响施工和易性的是混合料的级配和沥青用量。

知识点 28 砖

一、烧结砖

（一）烧结普通砖

1. 基本参数

标准尺寸为 240mm×115mm×53mm，烧结普通砖标准尺寸见图 3-1-7，其实例图见图3-1-8。

2. 强度等级

按抗压强度分为 MU30、MU25、MU20、MU15、MU10 五个强度等级。

3. 耐久性

包括抗风化性、泛霜和石灰爆裂等指标。抗风化性通常以其抗冻性、吸水率及饱和系数等来进行判别。

4. 特性及适用性

烧结普通砖具有较高的强度，良好的绝热性、耐久性、透气性和稳定性，且原料广泛，生产工艺简单，因而可用作墙体材料，砌筑柱、拱、窑炉、烟囱、沟道及基础等（适用于受压构件）。

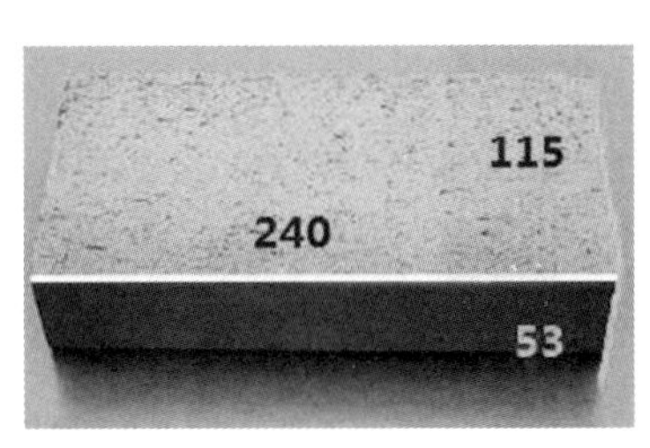

图 3-1-7　烧结普通砖标准尺寸

图 3-1-8　烧结普通砖实例图

（二）烧结多孔砖

多孔砖大面有孔，孔多而小，孔洞垂直于大面（即受压面）。主要用于六层以下建筑物的承重墙体。烧结多孔砖见图 3-1-9。

图 3-1-9　烧结多孔砖

（三）烧结空心砖

孔洞平行于大面和条面，垂直于顶面，使用时大面承压，承压面与孔洞平行，所以这种砖强度不高，而且自重较轻。用于非承重墙，如多层建筑内隔墙或框架结构的填充墙等。烧结空心砖见图 3-1-10。

图 3-1-10　烧结空心砖

二、蒸养（压）砖

（1）按抗压、抗折强度值可划分为 MU25、MU20、MU15、MU10 四个强度等级。MU15 以上者可用于基础及其他建筑部位。MU10 砖可用于防潮层以上的建筑部位。

（2）蒸压灰砂砖均不得用于长期经受 200℃高温、急冷急热或有酸性介质侵蚀的建筑部位。

蒸养（压）砖见图 3-1-11。

图 3-1-11　蒸养（压）砖

➢ **考分统计**：统计近 10 年该知识点的考核情况，在 2013、2016、2018、2019、2021 年进行了考核。考核频次为 50%。其中 2013 年考核一道单选题，2016 年考核一道多选题，2018 年考核一道单选题，2019 年考核一道单选题，2021 年考核一道单选题。

典型例题

[**2013 真题·单选**] 非承重墙应优先采用（　　）。

A. 烧结空心砖　　B. 烧结多孔砖

C. 粉煤灰砖　　D. 煤矸石砖

[**解析**] 烧结空心砖是以黏土、页岩、煤矸石或粉煤灰为主要原料烧制的主要用于非承重部位的空心砖。其顶面有孔、孔大而少，孔洞为矩形条孔或其他孔形，孔洞率大于40%。由于其孔洞平行于大面和条面，垂直于顶面，使用时大面承压，承压面与孔洞平行，所以这种砖强度不高，而且自重较轻，因而多用于非承重墙。

[**答案**] A

[**2016 真题·多选**] 烧结普通砖的耐久性指标包括（　　）。

A. 抗风化性　　B. 抗侵蚀性

C. 抗碳化性　　D. 泛霜

E. 石灰爆裂

[**解析**] 砖耐久性包括抗风化性、泛霜和石灰爆裂等指标。

[**答案**] ADE

知识点 29　砌块

一、普通混凝土小型空心砌块

（1）普通混凝土小型空心砌块可用于承重结构和非承重结构。目前主要用于单层和多层工业与民用建筑的内墙和外墙，如果利用砌块的空心配置钢筋，可用于建造高层砌块建筑。

（2）混凝土砌块吸水率小、吸水速度慢，砌筑前不允许浇水，以免发生“走浆”现象，影响砂浆饱满度和砌体的抗剪强度。但在气候特别干燥炎热时，可在砌筑前稍喷水湿润。与烧结砖砌体相比，混凝土砌块墙体较易产生裂缝，应注意在构造上采取抗裂措施。混凝土小型空心砌块见图 3-1-12。

图 3-1-12　混凝土小型空心砌块

二、轻骨料混凝土小型空心砌块

与普通混凝土小型空心砌块相比，轻骨料混凝土小型空心砌块密度较小、热工性能较好，但干缩值较大，使用时更容易产生裂缝，目前主要用于非承重的隔墙和围护墙。

三、蒸压加气混凝土砌块

加气混凝土砌块广泛用于一般建筑物墙体，还用于多层建筑物的非承重墙及隔墙，也可用于低层建筑的承重墙。体积密度级别低的砌块还用于屋面保温。蒸压加气混凝土砌块见图3-1-13。

图 3-1-13　蒸压加气混凝土砌块

知识点 30 砌筑砂浆

一、砂浆的材料组成

砌筑砂浆的组成材料要求见表 3-1-34。

表 3-1-34　砌筑砂浆的组成材料要求

组成材料	要求
胶凝材料	(1) 砂浆强度≤M15：宜选用 32.5 级的通用硅酸盐水泥或砌筑水泥 (2) 砂浆强度＞M15：宜选用 42.5 级普通硅酸盐水泥
细骨料	(1) 对于砌筑砂浆用砂，优先选用中砂 (2) 毛石砌体宜选用粗砂 (3) 在保温砂浆、吸声砂浆和装饰砂浆中，还采用轻砂（如膨胀珍珠岩）、白色砂或彩色砂等
掺和料	消石灰粉不能直接用于砌筑砂浆
水	不含有害物质的洁净水，食用水可用来拌制各类砂浆。用工业废水和矿泉水时，须经化验合格后才能使用
纤维	为改善砂浆韧性，提高抗裂性，常在砂浆中加入纤维

二、砌筑砂浆的主要技术性质

（一）流动性

(1) 砂浆的流动用稠度表示。稠度是以砂浆稠度测定仪的圆锥体沉入砂浆内的深度（单位为 mm）表示。圆锥沉入深度越大，砂浆的流动性越大。

(2) 吸水性强的砌体材料和高温干燥的天气，要求砂浆稠度要大些；反之，对于密实不吸水的砌体材料和湿冷天气，砂浆稠度可小些。

(3) 影响砂浆稠度的因素有：所用胶凝材料种类及数量；用水量；掺和料的种类与数量；砂的形状、粗细与级配；外加剂的种类与掺量；搅拌时间。

（二）保水性

砂浆的分层度不得大于 30mm。

（三）抗压强度与强度等级

(1) 水泥砂浆及预拌砂浆的强度等级可分为 M5、M7.5、M10、M15、M20、M25、M30。

(2) 水泥混合砂浆的强度等级可分为 M5、M7.5、M10、M15。

(3) 影响砂浆强度的因素很多，除了砂浆的组成材料、配合比、施工工艺、施工及硬化时的条件等因素外，砌体材料的吸水率也会对砂浆强度产生影响。

三、预拌砂浆

预拌砂浆的分类见表 3-1-35。

表 3-1-35 预拌砂浆的分类

分类	内容
湿拌砂浆	湿拌砌筑砂浆、湿拌抹灰砂浆、湿拌地面砂浆和湿拌防水砂浆四种（普通砂浆）
干混砂浆	普通干混砂浆、特种干混砂浆

第二节 装饰材料的分类、特性及应用

知识点 1 饰面石材

一、天然饰面石材

(1) 天然饰面石材的特性及应用，见表 3-2-1。

表 3-2-1 天然饰面石材的特性及应用

类型	特性	应用
花岗石板材	(1) 质地坚硬密实、强度高、密度大、吸水率极低、耐磨、耐酸、抗风化、耐久性好、使用年限长 (2) 由于花岗岩石中含有石英，在高温下会发生晶型转变，产生体积膨胀，因此，耐火性差，但适宜制作火烧板	(1) 粗面和细面板材常用于室外地面、墙面、柱面、勒脚、基座、台阶 (2) 镜面板材主要用于室内外地面、墙面、柱面、台面、台阶等，特别适宜用作大型公共建筑大厅的地面
大理石板	大理石质地较密实、抗压强度较高、吸水率低、质地较软，属中硬石材	除个别品种外一般不宜用作室外装饰

(2) 民用建筑工程根据控制室内环境污染的不同要求的场所，划分为两类，具体见表 3-2-2。

表 3-2-2 民用建筑工程根据控制室内环境污染的不同要求的场所分类

场所	分类
住宅、居住功能公寓、医院病房、老年人照料房屋设施、幼儿园、学校教室、学生宿舍等（弱势群体活动场所）	Ⅰ类
办公楼、商店、旅馆、文化娱乐场所、书店、图书馆、展览馆、体育馆、公共交通等候室、餐厅等（公共场所）	Ⅱ类

(3) 装修材料（花岗石、建筑陶瓷、石膏制品等）中以天然放射性核素的放射性比活度和外照射指数的限值分为 A、B、C 三类，装修材料根据放射性比活度和外照射指数的限值分类见表 3-2-3。

表 3-2-3 装修材料根据放射性比活度和外照射指数的限值分类

分类	特点
A 类产品	产销与使用范围不受限制

续表

分类	特点
B类产品	可用于Ⅰ类民用建筑的外饰面；其他一切建筑物的内、外饰面
C类产品	只可用于一切建筑物的外饰面

二、人造饰面石材

人造饰面石材的种类及适用性见表3-2-4。

表3-2-4　人造饰面石材的种类及适用性

种类	适用性
水泥型人造石	用铝酸盐水泥制成的人造石材表面光洁度高，花纹耐久，抗风化性、耐久性及防潮均优于硅酸盐水泥制成的人造石材
聚酯型人造石材	与天然大理石相比，聚酯型人造石材具有强度高、密度小、厚度薄、耐酸碱腐蚀及美观等优点；但其耐老化性能不及天然花岗石，故多用于室内装饰
复合型人造石材	(1) 在廉价的水泥型板材上复合聚酯型薄层：获得最佳的装饰效果和经济指标 (2) 将水泥型人造石材浸渍于具有聚合性能的有机单体中并加以聚合：以提高制品的性能和档次
烧结型人造石材	经制坯、成型和艺术加工后，再经1000℃左右的高温焙烧而成，如仿花岗石瓷砖、仿大理石陶瓷艺术板等

➤ **考分统计**：统计近10年该知识点的考核情况，2014、2016、2017、2018、2019、2020、2021年进行了考核。考核频次为70%。其中2014年考核一道单选题、一道多选题，2016年考核一道单选题，2017年考核一道单选题，2018年考核一道多选题，2019年考核一道单选题，2020年考核一道单选题，2021年考核一道单选题。

典型例题

[**2016真题·单选**] 室外装饰较少使用大理石板材的主要原因在于大理石（　　）。

A. 吸水率大　　B. 耐磨性差

C. 光泽度低　　D. 抗风化差

[**解析**] 大理石板材具有吸水率小、耐磨性好以及耐久等优点，但其抗风化性能较差，一般不宜用作室外装饰。

[**答案**] D

[**建造师真题·多选**] 下列工程中属于Ⅱ类民用建筑工程的有（　　）。

A. 住宅　　B. 体育馆

C. 办公楼　　D. 医院

E. 旅馆

[**解析**] 民用建筑工程根据控制室内环境污染的不同要求，划分为以下两类：①Ⅰ类民用建筑工程：住宅、医院、老年建筑、幼儿园、学校教室等民用建筑工程；②Ⅱ类民用建筑工程：办公楼、商店、旅馆、文化娱乐场所、书店、图书馆、展览馆、体育馆、公共交通等候室、餐厅、理发店等民用建筑工程。

[**答案**] BCE

知识点 2 饰面陶瓷

饰面陶瓷的分类及特点见表 3-2-5。

表 3-2-5　饰面陶瓷的分类及特点

分类	特点
釉面砖 （见图 3-2-1）	表面平整、光滑，坚固耐用，色彩鲜艳，易于清洁，防火、防水、耐磨、耐腐蚀等；不应用于室外（室内）
墙地砖 （见图 3-2-2）	作为墙面、地面装饰都可使用，故称为墙地砖，实际上包括建筑物外墙装饰贴面用砖和室内外地面装饰铺贴用砖（室内、外）
陶瓷锦砖 （见图 3-2-3）	俗称马赛克，主要用于室内地面铺装（室内）
瓷质砖 （见图 3-2-4）	（1）瓷质砖又称同质砖、通体砖、玻化砖；装饰在建筑物外墙壁上能起到隔声、隔热的作用，而且它比大理石轻便，质地均匀致密、强度高、化学性能稳定，其优良的物理化学性能，源自它的微观结构（室内、外） （2）瓷质砖是 20 世纪 80 年代后期发展起来的建筑装饰材料，正逐渐成为天然石材装饰材料的替代产品

图 3-2-1　釉面砖

图 3-2-2　墙地砖

图 3-2-3　陶瓷锦砖

图 3-2-4　瓷质砖

知识点 3 建筑装饰玻璃

一、平板玻璃

（1）良好的透视、透光性能。可产生明显的“暖房效应”。无色透明平板玻璃对太阳光中紫外线的透过率较低。

（2）隔声，有一定的保温性能。抗拉强度远小于抗压强度，是典型的脆性材料。

（3）有较高的化学稳定性。

（4）热稳定性较差，急冷急热，易发生炸裂。

二、装饰玻璃

装饰玻璃主要有：彩色平板玻璃、釉面玻璃、压花玻璃、喷花玻璃、乳花玻璃、刻花玻璃、冰花玻璃。

➢ **记忆口诀**：油菜花。

三、安全玻璃

安全玻璃的分类及特性见表 3-2-6。

表 3-2-6　安全玻璃的分类及特性

分类	特性
防火玻璃	（1）按结构可分为：复合防火玻璃（FFB）、单片防火玻璃（DFB）； 按耐火性能可分为：隔热型防火玻璃（A 类）、非隔热型防火玻璃（C 类）； 按耐火极限可分为五个等级：0.50h、1.00h、1.50h、2.00h、3.00h （2）防火玻璃主要用于有防火隔热要求的建筑幕墙、隔断等构造和部位
钢化玻璃	（1）机械强度高、弹性好、热稳定性好、碎后不易伤人，但可发生自爆 （2）使用时不能切割、磨削，需进行加工定制 （3）用于大面积玻璃幕墙的玻璃在钢化程度上要予以控制，宜选择半钢化玻璃，以避免受风荷载引起震动而自爆
夹丝玻璃（见图 3-2-5）	（1）具有安全性、防火性、防盗抢性 （2）应用于建筑的天窗、采光屋顶、阳台及有防盗、防抢功能要求的营业柜台的遮挡部位 （3）可以切割，但断口处裸露的金属丝要作防锈处理
夹层玻璃（见图 3-2-6）	（1）夹层玻璃的层数有 2 层、3 层、5 层、7 层，最多可达 9 层 （2）透明度好、抗冲击性能好、碎片不会散落伤人 （3）有着较高的安全性，一般在建筑上用于高层建筑的门窗、天窗、楼梯栏板和有抗冲击作用要求的商店、银行的橱窗、隔断及水下工程等安全性能高的场所或部位等 （4）不能切割，需要选用定型产品或按尺寸定制

图 3-2-5　夹丝玻璃

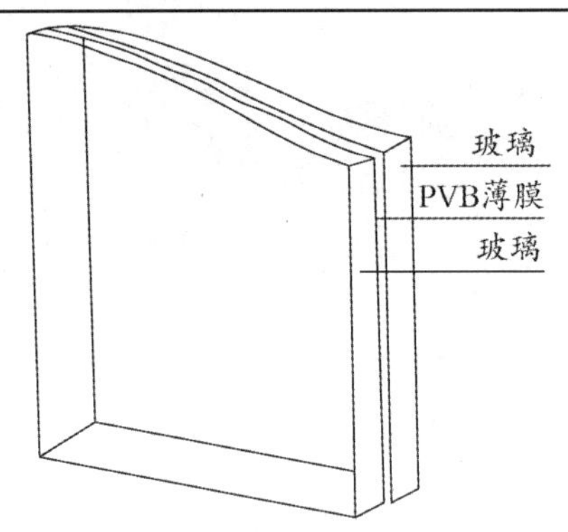

图 3-2-6　夹层玻璃

四、节能装饰型玻璃

节能装饰型玻璃的分类及特性见表 3-2-7。

表 3-2-7　节能装饰型玻璃的分类及特性

分类		特性
着色玻璃		（1）有效吸收太阳的辐射热，产生“冷室效应”，可达到蔽热节能的效果 （2）一般多用作建筑物的门窗或玻璃幕墙
镀膜玻璃	阳光控制镀膜玻璃	（1）避免“暖房效应” （2）镀膜层具有单向透视性 （3）单面镀膜玻璃在安装时，应将膜层面向室内
	低辐射镀膜玻璃	（1）又称“Low-E”玻璃，有利于自然采光，可节省照明费用，总体节能效果明显 （2）一般不单独使用，往往与普通平板玻璃、浮法玻璃、钢化玻璃等配合，制成高性能的中空玻璃
中空玻璃		保温隔热、隔声效果明显
真空玻璃		（1）两片玻璃中一般至少有一片是低辐射玻璃 （2）真空玻璃比中空玻璃有更好的隔热、隔声性能

知识点 4 建筑装饰涂料

一、建筑装饰涂料的基本组成

建筑装饰涂料的基本组成见表 3-2-8。

表 3-2-8 建筑装饰涂料的基本组成

组成	成分		备注
主要成膜物质（多用树脂）	油料	干性油（桐油等）	成膜物质多用树脂，尤以合成树脂为主
		半干性油（大豆油等）	
		不干性油（花生油等）	
	树脂	天然树脂（虫胶、松香等）	
		合成树脂（酚醛醇酸、硝酸纤维等）	
次要成膜物质	次要成膜物质不能单独成膜，它包括颜料与填料		
辅助成膜物质	助剂	催干剂（铝、锰氧化物及其盐类）、增塑剂	—
	溶剂	苯、丙酮、汽油	—

二、外墙、内墙、地面涂料的基本要求

外墙、内墙、地面涂料的基本要求见表 3-2-9。

表 3-2-9 外墙、内墙、地面涂料的基本要求

外墙涂料	内墙涂料	地面涂料
（1）装饰性良好 （2）耐水性良好 （3）耐候性良好 （4）耐污染性好 （5）施工及维修容易	（1）色彩丰富、细腻、调和 （2）耐碱性、耐水性、耐粉化性良好 （3）透气性良好 （4）涂刷方便，重涂容易	（1）耐碱性良好 （2）耐水性良好 （3）耐磨性良好 （4）抗冲击性良好 （5）与水泥砂浆有好的粘结性能 （6）涂刷施工方便，重涂容易

➢ **点拨**：总结共同点和各自的不同点。

三、外墙、内墙、地面涂料的常用涂料种类

外墙、内墙、地面涂料的常用涂料种类见表 3-2-10。

表 3-2-10 外墙、内墙、地面涂料的常用涂料种类

类型	适用性
外墙涂料	常用于外墙的涂料有苯乙烯–丙烯酸酯乳液涂料、丙烯酸酯系外墙涂料、聚氨酯系外墙涂料、合成树脂乳液砂壁状涂料等
内墙涂料	常用于内墙的涂料有聚乙烯醇水玻璃涂料（106 内墙涂料）、聚醋酸乙烯乳液涂料、醋酸乙烯–丙烯酸酯有光乳液涂料、多彩涂料等
地面涂料	（1）用于木质地板的涂饰有聚氨酯漆、钙酯地板漆和酚醛树脂地板漆 （2）用于地面装饰，做成无缝涂布地面等，常用的有过氯乙烯地面涂料、聚氨酯地面涂料、环氧树脂厚质地面涂料等

➢ **记忆口诀**：外墙涂料：外墙由石头组成，乙丙烯很“笨”；内墙涂料：醋和水在室内，室内有光多彩；地面涂料：“地”“漆”。

➢ 考分统计：统计近12年该知识点的考核情况，在2010、2011、2012、2013、2021年进行了考核。考核频次为40%。其中2010年考核一道单选题，2011年考核一道单选题，2012年考核一道单选题，2013年考核一道单选题，2021年考核一道多选题。

典型例题

[**2013真题·单选**] 建筑装饰涂料的辅助成膜物质常用的溶剂为（　　）。

A. 松香　　B. 桐油　　C. 硝酸纤维　　D. 苯

[**解析**] 辅助成膜物质不能构成涂膜，但可用以改善涂膜的性能或影响成膜过程，常用的有助剂和溶剂。助剂包括催干剂（铝、锰氧化物及其盐类）、增塑剂等；溶剂则起溶解成膜物质、降低黏度、利于施工的作用，常用的溶剂有苯、丙酮、汽油等。

[**答案**] D

[**2012真题·单选**] 关于对建筑涂料基本要求的说法，正确的是（　　）。

A. 外墙、地面、内墙涂料均要求耐水性好

B. 外墙涂料要求色彩细腻、耐碱性好

C. 内墙涂料要求抗冲击性好

D. 地面涂料要求耐候性好

[**解析**] 内墙涂料色彩丰富、细腻、调和，耐碱性、耐水性、耐粉化性良好，选项B错误。地面涂料要求抗冲击性好，选项C错误。外墙涂料要求耐候性好，选项D错误。

[**答案**] A

[**2021真题·多选**] 下列涂料中，常用于外墙的有（　　）。

A. 苯乙烯-丙烯酸酯乳液涂料

B. 聚乙烯醇水玻璃涂料

C. 聚醋酸乙烯乳液涂料

D. 合成树脂乳液砂壁状涂料

E. 醋酸乙烯-丙烯酸酯有光乳液涂料

[**解析**] 常用于外墙的涂料有苯乙烯-丙烯酸酯乳液涂料、丙烯酸酯系外墙涂料、聚氨酯系外墙涂料、合成树脂乳液砂壁状涂料等。

[**答案**] AD

知识点5 建筑装饰塑料

一、塑料的基本组成

（1）合成树脂。

1）合成树脂是塑料的主要组成材料，在塑料中的含量为30%～60%，在塑料中起胶粘剂作用。

2）合成树脂可分为热塑性树脂和热固性树脂。热塑性树脂刚度小，抗冲击韧性好，但耐热性较差；热固性树脂耐热性好，刚度较大，但质地脆硬。

（2）填料。

（3）增塑剂。

（4）着色剂。

（5）固化剂。

（6）其他成分。

二、建筑塑料装饰制品

（1）塑料门窗。

1）隔热性能优异，容易加工，施工方便，同时具有良好的气密性、水密性、装饰性和隔声性能。在节约能耗、保护环境方面，塑料门窗比木、钢、铝合金门窗有明显的优越性。

2）为了提高塑料型材的刚度，减少变形，常在中空主腔中补加弯成槽形或方形的镀锌钢板，这种门窗称为塑钢门窗。

（2）塑料地板。

（3）塑料壁纸。

（4）塑料管材及配件。塑料管材及配件的特点及适用性见表 3-2-11。

表 3-2-11 塑料管材及配件的特点及适用性

类型	适用性
硬聚氯乙烯（PVC—U）管	（1）使用温度不大于 40℃ （2）应用于给水管道（非饮用水）、排水管道、雨水管道
氯化聚氯乙烯（PVC—C）管	（1）热膨胀系数低 （2）应用于冷热水管、消防水管系统、工业管道系统，因其使用的胶水有毒性，一般不用于饮用水管道系统
无规共聚聚丙烯管（PP—R 管）	（1）无毒、无害、不生锈、不腐蚀，有高度的耐酸性和耐氯化物性，耐热性能好，耐腐蚀性好，不生锈，不腐蚀，不会滋生细菌，无电化学腐蚀，保温性能好，膨胀力小 （2）属于可燃性材料，不得用于消防给水系统；应用于饮用水管、冷热水管
丁烯管（PB 管）	（1）具有较高的强度，韧性好，无毒，易燃，热膨胀系数大，价格高 （2）应用于饮用水、冷热水管，地板辐射采暖系统的盘管
交联聚乙烯管（PEX 管）	（1）折弯记忆性、不可热熔连接、热蠕动性较小、低温抗脆性较差、原料便宜 （2）可输送冷、热水，饮用水及其他液体；可用于地板辐射采暖系统的盘管

➤ **考分统计**：统计近 10 年该知识点的考核情况，2015、2017、2020 年进行了考核。考核频次为 30%。其中 2015 年考核一道单选题，2017 年考核一道多选题，2020 年考核一道多选题。

典型例题

［**2015 真题·单选**］塑料的主要组成材料是（　　）。

A. 玻璃纤维

B. 乙二胺

C. DBP 和 DOP

D. 合成树脂

［**解析**］合成树脂是塑料的主要组成材料，在塑料中的含量为 30%～60%，在塑料中起胶粘剂作用。按合成树脂受热时的性质不同，可分为热塑性树脂和热固性树脂。

［**答案**］D

［**2017 真题·多选**］下列关于塑料管材的说法，正确的有（　　）。

A. 无规共聚聚丙烯管（PP—R 管）属于可燃性材料

B. 氯化聚氯乙烯管（PVC—C管）热膨胀系数较高
C. 硬聚氯乙烯管（PVC—U管）使用温度不大于50℃
D. 丁烯管（PB管）热膨胀系数低
E. 交联聚乙烯管（PEX管）不可热熔连接
［解析］氯化聚氯乙烯管（PVC—C管）热膨胀系数低，选项B错误。硬聚氯乙烯管（PVC—U管）使用温度不大于40℃，为冷水管，选项C错误。丁烯管（PB管）热膨胀系数大，价格高，选项D错误。
［答案］AE

知识点 6 建筑装饰钢材

一、不锈钢及其制品

不锈钢是指含铬量在12%以上的铁基合金钢。用于建筑装饰的不锈钢材主要有薄板（厚度小于2mm）和用薄板加工制成的管材、型材等。

二、轻钢龙骨

建筑用轻钢龙骨（简称龙骨）是以连续热镀锌钢板（带）或以连续热镀锌钢板（带）为基材的彩色涂层钢板（带）作原料，采用冷弯工艺生产的薄壁型钢。龙骨按荷载类型分，有上人龙骨和不上人龙骨。

三、彩色涂层钢板

各类建筑物的外墙板、屋面板、室内的护壁板、吊顶板。还可作为排气管道、通风管道和其他类似的有耐腐蚀要求的构件及设备，也常用作家用电器的外壳。

四、彩色涂层压型钢板

彩色涂层压型钢板广泛用于外墙、屋面、吊顶及夹芯保温板材的面板等。

知识点 7 木材

一、木材的含水率

（一）含水率指标

影响木材物理力学性质和应用的最主要的含水率指标是纤维饱和点和平衡含水率，具体内容见表3-2-12。

表3-2-12　纤维饱和点与平衡含水率的内容

项目	内容
纤维饱和点	(1) 它是木材仅细胞壁中的吸附水达饱和而细胞腔和细胞间隙中无自由水存在时的含水率 (2) 它是木材物理力学性质是否随含水率而发生变化的转折点
平衡含水率	指木材中的水分与周围空气中的水分达到吸收与挥发动态平衡时的含水率

（二）木材的湿胀干缩与变形

木材的湿胀干缩与变形的内容见表3-2-13。

表 3-2-13　木材的湿胀干缩与变形的内容

项目	内容
湿胀干缩	(1) 干缩会使木材翘曲、开裂、接榫松动、拼缝不严；湿胀可造成表面鼓凸 (2) 木材在加工或使用前应预先进行干燥，使其接近于与环境湿度相适应的平衡含水率
变形	顺纹方向最小，径向较大，弦向最大

二、木材的强度

木材按受力状态分为抗拉、抗压、抗弯和抗剪四种强度，而抗拉、抗压和抗剪强度又有顺纹和横纹之分。木材各种强度之间的比例关系见表 3-2-14。

表 3-2-14　木材各种强度之间的比例关系

抗压强度		抗拉强度		抗弯强度	抗剪强度	
顺纹	横纹	顺纹	横纹		顺纹	横纹
1	1/10～1/3	2～3	3/2～1/3	3/2～2	1/7～1/3	1/2～1

注：假定顺纹抗压强度为 1。

木材在顺纹方向的抗拉和抗压强度都比横纹方向高得多，其中在顺纹方向的抗拉强度是木材各种力学强度中最高的，顺纹抗压强度仅次于顺纹抗拉和抗弯强度。

➤ **总结**：顺横比较：抗压（顺＞横）、抗拉（顺＞横）；顺纹方向：抗拉＞抗弯＞抗压。

三、木材的应用

以人造木材为例，其特点及应用见表 3-2-15。

表 3-2-15　人造木材的特点及应用

类型	特点及应用
胶合板	(1) 生产胶合板是合理利用木材，改善木材物理力学性能的有效途径，能获得较大幅宽的板材，消除各向异性，克服木节和裂纹等缺陷的影响 (2) 可用于隔墙板、天花板、门芯板、室内装修和家具等
纤维板	(1) 硬质纤维板密度大、强度高，主要用作壁板、门板、地板、家具和室内装修等 (2) 中密度纤维板是家具制造和室内装修的优良材料 (3) 软质纤维板表观密度小、吸声绝热性能好，可作为吸声或绝热材料使用
胶板夹合板	适用于家具制作、室内装修等
刨花板	(1) 普通刨花板由于成本低、性能优，用作芯材比木材更受欢迎 (2) 饰面刨花板由于材质均匀、花纹美观、质量较小等原因，大量应用在家具制作、室内装修、车船装修等方面

➤ **考分统计**：统计近 10 年该知识点的考核情况，2018 年考核一道单选题。考核频次为 10%。此知识点 2017 年进行了修改。

典型例题

［**2018 真题·单选**］使木材物理力学性质变化发生转折的指标为（　　）。

A. 平衡含水率　　B. 顺纹强度

C. 纤维饱和点　　D. 横纹强度

［**解析**］当木材细胞和细胞间隙中的自由水完全脱去为零，而细胞壁吸附水处于饱和时，木材的含水率称为木材的纤维饱和点，纤维饱和点是木材物理力学性质发生变化的转折点。

［**答案**］C

第三节 功能材料的分类、特性及应用

知识点 1 防水卷材

一、聚合物改性沥青防水卷材

聚合物改性沥青防水卷材的适用范围见表 3-3-1。

表 3-3-1 聚合物改性沥青防水卷材的适用范围

类型	适用范围
SBS 改性沥青防水卷材（弹性体沥青）	适用于寒冷地区和结构变形频繁的建筑物防水，并可采用热熔法施工
APP 改性沥青防水卷材（塑性体沥青）	适用于高温或有强烈太阳辐射地区的建筑物防水
沥青复合胎柔性防水卷材	适用于工业与民用建筑的屋面、地下室、卫生间等部位的防水防潮，也可用于桥梁、停车场、隧道等建筑物的防水

二、合成高分子防水卷材

合成高分子防水卷材的特点及适用范围见表 3-3-2。

表 3-3-2 合成高分子防水卷材的特点及适用范围

类型	特点及适用范围
三元乙丙（EPDM）橡胶防水卷材	（1）有优良的耐候性、耐臭氧性和耐热性，还具有重量轻、使用温度范围宽、抗拉强度高、延伸率大、对基层变形适应性强、耐酸碱腐蚀等特点 （2）适用于防水要求高、耐用年限长的土木建筑工程的防水
聚氯乙烯（PVC）防水卷材	（1）尺度稳定性、耐热性、耐腐蚀性、耐细菌性等均较好 （2）适用于各类建筑的屋面防水工程和水池、堤坝等防水抗渗工程
氯化聚乙烯防水卷材	（1）具有耐候、耐臭氧和耐油、耐化学药品以及阻燃性能 （2）适用于各类工业、民用建筑的屋面防水、地下防水、防潮隔气、室内墙地面防潮、地下室卫生间的防水，以及冶金、化工、水利、环保、采矿业防水防渗工程
氯化聚乙烯—橡胶共混型防水卷材	（1）不仅具有氯化聚乙烯所特有的高强度和优异的耐臭氧、耐老化性能，而且具有橡胶类材料所特有的高弹性、高延伸性和良好的低温柔性 （2）适用于寒冷地区或变形较大的土木建筑防水工程

➤ **考分统计**：统计近 10 年该知识点的考核情况，2011、2012、2015、2016、2019、2020 年进行了考核。考核频次为 60%。其中 2011 年考核一道单选题，2012 年考核一道单选题，2015 年考核一道单选题，2016 年考核一道单选题，2019 年考核一道多选题，2020 年考核一道多选题。

典型例题

［**2016 真题 · 单选**］采矿业防水防渗工程常用（　　）。

A. PVC 防水卷材　　B. 氯化聚乙烯防水卷材

C. 三元乙丙橡胶防水卷材　　D. APP 改性沥青防水卷材

［解析］氯化聚乙烯防水卷材适用于各类工业、民用建筑的屋面防水、地下防水、防潮隔气、室内墙地面防潮、地下室卫生间的防水及冶金、化工、水利、环保、采矿业防水防渗工程。

［答案］B

［**2015 真题·单选**］防水要求高和耐用年限长的土木建筑工程，防水材料应优先选用（　　）。

A. 三元乙丙橡胶防水卷材　　B. 聚氯乙烯防水卷材

C. 氯化聚乙烯防水卷材　　D. 沥青复合胎柔性防水卷材

［解析］三元乙丙橡胶防水卷材有优良的耐候性、耐臭氧性和耐热性。此外，它还具有重量轻、使用温度范围宽，抗拉强度高、延伸率大、对基层变形适应性强、耐酸碱腐蚀等特点，广泛适用于防水要求高、耐用年限长的土木建筑工程的防水。

［答案］A

［**2012 真题·单选**］APP 改性沥青防水卷材，其突出的优点是（　　）。

A. 用于寒冷地区铺贴　　B. 适宜于结构变形频繁部位防水

C. 适宜于强烈太阳辐射部位防水　　D. 可用热熔法施工

［解析］APP 改性沥青防水卷材广泛适用于各类建筑防水、防潮工程，尤其适用于高温或有强烈太阳辐射地区的建筑物防水。

［答案］C

［**2011 真题·单选**］常用于寒冷地区和结构变形较为频繁部位，且适宜热熔法施工的聚合物改性沥青防水卷材是（　　）。

A. SBS 改性沥青防水卷材　　B. APP 改性沥青防水卷材

C. 沥青复合胎柔性防水卷材　　D. 聚氯乙烯防水卷材

［解析］SBS 改性沥青防水卷材属弹性体沥青防水卷材中的一种，该类防水卷材广泛适用于各类建筑防水、防潮工程，尤其适用于寒冷地区和结构变形频繁的建筑物防水，并可采用热熔法施工。

［答案］A

［**2019 真题·多选**］下列防水卷材中，更适于寒冷地区建筑工程防水的有（　　）。

A. SBS 改性沥青防水卷材　　B. APP 改性沥青防水卷材

C. 沥青复合胎柔性防水卷材　　D. 氯化聚乙烯防水卷材

E. 氯化聚乙烯-橡胶共混型防水卷材

［解析］SBS 防水卷材广泛适用于各类建筑防水、防潮工程，尤其适用于寒冷地区和结构变形频繁的建筑物防水，并可采用热熔法施工。氯化聚乙烯-橡胶共混型防水卷材特别适用于寒冷地区或变形较大的土木建筑防水工程。

［答案］AE

知识点 2　防水涂料

防水涂料适合于各种不规则部位的防水。按成膜物质的主要成分可分为聚合物改性沥青防水涂料和合成高分子防水涂料两类。

一、高聚物改性沥青防水涂料

高聚物改性沥青防水涂料品种有再生橡胶改性防水涂料、氯丁橡胶改性沥青防水涂料、SBS 橡胶改性沥青防水涂料、聚氯乙烯改性沥青防水涂料等。

二、合成高分子防水涂料

合成高分子防水涂料具有高弹性、高耐久性及优良的耐高低温性能，品种有聚氨酯防水涂料、丙烯酸酯防水涂料、环氧树脂防水涂料和有机硅防水涂料等。

➤ **总结**：带“zhi（酯、脂）”“有机”的是合成高分子。

➤ **考分统计**：统计近 10 年该知识点的考核情况，2014 年考核一道单选题。考核频次为 10%。

典型例题

［**2014 真题·单选**］弹性和耐久性较高的防水涂料是（　　）。

A. 氯丁橡胶改性沥青防水涂料　　B. 聚氨酯防水涂料

C. SBS 橡胶改性沥青防水涂料　　D. 聚氯乙烯改性沥青防水涂料

［**解析**］合成高分子防水涂料指以合成橡胶或合成树脂为主要成膜物质制成的单组分或多组分的防水涂料。这类涂料具有高弹性、高耐久性及优良的耐高低温性能，品种有聚氨酯防水涂料、丙烯酸酯防水涂料、环氧树脂防水涂料和有机硅防水涂料等。

［**答案**］B

知识点 3 建筑密封材料

建筑密封材料分为不定型密封材料和定型密封材料。

一、不定型密封材料

不定型密封材料分类及用途见表 3-3-3。

表 3-3-3　不定型密封材料分类及用途

分类	用途
沥青嵌缝油膏	主要作为屋面、墙面、沟槽的防水嵌缝材料
聚氯乙烯接缝膏和塑料油膏	适用于各种屋面嵌缝或表面涂布作为防水层，也可用于水渠、管道等接缝，用于工业厂房自防水屋面嵌缝、大型屋面板嵌缝等
丙烯酸类密封胶	(1) 主要用于屋面、墙板、门、窗嵌缝 (2) 耐水性不算很好，所以不宜用于经常泡在水中的工程，不宜用于广场、公路、桥面等有交通来往的接缝中，也不用于水池、污水处理厂、灌溉系统、堤坝等水下接缝中
聚氨酯密封胶	适用于游泳池工程；它还是公路及机场跑道的补缝、接缝的好材料，也可用于玻璃、金属材料的嵌缝
硅酮密封胶	(1) 具有优异的耐热、耐寒性和良好的耐候性；与各种材料都有较好的黏结性能；耐拉伸–压缩疲劳性强，耐水性好 (2) 按用途分为 F 类和 G 类两种类别。其中，F 类为建筑接缝用密封胶，适用于预制混凝土墙板、水泥板、大理石板的外墙接缝，混凝土和金属框架的黏结，卫生间和公路缝的防水密封等；G 类为镶装玻璃用密封胶，主要用于镶嵌玻璃和建筑门、窗的密封

二、定型密封材料

(1) 定型密封材料包括密封条带和止水带，如铝合金门窗橡胶密封条、丁腈胶–PVC 门窗密封条、自粘性橡胶、橡胶止水带、塑料止水带等。

(2) 定型密封材料按密封机理的不同可分为遇水非膨胀型和遇水膨胀型两类。

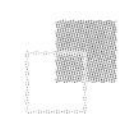

➤ **考分统计**：统计近10年该知识点的考核情况，2012、2017、2021年进行了考核。考核频次为30%。其中2012年考核一道单选题，2017年考核一道单选题，2021年考核一道单选题。

典型例题

[**2021真题·单选**] 混凝土和金属框架的接缝粘贴，优先选用的接缝材料是（　　）。

A. 硅酮密封胶　　B. 聚氨酯密封胶

C. 聚氯乙烯接缝膏　　D. 沥青嵌缝油膏

[**解析**] 硅酮建筑密封胶按用途分为F类和G类。F类为建筑接缝用密封胶，适用于预制混凝土墙板、水泥板、大理石板的外墙接缝，混凝土和金属框架的黏结，卫生间和公路缝的防水密封等；G类为镶装玻璃用密封胶，主要用于镶嵌玻璃和建筑门、窗的密封。

[**答案**] A

[**2017真题·单选**] 丙烯酸类密封膏具有良好的黏结性，但不宜用于（　　）。

A. 门缝嵌缝　　B. 桥面接缝

C. 墙板接缝　　D. 屋面嵌缝

[**解析**] 丙烯酸类密封膏主要用于屋面、墙板、门、窗嵌缝，但它的耐水性不算很好，所以，不宜用于经常泡在水中的工程，不宜用于广场、公路、桥面等有交通来往的接缝中，也不宜用于水池、污水厂、灌溉系统、堤坝等水下接缝中。

[**答案**] B

[**2012真题·单选**] 游泳池工程优先选用的不定型密封材料是（　　）。

A. 聚氯乙烯接缝膏　　B. 聚氨酯密封膏

C. 丙烯酸类密封膏　　D. 沥青嵌缝油膏

[**解析**] 聚氨酯密封膏尤其适用于游泳池工程，它还是公路及机场跑道的补缝、接缝的好材料，也可用于玻璃、金属材料的嵌缝。

[**答案**] B

知识点4　保温隔热材料

（1）保温材料的保温功能性指标的好坏是由材料导热系数的大小决定的，导热系数越小，保温性能越好。

（2）影响材料导热系数的主要因素包括材料的化学成分、微观结构、孔结构、湿度、温度和热流方向等，其中孔结构和湿度对导热系数的影响最大。

（3）装饰材料按其燃烧性能划分A、B_1、B_2、B_3四个等级，见表3-3-4。

表3-3-4　材料燃烧性能等级

等级	材料燃烧性能等级
A	不燃性
B_1	难燃性
B_2	可燃性
B_3	易燃性

（4）建筑内、外保温系统，宜采用燃烧性能为A级的保温材料，不宜采用B_2级保温材料，严禁采用B_3级保温材料。当建筑外墙外保温系统按有关规范要求采用燃烧性能为B_1、B_2级的

保温材料时，应符合下列规定：

1）除采用 B_1 级保温材料且建筑高度不大于 24m 的公共建筑或采用 B_1 级保温材料且建筑高度不大于 27m 的住宅建筑外，建筑外墙上门、窗的耐火完整性不应低于 0.50h。

2）应在保温系统中每层设置水平防火隔离带。防火隔离带应采用燃烧性能等级为 A 级的材料，防火隔离带的宽度不应小于 300mm。

一、纤维状绝热材料

（一）岩棉及矿渣棉（统称为矿物棉）

（1）最高使用温度约 600℃。其缺点是吸水性大、弹性小。

（2）矿渣棉可作为建筑物的墙体、屋顶、天花板等处的保温隔热和吸声材料，以及热力管道的保温材料。燃烧性能为不燃材料。

（二）石棉

（1）最高使用温度可达 500～600℃。

（2）由于石棉中的粉尘对人体有害，民用建筑很少使用，目前主要用于工业建筑的隔热、保温及防火覆盖等。

（三）玻璃棉

（1）最高使用温度 400℃。

（2）广泛用在温度较低的热力设备和房屋建筑中的保温隔热，同时它还是良好的吸声材料。燃烧性能为不燃材料。

（四）陶瓷纤维

（1）陶瓷纤维最高使用温度为 1100～1350℃，可用于高温绝热、吸声。

（2）陶瓷纤维制品是指用陶瓷纤维为原材料，通过加工制成的重量轻、耐高温、热稳定性好、导热率低、比热小及耐机械振动等优点的工业制品，专门用于各种高温、高压、易磨损的环境中。

二、多孔状绝热材料

（一）膨胀蛭石

（1）最高使用温度 1000～1100℃。

（2）可作为绝热、隔声材料。但吸水性大、电绝缘性不好，使用时应注意防潮，以免吸水后影响绝热效果。膨胀蛭石可松散铺设，也可与水泥、水玻璃等胶凝材料配合，浇筑成板，用于墙、楼板和屋面板等构件的绝热。膨胀蛭石见图 3-3-1。

（二）膨胀珍珠岩

（1）最高使用温度为 600℃，最低使用温度为－200℃。

（2）吸湿小、无毒、不燃、抗菌、耐腐、施工方便。膨胀珍珠岩见图 3-3-2。

（三）玻化微珠

（1）玻化微珠吸水率低，易分散，可提高砂浆流动性，还具有防火、吸音隔热等性能，是一种具有高性能的无机轻质绝热材料，广泛应用于外墙内外保温砂浆、装饰板、保温板的轻质骨料。

（2）玻化微珠保温砂浆是用于外墙内外保温的一种新型无机保温砂浆材料。具有优异的保温隔热性能和防火耐老化性能，不空鼓开裂、强度高等特性。玻化微珠见图 3-3-3。

图 3-3-1　膨胀蛭石

图 3-3-2　膨胀珍珠岩

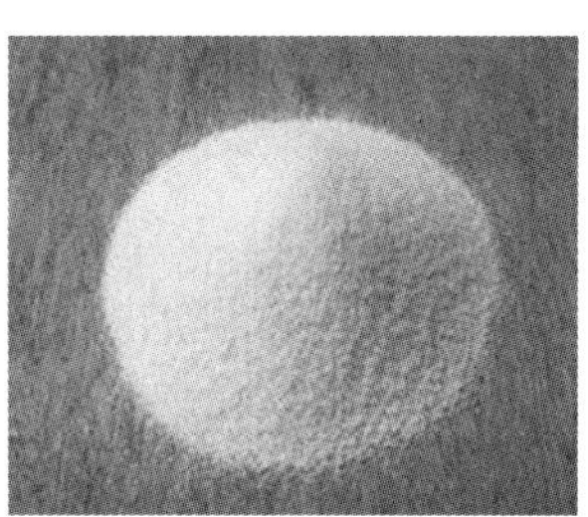

图 3-3-3　玻化微珠

三、有机绝热材料

（一）泡沫塑料

聚苯乙烯板分为模塑聚苯板（EPS）和挤塑聚苯板（XPS）两种。模塑聚苯板（EPS）和挤塑聚苯板（XPS）的特点见表 3-3-5。

表 3-3-5　模塑聚苯板（EPS）和挤塑聚苯板（XPS）的特点

分类	特点
EPS	EPS 与 XPS 相比，吸水性较高、延展性要好
XPS	（1）在同样厚度情况下，XPS 比 EPS 的保温效果要好 （2）XPS 是目前建筑业界常用的隔热、防潮材料，已被广泛应用于墙体保温，平面混凝土屋顶及钢结构屋顶的保温，低温储藏，地面、泊车平台、机场跑道、高速公路等领域的防潮保温及控制地面膨胀等方面

（二）植物纤维类绝热板

该类绝热材料可用作墙体、地板、顶棚等，也可用于冷藏库、包装箱等。

➤ **考分统计：** 统计近 10 年该知识点的考核情况，2013、2014、2015、2016、2017、2018、2019、2020 年进行了考核。考核频次为 80%。其中 2013 年考核一道单选题，2014 年考核一道单选题，2015 年考核一道单选题，2016 年考核一道单选题，2017 年考核一道单选题、一道多选题，2018 年考核一道多选题，2019 年考核一道单选题，2020 年考核一道单选题。

典型例题

[**2017 真题・单选**] 膨胀蛭石是一种较好的绝热材料、隔声材料，但使用时应注意（　　）。

A. 防潮　　B. 防火

C. 不能松散铺设　　D. 不能与胶凝材料配合使用

[**解析**] 膨胀蛭石作为绝热、隔声材料，但吸水性大、电绝缘性不好。使用时应注意防潮，以免吸水后影响绝热效果。膨胀蛭石可松散铺设，也可与水泥、水玻璃等胶凝材料配合，浇筑成板，用于墙、楼板和屋面板等构件的绝热。

[**答案**] A

[**2016 真题・单选**] 民用建筑很少使用的保温隔热材料是（　　）。

A. 岩棉　　B. 矿渣棉　　C. 石棉　　D. 玻璃棉

[**解析**] 由于石棉中的粉尘对人体有害，因而民用建筑很少使用，目前主要用于工业建筑的隔热、保温及防火覆盖等。

[**答案**] C

［**2014真题·单选**］拌制外墙保温砂浆多用（　　）。

A. 玻化微珠　　B. 石棉

C. 膨胀蛭石　　D. 玻璃棉

［**解析**］玻化微珠是一种酸性玻璃质溶岩矿物质（松脂岩矿砂），内部多孔、表面玻化封闭，呈球状体细径颗粒。玻化微珠吸水率低，易分散，可提高砂浆流动性，还具有防火、吸音隔热等性能，是一种具有高性能的无机轻质绝热材料，广泛应用于外墙内外保温砂浆、装饰板、保温板的轻质骨料。

［**答案**］A

［**2017真题·多选**］关于保温隔热材料的说法，正确的有（　　）。

A. 矿物棉的最高使用温度约600℃

B. 石棉最高使用温度可达600～700℃

C. 玻璃棉最高使用温度300～500℃

D. 陶瓷纤维最高使用温度1100～1350℃

E. 矿物棉的缺点是吸水性大、弹性小

［**解析**］石棉最高使用温度可达500～600℃，选项B错误。玻璃棉最高使用温度400℃，选项C错误。

［**答案**］ADE

知识点 5 吸声隔声材料

一、吸声材料

材料的吸声性能除与材料的表观密度、厚度、孔隙特征有关外，还与声音的入射方向和频率有关。

（一）薄板振动吸声结构

具有低频吸声特性，同时还有助于声波的扩散。

（二）柔性吸声结构

具有密闭气孔和一定弹性的材料。这种材料的吸声特性是在一定的频率范围内出现一个或多个吸收频率。

（三）悬挂空间吸声结构

该材料增加了有效的吸声面积，产生边缘效应。空间吸声体有平板形、球形、椭圆形和棱锥形等。

（四）帘幕吸声结构

这种吸声体对中、高频都有一定的吸声效果。

二、隔声材料

隔声材料是能减弱或隔断声波传递的材料。隔声材料必须选用密实、质量大的材料作为隔声材料。

➤ **考分统计**：统计近10年该知识点的考核情况，2018年考核一道单选题。考核频次为10%。

典型例题

[**2018 真题·单选**] 对中、高频均有吸声效果，且安拆便捷，兼具装饰效果的吸声结构应为（　　）。

A. 帘幕吸声结构

B. 柔性吸声结构

C. 薄板振动吸声结构

D. 悬挂空间吸声结构

[**解析**] 帘幕吸声结构对中、高频都有一定的吸声效果。帘幕吸声体安装拆卸方便，兼具装饰作用。

[**答案**] A

知识点 6 防火材料

（1）物体的阻燃和防火：可燃物、助燃物和火源通常被称为燃烧三要素。

（2）阻燃剂：可分为添加型阻燃剂和反应型阻燃剂两类。

（3）防火涂料。

1）防火涂料主要由基料和防火助剂两部分组成。除了应具有普通涂料的装饰作用和对基材提供的物理保护作用外，还需要具有隔热、阻燃和耐火的功能。

2）钢结构防火涂料的分类见表 3-3-6。

表 3-3-6　钢结构防火涂料的分类

依据	分类		
根据使用场合	室内用		
	室外用		
根据其涂层厚度和耐火极限	超薄型（CB）	厚度≤3mm	膨胀型
	薄型（B）	3mm＜厚度≤7mm	
	厚质型（H）	7mm＜厚度≤45mm	非膨胀型

➤ **注意**：膨胀型：耐火极限一般与涂层厚度无关，而与膨胀后的发泡层厚度有关。

（4）水性防火阻燃液。

（5）防火堵料。

根据防火封堵材料的组成、形状与性能特点可分为三类：以有机高分子材料为胶粘剂的有机防火堵料，以快干水泥为胶凝材料的无机防火堵料，将阻燃材料用织物包裹形成的防火包。其适用性见表 3-3-7。

表 3-3-7　防火堵料的适用性

类型	适用性
有机防火堵料	适合需经常更换或增减电缆、管道的场合
无机防火堵料	主要用于封堵后基本不变的场合
防火包	适合需经常更换或增减电缆、管道的场合

➤ **考分统计**：属于 2017 年新加知识点，2017 年考核一道单选题。考核频次为 10%。

典型例题

[**2017 真题·单选**] 薄型和超薄型防火涂料的耐火极限一般与涂层厚度无关，与之有关的是（　　）。

A. 物体可燃性　　B. 物体耐火极限

C. 膨胀后的发泡层厚度　　D. 基材的厚度

[**解析**] 薄型和超薄型防火涂料的耐火极限一般与涂层厚度无关，而与膨胀后的发泡层厚度有关。

[**答案**] C

同步强化训练

一、单项选择题（每题的备选项中，只有 1 个最符合题意）

1. 在工程应用中，钢筋的塑性指标通常用（　　）表示。

A. 抗拉强度　　B. 屈服强度

C. 强屈比　　D. 伸长率

2. 下列钢材化学成分中，属于碳素钢中有害元素的是（　　）。

A. 碳　　B. 硅

C. 锰　　D. 磷

3. 下列属于水硬性胶凝材料的是（　　）。

A. 石灰　　B. 石膏

C. 水泥　　D. 水玻璃

4. 抗渗性能较好且具有抗硫酸盐侵蚀的水泥代号是（　　）。

A. P·F　　B. P·O

C. P·S　　D. P·P

5. 受反复冰冻的混凝土结构应选用（　　）。

A. 普通硅酸盐水泥　　B. 矿渣硅酸盐水泥

C. 火山灰质硅酸盐水泥　　D. 粉煤灰硅酸盐水泥

6. 关于混凝土泵送剂，说法正确的是（　　）。

A. 应用泵送剂温度不宜高于 25℃

B. 过量摄入泵送剂不会造成堵泵现象

C. 宜用于蒸汽养护法

D. 泵送剂包含缓凝及减水组分

7. 孔洞垂直于大面的砖是（　　）。

A. 烧结普通砖　　B. 烧结多孔砖

C. 烧结空心砖　　D. 蒸养（压）砖

8. 公共建筑防火门应选用（　　）。

A. 钢化玻璃　　B. 夹丝玻璃

C. 夹层玻璃　　D. 镜面玻璃

9. 木材的干缩湿胀变形在各个方向上有所不同，变形量从小到大依次是（　　）。

A. 顺纹、径向、弦向　　B. 径向、顺纹、弦向

C. 径向、弦向、顺纹　　D. 弦向、径向、顺纹

10. 适用于寒冷地区和结构变形频繁部位，并可采用热熔法施工的聚合物改性沥青防水卷材是（　　）。

A. SBS 改性沥青防水卷材　　B. APP 改性沥青防水卷材

C. 沥青复合胎柔性防水卷材　　D. 聚氯乙烯防水卷材

11. B 类防火涂料的涂层厚度为（　　）。

A. 小于或等于 3mm　　B. 大于 3mm 且小于或等于 45mm

C. 大于 3mm 且小于或等于 7mm　　D. 大于 7mm 且小于或等于 45mm

二、多项选择题（每题的备选项中，有 2 个或 2 个以上符合题意，至少有 1 个错项）

1. 下列可用于预应力钢筋混凝土施工的钢筋有（　　）。

A. HRB335 钢筋　　B. HRB400 钢筋

C. CRB550 钢筋　　D. HRB500 钢筋

E. CRB650 钢筋

2. 下列钢材性能中，属于工艺性能的有（　　）。

A. 拉伸性能　　B. 冲击性能

C. 疲劳性能　　D. 弯曲性能

E. 焊接性能

3. 判定硅酸盐水泥是否废弃的技术指标有（　　）。

A. 体积安定性　　B. 水化热

C. 水泥强度　　D. 水泥细度

E. 初凝时间

4. 影响混凝土和易性的主要因素有（　　）。

A. 水泥浆　　B. 水泥品种与强度等级

C. 骨料品种与品质　　D. 砂率

E. 温度

5. 下列关于高性能混凝土特性说法正确的有（　　）。

A. 自密实性好　　B. 体积稳定性好

C. 强度高　　D. 水化热低

E. 耐久、耐高温好

6. 可实现混凝土自防水的技术途径有（　　）。

A. 适当提高砂率和灰砂比　　B. 掺入适量的三乙醇胺早强剂

C. 适当提高水灰比　　D. 掺入适量减水剂

E. 使用膨胀水泥

7. 根据室内环境污染控制的不同要求，下列属于Ⅰ类民用建筑工程的有（　　）。

A. 住宅　　B. 学校教室

C. 旅馆　　D. 书店

E. 幼儿园

8. 下列属于安全玻璃的有（　　）。

A. 钢化玻璃　　B. 浮法平板玻璃

C. 防火玻璃　　D. 夹丝玻璃

E. 夹层玻璃

9. 钢化玻璃的特性包括（　　）。

A. 机械强度高　　B. 不自爆、碎后不易伤人

C. 弹性比普通玻璃大　　D. 热稳定性好

E. 易切割、磨削

10. 节能装饰型玻璃包括（　　）。

A. 压花玻璃　　B. 彩色平板玻璃

C. "Low－E"玻璃　　D. 中空玻璃

E. 真空玻璃

11. 木材干缩导致的现象有（　　）。

A. 表面鼓凸　　B. 开裂

C. 接榫松动　　D. 翘曲

E. 拼缝不严

12. 影响多孔性材料吸声性能的主要因素有材料的（　　）。

A. 厚度　　B. 吸水性

C. 表观密度　　D. 压缩特性

E. 孔隙特征

参考答案及解析

一、单项选择题

1. [答案] D

[解析] 在工程应用中，钢材的塑性指标通常用伸长率表示。

2. [答案] D

[解析] 磷是有害元素，含量提高，钢材的强度提高，塑性和韧性显著下降，特别是温度越低，对韧性和塑性的影响越大。

3. [答案] C

[解析] 只能在空气中硬化，也只能在空气中保持和发展其强度的称气硬性胶凝材料，如石灰、石膏和水玻璃等；既能在空气中，还能更好地在水中硬化、并保持和继续发展其强度的称水硬性胶凝材料，如各种水泥。

4. [答案] D

[解析] 火山灰硅酸盐水泥的抗渗性较好，它的代号是P·P。P·F是粉煤灰硅酸盐水泥的代号，P·O是普通硅酸盐水泥的代号，P·S是矿渣硅酸盐水泥的代号。

5. [答案] A

[解析] 普通硅酸盐水泥适用于早期强度较高、凝结快、冬期施工及严寒地区反复冻融的工程。

6. [答案] D

[解析] 泵送剂其组分包含缓凝及减水组分，增稠组分（保水剂），引气组分，及高比表面无机掺和料。应用泵送剂温度不宜高于35℃，掺泵送剂过量可能造成堵泵现象。泵送剂不宜用于蒸汽养护混凝土和蒸压养护的预制混凝土。

7. [答案] B

[解析] 多孔砖大面有孔，孔多而小，孔洞垂直于大面（即受压面）。

8. [答案] B

[解析] 当遭遇火灾时，夹丝玻璃受热炸裂，但由于金属丝网的作用，玻璃仍能保持固定，可防止火焰蔓延。

9. [答案] A

[解析] 木材的变形在各个方向上不同：顺纹方向最小，径向较大，弦向最大。

10. [答案] A

[解析] SBS改性沥青防水卷材属弹性体沥青防水卷材中的一种，该类防水卷材广泛适用于各类建筑防水、防潮工程，尤其适用于寒冷地区和结构变形频繁的建筑物防水，并可采用热熔法施工。

11. [答案] C

[解析] 厚质型（H）防火涂料厚度大于7mm且小于或等于45mm，耐火极限根据涂层厚度有较大差别；薄型（B）和超薄（CB）型防火涂料，前者的厚度大于3mm且小于或等于7mm，后者的厚度为小于或等于3mm。

二、多项选择题

1. [答案] BDE

[解析] HRB400、HRB500、HRB600可用于预应力混凝土。CRB650、CRB800可用于预应力混凝土。

2. [答案] DE

[解析] 钢材的主要性能包括力学性能和工艺性能。其中力学性能是钢材最重要的使用性能，包括抗拉性能、冲击性能、硬度、疲劳性能等。工艺性能表示钢材在各种加工过程中的行为，包括弯曲性能和焊接性能等。

3. [答案] AE

[解析] 初凝时间不合要求，该水泥报废；终凝时间不合要求，视为不合格。安定性不合格的水泥不得用于工程，应废弃。

4. [答案] ACDE

[解析] 影响混凝土和易性的主要因素有：①水泥浆：最敏感的影响因素；②骨料品种与品质；③砂率：最佳砂率使混凝土拌和物获得最大的流动性；④其他因素（水泥与外加剂、温度和时间）

5. [答案] ABCD

[解析] 高性能混凝土耐久性好、耐高温（火）差。

6. [答案] ABDE

[解析] 实现混凝土自防水的技术途径有以下几个方面：①提高混凝土的密实度。调整混凝土的配合比提高密实度。掺入化学外加剂提高密实度，在混凝土中掺入适量减水剂，三乙醇胺早强剂或氯化铁防水剂均可提高密实度，增加抗渗性。使用膨胀水泥（或掺用膨胀剂）提高混凝土密实度。②改善混凝土内部孔隙结构，在混凝土中掺入适量引气剂或引气减水剂。③施工中应尽量少留或不留施工缝。

7. [答案] ABE

[解析] 民用建筑工程根据控制室内环境污染的不同要求，划分为以下两类：Ⅰ类民用建筑应包括住宅、居住功能公寓、医院病房、老年人照料房屋设施、幼儿园、学校教室、学生宿舍等；II类民用建筑应包括办公楼、商店、旅馆、文化娱乐场所、书店、图书馆、展览馆、体育馆、公共交通等候室、餐厅等。

8. [答案] ACDE

[解析] 安全玻璃包括防火玻璃、钢化玻璃、夹丝玻璃和夹层玻璃。

9. [答案] ACD

[解析] 钢化玻璃的特性有：①机械强度高、弹性好、热稳定性好、碎后不易伤人，但可发生自爆；②使用时不能切割、磨削，需进行加工定制；③用于大面积玻璃幕墙的玻璃在钢化程度上要予以控制，宜选择半钢化玻璃，以避免受风荷载引起震动而自爆。

10. [答案] CDE

[解析] 节能装饰型玻璃包括：①着色玻璃；②镀膜玻璃；③中空玻璃；④真空玻璃。镀膜玻璃又包括：阳光控制镀膜玻璃、低辐射镀膜玻璃，其中低辐射镀膜玻璃又称“Low－E”玻璃。

11. [答案] BCDE

[解析] 干缩会使木材翘曲、开裂，接榫松动，拼缝不严。湿胀可造成表面鼓凸。

12. [答案] ACE

[解析] 材料的表观密度、厚度、孔隙特征等是影响多孔性材料吸声性能的主要因素。

第四章　工程施工技术

本章是本书中篇幅最大的一章，与施工现场结合紧密、理解难度大，注意施工原理的理解，每年考查25分左右。相对来讲，本章的性价比较低，复习中注意抓大放小。

知识脉络

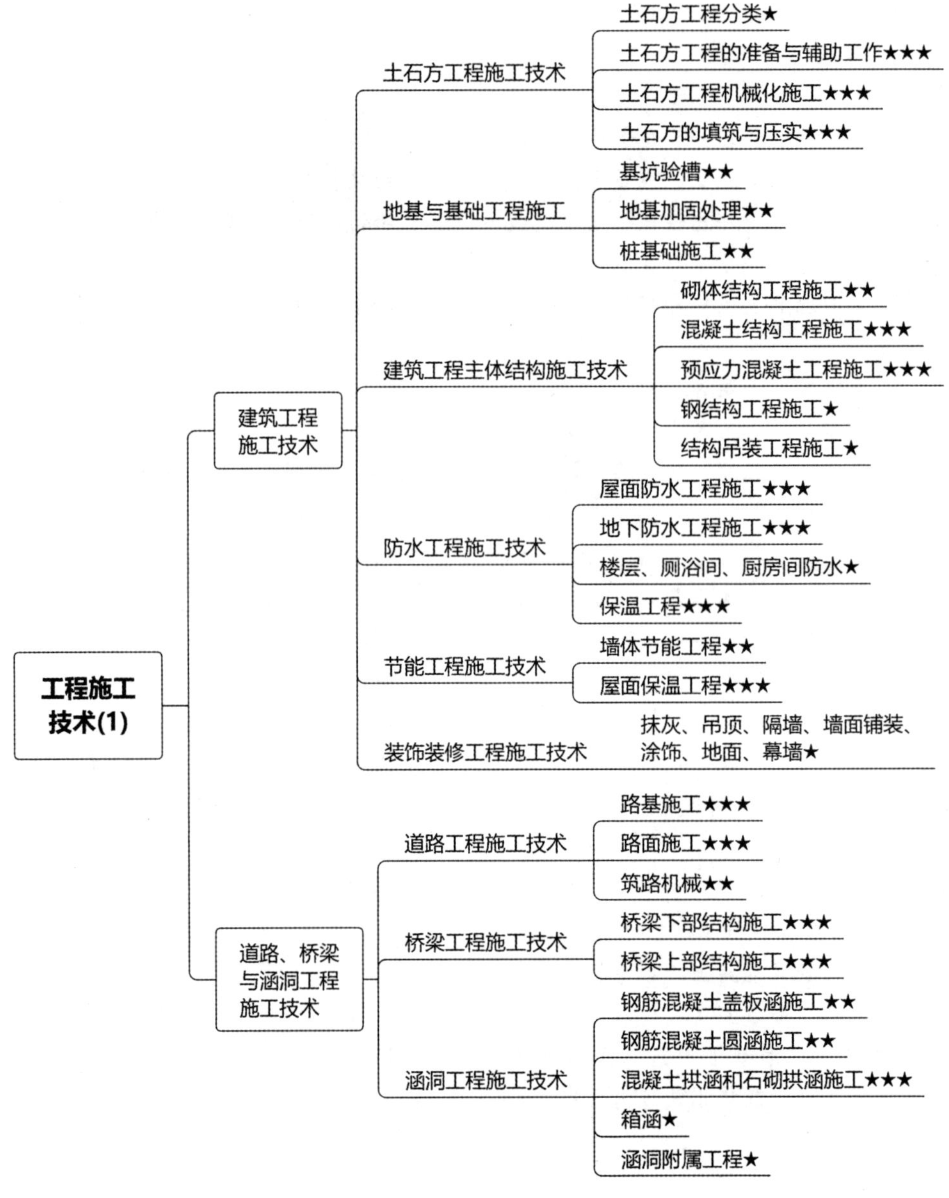

考情分析

近四年真题分值分布统计表　　（单位：分）

节序	节名	2021年		2020年		2019年		2018年	
		单选	多选	单选	多选	单选	多选	单选	多选
第一节	建筑工程施工技术	9	4	5	6	9	2	9	4
第二节	道路、桥梁与涵洞工程施工技术	3	4	3	2	3	8	3	4
第三节	地下工程施工技术	3	2	1	0	3	0	3	2
小结		15	10	9	8	15	10	15	10
		25		17		25		25	

第一节 建筑工程施工技术

知识点 1 土石方工程分类

土石方工程分类见表 4-1-1。

表 4-1-1 土石方工程分类

分类	内容
场地平整	确定场地设计标高→确定挖方、填方的平衡调配→选择土方施工机械→拟定施工方案
基坑（槽）开挖	浅基坑（槽）：开挖深度<5m；深基坑（槽）：开挖深度≥5m
基坑（槽）回填	填土必须具有一定的密实度，填方应分层进行，并尽量采用同类土填筑
地下工程大型土石方开挖	—
路基修筑	—

知识点 2 土方边坡及其稳定

土方边坡坡度以其高度 H 与底宽度 B 之比表示，其示意图见图 4-1-1。边坡可做成直线形、折线形或踏步形。

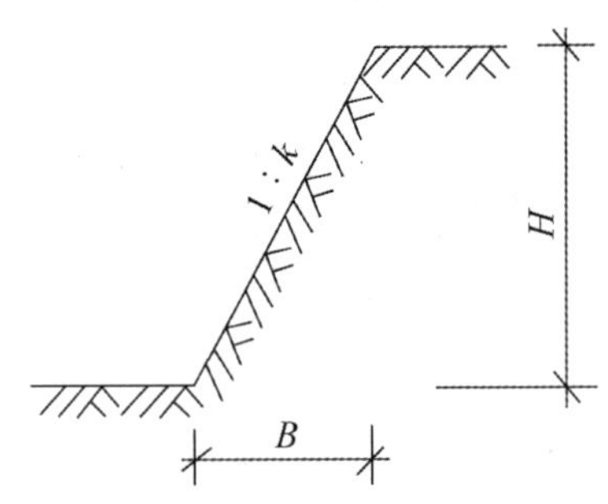

图 4-1-1 坡度示意图

➤ **易混淆点**：边坡坡度 & 放坡系数：

(1) 边坡坡度 $=H/B$，工程中常用 $1:K$ 表示。

(2) 放坡系数 $=B/H$，即 $K=B/H$。边坡坡度与放坡系数互为倒数。

知识点 3 基坑（槽）支护

开挖基坑（槽）时，如地质条件及周围环境许可，采用放坡开挖是较经济的。但在建筑稠密地区施工，或有地下水渗入基坑（槽）时，需要进行基坑（槽）支护。基坑（槽）支护结构的主要作用是支撑土壁，此外，钢板桩、混凝土板桩及水泥土搅拌桩等围护结构还兼有不同程度的隔水作用。根据受力状态可分为横撑式支撑、重力式支护结构和板式支护结构等。

一、横撑式支撑

开挖较窄的沟槽，多用横撑式土壁支撑。横撑式支撑的适用性见表 4-1-2。

表 4-1-2　横撑式支撑的适用性

<table>
<tr><th>类型</th><th colspan="2">适用性</th></tr>
<tr><td rowspan="2">水平挡土板式
（见图 4-1-2）</td><td>间断式</td><td>适用于湿度小的黏性土挖土深度小于 3m 时的情形</td></tr>
<tr><td>连续式</td><td>适用于松散、湿度大的土，挖土深度可达 5m</td></tr>
<tr><td>垂直挡土板式
（见图 4-1-3）</td><td colspan="2">对松散和湿度很高的土可用垂直挡土板式支撑，其挖土深度不限</td></tr>
</table>

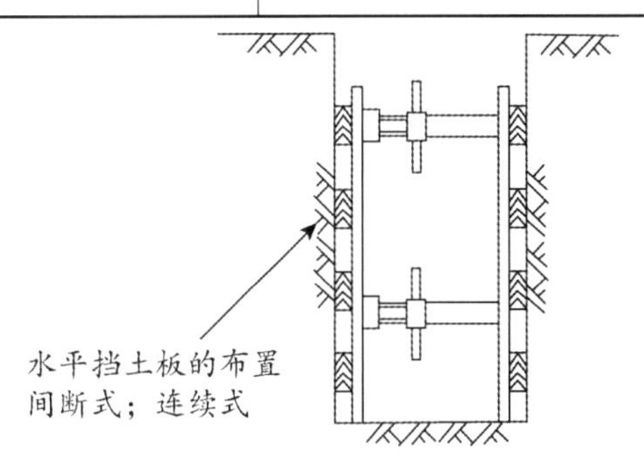

图 4-1-2　水平挡土板支撑

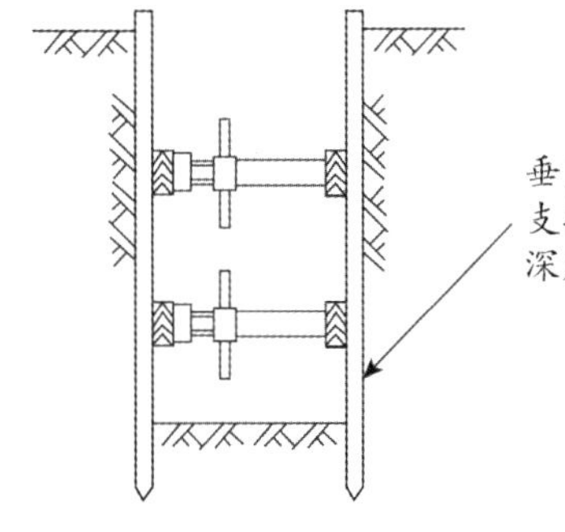

图 4-1-3　垂直挡土板支撑

二、重力式支护结构

（1）重力式支护结构是指主要通过加固基坑周边土形成一定厚度的重力式墙，以达到挡土的目的。

（2）水泥土搅拌桩（或称深层搅拌桩）支护结构是近年来发展起来的一种重力式支护结构。其布置型式见图 4-1-4。

1）用搅拌机械将水泥、石灰等和地基土相搅拌，形成相互搭接的格栅状结构形式，也可相互搭接成实体结构形式，具有防渗和挡土的双重功能。由于采用重力式结构，开挖深度不宜大于 7m。

2）搅拌桩成桩工艺可采用“一次喷浆、二次搅拌”或“二次喷浆、三次搅拌”工艺，主要依据水泥掺入比及土质情况而定。水泥掺量较小，土质较松时，可用前者；反之，可用后者。“一次喷浆、二次搅拌”施工流程见图 4-1-5。

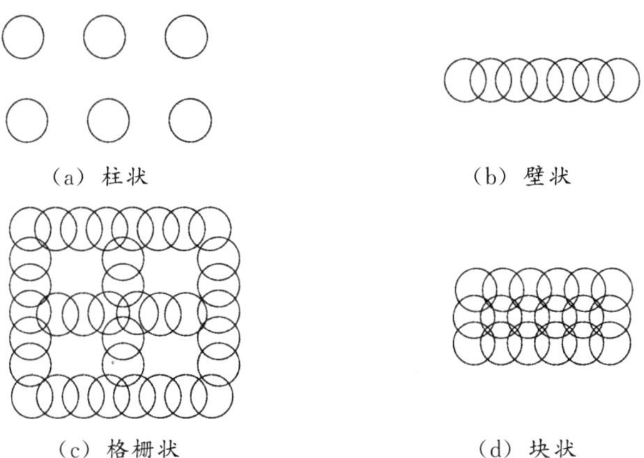

图 4-1-4　水泥土搅拌桩的布置型式

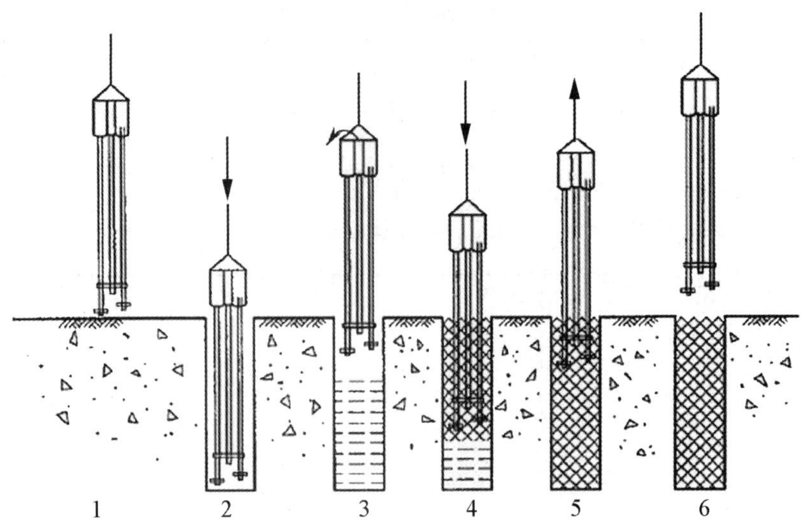

图 4-1-5 “一次喷浆、二次搅拌”施工流程

1—定位；2—预埋下沉；3—提升喷浆搅拌；4—重复下沉搅拌；5—重复提升搅拌；6—成桩结束

三、板式支护结构

板式支护结构由两大系统组成：挡墙系统和支撑（或拉锚）系统，其相关内容见表 4-1-3。

表 4-1-3 挡墙系统和支撑系统的相关内容

系统组成	相关内容
挡墙系统	(1) 常用的材料有槽钢、钢板桩（见图 4-1-6）、钢筋混凝土板桩、灌注桩及地下连续墙等 (2) 钢板桩有平板形和波浪形两种，具有较好的隔水能力 (3) 在基础施工完毕后可拔出重复使用
支撑系统	(1) 支撑系统一般采用大型钢管、H 形钢或格构式钢支撑，也可采用现浇钢筋混凝土支撑 (2) 拉锚系统材料一般用钢筋、钢索、型钢或土锚杆 (3) 基坑较浅，挡墙具有一定刚度时，可采用悬臂式挡墙而不设支撑点

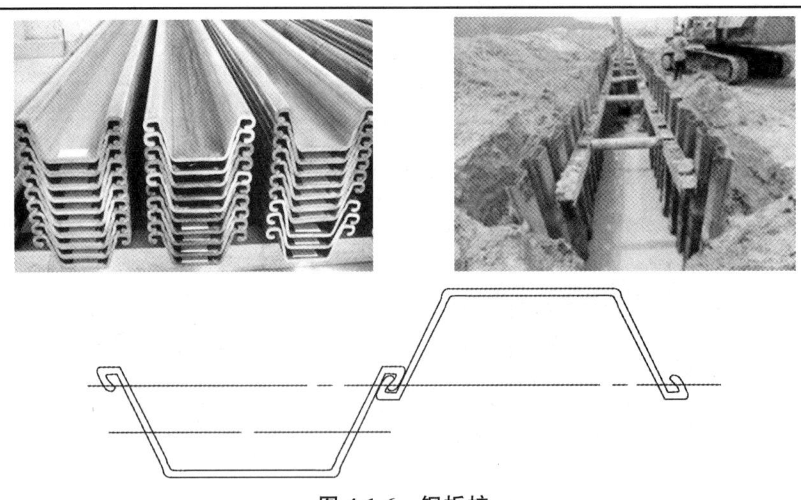

图 4-1-6 钢板桩

➢ **考分统计**：统计近 10 年该知识点的考核情况，在 2015、2018、2019、2021 年进行了考核。考核频次为 40%。其中 2015 年考核一道单选题，2018 年考核一道单选题，2019 年考核一道单选题，2021 年考核一道单选题。

典型例题

［**2021 真题 · 单选**］开挖深度 4m、最小边长 30m 的基坑时，宜采用的支撑方式是（　　）。

A. 横撑式支撑

B. 板式支护

C. 水泥土搅拌桩

D. 墙板支护

［**解析**］水泥土搅拌桩由于采用重力式结构，开挖深度不宜大于 7m。

［**答案**］C

［**2018 真题 · 单选**］基坑开挖时，造价相对偏高的边坡支护方式应为（　　）。

A. 水平挡土板

B. 垂直挡土板

C. 地下连续墙

D. 水泥土搅拌桩

［**解析**］地下连续墙属于深基坑支护方式，所以地下连续墙造价较高。

［**答案**］C

［**2015 真题 · 单选**］在松散土体中开挖 6m 深的沟槽，支护方式应优先采用（　　）。

A. 间断式水平挡土板横撑式支撑

B. 连续式水平挡土板横撑式支撑

C. 垂直挡土板式支撑

D. 重力式支护结构支撑

［**解析**］湿度小的黏性土挖土深度小于 3m 时，可用间断式水平挡土板支撑；对松散、湿度大的土可用连续式水平挡土板支撑，挖土深度可达 5m。对松散和湿度很高的土可用垂直挡土板式支撑，其挖土深度不限。

［**答案**］C

知识点 4 降水与排水

扫码听课

一、明排水法施工

（1）明排水法宜用于粗粒土层，也用于渗水量小的黏土层。但当土为细砂和粉砂时，地下水渗出会带走细粒发生流砂现象，导致边坡坍塌、坑底涌砂，难以施工，此时应采用井点降水法。

（2）集水坑应设置在基础范围以外，地下水走向的上游。根据地下水量大小、基坑平面形状及水泵能力，集水坑每隔 20～40m 设置一个。集水坑的直径或宽度一般为 0.6～0.8m，其深度随着挖土的加深而加深，要经常低于挖土面 0.7～1.0m。集水坑降水法见图 4-1-7。

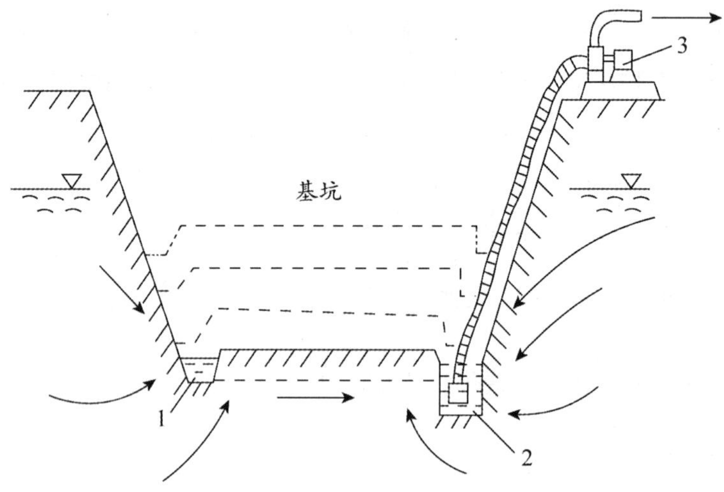

图 4-1-7　集水坑降水法

1—排水沟；2—集水坑；3—水泵

二、井点降水施工

井点降水法有：轻型井点、喷射井点、电渗井点、深井井点及管井井点等，井点降水的方法根据土的渗透系数、降低水位的深度、工程特点及设备条件等，按照表 4-1-4 选择。

表 4-1-4　各种井点类别的适用范围

井点类别	土的渗透系数/（m/d）	降低水位深度/m
单级轻型井点	0.005～20	<6
多级轻型井点	0.005～20	<20
喷射井点	0.005～20	<20
电渗井点	<0.1	根据选用的井点确定
深井井点	0.1～200	>15
管井井点	0.1～200	不限

（一）轻型井点

1. 轻型井点构造

轻型井点构造见图 4-1-8。

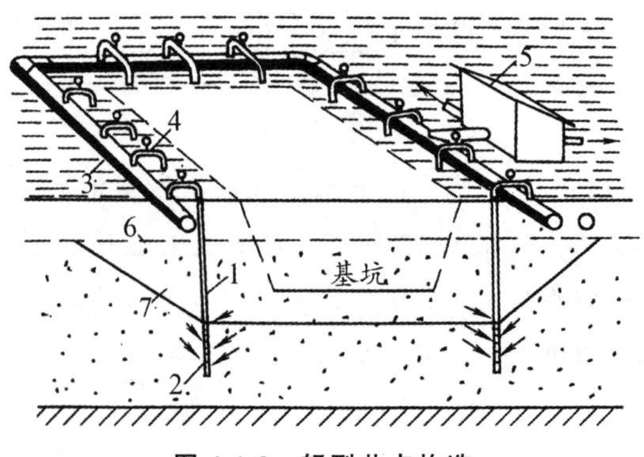

图 4-1-8　轻型井点构造

1—井水管；2—滤管；3—总管；4—弯联管；5—水泵房；6—原有地下水位线；7—降低后地下水位线

2. 轻型井点布置

根据基坑平面的大小与深度、土质、地下水位高低与流向、降水深度要求，轻型井点可采

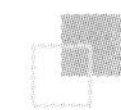

用单排布置、双排布置、环形布置以及 U 形布置。轻型井点布置的方式及适用性见表 4-1-5。轻型井点的平面布置见图 4-1-9。

表 4-1-5　轻型井点布置的方式及适用性

布置方式	适用性
单排布置	(1) 适用于基坑、槽宽度小于 6m，且降水深度不超过 5m 的情况 (2) 井点管应布置在地下水的上游一侧，两端延伸长度不宜小于坑、槽的宽度
双排布置	适用于基坑宽度大于 6m 或土质不良的情况
环形布置	适用于大面积基坑
U 形布置	(1) 土方施工机械需进出基坑时，可采用 U 形布置 (2) 采用 U 形布置，井点管不封闭的一段应设在地下水的下游方向

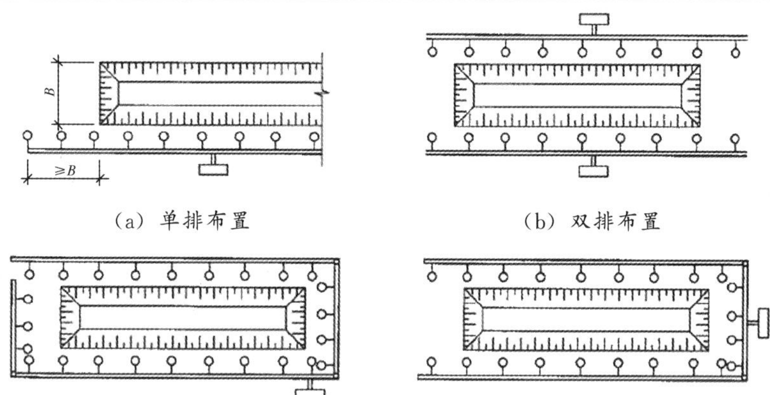

(a) 单排布置　(b) 双排布置

(c) 环形布置　(d) U 形布置

图 4-1-9　轻型井点的平面布置

3. 轻型井点施工

(1) 井点系统的安装顺序见图 4-1-10。

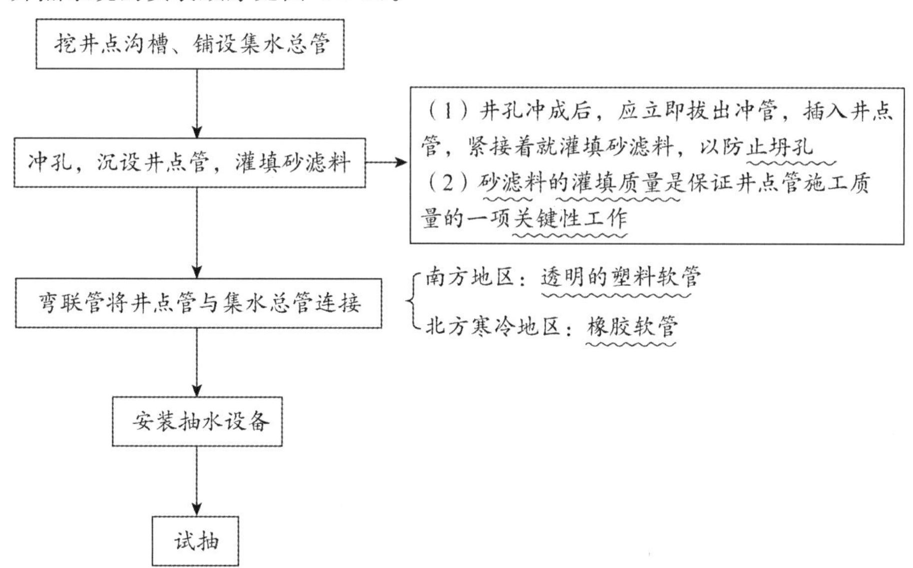

图 4-1-10　井点系统的安装顺序

（2）井点管沉设一般可按现场条件及土层情况选用下列方法：用冲水管冲孔后，沉设井点管；直接利用井点管水冲下沉；套管式冲枪水冲法或振动水冲法成孔后沉设井点管。

（3）井点管沉设当采用冲水管冲孔方法进行，可分为冲孔与沉管两个过程。井点管的埋设见图 4-1-11。

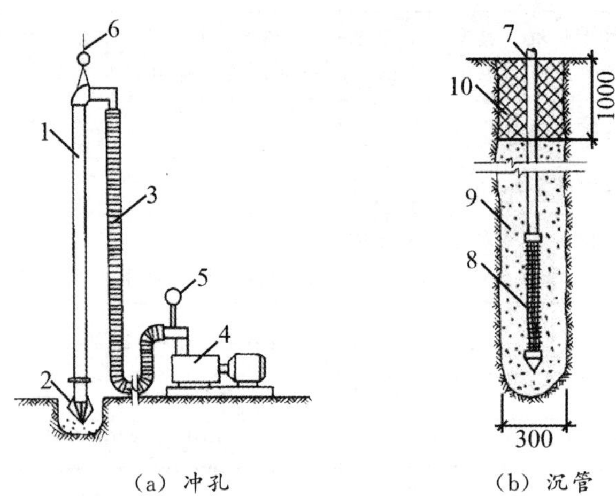

（a）冲孔　　（b）沉管

图 4-1-11　井点管的埋设

1—冲管；2—冲嘴；3—胶皮管；4—高压水泵；5—压力表；6—起重机吊钩；7—井点管；8—滤管；9—填砂；10—黏土封口

（二）喷射井点

喷射井点涉及的相关内容见表 4-1-6。

表 4-1-6　喷射井点涉及的相关内容

项目	相关内容
适用条件	当降水深度超过 8m 时，宜采用喷射井点，降水深度可达 8～20m
平面布置	单排：基坑宽度≤10m
	双排：基坑宽度>10m
	环形：基坑面积较大时，可采取此布置方法
井点要求	间距一般采用 2～3m，每套喷射井点宜控制在 20～30 根井管

（三）电渗井点

（1）利用井点管（轻型或喷射井点管）本身作阴极，沿基坑外围布置，以钢管或钢筋作阳极，垂直埋设在井点内侧。

（2）在饱和黏土中，特别是淤泥和淤泥质黏土中，由于土的透水性较差，持水性较强，用一般喷射井点和轻型井点降水效果较差，此时宜增加电渗井点来配合轻型或喷射井点降水，以便对透水性较差的土起疏干作用，使水排出。

（3）电渗井点埋设程序一般是先埋设轻型井点或喷射井点管，预留出布置电渗井点阳极的位置，待轻型井点降水不能满足降水要求时，再埋设电渗阴极，以改善降水性能。

电渗井点见图 4-1-12。

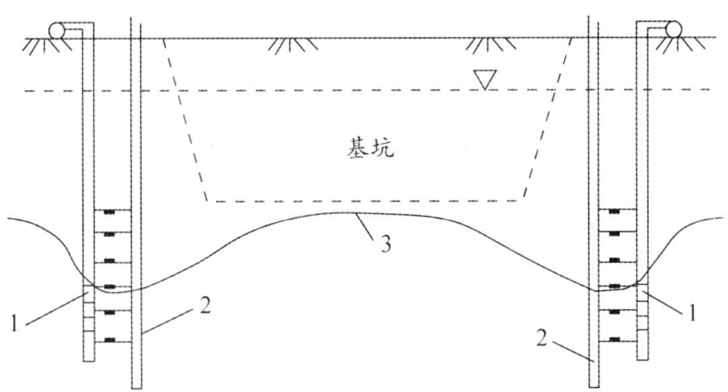

图 4-1-12　电渗井点

1—井点管；2—金属棒；3—地下水降落曲线

(四) 深井井点

当降水深度超过 15m 时，在管井井点内采用一般的潜水泵和离心泵满足不了降水要求时，可加大管井深度，改用深井泵即深井井点来解决。深井井点一般可降低水位 30～40m，有的甚至可达百米以上。常用的深井泵有两种类型：电动机在地面上的深井泵及深井潜水泵（沉没式深井泵）。

(五) 管井井点

在土的渗透系数大、地下水量大的土层中，宜采用管井井点。

➤ **总结**：降水部分的上下游：

(1) 集水坑应设置在基础范围以外，地下水走向的上游。

(2) 轻型井点采用单排布置：井点管应布置在地下水的上游一侧。

(3) 轻型井点采用 U 形布置，则井点管不封闭的一段应设在地下水的下游方向。

➤ **考分统计**：统计近 10 年该知识点的考核情况，2011、2012、2013、2014、2015、2016、2017、2018、2019、2020 年进行了考核。考核频次为 100%。其中 2011 年考核一道单选题，2012 年考核一道单选题，2013 年考核两道单选题、一道多选题，2014 年考核两道单选题，2015 年考核一道多选题，2016 年考核一道单选题，2017 年考核一道单选题，2018 年考核一道单选题，2019 年考核一道单选题，2020 年考核一道单选题。

典型例题

[**2019 真题·单选**] 在淤泥质黏土中开挖近 10m 深的基坑时，降水方法应优先选用（　　）。

A. 单级轻型井点　　B. 管井井点

C. 电渗井点　　D. 深井井点

[**解析**] 在饱和黏土中，特别是淤泥和淤泥质黏土中，由于土的透水性较差，持水性较强，用一般喷射井点和轻型井点降水效果较差，此时宜增加电渗井点来配合轻型或喷射井点降水，以便对透水性较差的土起疏干作用，使水排出。

[**答案**] C

[**2018 真题·单选**] 基坑开挖时，采用明排法施工，其集水坑应设置在（　　）。

A. 基础范围以外的地下水走向的下游　　B. 基础范围以外的地下水走向的上游

C. 便于布置抽水设施的基坑边角处　　D. 不影响施工交通的基坑边角处

[**解析**] 明排法集水坑应设置在基础范围以外，地下水走向的上游。

[**答案**] B

[2017 真题・单选] 基坑采用轻型井点降水，其井点布置应考虑的主要因素是（　　）。

A. 水泵房的位置　　B. 土方机械型号

C. 地下水位流向　　D. 基坑边坡支护形式

[解析] 根据基坑平面的大小与深度、土质、地下水位高低与流向、降水深度要求，轻型井点可采用单排布置、双排布置以及环形布置；当土方施工机械需进出基坑时，也可采用 U 形布置。

[答案] C

[2016 真题・单选] 关于基坑土石方工程采用轻型井点降水，说法正确的是（　　）。

A. U 形布置不封闭段是为施工机械进出基坑留的开口

B. 双排井点管适用于宽度小于 6 米的基坑

C. 单排井点管应布置在基坑的地下水下游一侧

D. 施工机械不能经 U 形布置的开口端进出基坑

[解析] 单排布置适用于基坑、槽宽度小于 6m，且降水深度不超过 5m 的情况，井点管应布置在地下水的上游一侧，两端延伸长度不宜小于坑、槽的宽度，选项 C 错误。双排布置适用于基坑宽度大于 6m 或土质不良的情况，选项 B 错误。如采用 U 形布置，则井点管不封闭的一段应设在地下水的下游方向。当土方施工机械需进出基坑时，也可采用 U 形布置，选项 A 正确，选项 D 错误。

[答案] A

[2014 真题・单选] 采用明排水法开挖基坑，在基坑开挖过程中设置的集水坑应（　　）。

A. 布置在基础范围以内　　B. 布置在基坑底部中央

C. 布置在地下水走向的上游　　D. 经常低于挖土面 1.0m 以上

[解析] 集水坑应设置在基础范围以外，地下水走向的上游。集水坑的直径或宽度一般为 0.6～0.8m，其深度随着挖土的加深而加深，要经常低于挖土面 0.7～1.0m。

[答案] C

[2014 真题・单选] 北方寒冷地区采用轻型井点降水时，井点管与集水总管连接应用（　　）。

A. PVC－U 管　　B. PVC－C 管　　C. PP－R 管　　D. 橡胶软管

[解析] 弯联管宜采用软管，以便于井点安装，减少可能漏气的部位，避免因井点管沉陷而造成管件损坏。南方地区可用透明的塑料软管，便于直接观察井点抽水状况。北方寒冷地区宜采用橡胶软管。

[答案] D

[2013 真题・单选] 在渗透系数大、地下水量大的土层中，适宜采用的降水形式为（　　）。

A. 轻型井点　　B. 电渗井点　　C. 喷射井点　　D. 管井井点

[解析] 管井井点就是沿基坑每隔一定距离设置一个管井，每个管井单独用一台水泵不断抽水来降低地下水位。在土的渗透系数大、地下水量大的土层中，宜采用管井井点。

[答案] D

[2012 真题・单选] 某大型基坑，施工场地标高为±0.000m，基坑底面标高为－6.600m，地下水位标高为－2.500m，土的渗透系数为 60m/d，则应选用的降水方式是（　　）。

A. 一级轻型井点　　B. 喷射井点　　C. 管井井点　　D. 深井井点

[解析] 土的渗透系数为 60m/d，所以可以排除轻型井点和喷射井点，因为降水深度为－2.5－（－6.6）＋0.5（水位降低至坑底以下 0.5m）＝4.6（m），深井井点降低水位深度为大于 15m，所以应选择管井井点。

[答案] C

[**2010 真题·单选**] 轻型井点降水安装过程中，冲成井孔，拔出冲管，插入井点管后，灌填砂滤料，主要目的是（　　）。

A. 保证滤水　　B. 防止坍孔　　C. 保护井点管　　D. 固定井点管

[**解析**] 井孔冲成后，应立即拔出冲管，插入井点管，紧接着就灌填砂滤料，以防止坍孔。

[**答案**] B

[**2015 真题·多选**] 土方开挖的降水深度约 16m，土体渗透系数 50m/d，可采用的降水方式有（　　）。

A. 轻型井点降水　　B. 喷射井点降水

C. 管井井点降水　　D. 深井井点降水

E. 电渗井点降水

[**解析**] 根据各种井点的适用范围可知，管井井点和深井井点的渗透系数为 0.1～200m/d，满足题目给定的 50m/d，所以正确答案为 CD。

[**答案**] CD

[**2013 真题·多选**] 关于轻型井点降水施工的说法，正确的有（　　）。

A. 轻型井点一般可采用单排或双排布置

B. 当有土方机械频繁进出基坑时，井点宜采用环形布置

C. 由于轻型井点需埋入地下蓄水层，一般不宜双排布置

D. 槽宽>6m，且降水深度超过 5m 时不适宜采用单排井点

E. 为了更好地集中排水，井点管应布置在地下水下游一侧

[**解析**] 轻型井点可采用单排布置、双排布置以及环形布置，选项 A 正确，选项 C 错误；当土方施工机械需进出基坑时，也可采用 U 形布置，选项 B 错误。单排布置适用于基坑、槽宽度小于 6m，且降水深度不超过 5m 的情况，井点管应布置在地下水的上游一侧，两端延伸长度不宜小于坑、槽的宽度，选项 E 错误。双排布置适用于基坑宽度大于 6m 或土质不良的情况。环形布置适用于大面积基坑。如采用 U 形布置，则井点管不封闭的一段应设在地下水的下游方向。

[**答案**] AD

知识点 5　土石方工程机械化施工

一、推土机施工

推土机的经济运距在 100m 以内，以 30～60m 为最佳运距。推土机见图 4-1-13。推土机几种施工方法的特点见表 4-1-7。

图 4-1-13　推土机

表 4-1-7　推土机几种施工方法的特点

施工方法	特点
下坡推土法	可增大推土机铲土深度和运土数量，提高生产效率，在推土丘、回填管沟时，均可采用
分批集中一次推送法	在较硬的土中，推土机的切土深度较小，一次铲土不多，可分批集中，再整批地推送到卸土区；该方法使铲刀的推送数量增大，缩短运输时间，提高生产效率 12%～18%
并列推土法	并列推土时，铲刀间距 15～30cm；并列台数不宜超过 4 台
沟槽推土法	沿第一次推过的原槽推土，前次推土所形成的土埂能阻止土的散失，从而增加推运量
斜角推土法	铲刀与推土机横轴在水平方向形成一定角度进行推土；一般在管沟回填且无倒车余地时，可采用这种方法

二、铲运机施工

铲运机见图 4-1-14。

图 4-1-14　铲运机

（1）特点：能独立完成铲土、运土、卸土、填筑、压实等工作，对行驶道路要求较低。

（2）适用性：①常用于坡度在 20°以内的大面积场地平整，开挖大型基坑、沟槽，以及填筑路基等土方工程；②铲运机可在Ⅰ～Ⅲ类土中直接挖土、运土，适宜运距为 600～1500m，当运距为 200～350m 时效率最高。

（3）铲运机开行路线的特点见表 4-1-8，其示意图见图 4-1-15。

表 4-1-8　铲运机开行路线的特点

开行路线	特点
环形路线	（1）施工地段较短、地形起伏不大的挖、填工程，适宜采用环形路线 （2）当挖土和填土交替，而挖填之间距离又较短时，则可采用大环形路线
8 字形路线	（1）对于挖、填相邻，地形起伏较大，且工作地段较长的情况，可采用 8 字形路线 （2）比环形路线可缩短运行时间，提高生产效率，机械磨损较均匀

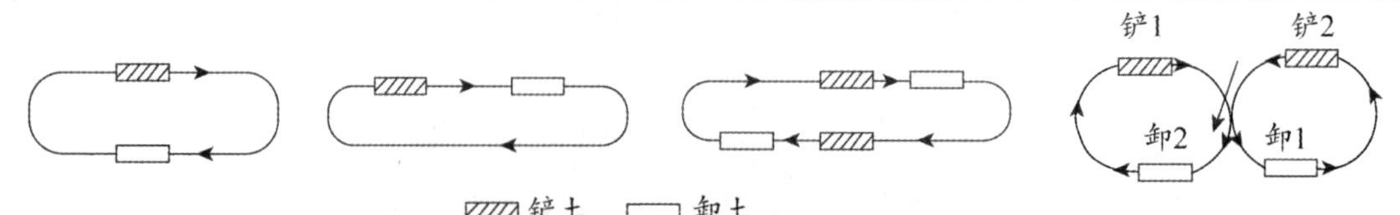

图 4-1-15　铲运机的开行路线示意图

（4）铲运机铲土的施工方法。为了提高铲运机的生产率，除规划合理的开行路线外，还可根据不同的施工条件，采用不同施工方法，见表 4-1-9。

表 4-1-9　铲运机铲土的施工方法

施工方法	特点
下坡铲土	应尽量利用有利地形进行下坡铲土
跨铲法	(1) 预留土埂，间隔铲土的方法 (2) 土埂高度应不大于 300mm，宽度以不大于拖拉机两履带间净距为宜
助铲法	一般每 3～4 台铲运机配 1 台推土机助铲

三、单斗挖掘机施工

单斗挖掘机挖土特点及适用性见表 4-1-10，其种类见图 4-1-16。

表 4-1-10　单斗挖掘机挖土特点及适用性

种类	挖土特点	适用性
正铲	前进向上、强制切土	(1) 开挖停机面以内的Ⅰ～Ⅳ级土 (2) 适宜在土质较好、无地下水的地区工作
反铲	后退向下、强制切土	(1) 开挖停机面以下的Ⅰ～Ⅲ级的砂土或黏土 (2) 适宜开挖深度 4m 以内的基坑，对地下水位较高处也适用
拉铲	后退向下、自重切土	(1) 开挖停机面以下的Ⅰ～Ⅱ级土 (2) 适宜开挖大型基坑及水下挖土
抓铲	直上直下、自重切土	(1) 只能开挖Ⅰ～Ⅱ级土 (2) 可以挖掘独立基坑、沉井，特别适于水下挖土

(a) 正铲

(b) 反铲

(c) 拉铲

(d) 抓铲

图 4-1-16　单斗挖掘机挖土种类

➢ **考分统计**：统计近 10 年该知识点的考核情况，在 2012、2013、2014、2016、2017、2018、2019、2020、2021 年进行了考核。考核频次为 90%。其中 2012 年考核一道单选题，2013 年考核一道单选题，2014 年考核两道单选题，2016 年考核两道单选题，2017 年考核一道多选题，2018 年考核一道单选题，2019 年考核一道单选题，2020 年考核一道单选题，2021 年考核一道单选题。

典型例题

[**2021真题·单选**] 大型建筑群场地平整，场地坡度最大15°，距离300～500m，土壤含水量低，可选用的机械是（　　）。

A. 推土机　　B. 装载机　　C. 铲运机　　D. 正铲挖掘机

[**解析**] 铲运机常用于坡度在20°以内的大面积场地平整，开挖大型基坑、沟槽，以及填筑路基等土方工程；可在Ⅰ～Ⅲ类土中直接挖土、运土，适宜运距为600～1500m，当运距为200～350m时效率最高。

[**答案**] C

[**2019真题·单选**] 水下开挖独立基坑，工程机械应优先选用（　　）。

A. 正铲挖掘机　　B. 反铲挖掘机　　C. 拉铲挖掘机　　D. 抓铲挖掘机

[**解析**] 抓铲挖掘机可以挖掘独立基坑、沉井，特别适用于水下挖土。

[**答案**] D

[**2016真题·单选**] 关于推土机施工作业，说法正确的是（　　）。

A. 土质较软使切土深度较大时可采用分批集中后一次推送

B. 并列推土的推土机数量不宜超过4台

C. 沟槽推土法是先用小型推土机推出两侧沟槽后再用大型推土机推土

D. 斜角推土法是指推土机行走路线沿斜向交叉推进

[**解析**] 选项A错误，应该是土质较硬，切土深度较小时可采用分批集中后一次推送；选项C错误，沟槽推土法应是沿第一次推过的原槽推土，前次推土所形成的土埂能阻止土的散失，从而增加推运量，这种方法可以和分批集中、一次推送法联合运用；选项D错误，斜角推土法指的应是将铲刀斜装在支架上，与推土机横轴在水平方向形成一定角度进行推土。一般在管沟回填且无倒车余地时可采用这种方法。

[**答案**] B

[**2016真题·单选**] 关于单斗挖掘机作业特点，说法正确的是（　　）。

A. 正铲挖掘机：前进向下，自重切土　　B. 反铲挖掘机：后退向上，强制切土

C. 拉铲挖掘机：后退向下，自重切土　　D. 抓铲挖掘机：前进向上，强制切土

[**解析**] 选项A错误，正铲挖掘机：前进向上，强制切土。选项B错误，反铲挖掘机：后退向下，强制切土。选项D错误，抓铲挖掘机：直上直下，自重切土。

[**答案**] C

知识点6 土石方的填筑与压实

一、填筑压实的施工要求

（1）填方宜采用同类土填筑，如采用不同透水性的土分层填筑时，下层宜填筑透水性较大、上层宜填筑透水性较小的填料，或将透水性较小的土层表面做成适当坡度，以免形成水囊。透水性大小土层的位置关系见图4-1-17。

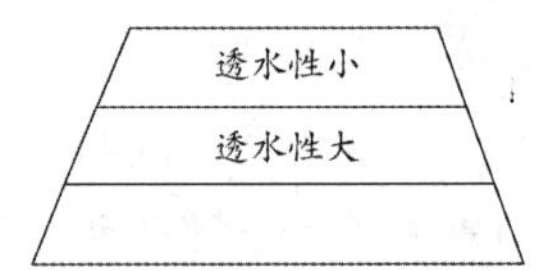

图4-1-17　透水性大小土层的位置关系

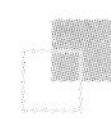

（2）填方压实工程应由下至上分层铺填，分层压（夯）实，分层厚度及压（夯）实遍数，根据压（夯）实机械、密实度要求、填料种类及含水量确定，填土施工时的分层厚度及压实遍数见表4-1-11。

表4-1-11　填土施工时的分层厚度及压实遍数

压实机具	分层厚度/mm	每层压实遍数/次
平碾	250～300	6～8
振动压实机	250～350	3～4
柴油打夯机	200～250	3～4
人工打夯	＜200	3～4

二、土料选择与填筑方法

土料的选择见表4-1-12。

表4-1-12　土料的选择

填方土料	可用性
碎石类土、砂土、爆破石渣、含水量符合压实要求的黏性土	可用
淤泥、冻土、膨胀性土、有机物含量大于5%的土、硫酸盐含量大于5%的土、含水量大的黏土	不可用

三、填土压实方法

填土压实方法有：碾压法、夯实法及振动压实法，其适用性见表4-1-13。

表4-1-13　填土压实方法的适用性

压实方法	适用性
碾压法	（1）平整场地等大面积填土多采用碾压法 （2）羊足碾一般用于碾压黏性土，不适于砂性土
夯实法	主要用于小面积填土，可以夯实黏性土或非黏性土
振动压实法	这种方法对于振实填料为爆破石渣、碎石类土、杂填土和粉土等非黏性土效果较好

➤ **考分统计**：统计近10年该知识点的考核情况，2013、2017、2018年进行了考核。考核频次为30%。其中2013年考核一道单选题，2017年考核一道单选题，2018年考核一道单选题。

典型例题

［**2017真题·单选**］土石方在填筑施工时应（　　）。

A. 先将不同类别的土搅拌均匀　　B. 采用同类土填筑

C. 分层填筑时需搅拌　　D. 将含水量大的黏土填筑在底层

［**解析**］填方宜采用同类土填筑，填方施工应接近水平地分层填土、分层压实，每层的厚度根据土的种类及选用的压实机械而定。填方土料为黏性土时，填土前应检验其含水量是否在控制范围以内，含水量大的黏土不宜做填土用。

［**答案**］B

［**2013真题·单选**］关于土石方填筑正确的意见是（　　）。

A. 不宜采用同类土填筑　　B. 从上至下填筑土层的透水性应从小到大

C. 含水量大的黏土宜填筑在下层　　D. 硫酸盐含量小于5%的土不能使用

［解析］填方宜采用同类土填筑，如采用不同透水性的土分层填筑时，下层宜填筑透水性较大、上层宜填筑透水性较小的填料，或将透水性较小的土层表面做成适当坡度，以免形成水囊。淤泥、冻土、膨胀性土及有机物含量大于8%的土，以及硫酸盐含量大于5%的土均不能做填土。

［答案］B

［典型例题·单选］ 场地填筑的填料为爆破石渣、碎石类土、杂填土时，宜采用的压实机械为（　　）。

A. 平碾　　B. 羊足碾　　C. 振动碾　　D. 汽胎碾

［解析］振动碾对于振实填料为爆破石渣、碎石类土、杂填土和粉土等非黏性土效果较好。

［答案］C

知识点 7 基坑验槽

若地基为必须加固处理的天然地基，当基坑（槽）挖至基底设计标高后，施工单位必须会同勘察、设计、监理单位和业主共同进行验槽，合格后方能进行基础工程施工。

一、观察验槽

（1）基坑（槽）开挖后，对新鲜的未扰动的岩土直接观察，并与勘察报告核对，注意坑（槽）内是否有填土、坑穴、古墓、古井等分布，是否有因施工不当而使土质扰动、因排水不及时而使土质软化、因保护不当而使土体冰冻等现象。

（2）除观察基坑（槽）的位置、断面尺寸、标高和边坡等是否符合设计要求外，还应对整个坑（槽）底的土质进行全面观察。

（3）对难于鉴别的土质，应采用洛阳铲等手段挖至一定深度仔细鉴别。

（4）在进行直接观察时，可用袖珍贯入仪作为辅助手段。

（5）观察的重点应以柱基、墙角、承重墙下或其他受力较大的部位为主，如有异常部位，应会同勘察、设计等有关单位进行处理。

二、轻型动力触探

（1）采用轻型动力触探进行基坑（槽）检验时，应检查：

1）地基持力土层的强度和均匀性。

2）是否有浅部埋藏的软弱下卧层。

3）是否有浅部埋藏直接观察难以发现的坑穴、古墓、古井等。

（2）当贯入30cm锤击数大于100击或贯入15cm锤击数超过50击，可停止试验。

（3）检验完毕后，触探孔要灌砂填实。

（4）基坑（槽）底部深处有承压水层，轻型动力触探可能造成冒水涌砂时，不宜进行轻型动力触探；持力层为砾石或卵石时，且厚度符合设计要求时，一般不需进行轻型动力触探。

轻型动力触探见图4-1-18。

图4-1-18　轻型动力触探

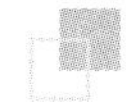

典型例题

[**例题 1 · 多选**] 基坑开挖完毕后，必须参加现场验槽并签署意见的单位有（　　）。

A. 质监站　　B. 监理（建设）单位

C. 设计单位　　D. 勘察单位

E. 施工单位

[**解析**] 若地基为必须加固处理的天然地基，当基坑（槽）挖至基底设计标高后，施工单位必须会同勘察、设计、监理单位和业主共同进行验槽，合格后方能进行基础工程施工。

[**答案**] BCDE

[**例题 2 · 多选**] 验槽时，应重点观察（　　）。

A. 承重墙下　　B. 柱基

C. 横墙下　　D. 墙角

E. 受力较大的部位

[**解析**] 观察的重点应以柱基、墙角、承重墙下或其他受力较大的部位为主，如有异常部位，应会同勘察、设计等有关单位进行处理。

[**答案**] ABDE

知识点 8　地基加固处理

一、换填地基法（计量：体积）

换填地基法是先将基础底面以下一定范围内的软弱土层挖去，然后回填强度较高、压缩性较低并且没有侵蚀性的材料，如中粗砂、碎石或卵石、灰土、素土、石屑、矿渣等，再分层夯实后作为地基的持力层。换填地基的适用性见表 4-1-14。

表 4-1-14　换填地基的适用性

地基类型	适用性
灰土地基	加固深 1～4m 厚的软弱土、湿陷性黄土、杂填土等，还可用作结构的辅助防渗层
砂和砂石地基	(1) 适于处理 3.0m 以内的软弱、透水性强的黏性土地基，包括淤泥、淤泥质土 (2) 不宜用于加固湿陷性黄土地基及渗透系数小的黏性土地基
粉煤灰地基	可用于做各种软弱土层换填地基的处理，以及做大面积地坪的垫层等

二、土工合成材料地基（计量：面积）

土工合成材料地基要点见表 4-1-15。

表 4-1-15　土工合成材料地基要点

材料类型	要点
土工织物地基（见图 4-1-19）	又称土工聚合物地基，是在软弱地基中或边坡上埋设土工织物作为加筋，使其共同作用形成弹性复合土体，达到排水、反滤、隔离、加固和补强等方面的目的，以提高土体承载力，减少沉降和增加地基的稳定
加筋土地基（见图 4-1-20）	由填土、带状筋体（或称拉筋）以及直立的墙面板三部分组成

图 4-1-19　土工织物地基

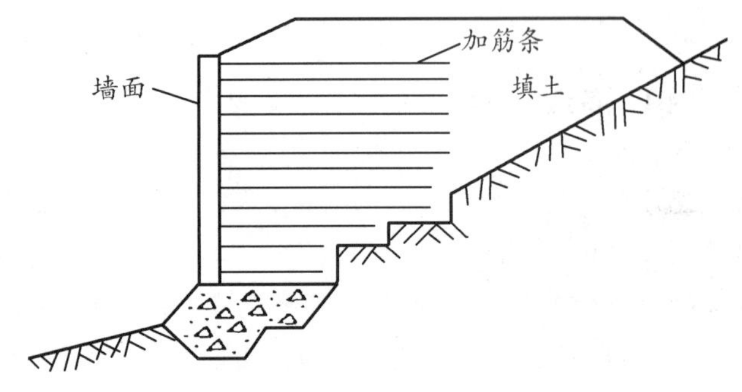

图 4-1-20　加筋土地基

三、夯实地基法（计量：面积）

夯实地基适用性见表 4-1-16。

表 4-1-16　夯实地基适用性

类型	适用性
重锤夯实法	适用于地下水距地面 0.8m 以上稍湿的黏土、砂土、湿陷性黄土、杂填土和分层填土，但在有效夯实深度内存在软黏土层时不宜采用
强夯法	(1) 是我国目前最为常用和最经济的深层地基处理方法之一 (2) 适用于加固碎石土、砂土、低饱和度粉土、黏性土、湿陷性黄土、高填土、杂填土以及"围海造地"地基、工业废渣、垃圾地基等的处理，还可用于水下夯实；不得用于不允许对工程周围建筑物和设备有一定振动影响的地基加固 (3) 强夯处理范围应大于建筑物基础范围，每边超出基础外缘的宽度宜为基底下设计处理深度的 1/2～2/3，并不宜小于 3m

四、预压地基（计量：面积）

(1) 预压地基又称排水固结法地基，提前完成土体固结沉降，逐步增加地基强度的一种软土地基加固方法。

(2) 适用于处理道路、仓库、罐体、飞机跑道、港口等各类大面积淤泥质土、淤泥及冲填土等饱和黏性土地基。预压荷载是其中的关键问题。

预压地基示意图见图 4-1-21。

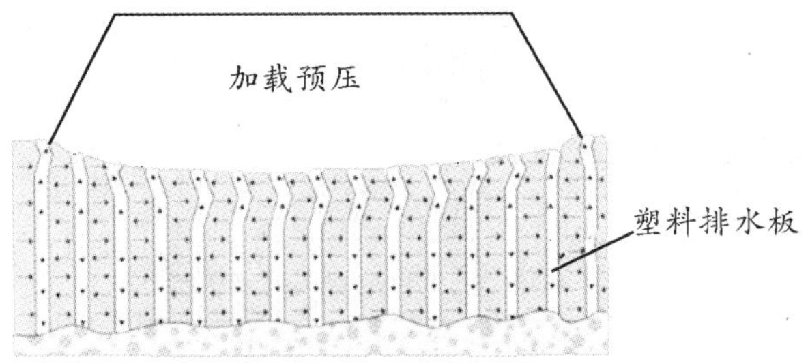

图 4-1-21　预压地基示意图

五、振冲地基（计量：不填料为面积，填料为桩长/体积）

振冲地基又称振动水冲法，在边振边冲的共同作用下，将振动器沉到土中的预定深度，经清孔后，从地面向孔内逐段填入碎石，或不加填料，使地基在振动作用下被挤密实，达到要求的密实度后即可提升振动器，如此重复填料和振密直至地面，在地基中形成一个大直径的密实桩体与原地基构成复合地基，从而提高地基的承载力，减少沉降和不均匀沉降，是一种快速、经济、有效的加固方法。振冲法施工过程见图 4-1-22。

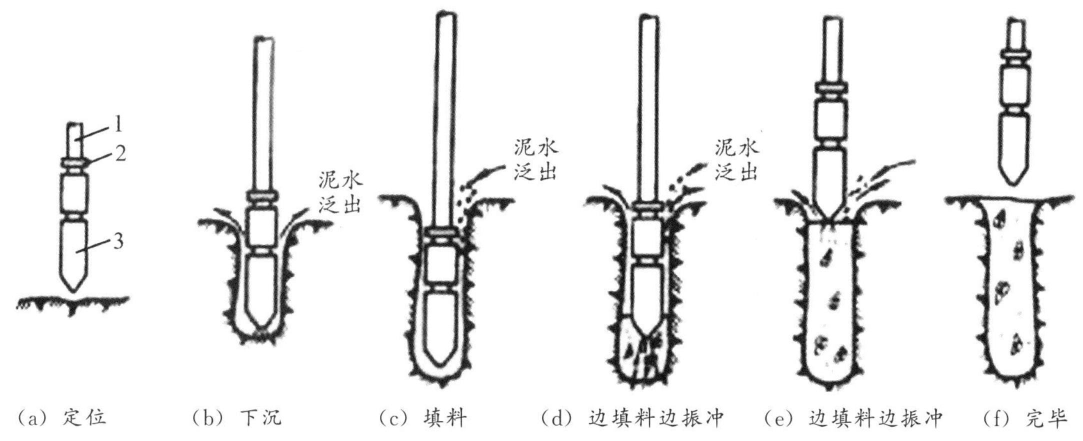

图 4-1-22　振冲法施工过程

1—吊管；2—活接头；3—振冲器

六、砂桩、碎石桩和水泥粉煤灰碎石桩（计量：砂石桩为桩长/体积，CFG 为桩长）

砂桩、碎石桩和水泥粉煤灰碎石桩及褥垫层见表 4-1-17。

表 4-1-17　砂桩、碎石桩和水泥粉煤灰碎石桩及褥垫层

类型	内容
碎石桩和砂桩	碎石桩和砂桩合称为粗颗粒土桩，指用振动、冲击或振动水冲等方式在软弱地基中成孔，再将碎石或砂挤压入孔，形成大直径的由碎石或砂所构成的密实桩体，具有挤密、置换、排水、垫层和加筋等加固作用
水泥粉煤灰碎石桩（CFG 桩）（见图 4-1-23）	承载能力来自桩全长产生的摩阻力及桩端承载力，桩越长承载力越高，桩土形成的复合地基承载力提高幅度可达 4 倍以上且变形量小，适用于多层和高层建筑地基
褥垫层（见图 4-1-24）	(1) 保证桩和桩间土共同作用承担荷载，是水泥粉煤灰碎石桩形成复合地基的重要条件 (2) 材料宜用中砂、粗砂、级配砂石和碎石，最大粒径不宜大于 30mm；不宜采用卵石 (3) 褥垫层的位置位于 CFG 桩和建筑物基础之间，厚度可取 200～300mm；褥垫层不仅仅用于 CFG 桩，也用于碎石桩、管桩等

图 4-1-23　水泥粉煤灰碎石桩（CFG 桩）

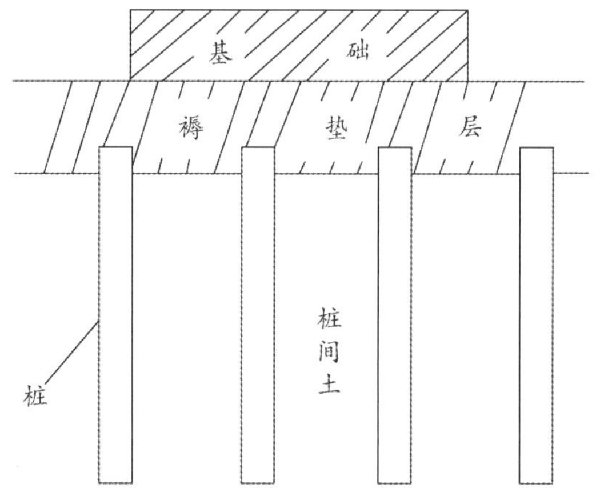

图 4-1-24　褥垫层示意图

七、土桩和灰土桩（计量：桩长）

土桩和灰土桩的适用性见表 4-1-18。

表 4-1-18　土桩和灰土桩的适用性

<table>
<tr><th>类型</th><th colspan="2">适用性</th></tr>
<tr><td>土桩</td><td>（1）主要适用于消除湿陷性黄土地基的湿陷性
（2）土桩挤密地基可视为厚度较大的素土垫层</td><td rowspan="2">（1）适用于处理地下水位以上，深度 5～15m 的湿陷性黄土或人工填土地基
（2）地下水位以下或含水量超过 25% 的土，不宜采用</td></tr>
<tr><td>灰土桩</td><td>主要适用于提高人工填土地基的承载力</td></tr>
</table>

八、深层搅拌桩地基（计量：桩长）

（1）深层搅拌法适宜于加固各种成因的淤泥质土、黏土和粉质黏土等，用于增加软土地基的承载能力，减少沉降量，提高边坡的稳定性和各种坑槽工程施工时的挡水帷幕。

（2）用于深层搅拌的施工工艺目前有两种：①旋喷桩：用水泥浆和地基土搅拌的水泥浆搅拌；②粉喷桩：用水泥粉或石灰粉和地基土搅拌的粉体喷射搅拌。

（3）竖向承载搅拌桩施工时，停浆（灰）面应高于桩顶设计标高 300～500mm。在开挖基坑时，应将搅拌桩顶端施工质量较差的桩段用人工挖除。

九、柱锤冲扩桩（计量：桩长）

适用于处理杂填土、粉土、黏性土、素填土、黄土等地基，对地下水位以下饱和松软土层应通过现场试验确定其适用性。地基处理深度不宜超过 6m，复合地基承载力特征值不宜超过 160kPa。

十、高压喷射注浆桩（计量：桩长）

高压喷射注浆法适用于处理淤泥、淤泥质土、流塑、软塑或可塑黏性土、粉土、砂土、黄土、素填土和碎石土等地基。高压喷射注浆法分旋喷、定喷和摆喷三种类别。施工时可分别采用单管法、二重管法、三重管法和多重管法。高压喷射注浆桩的相关内容见表 4-1-19，其施工方法见图 4-1-25。

表 4-1-19　高压喷射注浆桩的相关内容

<table>
<tr><th>类型</th><th>相关内容</th></tr>
<tr><td>单管法</td><td>（1）利用一根单管喷射高压水泥浆液作为喷射流
（2）成桩直径小，一般为 0.3～0.8m</td></tr>
<tr><td>二重管法</td><td>（1）喷射高压水泥浆和压缩空气两种介质，以浆液作为喷射流，在其外围裹着一圈空气流成为复合喷射流
（2）成桩直径为 1.0m 左右</td></tr>
<tr><td>三重管法</td><td>（1）分别输送水、气、浆三种介质的三重注浆管
（2）成桩直径较大，一般有 1.0～2.0m，但桩身强度低（0.9～1.2MPa）</td></tr>
<tr><td>多重管法</td><td>在砂性土中最大直径可达 4m</td></tr>
<tr><td colspan="2">单管法、二重管法、三重管法和多重管法的施工程序基本一致，都是先把钻杆插入或打进预定土层中，自下而上进行喷射作业</td></tr>
</table>

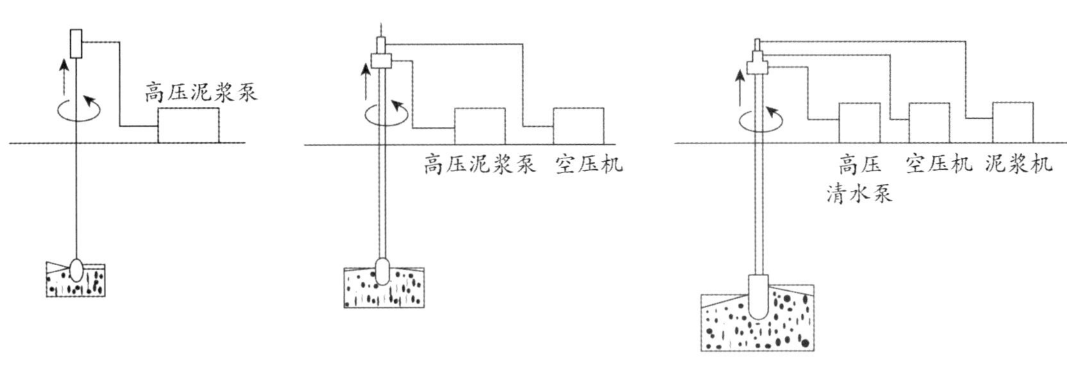

(a) 单管法　　(b) 二管法　　(c) 三管法

图 4-1-25　高压喷射注浆桩施工方法

➤ **考分统计**：统计近 10 年该知识点的考核情况，2012、2013、2015、2016、2017、2019、2021 年进行了考核。考核频次为 70%。其中 2012 年考核一道多选题，2013 年考核一道单选题，2015 年考核三道单选题，2016 年考核一道单选题，2017 年考核一道单选题，2019 年考核一道单选题，2021 年考核一道单选题。

典型例题

[**2017 真题 · 单选**] 地基处理常采用强夯法，其特点在于（　　）。

A. 处理速度快、工期短，适用于城市施工

B. 不适用于软黏土层处理

C. 处理范围应小于建筑物基础范围

D. 采取相应措施还可用于水下夯实

[**解析**] 强夯法适用于加固碎石土、砂土、低饱和度粉土、黏性土、湿陷性黄土、高填土、杂填土以及"围海造地"地基、工业废渣、垃圾地基等的处理；也可用于防止粉土及粉砂的液化，消除或降低大孔土的湿陷性等级；对于高饱和度淤泥、软黏土、泥炭、沼泽土，如采取一定技术措施也可采用，还可用于水下夯实。强夯不得用于不允许对工程周围建筑物和设备有一定振动影响的地基加固，必需时，应采取防振、隔振措施。

[**答案**] D

[**2016 真题 · 单选**] 在砂性土中施工直径 2.5m 的高压喷射注浆桩，应采用（　　）。

A. 单管法　　B. 二重管法

C. 三重管法　　D. 多重管法

[**解析**] 多重管法成桩直径在砂性土中最大直径可达 4m，单管法成桩直径较小，一般为 0.3～0.8m，二重管法成桩直径为 1.0m 左右，三重管法成桩直径较大一般有 1.0～2.0m。

[**答案**] D

[**2015 真题 · 单选**] 可用作结构辅助防渗层的地基是（　　）。

A. 灰土地基　　B. 砂和砂石地基

C. 粉煤灰地基　　D. 振冲地基

[**解析**] 灰土地基适用于加固深 1～4m 厚的软弱土、湿陷性黄土、杂填土等，还可用作结构的辅助防渗层。

[**答案**] A

［**2015 真题·单选**］以下土层中不宜采用重锤夯实法夯实地基的是（　　）。

A. 砂土　　B. 湿陷性黄土

C. 杂填土　　D. 软黏土

［**解析**］重锤夯实法适用于地下水距地面 0.8m 以上稍湿的黏土、砂土、湿陷性黄土、杂填土和分层填土，但在有效夯实深度内存在软黏土层时不宜采用。

［**答案**］D

［**2015 真题·单选**］以下土层中可用灰土桩挤密地基施工的是（　　）。

A. 地下水位以下，深度在 15m 以内的湿陷性黄土地基

B. 地下水位以上，含水量不超过 30%的地基土层

C. 地下水位以下的人工填土地基

D. 含水量在 25%以下的人工填土地基

［**解析**］土桩和灰土桩挤密地基是由桩间挤密土和填夯的桩体组成的人工“复合地基”。适用于处理地下水位以上，深度 5～15m 的湿陷性黄土或人工填土地基。土桩主要适用于消除湿陷性黄土地基的湿陷性，灰土桩主要适用于提高人工填土地基的承载力。地下水位以下或含水量超过 25%的土，不宜采用。

［**答案**］D

［**2013 真题·单选**］以下关于地基夯实加固处理成功的经验有（　　）。

A. 砂土、杂填土和软黏土层适宜采用重锤夯实

B. 地下水距地面 0.8m 以上的湿陷性黄土不宜采用重锤夯实

C. 碎石土、砂土、粉土不宜采用强夯法

D. 工业废渣、垃圾地基适宜采用强夯法

［**解析**］重锤夯实法适用于地下水距地面 0.8m 以上稍湿的黏土、砂土、湿陷性黄土、杂填土和分层填土，但在有效夯实深度内存在软黏土层时不宜采用。强夯法适用于加固碎石土、砂土、低饱和度粉土、黏性土、湿陷性黄土、高填土、杂填土以及“围海造地”地基、工业废渣、垃圾地基等的处理；也可用于防止粉土及粉砂的液化，消除或降低大孔土的湿陷性等级；对于高饱和度淤泥、软黏土、泥炭、沼泽土，如采取一定技术措施也可采用，还可用于水下夯实。

［**答案**］D

［**2010 真题·单选**］采用深层搅拌法进行地基加固处理，适用条件为（　　）。

A. 砂砾石松软地基　　B. 松散砂地基

C. 黏土软弱地基　　D. 碎石土软弱地基

［**解析**］深层搅拌法适宜于加固各种成因的淤泥质土、黏土和粉质黏土等，用于增加软土地基的承载能力，减少沉降量，提高边坡的稳定性和各种坑槽工程施工时的挡水帷幕。

［**答案**］C

［**2012 真题·多选**］以下关于土桩和灰土桩的说法，正确的有（　　）。

A. 土桩和灰土桩挤密地基是由桩间挤密土和填夯的桩体组成

B. 用于处理地下水位以下，深度 5～15m 的湿陷性黄土

C. 土桩主要用于提高人工填土地基的承载力

D. 灰土桩主要用于消除湿陷性黄土地基的湿陷性

E. 不宜用于含水量超过 25%的人工填土地基

［解析］选项 B，适用于处理地下水位以上，深度 5～15m 的湿陷性黄土或人工填土地基。选项 C，土桩主要适用于消除湿陷性黄土地基的湿陷性。选项 D，灰土桩主要适用于提高人工填土地基的承载力。

［答案］AE

知识点 9 钢筋混凝土预制桩施工

一、桩的制作、起吊、运输和堆放

桩的制作、起吊、运输和堆放见表 4-1-20。

表 4-1-20 桩的制作、起吊、运输和堆放

项目	内容
制作	(1) 长度在 10m 以下的短桩，一般多在工厂预制 (2) 制作预制桩有并列法、间隔法、重叠法、翻模法等，现场预制桩多用重叠法预制，重叠层数不宜超过 4 层 (3) 上层桩或邻近桩的灌注，应在下层桩或邻近桩混凝土达到设计强度等级的 30%以后方可进行
起吊、运输	(1) 混凝土达到设计强度的 70%后方可起吊 (2) 达到设计强度的 100%方可运输和打桩
堆放	堆放层数不宜超过 4 层，不同规格的桩应分别堆放

二、沉桩

(一) 锤击沉桩

1. 适用范围

锤击沉桩法适用于桩径较小（一般桩径 0.6m 以下），地基土土质为可塑性黏土、砂性土、粉土、细砂以及松散的碎卵石类土的情况。

2. 锤击法施工

(1) 打桩机具的选择。

打桩机具主要包括桩锤、桩架和动力装置三部分。要求桩锤锤重应有足够的冲击能，锤重应大于等于桩重。当锤重大于桩重的 1.5～2.0 倍时，能取得良好的效果，当桩重大于 2t 时，可采用比桩轻的桩锤，但亦不能小于桩重的 75%。在施工中，宜采用“重锤低击”。

(2) 打桩准备。

(3) 确定打桩顺序（见图 4-1-26）：

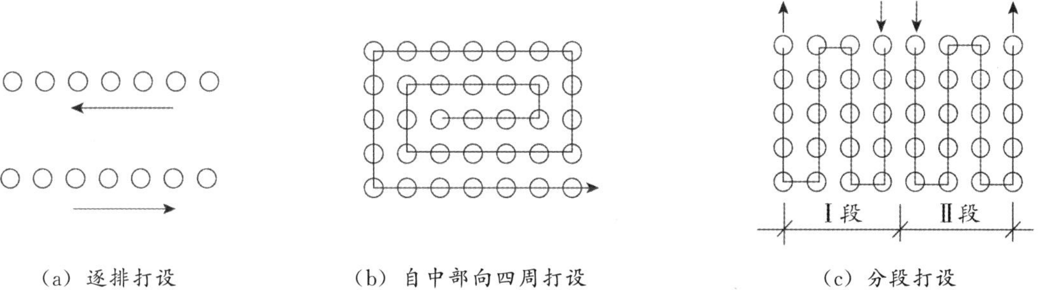

图 4-1-26 打桩顺序

一般当基坑不大时，打桩应从中间开始分头向两边或四周进行。当基坑较大时，应将基坑分为数段，而后在各段范围内分别进行。打桩应避免自外向内，或从周边向中间进行。当桩基的设计标高不同时，打桩顺序易先深后浅；当桩的规格不同时，打桩顺序宜先大后小、先长后短。

➢ **总结**：由中到边，先深后浅、先大后小、先长后短。

（二）静力压桩

（1）静力压桩施工时无冲击力，噪声和振动较小，桩顶不易损坏，且无污染，对周围环境的干扰小，适用于软土地区、城市中心或建筑物密集处的桩基础工程，以及精密工厂的扩建工程。

（2）施工工艺流程为：测量定位→压桩机就位→吊桩、插桩→桩身对中调制→静压沉桩→接桩→再静压沉桩→送桩→终止压桩→切割桩头。

（三）射水沉桩

（1）射水沉桩法适用于砂土和碎石土，有时对于特别长的预制桩，单靠锤击有一定困难时，亦可用射水沉桩法辅助之。

（2）射水沉桩法的选择应视土质情况而异，见表 4-1-21。

表 4-1-21　射水沉桩法的选择

土质情况	方法选择
砂夹卵石层或坚硬土层中	一般以射水为主，锤击或振动为辅
亚黏土或黏土中	一般以锤击或振动为主，以射水为辅

（四）振动沉桩

（1）振动沉桩主要适用于砂土、砂质黏土、亚黏土层，在含水砂层中的效果更为显著。但在砂砾层中采用此法时，尚需配以水冲法。

（2）振动沉桩法的优点是：设备构造简单，使用方便，效能高，所消耗的动力少，附属机具设备亦少。其缺点是适用范围较窄，不宜用于黏性土以及土层中夹有孤石的情况。

三、接桩

常用接桩方式有焊接、法兰接及硫磺胶泥锚接等几种形式。其中焊接接桩应用最多，前两种接桩方法适用于各种土层，后者只适用于软弱土层。

➢ **考分统计**：统计近 10 年该知识点的考核情况，2011、2012、2013、2014、2015、2016、2017、2019、2020 年进行了考核。考核频次为 90%。其中 2011 年考核一道单选题，2012 年考核一道单选题，2013 年考核一道单选题，2014 年考核一道单选题，2015 年考核四道单选题，2016 年考核一道单选题，2017 年考核一道单选题，2019 年考核一道单选题，2020 年考核一道单选题。

典型例题

［**2020 真题·单选**］钢筋混凝土预制桩在砂夹卵石层和坚硬土层中沉桩，主要沉桩方式应优先考虑（　　）。

A. 静力压桩　　B. 锤击沉桩　　C. 振动沉桩　　D. 射水沉桩

［**解析**］射水沉桩法的选择应视土质情况而异，在砂夹卵石层或坚硬土层中，一般以射水为主，锤击或振动为辅；在亚黏土或黏土中，为避免降低承载力，一般以锤击或振动为主，以射水为辅。

[答案] D

[**2017 真题·单选**] 钢筋混凝土预制桩锤击沉桩法施工，通常采用（　　）。

A. 轻锤低击的打桩方式　　B. 重锤低击的打桩方式

C. 先四周后中间的打桩顺序　　D. 先打短桩后打长桩

[**解析**] 锤击法施工桩锤的选择应先根据施工条件确定桩锤的类型，然后再决定锤重。宜采用“重锤低击”。一般当基坑不大时，打桩应从中间分头向两边或四周进行。打桩应避免自外向内，或从周边向中间进行。当桩基的设计标高不同时，打桩顺序易先深后浅；当桩的规格不同时，打桩顺序宜先大后小、先长后短。

[答案] B

[**2016 真题·单选**] 关于钢筋混凝土预制桩施工，下列说法正确的是（　　）。

A. 基坑较大时，打桩宜从周边向中间进行

B. 打桩宜采用重锤低击

C. 钢筋混凝土预制桩堆放层数不超过 2 层

D. 桩体混凝土强度达到设计强度的 70%方可运输

[**解析**] 选项 A 错误，打桩应避免自外向内，或从周边向中间进行；选项 B 正确，在施工中，宜采用“重锤低击”；选项 C 错误，堆放层数不宜超过 4 层，不同规格的桩应分别堆放；选项 D 错误，钢筋混凝土预制桩应在混凝土达到设计强度的 70%方可起吊，达到 100%方可运输和打桩。

[答案] B

[**2015 真题·单选**] 静力压桩正确的施工工艺流程是（　　）。

A. 定位→吊桩→对中→压桩→接桩→压桩→送桩→切割桩头

B. 吊桩→定位→对中→压桩→送桩→压桩→接桩→切割桩头

C. 对中→吊桩→插桩→送桩→静压→接桩→压桩→切割桩头

D. 吊桩→定位→压桩→送桩→接桩→压桩→切割桩头

[**解析**] 静力压桩由于受设备行程的限制，在一般情况下是分段预制、分段压入、逐段压入、逐段接长，其施工工艺流程为：测量定位→压桩机就位→吊桩、插桩→桩身对中调制→静压沉桩→接桩→再静压沉桩→送桩→终止压桩→切割桩头。

[答案] A

[**2015 真题·单选**] 钢筋混凝土预制桩的运输和堆放应满足以下要求（　　）。

A. 混凝土强度达到设计强度的 70%方可运输

B. 混凝土强度达到设计强度的 100%方可运输

C. 堆放层数不宜超过 10 层

D. 不同规格的桩按上小下大的原则堆放

[**解析**] 钢筋混凝土预制桩应在混凝土达到设计强度的 70%方可起吊；达到 100%方可运输和打桩。堆放层数不宜超过 4 层。不同规格的桩应分别堆放。

[答案] B

[**2015 真题·单选**] 采用锤击法打预制钢筋混凝土桩，方法正确的是（　　）。

A. 桩重大于 2t 时，不宜采用“重锤低击”施工

B. 桩重小于 2t 时，可采用 1.5～2 倍桩重的桩锤

C. 桩重大于 2t 时，可采用桩重 2 倍以上的桩锤

D. 桩重小于 2t 时，可采用“轻锤高击”施工

［解析］当锤重大于桩重的 1.5～2 倍时，能取得良好的效果，但桩锤亦不能过重，过重易将桩打坏；当桩重大于 2t 时，可采用比桩轻的桩锤，但亦不能小于桩重的 75%。施工中，宜采用“重锤低击”。

［答案］B

［2014 真题·单选］关于钢筋混凝土预制桩加工制作，以下说法正确的是（　　）。

A. 长度在 10m 以上的桩必须工厂预制

B. 重叠法预制不宜超过 5 层

C. 重叠法预制下层桩强度达到设计强度 70%时方可灌注上层桩

D. 桩的强度达到设计强度的 70%方可起吊

［解析］选项 A，长度在 10m 以下的短桩，一般多在工厂预制。选项 B，重叠层数不宜超过 4 层。选项 C，上层桩或邻近桩的灌注，应在下层桩或邻近桩混凝土达到设计强度等级的 30%以后方可进行。

［答案］D

［2012 真题·单选］在钢筋混凝土预制桩打桩施工中，仅适用于软弱土层的接桩方法是（　　）。

A. 硫磺胶泥锚接

B. 焊接连接

C. 法兰连接

D. 机械连接

［解析］常用的接桩方法有焊接、法兰接或硫磺胶泥锚接。前两种接桩方法适用于各类土层；后者只适用于软弱土层。

［答案］A

知识点 10 钢管桩

（1）钢管桩具有重量轻、刚性好，承载力高，桩长易于调节，排土量小，对邻近建筑物影响小，接头连接简单，工程质量可靠，施工速度快的优点。但钢管桩也存在钢材用量大、工程造价较高，打桩机具设备较复杂、振动和噪声较大，桩材保护不善、易腐蚀等缺点。

（2）打桩顺序：

1）有先挖土后打桩和先打桩后挖土两种方法。在软土地区，一般采取先打桩后挖土的施工方法。

2）施工顺序：桩机安装→桩机移动就位→吊桩→插桩→锤击下沉→接桩→锤击至设计深度→内切钢管桩→精割→焊桩盖→浇筑垫层混凝土→绑钢筋→支模板→浇筑混凝土基础承台。

知识点 11 混凝土灌注桩施工

根据成孔工艺不同，分为泥浆护壁成孔、干作业成孔、人工挖孔、套管成孔和爆扩成孔等。

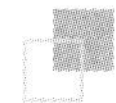

一、泥浆护壁成孔灌注桩

按成孔工艺和成孔机械不同分为四种，其相应的适用性见表 4-1-22。灌注桩的桩顶标高至少要比设计标高高出 0.8～1.0m。泥浆护壁成孔灌注桩施工流程见图 4-1-27。

表 4-1-22 泥浆护壁成孔灌注桩的适用性

类型	适用性
正循环钻孔灌注桩（见图 4-1-28）	可用于桩径小于 1.5m、孔深一般小于或等于 50m 场地
反循环钻孔灌注桩（见图 4-1-29）	可用于桩径小于 2m，孔深一般小于或等于 60m 的场地
钻孔扩底灌注桩	孔深一般小于或等于 40m
冲击成孔灌注桩	对厚砂层软塑—流塑状态的淤泥及淤泥质土应慎重使用

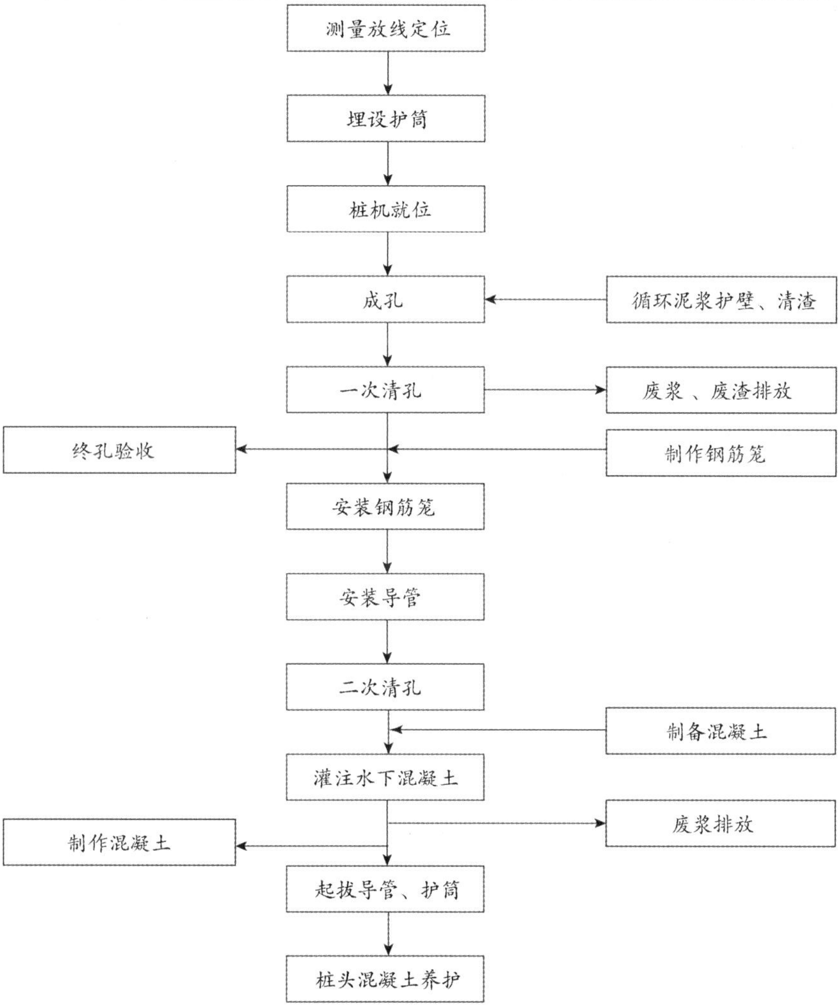

测量放线定位
↓
埋设护筒
↓
桩机就位
↓
成孔 ← 循环泥浆护壁、清渣
↓
一次清孔 → 废浆、废渣排放
↓ （终孔验收 ←；← 制作钢筋笼）
安装钢筋笼
↓
安装导管
↓
二次清孔
↓ （← 制备混凝土）
灌注水下混凝土
↓ （→ 废浆排放；制作混凝土 ←）
起拔导管、护筒
↓
桩头混凝土养护

图 4-1-27 泥浆护壁成孔灌注桩施工流程

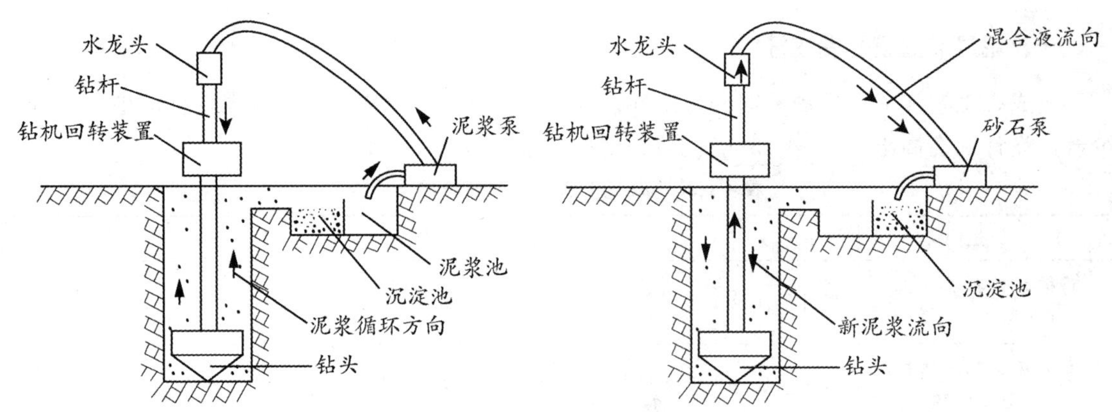

图 4-1-28　正循环钻孔灌注桩　　　　图 4-1-29　反循环钻孔灌注桩

二、干作业成孔灌注桩

目前干作业成孔的灌注桩常用的有螺旋钻孔灌注桩、螺旋钻孔扩孔灌注桩、机动洛阳铲挖孔灌注桩及人工挖孔灌注桩四种。

三、套管成孔灌注桩

套管成孔灌注桩是目前采用最为广泛的一种灌注桩。它有锤击沉管灌注桩、振动沉管灌注桩。沉管灌注桩施工过程见图 4-1-30。振动沉管灌注桩施工方法的特点见表 4-1-23。

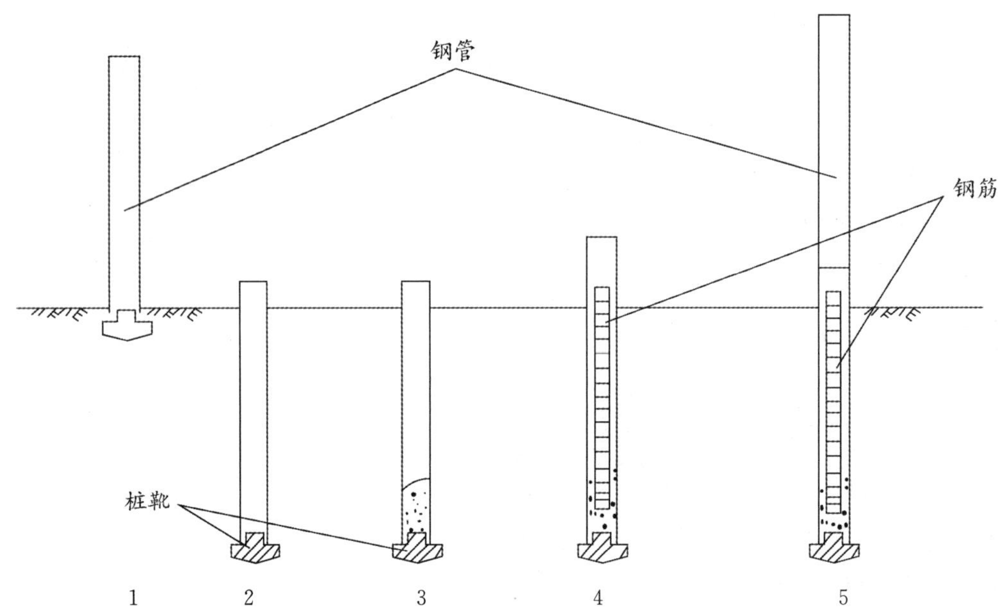

图 4-1-30　沉管灌注桩施工过程

1—就位；2—沉套管；3—开始灌注混凝土；4—下钢筋骨架继续浇灌混凝土；5—拔管成型

表 4-1-23　振动沉管灌注桩施工方法的特点

方法	特点
单打法	施工速度快，混凝土用量较小，但桩的承载力较低
复打法	能使桩径增大，提高桩的承载能力
反插法	使桩的截面增大，从而提高桩的承载力，一般适用于较差的软土地基

四、爆扩成孔灌注桩

爆扩成孔灌注桩又称爆扩桩，是由桩柱和扩大头两部分组成。适用范围较广，除软土和新填土外，其他各种土层中均可使用。爆扩成孔灌注桩工艺流程见图 4-1-31。

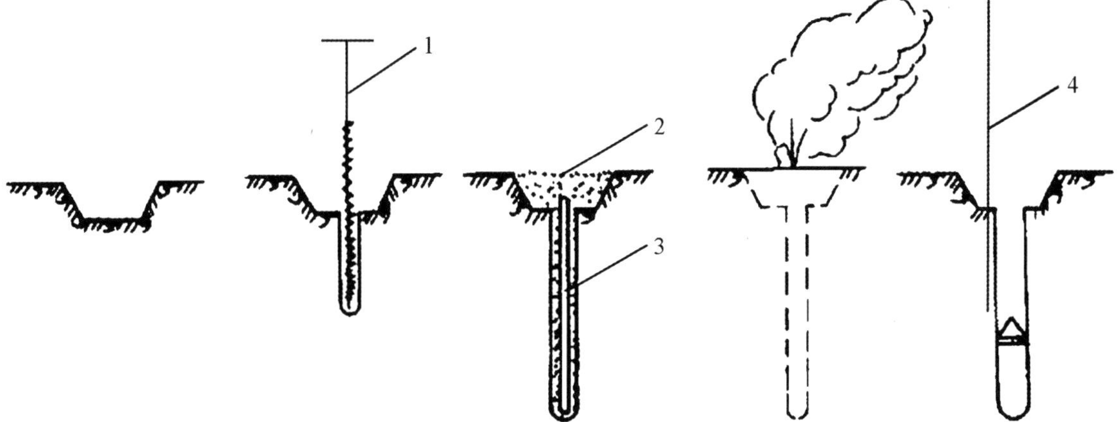

（a）挖喇叭口　（b）钻导孔　（c）安装炸药条并填砂　（d）引爆成孔　（e）检查并修整桩孔

图 4-1-31　爆扩成孔灌注桩工艺流程

1—手提钻；2—砂；3—炸药条；4——太阳铲

➤ **考分统计**：统计近 10 年该知识点的考核情况，2016、2017、2018 年进行了考核。考核频次为 30%。其中 2016 年考核一道单选题，2017 年考核一道单选题，2018 年考核一道多选题。

典型例题

[**2017 真题 · 单选**] 混凝土泥浆护壁成孔灌注桩施工时，应将（　　）。

A. 桩孔内废浆、废渣清理干净，且待桩孔干燥后下放钢筋笼

B. 混凝土导管缓慢拔起，确保混凝土正常灌注

C. 泥浆与混凝土充分拌和确保桩体质量

D. 废浆采用地面泥浆泵从桩孔内吸出

[**解析**] 待桩孔干燥后下放钢筋笼，不正确，泥浆护壁不能干燥，选项 A 错误。混凝土桩不能混入泥浆，选项 C 错误。废渣正循环是悬浮上去的，反循环是从钻杆吸出的，都不会是从桩孔内吸出的，选项 D 错误。

[**答案**] B

[**2016 真题 · 单选**] 在砂土地层中施工泥浆护壁成孔灌注桩，桩径 1.8 米，桩长 52 米，应优先考虑采用（　　）。

A. 正循环钻孔灌注桩

B. 反循环钻孔灌注桩

C. 钻孔扩底灌注桩

D. 冲击成孔灌注桩

[**解析**] 反循环钻孔灌注桩适用于黏性土、砂土、细粒碎石土及强风化、中等-微风化岩石，可用于桩径小于 2.0m、孔深一般小于或等于 60m 的场地。

[**答案**] B

[**2018 真题·多选**] 现浇混凝土灌注桩，按成孔方法分为（　　）。

A. 柱锤冲扩桩

B. 泥浆护壁成孔灌注桩

C. 干作业成孔灌注桩

D. 人工挖孔灌注桩

E. 爆扩成孔灌注桩

[**解析**] 灌注桩是直接在桩位上就地成孔，然后在孔内安放钢筋笼（也有直接插筋或省缺钢筋的），再灌注混凝土而成。根据成孔工艺不同，分为泥浆护壁成孔、干作业成孔、人工挖孔、套管成孔和爆扩成孔等。

[**答案**] BCDE

知识点 12 钻孔压浆桩

钻孔压浆桩施工的相关内容见表 4-1-24，施工程序见图 4-1-32。

表 4-1-24　钻孔压浆桩施工的相关内容

项目	相关内容
工法	利用长螺旋钻孔机钻孔至设计深度，在提升钻杆的同时通过设在钻头上的喷嘴向孔内高压灌注制备好的以水泥浆为主剂的浆液，至浆液达到没有塌孔危险的位置或地下水位以上 0.5～1.0m 处；起钻后向孔内放入钢筋笼，并放入至少 1 根直通孔底的高压注浆管，然后投放粗骨料至孔口设计标高以上 0.3m 处；最后通过高压注浆管，在水泥浆终凝之前多次重复地向孔内补浆，直至孔口冒浆为止
适用性	（1）几乎可用于各种地质土层条件 （2）水位以上干作业成孔成桩、地下水位以下成孔成桩 （3）常温、−35℃的低温 （4）风化岩层、盐渍土层及砂卵石层、厚流沙层、紧邻持续振动源的困难环境

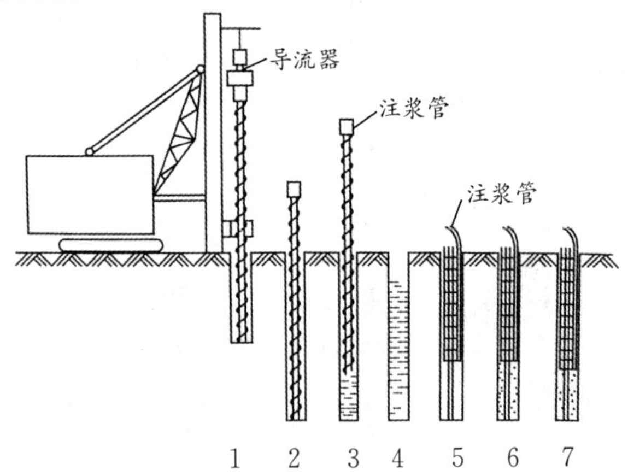

图 4-1-32　钻孔压浆桩施工程序

1—钻机就位；2—钻进；3—首次注浆；4—提出钻杆；5—放钢筋笼；6—放碎石；7—二次补浆

知识点 13 灌注桩后压浆

（1）钻孔灌注桩后压浆施工技术主要有桩底后压浆、桩侧后压浆、复式压浆（桩底和桩侧同时后压浆）三类。

（2）灌注桩后压浆的施工流程：准备工作→管阀制作→灌注桩施工（后压浆管埋设）→压浆设备选型及加筋软管与桩身压浆管连接安装→打开排气阀并开泵放气调试→关闭排气阀压清水开塞→按设计水灰比拌制水泥浆液→水泥浆经过滤至储浆桶（不断搅拌）→待压浆管道通畅

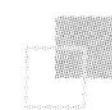

后压注水泥浆液→桩检测。

知识点 14 砌体结构工程施工

一、砌筑砂浆

(1) 水泥使用应符合下列规定：①当在使用中对水泥质量有怀疑或水泥出厂超过三个月（快硬硅酸盐水泥超过一个月）时，应复查试验，并按复验结果使用；②不同品种的水泥，不得混合使用。

(2) 建筑生石灰、建筑生石灰粉熟化为石灰膏，分别不得少于 7d 和 2d。严禁采用脱水硬化的石灰膏。

(3) 施工中不应采用强度等级小于 M5 水泥砂浆替代同强度等级水泥混合砂浆，如需替代，应将水泥砂浆提高一个强度等级。

(4) 砌筑砂浆应采用机械搅拌，搅拌时间自投料完起算应符合下列规定：①水泥砂浆和水泥混合砂浆不得少于 120s；②水泥粉煤灰砂浆和掺用外加剂的砂浆不得少于 180s；③掺增塑剂的砂浆，从加水开始，搅拌时间不得少于 210s。

(5) 现场拌制的砂浆应随拌随用，拌制的砂浆应在 3h 内使用完毕；当施工期间最高气温超过 30℃时，应在 2h 内使用完毕。

二、砌体结构施工基本规定

(1) 不得在下列墙体或部位设置脚手眼（都是薄弱的部位）：

1) 120mm 厚墙、清水墙、料石墙、独立柱和附墙柱。

2) 过梁上与过梁成 60°角的三角形范围及过梁净跨度 1/2 的高度范围内（见图 4-1-33）。

3) 宽度小于 1m 的窗间墙。

4) 门窗洞口两侧石砌体 300mm，其他砌体 200mm 范围内；转角处石砌体 600mm，其他砌体 450mm 范围内。（常考查砖砌体）

5) 梁或梁垫下及其左右 500mm 范围内。

6) 设计不允许设置脚手眼的部位。

7) 轻质墙体。

8) 夹心复合墙外叶墙。

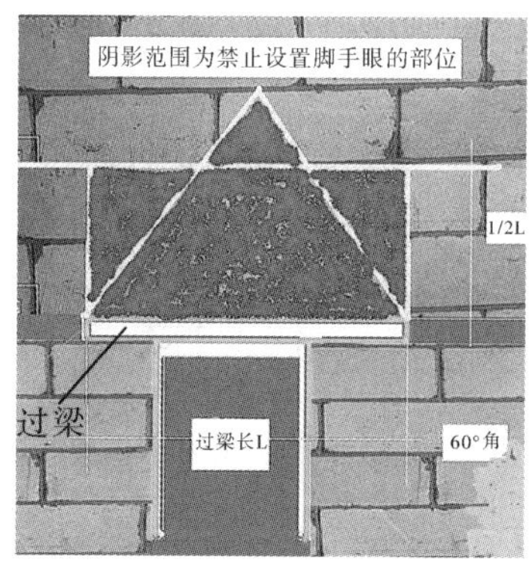

图 4-1-33 与过梁成 60°角及过梁净跨度 1/2 的高度范围

(2) 宽度超过 300mm 的洞口上部，应设置钢筋混凝土过梁。不应在截面长边小于 500mm 的承重墙体、独立柱内埋设管线。

（3）砌体施工质量控制等级分为A、B、C三级，砌筑工人质量等级为A级的要求为中级以上，其中高级工不少于30%，B级的要求为高、中级不少于70%，C级的要求为初级工以上。

（4）正常施工条件下，砖砌体、小砌块砌体每日砌筑高度宜控制在1.5m或一步脚手架高度内；石砌体不宜超过1.2m。

三、砖砌体工程

（1）砌体砌筑时，混凝土多孔砖、混凝土实心砖、蒸压灰砂砖、蒸压粉煤灰砖等块体的产品龄期不应小于28d。

（2）有冻胀环境和条件的地区，地面以下或防潮层以下的砌体，不应采用多孔砖。

（3）采用铺浆法砌筑砌体，铺浆长度不得超过750mm；当施工期间气温超过30℃时，铺浆长度不得超过500mm。

（4）多孔砖的孔洞应垂直于受压面砌筑。半盲孔多孔砖的封底面应朝上砌筑。

（5）砖墙灰缝宽度宜为10mm，且不应小于8mm，也不应大于12mm。（8mm≤砖墙灰缝≤12mm，10mm最佳）

（6）留槎要求见表4-1-25。

表4-1-25　留槎要求

类型		要求
抗震设防烈度8度及8度以上地区	斜槎	多孔砖砌体的斜槎长高比不应小于1/2
非抗震设防及抗震设防烈度为6度、7度地区	斜槎	转角处
	直槎	除转角处外，可留直槎，但直槎必须做成凸槎，且应加设拉结钢筋

砖砌体斜槎砌筑见图4-1-34；砖砌体直槎和拉结筋见图4-1-35。

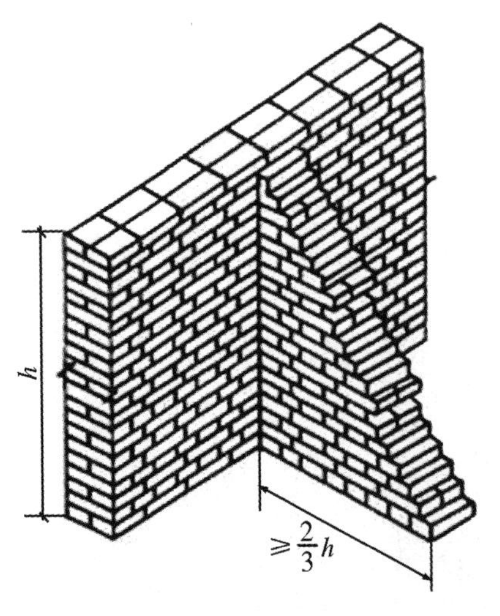

图4-1-34　砖砌体斜槎砌筑

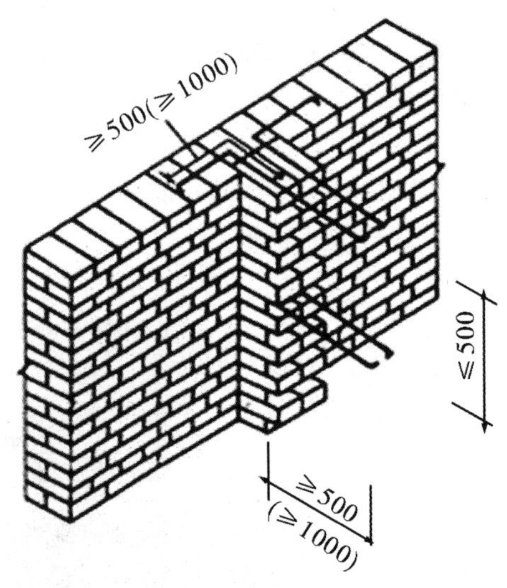

图4-1-35　砖砌体直槎和拉结筋

拉结钢筋应符合下列规定：

1）每120mm墙厚放置1ϕ6拉结钢筋（240mm厚墙应放置2ϕ6拉结钢筋）。

2）间距沿墙高不应超过500mm，且竖向间距偏差不应超过100mm。

3）埋入长度从留槎处算起每边均不应小于500mm，对抗震设防烈度6度、7度的地区，

不应小于1000mm。(非抗震设防500mm、抗震设防1000mm)

4) 末端应有90°弯钩。

四、混凝土小型空心砌块砌体工程

(1) 小砌块的产品龄期不应小于28d。

(2) 底层室内地面以下或防潮层以下的砌体，应采用强度等级不低于C20(或Cb20)的混凝土灌实小砌块的孔洞。

(3) 砌筑普通混凝土小型空心砌块砌体，不需对小砌块浇水湿润；对轻骨料混凝土小砌块，应提前浇水湿润。雨天及小砌块表面有浮水时，不得施工。

(4) 小砌块墙体应孔对孔、肋对肋错缝搭砌。

(5) 小砌块应将生产时的底面朝上反砌于墙上。

(6) 砌体水平灰缝和竖向灰缝的砂浆饱满度，按净面积计算不得低于90%。

五、配筋砌体工程

(1) 砌筑填充墙时，轻骨料混凝土小型空心砌块和蒸压加气混凝土砌块的产品龄期不应小于28d，蒸压加气混凝土砌块的含水率宜小于30%。

(2) 砌体的砂浆强度等级不应低于M5；实心块体的强度等级不宜低于MU2.5，空心块体的强度等级不宜低于MU3.5，墙顶应与框架梁密切结合。

(3) 填充墙应沿框架柱全高每隔500～600mm设2ϕ6拉筋，拉筋伸入墙内的长度，6、7度抗震设防时宜沿墙全长贯通，8、9度抗震设防时应全长贯通。

(4) 墙长大于5m时，墙顶与梁宜有拉结；墙长超过8m或层高的2倍时，宜设置钢筋混凝土构造柱；墙高超过4m时，墙体半高宜设置与柱连接且沿墙全长贯通的钢筋混凝土水平系梁。

(5) 在厨房、卫生间、浴室等处采用轻骨料混凝土小型空心砌块、蒸压加气混凝土砌块砌筑墙体时，墙底部宜现浇混凝土坎台，其高度宜为150mm，见图4-1-36。

(6) 蒸压加气混凝土砌块、轻骨料混凝土小型空心砌块不应与其他块体混砌，不同强度等级的同类块体也不得混砌。

(7) 填充墙与承重主体结构间的空(缝)隙部位施工(见图4-1-37)，应在填充墙砌筑14d后进行。

图4-1-36 现浇混凝土坎台

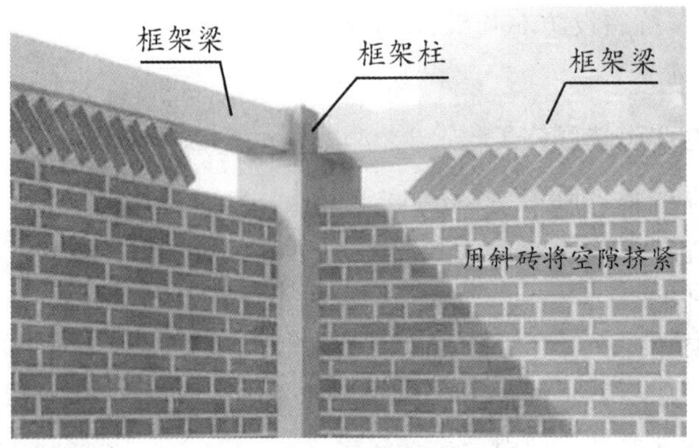

图 4-1-37　填充墙与承重主体结构间的空（缝）隙

➤ **考分统计**：统计近 10 年该知识点的考核情况，2011、2012、2016 年进行了考核。考核频次为 30%。其中 2011 年考核一道单选题，2012 年考核一道单选题，2016 年考核一道单选题。

典型例题

［**2016 真题·单选**］墙体为构造柱砌成的马牙槎，其凹凸尺寸和高度可约为（　　）。

A. 60mm 和 345mm

B. 60mm 和 260mm

C. 70mm 和 385mm

D. 90mm 和 385mm

［**解析**］构造柱与墙体的连接，墙体应砌成马牙槎，马牙槎凹凸尺寸不宜小于 60mm，高度不应超过 300mm。

［**答案**］B

［**建造师真题·多选**］下列墙体或部位可以设置脚手眼的有（　　）。

A. 120mm 厚墙

B. 梁或梁垫下及其左右 600mm 处

C. 宽度 2m 的窗间墙

D. 砖砌体门窗洞口两侧 300mm 处

E. 过梁上与过梁成 60°角的三角形范围

［**解析**］梁或梁垫下及其左右 500mm 范围内，不能设置脚手眼，选项 B 正确。宽度小于 1m 的窗间墙，不能设置脚手眼，选项 C 正确。门窗洞口两侧石砌体 300mm，其他砌体 200mm 范围内；转角处石砌体 600mm，其他砌体 450mm 范围内，不能设置脚手眼，选项 D 正确。

［**答案**］BCD

知识点 15　砌筑用脚手架

一、外脚手架

外脚手架是沿建筑物外围周边搭设的一种脚手架，用于外墙砌筑和外墙装修装饰。常用的有多立杆式脚手架、门式脚手架等，见图 4-1-38。

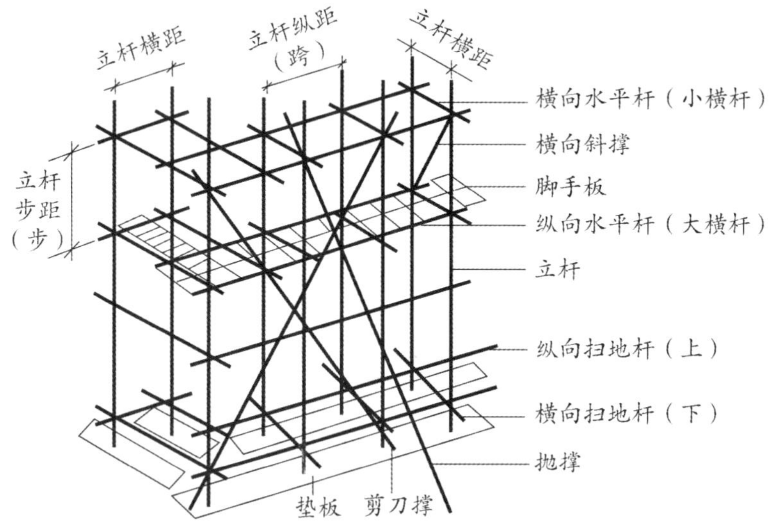

图 4-1-38　脚手架示意图

多立杆式脚手架由立杆、纵向水平杆、横向水平横杆、剪刀撑、横向斜撑、抛撑、连墙杆、脚手板等组成，见图 4-1-39。多立杆式脚手架可以搭设成双排式和单排式两种形式。

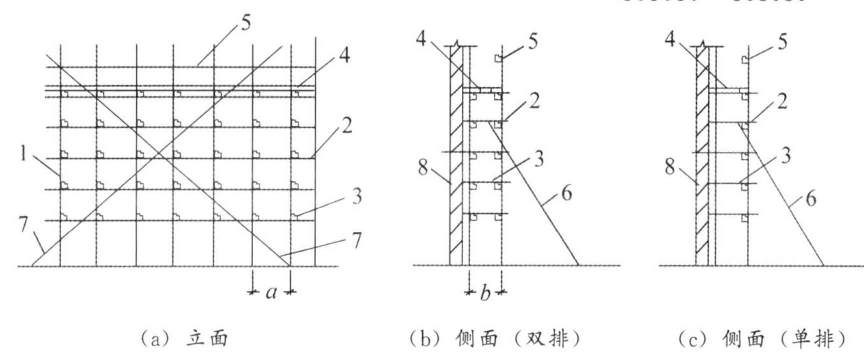

图 4-1-39　多立杆式脚手架

1—立杆；2—纵向水平杆；3—横向水平杆；4—脚手板；5—栏杆；6—抛撑；7—斜撑（剪刀撑）；8—墙体

（1）底座、垫板均应准确地放在定位线上；垫板应采用长度不少于 2 跨、厚度不小于 50mm、宽度不小于 200mm 的木垫板（见图 4-1-40）。

图 4-1-40　木垫板

（2）脚手架必须配合施工进度搭设，一次搭设高度不应超过相邻连墙件以上两步。

（3）纵向水平杆应设置在立杆内侧，其长度不应小于 3 跨。

（4）纵向水平杆接长应采用对接扣件连接或搭接。纵向水平杆的对接扣件应交错布置：

1）两根相邻纵向水平杆的接头不应设置在同步或同跨内。

2）不同步或不同跨两个相邻接头在水平方向错开的距离不应小于500mm。

3）各接头中心至最近主节点的距离不应大于纵距的1/3。

4）搭接长度不应小于1m，应等间距设置3个旋转扣件固定，端部扣件盖板边缘至搭接纵向水平杆杆端的距离不应小于100mm。

（5）主节点处必须设置一根横向水平杆，用直角扣件扣接且严禁拆除。主节点（见图4-1-41）处的两个直角扣件的中心距不应大于150mm。

图4-1-41　主节点

（6）脚手架必须设置纵、横向扫地杆（见图4-1-42），纵向扫地杆应采用直角扣件固定在距底座上皮不大于200mm处的立杆上。横向扫地杆宜采用直角扣件固定在紧靠纵向扫地杆下方的立杆上。当立杆的基础不在同一高度上时，必须将高处的纵向扫地杆向低处延长两跨与立杆固定，高低差不应大于1m。靠边坡上方的立杆轴线到边坡的距离不应小于500mm。

（a）实物图

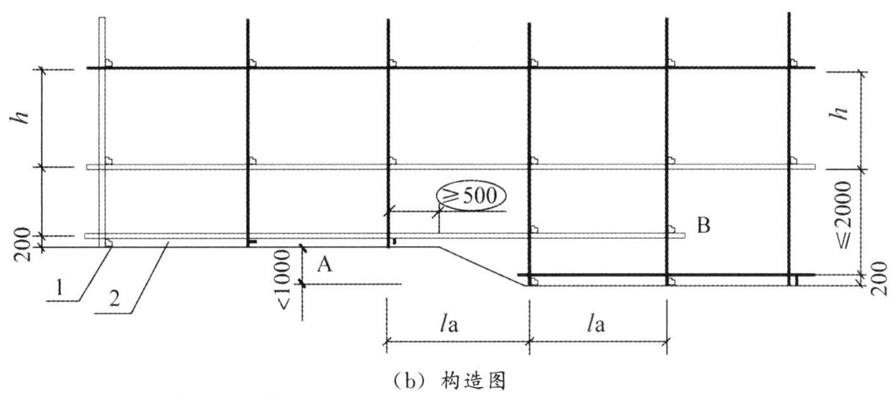

（b）构造图

图 4-1-42　纵、横向扫地杆

1—横向扫地杆；2—纵向扫地杆

（7）立杆必须用连墙件与建筑物可靠连接，连墙件布置间距应符合规定。

（8）立杆接长除顶层顶步可采用搭接外，其余各层各步接头必须采用对接扣件连接。立杆上的对接扣件应交错布置，两根相邻立杆的接头不应设置在同步内，同步内每隔一根立杆的两个相邻接头在高度方向错开的距离不宜小于 500mm；各接头中心至主节点的距离不宜大于步距的 1/3。搭接长度不应小于 1m，应采用不少于 2 个旋转扣件固定，端部扣件盖板的边缘至杆端距离不应小于 100mm。

（9）开口形脚手架的两端必须设置连墙件，连墙件的垂直间距不应大于建筑物的层高，且不应大于 4m。

（10）高度 24m 及以下的单、双排脚手架，宜采用刚性连墙件与建筑物可靠连接，亦可采用钢筋与顶撑配合使用的附墙连接方式。严禁使用只有钢筋的柔性连墙件。对高度 24m 以上的双排脚手架，必须采用刚性连墙件与建筑物可靠连接。

（11）连墙件必须采用可承受拉力和压力的构造。

（12）剪刀撑，其类型及设置方式见表 4-1-26，其设置见图 4-1-43。

表 4-1-26　剪刀撑的类型及设置方式

高度	脚手架类型	设置方式
<24m	单排、双排	外侧两端、转角及中间不超过 15m 的立面上
≥24m	双排	外侧全立面连续设置

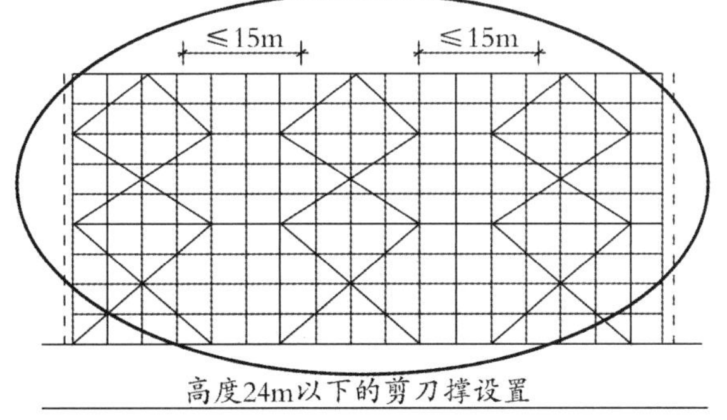

图 4-1-43　剪刀撑设置

二、里脚手架

里脚手架是搭设在施工对象内部的脚手架。主要用于在楼层上砌墙和进行内部装修等施工

作业。

三、脚手架的拆除

（1）拆除作业必须由上而下逐层进行，严禁上下同时作业。

（2）同层杆件和构配件必须按先外后内的顺序拆除；剪刀撑、斜撑杆等加固杆件必须在拆卸至该部位杆件时再拆除。

（3）连墙件必须随脚手架逐层拆除，严禁先将连墙件整层拆除后再拆脚手架；分段拆除高差不应大于两步，如高差大于两步，应增设连墙件加固。

（4）拆除的构配件应采用起重设备吊运或人工传递到地面，严禁抛掷。

知识点 16 钢筋工程

一、钢筋验收

（1）钢筋进场时，应按国家现行相关标准的规定抽取试件做力学性能和重量偏差检验。

（2）抗震结构适用钢筋的要求：①抗拉强度实测值/屈服强度实测值（强屈比）≥1.25；②屈服强度实测值/屈服强度标准值（超屈比）≤1.30；③钢筋的最大力下总伸长率≥9%。钢材应力—应变图见图 4-1-44。

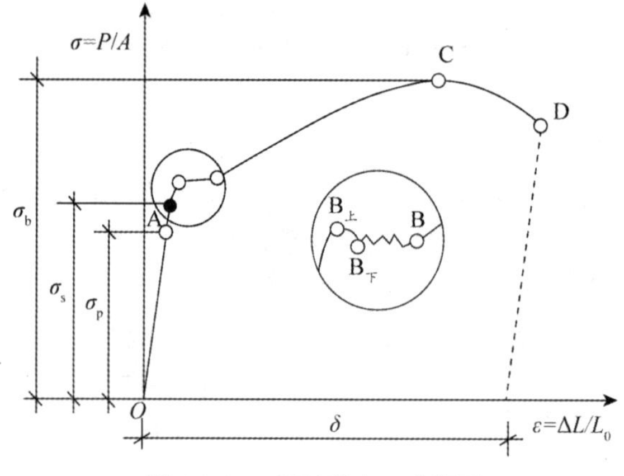

图 4-1-44　钢材应力—应变图

二、钢筋加工

（一）工艺

钢筋加工包括冷拉、调直、除锈、剪切和弯曲等，宜在常温状态下进行，加工过程中不应对钢筋进行加热。钢筋应一次弯折到位。

（二）调直

钢筋宜采用无延伸功能的机械设备进行调直，也可采用冷拉方法调直。当采用冷拉方法调直时，HPB300 光圆钢筋的冷拉率不宜大于 4%。HRB400、HRB500、HRBF400、HRBF500 及 RRB400 带肋钢筋的冷拉率不宜大于 1%。

➤ **记忆口诀**：光圆≤4%、带肋≤1%，简称“圆 4 肋 1”。

（三）剪切

剪切方法及相关规定见表 4-1-27。

表 4-1-27　剪切方法及相关规定

方法	相关规定
手动剪切器	一般只用于剪切直径小于 12mm 的钢筋
钢筋剪切机	可剪切直径小于 40mm 的钢筋
锯床锯断或用氧-乙炔焰或电弧割切	直径大于 40mm 的钢筋

(四) 弯曲

(1) 受力钢筋的弯折和弯钩应符合下列规定：①HPB300 级钢筋末端应做 180°弯钩，弯弧内直径不应小于钢筋直径的 2.5 倍，弯钩的弯后平直部分长度不应小于钢筋直径的 3 倍，180°弯钩见图 4-1-45 (a)；②设计要求钢筋末端做 135°弯钩时，HRB335 级、HRB400 级钢筋的弯弧内直径不应小于 4d，弯钩后的平直长度应符合设计要求，135°弯钩见图 4-1-45 (b)；③钢筋作不大于 90°的弯折时，弯折处的弯弧内直径不应小于 5d，90°弯钩见图 4-1-45 (c)。

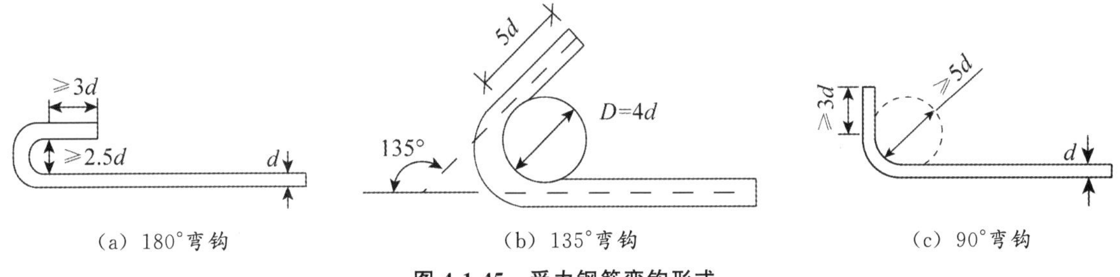

图 4-1-45　受力钢筋弯钩形式

(2) 除焊接封闭箍筋外，箍筋、拉筋的末端应按设计要求做弯钩，箍筋弯钩形式见图 4-1-46。当设计无具体要求时，应符合下列规定：①箍筋弯钩的弯弧内直径除应满足受力钢筋的弯折和弯钩的规定外，尚不应小于受力钢筋直径。②箍筋弯钩的弯折角度：一般结构不宜小于 90°；有抗震等要求的结构弯钩应为 135°。③弯钩后平直部分长度：一般结构不应小于箍筋直径的 5 倍；有抗震等要求的结构不应小于箍筋直径的 10 倍。

图 4-1-46　箍筋弯钩形式

三、钢筋连接

钢筋的连接方法有焊接连接、绑扎搭接连接和机械连接。

(一) 钢筋连接的基本要求

(1) 钢筋的接头宜设置在受力较小处。同一纵向受力钢筋不宜设置两个或两个以上接头。

(2) 当受力钢筋采用机械连接接头或焊接接头时，设置在同一构件内的接头宜相互错开。

(3) 同一连接区段内，纵向受力钢筋的接头面积百分率应符合设计要求；当设计无具体要求时，应符合下列规定：①在受拉区不宜大于 50%；②接头不宜设置在有抗震设防要求的框架梁端、柱端的箍筋加密区，当无法避开时，对等强度高质量机械连接接头，不应大于 50%；③直接承受动力荷载的结构构件中，不宜采用焊接接头，当采用机械连接接头时，不应大于 50%。

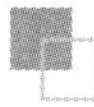

➤ **总结**：纵向受力钢筋的接头面积百分率，3 种情况都是不大于 50%。

(二) 焊接连接

直接承受动力荷载的结构构件中，纵向钢筋不宜采用焊接接头。焊接连接的类型与适用范围见表 4-1-28。

表 4-1-28 焊接连接的类型与适用范围

类型	适用范围
闪光对焊	广泛应用于钢筋纵向连接及预应力钢筋与螺丝端杆的焊接（螺丝端杆锚具见图 4-1-47）
电弧焊	广泛应用于钢筋接头、钢筋骨架焊接、装配式结构接头的焊接、钢筋与钢板的焊接及各种钢结构的焊接
电阻点焊	主要用于小直径钢筋的交叉连接
电渣压力焊	适用于现浇钢筋混凝土结构中直径 14～40mm 的竖向或斜向钢筋的焊接接长
气压焊	不仅适用于竖向钢筋的连接，也适用于各种方位布置的钢筋连接；当不同直径钢筋焊接时，两钢筋直径差不得大于 7mm

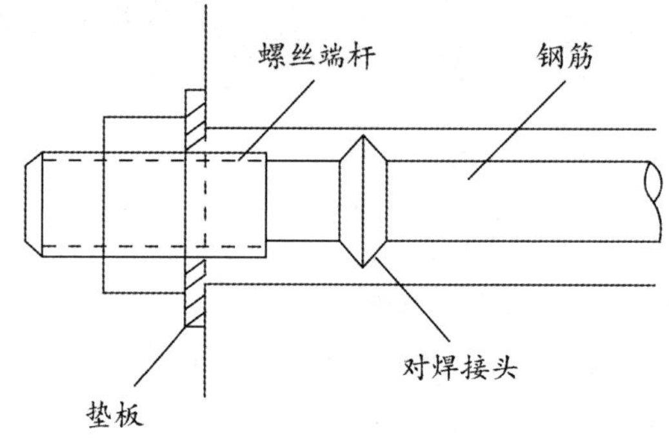

图 4-1-47 螺丝端杆锚具

(三) 绑扎搭接连接

(1) 同一构件中相邻纵向受力钢筋的绑扎搭接接头宜相互错开。绑扎搭接接头中钢筋的横向净距不应小于钢筋直径，且不应小于 25mm。

(2) 钢筋绑扎搭接接头连接区段的长度为 $1.3l_1$（l_1为搭接长度），凡搭接接头中点位于该连接区段长度内的搭接接头均属于同一连接区段。同一连接区段内，纵向钢筋搭接接头面积百分率为该区段内有搭接接头的纵向受力钢筋截面面积与全部纵向受力钢筋截面面积的比值。钢筋绑扎搭接接头连接区段及接头面积百分率见图 4-1-48。

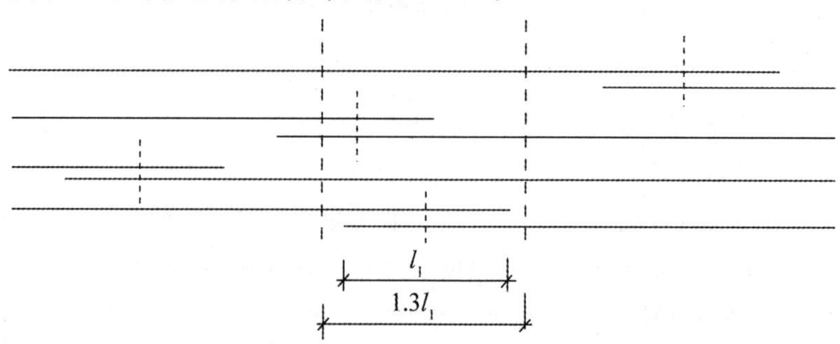

图 4-1-48 钢筋绑扎搭接接头连接区段及接头面积百分率

注：图中所示搭接接头同一连接区段内的搭接钢筋为两根，当各钢筋直径相同时，接头面积百分率为 50%。

（四）机械连接

机械连接方法及特点见表 4-1-29。

表 4-1-29　机械连接方法及特点

机械连接方法	特点
套筒挤压连接（见图 4-1-49）	适用于竖向、横向及其他方向的较大直径变形钢筋的连接
螺纹套管连接（见图 4-1-50）	（1）分为锥螺纹套管连接和直螺纹套管连接两种 （2）钢筋螺纹套筒连接施工速度快，不受气候影响，自锁性能好，对中性好，能承受拉、压轴向力和水平力，可在施工现场连接同径或异径的竖向、水平或任何倾角的钢筋，已在我国广泛应用

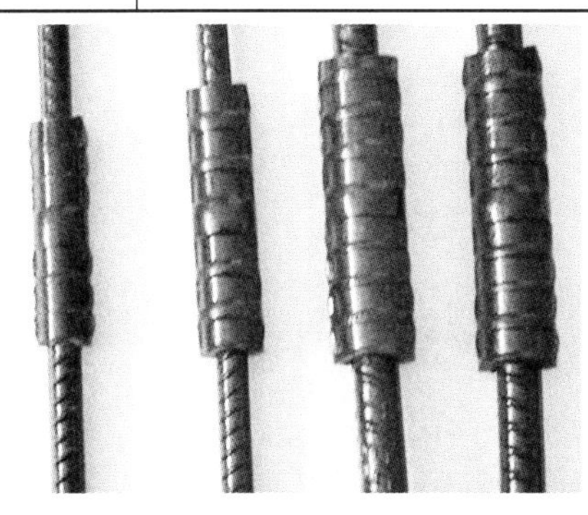

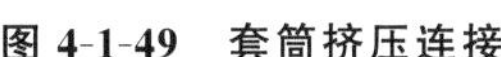

图 4-1-49　套筒挤压连接

图 4-1-50　螺纹套管连接

➤ **考分统计**：统计近 10 年该知识点的考核情况，2011、2012、2020 年进行了考核。考核频次为 30%。其中 2011 年考核一道单选题，2012 年考核一道多选题，2020 年考核一道多选题。

典型例题

［**2011 真题·单选**］在直接承受动力荷载的钢筋混凝土构件中，纵向受力钢筋的连接方式不宜采用（　　）。

A. 钢筋套筒挤压连接

B. 钢筋锥螺纹套管连接

C. 钢筋直螺纹套管连接

D. 闪光对焊连接

［**解析**］直接承受动力荷载的结构构件中，不宜采用焊接接头。

［**答案**］D

［**2012 真题·多选**］直径大于 40mm 钢筋的切断方法应采用（　　）。

A. 锯床锯断

B. 手动剪切器切断

C. 氧-乙炔焰割切

D. 钢筋剪切机切断

E. 电弧割切

［**解析**］钢筋下料剪断可用钢筋剪切机或手动剪切器。手动剪切器一般只用于剪切直径小于 12mm 的钢筋；钢筋剪切机可剪切直径小于 40mm 的钢筋；直径大于 40mm 的钢筋则需用锯床锯断或用氧-乙炔焰或电弧割切。

［**答案**］ACE

［**典型例题·多选**］下列关于钢筋焊接连接，叙述正确的有（　　）。

A. 闪光对焊不适宜于预应力钢筋焊接

B. 电阻点焊主要应用于大直径钢筋的交叉焊接

C. 电渣压力焊适宜于斜向钢筋的焊接

D. 气压焊适宜于直径相差小于 7mm 的不同直径钢筋焊接

E. 电弧焊可用于钢筋和钢板的焊接

［**解析**］闪光对焊广泛应用于钢筋纵向连接及预应力钢筋与螺丝端杆的焊接，选项 A 错误。电阻点焊主要用于小直径钢筋的交叉连接，选项 B 错误。

［**答案**］CDE

知识点 17　钢筋安装

一、柱钢筋绑扎

（1）柱钢筋的绑扎应在柱模板安装前进行。

（2）每层柱第一个钢筋接头位置距楼地面高度不宜小于 500mm、柱净高的 1/6 及柱截面长边（或直径）中的较大值。

（3）框架梁、牛腿及柱帽等钢筋，应放在柱子纵向钢筋内侧。

（4）柱中的竖向钢筋搭接时，角部钢筋的弯钩应与模板成 45°，中间钢筋的弯钩应与模板成 90°。

二、梁、板钢筋绑扎

（1）连续梁、板的上部钢筋接头位置宜设置在跨中 1/3 跨度范围内，下部钢筋接头位置宜设置在梁端 1/3 跨度范围内。

（2）板的钢筋网绑扎，四周两行钢筋交叉点应每点扎牢，中间部分交叉点可相隔交错扎牢，但必须保证受力钢筋不位移。双向主筋的钢筋网，则须将全部钢筋相交点扎牢。采用双层钢筋网时，在上层钢筋网下面应设置钢筋撑脚，以保证钢筋位置正确。绑扎时应注意相邻绑扎点的钢丝扣要成八字形，以免网片歪斜变形。

（3）应注意板上部的负筋，要防止被踩下。

（4）板、次梁与主梁交叉处，板的钢筋在上，次梁的钢筋居中，主梁的钢筋在下；当有圈梁或垫梁时，主梁的钢筋在上。

典型例题

［**2019 真题·单选**］关于钢筋安装，下列说法正确的是（　　）。

A. 框架梁钢筋应安装在柱纵向钢筋的内侧

B. 牛腿钢筋应安装在纵向钢筋的外侧

C. 柱帽钢筋应安装在纵向钢筋的外侧

D. 墙钢筋的弯钩应沿墙面朝下

［**解析**］框架梁、牛腿及柱帽等钢筋，应放在柱子纵向钢筋内侧。墙钢筋的弯钩应朝向混凝土内。

［**答案**］A

知识点 18 模板工程

一、模板类型与特点

模板类型与特点见表 4-1-30。

表 4-1-30　模板类型与特点

模板类型	特点
木模板	重复利用率低，损耗大，为节约木材，在现浇混凝土结构施工中使用率已经大大降低
组合模板	有组合钢模板［见图 4-1-51（a）］、钢框竹（木）胶合板模板等，钢框木胶合板模板由于自重轻、面积大、拼缝少、维修方便等优点，使用广泛
大模板	目前我国剪力墙和筒体体系的高层建筑施工使用较多的一种模板
滑升模板［见图 4-1-51（b）］	适用于现场浇筑高耸的构筑物和高层建筑物等，如烟囱、筒仓、电视塔、竖井、沉井、双曲线冷却塔和剪力墙体系及筒体体系的高层建筑等
爬升模板［见图 4-1-51（c）］	施工剪力墙体系和筒体体系的钢筋混凝土结构高层建筑的一种有效的模板体系
台模［见图 4-1-51（d）］	主要用于浇筑平板式或带边梁的楼板
隧道模板	同时整体浇筑墙体和楼板的大型工具式模板
永久式模板	指一些施工时起模板作用而浇筑混凝土后又是结构本身组成部分之一的预制板材

（a）组合钢模板

（b）滑升模板

（c）爬升模板

（d）台模

图 4-1-51　模板类型

二、模板安装

对跨度不小于 4m 的钢筋混凝土梁、板，其模板应按设计要求起拱；当设计无具体要求时，起拱高度宜为跨度的 1/1000～3/1000。

三、模板拆除

（一）模板拆除要求

（1）底模及其支架拆除时的混凝土强度应符合设计要求，见表 4-1-31。

表 4-1-31　底模拆除时的混凝土强度要求

构件类型	构件跨度/m	达到设计的混凝土立方体抗压强度标准值的百分率/%
板	≤2	≥50
	>2，≤8	≥75
	>8	≥100
梁、拱、壳	≤8	≥75
	>8	≥100
悬臂构件	—	≥100

➤ **总结**：

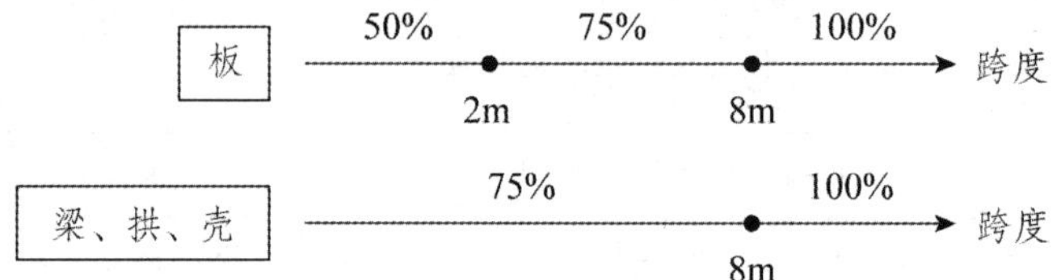

（2）对后张法预应力混凝土结构构件，侧模宜在预应力张拉前拆除；底模支架的拆除当无具体要求时，不应在结构构件建立预应力前拆除。（侧前底后）

（3）侧模拆除时的混凝土强度应能保证其表面及棱角不受损伤。

（4）拆除的模板和支架宜分散堆放并及时清运。

（二）模板拆除顺序

（1）先拆非承重模板，后拆承重模板；先拆侧模板，后拆底模板。

（2）框架结构模板的拆除顺序一般是柱、楼板、梁侧模、梁底模。

四、新模板技术

（1）清水混凝土模板技术。

（2）早拆模板技术。

早拆模板技术是指支撑系统和模板能够分离，当混凝土浇筑 3～4d 后，强度达到设计强度的 50%以上时，可敲击早拆柱头，提前拆除横楞和模板。

（3）液压自动爬模技术。

液压自动爬模技术适用于高层建筑全剪力墙结构、框架结构核心筒、钢结构核心筒、高耸构造物、桥墩、巨形柱等结构的施工。液压自动爬模主要由模板系统、液压提升系统和操作平台系统组成。

➤ **考分统计**：统计近 10 年该知识点的考核情况，2010、2012、2018 年进行了考核。考核频次为 30%。其中 2010 年考核一道多选题，2012 年考核一道单选题，2018 年考核一道单选题。

典型例题

[**2018 真题·单选**] 在剪力墙体系和筒体体系高层建筑的钢筋混凝土结构施工时，高效、安全、一次性投资少的模板形式为（ ）。

A. 组合模板　　B. 滑升模板　　C. 爬升模板　　D. 台模

[**解析**] 爬升模板简称爬模，国外亦称跳模，是施工剪力墙体系和筒体体系的钢筋混凝土结构高层建筑的一种有效的模板体系。滑升模板一次性投资多。

[**答案**] C

[**2012 真题·单选**] 主要用于浇筑平板式楼板或带边梁楼板的工具式模板为（ ）。

A. 大模板　　B. 台模　　C. 隧道模板　　D. 永久式模板

[**解析**] 台模是一种大型工具式模板，主要用于浇筑平板式或带边梁的楼板，一般是一个房间一块台模，有时甚至更大。利用台模施工楼板可省去模板的装拆时间，能降低劳动消耗和加速施工，但一次性投资较大。

[**答案**] B

[**2010 真题·多选**] 现浇钢筋混凝土构件模板拆除的条件有（ ）。

A. 悬臂构件底模拆除时的混凝土强度应达到设计强度的 50%

B. 后张法预应力混凝土结构构件的侧模宜在预应力筋张拉前拆除

C. 先张法预应力混凝土结构构件的侧模宜在底模拆除后拆除

D. 侧模拆除时混凝土强度须达到设计混凝土强度的 50%

E. 后张法预应力构件底模支架可在建立预应力后拆除

[**解析**] 悬臂构件底模拆除时的混凝土强度应达到设计强度的 100%，选项 A 错误；先拆侧模，后拆底模，选项 C 错误；侧模拆除时的混凝土应保证其表面及棱角不受损伤，选项 D 错误。

[**答案**] BE

知识点 19 混凝土工程

混凝土工程涉及的内容主要有：原材料、搅拌、运输、浇筑、养护。

一、原材料的质量要求（水泥、外加剂）

混凝土主要涉及的原材料有水泥和外加剂。不同结构原材料的可用性见图 4-1-52。

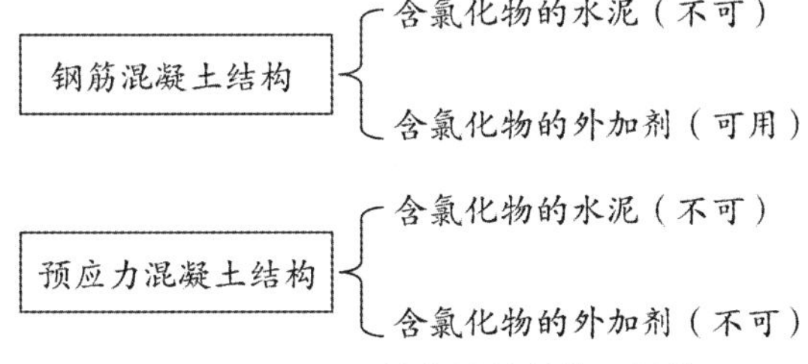

图 4-1-52 不同结构原材料的可用性

二、混凝土的搅拌

混凝土拌和物的入模温度不应低于 5℃，且不高于 35℃。

（1）混凝土搅拌机类型及选用，见表 4-1-32。

表 4-1-32 混凝土搅拌机类型及选用

类型	选用
自落式	适用于搅拌塑性混凝土
强制式	宜于搅拌干硬性混凝土和轻骨料混凝土

（2）混凝土搅拌制度确定。

为了拌制出均匀优质的混凝土，除合理地选择搅拌机外，还必须正确地确定搅拌制度，即进料容量、混凝土搅拌时间和投料顺序。

（3）商品混凝土搅拌站。

常见的类型有固定式混凝土搅拌站、拆装式混凝土搅拌站、移动式混凝土搅拌站和固定式混凝土搅拌楼等，其特点见表 4-1-33。

表 4-1-33 常见的商品混凝土搅拌站类型及特点

类型	特点
固定式混凝土搅拌站	一种生产规模较小的混凝土生产装置，整套设备简单，投资少，建设快，适用于中、小型混凝土预制构件厂
拆装式混凝土搅拌站	由几个大型组件拼装而成，投资少，比较经济，生产量小，在施工现场之间转移拆装方便，适用于混凝土用量不大的工地
移动式混凝土搅拌站	把搅拌站的混凝土生产装置安装在一台或几台拖车上，可随时转移，主要用于一些短期工程项目中
固定式混凝土搅拌楼	常建成大型的生产混凝土的工厂，具有自动化程度高、生产能力大等优点，主要用在商品混凝土工厂、大型预制构件厂和水利工程

三、混凝土的运输

混凝土的运输应保证在混凝土初凝之前能有充分时间进行浇筑和振捣。

四、混凝土的浇筑

（一）混凝土浇筑的一般规定

（1）混凝土运输、输送、浇筑过程中严禁加水；混凝土运输、浇筑及间歇的全部时间不应超过混凝土的初凝时间。

（2）同一施工段的混凝土应连续浇筑，并应在底层混凝土初凝之前将上一层混凝土浇筑完毕。

（3）混凝土输送宜采用泵送方式。粗骨料最大粒径≤25mm 时，可采用内径≥125mm 的输送泵管；粗骨料最大粒径≤40mm 时，可采用内径≥150mm 的输送泵管。

（4）在浇筑竖向结构混凝土前，应先在底部填以不大于 30mm 厚与混凝土内砂浆成分相同的水泥砂浆。

（5）柱、墙模板内的混凝土浇筑时，当无可靠措施保证混凝土不产生离析时，其自由倾落高度应符合如下规定，当不能满足时，应加设串筒、溜管、溜槽等装置。

1）粗骨料料径＞25mm 时，≤3m。

2）粗骨料料径≤25mm 时，≤6m。

（6）在浇筑与柱和墙连成整体的梁和板时，应在柱和墙浇筑完毕后停歇 1～1.5h，再继续浇筑。

（二）大体积混凝土结构浇筑

大体积混凝土结构的最小几何尺寸不小于 1m。

(1) 温度控制规定:

1) 混凝土入模温度≤30℃,混凝土浇筑体最大温升值≤50℃。

2) 覆盖养护或带模养护阶段和结束覆盖养护或拆模后的浇筑时,温差控制分别见图 4-1-53 和图 4-1-54。

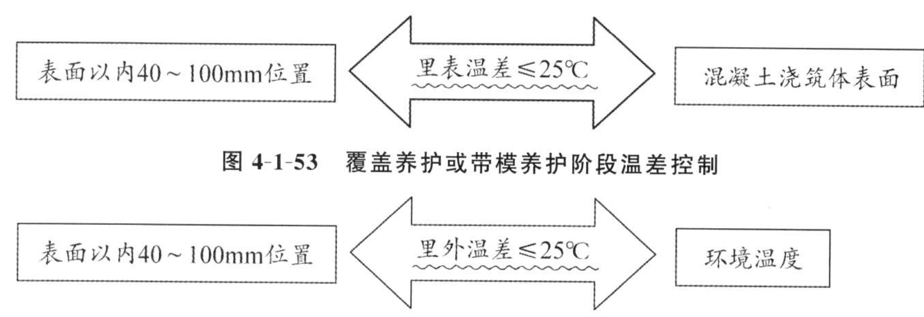

图 4-1-53 覆盖养护或带模养护阶段温差控制

表面以内40~100mm位置 ⟺ 里外温差≤25℃ ⟺ 环境温度

图 4-1-54 结束覆盖养护或拆模后的浇筑温差控制

3) 混凝土的降温速率不宜大于 2.0℃/d。

为此应采取相应的措施有:应优先选用水化热低的水泥;在满足设计强度要求的前提下,尽可能减少水泥用量;掺入适量的粉煤灰(粉煤灰的掺量一般以 15%~25%为宜);降低浇筑速度和减小浇筑层厚度;采取蓄水法或覆盖法进行人工降温措施;必要时经过计算和取得设计单位同意后可留后浇带或施工缝分层分段浇筑。

(2) 浇筑方案:一般分为全面分层、分段分层和斜面分层。大体积混凝土浇筑方案见图4-1-55。

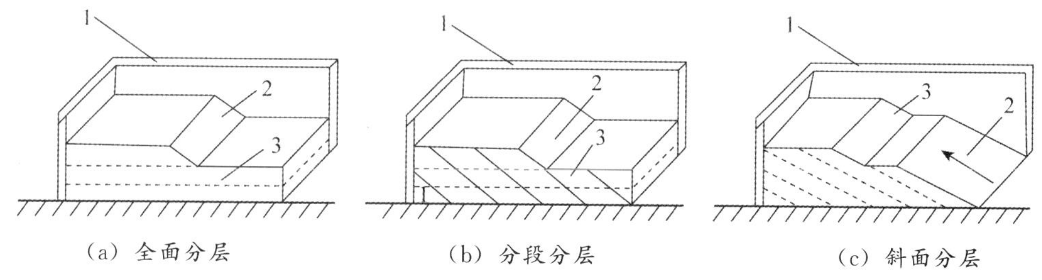

(a) 全面分层 (b) 分段分层 (c) 斜面分层

图 4-1-55 大体积混凝土浇筑方案

1—模板;2—新浇筑的混凝土;3—已浇筑的混凝土

(三) 混凝土密实成型

用于振动捣实混凝土拌合物的振动器可分为四种,其类型及适用性见表 4-1-34。

表 4-1-34 振动器的类型及适用性

类型	适用性
内部振动器 [见图 4-1-56 (a)]	(1) 又称插入式振动器,适用于基础、柱、梁、墙等深度或厚度较大的结构构件 (2) 振动棒的前端应插入前一层混凝土中,插入深度不应小于 50mm (3) 振动棒应垂直于混凝土表面并快插慢拔均匀振捣
外部振动器 [见图 4-1-56 (b)]	又称附着式振动器,适用于振捣断面较小或钢筋较密的柱、梁、墙
表面振动器 [见图 4-1-56 (c)]	又称平板振动器,适用于振捣楼板、地面和薄壳等薄壁构件
振动台 [见图 4-1-56 (d)]	用于振实预制构件

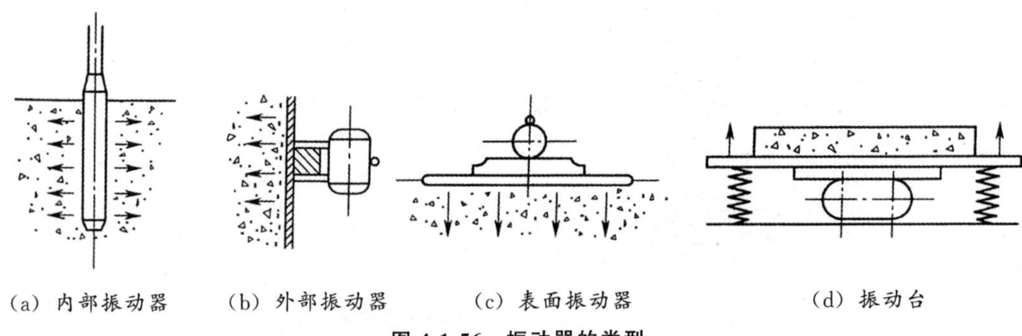

图 4-1-56　振动器的类型

（四）施工缝留置及处理

1. 施工缝留置

施工缝宜留置在结构受剪力较小且便于施工的部位。

(1) 柱子宜留在基础顶面、梁或吊车梁牛腿的下面、吊车梁的上面、无梁楼盖柱帽的下面，见图 4-1-57。

(2) 与板连成整体的大断面梁应留在板底面以下 20～30mm 处，当板下有梁托时，留置在梁托下部。

(3) 单向板应留在平行于板短边的任何位置。

(4) 有主、次梁楼盖宜顺着次梁方向浇筑，应留在次梁跨度的中间 1/3 跨度范围内，见图 4-1-58。

(5) 楼梯应留在楼梯段跨度端部 1/3 长度范围内。

(6) 墙可留在门洞口过梁跨中 1/3 范围内，也可留在纵横墙的交接处。

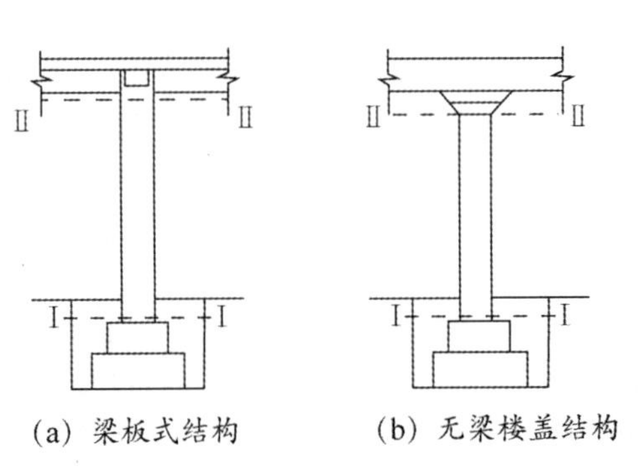

图 4-1-57　柱子的施工缝位置

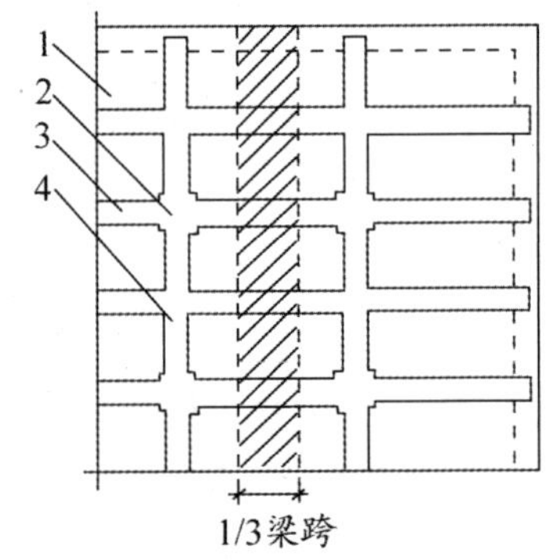

图 4-1-58　有主、次梁盖的施工缝位置

1—楼板；2—柱；3—次梁；4—主梁

2. 施工缝处理

在施工缝处继续浇筑混凝土时的规定：

(1) 已浇筑的混凝土，其抗压强度不应小于 $1.2N/mm^2$。

(2) 在浇筑混凝土前，宜先在施工缝处刷一层水泥浆（可掺适量界面剂）或铺一层与混凝土内成分相同的水泥砂浆。

(3) 混凝土应细致捣实，使新旧混凝土紧密结合。

(4) 后浇带通常根据设计要求留设，并在主体结构保留一段时间（若设计无要求，则至少保留 28d）后再浇筑，将结构连成整体。填充后浇带，可采用微膨胀混凝土、强度等级比原结构强度提高一级，并保持至少 14d 湿润养护。后浇带见图 4-1-59。

图 4-1-59　后浇带

五、混凝土的养护

混凝土的养护要求见表 4-1-35。

表 4-1-35　混凝土的养护要求

类型	要求
标准养护	在温度为 20℃±2℃，相对湿度为 95%以上的潮湿环境或水中的条件下进行
加热养护	在较高的温度和湿度环境下迅速凝结、硬化
自然养护	(1) 在常温下（平均气温不低于 5℃）采用适当的材料覆盖混凝土 (2) 自然养护分洒水养护和喷涂薄膜养生液养护两种，喷涂薄膜养生液养护适用于不宜浇水养护的高耸构筑物和大面积混凝土结构

混凝土的自然养护规定：①应在浇筑完毕后的 12h 以内对混凝土加以覆盖并保湿养护；②养护时间要求见表 4-1-36；③混凝土强度达到 1.2N/mm^2 前，不得在其上踩踏、堆放荷载、安装模板及支架。

表 4-1-36　混凝土的养护时间要求

不同类型的混凝土	养护时间
采用硅酸盐水泥、普通硅酸盐水泥或矿渣硅酸盐水泥配制的混凝土	≥7d
(1) 采用缓凝型外加剂、大掺量矿物掺和料配制的混凝土 (2) 抗渗混凝土、强度等级 C60 及以上的混凝土 (3) 后浇带混凝土	≥14d
地下室底层和上部结构首层柱、墙混凝土	≥3d

➤ **考分统计**：统计近 10 年该知识点的考核情况，2016、2017、2021 年进行了考核。考核频次为 30%。其中 2016 年考核一道单选题，2017 年考核一道单选题，2021 年考核一道单选题。

典型例题

[**2017 真题·单选**] 建筑主体结构采用泵送方式输送混凝土，其技术要求应满足（　　）。

A. 粗骨料粒径大于 25mm 时，出料口高度不宜超过 60m

B. 粗骨料最大粒径在 40mm 以内时可采用内径 150mm 的泵管

C. 大体积混凝土浇筑入模温度不宜大于 50℃

D. 粉煤灰掺量可控制在 25%～30%

[解析] 粗骨料粒径大于 25mm 时，出料口高度不宜超过 3m，选项 A 错误。大体积混凝土入模温度不宜大于 30℃，选项 C 错误。掺入适量的粉煤灰的掺量一般以 15%～25%为宜，选项 D 错误。

[答案] B

知识点 20 混凝土冬期与高温施工

一、混凝土冬期施工

冬期施工的时间是指平均气温连续 5 日稳定低于 5℃。

（一）混凝土受冻临界强度

混凝土受冻后的强度损失不超过 5%而必需的临界强度。

（二）混凝土冬期施工措施

（1）宜采用硅酸盐水泥或普通硅酸盐水泥；采用蒸汽养护时，宜采用矿渣硅酸盐水泥。

（2）降低水灰比，减少用水量，使用低流动性或干硬性混凝土。

（3）浇筑前将混凝土或其组成材料加温，提高混凝土的入模温度。

（4）对已经浇筑的混凝土采取保温或加温措施。

（5）搅拌时，加入一定的外加剂，加速混凝土硬化、尽快达到临界强度，或降低水的冰点，使混凝土在负温下不致冻结。

（三）混凝土冬期养护方法

养护法的三个基本要素是混凝土的入模温度、维护层的总传热系数和水泥水化热值。

二、高温施工

（1）当日平均气温达到 30℃及以上时，应按高温施工要求采取措施。

（2）混凝土塌落度不宜小于 70mm。

（3）混凝土宜采用白色涂装的混凝土搅拌运输车运输，对混凝土输送管应进行遮阳覆盖，并应洒水降温。

（4）混凝土浇筑入模温度不应高于 35℃。

（5）混凝土浇筑宜在早间或晚间进行，且宜连续浇筑。当水分蒸发速率大于 1kg/（m^2·h）时，应在施工作业面采取挡风、遮阳、喷雾等措施。

（6）混凝土浇筑前，施工作业面宜采取遮阳措施，并应对模板、钢筋和施工机具采用洒水等降温措施，但浇筑时模板内不得有积水。

（7）侧模拆除前宜采用带模湿润养护。

➢ **考分统计**：统计近 10 年该知识点的考核情况，在 2017 年考核一道单选题。考核频次为 10%。

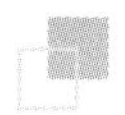

典型例题

[**2017 真题・单选**] 混凝土冬季施工时，应注意（　　）。

A. 不宜采用普通硅酸盐水泥　　B. 适当增加水灰比

C. 适当添加缓凝剂　　D. 适当添加引气剂

[**解析**] 冬期施工配制混凝土宜选用硅酸盐水泥或普通硅酸盐水泥。采用蒸汽养护时，宜选用矿渣硅酸盐水泥。采用非加热养护方法时，混凝土中宜掺入引气剂、引气型减水剂或含有引气组分的外加剂，混凝土含气量宜控制在3.0%～5.0%。

[**答案**] D

知识点 21 装配式混凝土施工

装配式墙体见图4-1-60；装配式施工见图4-1-61。

图4-1-60 装配式墙体

图4-1-61 装配式施工

一、材料要求

（1）装配整体式结构中，预制构件的混凝土强度等级不宜低于C30；预应力混凝土预制构件的混凝土强度等级不宜低于C40，且不应低于C30；现浇混凝土的强度等级不应低于C25。

（2）预制构件吊环应采用未经冷加工的HPB300钢筋制作。

二、构件预制

脱模起吊时，预制构件的混凝土立方体抗压强度应满足设计要求且不应小于15N/mm^2。

三、连接构造要求

（1）装配整体式结构中，节点及接缝处的纵向钢筋连接宜根据接头受力、施工工艺等要求选用机械连接、套筒灌浆连接、浆锚搭接连接、焊接连接等连接方式，套管灌浆连接与浆锚搭接连接的要求见表4-1-37。

表4-1-37 套管灌浆连接与浆锚搭接连接的要求

类型	要求
套筒灌浆连接	（1）预制剪力墙中钢筋接头处套筒外侧钢筋的混凝土保护层厚度不应小于15mm，预制柱中钢筋接头处套筒外侧箍筋的混凝土保护层厚度不应小于20mm （2）套筒之间的净距不应小于25mm
浆锚搭接连接	（1）纵向钢筋采用浆锚搭接连接时，对预留孔成孔工艺、孔道形状和长度、构造要求、灌浆料和被连接钢筋，应进行力学性能以及适用性的试验验证 （2）直径大于20mm的钢筋不宜采用浆锚搭接连接，直接承受动力荷载构件的纵向钢筋不应采用浆锚搭接连接

（2）预制构件与后浇混凝土、灌浆料、坐浆材料的结合面应设置粗糙面、键槽。

（3）预制楼梯与支承构件之间宜采用简支连接。预制楼梯宜一端设置固定铰，另一端设置滑动铰，其转动及滑动变形能力应满足结构间位移的要求，且预制楼梯端部在支承构件上的最小搁置长度6、7度抗震设防时为75mm，8度抗震设防时为100mm。

四、构件储运

（1）采用靠放架堆放或运输构件时，靠放架应具有足够的承载力和刚度，与地面倾斜角度宜大于80°。构件应对称靠放，每侧不大于2层。墙板宜对称靠放且外饰面朝外。

（2）当采用插放架直立堆放或运输构件时，宜采取直立运输方式。

（3）水平运输时，预制梁、柱构件叠放不宜超过3层，板类构件叠放不宜超过6层。

（4）采用叠层平放的方式堆放或运输构件时，应采取防止构件产生裂缝的措施。

五、结构施工

（一）构件吊装与就位

（1）吊索水平夹角不宜小于60°，且不应小于45°。对尺寸较大或形状复杂的预制构件，宜采用有分配梁或分配桁架的吊具。

（2）预制构件吊装就位后应及时校准并采取临时固定措施，每个预制构件的临时支撑不宜少于2道，对预制柱、墙板构件的上部斜支撑，其支撑点距离板底的距离不宜小于构件高度的2/3，且不应小于构件高度的1/2，见图4-1-62。

图4-1-62　墙构件的上部斜支撑

（二）构件安装

（1）钢筋套筒连接施工。钢筋套筒灌浆前，应在现场模拟构件连接接头的灌浆方式，每种规格钢筋应制作不少于3个套筒灌浆连接接头。

（2）后浇混凝土施工。设计无要求时，浇筑用材料的强度等级不应低于连接处构件混凝土强度设计等级的较大值。

➤ **考分统计**：此知识点属于2017年新加内容，在2018年考核一道单选题，2019年考核一道单选题。

典型例题

［**2019真题·单选**］关于装配式混凝土施工，下列说法正确的是（　　）。

A. 水平运输梁、柱构件时，叠放不宜超过3层

B. 水平运输板类构件时，叠放不宜超过7层

C. 钢筋套筒连接灌浆施工时，环境温度不得低于10℃

D. 钢筋套筒连接施工时，连接钢筋偏离孔洞中心线不宜超过10mm

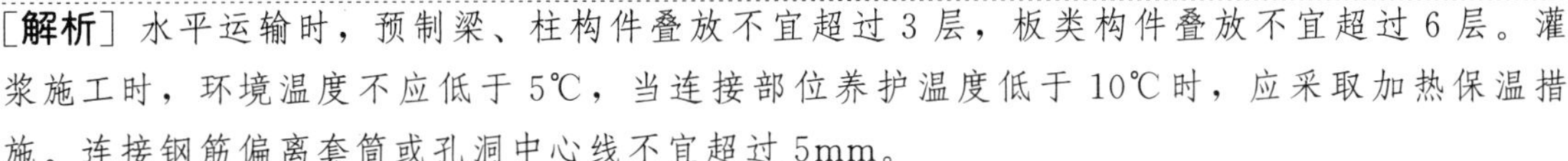

[解析] 水平运输时，预制梁、柱构件叠放不宜超过 3 层，板类构件叠放不宜超过 6 层。灌浆施工时，环境温度不应低于 5℃，当连接部位养护温度低于 10℃ 时，应采取加热保温措施。连接钢筋偏离套筒或孔洞中心线不宜超过 5mm。

[答案] A

[**2018 真题 · 单选**] 装配式混凝土结构施工时，直径大于 20mm 或直接受动力荷载的纵向钢筋不宜采用（ ）。

A. 套筒灌浆连接　　B. 浆锚搭接连接

C. 机械连接　　D. 焊接连接

[解析] 纵向钢筋采用浆锚搭接连接时，直径大于 20mm 的钢筋不宜采用浆锚搭接连接，直接承受动力荷载构件的纵向钢筋不应采用浆锚搭接连接。

[答案] B

知识点 22 预应力混凝土工程施工

一、预应力钢筋的种类

（1）主要有冷拉钢筋、高强度钢丝、钢绞线、热处理钢筋等。

（2）冷拉钢筋的塑性和弹性模量有所降低而屈服强度和硬度有所提高，可直接用作预应力钢筋。

（3）提倡用高强的预应力钢绞线、钢丝作为我国预应力混凝土结构的主力钢筋。

二、对混凝土的要求

在预应力混凝土结构中，混凝土的强度等级不应低于 C30；当采用钢绞线、钢丝、热处理钢筋作预应力钢筋时，混凝土的强度等级不宜低于 C40。在预应力混凝土构件的施工中，不能掺用对钢筋有侵蚀作用的氯盐、氯化钠。

三、预应力施加方法

（一）先张法

先张法施工是先张拉钢筋后浇筑混凝土，通过预应力筋与混凝土的黏结力，使混凝土产生预压应力的施工方法。多用于预制构件厂生产定型的中小型构件，也常用于生产预应力桥跨结构等，其施工内容见表 4-1-38。先张法施工见图 4-1-63，其施工工艺流程见图 4-1-64。

表 4-1-38 先张法施工内容

项目	内容
预应力筋的张拉	（1）预应力筋的张拉一般采用 $0 \rightarrow 1.03\sigma_{con}$ 或 $0 \rightarrow 1.05\sigma_{con}$（持荷 2min）$\rightarrow \sigma_{con}$，目的是减少预应力的松弛损失 （2）有黏结预应力筋长度不大于 20m 时可一端张拉，大于 20m 时宜两端张拉 （3）预应力筋为直线形时，一端张拉的长度可延长至 35m；无黏结预应力筋长度不大于 40m 时可一端张拉，大于 40m 时宜两端张拉
混凝土的浇筑与养护	（1）混凝土可采用自然养护或湿热养护 （2）采用重叠法生产构件时，应待下层构件的混凝土强度达到 5.0MPa 后，方可浇筑上层构件的混凝土
预应力筋放张	（1）预应力筋放张时，混凝土强度不应低于设计的混凝土立方体抗压强度标准值的 75% （2）先张法预应力筋放张时不应低于 30MPa

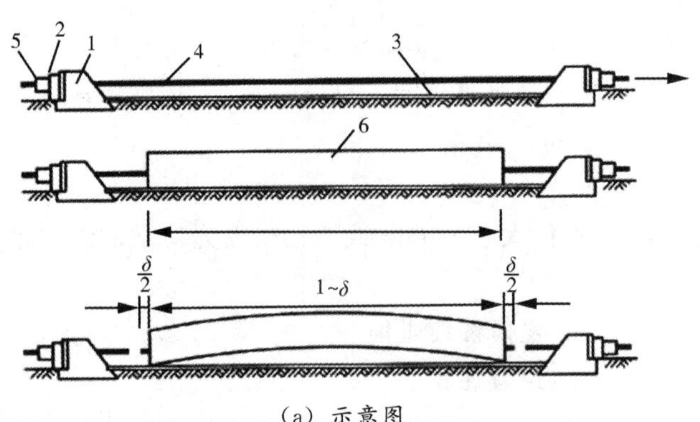

（a）示意图

（b）实例图

图 4-1-63 先张法施工

1—台座承力结构；2—横梁；3—台面；4—预应力筋；5—锚固夹具；6—混凝土构件

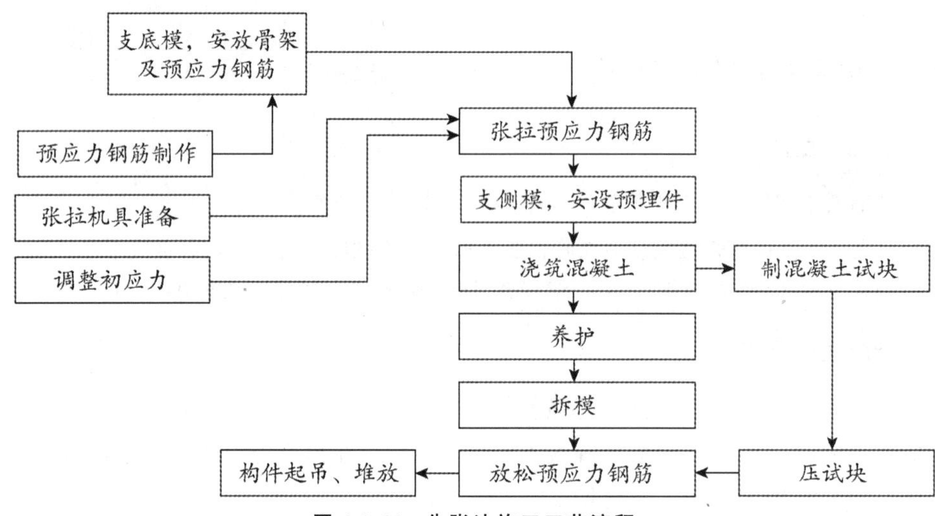

图 4-1-64 先张法施工工艺流程

（二）后张法

后张法施工是先浇筑混凝土后张拉钢筋的施工方法。预应力的传递主要靠预应力筋两端的锚具，其永远留在构件上，不能重复使用。宜用于现场生产大型预应力构件、特种结构和构筑物，可作为一种预应力预制构件的拼装手段，其施工内容见表 4-1-39。后张法施工见图 4-1-65，其工艺流程见图 4-1-66。

表 4-1-39 后张法施工内容

项目	内容
孔道的留设	（1）灌浆孔的间距：对预埋金属螺旋管不宜大于 30m；对抽芯成型孔道不宜大于 12m （2）孔道的留设方法：钢管抽芯法（留设直线孔道）、胶管抽芯法（留设直线、曲线孔道）、预埋波纹管法（波纹管预埋在构件中，浇筑混凝土后永不抽出）
预应力筋张拉	（1）张拉预应力筋时，构件混凝土的强度不低于设计的混凝土立方体抗压强度标准值的 75% （2）后张法预应力梁和板，现浇结构混凝土的龄期分别不宜小于 7d 和 5d
孔道灌浆	（1）水泥宜采用强度等级不低于 42.5 的普通硅酸盐水泥 （2）边长为 70.7mm 的立方体水泥浆试块 28d 标准养护的抗压强度不应低于 30MPa （3）水泥浆拌和后至灌浆完毕的时间不宜超过 30min （4）宜先灌注下层孔道，后灌注上层孔道（由下向上）

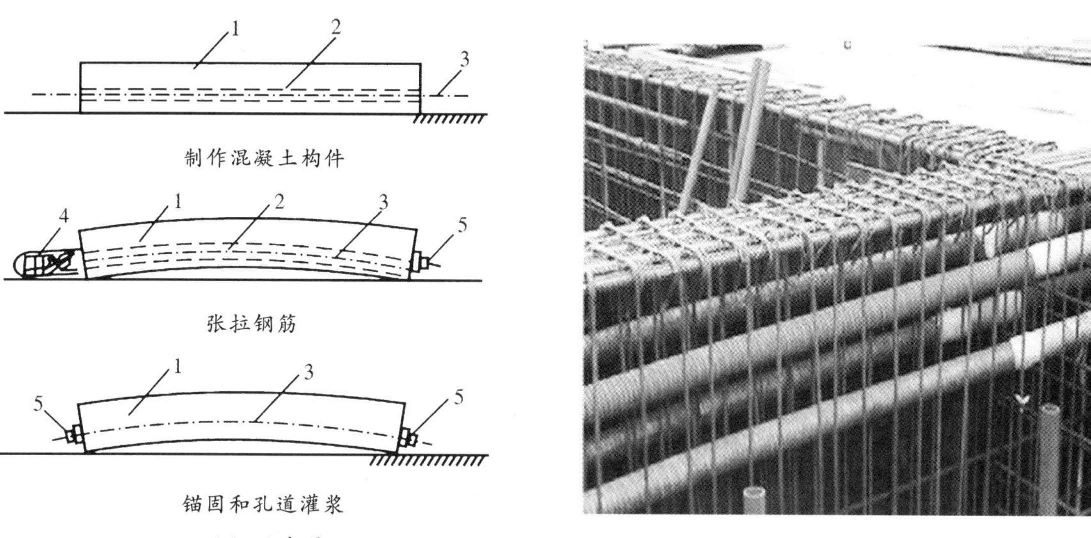

（a）示意图　　（b）实例图

图 4-1-65　后张法施工示意图

1—混凝土构件；2—预留孔道；3—预应力筋；4—千斤顶；5—锚具

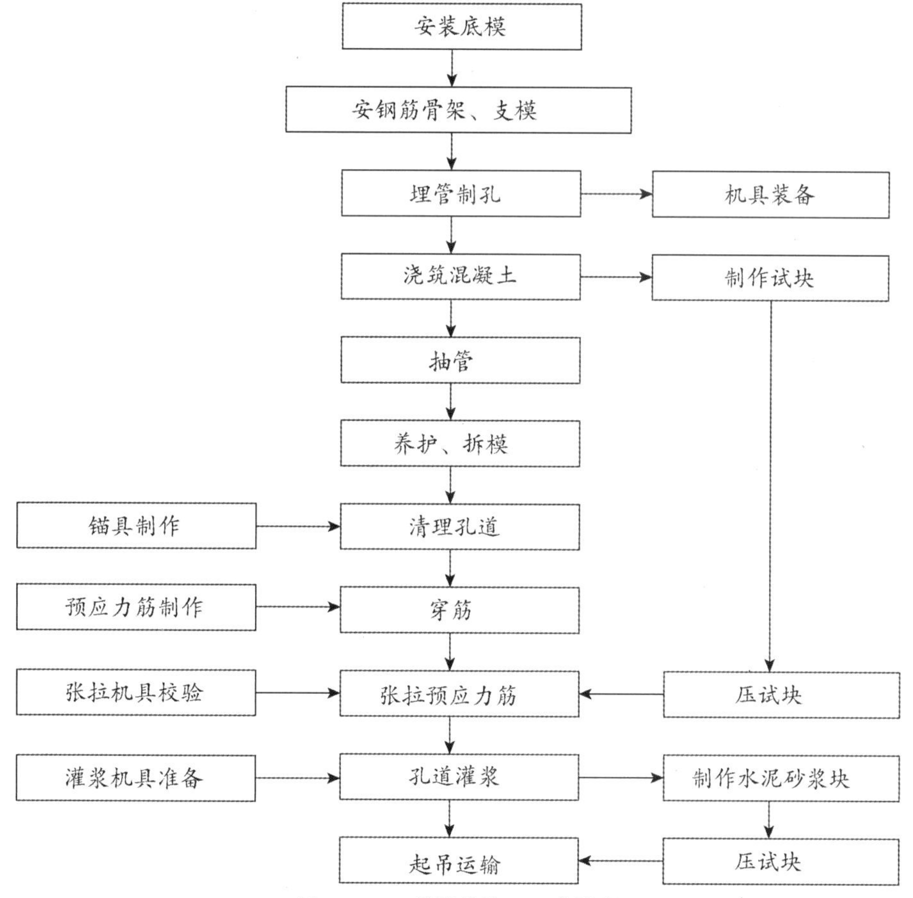

图 4-1-66　后张法施工工艺流程

四、无粘结预应力混凝土

这种预应力工艺的优点是不需要预留孔道和灌浆，施工简单，张拉时摩阻力较小，预应力筋易弯成曲线形状，适用于曲线配筋的结构。在双向连续平板和密肋板中应用无粘结预应力束比较经济合理，在多跨连续梁中也很有发展前途。无粘结预应力混凝土施工见图 4-1-67。

五、有粘结预应力混凝土

在结构或构件设计配筋位置预留孔道，待混凝土硬化达到设计强度后，穿入预应力筋，施加预应力，并通过专用锚具将预应力锚固在结构中，然后在孔道中灌入水泥浆。有粘结预应力混凝土施工见图 4-1-68。

图 4-1-67　无粘结预应力混凝土施工

图 4-1-68　有粘结预应力混凝土施工

➢ **总结**：先张法、后张法对比。

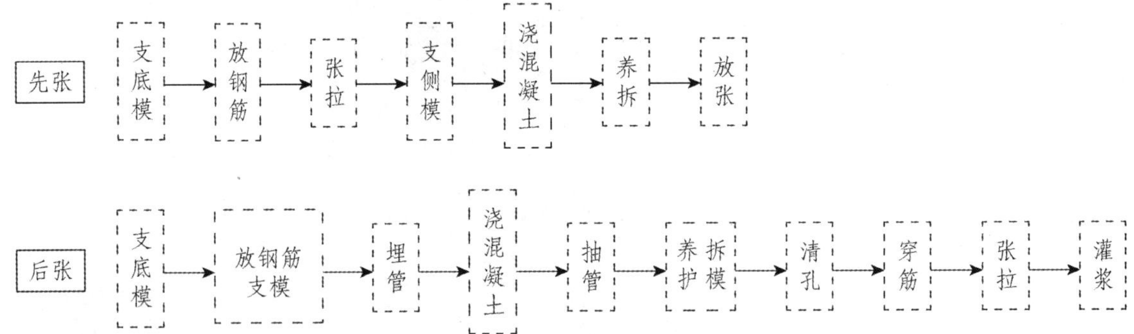

➢ **考分统计**：统计近 10 年该知识点的考核情况，在 2012、2014、2015、2016、2017、2021 年进行了考核。考核频次为 60%。其中 2012 年考核一道单选题，2014 年考核一道单选题，2015 年考核一道单选题，2016 年考核一道多选题，2017 年考核一道单选题，2021 年考核一道单选题。

典型例题

［**2017 真题・单选**］先张法预应力混凝土构件施工，其工艺流程为（　　）。

A. 支底模→支侧模→张拉钢筋→浇筑混凝土→养护、拆模→放张钢筋

B. 支底模→张拉钢筋→支侧模→浇筑混凝土→放张钢筋→养护、拆模

C. 支底模→预应力钢筋安放→张拉钢筋→支侧模→浇混凝土→拆模→放张钢筋

D. 支底模→钢筋安放→支侧模→张拉钢筋→浇筑混凝土→放张钢筋→拆模

［**解析**］先张拉预应力钢筋再支侧模，选项 A 错误。拆模后放松预应力钢筋，选项 B、D 错误。

［**答案**］C

［**2014 真题·单选**］关于预应力后张法的施工工艺，下列说法正确的是（　　）。

A. 灌浆孔的间距，对预埋金属螺旋管不宜大于 40m

B. 张拉预应力筋时，设计无规定的，构件混凝土的强度不低于设计强度等级的 75%

C. 对后张法预应力梁，张拉时现浇结构混凝土的龄期不宜小于 5d

D. 孔道灌浆所用水泥浆拌和后至灌浆完毕的时间不宜超过 35min

［**解析**］灌浆孔的间距，对预埋金属螺旋管不宜大于 30m，选项 A 错误。对后张法预应力梁和板，现浇结构混凝土的龄期分别不宜小于 7d 和 5d，选项 C 错误。水泥浆拌和后至灌浆完毕的时间不宜超过 30min，选项 D 错误。

［**答案**］B

［**2016 真题·多选**］关于先张法预应力混凝土施工，下列说法正确的有（　　）。

A. 先支设底模再安放骨架，张拉钢筋后再支设侧模

B. 先安装骨架再张拉钢筋然后支设底模和侧模

C. 先支设侧模和骨架，再安装底模后张拉钢筋

D. 混凝土宜采用自然养护和湿热养护

E. 预应力钢筋需待混凝土达到一定强度值后方可放张

［**解析**］先支设底模再安放骨架及预应力钢筋，然后支侧模，选项 B、C 错误。

［**答案**］ADE

知识点 23　钢结构工程施工

一、钢结构的材料

钢材的堆放要便于搬运，尽量减少钢材的变形和锈蚀，钢材端部应竖立标牌。标牌应标明钢材规格、钢号、数量和材质验收证明书。

二、钢结构构件的制作

（一）准备工作

施工详图和节点设计文件应经原设计单位确认。

（二）钢结构构件生产的工艺流程

（1）切割下料：包括氧割（气割）、等离子切割等高温热源的方法和使用机切、冲模落料和锯切等机械力的方法。

（2）平直矫正：用型钢矫正机的机械矫正和火焰矫正等。

（3）制孔：可采用钻孔、冲孔、铣孔、铰孔、镗孔和锪孔等方法，钻孔用钻床、电钻、风钻和磁座钻等加工。

（4）钢结构组装：可采用仿形复制装配法、专用设备装配法、胎模装配法等。

（5）连接：钢结构的连接方法有焊接、普通螺栓连接、高强度螺栓连接和铆接。

三、钢结构构件的连接

（一）焊接

（1）建筑工程中钢结构常用的焊接方法有手工焊、半自动焊和全自动焊等。

（2）根据焊接接头的连接部位，可以将熔化焊接接头分为对接接头、角接接头、T 形及十字接头、搭接接头和塞焊接头等。

（3）焊工应经考试合格并取得资格证书，应在认可的范围内进行焊接作业，严禁无证上岗。施工单位首次采用的钢材、焊接材料、焊接方法、接头形式、焊接位置、焊后热处理制度以及焊接工艺参数、预热和后热措施等各种参数及参数的组合，应在钢结构制作及安装前进行焊接工艺评定试验。

（4）焊缝缺陷通常分为六类：裂纹、孔穴、固体夹杂、未熔合、未焊透、形状缺陷和上述以外的其他缺陷。可采用补焊或铲去缺陷部分的焊缝金属重新焊接的方式来处理。

（二）高强度螺栓连接

（1）高强度螺栓按连接形式通常分为摩擦连接、张拉连接和承压连接等。其中，摩擦连接是目前广泛采用的基本连接形式。

（2）高强度螺栓安装时应先使用安装螺栓和冲钉。高强度螺栓不得兼作安装螺栓。

（3）高强度大六角头螺栓连接副施拧可采用扭矩法或转角法。同一接头中，高强度螺栓连接副的初拧、复拧、终拧应在24h内完成。高强度螺栓连接副初拧、复拧和终拧原则上应以接头刚度较大的部位向约束较小的方向、螺栓群中央向四周的顺序进行。

（4）高强度螺栓和焊接并用的连接节点，当设计文件无规定时，宜按先螺栓紧固后焊接的施工顺序。

四、钢结构防火与防腐

通常情况下，钢结构应先进行防腐涂料涂装，再进行防火处理。

（一）防腐涂料涂装

钢构件采用涂料防腐涂装时，可采用机械除锈和手工除锈进行处理。

（二）防火涂装

（1）钢结构的防火保护可采用下列措施之一或其中几种的复（组）合：

1）喷涂（抹涂）防火涂料。

2）包覆防火板。

3）包覆柔性毡状隔热材料。

4）外包混凝土、金属网抹砂浆或砌筑砌体。

（2）钢结构采用喷涂防火涂料保护时，应符合下列规定：

1）室内隐蔽构件，宜选用非膨胀型防火涂料。

2）设计耐火极限大于1.50h的构件，不宜选用膨胀型防火涂料。

3）室外、半室外钢结构采用膨胀型防火涂料时，涂料产品应符合环境对其性能的要求。

4）非膨胀型防火涂料涂层的厚度不应小于10mm。

5）防火涂料与防腐涂料应相容、匹配。

6）涂装施工通常采用喷涂方法施涂，对于薄型钢结构防火涂料的面装饰涂装也可采用刷涂或滚涂等方法施涂。

知识点24 结构吊装工程施工

一、起重机具

起重机具主要包括索具设备和起重机械。

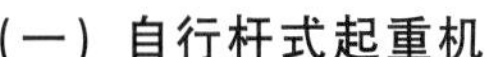

(一) 自行杆式起重机

1. 履带式起重机

(1) 对地面压力大为减小，装在底盘上的回转机构使机身可回转 360°。缺点是稳定性较差，未经验算不宜超负荷吊装。

(2) 履带式起重机的主要参数有三个：起重量 Q、起重高度 H 和起重半径 R。

履带式起重机见图 4-1-69。

图 4-1-69　履带式起重机

2. 汽车起重机

作业时，必须先打开支腿，以增大机械的支承面积，保证必要的稳定性。因此，汽车起重机不能负荷行驶。汽车起重机机动灵活性好，能够迅速转移场地。汽车起重机见图 4-1-70。

图 4-1-70　汽车起重机

3. 轮胎起重机

行驶速度较高，能迅速地转移工作地点或工地，对路面破坏小，但不适合在松软或泥泞的地面上工作。轮胎起重机见图 4-1-71。

图 4-1-71　轮胎起重机

(二) 塔式起重机

塔式起重机主要有轨道式塔式起重机、爬升式塔式起重机（又称为爬式塔式起重机）、附着式塔式起重机（又称自升式塔式起重机）和桅杆式起重式。塔式起重机见图 4-1-72。

（a）轨道式塔式起重机

（b）爬升式塔式起重机

（c）附着式塔式起重机

（d）桅杆式起重机

图 4-1-72　塔式起重机

1. 轨道式塔式起重机

（1）它可带重行走，作业范围大，非生产时间少，生产效率高。

（2）轨道式塔式起重机的主要性能有：吊臂长度、起重幅度、起重量、起升速度及行走速度等。

2. 爬升式塔式起重机

（1）优点：起重机以建筑物作支承，塔身短，起重高度大，而且不占建筑物外围空间。

（2）缺点：司机作业往往不能看到起吊全过程，需靠信号指挥，施工结束后拆卸复杂，一般需设辅助起重机拆卸。

3. 附着式塔式起重机

随着结构的升高，不断自行接高塔身，使起重高度不断增大。为了塔身稳定，塔身每隔 20m 高度左右用系杆与结构锚固。司机能看到吊装的全过程，自身的安装与拆卸不妨碍施工过程。

4. 桅杆式起重机

桅杆式起重机优缺点及适用性见表 4-1-40。

表 4-1-40　桅杆式起重机优缺点及适用性

优缺点	优点：构造简单、装拆方便、起重能力较大，受施工场地限制小 缺点：设较多的缆风绳，移动困难；另外，其起重半径小，灵活性差

续表

适用性	多用于构件较重、吊装工程比较集中、施工场地狭窄，而又缺乏其他合适的大型起重机械的情形
	(1) 起重量在5t以下的桅杆式起重机，用于吊装小构件 (2) 起重量在10t左右的桅杆式起重机，桅杆高度可达25m (3) 大型桅杆式起重机，起重量可达60t，桅杆高度可达80m

二、混凝土结构吊装

（一）预制构件吊装工艺

1. 预制构件的制作和运输

(1) 预制时尽可能采用叠浇法，重叠层数一般不超过4层，上层构件的浇筑应等到下层构件混凝土达到设计强度的30%以后才可进行。

(2) 对构件运输时的混凝土强度要求：如设计无规定时，不应低于设计的混凝土强度标准值的75%。

2. 预制构件的吊装

预制构件的吊装要点见表4-1-41。

表4-1-41　预制构件的吊装要点

项目		要点
柱的绑扎		(1) 一般中、小型柱绑扎一点；重型柱或配筋少而细长的柱常绑扎两点甚至两点以上以减少柱的吊装弯矩 (2) 一点绑扎时，绑扎位置在牛腿下面
柱的起吊	旋转法	(1) 保持柱脚位置不动，并使柱的吊点、柱脚中心和杯口中心三点共圆 (2) 柱吊升中所受振动较小，但对起重机的机动性要求高
	滑行法	(1) 吊点要布置在杯口旁，并与杯口中心两点共圆弧 (2) 起重机只需转动吊杆，即可将柱子吊装就位，较安全，但滑行过程中柱子受震动，故只有起重机、场地受限时才采用此法

（二）单层工业厂房结构吊装

1. 起重机械选择与布置

(1) 起重机械选择。

履带式起重机适于安装4层以下结构，塔式起重机适于4～10层结构，自升式塔式起重机适于10层以上结构。

1) 起重量。起重机的起重量必须大于所安装构件的质量与索具重量之和（$Q \geqslant Q_1 + Q_2$）。

2) 起重高度。对于吊装单层厂房的起重高度应满足下式。起重机的起重高度见图4-1-73。

$$H \geqslant h_1 + h_2 + h_3 + h_4$$

式中，H——起重机的起重高度（m），从停机面算起至吊钩中心；h_1——安装支座表面高度（m），从停机面算起；h_2——安装空隙，一般不小于0.3m（当做隐含已知条件）；h_3——绑扎点至所吊构件底面的距离（m）；h_4——索具高度（m），自绑扎点至吊钩中心，视具体情况而定。

3) 起重幅度。一般根据所需要最小起重量和最小起重高度，初步确定起重机型号，再对最小起重幅度进行验算。

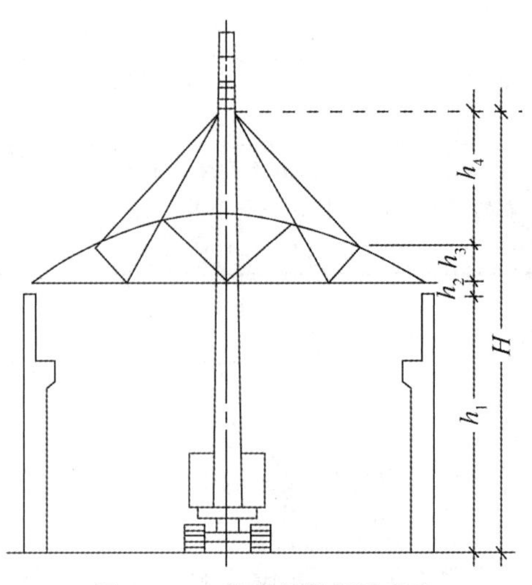

图 4-1-73 起重机的起重高度

（2）起重机的平面布置。

1）单侧布置时，起重半径应满足下式。

$$R \geqslant b+a$$

2）双侧布置时，起重半径应满足下式。

$$R \geqslant b/2+a$$

式中，R——塔式起重机吊装最大起重半径（m）；b——房屋宽度（m）；a——房屋外侧至塔式起重机轨道中心线的距离，a＝外脚手的宽度＋1/2 轨距＋0.5m。

3）跨内单行和跨内环形布置时，如果工程不大，工期不紧，可环形布置。

塔式起重机布置方案见图 4-1-74。

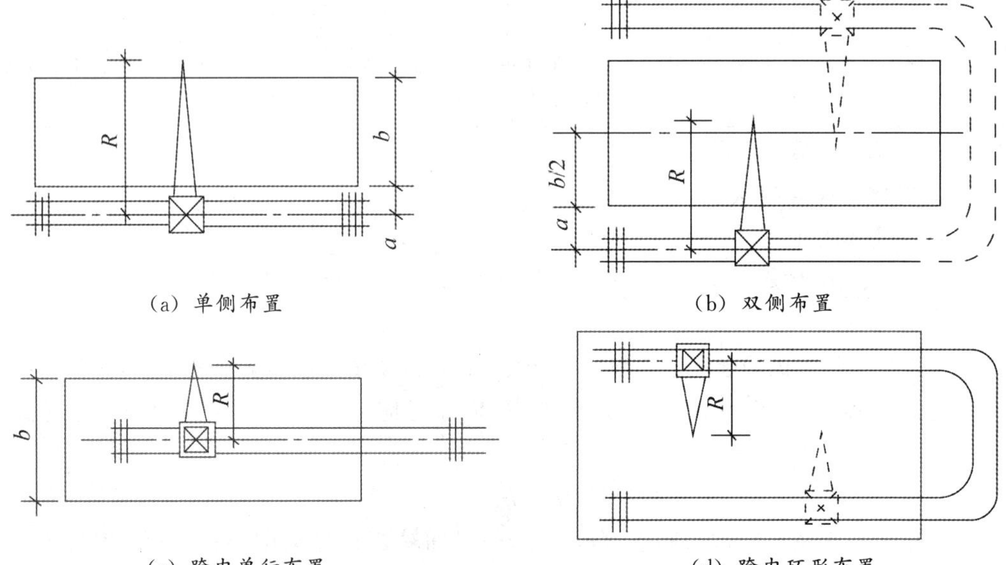

图 4-1-74 塔式起重机布置方案

2. 结构吊装方法与吊装顺序

结构吊装方法及优缺点见表 4-1-42。结构吊装顺序见图 4-1-75。

表 4-1-42 结构吊装方法及优缺点

类型	优缺点	内容
分件吊装法（采用较多）	优点	由于每次均吊装同类型构件，可减少起重机变幅和索具的更换次数，从而提高吊装效率，能充分发挥起重机的工作能力
	缺点	不能为后继工序及早提供工作面，起重机的开行路线较长
综合吊装法（较少采用）	优点	开行路线短，停机点少；吊完一个节间，其后续工种就可进入节间内工作，使各个工种进行交叉平行流水作业，有利于缩短工期
	缺点	需要频繁变换索具，工作效率低，构件供应紧张和平面布置复杂；构件的校正困难

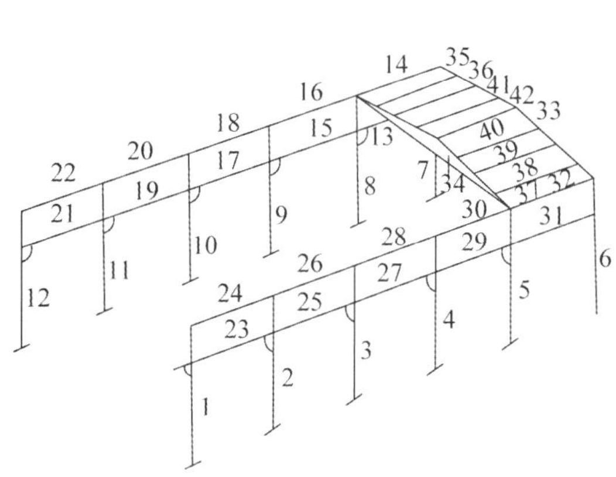

(a) 分件吊装时的构件吊装顺序

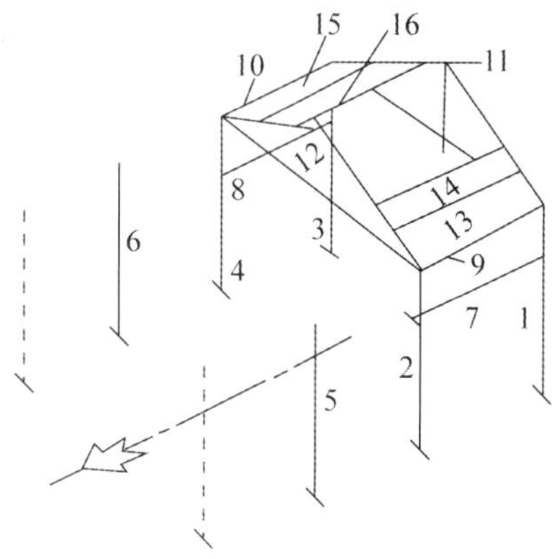

(b) 综合吊装时的构件吊装顺序

图 4-1-75 结构构件吊装顺序

（三）大跨度结构吊装

1. 大跨度结构整体吊装法施工

此法不需高大的拼装支架，高空作业少，易保证整体焊接质量，但需要大起重量的起重设备，技术较复杂。适合焊接球节点钢管网架（见图 4-1-76）。整体吊升法可分为多机抬吊法、桅杆吊升法，其适用性见表 4-1-43。

表 4-1-43 大跨度结构整体吊装法的适用性

方法	适用性
多机抬吊法	只适用于重量和高度不大的中小型网架结构
桅杆吊升法	适合于吊装高、重、大的屋盖结构，特别是网架

图 4-1-76 焊接球节点钢管网架

2. 大跨度结构滑移法施工

滑移法可采用一般土建单位常用的施工机械，同时还有利于室内土建施工平行作业，特别是场地狭窄，起重机械无法出入时更为有效。故这种新工艺在大跨度桁架结构和网架结构安装中常常采用。

3. 大跨度结构高空拼装法施工

高空拼装法用于螺栓连接（包括螺栓球、高强螺栓）的非焊接节点的各种类型网架较为适宜。此方法目前多用于钢网架结构的吊装。

4. 大跨度结构整体顶升法施工

（1）目前此法在国内还只适用于净空不高和尺寸不大的薄壳结构吊装中。

（2）根据千斤顶安放位置的不同，顶升法可分为上顶升法和下顶升法，上顶升法顶升过程示意及柱块图见图 4-1-77。两种方法的特点见表 4-1-44。

表 4-1-44　顶升法类型及特点

类型	特点
上顶升法	稳定性好，但高空作业较多
下顶升法	高空作业少，但在顶升时稳定性较差，所以工程中一般较少采用

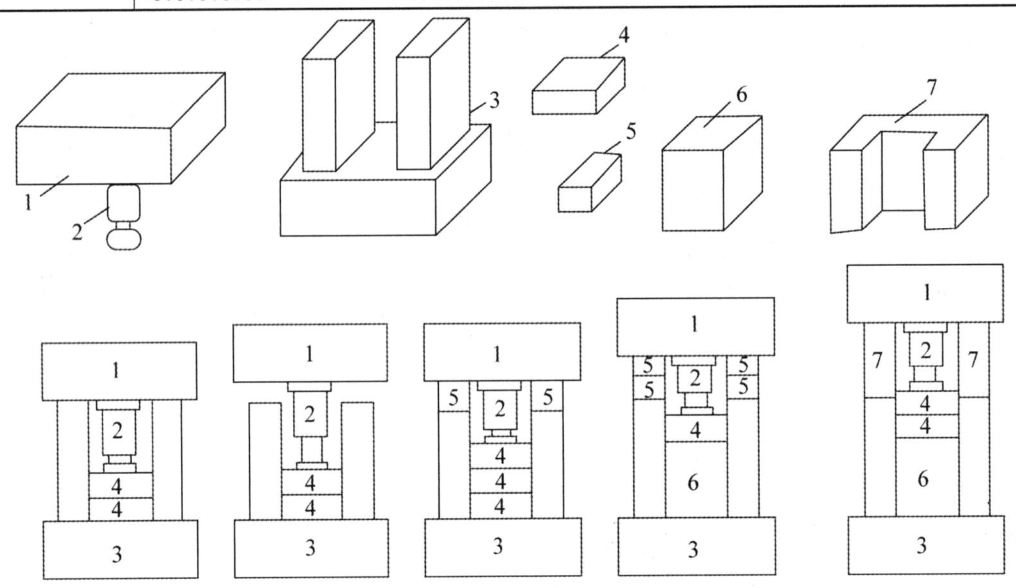

图 4-1-77　上顶升法顶升过程示意及柱块图

1—柱帽；2—千斤顶；3—桩基；4、5—临时垫块；6—方形柱块；7—门形柱块

（四）升板法施工

柱网布置灵活，设计结构单一；各层板叠浇制作，节约大量模板；提升设备简单，不用大型机械；高空作业减少，施工较为安全；劳动强度减轻，机械化程度提高；节省施工用地，适宜狭窄场地施工；但用钢量较大，造价偏高。

➤ **考分统计**：统计近 10 年该知识点的考核情况，2012、2013、2014、2018、2021 年进行了考核。考核频次为 50%。其中 2012 年考核一道单选题，2013 年考核一道单选题，2014 年考核一道单选题，2018 年考核一道多选题，2021 年考核一道单选题。

典型例题

[**2014 真题 · 单选**] 相对其他施工方法，板柱框架结构的楼板采用升板法施工的优点是（　　）。

A. 节约模板，造价较低　　B. 机械化程度高，造价较低

C. 用钢量小，造价较低　　D. 不用大型机械，适宜狭地施工

[**解析**] 升板结构及其施工特点：柱网布置灵活，设计结构单一；各层板叠浇制作，节约大量模板；提升设备简单，不用大型机械；高空作业减少，施工较为安全；劳动强度减轻，机械化程度提高；节省施工用地，适宜狭窄场地施工；但用钢量较大，造价偏高。

[**答案**] D

[**2013 真题 · 单选**] 对于大跨度的焊接球节点钢管网架的吊装，出于防火等考虑，一般选用（　　）。

A. 大跨度结构高空拼装法施工　　B. 大跨度结构整体吊装法施工

C. 大跨度结构整体顶升法施工　　D. 大跨度结构滑移法施工

[**解析**] 大跨度结构整体吊装法施工不需高大的拼装支架，高空作业少，易保证整体焊接质量，但需要大起重量的起重设备，技术较复杂。因此，此法较适合焊接球节点钢管网架。

[**答案**] B

[**2012 真题 · 单选**] 在单层工业厂房结构吊装中，如安装支座表面高度为 15.0m（从停机面算起），绑扎点至所吊构件底面距离 0.8m，索具高度为 3.0m，则起重机高度至少为（　　）。

A. 18.2m　　B. 18.5m　　C. 18.8m　　D. 19.1m

[**解析**] $H \geqslant h_1 + h_2 + h_3 + h_4 = 15 + 0.8 + 3 + 0.3 = 19.1$（m）。

[**答案**] D

[**2018 真题 · 多选**] 单层工业厂房结构吊装的起重机，可根据现场条件、构件重量、起重机性能选择（　　）。

A. 单侧布置　　B. 双侧布置　　C. 跨内单行布置　　D. 跨外环形布置

E. 跨内环形布置

[**解析**] 起重机的布置方案主要根据房屋平面形状、构件重量、起重机性能及施工现场环境条件等确定。一般有四种布置方案：单侧布置、双侧布置、跨内单行布置和跨内环形布置。

[**答案**] ABCE

知识点 25 屋面防水工程施工

扫码听课

一、屋面防水的基本要求

（1）混凝土结构层宜采用结构找坡，坡度不应小于 3%；当采用材料找坡时，宜采用质量轻、吸水率低和有一定强度的材料，坡度宜为 2%。

（2）保温层上的找平层应在水泥初凝前压实抹平，并应留设分格缝，缝宽宜为 5～20mm，纵横缝的间距不宜大于 6m。水泥终凝前完成收水后应二次压光，并应及时取出分格条。养护时间不得少于 7d。

（3）找平层设置的分格缝可兼作排汽道，排汽道的宽度宜为 40mm，排汽道应纵横贯通，并应与大气连通的排汽孔相通。排汽道纵横间距宜为 6m，屋面面积每 $36m^2$ 宜设置一个排汽孔。

二、卷材防水屋面施工

卷材防水屋面施工见图 4-1-78。

图 4-1-78 卷材防水屋面施工

（一）铺贴方法

（1）当卷材防水层上有重物覆盖或基层变形较大时，应优先采用空铺法、点粘法、条粘法或机械固定法，但距屋面周边 800mm 内以及叠层铺贴的各层之间应满粘。

（2）当防水层采取满粘法施工时，找平层的分隔缝处宜空铺，空铺的宽度每边宜为 100mm。

（3）立面或大坡面铺贴卷材时，应采用满粘法，并宜减少卷材短边搭接。

（二）铺贴顺序与卷材接缝

卷材防水层施工时，应先进行细部构造处理，然后由屋面最低标高向上铺贴；檐沟、天沟卷材施工时，宜顺檐沟、天沟方向铺贴，搭接缝应顺流水方向；卷材宜平行屋脊铺贴，上下层卷材不得相互垂直铺贴。卷材搭接缝应符合下列规定：

（1）平行屋脊的搭接缝应顺流水方向。

（2）同一层相邻两幅卷材短边搭接缝错开不应小于 500mm。

（3）上下层卷材长边搭接缝应错开，且不应小于幅宽的 1/3。

（4）叠层铺贴的各层卷材，在天沟与屋面的交接处，应采用叉接法搭接，搭接缝应错开；搭接缝宜留在屋面与天沟侧面，不宜留在沟底。

（三）卷材防水层的施工环境温度

热熔法和焊接法不宜低于－10℃；冷粘法和热粘法不宜低于 5℃；自粘法不宜低于 10℃。

（四）卷材防水屋面施工的注意事项

对容易渗漏的薄弱部位用附加卷材或防水材料、密封材料做附加增强处理，然后才能铺贴防水层，防水层施工至末尾还应做收头处理。

三、涂膜防水屋面施工

（1）涂膜防水层的施工：先高后低，先远后近、先细部后大面。

（2）前后两遍涂料的涂布方向应相互垂直。

（3）需铺设胎体增强材料时，屋面坡度小于 15%时，可平行屋脊铺设，屋面坡度大于 15%时应垂直于屋脊铺设。采用二层胎体增强材料时，上下层不得相互垂直铺设，搭接缝应错开，其间距不应小于幅宽的 1/3。

（4）涂料涂布时应先涂立面，后涂平面。

➤ **考分统计**：统计近 10 年该知识点的考核情况，在 2012、2014、2016、2017、2021 年进行了考核。考核频次为 50%。其中 2012 年考核一道多选题，2014 年考核一道多选题，2016 年考核一道多选题，2017 年考核一道单选题，2021 年考核一道多选题。

典型例题

[**2017 真题·单选**] 屋面防水工程应满足的要求是（　　）。

A. 结构找坡不应小于 3%

B. 找平层应留设间距不小于 6m 的分格缝

C. 分格缝不宜与排气道贯通

D. 涂膜防水层的无纺布，上下胎体搭接缝不应错开

[**解析**] 混凝土结构层宜采用结构找坡，坡度不应小于 3%。保温层上的找平层应在水泥初凝前压实抹平，并应留设分格缝，缝宽宜为 5～20mm，纵横缝的间距不宜大于 6m。找平层设置的分格缝可兼作排气道。上下层胎体增强材料的长边搭接缝应错开，且不得小于幅宽的 1/3。

[**答案**] A

[**2021 真题·多选**] 关于涂膜防水屋面施工方法，下列说法正确的有（　　）。

A. 高低跨屋面，一般先涂高跨屋面，后涂低跨屋面

B. 相同高度屋面，按照距离上料点"先近后远"的原则进行涂布

C. 同一屋面，先涂布排水较集中的节点部位，再进行大面积涂布

D. 采用双层胎体增强材料时，上下层应互相垂直铺设

E. 涂膜应根据防水涂料的品种分层分遍涂布，且前后两遍涂布方向平行

[**解析**] 涂膜防水层的施工应按"先高后低、先远后近"的原则进行。遇高低跨屋面时，一般先涂高跨屋面，后涂低跨屋面；对相同高度屋面，要合理安排施工段，先涂布距离上料点远的部位，后涂布近处；对同一屋面上，先涂布排水较集中的水落口、天沟、檐沟、檐口等节点部位，再进行大面积涂布。采用二层胎体增强材料时，上下层不得相互垂直铺设，搭接缝应错开，其间距不应小于幅宽的 1/3。涂膜应根据防水涂料的品种分层分遍涂布，待先涂的涂层干燥成膜后，方可涂后一遍涂料，且前后两遍涂料的涂布方向应相互垂直。

[**答案**] AC

[**2012 真题·多选**] 当卷材防水层上有重物覆盖或基层变形较大时，优先采用的施工铺贴方法有（　　）。

A. 空铺法　　B. 点粘法　　C. 满粘法　　D. 条粘法

E. 机械固定法

[**解析**] 当卷材防水层上有重物覆盖或基层变形较大时，应优先采用空铺法、点粘法、条粘法或机械固定法，但距屋面周边 800mm 内以及叠层铺贴的各层之间应满粘。

[**答案**] ABDE

知识点 26　地下防水工程施工

地下工程防水方案主要有以下三类：结构自防水、表面防水层防水、防排结合。地下工程防水等级分为 4 级，地下防水工程不得在雨天、雪天和五级风及其以上时施工。

一、防水混凝土

常用的防水混凝土有普通防水混凝土、外加剂或掺和料防水混凝土和膨胀水泥防水混凝土。常用的外加剂防水混凝土有：三乙醇胺防水混凝土、加气剂防水混凝土、减水剂防水混凝土、氯化铁防水混凝土。

（一）防水混凝土在施工中注意的事项

（1）防水混凝土采用预拌混凝土时，入泵坍落度宜控制在 120～140mm，坍落度每小时损

失不应大于20mm，坍落度总损失值不应大于40mm。

（2）防水混凝土浇筑时的自落高度不得大于1.5m；防水混凝土应采用机械振捣。

（3）防水混凝土应自然养护，养护时间不少于14d。

（4）喷射混凝土终凝2h后应采取喷水养护，养护时间不得少于14d；当气温低于5℃时，不得喷水养护。

（二）防水构造的处理

（1）墙体水平施工缝不应留在剪力与弯矩最大处或底板与侧墙的交接处，应留在高出底板表面不小于300mm的墙体上。

（2）拱（板）墙结合的水平施工缝，宜留在拱（板）墙接缝线以下150～300mm处。墙体有预留孔洞时，施工缝距孔洞边缘不应小于300mm。

二、表面防水层防水

（1）水泥砂浆防水层（刚性防水层）。其类型及特点见表4-1-45。

表4-1-45　水泥砂浆防水层的类型及特点

类型	特点
刚性多层法防水层	素灰和水泥砂浆分层交叉抹面而构成的防水层，具有较高的抗渗能力
刚性外加剂法防水层	常用的外加剂有氯化铁防水剂、铝粉膨胀剂、减水剂

（2）涂膜防水施工。

（3）卷材防水层。外贴法和内贴法的优缺点见表4-1-46。

表4-1-46　外贴法和内贴法的优缺点

类型	优缺点	内容
外贴法（见图4-1-79）	优点	构筑物与保护墙有不均匀沉降时，对防水层影响较小；防水层做好后即可进行漏水试验，修补方便
	缺点	工期较长，占地面积较大；底板与墙身接头处卷材易受损
内贴法（见图4-1-80）	优点	防水层的施工比较方便，不必留接头；施工占地面积小
	缺点	构筑物与保护墙有不均匀沉降时，对防水层影响较大，保护墙稳定性差，竣工后如发现漏水较难修补

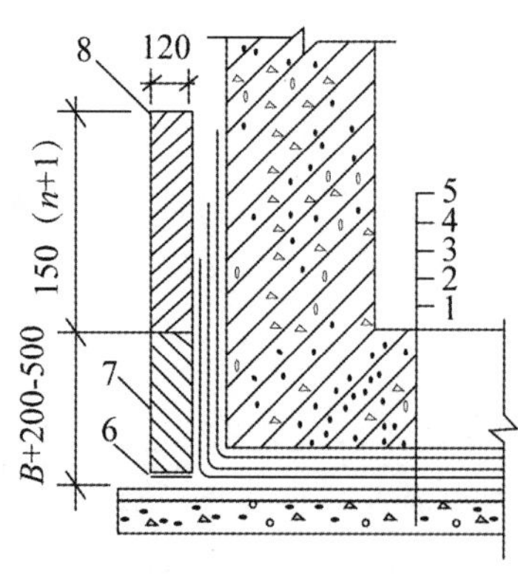

图4-1-79　外贴法

1—垫层；2—找平层；3—卷材防水层；4—保护层；5—构筑物；6—油毡；7—永久保护墙；8—临时性保护墙

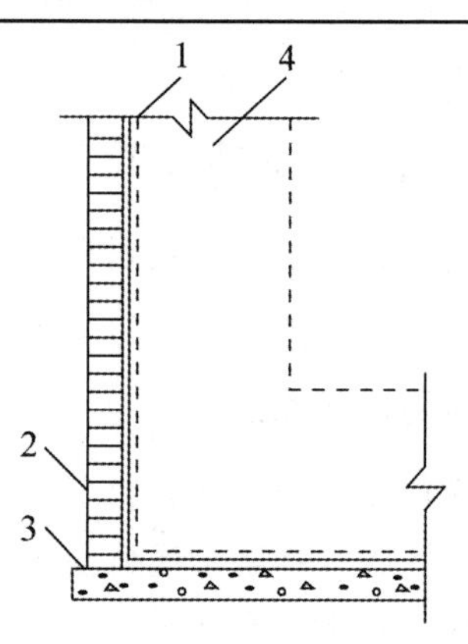

图4-1-80　内贴法

1—卷材防水层；2—保护墙；3—垫层；4—尚未施工的构筑物

➤ **考分统计**：统计近 10 年该知识点的考核情况，在 2013、2017、2018、2020、2021 年进行了考核。考核频次为 50%。其中 2013 年考核一道多选题，2017 年考核一道多选题，2018 年考核一道单选题，2020 年考核一道多选题，2021 年考核一道单选题。

典型例题

[**2018 真题·单选**] 可用于地下砖石结构和防水混凝土结构的加强层，且施工方便、成本较低的表面防水层应为（　　）。

A. 水泥砂浆防水层

B. 涂膜防水层

C. 卷材防水层

D. 涂料防水层

[**解析**] 水泥砂浆防水层取材容易，施工方便，防水效果较好，成本较低，适用于地下砖石结构的防水层或防水混凝土结构的加强层。

[**答案**] A

[**2017 真题·多选**] 防水混凝土施工应满足的工艺要求有（　　）。

A. 混凝土中不宜掺和膨胀水泥

B. 入泵坍落度宜控制在 120～140mm

C. 浇筑时混凝土自落高度不得大于 1.5m

D. 后浇带应按施工方案设置

E. 当气温低于 5℃时喷射混凝土不得喷水养护

[**解析**] 目前，常用的防水混凝土有普通防水混凝土、外加剂或掺和料防水混凝土和膨胀水泥防水混凝土。防水混凝土采用预拌混凝土时，入泵坍落度宜控制在 120～140mm。防水混凝土浇筑时的自落高度不得大于 1.5m。防水混凝土结构的变形缝、施工缝、后浇带、穿墙管、埋设件等设置和构造必须符合设计要求。喷射混凝土终凝 2h 后应采取喷水养护，养护时间不得少于 14d；当气温低于 5℃时，不得喷水养护。

[**答案**] BCE

[**2013 真题·多选**] 防水混凝土施工时应注意的事项有（　　）。

A. 应尽量采用人工振捣，不宜用机械振捣

B. 浇筑时自落高度不得大于 1.5m

C. 应采用自然养护，养护时间不少于 7d

D. 墙体水平施工缝应留在高出底板表面 300mm 以上的墙体中

E. 施工缝距墙体预留孔洞边缘不小于 300mm

[**解析**] 应采用机械振捣，并保证振捣密实。养护时间不少于 14d。

[**答案**] BDE

[**2011 真题·多选**] 地下防水施工中，外贴法施工卷材防水层主要特点有（　　）。

A. 施工占地面积较小

B. 地板与墙身接头处卷材易受损

C. 结构不均匀沉降对防水层影响大

D. 可及时进行漏水试验，修补方便

E. 施工工期较长

[解析] 外贴法是指在地下建筑墙体做好后，直接将卷材防水层铺贴墙上，然后砌筑保护墙。外贴法的优点是构筑物与保护墙有不均匀沉降时，对防水层影响较小；防水层做好后即可进行漏水试验，修补方便。缺点是工期较长，占地面积较大，底板与墙身接头处卷材易受损。
[答案] BDE

知识点 27 楼层、厕浴间、厨房间防水

防水层必须翻至墙面并做到离地面 150mm 处。

知识点 28 节能工程施工技术

一、墙体节能工程

（一）外墙外保温

常见的外墙外保温系统有聚苯板薄抹灰外墙外保温系统、胶粉聚苯颗粒保温复合型外墙外保温系统、聚苯板钢丝网架现浇混凝土外墙外保温系统、聚苯板现浇混凝土外墙外保温系统等。

1. 聚苯板薄抹灰外墙外保温系统（见图 4-1-81）

（1）采取防火构造措施后，聚苯板薄抹灰外墙外保温系统适用于各类气候区域的，按设计需要保温、隔热的新建、扩建、改建的，高度在 100m 以下的住宅建筑和 24m 以下的非幕墙建筑。为了确保聚苯板与外墙基层黏结牢固，高度在 20m 以上的建筑物，宜使用锚栓辅助固定。

（2）粘贴聚苯板时，基面平整度≤5mm 时宜采用条粘法，基面平整度>5mm 时宜采用点框法。

（3）锚固件安装应在聚苯板粘贴 24h 后进行。

2. 胶粉聚苯颗粒保温复合型外墙外保温系统（见图 4-1-82）

采取防火构造措施后，胶粉聚苯颗粒复合型外墙外保温系统可适用于建筑高度在 100m 以下的住宅建筑和 50m 以下的非幕墙建筑，基层墙体可以是混凝土或砌体结构。而单一胶粉聚苯颗粒外墙外保温系统不适用于严寒和寒冷地区。

3. 聚苯板钢丝网架现浇混凝土外墙外保温系统（见图 4-1-83）

将带网架的聚苯板安装于墙体钢筋之外。

4. 聚苯板现浇混凝土外墙外保温系统（见图 4-1-84）

采用内表面带有齿槽的聚苯板作为现浇混凝土外墙的外保温材料，聚苯板内外表面喷涂界面剂，安装于墙体钢筋之外，用尼龙锚栓将聚苯板与墙体钢筋绑扎，安装内外大模板，浇筑混凝土墙体并拆模后，聚苯板与混凝土墙体联结成一体，在聚苯板表面薄抹抹面抗裂砂浆，同时铺设玻纤网格布，再做涂料饰面层。

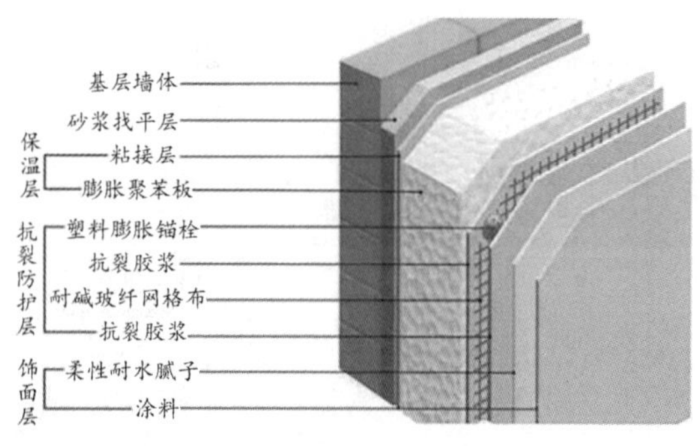

图 4-1-81 聚苯板薄抹灰外墙外保温系统示意图

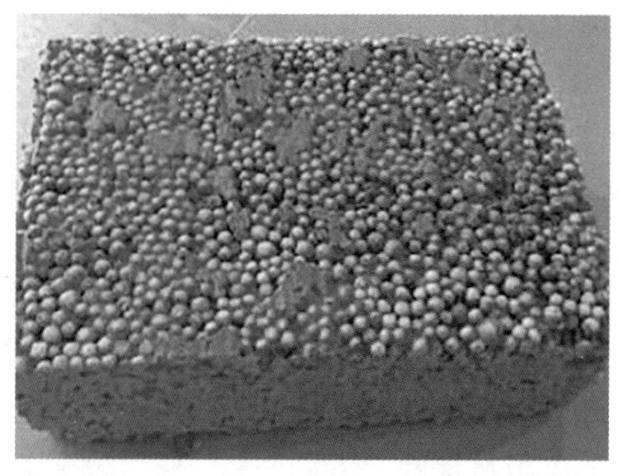

图 4-1-82 胶粉聚苯颗粒保温复合型外墙外保温系统

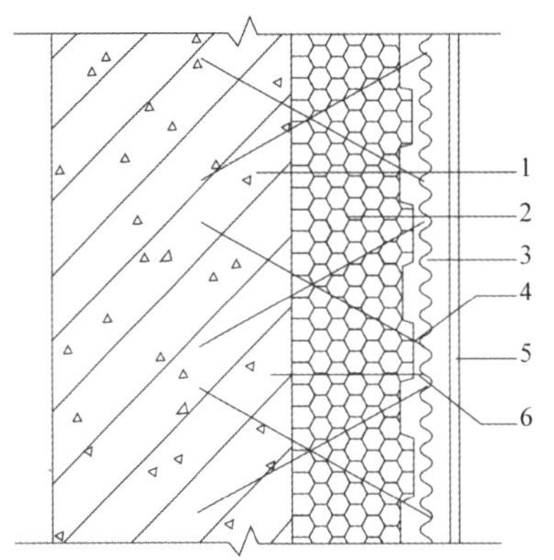

图 4-1-83　聚苯板钢丝网架现浇混凝土外墙外保温系统

1—现浇混凝土外墙；2—EPS 单面钢丝网架板；3—掺外加剂的水泥砂浆厚抹面层；4—钢丝网架；5—饰面层；6—⌀6

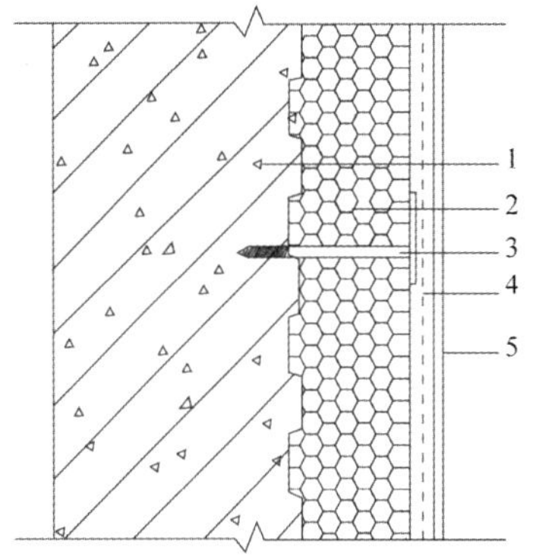

图 4-1-84　聚苯板现浇混凝土外墙外保温系统

1—现浇混凝土外墙；2—EPS 板；3—锚栓；4—抗裂砂浆薄抹面层；5—饰面层

（二）外墙内保温

常见的外墙内保温系统有保温板外墙内保温系统、保温砂浆外墙内保温系统、喷涂硬泡聚氨酯（外墙）内保温系统等。

二、屋面保温工程

屋面保温工程内容见表 4-1-47。

表 4-1-47　屋面保温工程内容

常用屋面保温材料	材料名称	保温层厚度
有机材料	聚苯板、硬质聚氨酯泡沫塑料	25～80mm
无机材料	水泥膨胀珍珠岩板、水泥膨胀蛭石板、加气混凝土	80～260mm

（一）保温层施工

1. 施工准备

进场的保温材料应检验下列项目：板状保温材料检查表观密度或干密度、压缩强度或抗压强度、导热系数、燃烧性能。纤维保温材料应检验表观密度、导热系数、燃烧性能。

2. 施工操作要点

（1）当设计有隔汽层时，先施工隔汽层，然后再施工保温层。隔汽层四周应向上沿墙面连续铺设，并高出保温层表面不得小于 150mm。

（2）纤维材料保温层施工时，应避免重压，并应采取防潮措施；屋面坡度较大时，宜采用机械固定法施工。

（3）喷涂硬泡聚氨酯保温层施工时，喷嘴与基层的距离宜为 800～1200mm；一个作业面应分遍喷涂完成，每遍喷涂厚度不宜大于 15mm；当日施工作业面应连续施工完成；喷涂后 20min 严禁上人。

（4）现浇泡沫混凝土保温层施工时，浇筑出口离基层的高度不宜超过 1m，泵送时应采取低压泵送。泡沫混凝土应分层浇筑，一次浇筑厚度不宜超过 200mm，保湿养护时间不得少于 7d。

（二）倒置式屋面保温层要求

（1）当采用两道防水设防时，宜选用防水涂料作为其中一道防水层；硬泡聚氨酯防水保温复合板可作为次防水层。

（2）低女儿墙和山墙的保温层应铺到压顶下；高女儿墙和山墙内侧的保温层应铺到顶部；保温层应覆盖变形缝挡墙的两侧；屋面设施基座与结构层相连时，保温层应包裹基座的上部。

（三）种植屋面保温层要求

（1）种植屋面不宜设计为倒置式屋面。屋面坡度大于 50%时，不宜做种植屋面。

（2）种植屋面防水层应采用不少于两道防水设防，上道应为耐根穿刺防水材料。

（3）种植屋面绝热材料不得采用散状绝热材料。

（4）种植平屋面的基本构造层次包括（从下而上）：基层、绝热层、找（坡）平层、普通防水层、耐根穿刺防水层、保护层、排（蓄）水层、过滤层、种植土层和植被层等。可根据各地区气候特点、屋面形式、植物种类等情况，增减构造层次。

种植屋面的结构见图 4-1-85。

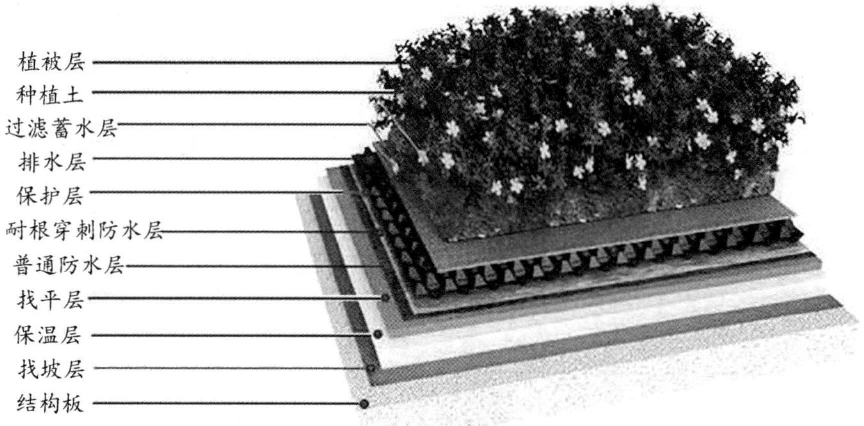

图 4-1-85　种植屋面的结构

典型例题

［**2020 真题 · 多选**］屋面保温层施工应满足的要求有（　　）。

A. 先施工隔汽层再施工保温层

B. 隔汽层沿墙面高于保温层

C. 纤维材料保温层不宜采用机械固定法施工

D. 现浇泡沫混凝土保温层现浇的自落高度≤1m

E. 泡沫混凝土一次浇筑厚度≤200mm

［**解析**］当设计有隔汽层时，先施工隔汽层，然后再施工保温层。隔汽层四周应向上沿墙面连续铺设，并高出保温层表面不得小于 150mm。纤维材料保温层施工时，应避免重压，并应采取防潮措施；屋面坡度较大时，宜采用机械固定法施工。现浇泡沫混凝土保温层施工时，浇筑出口离基层的高度不宜超过 1m，泵送时应采取低压泵送。泡沫混凝土应分层浇筑，一次浇筑厚度不宜超过 200mm。

［**答案**］ABDE

知识点 29　建筑装饰装修工程施工技术

一、抹灰工程

（1）抹灰用的水泥宜为硅酸盐水泥、普通硅酸盐水泥，其强度等级不应小于 32.5。

（2）大面积抹灰前应设置标筋。抹灰应分层进行，每遍厚度宜为 5～7mm。抹石灰砂浆和水泥混合砂浆每遍厚度宜为 7～9mm。当抹灰总厚度超出 35mm 时，应采取加强措施。用水泥砂浆和水泥混合砂浆抹灰时，应待前一抹灰层凝结后方可抹后一层。

二、吊顶工程

（1）重型灯具、电扇及其他重型设备严禁安装在吊顶龙骨上。

（2）当设计无要求时，吊点间距应小于 1.2m，应按房间短向跨度适当起拱。主龙骨安装后应及时校正其位置标高。

（3）固定板材的次龙骨间距不得大于 600mm，在潮湿地区和场所，间距宜为 300～400mm。

（4）板材应在自由状态下进行安装，固定时应从板的中间向板的四周固定。

吊顶工程见图 4-1-86。

图 4-1-86　吊顶工程

三、轻质隔墙工程

（1）石膏板宜竖向铺设，长边接缝应安装在竖龙骨上。

（2）龙骨两侧的石膏板及龙骨一侧的双层板的接缝应错开，不得在同一根龙骨上接缝。

（3）安装石膏板时应从板的中部向板的四边固定。

（4）玻璃砖墙宜以 1.5m 高为一个施工段，待下部施工段胶结材料达到设计强度后再进行上部施工。

轻质隔墙工程见图 4-1-87。

图 4-1-87　轻质隔墙工程

四、墙面铺装工程

（1）墙面砖铺贴前应进行挑选，并应浸水 2h 以上，晾干表面水分。

（2）结合砂浆宜采用 1∶2 水泥砂浆，砂浆厚度宜为 6～10mm。水泥砂浆应满铺在墙砖背面，一面墙不宜一次铺贴到顶，以防塌落。

五、涂饰工程

（1）混凝土或抹灰基层涂刷溶剂型涂料时，含水率不得大于8%；涂刷水性涂料时，含水率不得大于10%；木质基层含水率不得大于12%。

（2）施工现场环境温度宜在5～35℃，并应注意通风换气和防尘。

六、地面工程

地面工程有石材、地面砖铺贴，竹、实木地板铺装，强化复合地板铺装。

七、幕墙工程

（1）锚板宜采用Q235、Q345级钢，受力预埋件的锚筋应采用HRB400（带肋）或HPB300（光圆）钢筋，不应使用冷加工钢筋。

（2）直锚筋与锚板应采用T形焊。

第二节　道路、桥梁与涵洞工程施工技术

知识点 1　一般路基土方施工

一、路堤的填筑

（一）基底的处理

填筑路堤前，应根据基底的土质、水文、坡度、植被和填土高度采取一定措施对基底进行处理。基底应在填筑前进行压实，基底原状土的强度不符合要求时，应进行换填，换填深度应不小于300mm，并予以分层压实到规定要求。高速公路、一级公路、二级公路路堤基底的压实度应不小于90%。基底的处理要求见表4-2-1。

表4-2-1　基底的处理要求

项目		要求	
松土或耕地		应先清除有机土、种植土、草皮等，清除深度应达到设计要求，一般不小于150mm，平整后按规定要求压实	
密实稳定	横坡缓于1∶10	填方高＞0.5m	基底可不处理
		填方高＜0.5m	清除原地表杂草
	横坡为1∶10～1∶5	应清除地表草皮杂物再填筑	
	横坡陡于1∶5	按设计要求挖台阶，或设置成坡度向内并大于2%、宽度不小于1m的台阶	

（二）填料的选择

不同土质类型作为填料的适用性见表4-2-2。

表4-2-2　不同土质类型作为填料的适用性

土质类型	适用性
碎石、卵石、砾石、粗砂	可优先采用

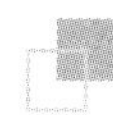

续表

土质类型	适用性
亚砂土、亚黏土等经压实后也具有足够强度的土	可采用
粉性土（水稳定性差）	不宜作路堤填料
重黏土、黏性土、捣碎后的植物土	慎重采用

(三) 填筑方法

路堤的填筑方法有水平分层填筑法、纵向分层填筑法、竖向填筑法和混合填筑法四种。

1. 水平分层填筑法

水平分层填筑法是填筑路堤的基本方法，见图 4-2-1。

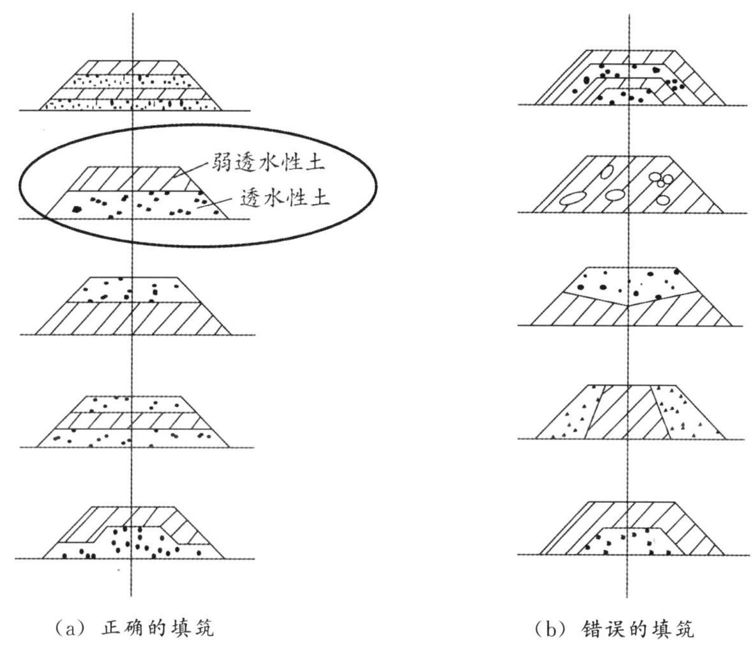

图 4-2-1 水平分层填筑法

2. 纵向分层填筑法

常用于地面纵坡大于 12%、用推土机从路堑取料、填筑距离较短的路堤，缺点是不易碾压密实。纵向分层填筑法见图 4-2-2。

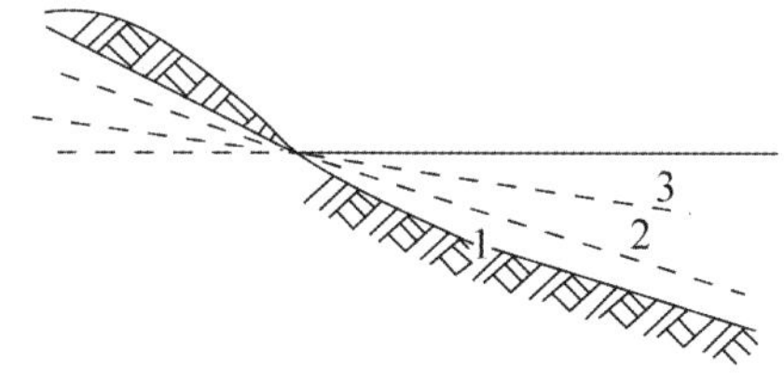

图 4-2-2 纵向分层填筑法

3. 竖向填筑法

对于地面纵坡大于 12% 的深谷陡坡地段，可采用竖向填筑法施工。施工时需采取下列措施：①选用高效能压实机械；②采用沉陷量较小的砂性土或附近开挖路堑的废石方，并一次填足路堤全宽；在底部进行拨土夯实。竖向填筑见图 4-2-3。

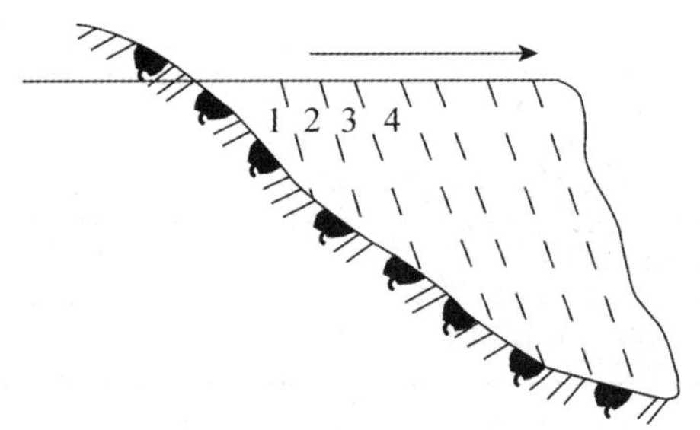

图 4-2-3　竖向填筑法

4. 混合填筑法

因地形限制或堤身较高时，不宜采用水平分层填筑或横向填筑法进行填筑时，可采用混合填筑法。沿线的土质经常在变化，为避免将不同性质的土任意混填，而造成路基病害，应确定正确的填筑方法。混合填筑见图 4-2-4。

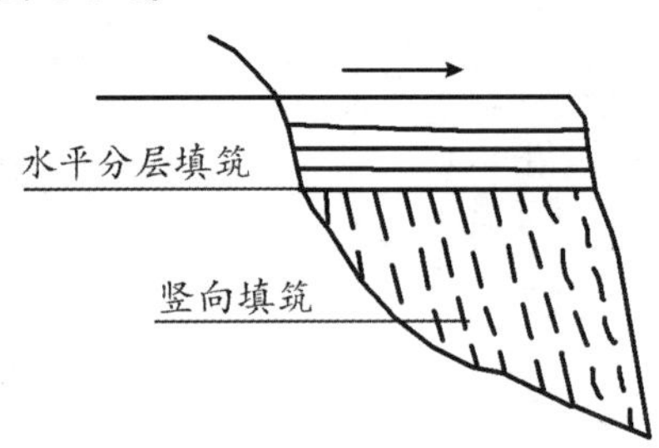

图 4-2-4　混合填筑法

二、路堑的开挖

路堑的开挖方法及适用性见表 4-2-3。

表 4-2-3　路堑的开挖方法及适用性

开挖方法		适用性
横向挖掘法	单层横向全宽挖掘	适用于挖掘浅且短的路堑
	多层横向全宽挖掘	适用于挖掘深且短的路堑
纵向挖掘法（见图 4-2-5）	分层纵挖法	适用于较长的路堑开挖
	通道纵挖法	适合于路堑较长、较深、两端地面纵坡较小的路堑开挖
	分段纵挖法	适用于路堑过长，弃土运距过长的傍山路堑，其一侧堑壁不厚的路堑开挖
混合式挖掘法（见图 4-2-6）		（1）多层横向全宽挖掘法和通道纵挖法混合使用 （2）适用于路线纵向长度和挖深都很大的路堑开挖

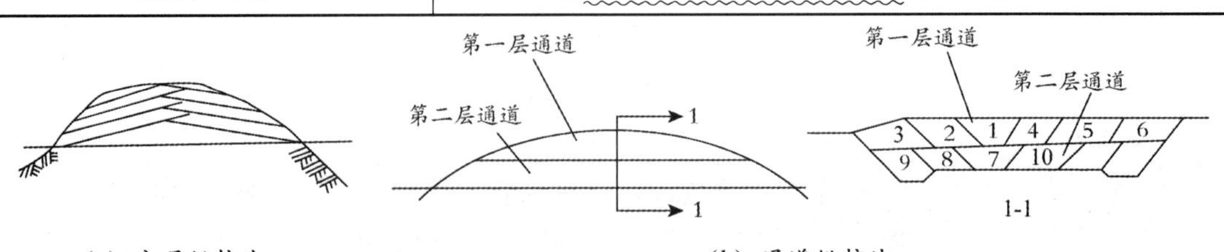

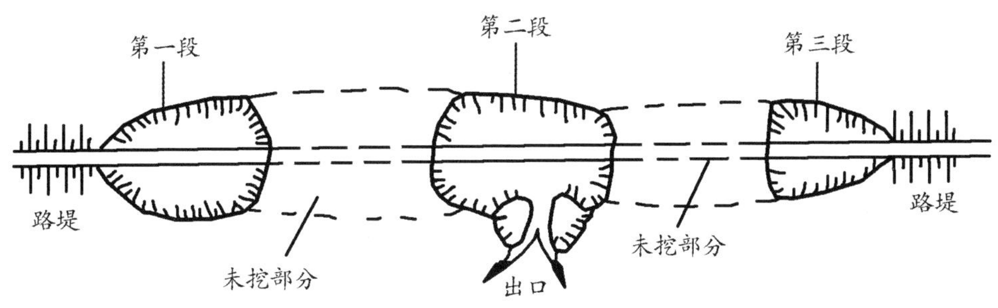

（c）分段纵挖法

图 4-2-5　纵向挖掘法

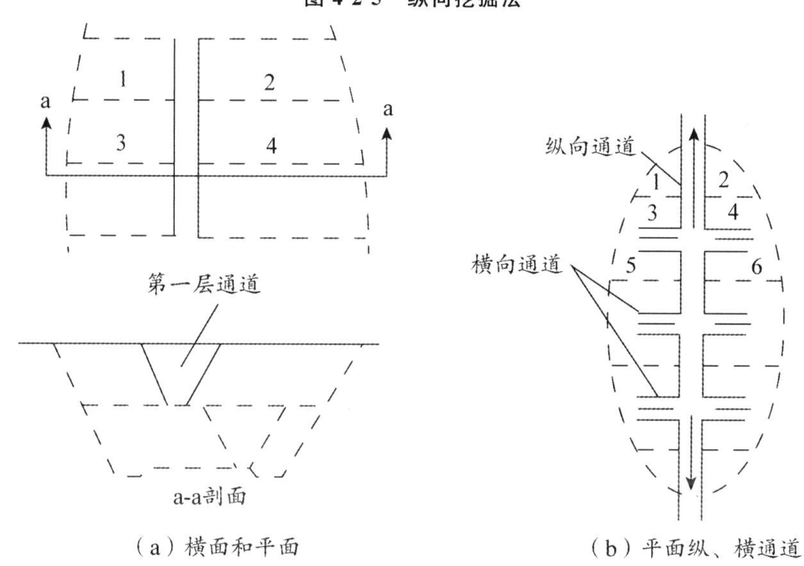

（a）横面和平面　　（b）平面纵、横通道

图 4-2-6　混合式挖掘法

➤ **考分统计**：统计近 10 年该知识点的考核情况，2012、2013、2014、2015、2017、2018、2019、2020、2021 年进行了考核。考核频次为 90%。其中 2012 年考核一道多选题，2013 年考核一道单选题，2014 年考核一道单选题，2015 年考核两道单选题，2017 年考核一道单选题，2018 年考核一道单选题，2019 年考核一道单选题，2020 年考核一道单选题，2021 年考核一道单选题。

典型例题

［**2020 真题 · 单选**］路基基底原状土开挖换填的主要目的在于（　　）。

A. 便于导水　　B. 便于蓄水

C. 提高稳定性　　D. 提高作业效率

［**解析**］基底原状土的强度不符合要求时，应进行换填。换填的主要目的在于提高基底的稳定性。

［**答案**］C

［**2019 真题 · 单选**］关于一般路基土方施工，下列说法正确的是（　　）。

A. 填筑路堤时，对一般的种植土、草皮可不作清除

B. 高速公路路堤基底的压实度不应小于 90%

C. 基底土质湿软而深厚时，按一般路基处理

D. 填筑路堤时，为便于施工，尽量采用粉性土

[解析] 当基底为松土或耕地时，应先清除有机土、种植土、草皮等，清除深度应达到设计要求，选项A错误。当基底土质湿软而深厚时，应按软土地基处理，选项C错误。粉性土水稳定性差，不宜作路堤填料，选项D错误。

[答案] B

[2017真题·单选] 一般路基土方施工时，可优先选作填料的是（　　）。

A. 亚砂土　　B. 粉性土　　C. 黏性土　　D. 粗砂

[解析] 一般情况下，碎石、卵石、砾石、粗砂等具有良好透水性，且强度高、稳定性好，因此可优先采用。亚砂土、亚黏土等经压实后也具有足够的强度，故也可采用。粉性土水稳定性差，不宜作路堤填料。重黏土、黏性土、捣碎后的植物土等由于透水性差，作路堤填料时应慎重采用。

[答案] D

[2015真题·单选] 路基填土施工时应特别注意（　　）。

A. 优先采用竖向填筑法　　B. 尽量采用水平分层填筑

C. 纵坡大于12%时不宜采用混合填筑　　D. 不同性质的土不能任意混填

[解析] 在施工中，沿线的土质经常变化，为避免将不同性质的土任意混填，而造成路基病害，应确定正确的填筑方法。

[答案] D

[2015真题·单选] 路堑开挖宜采用通道纵挖法的是（　　）。

A. 长度较小的路堑　　B. 深度较浅的路堑

C. 两端地面纵坡较小的路堑　　D. 不宜采用机械开挖的路堑

[解析] 通道纵挖法是先沿路堑纵向挖一通道，继而将通道向两侧拓宽以扩大工作面，并利用该通道作为运土路线及场内排水的出路，该法适合于路堑较长、较深、两端地面纵坡较小的路堑开挖。

[答案] C

[2013真题·单选] 填筑路堤前是否需要进行基底处理不取决于（　　）。

A. 地面横坡陡缓　　B. 基地土层松实

C. 填方高度大小　　D. 填料土体性质

[解析] 基底土是否密实、地面横坡的陡缓、填方高度的大小都决定基底是否需要处理。

[答案] D

[2011真题·多选] 路堤工程施工中，正确的路堤填筑方法有（　　）。

A. 不同性质的土应该混填

B. 弱透水性的土置于透水性的土之上

C. 不同性质的土有规则的分层填

D. 堤身较高时，采用混合填筑

E. 竖向填筑时应采用高效能的压实机械

[解析] 在施工中，沿线的土质经常变化，为避免将不同性质的土任意混填，而造成路基病害，应确定正确的填筑方法，选项A错误。

[答案] BCDE

知识点 2　软土路基施工

一、表层处理法

表层处理法见表 4-2-4。

表 4-2-4　表层处理法

类型	内容
砂垫层	(1) 砂垫层主要用于路堤高度小于2倍极限高度软土层及其硬壳较薄，或软土表面渗透性很低的硬壳等情况 (2) 适用于施工期限不紧迫、材料来源充足、运距不远的施工环境
反压护道	(1) 反压护道用于路堤高度不大于1.5～2.0倍的极限高度，非耕作区和取土不太困难的地区 (2) 采用反压护道加固地基，不需特殊的机具设备和材料，施工简易方便，但占地多，土用量大，后期沉降大，以后的养护工作量也大
土工聚合物处治	(1) 土工布一般分一层或多层铺设 (2) 土工格栅加固土的机理在于格栅与土的相互作用，一般可归纳为格栅表面与土的摩擦作用、格栅孔眼对土的锁定作用和格栅肋的被动抗阻作用

二、换填法

换填法一般适用于地表下 0.5～3.0m 的软土处治。

三、重压法

重压法施工要点见表 4-2-5。

表 4-2-5　重压法施工要点

方法	要点
堆载预压法	在软基上修筑路堤，通过填土堆载预压，使地基土压密、沉降、固结，从而提高地基强度，减少路堤建成后的沉降量
其他重压法	(1) 真空预压法：适用于含水量高、孔隙比大、强度低、渗透系数和固结系数均较小的黏土 (2) 真空预压加堆载预压法：原理与真空预压相同，但加载更大，预压时间缩短了一半

四、垂直排水固结法

垂直排水固结法常用于解决软土地基的沉降问题，可使地基沉降在加载预压期间基本完成或大部分完成。

五、稳定剂处置法

(1) 稳定剂处置法是利用生石灰、熟石灰、水泥等稳定材料，掺入软弱的表层黏土中，以改善地基的压缩性和强度特征，保证机械作业条件，提高路堤填土稳定及压实效果。

(2) 压实后若能获得足够的强度，可不必进行专门养护，但由于土质与施工条件不同，处置土强度增长不均衡，则应作约一周时间的养护。

六、振冲置换法

振冲置换法又称砂桩、碎石桩加固法。该方法适用于软弱黏性土地基，但对于抗剪强度较低的软黏土采用本方法务必慎重。

➤ **考分统计**：统计近 10 年该知识点的考核情况，2016、2018、2019、2020 年进行了考核。

考核频次为40%。其中2016年考核一道单选题，2018年考核一道多选题，2019年考核一道单选题，2020年考核一道单选题。

典型例题

［**2020真题·单选**］用水泥和熟石灰稳定剂处置法处理软土地基，施工时关键应做好（　　）。

A. 稳定土的及时压实工作

B. 土体自由水的抽排工作

C. 垂直排水固结工作

D. 土体真空预压工作

［**解析**］稳定剂处置法是利用生石灰、熟石灰、水泥等稳定材料，掺入软弱的表层黏土中，以改善地基的压缩性和强度特征，保证机械作业条件，提高路堤填土稳定及压实效果。施工时应注意以下几点：①工地存放的水泥、石灰不可太多；②压实要达到规定压实度。

［**答案**］A

［**2018真题·多选**］软土路基处治的换填法主要有（　　）。

A. 开挖换填法

B. 垂直排水固结法

C. 抛石挤淤法

D. 稳定剂处置法

E. 爆破排淤法

［**解析**］换填法包括：①开挖换填法；②抛石挤淤法；③爆破排淤法。

［**答案**］ACE

知识点 3 路基石方施工

一、常用的爆破方法

路基爆破施工常用爆破方法有：光面爆破、预裂爆破、微差爆破、定向爆破、洞室爆破。

二、爆破作业的施工程序

爆破作业的施工程序为：对爆破人员进行技术学习和安全教育→对爆破器材进行检查→试验→清除表土→选择炮位→凿孔→装药→堵塞→敷设起爆网路→设置警戒线→起爆→清方等。

（一）炮位选择

炮眼的方向和深度都会直接影响爆破效果。

（二）装药

装药方式及适用性见表4-2-6。

表4-2-6　装药方式及适用性

装药方式	适用性
集中药包	爆炸后对于工作面较高的岩石崩落效果较好，但不能保证岩石均匀破碎
分散药包	适用于高作业面的开挖段
药壶药包	适用于结构均匀致密的硬土、次坚石和坚石、量大而集中的石方施工
坑道药包	适用于土石方大量集中、地势险要或工期紧迫的路段，以及一些特殊的爆破工程

（三）堵塞

中小型爆破的药孔，一般可用干砂、滑石粉、黏土和碎石等堵塞，并用木棒等将堵塞物捣实，切忌用铁棒。

（四）清方

当石方爆破后，必须按爆破次数分次清理。在选择清方机械时应考虑以下技术经济条件：

（1）工期所要求的生产能力。

（2）工程单价。

（3）爆破岩石的块度和岩堆的大小。

（4）机械设备进入工地的运输条件。

（5）爆破时机械撤离和重新进入工作面是否方便等。

就经济性来说，运距在 30～40m 以内，采用推土机较好；40～60m 用装载机自铲运较好；100m 以上用挖掘机配合自卸汽车较好。

三、填石路堤施工的填筑方法

填石路堤施工的填筑方法见表 4-2-7。

表 4-2-7　填石路堤施工的填筑方法

方法	特点
竖向填筑法（倾填法）	主要用于二级及二级以下，且铺设低级路面的公路
分层压实法（碾压法）	（1）自下而上水平分层，逐层填筑，逐层压实，是普遍采用并能保证填石路堤质量的方法 （2）高速公路、一级公路和铺设高级路面的其他等级公路的填石路堤采用此方法
冲击压实法	（1）具有分层法连续性的优点，又具有强力夯实法压实厚度深的优点 （2）缺点是在周围有建筑物时，使用受到限制
强力夯实法	有效解决了大块石填筑地基厚层施工的夯实难题

➢ **考分统计**：统计近 10 年该知识点的考核情况，2013、2014、2015、2016、2017、2018、2021 年进行了考核。考核频次为 70%。其中 2013 年考核一道多选题，2014 年考核一道单选题，2015 年考核一道多选题，2016 年考核一道单选题，2017 年考核一道单选题，2018 年考核一道多选题，2021 年考核一道多选题。

典型例题

［**2017 真题·单选**］石方爆破清方时应考虑的因素是（　　）。

A. 根据爆破块度和岩堆大小选择运输机械　　B. 根据工地运输条件决定车辆数量

C. 根据不同的装药形式选择挖掘机械　　D. 运距在 300m 以内优先选用推土机

［**解析**］当石方爆破后，必须按爆破次数分次清理。在选择清方机械时应考虑以下技术经济条件：①工期所要求的生产能力；②工程单价；③爆破岩石的块度和岩堆的大小；④机械设备进入工地的运输条件；⑤爆破时机械撤离和重新进入工作面是否方便等。

［**答案**］A

［**2016 真题·单选**］石方爆破施工作业正确的顺序是（　　）。

A. 钻孔→装药→敷设起爆网路→起爆

B. 钻孔→确定炮位→敷设起爆网路→装药→起爆

C. 确定炮位→敷设起爆网路→钻孔→装药→起爆

D. 设置警戒线→敷设起爆网路→确定炮位→装药→起爆

［**解析**］爆破作业的施工程序：对爆破人员进行技术学习和安全教育→对爆破器材进行检查→试验→清除表土→选择炮位→凿孔→装药→堵塞→敷设起爆网路→设置警戒线→起爆→清方。

［**答案**］A

［2021 真题·多选］关于路基石方施工中的爆破作业，下列说法正确的有（　　）。

A. 浅孔爆破适宜用潜孔钻机凿孔　　B. 采用集中药包可以使岩石均匀地破碎

C. 坑道药包用于大型爆破　　D. 导爆线起爆爆速快、成本较低

E. 塑料导爆管起爆使用安全、成本较低

［解析］浅孔爆破通常用手提式凿岩机凿孔，深孔爆破常用冲击式钻机或潜孔钻机凿孔。集中药包，炸药完全装在炮孔的底部，爆炸后对于工作面较高的岩石崩落效果较好，但不能保证岩石均匀破碎。坑道药包，药包安装在竖井或平垌底部的特制的储药室内，装药量大，属于大型爆破的装药方式。导爆线起爆爆速快，主要用于深孔爆破和药室爆破。塑料导爆管起爆具有抗杂电、操作简单、使用安全可靠、成本较低等优点。

［答案］CE

［2018 真题·多选］填石路堤施工的填筑方法主要有（　　）。

A. 竖向填筑法　　B. 分层压实法　　C. 振冲置换法　　D. 冲击压实法

E. 强力夯实法

［解析］填石路堤施工的填筑方法主要有：①竖向填筑法（倾填法）；②分层压实法（碾压法）；③冲击压实法；④强力夯实法。

［答案］ABDE

知识点 4 路面施工

一、路面基层的施工

（1）砾料类基层施工。

（2）稳定土类基层施工。水泥稳定土基层施工方法有路拌法和厂拌法，其适用范围见表 4-2-8。

表 4-2-8　水泥稳定土基层施工方法的适用范围

施工方法	适用范围
路拌法	二级或二级以下的一般公路
厂拌法	高速公路和一级公路的稳定土基层

二、路面面层的施工

路面面层的施工可分为沥青路面面层施工和水泥混凝土路面施工。沥青路面按施工方法分为层铺法、路拌法和厂拌法。

（1）热拌沥青混合料路面的施工过程包括四个方面：混合料的拌制、运输、摊铺和压实成型。热拌沥青混合料路面施工过程的要求见表 4-2-9。

表 4-2-9　热拌沥青混合料路面施工过程的要求

过程	要求
拌制	沥青混合料必须在拌和厂采用拌和机械拌制，拌和设备的生产能力应与摊铺能力相匹配，最好高于摊铺能力 5%左右
运输	已经成团块、温度不符合要求或遭受雨淋的沥青混合料，应予废弃
摊铺	应使用摊铺机作业，根据施工需要调整和选择摊铺机的结构参数及运行参数
压实及成型	(1) 初压应在混合料摊铺后较高温度条件下进行，压路机应从外侧向路中心碾压，应采用轻型钢筒式压路机或关闭振动装置的振动压路机碾压 2 遍 (2) 复压应紧接在初压后进行，宜采用重型轮胎式压路机，也可采用振动压路机或钢筒式压路机，碾压遍数不宜少于 4～6 遍 (3) 终压应紧接在复压后进行，终压后选用双轮钢筒式压路机或关闭振动的振动压路机碾压，不宜少于 2 遍

（2）沥青表面处治最常用的施工方法是层铺法。按其浇洒沥青及撒铺矿料次数多少可分为单层式、双层式及三层式三种。

知识点 5 筑路机械

一、土石方施工机械

道路工程施工中常用的土石方施工机械有推土机、铲运机、平地机、装载机、挖掘机和破碎筛分机械。

二、压实机械

（1）静力压路机分类、特点及适用范围见表 4-2-10。

表 4-2-10　静力压路机分类、特点及适用范围

分类		特点
光轮压路机	轻型（6～8t）	（1）大多为二轮二轴式 （2）适用于城市道路、简易公路路面压实和临时场地压实及公路养护工作
	中型（8～10t、10～12t）	（1）二轮二轴式压实、压平各种路面 （2）三轮二轴式大多用于压实路基、地基以及初压铺砌层
	重型（12～15t 以上）	（1）大多为三轮二轴式 （2）主要用于最终压实路基和其他基础层
轮胎压路机		压实砂质土壤和黏性土壤

（2）振动压路机：初压和终压适宜静压，复压时可以使用振动碾压。

（3）夯实机械：适用于对黏性土壤和非黏性土壤进行夯实作业，夯实厚度可达到1～1.5m。

三、路面施工机械

路面施工机械主要有摊铺机和沥青洒布机，其中摊铺机分类及特点见表 4-2-11。

表 4-2-11　摊铺机分类及特点

分类		特点
沥青混凝土摊铺机	履带式	对路基的不平度敏感性差，因而摊铺工作稳定性好，很少出现打滑现象
	轮胎式	机动性好，适用经常转移工地或较大距离的运行
水泥混凝土摊铺机		因其移动形式不同分为轨道式摊铺机和滑模式摊铺机两种

知识点 6 桥梁下部结构施工

一、桥梁墩台施工

（一）整体式墩台施工

整体式墩台的类型及施工要点见表 4-2-12。

表 4-2-12　整体式墩台的类型及施工要点

墩台类型	施工要点
石砌墩台	（1）6m 以下墩台：适用于固定式轻型脚手架 （2）25m 以下墩台：适用于简易活动脚手架 （3）较高墩台：适用于悬吊脚手架
混凝土墩台	水泥应优先选用矿山渣水泥、火山灰水泥，采用普通水泥时强度等级不宜过高
	（1）墩台高度＜30m 的墩台：适用于固定模板 （2）墩台高度≥30m 的墩台：适用于滑动模板
	（1）墩台截面≤$100m^2$ 时：应连续灌注混凝土 （2）墩台截面＞$100m^2$ 时：允许适当分段浇筑
	墩台混凝土宜水平分层浇筑，每层高度宜为 1.5～2.0m
	墩台混凝土分块浇筑时，接缝应与墩台截面尺寸较小的一边平行，邻层分块接缝应错开，接缝宜做成企口形

（二）装配式墩台施工

装配式墩台施工适用于山谷架桥、跨越平缓无漂流物的河沟、河滩等的桥梁，特别是在工地干扰多、施工场地狭窄、缺水与砂石供应困难地区。

二、墩台基础施工

（一）明挖扩大基础施工

水中基础开挖最常用的施工方法是围堰法。常用的围堰形式有土围堰、木（竹）笼围堰、钢板桩围堰、套箱围堰等。

（二）桩与管柱基础施工

沉入桩常用的施工方法有锤击沉桩、射水沉桩、振动沉桩、静力压桩、水中沉桩等。

➤ **考分统计**：统计近 10 年该知识点的考核情况，2011、2012、2013、2014 年进行了考核。考核频次为 40%。其中 2011 年考核一道单选题，2012 年考核一道多选题，2013 年考核一道单选题，2014 年考核一道单选题。

典型例题

［**2013 真题·单选**］关于桥梁墩台施工的说法，以下正确的是（　　）。

A. 简易活动脚手架适宜于 25m 以下的砌石墩台施工

B. 当墩台高度超过 30m 时宜采用固定模板施工

C. 墩台混凝土适宜采用强度等级较高的普通水泥

D. 6m 以下的墩台可采用悬吊脚手架施工

［**解析**］轻型脚手架有适用于 6m 以下墩台的固定式轻型脚手架、适用于 25m 以下墩台的简易活动脚手架；较高的墩台可用悬吊脚手架。当墩台高度小于 30m 时采用固定模板施工；当高度大于或等于 30m 时常用滑动模板施工。墩台混凝土特别是实体墩台均为大体积混凝土，水泥应优先采用矿山渣水泥、火山灰水泥，采用普通水泥时强度等级不宜过高。

［**答案**］A

[**2012 真题·多选**] 关于装配式墩台施工方法应用的说法，以下正确的有（ ）。

A. 适用于跨越平缓无漂流物的河沟、河滩等桥梁

B. 工地干扰多的地区优先采用

C. 施工场地开阔的地区优先采用

D. 水量供应充足的地区优先采用

E. 砂石供应充足的地区优先采用

[**解析**] 装配式墩台适用于山谷架桥、跨越平缓无漂流物的河沟、河滩等的桥梁，特别是在工地干扰多、施工场地狭窄、缺水与砂石供应困难地区，其效果更为显著。

[**答案**] AB

知识点 7 桥梁承载结构的施工方法

一、支架现浇法

支架现浇施工见图 4-2-7。

图 4-2-7 支架现浇施工

（1）优点：就地浇筑施工无需预制场地，而且不需要大型起吊、运输设备，梁体的主筋可不中断，桥梁整体性好。

（2）缺点：工期长，施工质量不容易控制。对预应力混凝土梁由于混凝土的收缩、徐变引起的应力损失比较大。施工中的支架、模板耗用量大，施工费用高。搭设支架影响排洪、通航，施工期间可能受到洪水和漂流物的威胁。

二、预制安装法

预制安装施工见图 4-2-8。

图 4-2-8 预制安装施工

预制安装施工的主要特点：

（1）构件质量好，有利于确保构件的质量和尺寸精度，并尽可能多地采用机械化施工。

（2）上下部结构可以平行作业，因而可缩短现场工期。

（3）能有效利用劳动力，降低了工程造价。

（4）由于施工速度快可适用于紧急施工工程。

（5）可减少混凝土收缩、徐变引起的变形。

➢ **总结**：质量好、工期短、造价低、速度快、变形小。

三、悬臂施工法

悬臂施工见图 4-2-9。

图 4-2-9 悬臂施工

（一）悬臂施工的主要特点

（1）悬臂施工宜在营运状态的结构受力与施工阶段的受力状态比较近的桥梁中选用，如预应力混凝土 T 形刚构桥、变截面连续梁桥和斜拉桥等。

（2）非墩梁固接的预应力混凝土梁桥，采用悬臂施工时应采取措施，使墩、梁临时固结。

（3）采用悬臂施工的机具设备种类较多，可根据实际情况选用。

（4）悬臂浇筑、悬臂拼装的特点见表 4-2-13。

表 4-2-13 悬臂浇筑、悬臂拼装的特点

施工方法	特点
悬臂浇筑施工	结构整体性好，施工中可不断调整位置，在跨径大于 100m 的桥梁上选用
悬臂拼装施工	施工速度快，桥梁上下部结构可平行作业，施工精度要求比较高，可在跨径 100m 以下的大桥中选用

（5）悬臂施工法可不用或少用支架，施工不影响通航或桥下交通。

（二）悬臂施工的注意事项

（1）悬臂浇筑梁体一般应分四大部分浇筑：墩顶梁段（0 号块）；墩顶梁段（0 号块）两侧对称悬浇梁段；边孔支架现浇梁段；主梁跨中合龙段。

（2）悬臂浇筑顺序及要求：①在墩顶托架或膺架上浇筑 0 号段并实施墩梁临时固结；②在 0 号块段上安装悬臂挂篮，向两侧依次对称分段浇筑主梁至合龙前段；③在支架上浇筑边跨主梁合龙段；④最后浇筑中跨合龙段形成连续梁体系；⑤悬臂浇筑混凝土时，宜从悬臂前端开始，最后与前段混凝土连接；⑥桥墩两侧梁段悬臂施工应对称、平衡，平衡偏差不得大于设计要求。

（3）张拉及合龙。

1）预应力混凝土连续梁悬臂浇筑施工中，顶板、腹板纵向预应力筋的张拉顺序为上下、左右对称张拉，设计有要求时按设计要求施做。

2）预应力混凝土连续梁合龙顺序一般是先边跨、后次跨、最后中跨。

四、转体施工法

转体施工见图 4-2-10。

图 4-2-10　转体施工

转体施工的主要特点：

(1) 可以利用地形，方便预制构件。

(2) 施工期间不断航，不影响桥下交通，并可在跨越通车线路上进行桥梁施工。

(3) 施工设备少，装置简单。

(4) 节省木材，节省施工用料。

(5) 减少高空作业，施工工序简单，施工迅速。

(6) 转体施工适合于单跨和三跨桥梁，可在深水、峡谷中建桥采用，同时也适用在平原区以及用于城市跨线桥。

(7) 大跨径桥梁采用转体施工将会取得良好的技术经济效益，转体重量轻型化、多种工艺综合利用，是大跨及特大路桥施工有力的竞争方案。

五、顶推法

顶推法施工见图 4-2-11。

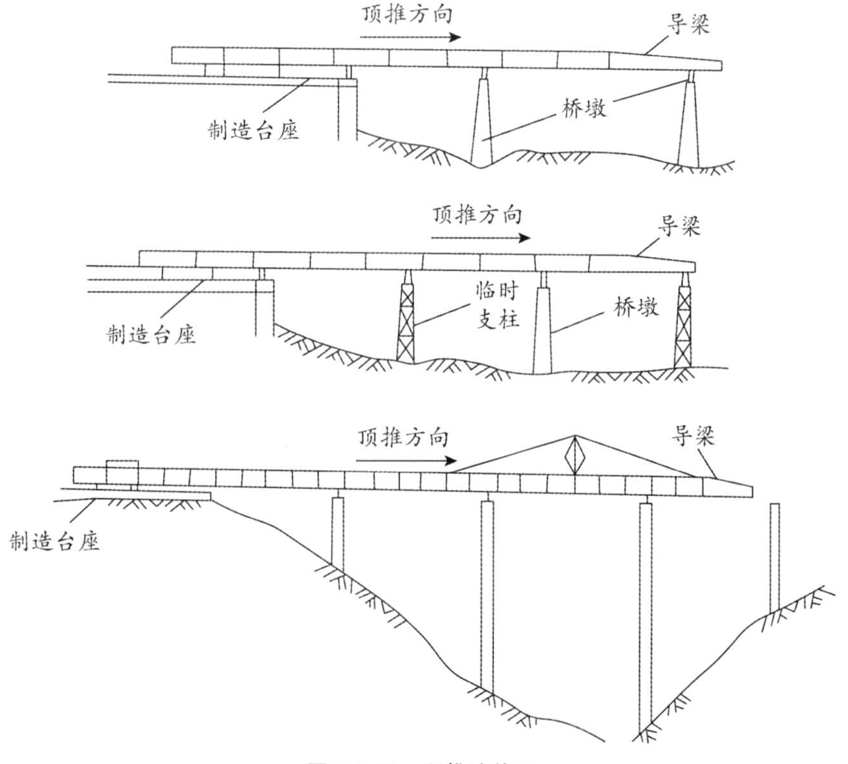

图 4-2-11　顶推法施工

顶推法施工的特点：

(1) 使用简单的设备建造长大桥梁，施工费用低，施工平稳无噪声，可在水深、山谷和高桥墩上采用，也可在曲率相同的弯桥和坡桥上使用。

(2) 主梁分段预制，连续作业，结构整体性好。

(3) 便于施工管理，改善施工条件，避免高空作业。模板、设备可多次周转使用。

(4) 用钢量较高。

(5) 宜在等截面梁上使用，当桥梁跨径过大时，选用等截面梁会造成材料用量的不经济，也增加施工难度，因此以中等跨径的桥梁为宜，桥梁的总长也以 500～600m 为宜。

六、移动模架逐孔施工法

移动模架逐孔施工见图 4-2-12。

图 4-2-12　移动模架逐孔施工

移动模架逐孔施工的主要特点：

(1) 移动模架法不需设置地面支架，不影响通航和交通。

(2) 有良好的施工环境，保证施工质量，一套模架可多次周转使用，具有在预制场生产的优点。

(3) 机械化、自动化程度高，节省劳力，降低劳动强度，上下部结构可以平行作业，缩短工期。

(4) 通常每一施工梁段的长度取用一孔梁长，接头位置一般可选在桥梁受力较小的部位。

(5) 移动模架设备投资大，施工准备和操作都较复杂。

(6) 移动模架逐孔施工宜在桥梁跨径小于 50m 的多跨长桥上使用。

七、横移法

(1) 由于混凝土桥具有较大的自重，横移法施工常在钢桥上使用。

(2) 横向位移施工多用于正常通车线路上的桥梁工程的换梁。

八、提升与浮运施工法

提升与浮运施工的要求：

(1) 在结构下面需要有一个适宜的地面。

(2) 被提升结构下的地面要有一定的承载力。

(3) 拥有一台支承在一定基础上的提升设备。

(4) 该结构应该是平衡的，至少在提升操作期间是平衡的。

(5) 采用浮运法要有一系列的大型浮运设备。

➢ **考分统计**：统计近 10 年该知识点的考核情况，2012、2013、2014、2016、2019、2020、2021 年进行了考核。考核频次为 70%。其中 2012 年考核一道单选题，2013 年考核一道单选题，2014 年考核一道多选题，2016 年考核一道单选题，2019 年考核一道单选题、一道多选题，2020 年考核一道多选题，2021 年考核一道单选题。

典型例题

[**2021 真题·单选**] 桥梁上部结构施工中，对通航和桥下交通有影响的是（　　）。

A. 支架浇筑　　B. 悬臂施工法

C. 转体施工　　D. 移动模架

[**解析**] 支架现浇法搭设支架影响排洪、通航，施工期间可能受到洪水和漂流物的威胁。

[**答案**] A

[**2019 真题·单选**] 关于桥梁上部结构顶推法施工特点，下列说法正确的是（　　）。

A. 减少高空作业，无需大型起重设备　　B. 施工材料用量少，施工难度小

C. 适宜于大跨径桥梁施工　　D. 施工周期短但施工费用高

[**解析**] 顶推法施工时，用钢量较高，选项 B 错误。顶推法宜在等截面梁上使用，当桥梁跨径过大时，选用等截面梁会造成材料用量的不经济，也增加了施工难度，因此以中等跨径的桥梁为宜，桥梁的总长也以 500～600m 为宜，选项 C 错误。顶推法可以使用简单的设备建造长大桥梁，施工费用低，施工平稳无噪声，选项 D 错误。

[**答案**] A

[**2016 真题·单选**] 顶推法施工桥梁承载结构适用于（　　）。

A. 等截面梁　　B. 变截面梁

C. 大跨径桥梁　　D. 总长 1000m 以上桥梁

[**解析**] 顶推法宜在等截面梁上使用，当桥梁跨径过大时，选用等截面梁会造成材料用量的不经济，也增加施工难度，因此以中等跨径的桥梁为宜，桥梁的总长也以 500～600m 为宜。

[**答案**] A

[**2013 真题·单选**] 移动模架逐孔施工桥梁上部结构，其主要特点为（　　）。

A. 地面支架体系复杂，技术要求高　　B. 上下部结构可以平行作业

C. 设备投资小，施工操作简单　　D. 施工工期相对较长

[**解析**] 移动模架法不需要设置地面支架，选项 A 错误。设备投资大，施工准备和操作都比较复杂，选项 C 错误。机械化、自动化程度高，节省劳力，降低劳动强度，上下部结构可以平行作业，缩短工期，选项 D 错误。

[**答案**] B

[**2020 真题·多选**] 大跨径连续桥梁上部结构悬臂拼装法施工的主要特点有（　　）。

A. 施工速度较快

B. 可实现桥梁上、下部结构平行作业

C. 一般不影响桥下交通

D. 施工较复杂，穿插施工较频繁

E. 结构整体性较差

[**解析**] 悬臂浇筑施工简便，结构整体性好，施工中可不断调整位置，常在跨径大于 100m 的桥梁上选用。悬臂拼装法施工速度快，桥梁上、下部结构可平行作业，施工精度要求比较高，可在跨径 100m 以下的大桥中选用。悬臂施工法可不用或少用支架，施工不影响通航或桥下交通。

[**答案**] ABC

知识点 8 涵洞工程施工

一、钢筋混凝土盖板涵施工

边墙顶部与盖板接触面以下 0.4m 范围内，用 C15 混凝土，此部分以下及翼墙均有 M10 水泥砂浆砌片石。

二、钢筋混凝土圆涵施工

(1) 围堰。涵洞施工宜在枯水季节进行。施工前须在施工范围两端河道或泄道上筑坝阻水，坝顶比施工期间可能出现的最高水位至少要高出 0.5～1m，以防淹没。

(2) 排管。涵管需用吊车下管。中小型涵管可采用外壁边线排管，大型涵管须用中心线法排管。

(3) 接缝处理。涵管接缝一般采用柔性接口，并设有预制钢筋混凝土套环。

三、混凝土拱涵和石砌拱涵施工

拱涵的拱圈一般按无铰拱设计。

(一) 拱架制作与安装

涵洞孔径在 3m 以内：用 12～18kg 型小钢轨。孔径 3～6m：用 18～32kg 型轻便轨。

(二) 拱圈施工

(1) 当拱圈为混凝土块砌体时，灰缝宽度宜为 20mm。混凝土块砌拱圈时，也应在拱脚处开始砌筑，向拱顶方向进行。

(2) 当拱涵用混凝土预制拱圈安装时，成品达到设计强度的 70%时才允许搬运、安装。

(3) 就地灌筑的混凝土拱圈及端墙的施工，混凝土的灌筑应由拱脚向拱顶同时对称进行，要求全拱一次灌完。一次难以完成全拱时，可按基础沉降缝分节进行，每节应一次连续灌完，决不可水平分段，也不宜按拱圈辐射方向分层。砌筑拱圈可按涵洞的纵向分成和基础相同的段进行。

(三) 拆除拱架与拱顶填土

(1) 拱圈中砂浆强度达到设计强度的 70%时，拆除拱圈支架；达到设计强度的 100%后，方可填土。

(2) 拱圈中砂浆强度达到设计强度的 70%时，可拱顶填土；达到设计强度的 100%后，拆除拱圈支架。

四、箱涵施工

就地浇筑的箱涵与盖板涵的区别是：盖板涵的台身与盖板是分开浇筑的，台身还可以采用砌石圬工，成为简支结构。而箱涵的上下顶板、底板与左右墙身是连续浇筑的，成为刚性结构。

五、涵洞附属工程

涵洞和急流槽、端墙、翼墙、进出水口急流槽等，需在结构分段处设置沉降缝（但无圬工基础的圆管涵仅于交接处设置沉降缝，洞身范围不设），以防止由于受力不均、基础产生不均衡沉降而使结构物破坏。

➤ **考分统计**：统计近 10 年该知识点的考核情况，2013、2020 年进行了考核。考核频次为 20%。其中 2013 年考核一道多选题，2020 年考核一道单选题。

典型例题

[**2020 真题·单选**] 涵洞沉降缝适宜设置在（ ）。

A. 涵洞和翼墙交接处 B. 洞身范围中段

C. 进水口外缘面 D. 端墙中心线处

[**解析**] 涵洞和急流槽、端墙、翼墙、进出水口急流槽等，需在结构分段处设置沉降缝（但无圬工基础的圆管涵仅于交接处设置沉降缝，洞身范围不设），以防止由于受力不均、基础产生不均衡沉降而使结构物破坏。

[**答案**] A

第三节 地下工程施工技术

知识点 1 建筑工程深基坑施工技术

一、深基坑土方开挖施工

（一）放坡挖土（无支护）

（1）放坡开挖通常是最经济的挖土方案。

（2）基坑采用机械挖土，坑底应保留 200～300mm 厚基土，用人工清理整平，防止坑底土扰动。

（3）开挖深度较大的基坑，宜设置多级平台分层开挖，每级平台的宽度不宜小于 1.5m。

（4）在地下水位较高的软土地区，宜采用分层开挖的方式进行开挖，分层挖土厚度不宜超过 2.5m。

（二）中心岛式挖土（有支护）

中心岛式挖土见图 4-3-1。

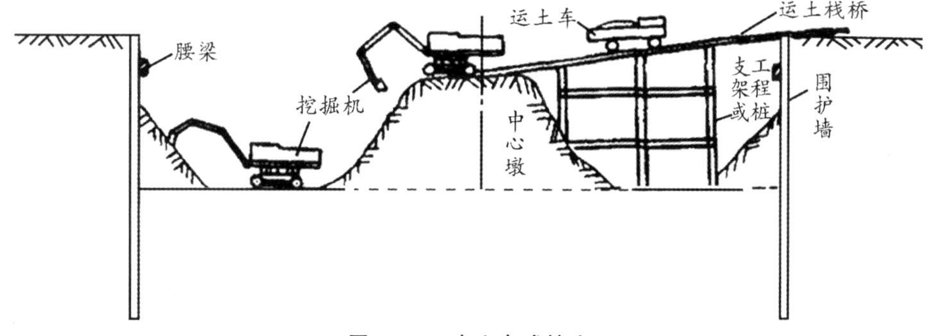

图 4-3-1 中心岛式挖土

（1）中心岛式挖土可以加快挖土和运土的速度。

（2）适用于大型基坑，遵循“开槽支撑、先撑后挖、分层开挖、严禁超挖”的原则。

（3）同一基坑内当深浅不同时，土方开挖宜先从浅基坑处开始，如条件允许可待浅基坑处底板浇筑后，再挖基坑较深处的土方。当两个深浅不同的基坑同时挖土时，土方开挖宜先从较深基坑开始，待较深基坑底板浇筑后，再开始挖较浅基坑的土方。

➤ **总结**：同一基坑：先浅后深；不同基坑：先深后浅。

（三）盆式挖土（有支护）

盆式挖土见图 4-3-2。

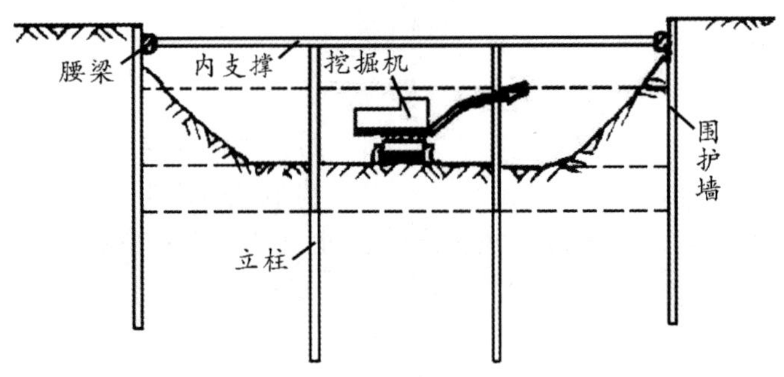

图 4-3-2　盆式挖土

(1) 优点：周边的土坡对围护墙有支撑作用，有利于减少围护墙的变形。

(2) 缺点：大量的土方不能直接外运，需集中提升后装车外运。

二、深基坑支护施工

(一) 深基坑支护形式

1. 深基坑支护的基本形式

深基坑支护的基本形式见图 4-3-3。

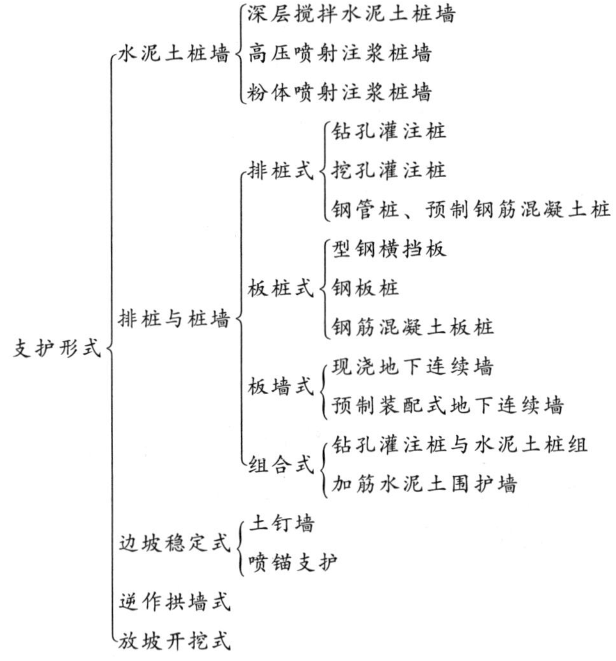

图 4-3-3　深基坑支护的基本形式

2. 深基坑支护基本形式的特点

深基坑支护基本形式的特点见表 4-3-1。

表 4-3-1　深基坑支护基本形式的特点

基本形式	特点
水泥土挡墙式	(1) 基坑侧壁安全等级宜为二、三级 (2) 水泥土墙施工范围内地基承载力不宜大于 150kPa；基坑深度不宜大于 6m；基坑周围具备水泥土墙的施工宽度
排桩与板墙式	(1) 适于基坑侧壁安全等级一、二、三级 (2) 悬臂式结构在软土场地中不宜大于 5m

续表

基本形式	特点
边坡稳定式	(1) 基坑侧壁安全等级宜为二、三级非软土场地 (2) 土钉墙基坑深度不宜大于 12m (3) 喷锚支护适用于无流砂、含水量不高、不是淤泥等流塑土层的基坑，开挖深度不大于 18m
逆作挡墙式	(1) 基坑侧壁安全等级宜为二、三级 (2) 淤泥和淤泥质土场地不宜采用基坑平面尺寸近似方形或圆形，施工场地适合拱圈布置；拱墙轴线的矢跨比不宜小于 1/8，坑深不宜大于 12m
放坡开挖式	(1) 基坑侧壁安全等级宜为三级 (2) 当地下水位高于坡脚时，应采取降水措施

(二) 深基坑支护技术

1. 复合土钉墙支护技术

(1) 可用于回填土、淤泥质土、黏性土、砂土、粉土等常见土层，施工时可不降水，深度 16m 以上的深基坑均可根据已有条件，灵活、合理使用。复合土钉墙支护见图 4-3-4。

(2) 一般来说，地下水位以上，或有一定自稳能力的地层中，钢筋土钉和钢管土钉均可采用；但是地下水位以下，软弱土层、砂质土层等，由于成孔困难，则应采用钢管土钉。

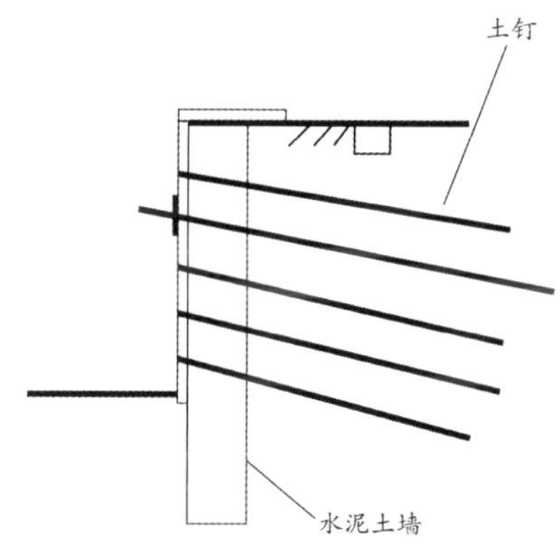

图 4-3-4 复合土钉墙支护

2. 组合内支撑技术

(1) 组合内支撑技术适用于周围建筑物密集，相邻建筑物基础埋深较大，周围土质情况复杂，施工场地狭小，软土场地等深大基坑。组合内支撑见图 4-3-5。

(2) 待基础结构自下而上施工到支撑下 1.0m 处且楼板混凝土强度达到 80%以上，开始拆除基础结构楼板下的支护体系。支护体系拆除的顺序为自下而上，先水平构件，后垂直构件(钢立柱)。

图 4-3-5 组合内支撑

3. 型钢水泥土复合搅拌桩支护技术（SMW 工法）

（1）型钢主要用来承受弯矩和剪力，水泥土主要用来防渗，同时对型钢还有围箍作用。型钢水泥土复合搅拌桩支护见图 4-3-6。

（2）可在黏性土、粉土、砂砾土中使用；可在开挖深度 15m 以下的基坑围护工程中应用。

图 4-3-6　型钢水泥土复合搅拌桩支护

4. 冻结排桩法基坑支护技术

冻结排桩法适用于大体积深基础开挖施工、含水量高的地基基础和软土地基基础以及地下水丰富的地基基础施工。

➤ **考分统计**：统计近 10 年该知识点的考核情况，2013、2018、2019、2020 年进行了考核。考核频次为 40%。其中 2013 年考核一道单选题、一道多选题，2018 年考核一道单选题，2019 年考核两道单选题，2020 年考核一道单选题。

典型例题

［**2020 真题·单选**］冻结排桩法施工技术主要适用于（　　）。

A. 基岩比较坚硬、完整的深基坑施工　　B. 表土覆盖比较浅的一般基坑施工

C. 地下水丰富的深基坑施工　　D. 岩土体自支撑能力较强的浅基坑施工

［**解析**］冻结排桩法适用于大体积深基础开挖施工、含水量高的地基基础和软土地基基础以及地下水丰富的地基基础施工。

［**答案**］C

［**2018 真题·单选**］场地空间大、土质较好，地下水位低的深基坑施工，常用的开挖方式为（　　）。

A. 水泥土挡墙式　　B. 排桩与板墙式

C. 逆作挡墙式　　D. 放坡开挖式

［**解析**］对土质较好、地下水位低、场地开阔的基坑采取规范允许的坡度放坡开挖，或仅在坡脚叠袋护脚，坡面做适当保护。

［**答案**］D

［**2013 真题·单选**］水泥土挡墙式深基坑支护方式不宜用于（　　）。

A. 基坑侧壁安全等级为一级　　B. 施工范围内地基承载力小于 150kPa

C. 基坑深度小于 6m　　D. 基坑周围工作面较宽

［**解析**］水泥土挡墙式适用条件：基坑侧壁安全等级宜为二、三级；水泥土墙施工范围内地基承载力不宜大于 150kPa；基坑深度不宜大于 6m；基坑周围具备水泥土墙的施工宽度。

［**答案**］A

知识点 2 地下连续墙的优缺点

一、地下连续墙的优点

（1）施工全盘机械化，速度快、精度高，并且振动小、噪声低，适用于城市密集建筑群及夜间施工。

（2）具有多功能用途，如防渗、截水、承重、挡土、防爆等，强度可靠，承压力大。

（3）对开挖的地层适应性强。

（4）可以在各种复杂的条件下施工。

（5）开挖基坑无须放坡，土方量小，浇混凝土无须支模和养护，并可在低温下施工，降低成本，缩短施工时间。

（6）用触变泥浆保护孔壁和止水，施工安全可靠，不会引起水位降低而造成周围地基沉降，保证施工质量。

（7）可将地下连续墙与“逆做法”施工结合起来。

二、地下连续墙的缺点

（1）每段连续墙之间的接头质量较难控制，往往容易形成结构的薄弱点。

（2）墙面虽可保证垂直度，但比较粗糙，尚须加工处理或做衬壁。

（3）施工技术要求高，无论是造槽机械选择、槽体施工、泥浆下浇筑混凝土、接头、泥浆处理等环节，均应处理得当，不容疏漏。

（4）制浆及处理系统占地较大，管理不善易造成现场泥泞和污染。

由于地下连续墙优点多，适用范围广，广泛应用在建筑物的地下基础、深基坑支护结构、地下车库、地下铁道、地下城、地下电站及水坝防渗等工程中。

➤ **考分统计**：统计近 10 年该知识点的考核情况，2011、2014、2016、2017 年进行了考核。考核频次为 40%。其中 2011 年考核一道多选题，2014 年考核一道单选题，2016 年考核一道多选题，2017 年考核一道单选题。

典型例题

［**2017 真题·单选**］地下连续墙施工作业中，触变泥浆应（　　）。

A. 由现场开挖土拌制而成　　B. 满足墙面平整度要求

C. 满足墙体接头密实度要求　　D. 满足保护孔壁要求

［**解析**］用触变泥浆保护孔壁和止水，施工安全可靠，不会引起水位降低而造成周围地基沉降，保证施工质量。

［**答案**］D

［**2014 真题·单选**］城市建筑的基础工程，采用地下连续墙施工的主要优点在于（　　）。

A. 开挖基坑的土方外运方便

B. 墙段之间接头质量易控制，施工方便

C. 施工技术简单，便于管理

D. 施工振动小，周边干扰小

［**解析**］地下连续墙施工全盘机械化，速度快、精度高，并且振动小、噪声低，适用于城市密集建筑群及夜间施工。

［**答案**］D

［2016 真题·多选］关于地下连续墙施工，说法正确的有（　　）。

A. 机械化程度高

B. 强度大，挡土效果好

C. 必须放坡开挖，施工土方量大

D. 相邻段接头部位容易出现质量问题

E. 作业现场容易出现污染

［解析］选项 C 错误，开挖基坑无须放坡，土方量小。

［答案］ABDE

知识点 3 地下连续墙的施工工艺

地下连续墙的施工工艺见图 4-3-7。

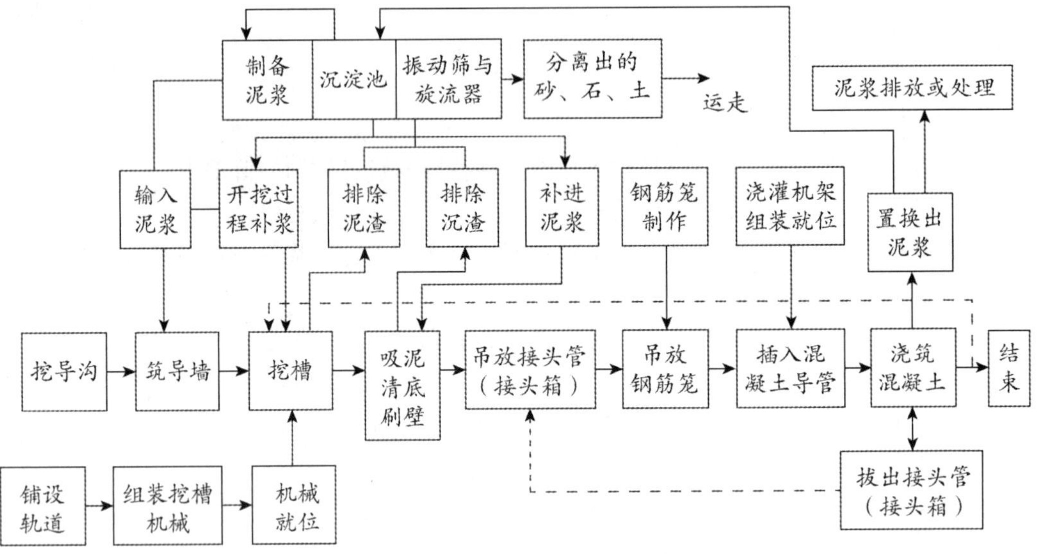

图 4-3-7　地下连续墙的施工工艺

一、导墙施工

（1）导墙宜采用混凝土结构，且混凝土强度等级不宜低于 C20。导墙底面不宜设置在新近填土上，且埋深不宜小于 1.5m。

（2）导墙内可存蓄泥浆，以稳定槽内泥浆的液面。泥浆液面应始终保持在导墙顶面以下 200mm 处，并高于地下水位 1.0m 以上，使泥浆起到稳定槽壁的作用。

导墙施工见图 4-3-8。

图 4-3-8　导墙施工

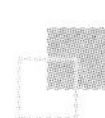

二、开挖槽段

（一）单元槽划分

单元槽段的最小长度不得小于挖土机械挖土工作装置的一次挖土长度（称为一个挖掘段）。单元槽段宜尽量长一些，以减少槽段的接头数量和增加地下连续墙的整体性，又可提高其防水性能和施工效率。但在确定其长度时除考虑设计要求和结构特点外，还应考虑以下各方面因素：

（1）地质条件：土层不稳定时，为防止槽壁坍塌，应减少单元槽段的长度，以缩短挖槽时间。

（2）地面荷载：附近有高大的建筑物、构筑物，或邻近地下连续墙有较大的地面静载或动载时，为了保证槽壁的稳定，亦应缩短单元槽段的长度。

（3）起重机的起重能力。

（4）单位时间内混凝土的供应能力。

一般情况下一个单元槽段长度内的全部混凝土，宜在4h内一次浇筑完毕。

（5）泥浆池（罐）的容积：单元槽段宜采用间隔一个或多个槽段的跳幅施工顺序。每个单元槽段，挖槽分段不宜超过3个。成槽时，护壁泥浆液面应高于导墙底面500mm。

（二）挖槽方法

地下连续墙挖槽常见的方法有多头钻施工法、钻抓式施工法和冲击式施工法，其特点见表4-3-2。

表4-3-2 地下连续墙挖槽方法及其特点

挖槽方法	特点
多头钻	施工槽壁平整、效率高、对周围建筑物影响小，适用于黏性土、沙质土、沙砾层及淤泥等土层
钻抓式	出土方便，能抓出地层中障碍物，但当深度大于15m及挖坚硬土层时，成槽效率显著降低，成槽精度较多头挖槽机差，适用于黏性土和 N 值小于30的砂性土，不适用于软黏土
冲击式	适用于老黏性土、硬土和夹有孤石等地层，多用于排桩式地下连续墙成孔

三、泥浆护壁

（1）泥浆的作用：护壁、携砂、冷却和润滑，其中以护壁为主。

（2）泥浆循环分为正循环和反循环，其特点见表4-3-3。

表4-3-3 泥浆正循环和反循环的特点

循环类型	特点
泥浆正循环	由于泥浆的流速不大，所以出渣率较低
泥浆反循环	排渣法有空气排渣法、泵举反循环、泵吸反循环
	反循环的出渣率较高，对于较深的槽段效果更为显著

四、清底

（1）清底的方法一般有沉淀法和置换法两种。在土木工程施工中，我国多采用置换法进行清底。

（2）清底一般安排在插入钢筋笼之前进行，对于以泥浆反循环法进行挖槽施工，可在挖槽后紧接着进行清底工作。

五、钢筋笼加工与吊放

钢筋笼的拼接一般应采用焊接，且宜用帮条焊，不宜采用绑扎搭接接头。

钢筋笼吊放见图 4-3-9。

图 4-3-9　钢筋笼吊放

六、混凝土浇筑

（一）地下连续墙对混凝土的要求

混凝土强度等级一般为 C30～C40。水与胶凝材料比不应大于 0.55，水泥用量不宜小于 400kg/m³，入槽坍落度不宜小于 180mm。

（二）混凝土浇灌前的准备工作

导管内径约为粗骨料粒径的 8 倍左右，不得小于粗骨料粒径的 4 倍。

（三）槽段内混凝土浇灌

（1）混凝土浇筑时，导管内应预先设置隔水栓。

（2）混凝土浇筑过程中，导管埋入混凝土面的深度宜在 2.0～4.0m，只有当混凝土浇灌到地下连续墙墙顶附近，导管内混凝土不易流出的时候，方可将导管的埋入深度减为 1m 左右。

（3）混凝土浇筑面宜高于地下连续墙设计顶面 500mm。

（4）混凝土搅拌好之后，以 1.5h 内浇筑完毕为原则。在夏天必须在搅拌好之后 1h 内尽快浇完。

➤ **考分统计**：统计近 10 年该知识点的考核情况，2014、2015、2016、2017、2021 年进行了考核。考核频次为 50%。其中 2014 年考核一道单选题，2015 年考核一道单选题，2016 年考核一道单选题，2017 年考核一道多选题，2021 年考核一道单选题。

典型例题

［**2014 真题·单选**］地下连续墙混凝土浇灌应满足以下（　　）要求。

A. 水泥用量不宜小于 400kg/m³

B. 导管内径约为粗骨料粒径的 3 倍

C. 混凝土水灰比不应小于 0.6

D. 混凝土强度等级不高于 C20

［**解析**］混凝土强度等级一般为 C30～C40。水与胶凝材料比不应大于 0.55，水泥用量不宜小于 400kg/m³，入槽坍落度不宜小于 180mm。导管内径约为粗骨料粒径的 8 倍左右，不得小于粗骨料粒径的 4 倍。

［**答案**］A

［**2017 真题·多选**］地下连续墙开挖，对确定单元槽段长度因素说法正确的有（　　）。

A. 土层不稳定时，应增大槽段长度

B. 附近有较大地面荷载时，可减少槽段长度

C. 防水要求高时可减少槽段长度

D. 混凝土供应充足时可选用较大槽段

E. 现场起重能力强可选用较大槽段

［**解析**］当土层不稳定时，为防止槽壁坍塌，应减少单元槽段的长度，以缩短挖槽时间，选项 A 错误。若附近有高大的建筑物、构筑物，或邻近地下连续墙有较大的地面静载或动载时，为了保证槽壁的稳定，亦应缩短单元槽段的长度。单元槽段宜尽量长一些，以减少槽段的接头数量和增加地下连续墙的整体性，又可提高其防水性能和施工效率，选项 C 错误。

［**答案**］BDE

知识点 4　隧道工程施工方法

隧道工程施工方法分类见图 4-3-10。

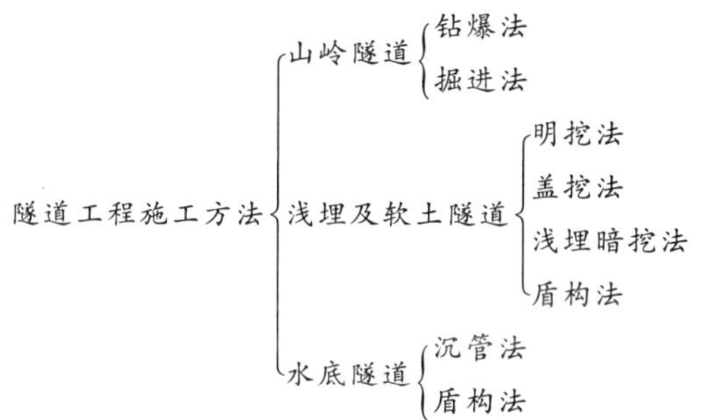

图 4-3-10　隧道工程施工方法分类

一、钻爆法

（一）钻爆法施工技术的优缺点

（1）可以适应坚硬完整的围岩，也可以适应较为软弱破碎的围岩。

（2）由于采用炸药爆破，造成有害气体，对通风要求较高。一般开挖隧洞，独头推进长度不能超过 2km。由于采用爆炸，在城市人口密集地区不能采用。

（二）钻爆法施工的基本工序与要求

（1）钻孔、出渣是需时最多的主要工序。支护是保证施工安全、顺利、快速进行的重要手段。

（2）装药与放炮：掏槽孔最多，周边孔较少，中间塌落孔在两者之间。

（3）通风：主要通风方式有两种。我国大多数工地均采用压入式。不同通风方式的管壁材料见表 4-3-4。

表 4-3-4　不同通风方式的管壁材料

通风方式	管壁材料
压入式（洞外鼓风机→工作面附近）	风管为柔性的管壁（一般是加强的塑料布之类）
吸出式（洞内→洞外）	刚性的排气管（一般由薄钢板卷制而成）

二、TBM 法（掘进机法）

掘进机的类型及特点见表 4-3-5。

表 4-3-5 掘进机的类型及特点

类型	特点
全断面掘进机（见图 4-3-11）	适宜于打长洞，因为它对通风要求较低；开挖洞壁比较光滑；对围岩破坏较小，所以对围岩稳定有利；超挖少，衬砌混凝土回填量少
独臂钻（见图 4-3-12）	适宜于开挖软岩，不适宜于开挖地下水较多、围岩不太稳定的地层
天井钻	用来开挖竖井或斜井的大型钻具
带盾构的 TBM 掘进机（见图 4-3-13）	当围岩是软弱破碎带时，若用常规的 TBM 掘进，常会因围岩塌落，造成事故，要采用带盾构的 TBM 法

图 4-3-11 全断面掘进机

图 4-3-12 独臂钻

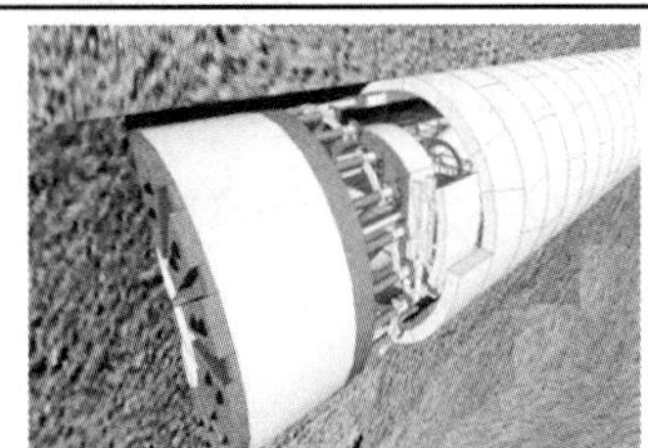

图 4-3-13 带盾构的 TBM 掘进机

三、明挖法

明挖法是浅埋隧道的一种常用施工方法。一般当覆盖层厚度小于 5m 时，可考虑明挖法。

四、盖挖法（先盖后挖）

适用于松散的地质条件、隧道处于地下水位线以上、地下工程明作时需要穿越公路、建筑等障碍物的情况。盖挖法可分为盖挖顺作法、盖挖逆作法及盖挖半逆作法。盖挖法的优缺点见表 4-3-6。

表 4-3-6 盖挖法的优缺点

优缺点	内容
优点	对结构的水平位移小；有利于保护邻近建筑物和构筑物；基坑底部土体稳定，隆起小；对地面影响小，施工受外界气候影响小
缺点	盖板上不允许留下过多的竖井，出土不方便；施工作业空间较小，施工速度较明挖法慢，工期较长；费用较高

五、浅埋暗挖法

（1）浅埋暗挖法是在软弱围岩浅埋地层中修建山岭隧道洞口段、城区地下铁道及其他适于浅埋地下工程的施工方法。它主要适用于不宜明挖施工的土质或软弱无胶结的砂、卵石等第四纪地层。

（2）施工方针。坚持“管超前、严注浆、短开挖、强支护、快封闭、勤量测”。

（3）适用条件。首先，浅埋暗挖法不允许带水作业。其次，采用浅埋暗挖法要求开挖面具有一定的自立性和稳定性。

六、沉管法

（1）沉管隧道施工方式总体上可分为两种：一是不需要修建特殊的船坞，用浮在水上的钢壳箱体作为模板制造管段的“钢壳方式”；二是在干船坞内制造箱体，而后浮运、沉放的“干船坞方式”。

（2）沉管隧道施工工艺。水下连接常用水下混凝土法和水力压接法。

七、盾构法

（1）盾构施工是一种在软土或软岩中修建隧道的特殊施工方法。

（2）详尽地掌握好各种盾构机的特征是确定盾构工法的关键。其中，选择适合的土质条件、确保工作面稳定的盾构机种及合理的辅助工法最重要。

➤ **考分统计**：统计近10年该知识点的考核情况，2010、2011、2012、2013、2016、2017、2018、2019年进行了考核。考核频次为80%。其中2010年考核一道单选题，2011年考核一道单选题，2012年考核一道单选题，2013年考核一道单选题，2016年考核一道单选题，2017年考核一道单选题，2018年考核一道单选题，2019年考核一道单选题。

典型例题

［**2019真题·单选**］关于隧道工程采用掘进机施工，下列说法正确的是（　　）。

A. 全断面掘进机的突出优点是可实现一次成型

B. 独臂钻适宜于围岩不稳定的岩层开挖

C. 天井钻开挖是沿着导向孔从上往下钻进

D. 带盾构的掘进机主要用于特别完整岩层的开挖

［**解析**］独臂钻适宜于开挖软岩，不适宜于开挖地下水较多、围岩不太稳定的地层，选项B错误。天井钻的开挖施工，先在钻杆上装较小的钻头，从上向下钻一直径为200～300mm的导向孔，达到竖井或斜井的底部，再在钻杆上换直径较大的钻头，由下向上反钻竖井或斜井，选项C错误。当围岩是软弱破碎带时，若用常规的TBM掘进，常会因围岩塌落，造成事故，要采用带盾构的掘进机法，选项D错误。

［**答案**］A

［**2017真题·单选**］隧道工程施工时，通风方式通常采用（　　）。

A. 钢管压入式通风　　B. PVC管抽出式通风

C. 塑料布管压入式通风　　D. PR管抽出式通风

［**解析**］地下工程的主要通风方式有两种：一种是压入式，即新鲜空气从洞外鼓风机一直送到工作面附近；一种是吸出式，用抽风机将混浊空气由洞内排向洞外。前者风管为柔性的管壁，一般是加强的塑料布之类；后者则需要刚性的排气管，一般由薄钢板卷制而成。我国大多数工地均采用压入式。

［**答案**］C

［**2016真题·单选**］地下工程钻爆法施工常用压入式通风，正确的说法是（　　）。

A. 在工作面采用空气压缩机排风　　B. 在洞口采用抽风机将风流吸出

C. 通过刚性风，用负压方式将风流吸出　　D. 通过柔性风，将新鲜空气送达工作面

［**解析**］地下工程的主要通风方式有两种：一种是压入式，即新鲜空气从洞外鼓风机一直送到工作面附近；另一种是吸出式，用抽风机将混浊空气由洞内排向洞外。前者风管为柔性的

管壁，一般是加强的塑料布之类；后者则需要刚性的排气管，一般由薄钢板卷制而成。我国大多数工地均采用压入式。

［答案］D

［2013 真题·单选］适用深埋于岩体的长隧洞施工的方法是（　　）。

A. 顶管法　　B. TMB 法

C. 盾构法　　D. 明挖法

［解析］TBM 法即掘进机法，其中全断面挖进机法适宜于打长洞；开挖洞壁比较光滑；对围岩破坏较小，所以对围岩稳定有利。

［答案］B

知识点 5 喷射混凝土

一、施工准备

喷射作业区段的宽度，一般应以 1.5～2.0m 为宜。对水平坑道，其喷射顺序为先墙后拱、自下而上；侧墙应自墙基开始，拱应自拱脚开始，封拱区宜沿轴线由前向后。

二、施工工艺

喷射混凝土的施工工艺分为干式喷射混凝土和湿式喷射混凝土。其施工工艺见图 4-3-14。

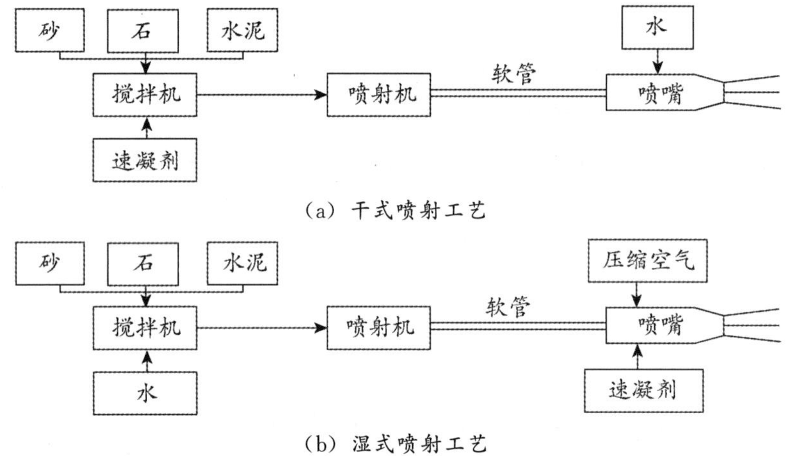

图 4-3-14　喷射混凝土的施工工艺

三、施工要点

（1）工作风压。选择适宜的工作风压，是保证喷射混凝土顺利施工和较高质量的关键。工作风压的调整见表 4-3-7。

表 4-3-7　工作风压的调整

输送方向	风压调整
水平输送距离每增加 100m	工作风压应提高 0.08～0.10MPa
倾斜向下喷射每增加 100m	工作风压应提高 0.05～0.07MPa
垂直向上喷射每增加 10m	工作风压应提高 0.02～0.03MPa

➤ **总结**：工作风压随风管长度增加而增加。

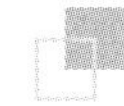

（2）喷嘴处水压。工程实践证明，喷嘴处的水压必须大于工作风压，并且压力稳定才会有良好的喷射效果。水压一般比工作风压大 0.10MPa 左右为宜。

（3）一次喷射厚度。一次喷射厚度太薄，喷射时骨料易产生大的回弹；一次喷射的太厚，易出现喷层下坠、流淌，或与基层面间出现空壳。具体要求见表 4-3-8。

表 4-3-8　混凝土一次喷射厚度　（单位：mm）

喷射方法	部位	掺速凝剂	不掺速凝剂
干拌法	边墙	70～100	50～70
	拱部	50～60	30～40
湿拌法	边墙	80～150	—
	拱部	60～100	—

（4）分层喷射的时间间隔：①一般分 2～3 层进行分层喷射；②采用红星Ⅰ型速凝剂时，可在 5～10min 后，进行下一次喷射；③采用碳酸钠速凝剂时，最少在 30min 后，才能进行复喷。

（5）喷头与作业面之间的距离。喷头与喷射作业面的最佳距离为 1m。

（6）含水量的控制。骨料在使用前应提前 8h 洒水，喷射混凝土所用骨料的含水率，一般以 5%～7%为宜。

➤ **考分统计**：统计近 10 年该知识点的考核情况，2014、2015、2016、2017、2019、2021 年进行了考核。考核频次为 60%。其中 2014 年考核一道单选题，2015 年考核一道单选题，2016 年考核一道单选题、一道多选题，2017 年考核一道单选题、一道多选题，2019 年考核一道多选题，2021 年考核一道单选题。

典型例题

[**2021 真题·单选**] 隧道工程施工中，干式喷射混凝土工作方法的主要特点是（　　）。

A. 设备简单价格较低，不能进行远距离压送

B. 喷头与喷射作业面距离不小于 2m

C. 施工粉尘多，骨料回弹不严重

D. 喷嘴处的水压必须大于工作风压

[**解析**] 工程实践证明，喷嘴处的水压必须大于工作风压，并且压力稳定才会有良好的喷射效果。水压一般比工作风压大 0.10MPa 左右为宜。

[**答案**] D

[**2016 真题·单选**] 关于喷射混凝土施工，说法正确的是（　　）。

A. 一次喷射厚度太薄，骨料易产生较大的回弹

B. 工作风压大于水压有利于喷层附着

C. 喷头与工作面距离越短越好

D. 喷射混凝土所用骨料含水率越低越好

[**解析**] 工程实践证明，喷嘴处的水压必须大于工作风压，并且压力稳定才会有良好的喷射效果，选项 B 错误。喷头与喷射作业面的最佳距离为 1m，选项 C 错误。喷射混凝土所用骨料的含水率，一般以 5%～7%为宜，选项 D 错误。

[**答案**] A

［**2015 真题·单选**］对地下工程喷射混凝土施工，说法正确的是（　　）。

A. 喷嘴处水压应比工作风压大

B. 工作风压随送风距离增加而调低

C. 骨料回弹率与一次喷射厚度成正比

D. 喷嘴与作业面之间的距离越小，回弹率越低

［**解析**］选项 B 错误，喷射工作风压随风管长度增加而增加。选项 C 错误，一次喷射厚度太薄，喷射时骨料易产生大的回弹；一次喷射的太厚，易出现喷层下坠、流淌，或与基层面间出现空壳。选项 D 错误，经验表明，喷头与喷射作业面的最佳距离为 1m。

［**答案**］A

［**2017 真题·多选**］地下工程喷射混凝土施工时，正确的工艺要求有（　　）。

A. 喷射作业区段宽以 1.5～2.0m 为宜

B. 喷射顺序应先喷墙后喷拱

C. 喷管风压随水平输送距离增大而提高

D. 工作风压通常应比水压大

E. 为减少浆液浪费一次喷射厚度不宜太厚

［**解析**］工程实践证明，喷嘴处的水压必须大于工作风压，选项 D 错误。一次喷射厚度主要与喷射混凝土层与受喷面之间的黏结力和受喷部位有关。一次喷射厚度太薄，喷射时骨料易产生大的回弹；一次喷射得太厚，易出现喷层下坠、流淌，或与基层面间出现空壳，选项 E 错误。

［**答案**］ABC

知识点 6 锚杆施工

一、普通水泥砂浆锚杆施工要点

（1）砂浆强度等级不低于 M20。

（2）杆体材料宜用 HRB335 钢筋，一般采用 HPB300 钢筋。

（3）粘接砂浆应拌和均匀，随拌随用，一次拌和的砂浆应在初凝前用完。

二、早强水泥砂浆锚杆施工要点

（1）可弥补普通水泥砂浆锚杆早期强度低、承载慢的不足，尤其是在软弱、破碎、自稳时间短的围岩中使用早强水泥砂浆锚杆能显示出优越性。

（2）早强水泥砂浆锚杆施工中，注浆作业开始或中途停止超过 30min 时，应测定砂浆坍落度，当其值小于 10mm 时不得注入罐内使用。

（3）早强药包内锚头锚杆，是以快硬水泥卷，或早强砂浆卷，或树脂卷作为内锚固剂的内锚头锚杆。快硬水泥卷的三个主要参数：①快硬水泥卷的直径 d 要与钻孔直径 D 配合好；②快硬水泥卷长度 L 要根据内锚长度和生产制作的要求确定。

（4）早强药包内锚头锚杆施工注意事项：

1）药包使用前应检查，要求无结块、未受潮。药包的浸泡宜在清水中进行，随泡随用，药包必须泡透。

2）药包直径宜较钻孔直径小 20mm 左右，药卷长度一般为 200～300mm。

3）孔眼应比锚杆长度短40～50mm。

4）将浸好水的水泥卷用锚杆送到孔底，并轻轻捣实，若中途受阻，应及时处理，若处理时间超过水泥终凝时间，则应换装新水泥卷或钻眼作废。

5）采用树脂药包时，还应注意地下工程在正常温度下，搅拌时间约为30s，当温度在10℃以下时，搅拌时间可适当延长为45～60s。

三、缝管式摩擦锚杆施工要点

安设锚杆前应吹孔，并核对孔深是否符合设计要求，安设前应检查风压，不得<0.4MPa。

➤ **考分统计**：统计近10年该知识点的考核情况，2013、2014、2015、2018年进行了考核。考核频次为40%。其中2013年考核一道单选题，2014年考核一道多选题，2015年考核一道多选题，2018年考核一道单选题。

典型例题

[**2013真题·单选**] 地下工程的早强水泥砂浆锚杆用树脂药包的，正常温度下需要搅拌的时间为（　　）。

A. 30s　　B. 45～60s

C. 3min　　D. 5min

[**解析**] 地下工程在正常温度下，搅拌时间约为30s。

[**答案**] A

[**2014真题·多选**] 关于隧道工程锚杆施工，说法正确的有（　　）。

A. 水泥砂浆锚杆的砂浆强度等级不低于M20

B. 孔道长度应比锚杆长4～5cm

C. 锚杆一般采用A3钢筋

D. 早强药包内锚头锚杆施工，水泥药卷直径应比钻孔直径小20mm左右

E. 安装管缝式锚杆时，吹孔机风压不得小于0.4MPa

[**解析**] 选项B错误，孔眼应比锚杆长度短4～5cm。选项C错误，杆体材料宜用HRB335钢筋，一般采用HPB300钢筋。

[**答案**] ADE

知识点 7　长距离顶管技术

长距离顶管施工见图4-3-15。

图4-3-15　长距离顶管施工

一、顶管技术的基本设备

工具管是长距离顶管的关键设备，安装在管道前端，外形与管道相似，其作用是定向、纠偏、防止塌方、出泥等。

二、顶管施工的关键技术与措施

（1）长距离顶管的技术关键：①顶力问题：采用润滑剂减阻和中继接力技术；②方向控制：管段能否按设计轴线顶进，这是长距离顶管成败的关键之一；③制止正面坍方。

（2）为了解决上述技术关键，在长距离顶管中主要采用的技术措施：①穿墙；②纠偏与导向；③局部气压；④触变泥浆减阻；⑤中继接力顶进。在管道中设置中继环（见图 4-3-16），分段克服摩擦阻力，从而解决顶力不足问题。

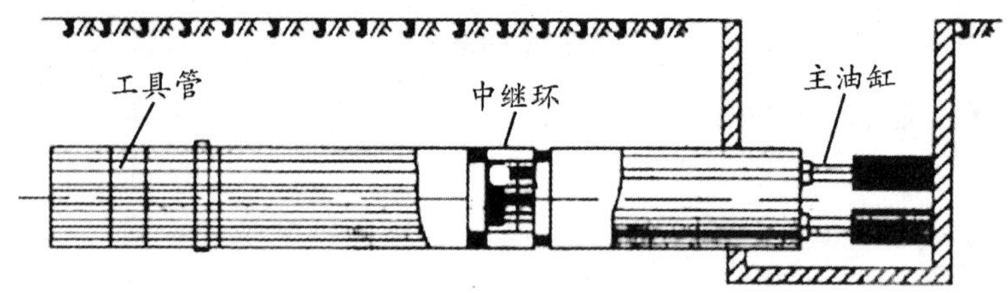

图 4-3-16　中继环

典型例题

［**典型例题·单选**］采用长距离地下顶管技术施工时，通常在管道中设置中继环，其主要作用是（　　）。

A. 控制方向

B. 增加气压

C. 控制塌方

D. 克服摩阻力

［**解析**］在长距离顶管中，只采用触变泥浆减阻单一措施明显不够，还需采用中继接力顶进，也就是在管道中设置中继环，分段克服摩擦阻力，从而解决顶力不足问题。

［**答案**］D

知识点 8　气动夯管锤铺管施工

气动夯管锤铺管的特点：

（1）地层适用范围广。

（2）铺管精度较高。

（3）对地表的影响较小。

（4）夯管锤铺管适合较短长度的管道铺设，为保证铺管精度，在实际施工中，可铺管长度按钢管直径（以 mm 为单位）除以 10 就得到夯进长度（以 m 为单位）。

（5）夯管锤铺管要求管道材料必须是钢管。

（6）投资和施工成本低。

（7）工作坑要求低。

（8）穿越河流时，无须在施工中清理管内土体，无渗水现象，能确保施工人员安全。

知识点 9 导向钻进法施工

一、导向钻进法施工的基本原理

成孔方式有两种：干式和湿式。两种成孔方式均以斜面钻头来控制钻孔方向。

二、钻头的选择依据

钻头的选择依据见表 4-3-9。

表 4-3-9 钻头的选择依据

土层类型	钻头选择
淤泥质黏土、较软土层	较大尺寸的钻头
干燥软黏土、粗粒砂层	中等尺寸的钻头
硬黏土、钙质土层、致密砂层	较小尺寸的钻头

➤ **总结**：软（大）硬（小）。

知识点 10 逆作法

采取地上与地下结构同时施工或由上而下分布依次开挖和构筑地下结构体系的施工方法。

知识点 11 沉井法

沉井施工见图 4-3-17。沉井构造示意图见图 4-3-18。

图 4-3-17 沉井施工

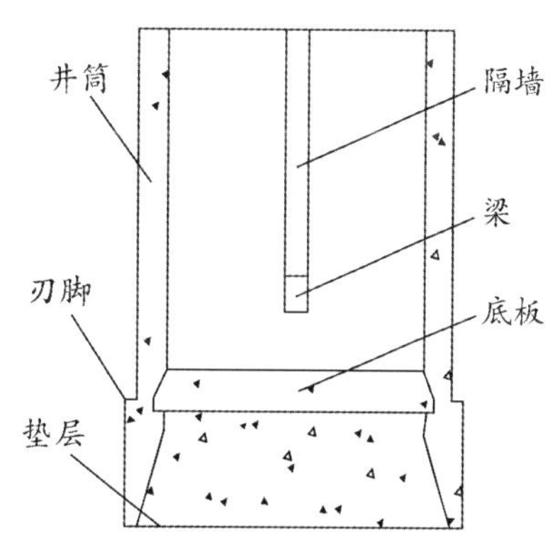

图 4-3-18 沉井构造示意图

一、沉井施工工艺

沉井法施工的主要工序为：测量放线、开挖基坑和搭设工作台→铺设垫层、承垫木→沉井制作→抽取垫木→挖土下沉→封底、回填、浇筑其他部分结构。沉井法施工程序见图4-3-19。

（一）铺设垫层、承垫木

对于圆形沉井的定位垫木，一般对称设置在四个支点上；对矩形沉井定位垫木，一般设置在两长边，每边两个。

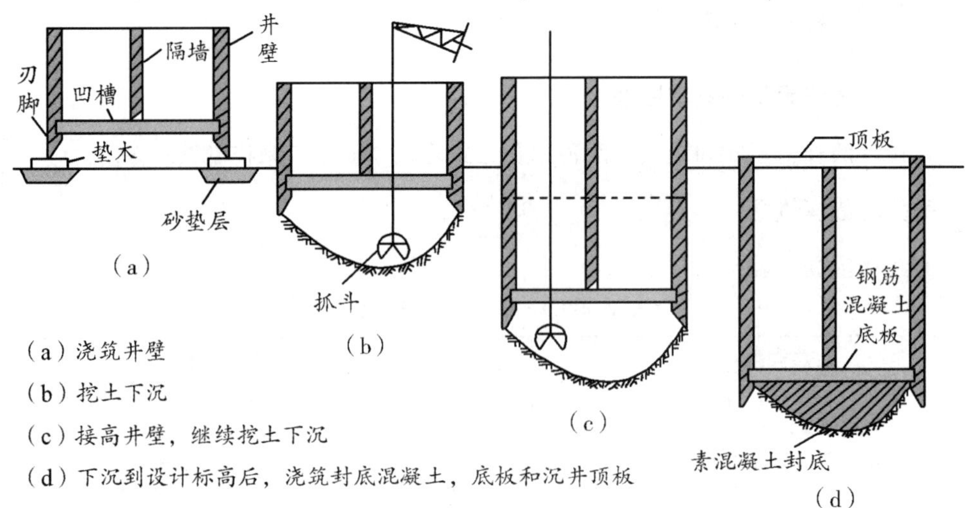

图 4-3-19　沉井法施工程序

（二）挖土下沉

挖土下沉的特点见表 4-3-10。

表 4-3-10　挖土下沉的特点

下沉类型	特点
排水挖土下沉	当沉井所穿过的土层透水性较差，涌水量不大，排水时不致产生流砂现象，可采用排水挖土下沉
不排水挖土下沉	沉井穿过的土层中有较厚的亚砂土和粉砂土，地下水丰富，土层不稳定，有产生流砂的可能性，下沉中要使井内水面高出井外水面 1～2m，以防流砂

（三）沉井封底

沉井下沉至标高，应进行沉降观测，当 8h 内下沉量小于或等于 10mm 时，方可封底。封底可分为干封底和湿封底两种。

（1）干封底：在封底前应在板底以下设置集水井。

（2）湿封底：封底混凝土用导管法灌注，导管下端插入混凝土的深度不宜小于 1m。

二、沉井纠偏

由于土质不均匀或出现障碍物以及施工管理不严，都会造成沉井施工偏差。偏差主要包括倾斜和位移两方面。沉井纠偏方法见表 4-3-11。

表 4-3-11　沉井纠偏方法

类型	纠偏方法
矩形沉井长边产生偏差	可用偏心压重纠偏
沉井向某侧倾斜	可在高的一侧多挖土使其恢复水平再均匀挖土
采用触变泥浆润滑套时	可采用导向木纠偏
小沉井或矩形沉井短边产生偏差	应在下沉少的一侧外部用压力水冲井壁附近的土并加偏心压重；在下沉多的一侧加一水平推力来纠偏
沉井中心线与设计中心线不重合	可先在一侧挖土，使沉井倾斜，然后均匀挖土，使沉井沿倾斜方向下沉到沉井底面中心线接近设计中心线位置时再纠偏

➤ **考分统计**：统计近 10 年该知识点的考核情况，2013、2015 年进行了考核。考核频次为 20%。其中 2013 年考核一道单选题，2015 年考核一道单选题。

典型例题

［**2015 真题·单选**］采用沉井法施工，当沉井中心线与设计中心线不重合时，通常采用以下方法纠偏（　　）。

A. 通过起重机械吊挂调试

B. 在沉井内注水调试

C. 通过中心线两侧挖土调整

D. 在沉井外侧斜土调整

［**解析**］当沉井中心线与设计中心线不重合时，可先在一侧挖土，使沉井倾斜，然后均匀挖土，使沉井沿倾斜方向下沉到沉井底面中心线接近设计中心线位置时再纠偏。

［**答案**］C

［**2013 真题·单选**］沉井的排水挖土下沉法适用于（　　）。

A. 透水性较好的土层

B. 涌水量较大的土层

C. 排水时不致于产生流砂的土层

D. 地下水较丰富的土层

［**解析**］当沉井所穿过的土层透水性较差，涌水量不大，排水时不致产生流砂现象，可采用排水挖土下沉。

［**答案**］C

知识点 12　其他非开挖施工方法

气动夯管锤铺管法、导向转进法：一般适用于管径小于 900mm 的管线铺设工程。

同步强化训练

一、单项选择题（每题的备选项中，只有 1 个最符合题意）

1. 下列对于推土机施工的说法，正确的是（　　）。

A. 土质较软使切土深度较大时可采用分批集中后一次推送

B. 一般每台推土机可配合的铲运机台数为 3～4 台

C. 并列推土的推土机数量不宜超过 3 台

D. 并列推土时，铲刀间距 15～35cm

2. 在土石方工程施工中，采用振动压实机进行填土施工时，其分层厚度及压实遍数分别为（　　）。

A. 250～300，6～8 次

B. 250～350，3～4 次

C. 200～250，3～4 次

D. ＜200，3～4 次

3. 关于土石方填筑，正确的是（　　）。

A. 不宜采用同类土填筑

B. 从上至下填筑土层的透水性应从小到大

C. 含水量大的黏土宜填筑在下层

D. 有机物含量大于5%的土不能使用

4. 下列关于填土压实的方法，说法正确的是（　　）。

A. 平整场地等小面积填土多采用碾压法

B. 夯实法主要用于小面积填土，不可以夯实非黏性土

C. 振动压实法适合碾压非黏性土

D. 羊足碾一般用于碾压砂性土

5. 下列关于砌体结构工程施工，说法正确的是（　　）。

A. 当施工期间最高气温超过30℃时，拌制的砂浆应在3h内使用完毕

B. 基底标高不同时，应从低处砌起，并应由高处向低处搭砌

C. 在墙上留置临时施工洞口，其侧边离交接处墙面不应小于300mm

D. 填充墙与承重主体结构间的空（缝）隙部位施工，应在填充墙砌筑7d后进行

6. 下列关于混凝土模板及支架拆除，说法正确的是（　　）。

A. 梁侧模拆除时对混凝土强度无任何要求

B. 拆模时应先拆承重模板，后拆非承重模板

C. 后张法预应力构件的侧模应在预应力筋张拉前拆除

D. 同种构件底模拆除时不同跨度构件对混凝土强度要求相同

7. 下列关于装配式混凝土施工，说法正确的是（　　）。

A. 预制构件吊环应采用未经冷加工的HRB335钢筋制作

B. 装配整体式结构中预应力混凝土预制构件的混凝土强度等级不宜低于C30

C. 脱模起吊时，预制构件的混凝土立方体抗压强度不应小于$25N/mm^2$

D. 直接承受动力荷载构件的纵向钢筋不应采用浆锚搭接连接

8. 地下工程卷材防水层外贴法施工的优点是（　　）。

A. 防水层施工较方便、不必留接头

B. 施工占地面积小

C. 便于做漏水试验和修补

D. 接头处卷材不易受损

9. 下列土类中宜选作路堤填料的是（　　）。

A. 粉性土　　B. 碎石

C. 重黏土　　D. 植物土

10. 跨径100m以下的桥梁施工时，为满足桥梁上下部结构平行作业和施工精度要求，优先选用的方法是（　　）。

A. 悬臂浇筑法　　B. 悬臂拼装法

C. 转体法　　D. 支架现浇法

11. 下列深基坑支护形式，适于基坑侧壁安全等级一、二、三级的是（　　）。

A. 水泥土挡墙式

B. 逆作挡墙式

C. 边坡稳定式

D. 排桩与板墙式

12. 下列适合于大体积深基础开挖施工、含水量高的地基基础和软土地基基础以及地下水丰富

的地基基础施工技术的是（　　）。

A. 复合土钉墙支护

B. 喷锚支护

C. 冻结排桩法

D. SMW 工法

13. 地下连续墙对混凝土的要求，不正确的是（　　）。

A. 混凝土强度等级一般为 C30～C40

B. 水胶比不应小于 0.55

C. 入槽坍落度不宜小于 180mm

D. 水泥用量不宜小于 400kg/m^3

14. 早强水泥砂浆锚杆施工中，注浆作业开始或中途停止超过（　　）时，应测坍落度，当其值小于（　　）时不得注入罐内使用。

A. 15min、10mm　　B. 30min、10mm

C. 45min、20mm　　D. 60min、20mm

15. 关于沉井施工方法，说法不正确的是（　　）。

A. 矩形沉井定位垫木一般设置在长边，每边 2 个

B. 土层透水性差，涌水量不大，排水时不致发生流砂现象，可采用不排水挖土下沉

C. 不排水挖土下沉中要使井内水面高出井外水面 1～2m

D. 8h 内下沉量小于等于 10mm 时，可以封底

二、多项选择题（每题的备选项中，有 2 个或 2 个以上符合题意，至少有 1 个错项）

1. 关于重力式支护结构，下列说法正确的有（　　）。

A. 通过加固基坑周边土形成一定厚度的重力式墙，以达到挡土的目的

B. 水泥土搅拌桩支护结构具有防渗和挡土的双重功能

C. 采用格栅形式时，淤泥质土的面积转换率不宜小于 0.8

D. 开挖深度不宜大于 7m

E. 面板厚度不宜小于 150mm，混凝土强度等级不宜低于 C15

2. 下列对于钢筋混凝土预制桩的打桩顺序的说法，正确的有（　　）。

A. 打桩应自内向外、从中间向四周进行

B. 当桩基的设计标高不同时，打桩宜先深后浅

C. 当桩的规格不同时，打桩宜先大后小、先短后长

D. 当基坑较小时，打桩应从中间向两边或四周进行

E. 当基坑较大时，打桩应从两边或四周向中间进行

3. 下列部位可以设置脚手眼的有（　　）。

A. 砖砌体距转角 600mm 处

B. 门窗洞口两侧砖砌体 300mm 处

C. 宽度为 1.2m 的窗间墙

D. 过梁上一皮砖处

E. 梁或梁垫下及其左右 500mm 范围内

4. 受力钢筋的弯钩和弯折应符合的要求有（　　）。

A. HPB300 级钢筋末端做 180°弯钩时，弯弧内直径应不小于 2.5d

B. HRB335 级钢筋末端做 135°弯钩时，弯弧内直径应不小于 $3d$

C. HRB400 级钢筋末端做 135°弯钩时，弯弧内直径应不小于 $4d$

D. 钢筋做不大于 90°的弯折时，弯弧内直径应不小于 $5d$

E. HPB300 级钢筋弯钩的弯后平直部分长度应不小于 $4d$

5. 剪力墙和筒体体系的高层建筑混凝土工程的施工模板，通常采用（　　）。

A. 组合模板　　B. 滑升模板

C. 爬升模板　　D. 大模板

E. 压型钢板永久式模板

6. 下列关于卷材防水层搭接缝的做法，正确的有（　　）。

A. 平行屋脊的搭接缝顺流水方向搭接

B. 上下层卷材接缝对齐

C. 留设于天沟侧面

D. 留设于天沟底部

E. 同一层相邻两幅卷材短边搭接缝错开不应小于 500mm

7. 对于路基基底的处理，下列说法正确的有（　　）。

A. 基底土密实稳定，且地面横坡缓于 1∶10，填方高大于 0.5m 时，基底可不处理

B. 基底土密实稳定，且地面横坡为 1∶10～1∶5 时，基底可不处理

C. 基底为松土或耕地时，只需清除有机土、种植土、草皮等

D. 基底填筑前应压实，高速公路压实度不小于 90%

E. 基底填筑前应压实，一级公路压实度不小于 90%

8. 采用爆破作业方式进行路基石方施工，选择清方机械时应考虑的因素有（　　）。

A. 爆破岩石块度大小

B. 工程要求的生产能力

C. 机械进出现场条件

D. 爆破起爆方式

E. 凿孔机械功率

9. 下列对筑路机械的说法，错误的有（　　）。

A. 平地机主要用于平整地面和摊铺物料

B. 光轮压路机对砂质土和黏性土的压实效果良好

C. 轮胎驱动光轮式振动压路机适用于各种土质，压实厚度可达 1.5m

D. 履带式摊铺机对路基的不平度很敏感

E. 沥青洒布机用于运输与洒布液态沥青

10. 桥梁承载结构采用移动模架逐孔施工，其主要特点有（　　）。

A. 不影响通航和桥下交通

B. 模架可多次周转使用

C. 施工准备和操作比较简单

D. 机械化、自动化程度高

E. 可上下平行作业缩短工期

11. 深基础施工中，现浇钢筋混凝土地下连续墙的优点有（　　）。

A. 地下连续墙可作为建筑物的地下室外墙

B. 施工机械化程度高，具有多功能用途

C. 对开挖的地层适应性强

D. 墙面光滑，性能稳定，整体性好

E. 施工安全可靠，不会造成周围地基沉降

参考答案及解析

一、单项选择题

1. [答案] B

[解析] 在较硬的土中，推土机的切土深度较小，一次铲土不多，可分批集中，再整批地推送到卸土区。一般每3～4台铲运机配1台推土机助铲。并列推土时，铲刀间距15～30cm。并列台数不宜超过4台，否则互相影响。

2. [答案] B

[解析] 采用振动压实机进行填土施工时，其分层厚度为250～350cm，压实遍数为3～4次。

3. [答案] B

[解析] 选项A错误，填方宜采用同类土填筑。选项C错误，含水量大的黏土不宜做填土用。选项D错误，碎石类土、砂土、爆破石渣及含水量符合压实要求的黏性土可作为填方土料。淤泥、冻土、膨胀性土及有机物含量大于8%的土，以及硫酸盐含量大于5%的土均不能做填土。

4. [答案] C

[解析] 选项A错误，平整场地等大面积填土多采用碾压法。选项B错误，夯实法主要用于小面积填土，可以夯实黏性土或非黏性土。选项D错误，羊足碾一般用于碾压黏性土，不适于砂性土。

5. [答案] B

[解析] 选项A错误，现场拌制的砂浆应随拌随用，拌制的砂浆应在3h内使用完毕；当施工期间最高气温超过30℃时，应在2h内使用完毕。选项C错误，在墙上留置临时施工洞口，其侧边离交接处墙面不应小于500mm，洞口净宽度不应超过1m。在墙上留置临时施工洞口，其侧边离交接处墙面不应小于500mm，洞口净宽度不应超过1m。选项D错误，填充墙与承重主体结构间的空（缝）隙部位施工，应在填充墙砌筑14d后进行。

6. [答案] C

[解析] 选项A错误，侧模拆除时的混凝土强度应能保证其表面及棱角不受损伤。选项B错误，模板的拆除顺序一般是先拆非承重模板，后拆承重模板；先拆侧模板，后拆底模板。选项D错误，同种构件底模拆除时根据构件跨度不同对混凝土强度要求不同。

7. [答案] D

[解析] 选项A错误，预制构件吊环应采用未经冷加工的HPB300钢筋制作。选项B错误，装配整体式结构中，预制构件的混凝土强度等级不宜低于C30；预应力混凝土预制构件的混凝土强度等级不宜低于C40，且不应低于C30；现浇混凝土的强度等级不应低于C25。选项C错误，脱模起吊时，预制构件的混凝土立方体抗压强度应满足设计要求且不应小于15N/mm^2。

8. [答案] C

[解析] 外贴法的优点是构筑物与保护墙有不均匀沉降时，对防水层影响较小；防水层做好后即可进行漏水试验，修补方便。缺点是工期较长，占地面积较大；底板与墙身接头处卷材易受损。

9. [答案] B

[解析] 碎石、卵石、砾石、粗砂等具有良好透水性，且强度高、稳定性好，因此可优先采用。亚砂土、亚黏土等经压实后也具有足够的强度，故也可采用。粉性土水稳定性差，不宜作路堤填料。重黏土、黏性土、捣碎后的植物土等由于透水性差，作路堤填料时应慎重采用。

10. [答案] B

［解析］悬臂浇筑施工简便，结构整体性好，施工中可不断调整位置，常在跨径大于100m的桥梁上选用；悬臂拼装法施工速度快，桥梁上下部结构可平行作业，但施工精度要求比较高，可在跨径100m以下的大桥中选用。

11. ［答案］D

［解析］排桩与板墙式适于基坑侧壁安全等级一、二、三级；悬臂式结构在软土场地中不宜大于5m。

12. ［答案］C

［解析］冻结排桩法适合于大体积深基础开挖施工、含水量高的地基基础和软土地基基础以及地下水丰富的地基基础的施工。

13. ［答案］B

［解析］水与胶凝材料比不应大于0.55。

14. ［答案］B

［解析］早强水泥砂浆锚杆施工中，注浆作业开始或中途停止超过30min时，应测坍落度，当其值小于10mm时不得注入罐内使用。

15. ［答案］B

［解析］当沉井所穿过的土层透水性较差，涌水量不大，排水时不致产生流砂现象，可采用排水挖土下沉。

二、多项选择题

1. ［答案］ABDE

［解析］采用格栅形式时，要满足一定的面积转换率，对淤泥质土，不宜小于0.7；对淤泥，不宜小于0.8；对一般黏性土、砂土，不宜小于0.6。

2. ［答案］ABD

［解析］选项C错误，当桩的规格不同时，打桩顺序宜先大后小、先长后短。选项E错误，当基坑较大时，应将基坑分为数段，而后在各段范围内分别进行。

3. ［答案］ABC

［解析］选项D错误，过梁上与过梁成60°角的三角范围及过梁净跨度1/2的高度范围内不得设置脚手架。选项E错误，梁或梁垫下及其左右500mm范围内，不得设置脚手眼。

4. ［答案］ACD

［解析］受力钢筋的弯折和弯钩应符合下列规定：①HPB300级钢筋末端应做180°弯钩，弯弧内直径不应小于钢筋直径的2.5倍，弯钩的弯后平直部分长度不应小于钢筋直径的3倍。②当设计要求钢筋末端做135°弯钩时，HRB335级、HRB400级钢筋的弯弧内直径不应小于$4d$，弯钩后的平直长度应符合设计要求。③钢筋做不大于90°的弯折时，弯折处的弯弧内直径不应小于钢筋直径的$5d$。

5. ［答案］BCD

［解析］大模板是目前我国剪力墙和筒体体系的高层建筑施工用得较多的一种模板。滑升模板适用于现场浇筑高耸的构筑物和高层建筑物等，如烟囱、筒仓、电视塔、竖井、沉井、双曲线冷却塔和剪力墙体系及筒体体系的高层建筑等。爬升模板是施工剪力墙体系和筒体体系的钢筋混凝土结构高层建筑的一种有效的模板体系。

6. ［答案］ACE

［解析］选项B错误，上下层卷材长边搭接缝应错开，且不应小于幅宽的1/3。选项D错误，叠层铺贴的各层卷材，在天沟与屋面的交接处，应采用叉接法搭接，搭接缝应错开，搭接缝宜留在屋面与天沟侧面，不宜留在沟底。

7. ［答案］ADE

［解析］选项B错误，横坡为1∶10～1∶5时，应清除地表草皮杂物再填筑。选项C错误，应先清除有机土、种植土、草皮等，清除深度应达到设计要求，一般不小于150mm，平整后按规定要求压实。

8. ［答案］ABC

［解析］当石方爆破后，必须按爆破次数分次清理。在选择清方机械时应考虑以下技术经济条件：①工期所要求的生产能力；②工程单价；③爆破岩石的块度和岩堆的大小；④机械设备进入工地的运输条件；⑤爆破时机械撤离和重新进入工作面是否方便等。

9. ［答案］BD

［解析］选项B错误，轮胎压路机压实砂质土壤和黏性土壤都能取得良好的效果，即压实时不破坏原有的黏度，使各层间有良好的结合性能。选项D错误，履带式摊铺机的最大优点是对路基的不平度敏感性差。

10. ［答案］ABDE

［解析］移动模架法不需设置地面支架，不影响通航和桥下交通，施工安全、可靠。有良好的施工环境，保证施工质量，一套模架可多次周转使用，具有在预制场生产的优点。机械化、自动化程度高，节省劳力，降低劳动强度，上下部结构可以平行作业，缩短工期。移动模架设备投资大，施工准备和操作都较复杂。

11. ［答案］ABCE

［解析］选项D错误，墙面虽可保证垂直度，但比较粗糙，尚须加工处理或做衬壁。

第五章 工程计量

本章造价专业背景强，主要考查造价人员的看家本领，每年考查分值约 30 分，是本书中最重要的一章。整体来讲，主要考查两个规范：《建筑工程建筑面积计算规范》（GB/T 50353—2013）、《房屋建筑与装饰工程工程量计算规范》（GB 50854—2013）。

知识脉络

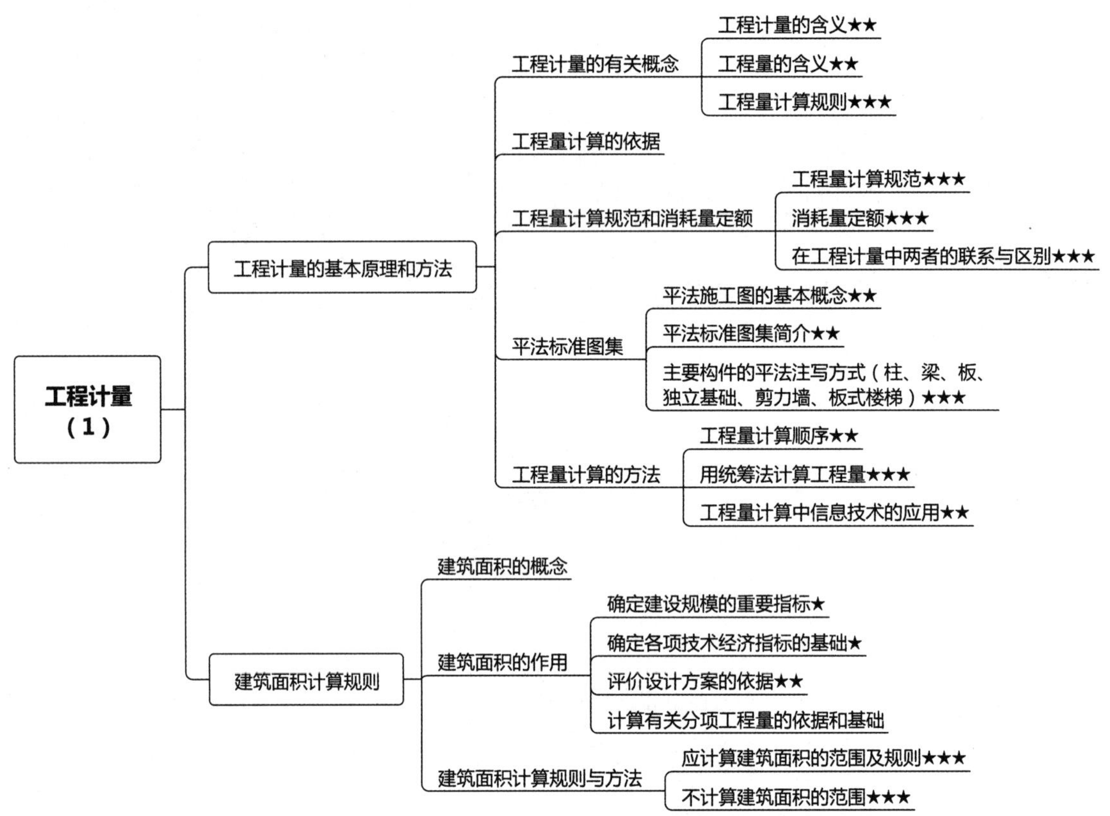

- 工程计量（2）
  - 工程量计算规则与方法
    - 土石方工程★★★
    - 地基处理与边坡支护工程★★★
    - 桩基础工程★★★
    - 砌筑工程★★★
    - 混凝土及钢筋混凝土工程★★★
    - 金属结构工程★★
    - 木结构★
    - 门窗工程★★
    - 屋面及防水工程★★★
    - 保温、隔热、防腐工程★★
    - 楼地面装饰工程★★
    - 墙、柱面装饰与隔断、幕墙工程★
    - 天棚工程★★
    - 油漆、涂料、裱糊工程★
    - 其他装饰工程★
    - 拆除工程★
    - 措施项目★★★

考情分析

近四年真题分值分布统计表　　　　（单位：分）

节序	节名	2021 年		2020 年		2019 年		2018 年	
		单选	多选	单选	多选	单选	多选	单选	多选
第一节	工程计量的基本原理和方法	3	2	1	2	2	2	3	2
第二节	建筑面积计算规则	4	2	6	2	4	2	4	2
第三节	工程量计算规则与方法	13	6	19	8	14	6	13	6
小结		20	10	26	12	20	10	20	10
		30		38		30		30	

第一节　工程计量的基本原理和方法

知识点 1 工程计量的有关概念

一、工程计量的含义

（1）由于工程计价的多阶段性和多次性，工程计量也具有多阶段性和多次性。

（2）工程计量不仅包括招标阶段工程量清单编制中工程量的计算，也包括投标报价以及合同履约阶段的变更、索赔、支付和结算中工程量的计算和确认。

二、工程量的含义

（1）工程量是工程计量的结果，是指按一定规则并以物理计量单位或自然计量单位所表示的建设工程各分部分项工程、措施项目或结构构件的数量。

（2）一般来说工程量有以下作用：

1）工程量是确定建筑安装工程造价的重要依据。

2）工程量是承包方生产经营管理的重要依据。

3）工程量是发包方管理工程建设的重要依据。

三、工程量的计算规则

（1）工程量计算规范中的工程量计算规则：采用该工程量计算规则计算的工程量一般为施工图纸的净量，不考虑施工余量。

（2）消耗量定额中的工程量计算规则：采用该计算规则计算工程量除了依据施工图纸外，一般还要考虑采用施工方法和施工方案施工余量。

知识点 2 工程量计算的依据

（1）国家发布的工程量计算规范和国家、地方和行业发布的消耗量定额及其工程量计算规则。

（2）经审定的施工设计图纸及其说明。

（3）经审定的施工组织设计（项目管理实施规划）或施工方案。

（4）经审定通过的其他有关技术经济文件。如工程施工合同、招标文件的商务条款等。

➤ **总结**：规范定额规定、施工设计图纸、施工组织设计、技术经济文件。

知识点 3 工程量计算规范

工程量计算规范包括正文、附录和条文说明三部分。

一、项目编码

项目编码结构图见图 5-1-1。

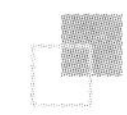

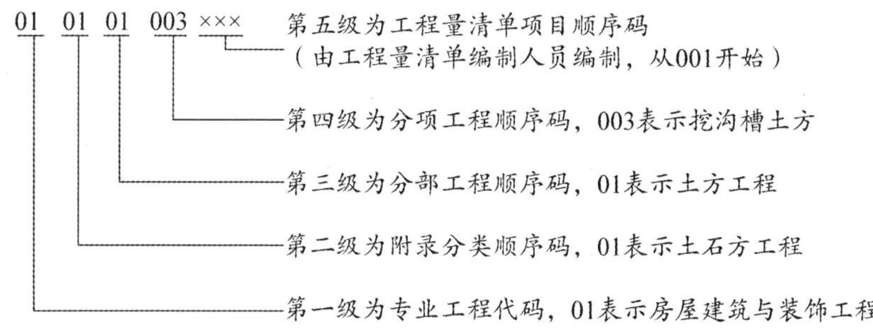

图 5-1-1 项目编码结构图

（1）工程量清单项目编码采用十二位阿拉伯数字表示，一至九位应按计量规范附录规定设置，十至十二位应根据拟建工程的工程量清单项目名称设置，同一招标工程的项目编码不得有重码。

（2）当同一标段（或合同段）的一份工程量清单中含有多个单位工程且工程量清单是以单位工程为编制对象时，在编制工程量清单时应特别注意对项目编码十至十二位的设置不得有重码的规定。

二、项目名称

工程量清单的分部分项工程和措施项目的项目名称应按工程量计算规范附录中的项目名称结合拟建工程的实际确定。

三、项目特征

（1）项目特征是表征构成分部分项工程项目、措施项目自身价值的本质特征，是对体现分部分项工程量清单、措施项目清单价值的特有属性和本质特征的描述。

（2）项目特征体现的是对清单项目的质量要求，是确定一个清单项目综合单价不可缺少的重要依据。

（3）工程量清单项目特征描述的重要意义在于：项目特征是区分具体清单项目的依据；项目特征是确定综合单价的前提；项目特征是履行合同义务的基础。

（4）项目特征应按工程量计算规范附录中规定的项目特征，结合拟建工程项目的实际予以描述，能够体现项目本质区别的特征和对报价有实质影响的内容都必须描述。如 010502003 异形柱，需要描述的项目特征有：柱形状、混凝土类别、混凝土强度等级。

四、计量单位

（1）规范中的计量单位均为基本单位。

（2）可以根据实际情况进行选择，但一旦选定必须保持一致。

（3）工程计量时每一项目汇总的有效位数应遵守下列规定：

1）以“t”为单位，应保留小数点后三位数字，第四位小数四舍五入。

2）以“m”“m^2”“m^3”“kg”为单位，应保留小数点后两位数字，第三位小数四舍五入。

3）以“个”“件”“根”“组”“系统”为单位，应取整数。

五、工程量计算规则

其原则是按施工图图示尺寸（数量）计算清单项目工程数量的净值，一般不需要考虑具体的施工方法、施工工艺和施工现场的实际情况而发生的施工余量。

六、工作内容

（1）项目特征体现的是清单项目质量或特性的要求或标准，工作内容体现的是完成一个合格的清单项目需要具体做的施工作业和操作程序，对于一项明确了分部分项工程项目或措施项目，工作内容确定了其工程成本。

（2）在编制工程量清单时一般不需要描述工作内容。

七、清单项目的补充

（1）在编制工程量清单时，当出现规范附录中未包括的清单项目时，编制人应作补充，并报省级或行业工程造价管理机构备案，省级或行业工程造价管理机构应汇总报住房城乡建设部标准定额研究所。

（2）工程量清单项目的补充应涵盖项目编码、项目名称、项目特征、计量单位、工程量计算规则以及包含的工作内容。

（3）补充项目的编码：专业工程代码＋B＋三位阿拉伯数字组成，并应从××B001起顺序编制，同一招标工程的项目不得重码。

➤ **考分统计**：统计近10年该知识点的考核情况，2013、2014、2015、2016、2018、2019、2020、2021年进行了考核。考核频次为80%。其中2013年考核一道单选题、一道多选题，2014年考核一道单选题，2015年考核一道单选题，2016年考核一道单选题，2018年考核一道单选题，2019年考核一道单选题，2020年考核一道多选题，2021年考核一道单选题。

典型例题

［**2021真题·单选**］工程量清单编制过程中，砌筑工程中砖基础的编制特征描述包括（　　）。

A. 砂浆制作　　B. 防潮层铺贴

C. 基础类型　　D. 运输方式

［**解析**］“010401001 砖基础”的项目特征为：①砖品种、规格、强度等级；②基础类型；③砂浆强度等级；④防潮层材料种类。其工作内容为：①砂浆制作、运输；②砌砖；③防潮层铺设；④材料运输。

［**答案**］C

［**2018真题·单选**］在同一合同段的工程量清单中，多个单位工程中具有相同项目特征的项目，项目编码和计量单位（　　）。

A. 项目编码不一致，计量单位不一致

B. 项目编码一致，计量单位一致

C. 项目编码不一致，计量单位一致

D. 项目编码一致，计量单位不一致

［**解析**］同一招标工程的项目编码不得有重码，在同一个建设项目（或标段、合同段）中，有多个单位工程的相同项目计量单位必须保持一致。

［**答案**］C

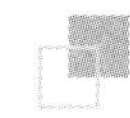

［**2016 真题·单选**］根据《建设工程工程量清单计价规范》(GB/T 50500—2013)，关于项目特征，说法正确的是（　　）。

A. 项目特征是编制工程量清单的基础

B. 项目特征是确定工程内容的核心

C. 项目特征是项目自身价值的本质特征

D. 项目特征工程结算的关键依据

［**解析**］项目特征是表征构成分部分项工程项目、措施项目自身价值的本质特征，是对体现分部分项工程量清单、措施项目清单价值的特有属性和本质特征的描述。

［**答案**］C

［**2014 真题·单选**］建设工程工程量清单中工作内容描述的主要作用是（　　）。

A. 反映清单项目的工艺流程

B. 反映清单项目需要的作业

C. 反映清单项目的质量标准

D. 反映清单项目的资源需求

［**解析**］项目特征体现的是清单项目质量或特性的要求或标准，工作内容体现的是完成一个合格的清单项目需要具体做的施工作业和操作程序，对于一项明确了分部分项工程项目或措施项目，工作内容确定了其工程成本。

［**答案**］B

［**2013 真题·单选**］根据《房屋建筑与装饰工程工程量计算规范》(GB 50854—2013)，编制工程量清单补充项目时，编制人应报备案的单位是（　　）。

A. 企业技术管理部门

B. 工程所在地造价管理部门

C. 省级或行业工程造价管理机构

D. 住房和城乡建设部标准定额研究所

［**解析**］在编制工程量清单时，当出现规范附录中未包括的清单项目时，编制人应作补充，并报省级或行业工程造价管理机构备案，省级或行业工程造价管理机构应汇总报住房城乡建设部标准定额研究所。

［**答案**］C

［**2020 真题·多选**］工程量清单要素中的项目特征，其主要作用体现在（　　）。

A. 提供确定综合单价和依据

B. 描述特有属性

C. 明确质量要求

D. 明确安全要求

E. 确定措施项目

［**解析**］项目特征是表征构成分部分项工程项目、措施项目自身价值的本质特征，是对体现分部分项工程量清单、措施项目清单价值的特有属性和本质特征的描述。从本质上讲，项目特征体现的是对清单项目的质量要求，是确定一个清单项目综合单价不可缺少的重要依据，在编制工程量清单时，必须对项目特征进行准确和全面的描述。工程量清单项目特征描述的重要意义：①项目特征是区分具体清单项目的依据；②项目特征是确定综合单价的前提；③项目特征是履行合同义务的基础。

［**答案**］ABC

知识点 4 消耗量定额

消耗量定额的主要内容包括文字说明、工程量计算规则、定额项目表及附录，见图5-1-2。

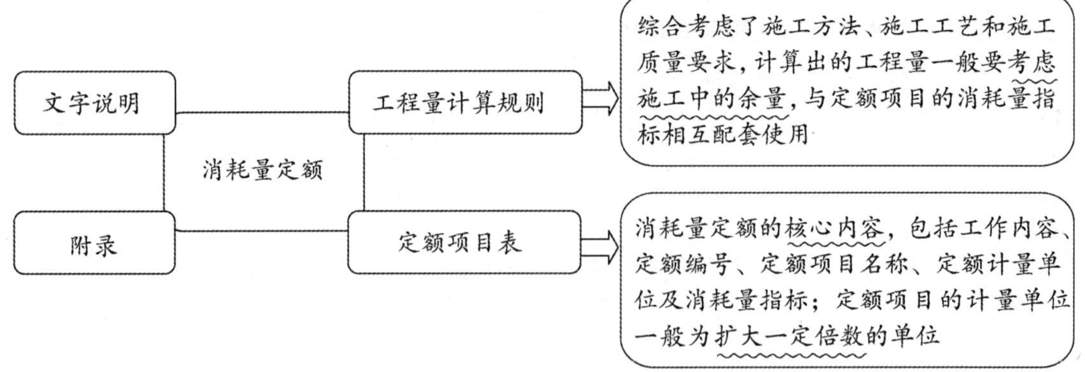

图 5-1-2 消耗量定额的主要内容

知识点 5 在工程计量中工程量计算规范和消耗量定额的联系与区别

一、两者的联系

（1）消耗量定额章节划分与工程量计算规范附录顺序基本一致。

（2）消耗量定额中的项目编码与工程量计算规范项目编码基本保持一致。

（3）消耗量定额中的工程量计算规则与工程量计算规范中的计算规则基本计算方法也是一致的。

二、两者的区别

（一）两者的用途不同

工程量计算规范和消耗量定额的用途见表 5-1-1。

表 5 1 1 工程量计算规范和消耗量定额的用途

类型	用途
工程量计算规范	主要用于计算工程量，编制工程量清单，结算中的工程计量等方面
消耗量定额	主要用于工程计价，在计价时可以根据消耗量定额计算清单项目所包含的定额项目的定额工程量

（二）两者的项目划分和综合工作内容不同

（1）消耗量定额项目划分一般是基于施工工序进行设置的，体现施工单元，包括的工作内容相对单一。

（2）工程量计算规范清单项目划分一般是基于“综合实体”进行设置的，体现功能单元，包括的工作内容往往不止一项（即一个功能单元可能包括多个施工单元或者一个清单项目可能包括多个定额项目）。

（三）计算口径的调整

工程量计算规范和消耗量定额计算口径的调整见表 5-1-2。以挖基础土方为例，两者计算

口径的调整见图 5-1-3。

表 5-1-2　工程量计算规范和消耗量定额计算口径的调整

类型	计算口径
工程量计算规范	主要是完工后的净量［或图纸（含变更）的净量］
消耗量定额	考虑了不同施工方法和加工余量的实际数量，即消耗量定额项目计量考虑了一定的施工方法、施工工艺和现场实际情况

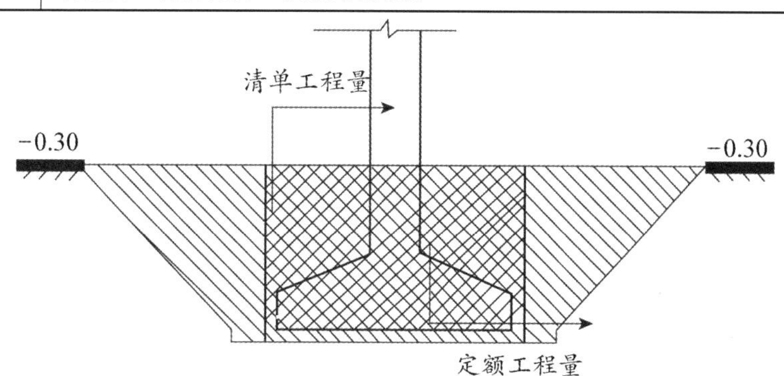

图 5-1-3　工程量计算规范和消耗量定额计算口径的调整

注：按工程量计算规范 ▧：图示尺寸以垫层底面积乘以挖土深度计算；按消耗量定额 ▨：包括放坡及工作面等的开挖量。

（四）两者的计量单位不同

工程量清单项目的计量单位一般采用基本的物理计量单位或自然计量单位，如 m^2、m^3、m、kg、t 等；消耗量定额中的计量单位一般为扩大的物理计量单位或自然计量单位，如 $100m^2$、$1000m^3$、100m 等。

➤ **考分统计**：统计近 10 年该知识点的考核情况，2021 年考核一道多选题。考核频次为 10%。

典型例题

［**2021 真题 · 多选**］下列关于工程量计算规范和消耗量定额的说法，正确的有（　　）。

A. 消耗量定额一般是按施工工序划分项目的，体现功能单元

B. 工程量计算规范一般按“综合实体”划分清单项目，工作内容相对单一

C. 工程量计算规范规定的工程量主要是图纸（不含变更）的净量

D. 消耗量定额项目计量考虑了施工现场实际情况

E. 消耗量定额与工程量计算规范中的工程量基本计算方法一致

［**解析**］消耗量定额项目划分一般是基于施工工序进行设置的，体现施工单元，包含的工作内容相对单一；而工程量计算规范清单项目划分一般是基于“综合实体”进行设置的，体现功能单元，包括的工作内容往往不止一项（即一个功能单元可能包括多个施工单元或者一个清单项目可能包括多个定额项目）。消耗量定额项目计量考虑了不同施工方法和加工余量的实际数量，即消耗量定额项目计量考虑了一定的施工方法、施工工艺和现场实际情况，而工程量计算规范规定的工程量主要是完工后的净量［或图纸（含变更）的净量］。消耗量定额中的工程量计算规则与工程量计算规范中的计算规则基本计算方法也是一致的。

［**答案**］DE

知识点 6 平法标准图集的基本概念及简介

一、平法施工图的基本概念

（1）改变了传统的将构件从结构平面布置图中索引出来，在逐个绘制配筋详图、画出配筋表的做法。

（2）实施平法的优点主要表现在：①减少图纸数量。②实现平面表示，整体标注。

二、平法标准图集的简介

（1）平法标准图集内容包括两个主要部分：一是平法制图规则，二是标准构造详图。

（2）适用于抗震设防烈度为 6～9 度地区的现浇混凝土结构施工图的设计，不适用于非抗震结构和砌体结构。

➤ **考分统计**：属于 2017 年新加知识点，2017 年考核一道单选题。考核频次为 10%。

典型例题

［**2017 真题·单选**］《国家建筑标准设计图集》（16G101）混凝土结构施工平面图平面整体表示方法，其优点在于（　　）。

A. 适用于所有地区现浇混凝土结构施工图设计

B. 用图集表示了大量的标准构造详图

C. 适当增加图纸数量、表达更为详细

D. 识图简单一目了然

［**解析**］按平法设计的结构施工图就可以简化为两部分，一是各类结构构件的平法施工图，另一部分就是图集中的标准构造详图。所以，大大减少了图纸数量。识图时，施工图纸要结合平法标准图集进行。平法标准图集适用于抗震设防烈度为 6～9 度地区的现浇混凝土结构施工图的设计，不适用于非抗震结构和砌体结构。

［**答案**］B

知识点 7 主要构件的平法注写方式（柱、梁、板、独立基础、剪力墙、楼梯）

一、柱平法施工图的注写方式

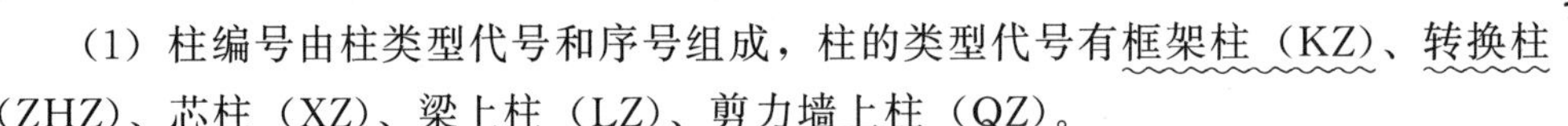

（1）柱编号由柱类型代号和序号组成，柱的类型代号有框架柱（KZ）、转换柱（ZHZ）、芯柱（XZ）、梁上柱（LZ）、剪力墙上柱（QZ）。

（2）柱平法施工图有列表注写方式、截面注写方式。某 KZ1 列表注写方式见表 5-1-3。某 KZ1 截面注写方式见图 5-1-4。

表 5-1-3　某 KZ1 列表注写方式

柱号	标高	$b \times h$	b_1	b_2	h_1	h_2	全部纵筋	角筋	b 边一侧中部筋	h 边一侧中部筋	箍筋类型号	箍筋
KZ1	−0.030～19.470	750×700	375	375	150	550	24Φ25	—	—	—	1（5×4）	ϕ10@100/200
	19.470～37.470	650×600	325	325	150	450	—	4Φ22	5Φ22	4Φ20	1（4×4）	ϕ10@100/200
	37.470～59.070	550×500	275	275	150	350	—	4Φ22	5Φ22	4Φ20	1（4×4）	ϕ8@100/200

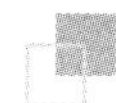

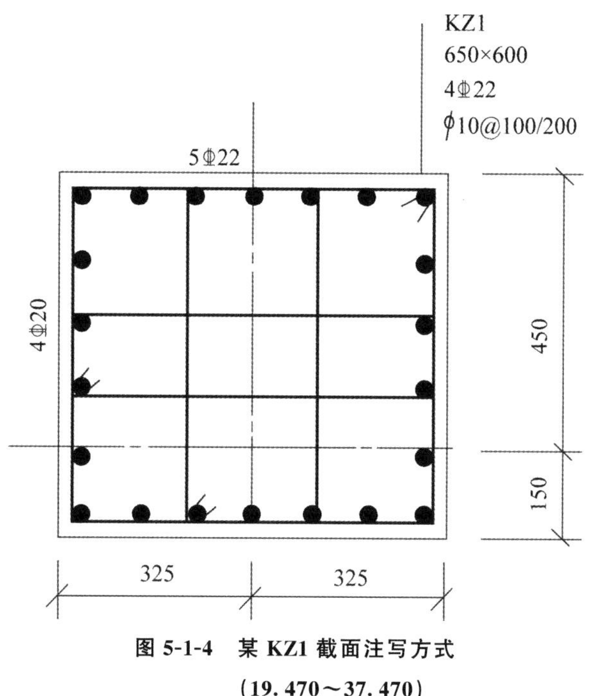

图 5-1-4　某 KZ1 截面注写方式

(19.470～37.470)

二、梁平法施工图的注写方式

梁平法施工图的注写方式见图 5-1-5。

平面注写方式
- 集中标注（表达梁的通用数值）
- 原位标注（表达梁的特殊数值）

截面注写方式

图 5-1-5　梁平法施工图的注写方式

当集中标注中的某项数值不适用于梁的某部位时，则将该项数值原位标注，施工时，原位标注优先于集中标注。

(一) 集中标注

集中标注的内容包括梁编号、梁截面尺寸，箍筋的钢筋级别、直径、加密区及非加密区、肢数，梁上下通长筋和架立筋，梁侧面纵筋（包括构造腰筋及抗扭腰筋），梁顶面标高高差。

1. 梁编号

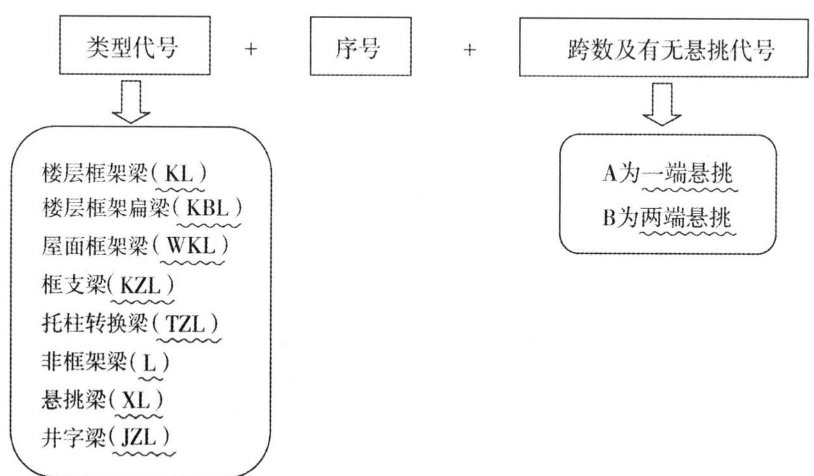

［例题］KL7（5A）表示7号楼层框架梁，5跨，一端悬挑。

2. 梁截面尺寸

梁截面尺寸见表5-1-4。

表5-1-4　梁截面尺寸

梁截面形式	尺寸表示
等截面梁	用 $b \times h$ 表示
竖向加腋梁（见图5-1-6）	用 $b \times h$、Y$c_1 \times c_2$ 表示，其中 c_1 为腋长、c_2 为腋高
水平加腋梁（见图5-1-7）	用 $b \times h$、PY$c_1 \times c_2$ 表示，其中 c_1 为腋长、c_2 为腋宽
悬挑梁不等高截面梁（见图5-1-8）	用斜线分隔根部与端部的高度值，即为 $b \times h_1/h_2$

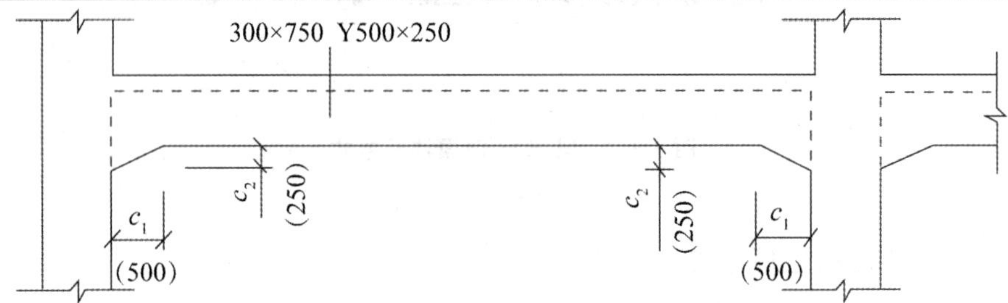

图5-1-6　竖向加腋梁

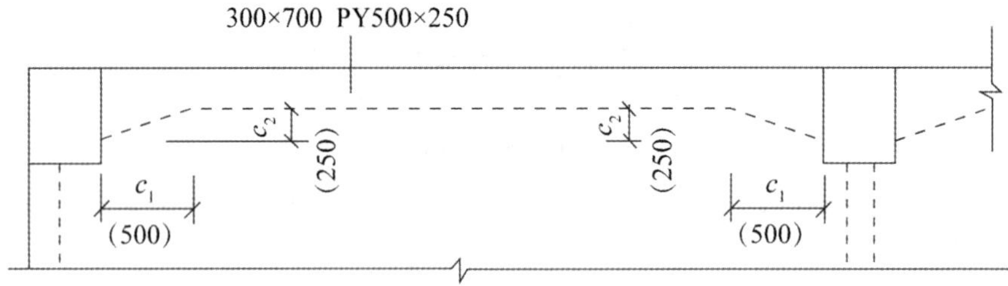

图5-1-7　水平加腋梁

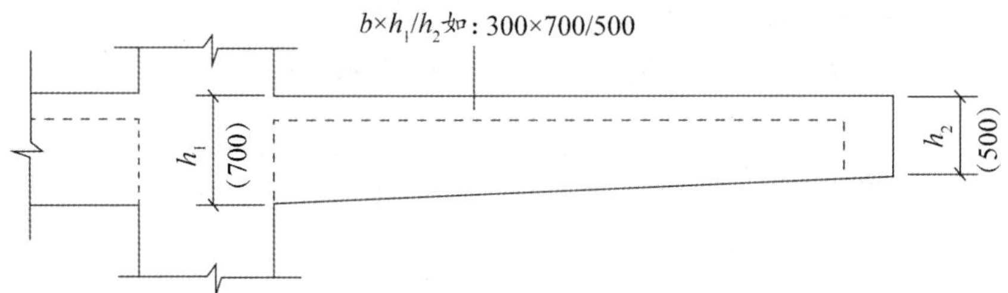

图5-1-8　悬挑梁不等高截面梁

3. 梁箍筋

（1）包括钢筋级别、直径、加密区与非加密区间距及肢数，该项为必注值。

（2）箍筋加密区与非加密区的不同间距及肢数需用斜线"/"分隔。

（3）当加密区与非加密区的箍筋肢数相同时，则将肢数注写一次；箍筋肢数应写在括号内。

［例题］ϕ8@100（4）/150（2），表示箍筋为HPB300钢筋，直径为8mm，加密区间距为100mm，四肢箍；非加密区间距为150mm，两肢箍。

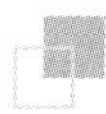

4. 梁上部通长筋或架立筋

（1）通长筋可为相同或不同直径采用搭接连接、机械连接或焊接的钢筋，该项为必注值。

（2）当同排纵筋中既有通长筋又有架立筋时，应用加号“＋”将通长筋和架立筋相连。注写时须将角部纵筋写在加号的前面，架立筋写在加号后面的括号内。

（3）当梁的上部纵筋和下部纵筋为全跨相同，且多数跨配筋相同时，此项可加注下部纵筋的配筋值，用分号“;”将上部与下部纵筋的配筋值分隔开来，少数跨不同者，按原位标注处理。

［例题］“2Φ22＋（4ϕ12）”，用于六肢箍表示2Φ22为通长钢筋，4ϕ12为架立筋；“3Φ22；3Φ22”表示梁的上部配置3Φ22的通长钢筋，梁的下部配置3Φ22的通长钢筋。

5. 梁侧面纵向构造钢筋或受扭钢筋

该项为必注值。

（1）当梁腹板高度$h_w \geq 450$mm时，需配置纵向构造钢筋，以大写字母G打头，接续注写配置在梁两个侧面的总配筋值，且对称配置。

［例题］G4ϕ12表示梁的两个侧面配置4ϕ12的纵向构造钢筋，每侧面各配置2ϕ12。

（2）配置受扭纵向钢筋时，以大写字母N打头，接续注写配置在梁两个侧面的总配筋值，且对称配置。

［例题］N6Φ22表示梁的两个侧面配置6Φ22的受扭纵向钢筋，每侧面各配置3Φ22。

6. 梁顶面标高高差

该项为选注值。

梁顶面标高高差，系指相对于结构层楼面标高的高差值，对于位于结构夹层的梁，则指相对于结构夹层楼面标高有高差，有高差时须将其写入括号内，无高差时不注。

（二）原位标注

原位标注内容包括梁支座上部纵筋（该部位含通长筋在内所有纵筋）、梁下部纵筋、附加箍筋或吊筋、集中标注不适合于某跨时标注的数值。

（1）梁支座上部纵筋。

1）含通长筋在内的所有纵筋，当上部纵筋多于一排时，用斜线“/”将各排纵筋自上而下分开。

［例题］梁支座上部纵筋注写为6Φ25 4/2表示上一排纵筋为4Φ25，下一排纵筋为2Φ25。

2）当同排纵筋有两种直径时，用加号“＋”将两种直径的纵筋相连，注写时将角部纵筋写在前面。

［例题］梁支座上部有四根纵筋，2Φ25放在角部，2Φ22放在中部，在梁支座上部应注写为2Φ25＋2Φ22。

3）当梁中间支座两边的上部纵筋不同时，需在支座两边分别标注；当梁中间支座两边的上部纵筋相同时，可仅在支座的一边标注配筋值，另一边省去不注。

（2）梁下部纵筋。

1）当下部纵筋多于一排时，用斜线“/”将各排纵筋自上而下分开。

2）当同排纵筋有两种直径时，用加号“＋”将两种直径的纵筋相连，注写时角筋写在前面。

3）当梁下部纵筋不全部伸入支座时，将梁支座下部纵筋减少的数量写在括号内，用“—”表示。

［例题］梁下部纵筋注写为 2⏀25＋3⏀22（－3）/5⏀25 表示上排纵筋为 2⏀25 和 3⏀22，其中 3⏀22 的不伸入支座，下排纵筋为 5⏀25，全部伸入支座。

（3）当在梁上集中标注的内容不适用于某跨或某悬挑部分时，则将其不同数值原位标注在该跨或该悬挑部位，施工时应按原位标注数值取用。

（4）附加箍筋或吊筋，将其直接画在平面图中的主梁上，用线引注总配筋值（附加箍筋肢数注在括号内）。当多数附加箍筋或吊筋相同时，可在梁平法施工图上统一注明，少数与统一注明不同时，在原位引注。

三、有梁楼盖板平法施工图的注写方式

板平面注写主要包括板块集中标注和板支座原位标注两种方式。为方便设计表达和施工识图，规定结构平面的坐标方向为：当两向轴网正交布置时，图面从左至右为 X 向，从下至上为 Y 向；当轴网向心布置时，切向为 X 向，径向为 Y 向。

（1）板块集中标注：板类型及代号为楼面板（LB）、屋面板（WB）、悬挑板（XB）。贯通钢筋按板块的下部和上部分部注写，B 代表下部，T 代表上部。

［例题］“LB5 h＝110　B：X⏀12@120；Y⏀10@100”表示 5 号楼面板、板厚 110mm、板下部 X 向贯通纵筋⏀12@120、板下部 Y 向贯通纵筋⏀10@100、板上部未配置贯通纵筋。

［例题］“LB5 h＝110　B：X⏀10/12@100；Y⏀10@110”表示 5 号楼面板、板厚 110mm，板下部配置的贯通纵筋 X 向为⏀10 和⏀12 隔一布一、间距 100mm，Y 向贯通纵筋⏀10@110。

［例题］“XB2 h＝150/100　B：Xc&Yc⏀8@200”表示 2 号悬挑板、板根部厚 150mm、端部厚 100mm、板下部配置构造钢筋双向均为⏀8@200、上部受力钢筋见板支座原位标注。

（2）板支座原位标注的内容为板支座上部非贯通纵筋和悬挑板上部受力钢筋。板支座上部非贯通筋自支座中线向跨内的伸入长度，注写在线段的下方位置。有梁楼盖板平法标注示例图见图 5-1-9。

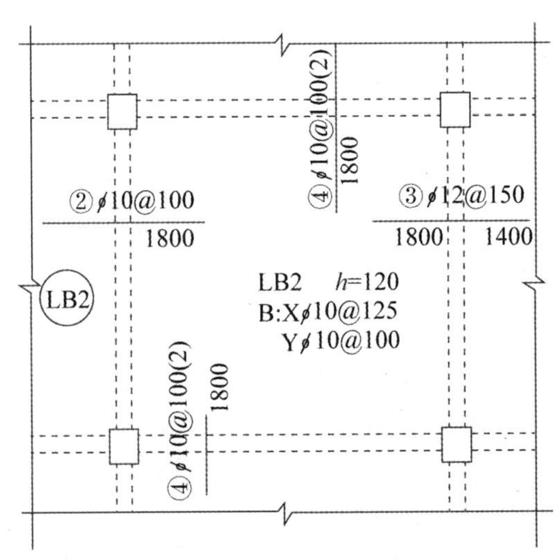

图 5-1-9　有梁楼盖板平法标注示例图

四、独立基础平法施工图的注写方式

独立基础平法施工图有平面注写与截面注写两种表达方式。普通独立基础的平面注写方式可分为集中标注和原位标注。普通独立基础平面注写方式见图 5-1-10。

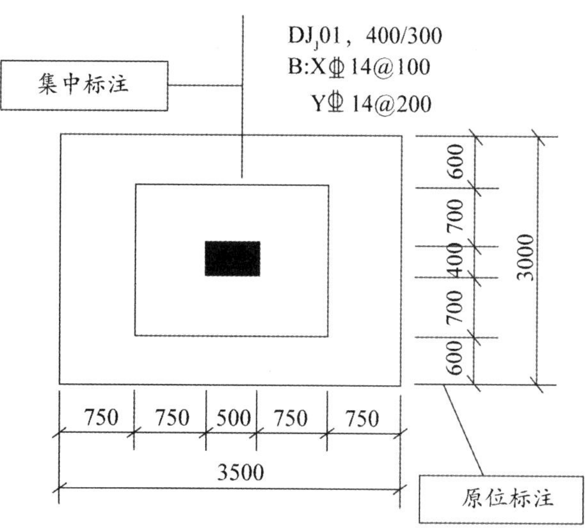

图 5-1-10　普通独立基础平面注写方式

(一) 集中标注

包括基础形式和编号、截面竖向尺寸、配筋三项必注内容，以及基础底面标高（与基础底面基准标高不同时）和必要的文字注解两项选注内容。

1. 基础形式和编号

独立基础的编号见表 5-1-5。阶形截面编号加下标 J，坡形截面编号加下标 P。

表 5-1-5　独立基础的编号

类型	基础底板截面形状	代号	序号
普通独立基础	阶段	DJ_J	××
	坡形	DJ_P	××
杯口独立基础	阶形	BJ_J	××
	坡形	BJ_P	××

2. 截面竖向尺寸

注写为 $h_1/h_2/\cdots$，要求由下往上表示每个台阶的高度，见图 5-1-11。

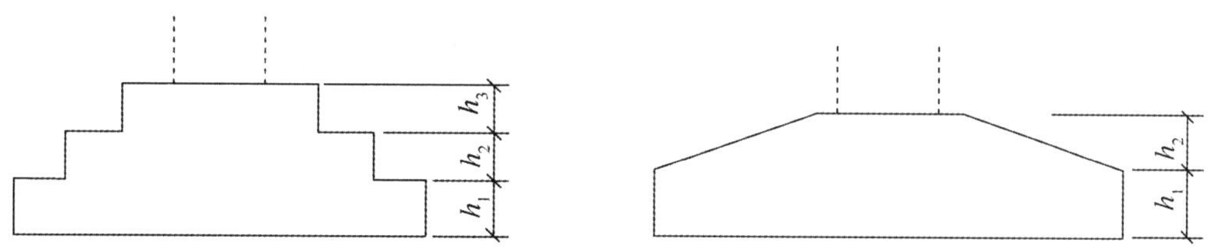

图 5-1-11　普通独立基础竖向尺寸

3. 配筋

(1) 基础底板底部配筋以 B 表示，以 X 和 Y 表示配筋方向，当两向配筋相同时，则用 X&Y 表示。

[例题] B：XΦ16@150，YΦ16@200，

表示基础底板底部配置 HRB400 级钢筋，X 向钢筋直径为 16mm，间距 150mm，Y 向钢筋直径为 16mm，间距 200mm。

(2) 基础底板顶部配筋以 T 表示，T 后先注写受力筋，再注写分布筋，并用 "/" 分开。

［例题］T：7Φ18@100/Φ10@200，

1）“/”前7Φ18@100表示配置平行于两柱轴心连线的受力筋7根（压轴线一根，两边按间距100mm各布三根），HRB400级钢筋，直径为18mm。

2）“/”后Φ10@200表示沿底板顶部受力筋下垂直布置分布筋，HRB400级钢筋，直径为10mm，每隔200mm布置一根。

（二）原位标注

主要标注独立基础的平面尺寸。对相同编号的基础，可选择一个进行原位标注；当平面图形较小时，可将所选定进行原位标注的基础按比例适当放大；其他相同编号者仅注编号。

五、剪力墙平法施工图的注写方式

剪力墙不是一个独立的构件，而是由墙身、墙梁和墙柱共同组成的。剪力墙构件的平面表达方式有列表注写和截面注写两种。

（一）剪力墙构件列表注写方式

各构件的编号由代号和序号组成。

（1）墙柱编号由墙柱类型代号和序号组成，其墙柱的类型有约束边缘构件（YBZ）、构造边缘构件（GBZ）、非边缘暗柱（AZ）和扶壁柱（FBZ）。

（2）墙身编号由墙身代号、序号以及墙身所配置的水平与竖向分布钢筋的排数组成，其中钢筋的排数注写在括号内，表达形式为Q××（×排）。

（3）墙梁编号由墙梁类型代号和序号组成，墙梁类型有连梁（LL）、暗梁（AL）和边框梁（BKL）三类。

（二）剪力墙构件截面注写方式

截面注写方式是在分标准层绘制的剪力墙平面布置图上，以直接在墙柱、墙身、墙梁上注写截面尺寸和配筋具体数值的方式来表达剪力墙平法施工图。

（三）剪力墙洞口表示方法

（1）洞口编号：矩形洞口为宽×高JD××（××为序号），圆形洞口为YD××（××为序号）。

（2）洞口尺寸：矩形洞口为宽×高（$b\times h$）（mm）表示，圆形洞口为洞口直径D。

（3）洞口中心相对标高（m）为相对于结构层楼（地）面标高的洞口中心高度。当其高于结构层楼面时为正值，低于结构层楼面为负值。

（4）洞口每边补强钢筋，分以下几种不同情况：

1）当矩形洞口的洞宽、洞高均不大于800mm时，注写洞口每边补强钢筋的具体数值。当洞宽、洞高方向补强钢筋不一致时，分别注写洞宽方向、洞高方向补强钢筋，以“/”分隔。

［例题］JD4 800×300　+3.100 3Φ18/3Φ14，

表示4号矩形洞口，洞宽800mm、洞高300mm，洞口中心距本结构层楼面3100mm，洞宽方向补强钢筋为3Φ18，洞高方向补强钢筋3Φ14。

2）当矩形或圆形洞口的洞宽或直径大于800mm时，在洞口的上、下边需设置补强暗梁，此项注写为洞口上、下每边暗梁的纵筋与箍筋的具体数值，圆形洞口时尚需注明环向钢筋的具体数值。

［例题］YD5 1000　+1.800 6Φ20 ϕ8@150 2Φ16，

表示5号圆形洞口，直径1000mm，洞口中心距本结构层楼面1800mm，洞口上下设补强暗梁，每边暗梁纵筋为6Φ20，箍筋为ϕ8@150，环向加强钢筋2Φ16。

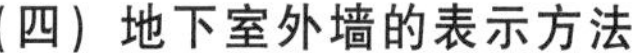

（四）地下室外墙的表示方法

（1）地下室外墙编号由墙身代号、序号组成，表达为 DWQ××（××为序号）。

（2）地下室外墙的集中标注，规定如下：①注写地下室外墙编号，包括代号、序号、墙身长度（注为××～××轴）；②注写地下室外墙厚度 b_w＝×××；③注写地下室外墙外侧贯通筋（OS）、内侧贯通筋（IS）和拉筋（tb）。

（3）地下室外墙的原位标注，主要表示在外墙外侧配置的水平非贯通筋或竖向非贯通筋。

六、现浇混凝土板式楼梯平法施工图的注写方式

（一）平面注写方式

平面注写方式，系在楼梯平面布置图上注写截面尺寸和配筋具体数值的方式来表达楼梯施工图。包括集中标注和外围标注。

（1）楼梯集中标注的内容有五项，具体规定如下：

1）梯板类型代号与序号，如 AT××。

2）梯板厚度，注写为 h＝×××。当为带平板的梯板且梯段板厚度和平板厚度不同时，可在梯段板厚度后面括号内以字母 P 打头注写平板厚度。

［例题］h＝130（P150），130 表示梯段板厚度，150 表示梯板平板段的厚度。

3）踏步段总高度和踏步级数，之间以“/”分隔。

4）梯板支座上部纵筋、下部纵筋，之间以“;”分隔。

5）梯板分布筋，以 F 打头注写分布钢筋具体值，该项也可在图中统一说明。

［例题］AT 1，h＝120 表示梯板类型及编号，梯板板厚；1800/12 表示踏步段总高度/踏步级数；Φ10@200；Φ12@150 表示上部纵筋，下部纵筋；即 Fφ8@250 表示梯板分布筋。

（2）楼板外围标注的内容，包括楼梯间的平面尺寸、楼层结构标高、层间结构标高、楼梯的上下方向、梯板的平面几何尺寸、平台板配筋、梯梁及梯柱配筋等。

（二）剖面注写方式

（1）剖面注写方式需在楼梯平法施工图中绘制楼梯平面布置图和楼梯剖面图，注写方式分平面注写、剖面注写两部分。

（2）楼梯平面布置图注写内容，包括楼梯间的平面尺寸、楼层结构标高、层间结构标高、楼梯的上下方向、梯板的平面几何尺寸、梯板类型及编号、平台板配筋、梯梁及梯柱配筋等。

（3）楼梯剖面图注写内容，包括梯板集中标注、梯梁梯柱编号、梯板水平及竖向尺寸、楼层结构标高、层间结构标高等。

（4）梯板集中标注的内容有四项，具体规定如下：

1）梯板类型及编号，如 AT××。

2）梯板厚度，注写为 h＝×××。

3）梯板配筋。

4）梯板分布筋。

（三）列表注写方式

列表注写方式，是用列表方式注写梯板截面尺寸和配筋具体数值的方式来表达楼梯施工图。

➤ **考分统计**：一至三点内容属于 2017 年新增知识点，四至六点内容属于 2019 年新增知识点。统计近 5 年该知识点的考核情况，在 2017、2018、2019、2020、2021 年进行了考核。考核频次为 100%。其中 2017 年考核三道单选题、一道多选题，2018 年考核一道单选题，2019 年考核一道单选题，2020 考核一道单选题，2021 年考核一道单选题。

典型例题

［**2021 真题·单选**］关于剪力墙平法施工图中“YD5 1000 ＋1.800 6⏀20，ϕ8@150，2⏀16”，下列说法正确的是（　　）。

A. YD5 1000 表示 5 号圆形洞口，半径 1000

B. ＋1.800 表示洞口中心距上层结构层下表面距离 1800mm

C. ϕ8@150 表示加强暗梁的箍筋

D. 6⏀20 表示洞口环形加强钢筋

［解析］“YD5 1000＋1.800 6⏀20，ϕ8@150，2⏀16”表示 5 号圆形洞口，直径 1000mm，洞口中心距本结构层楼面 1800mm，洞口上下设补强暗梁，每边暗梁纵筋为 6⏀20，箍筋为 ϕ8@150，环向加强钢筋 2⏀16。

［答案］C

［**2019 真题·单选**］对独立柱基础底板配筋平法标注图中的“T：7⏀18@100/⏀10@200”，理解正确的是（　　）。

A. “T”表示底板底部配筋

B. “7⏀18@100”表示 7 根 HRB335 级钢筋，间距 100mm

C. “⏀10@200”表示直径为 10mm 的 HRB335 级钢筋，间距 200mm

D. “7⏀18@100”表示 7 根受力筋的配置情况

［解析］基础底板顶部配筋以 T 表示，T 后先注写受力筋，再注写分布筋，并用“/”分开：①“/”前 7⏀18@100 表示配置平行于两柱轴心连线的受力筋 7 根（压轴线 1 根，两边按间距 100mm 各布 3 根），HRB400 级钢筋，直径为 18mm；②“/”后⏀10@200 表示沿底板顶部受力筋下垂直布置分布筋，HRB400 级钢筋，直径为 10mm，每隔 200mm 布置 1 根。

［答案］D

［**2018 真题·单选**］在我国现行的 16G101 系列平法标准图集中，楼层框架梁的标注代号为（　　）。

A. WKL　　B. KL　　C. KBL　　D. KZL

［解析］梁编号由梁类型代号、序号、跨数及有无悬挑代号组成。梁的类型代号有楼层框架梁（KL）、楼层框架扁梁（KBL）、屋面框架梁（WKL）、框支梁（KZL）、托柱转换梁（TZL）、非框架梁（L）、悬挑梁（XL）、井字梁（JZL），A 为一端悬挑，B 为两端悬挑，悬挑不计跨数。

［答案］B

［**2017 真题·单选**］在《国家建筑标准设计图集》（16G101）梁平法施工中，KL9（6A）表示的含义是（　　）。

A. 9 跨屋面框架梁，间距为 6m，等截面梁　　B. 9 跨框支梁，间距为 6m，主梁

C. 9 号楼层框架梁，6 跨，一端悬挑　　D. 9 号框架梁，6 跨，两端悬挑

［解析］A 为一端悬挑，B 为两端悬挑，悬挑不计跨数。

［答案］C

知识点 8　工程量计算的方法

一、工程量计算顺序

为了避免漏算或重算，提高计算的准确程度，工程量的计算应按照一定的顺序进行。一般有以下几种顺序：

（一）单位工程计算顺序

（1）按图纸顺序计算：根据图纸排列的先后顺序，由建筑施工图到结构施工图；每个专业图纸由前向后，按"先平面→再立面→再剖面；先基本图→再详图"的顺序计算。

（2）按消耗量定额的分部分项顺序计算。

（3）按工程量计算规范顺序计算。

（4）按施工顺序计算。

（二）单个分部分项工程计算顺序

（1）按照顺时针方向计算法。

（2）按"先横后竖、先上后下、先左后右"计算法。

（3）按图纸分项编号顺序计算法。

（4）按照图纸上定位轴线编号计算。

二、用统筹法计算工程量

（一）统筹法计算工程量的基本要点

（1）统筹程序，合理安排。

（2）利用基数，连续计算。

常用的基数为"三线一面"，"三线"是指建筑物的外墙中心线、外墙外边线和内墙净长线；"一面"是指建筑物的底层建筑面积。

（3）一次算出，多次使用。

（4）结合实际，灵活机动。

一般常采用的方法如下：①分段计算法；②分层计算法；③补加计算法；④补减计算法。

（二）统筹图

统筹图以"三线一面"作为基数，连续计算与之有共性关系的分部分项工程量，而与基数共性关系的分部分项工程量则用"册"或图示尺寸进行计算。

（1）统筹图的主要内容。统筹图主要由计算工程量的主次程序线、基数、分部分项工程量计算式及计算单位组成。

（2）计算程序的统筹安排。统筹图的计算程序安排是根据下述原则考虑的，即：①共性合在一起，个性分别处理；②先主后次，统筹安排；③独立项目单独处理。

（3）统筹法计算工程量的步骤。用统筹法计算工程量大体可分为五个步骤：熟悉图纸→基数计算→计算分项工程量→计算其他项目→整理与汇总。

三、工程量计算中信息技术的应用

（1）BIM是以建筑工程项目的各项相关信息数据为基础，建立的数字化建筑模型。具有可视化、协调性、模拟性、优化性和可出图形五大特点，给工程建设信息化带来重大变革。

（2）可以实现施工过程中的可视化、可控化工程造价的动态管理，集三维设计、动态可视施工、动态造价管理五维的5D技术。

（3）云计量：可以通过协作来高速完成复杂工程的精细计量。

➤ **考分统计**：统计近10年该知识点的考核情况，在2012、2018、2021年进行了考核。考核频次为30%。其中2012年考核一道单选题，2018年考核一道单选题，2021年考核一道单选题。

典型例题

［**2018 真题·单选**］BIM 技术对工程造价管理的主要作用在于（　　）。

A. 工程量清单项目划分更合理　　B. 工程量计算更准确、高效

C. 综合单价构成更合理　　D. 措施项目计算更可行

［**解析**］BIM 技术将改变工程量计算方法，将工程量计算规则、消耗量指标与 BIM 技术相结合，实现由设计信息到工程造价信息的自动转换，使得工程量计算更加快捷、准确和高效。

［**答案**］B

［**2011 真题·单选**］统筹法计算工程量常用的“三线一面”中的“一面”是指（　　）。

A. 建筑物标准层建筑面积　　B. 建筑物地下室建筑面积

C. 建筑物底层建筑面积　　D. 建筑物转换层建筑面积

［**解析**］常用的基数为“三线一面”，“三线”是指建筑物的外墙中心线、外墙外边线和内墙净长线；“一面”是指建筑物的底层建筑面积。

［**答案**］C

第二节　建筑面积计算规则

知识点 1　建筑面积的概念

建筑面积主要是指墙体围合的楼地面面积（包括墙体的面积），以外墙结构外围水平面积计算。建筑面积见图 5-2-1。

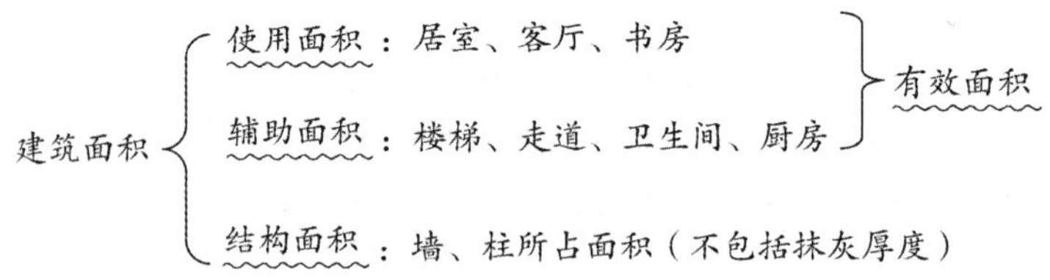

图 5-2-1　建筑面积

➤ **考分统计**：统计近 10 年该知识点的考核情况，在 2012、2021 年进行了考核。考核频次为 20%。其中 2012 年考核一道单选题，2021 年考核一道单选题。

典型例题

［**2021 真题·单选**］关于建筑面积，下列说法正确的是（　　）。

A. 住宅建筑有效面积为使用面积和辅助面积之和

B. 住宅建筑的使用面积包含卫生间面积

C. 建筑面积为有效面积、辅助面积、结构面积之和

D. 结构面积包含抹灰厚度所占面积

［**解析**］建筑面积可以分为使用面积、辅助面积和结构面积。使用面积是指建筑物各层平面布置中，可直接为生产或生活使用的净面积总和，例如住宅建筑中的居室、客厅、书房等。辅助面积是指建筑物各层平面布置中为辅助生产或生活所占净面积的总和，例如住宅建筑的楼梯、走道、卫生间、厨房等。使用面积与辅助面积的总和称为“有效面积”。结构面积是指建筑物各层平面布置中的墙体、柱等结构所占面积的总和（不包括抹灰厚度所占面积）。

［**答案**］A

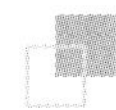

知识点 2 建筑面积的作用

（1）确定建设规模的重要指标。

建筑面积的多少可以用来控制建设规模，如根据项目立项批准文件所核准的建筑面积，来控制施工图设计的规模。建设面积的多少也可以用来衡量一定时期国家或企业工程建设的发展状况和完成生产情况等。

（2）确定各项技术经济指标的基础。各项指标的计算见下式。

单位面积工程造价＝工程造价/建筑面积

单位建筑面积的材料消耗指标＝工程材料耗用量/建筑面积

单位建筑面积的人工用量＝工程人工工日耗用量/建筑面积

（3）评价设计方案的依据。

（4）计算有关分项工程量的依据和基础。

知识点 3 建筑面积的计算规则与方法

（1）建筑面积计算的一般原则是：凡在结构上、使用上形成具有一定使用功能的建筑物和构筑物，并能单独计算出其水平面积的，应计算建筑面积；反之，不应计算建筑面积。

（2）取定建筑面积的顺序：围护结构→底板→顶盖。建筑面积计算规则见表 5-2-1。

表 5-2-1 建筑面积计算规则

类型	计算规则
有围护结构的	按围护结构计算面积
无围护结构、有底板的	按底板计算面积（如室外走廊、架空走廊）
底板不利于计算的	取顶盖（如车棚、货棚等）

知识点 4 应计算建筑面积的范围及规则

（1）建筑物的建筑面积应按自然层外墙结构外围水平面积之和计算。结构层高在 2.20m 及以上的，应计算全面积；结构层高在 2.20m 以下的，应计算 1/2 面积，见图 5-2-2。

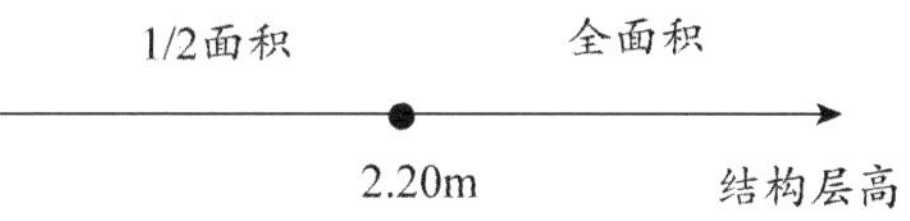

图 5-2-2 建筑物的建筑面积

注：结构层高是指楼面或地面结构层上表面至上部结构层上表面之间的垂直距离。

1）所谓围护结构是指围合建筑空间的墙体、门、窗。计算建筑面积时不考虑勒脚。

2）当外墙结构本身在一个层高范围内不等厚时（不包括勒脚，外墙结构在该层高范围内材质不变），以楼地面结构标高处的外围水平面积计算，见图 5-2-3。

3）当围护结构下部为砌体，上部为彩钢板围护的建筑物（见图 5-2-4），其建筑面积的计算：当 $h<0.45\text{m}$ 时，建筑面积按彩钢板外围水平面积计算；当 $h\geq 0.45\text{m}$ 时，建筑面积按下部砌体外围水平面积计算。（谁占主导听谁的）

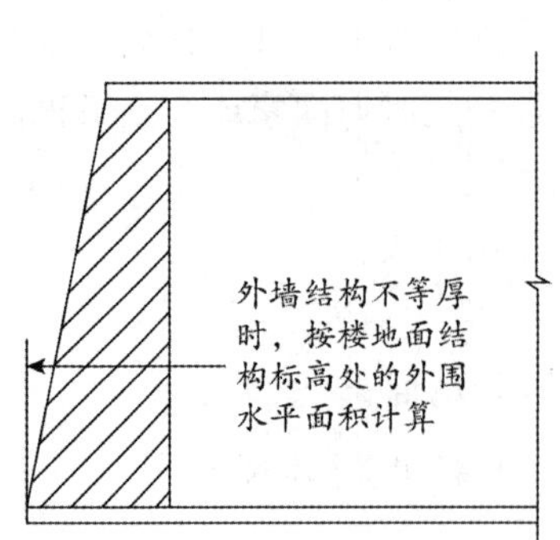

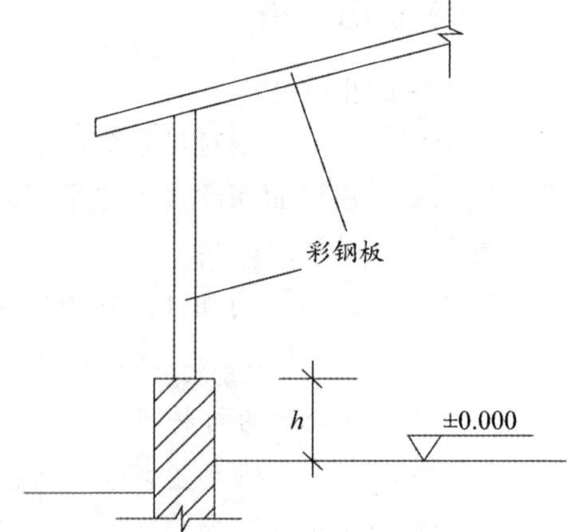

图 5-2-3　外墙结构不等厚建筑面积计算示意图　图 5-2-4　下部为砌体，上部为彩钢板围护的建筑物示意图

典型例题

[**2020 真题·单选**] 根据《建筑工程建筑面积计算规范》（GB/T 50353—2013），建筑面积有围护结构的以围护结构外围计算，其围护结构包括围合建筑空间的（　　）。

A. 栏杆　　B. 栏板　　C. 门窗　　D. 勒脚

[**解析**] 有围护结构的以围护结构外围计算。所谓围护结构是指围合建筑空间的墙体、门、窗。

[**答案**] C

[**2015 真题·单选**] 根据《建筑工程建筑面积计算规范》（GB/T 50353—2013）规定，建筑物的建筑面积应按自然层外墙结构外围水平面积之和计算。以下说法正确的是（　　）。

A. 建筑物高度为 2.00m 部分应计算全面积　　B. 建筑物高度为 1.80m 部分不计算面积

C. 建筑物高度为 1.20m 部分不计算面积　　D. 建筑物高度为 2.10m 部分应计算 1/2 面积

[**解析**] 建筑物的建筑面积应按自然层外墙结构外围水平面积之和计算。结构层高在 2.20m 及以上的，应计算全面积，结构层高在 2.20m 以下的，应计算 1/2 面积。

[**答案**] D

（2）建筑物内设有局部楼层时，对于局部楼层的二层及以上楼层，有围护结构的应按其围护结构外围水平面积计算，无围护结构的应按其结构底板水平面积计算，且结构层高在 2.20m 及以上的，应计算全面积，结构层高在 2.20m 以下的，应计算 1/2 面积。建筑物内的局部楼层见图 5-2-5。

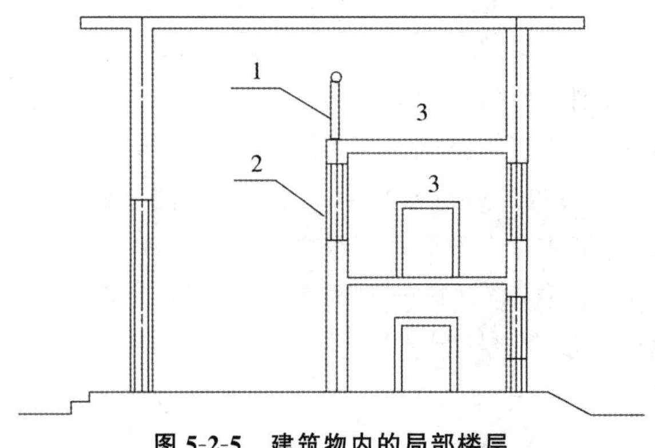

图 5-2-5　建筑物内的局部楼层

1—围护设施；2—围护结构；3—局部楼层

典型例题

[**2015 真题·单选**]《建筑工程建筑面积计算规范》(GB/T 50353—2013) 规定，建筑物内设有局部楼层，局部二层层高 2.15m，其建筑面积计算正确的是（　　）。

A. 无围护结构的不计算面积

B. 无围护结构的按其结构底板水平面积计算

C. 有围护结构的按其结构底板水平面积计算

D. 无围护结构的按其结构底板水平面积的 1/2 计算

[**解析**] 建筑物内设有局部楼层时，对于局部楼层的二层及以上楼层，有围护结构的应按其围护结构外围水平面积计算，无围护结构的应按其结构底板水平面积计算，且结构层高在 2.20m 及以上的，应计算全面积，结构层高在 2.20m 以下的，应计算 1/2 面积。

[**答案**] D

[**例题·案例**] 某建筑物内设有局部楼层，见图 5-2-6。若局部楼层结构层高均超过 2.20m，请计算其建筑面积。

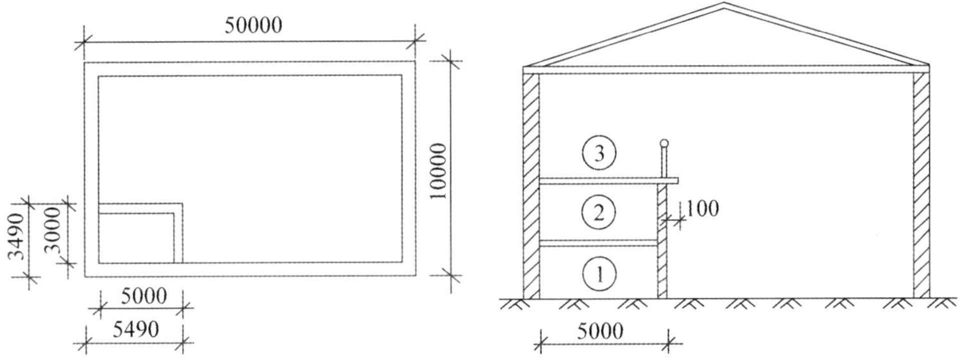

图 5-2-6　某建筑物内设有局部楼层示例

[**答案**]

该建筑的建筑面积为：

首层建筑面积＝50×10＝500（m^2）；

局部二层建筑面积（按围护结构计算）＝5.49×3.49＝19.16（m^2）；

局部三层建筑面积（按底板计算）＝（5＋0.1）×（3＋0.1）＝15.81（m^2）。

（3）形成建筑空间的坡屋顶，结构净高在 2.10m 及以上的部位应计算全面积；结构净高在 1.20m 及以上至 2.10m 以下的部位应计算 1/2 面积；结构净高在 1.20m 以下的部位不应计算建筑面积，见图 5-2-7。

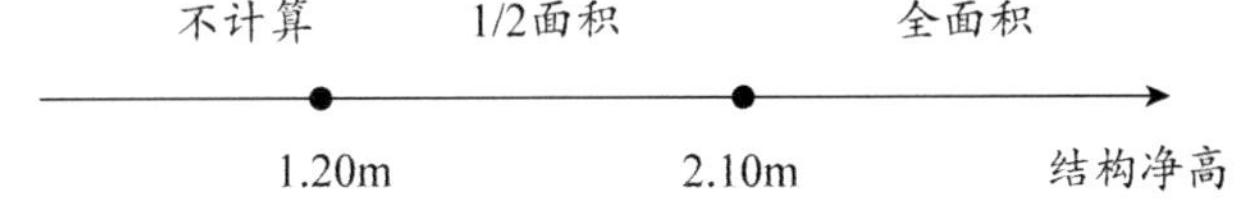

图 5-2-7　建筑物的建筑面积

注： 结构净高是指楼面或地面结构层上表面至上部结构层下表面之间的垂直距离。

典型例题

［**2017 真题·单选**］根据《建筑工程建筑面积计算规范》（GB/T 50353—2013），形成建筑空间，结构净高 2.18m 部位的坡屋顶，其建筑面积（　　）。

A. 不予计算

B. 按 1/2 面积计算

C. 按全面积计算

D. 视使用性质确定

［**解析**］形成建筑空间的坡屋顶，结构净高在 2.10m 及以上的部位应计算全面积；结构净高在 1.20m 及以上至 2.10m 以下的部位应计算 1/2 面积；结构净高在 1.20m 以下的部位不应计算建筑面积。

［**答案**］C

［**例题·案例**］计算图 5-2-8 中坡屋顶下建筑空间建筑面积。

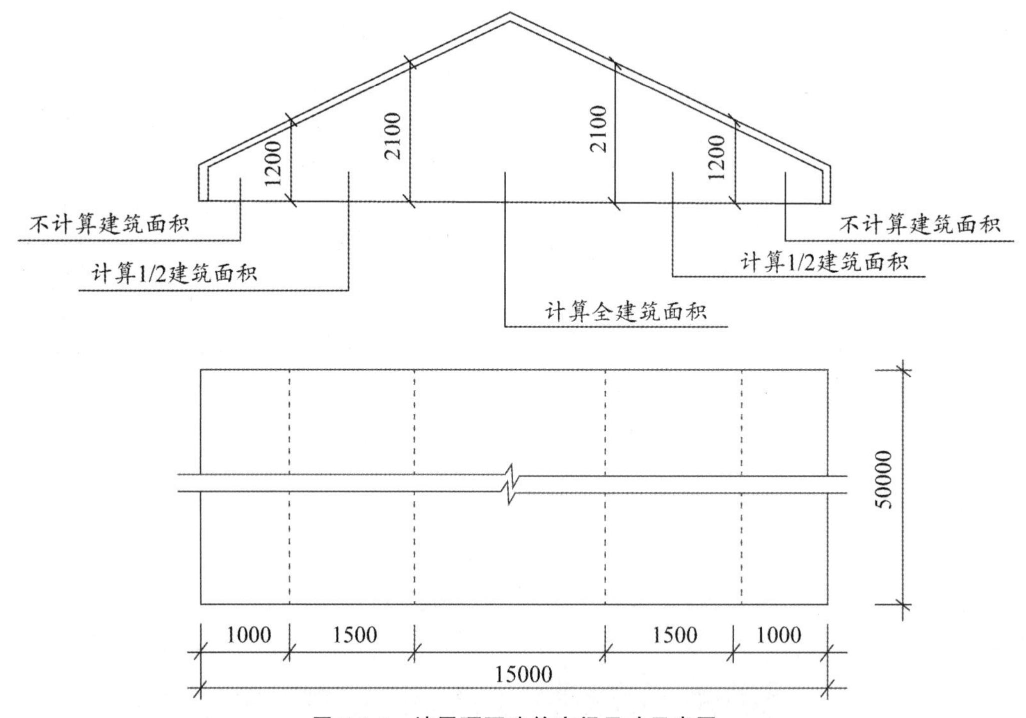

图 5-2-8　坡屋顶下建筑空间尺寸示意图

［**答案**］全面积部分：50×（15－1.5×2－1.0×2）＝500（m^2）；

1/2 面积部分：50×1.5×2×1/2＝75（m^2）；

合计建筑面积：500＋75＝575（m^2）。

（4）场馆看台下的建筑空间，结构净高在 2.10m 及以上的部位应计算全面积；结构净高在 1.20m 及以上至 2.10m 以下的部位应计算 1/2 面积；结构净高在 1.20m 以下的部位不应计算建筑面积。室内单独设置的有围护设施的悬挑看台，应按看台结构底板水平投影面积计算建筑面积。有顶盖无围护结构的场馆看台应按其顶盖水平投影面积的 1/2 计算面积。

场馆区分三种不同的情况：

1）看台下的建筑空间，对“场”（顶盖不闭合）和“馆”（顶盖闭合）都适用。场馆看台下的建筑空间因其上部结构多为斜板，所以采用净高的尺寸划定建筑面积的计算范围，见

图5-2-9。

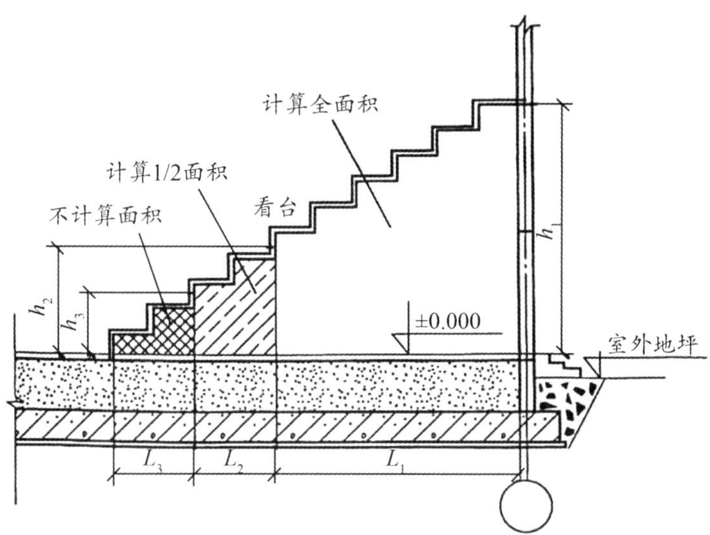

图 5-2-9　场馆看台下的建筑空间

注： 图中 h_2＝2.1m，h_3＝1.2m。

2）室内单独悬挑看台，仅对“馆”适用。室内单独设置的有围护设施的悬挑看台，因其看台上部设有顶盖且可供人使用，所以按看台板的结构底板水平投影计算建筑面积，见图5-2-10。

图 5-2-10　室内单独悬挑看台

3）有顶盖无围护结构的看台，仅对“场”适用。场馆看台上部空间建筑面积计算，取决于看台上部有无顶盖。按顶盖计算建筑面积的范围应是看台与顶盖重叠部分的水平投影面积。对有双层看台的，各层分别计算建筑面积，顶盖及上层看台均视为下层看台的盖。无顶盖的看台不计算建筑面积。场馆看台（剖面）示意图见图 5-2-11。

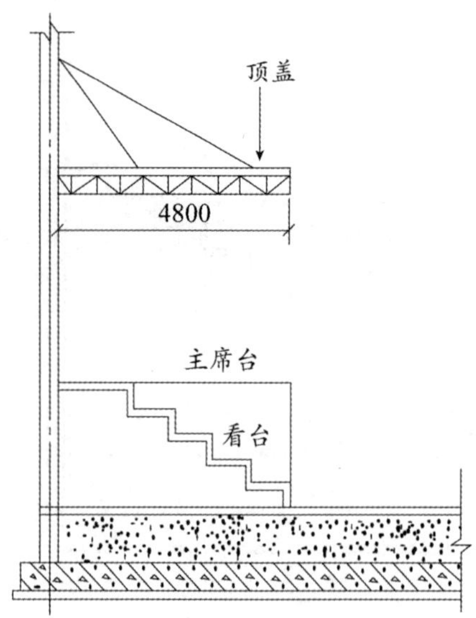

图 5-2-11　场馆看台（剖面）示意图

典型例题

［**2016 真题·单选**］根据《建筑工程建筑面积计算规范》（GB/T 50353—2013），关于大型体育场看台下部设计利用部位建筑面积计算，说法正确的是（　　）。

A. 层高＜2.10m，不计算建筑面积

B. 层高＞2.10m，且设计加以利用计算 1/2 面积

C. 1.20m≤净高≤2.10m 时，计算 1/2 面积

D. 层高≥1.20m 计算全面积

［解析］对于场馆看台下的建筑空间，结构净高在 2.10m 及以上的部位应计算全面积；结构净高在 1.20m 及以上至 2.10m 以下的部位应计算 1/2 面积；结构净高在 1.20m 以下的部位不应计算建筑面积。室内单独设置的有围护设施的悬挑看台，应按看台结构底板水平投影面积计算建筑面积。有顶盖无围护结构的场馆看台应按其顶盖水平投影面积的 1/2 计算面积。注意此题严格来说不严谨，选项 C 中 2.10 不应带等号但是由于其他选项错误明显，故最佳为 C。

［答案］C

［**2014 真题·单选**］有永久性顶盖且顶高 4.2m 无围护结构的场馆看台，其建筑面积计算正确的是（　　）。

A. 按看台底板结构外围水平面积计算

B. 按顶盖水平投影面积计算

C. 按看台底板结构外围水平面积的 1/2 计算

D. 按顶盖水平投影面积的 1/2 计算

［解析］有顶盖无围护结构的场馆看台应按其顶盖水平投影面积的 1/2 计算。

［答案］D

（5）地下室、半地下室应按其结构外围水平面积计算。结构层高在 2.20m 及以上的，应计算全面积；结构层高在 2.20m 以下的，应计算 1/2 面积。

1）当外墙为变截面时，按地下室、半地下室楼地面结构标高处的外围水平面积计算。

2）地下室的外墙结构不包括找平层、防水（潮）层、保护墙等。地下空间未形成建筑空间的，不属于地下室或半地下室，不计算建筑面积。

典型例题

［2015 真题 · 单选］根据《建筑工程建筑面积计算规范》（GB/T 50353—2013）规定，地下室、半地下室建筑面积计算正确的是（　　）。

A. 层高不足 1.80m 者不计算面积　　B. 层高为 2.10m 的部位计算 1/2 面积

C. 层高为 2.10m 的部位应计算全面积　　D. 层高为 2.10m 以上的部位应计算全面积

［解析］地下室、半地下室应按其结构外围水平面积计算。结构层高在 2.20m 及以上的，应计算全面积；结构层高在 2.20m 以下的，应计算 1/2 面积。

［答案］B

（6）出入口外墙外侧坡道有顶盖的部位，应按其外墙结构外围水平面积的 1/2 计算面积。地下室出入口见图 5-2-12。

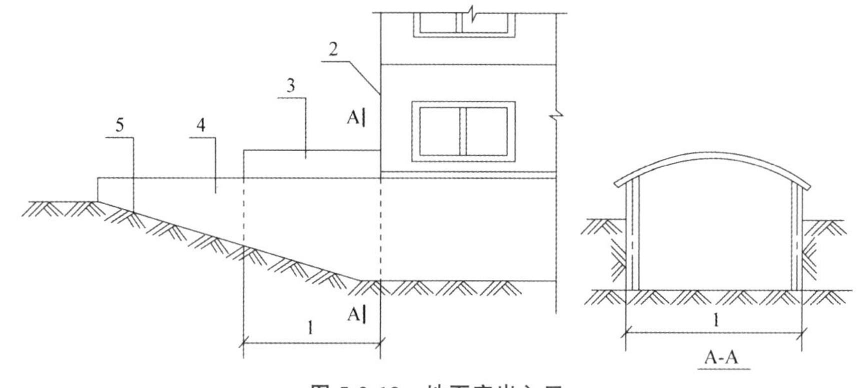

图 5-2-12　地下室出入口

1—计算 1/2 投影面积部位；2—主体建筑；3—出入口顶盖；4—封闭出入口侧墙；5—出入口坡道

1）出入口坡道分有顶盖出入口坡道和无顶盖出入口坡道，顶盖以设计图纸为准，对后增加及建设单位自行增加的顶盖等，不计算建筑面积。顶盖不分材料种类。

2）坡道是从建筑物内部一直延伸到建筑物外部的，建筑物内的部分随建筑物正常计算建筑面积，建筑物外的部分按本条执行。建筑物内、外的划分以建筑物外墙结构外边线为界。所以，出入口坡道顶盖的挑出长度，为顶盖结构外边线至外墙结构外边线的长度。外墙外侧坡道与建筑物内部坡道的划分见图 5-2-13。

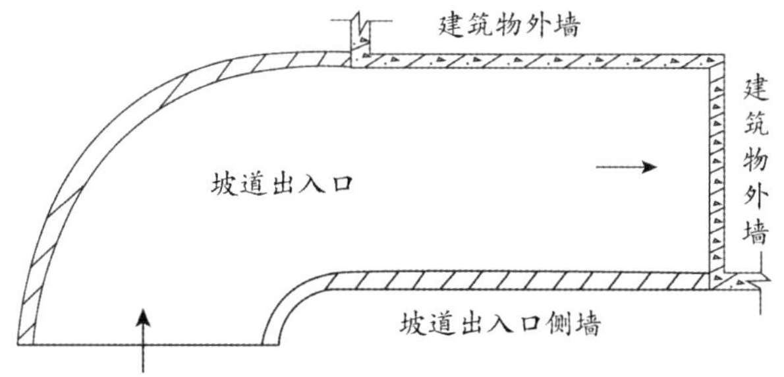

图 5-2-13　外墙外侧坡道与建筑物内部坡道的划分

典型例题

［2020 真题 · 单选］根据《建筑工程建筑面积计算规范》（GB/T 50353—2013），建筑物出入口坡道外侧设计有外挑宽度为 2.2m 的钢筋混凝土顶盖，坡道两侧外墙外边线间距为 4.4m，则该部位建筑面积（　　）。

A. 为 $4.84m^2$　　B. 为 $9.24m^2$　　C. 为 $9.68m^2$　　D. 不予计算

[**解析**] 出入口外墙外侧坡道有顶盖的部位，应按其外墙结构外围水平面积的 1/2 计算面积。该部位建筑面积＝1/2×2.2×4.4＝4.84（m^2）。

[**答案**] A

（7）建筑物架空层（见图 5-2-14）及坡地建筑物吊脚架空层（见图 5-2-15），应按其顶板水平投影计算建筑面积。结构层高在 2.20m 及以上的，应计算全面积；结构层高在 2.20m 以下的，应计算 1/2 面积。

图 5-2-14　建筑物架空层

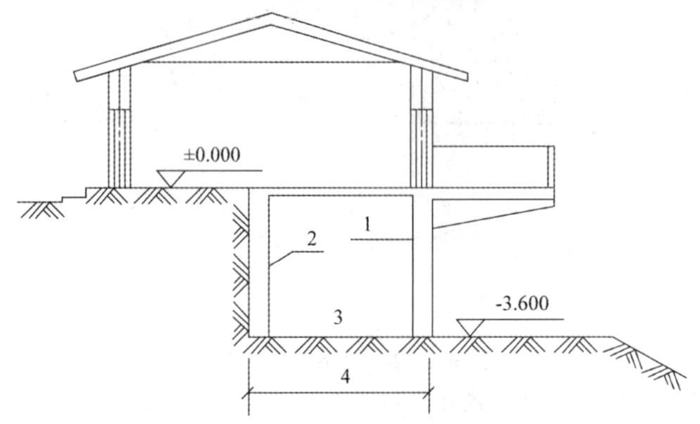

图 5-2-15　坡地建筑物吊脚架空层

1—柱；2—墙；3—吊脚架空层；4—计算建筑面积部位

1）架空层建筑面积的计算方法适用于建筑物吊脚架空层、深基础架空层，也适用于目前部分住宅、学校教学楼等工程在底层架空或在二楼或以上某个甚至多个楼层架空，作为公共活动、停车、绿化等空间的情况。

2）顶板水平投影面积是指架空层结构顶板的水平投影面积，不包括架空层主体结构外的阳台、空调板、通长水平挑板等外挑部分。

典型例题

[**例题·案例**] 计算图 5-2-16 各部分建筑面积（结构层高均满足 2.20m）。

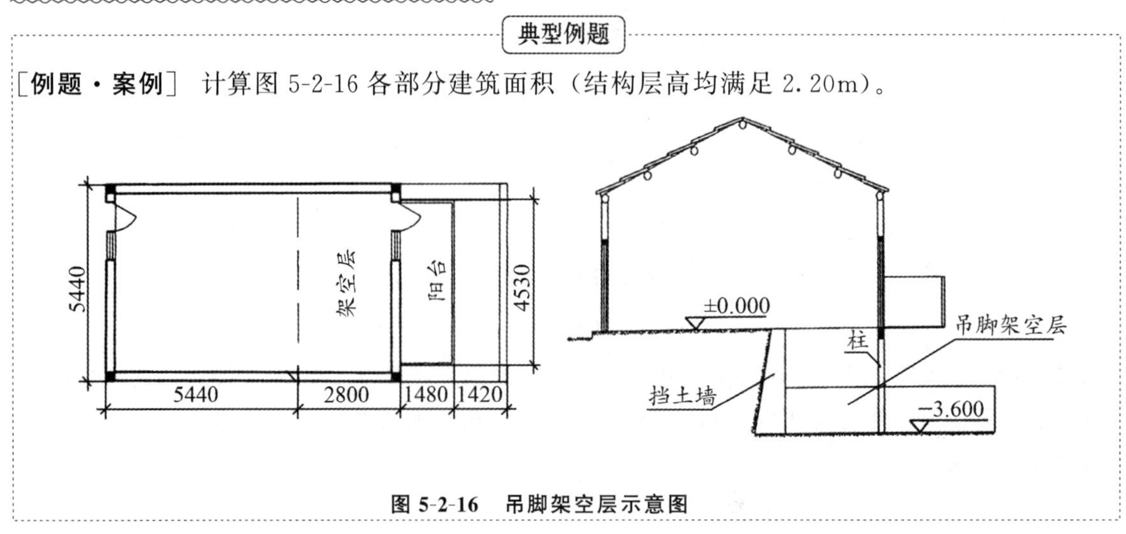

图 5-2-16　吊脚架空层示意图

[答案]
单层建筑的建筑面积=5.44×(5.44+2.80)=44.83(m^2);
阳台建筑面积=1.48×4.53/2=3.35(m^2);
吊脚架空层建筑面积=5.44×2.8=15.23(m^2);
建筑面积合计为63.41m^2。

(8)建筑物的门厅、大厅应按一层计算建筑面积,门厅、大厅(见图5-2-17)内设置的走廊(见图5-2-18)应按走廊结构底板水平投影面积计算建筑面积。结构层高在2.20m及以上的,应计算全面积;结构层高在2.20m以下的,应计算1/2面积。

图5-2-17 建筑物大厅

图5-2-18 建筑物大厅内走廊

典型例题

[2015真题·单选]根据《建筑工程建筑面积计算规范》(GB/T 50353—2013)规定,建筑物大厅内的层高在2.20m及以上的回(走)廊,建筑面积计算正确的是( )。
A. 按回(走)廊水平投影面积并入大厅建筑面积
B. 不单独计算建筑面积
C. 按结构底板水平投影面积计算
D. 按结构底板水平面积的1/2计算
[解析]建筑物的门厅、大厅应按一层计算建筑面积,门厅、大厅内设置的走廊应按走廊结构底板水平投影面积计算建筑面积。结构层高在2.20m及以上的,应计算全面积;结构层高在2.20m以下的,应计算1/2面积。
[答案]C
[例题·案例]计算图5-2-19走廊部分建筑面积及全部建筑面积。

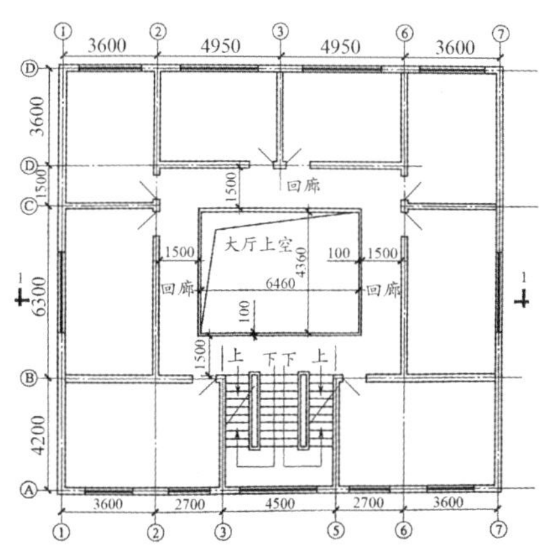

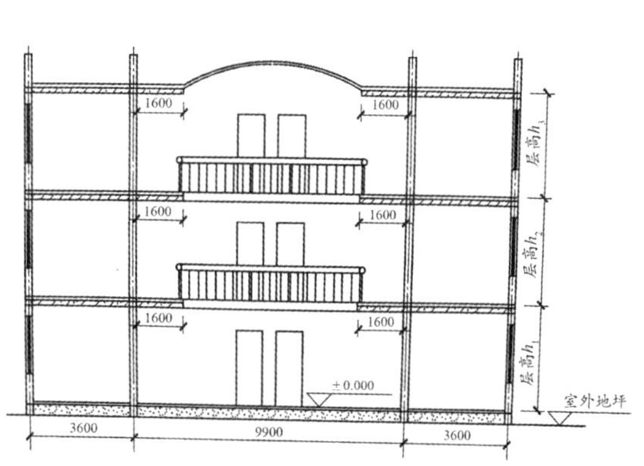

图5-2-19 大厅、走廊(回廊)示意图

[答案]（1）当结构层高 h_1（或 h_2 或 h_3）≥2.2m 时，按结构底板计算全面积，图中某层走廊建筑面积 S=（2.7+4.5+2.7−0.12×2）×（6.3+1.5−0.12×2）−6.46×4.36=44.86（m^2）。
（2）当结构层高 h_1（或 h_2 或 h_3）<2.2m 时，按底板计算 1/2 面积，图中某层走廊建筑面积 S=[（2.7+4.5+2.7−0.12×2）×（6.3+1.5−0.12×2）−6.46×4.36]×0.5=22.43（m^2）。
（3）当结构层高（h_1，h_2，h_3）>2.2m 时，建筑面积 S=（17.1+0.12×2）×（15.6+0.12×2）×3−（6.46×4.36）×2=767.67（m^2）。

（9）建筑物间的架空走廊，有顶盖和围护结构的（见图 5-2-20），应按其围护结构外围水平面积计算全面积；无围护结构、有围护设施的（见图 5-2-21），应按其结构底板水平投影面积计算 1/2 面积。走廊计算规则见表 5-2-2。

表 5-2-2　走廊计算规则

类型	计算规则
有围护结构且有顶盖	计算全面积
无围护结构、有围护设施	无论是否有顶盖，均计算 1/2 面积

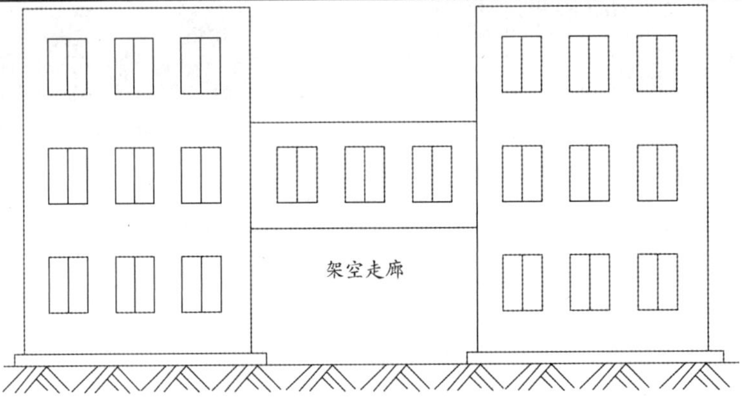

图 5-2-20　有围护结构的架空走廊

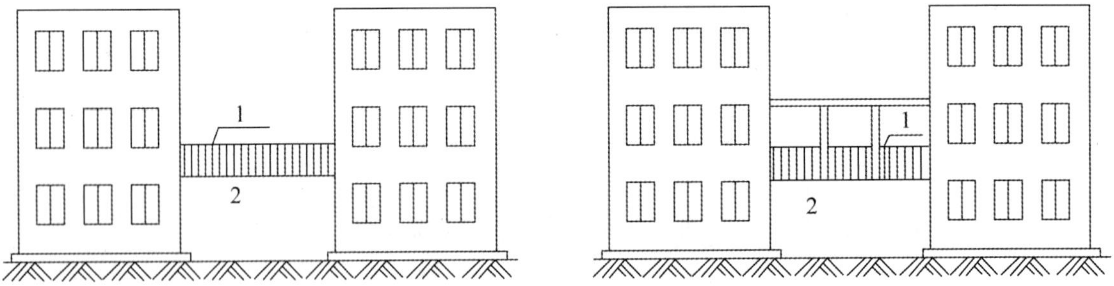

图 5-2-21　无围护结构的架空走廊（有围护设施）

1—栏杆；2—架空走廊

典型例题

[**2017 真题·单选**] 根据《建筑工程建筑面积规范》（GB/T 50353—2013），建筑物间有两侧护栏的架空走廊，其建筑面积（　　）。

A. 按护栏外围水平面积的 1/2 计算　　B. 按结构底板水平投影面积的 1/2 计算

C. 按护栏外围水平面积计算全面积　　D. 按结构底板水平投影面积计算全面积

[解析] 建筑物间的架空走廊，有顶盖和围护结构的，应按其围护结构外围水平面积计算全面积；无围护结构、有围护设施的，应按其结构底板水平投影面积计算 1/2 面积。

[答案] B

（10）立体书库、立体仓库、立体车库。

1）有围护结构的，应按其围护结构外围水平面积计算建筑面积；无围护结构、有围护设施的，应按其结构底板水平投影面积计算建筑面积。

2）无结构层的，应按一层计算，有结构层的，应按其结构层面积分别计算。

3）结构层高在 2.20m 及以上的，应计算全面积；结构层高在 2.20m 以下的，应计算1/2 面积。

（11）有围护结构的舞台灯光控制室，应按其围护结构外围水平面积计算。结构层高在 2.20m 及以上的，应计算全面积；结构层高在 2.20m 以下的，应计算 1/2 面积。

典型例题

［2015 真题·单选］ 根据《建筑工程建筑面积计算规范》（GB/T 50353—2013）规定，层高在 2.20m 及以上有围护结构的舞台灯光控制室建筑面积计算正确的是（　　）。

A. 按围护结构外围水平面积计算

B. 按围护结构外围水平面积的 1/2 计算

C. 按控制室底板水平面积计算

D. 按控制室底板水平面积的 1/2 计算

［解析］ 有围护结构的舞台灯光控制室，应按其围护结构外围水平面积计算。结构层高在 2.20m 及以上的，应计算全面积；结构层高在 2.20m 以下的，应计算 1/2 面积。

［答案］ A

（12）附属在建筑物外墙的落地橱窗（见图 5-2-22），应按其围护结构外围水平面积计算。结构层高在 2.20m 及以上的，应计算全面积；结构层高在 2.20m 以下的，应计算 1/2 面积。

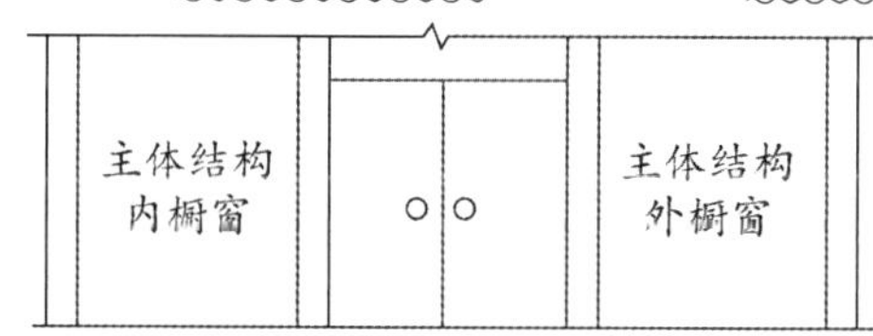

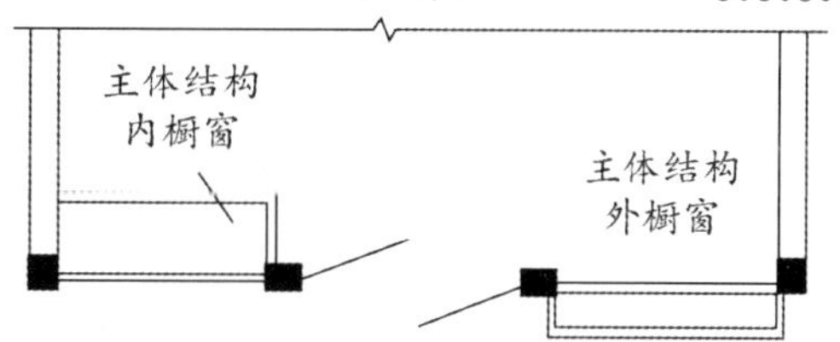

图 5-2-22　橱窗

（13）窗台与室内楼地面高差在 0.45m 以下且结构净高在 2.10m 及以上的凸（飘）窗，应按其围护结构外围水平面积计算 1/2 面积。（高差＜0.45m 且净高≥2.10m）

凸（飘）窗的计算建筑面积见图 5-2-23。

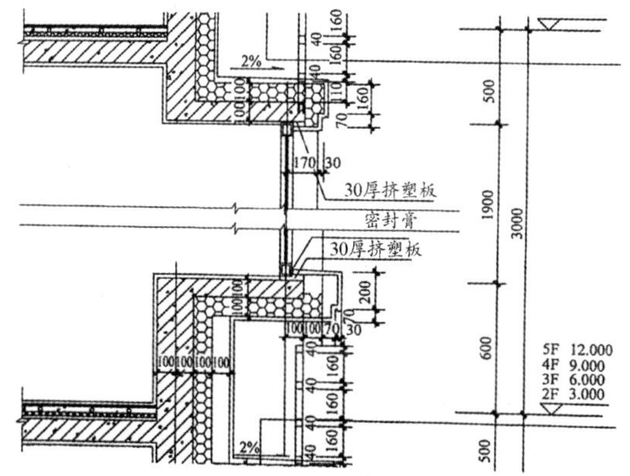

（a）不计算建筑面积凸（飘）窗示例

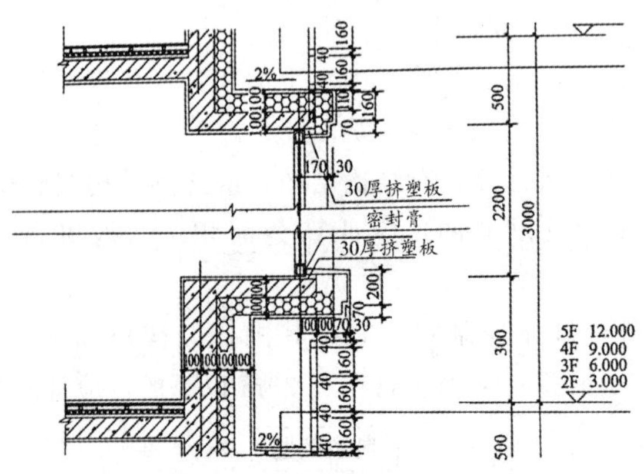

（b）计算建筑面积凸（飘）窗示例

图 5-2-23 凸（飘）窗的计算建筑面积

典型例题

［**例题·案例**］计算图 5-2-24 所示飘窗的建筑面积（该飘窗同时满足计算建筑面积的两个条件）。

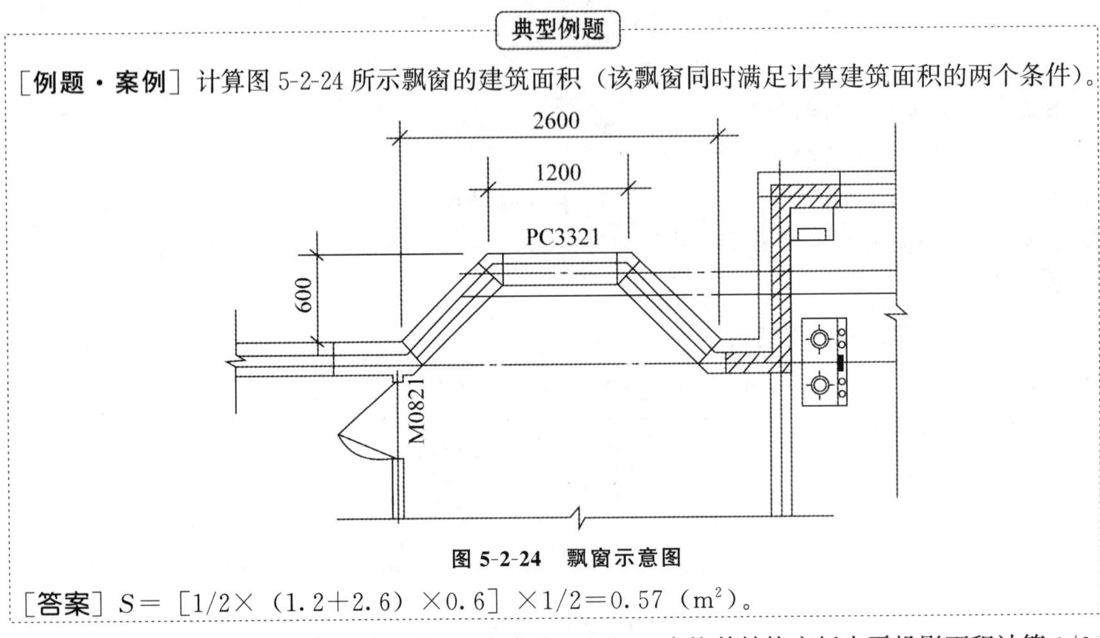

图 5-2-24 飘窗示意图

［**答案**］$S=$［1/2×（1.2+2.6）×0.6］×1/2=0.57（m^2）。

（14）有围护设施的室外走廊（挑廊）（见图 5-2-25），应按其结构底板水平投影面积计算 1/2 面积；有围护设施（或柱）的檐廊，应按其围护设施（或柱）外围水平面积计算 1/2 面积。

1）底层无围护设施但有柱的室外走廊可参照檐廊（见图 5-2-26）的规则计算建筑面积。

2）无论哪一种廊，除了必须有地面结构外，还必须有栏杆、栏板等围护设施或柱，这两个条件缺一不可，缺少任何一个条件都不计算建筑面积。

图 5-2-25 有围护设施的室外走廊

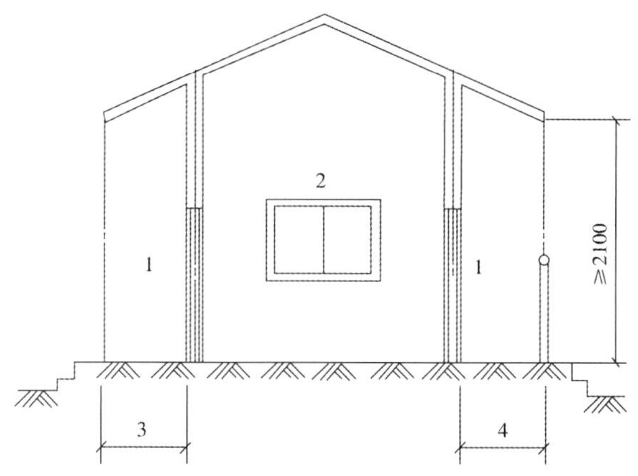

图 5-2-26　檐廊示意图

1—檐廊；2—室内；3—不计算建筑面积部位；4—计算 1/2 建筑面积部位

典型例题

［**2021 真题·单选**］根据《建筑工程建筑面积计算规范》(GB/T 50353—2013)，对于室外走廊，下列建筑面积计算方式正确的是（　　）。

A. 有围护结构的，按其结构底板水平投影面积 1/2 计算

B. 有围护结构的，按其结构底板水平面积计算

C. 无围护结构有围护设施的，按其围护设施外围水平面积 1/2 计算

D. 无围护设施的，不计算建筑面积

［**解析**］有围护设施的室外走廊（挑廊），应按其结构底板水平投影面积计算 1/2 面积；有围护设施（或柱）的檐廊，应按其围护设施（或柱）外围水平面积计算 1/2 面积。

［**答案**］D

(15) 门斗（见图 5-2-27）应按其围护结构外围水平面积计算建筑面积。结构层高在 2.20m 及以上的，应计算全面积；结构层高在 2.20m 以下的，应计算 1/2 面积。

(a) 实物图

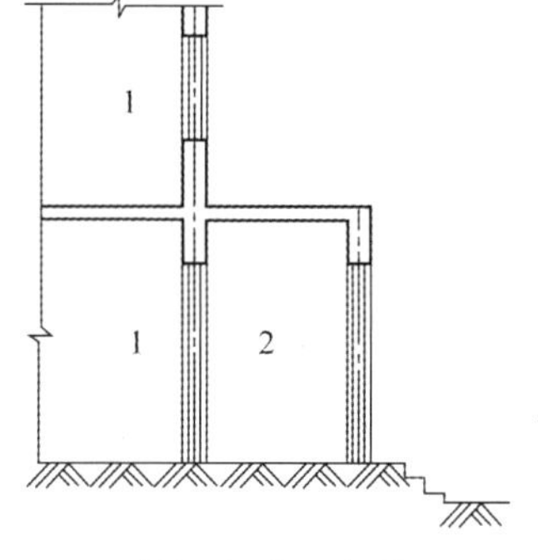

(b) 立面示意图

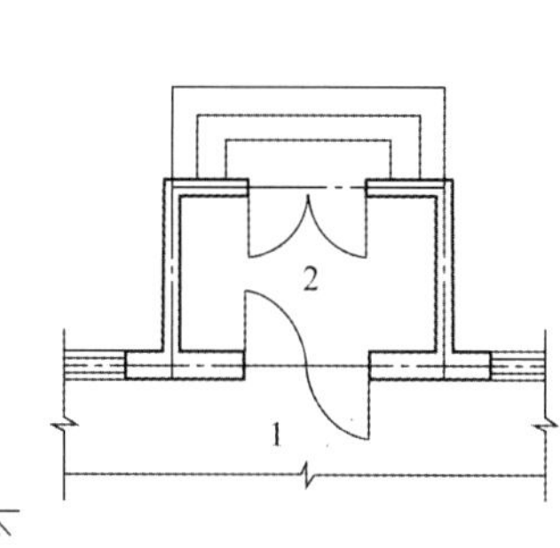

(c) 水平示意图

图 5-2-27　门斗

1—室内；2—门斗

(16) 门廊、雨篷的计算规则见表 5-2-3。

表 5-2-3　门廊、雨篷的计算规则

类型	计算规则
门廊 (见图 5-2-28)	按其顶板水平投影面积的 1/2 计算建筑面积

续表

类型		计算规则
雨篷 （见图 5-2-29）	有柱雨篷	（1）按其结构板水平投影面积的 1/2 计算建筑面积 （2）没有出挑宽度的限制，也不受跨越层数的限制，均计算建筑面积
	无柱雨篷	（1）结构外边线至外墙结构外边线的宽度在 2.10m 及以上的，应按雨篷结构板的水平投影面积的 1/2 计算建筑面积 （2）结构板不能跨层，并受出挑宽度的限制 （3）出挑宽度，系指雨篷结构外边线至外墙结构外边线的宽度，弧形或异形时，取最大宽度

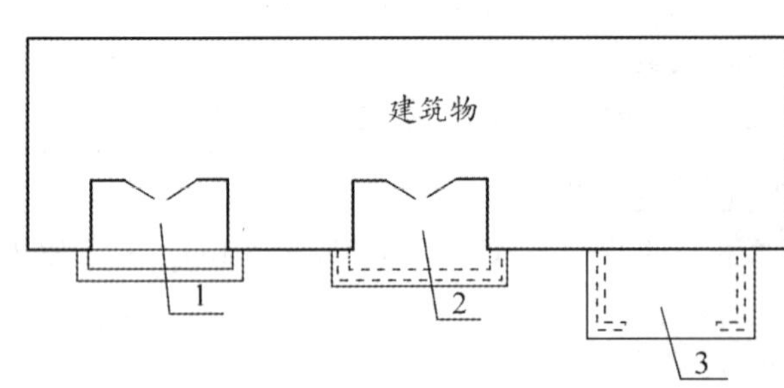

（a）示意图

（b）实例图

图 5-2-28　门廊

1—全凹式门廊；2—半凹半凸式门廊；3—全凸式门廊

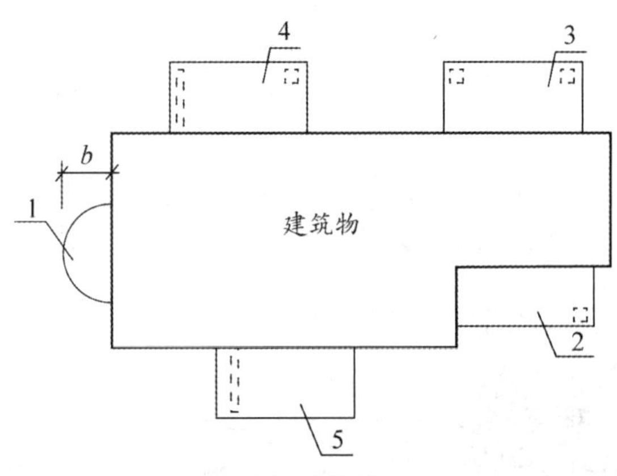

（a）示意图

（b）有柱雨篷

（c）无柱雨篷

图 5-2-29　雨篷

1—悬挑雨篷；2—独立柱雨篷；3—多柱雨篷；4—柱墙混合支撑雨篷；5—墙支撑雨篷

典型例题

［**2020 真题·单选**］根据《建筑工程建筑面积计算规范》（GB/T 50353—2013），建筑物雨篷部位建筑面积计算正确的为（　　）。

A. 有柱雨篷按柱外围面积计算　　B. 无柱雨篷不计算

C. 有柱雨篷按结构板水平投影面积计算　　D. 外挑宽度为 1.8m 的无柱雨篷不计算

［**解析**］有柱雨篷应按其结构板水平投影面积的 1/2 计算建筑面积；无柱雨篷的结构外边线至外墙结构外边线的宽度在 2.10m 及以上的，应按雨篷结构板的水平投影面积的 1/2 计算建筑面积。

［**答案**］D

（17）设在建筑物顶部的、有围护结构的楼梯间、水箱间、电梯机房等，结构层高在 2.20m 及以上的应计算全面积；结构层高在 2.20m 以下的，应计算 1/2 面积。

（18）围护结构不垂直于水平面的楼层，应按其底板面的外墙外围水平面积计算。结构净高在 2.10m 及以上的部位，应计算全面积；结构净高在 1.20m 及以上至 2.10m 以下的部位，应计算 1/2 面积；结构净高在 1.20m 以下的部位，不应计算建筑面积。

典型例题

［**2017 真题·单选**］根据《建筑工程建筑面积规范》（GB/T 50353—2013），围护结构不垂直于水平面，结构净高为 2.15m 楼层部位，其建筑面积应（　　）。

A. 按顶板水平投影面积的 1/2 计算　　B. 按顶板水平投影面积计算全面积

C. 按底板外墙外围水平面积的 1/2 计算　　D. 按底板外墙外围水平面积计算全面积

［**解析**］围护结构不垂直于水平面的楼层，应按其底板面的外墙外围水平面积计算。结构净高在 2.10m 及以上的部位，应计算全面积；结构净高在 1.20m 及以上至 2.10m 以下的部位，应计算 1/2 面积；结构净高在 1.20m 以下的部位，不应计算建筑面积。

［**答案**］D

［**例题·案例**］图 5-2-30 所示建筑物宽 10m，计算其建筑面积。

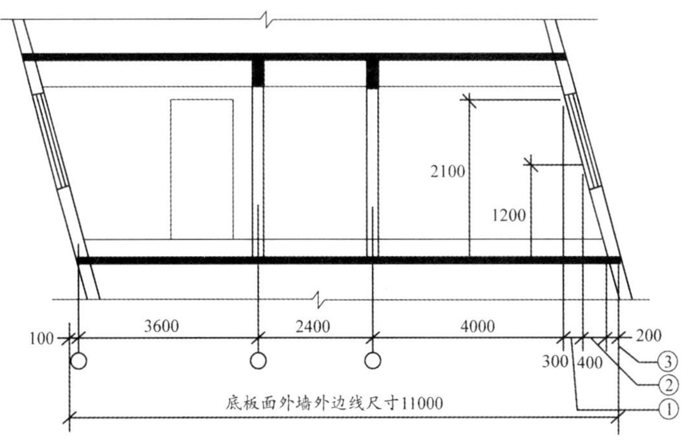

图 5-2-30　围护结构不垂直于水平面的楼层

［**答案**］建筑面积＝（0.1＋3.6＋2.4＋4.0＋0.2）×10＋0.3×10×0.5＝104.50（m^2）。

（19）建筑物的室内楼梯、电梯井（见图 5-2-31）、提物井、管道井、通风排气竖井、烟道，应并入建筑物的自然层计算建筑面积。有顶盖的采光井应按一层计算面积，结构净高在 2.10m 及以上的，应计算全面积，结构净高在 2.10m 以下的，应计算 1/2 面积。

1）室内楼梯包括形成井道的楼梯（即室内楼梯间）和没有形成井道的楼梯（即室内楼

梯），没有形成井道的室内楼梯也应该计算建筑面积。

2）有顶盖的采光井包括建筑物中的采光井和地下室采光井。图 5-2-32 为地下室采光井，按一层计算面积。

3）当室内公共楼梯间两侧自然层数不同时，以楼层多的层数计算。图 5-2-33 中楼梯间应计算 6 个自然层建筑面积。

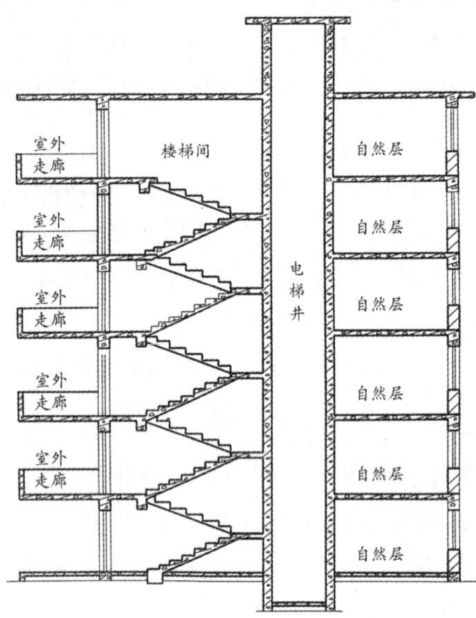

图 5-2-31　电梯井

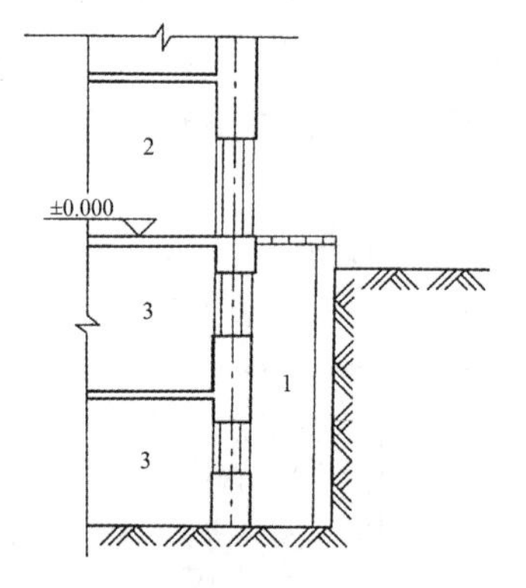

图 5-2-32　地下室采光井

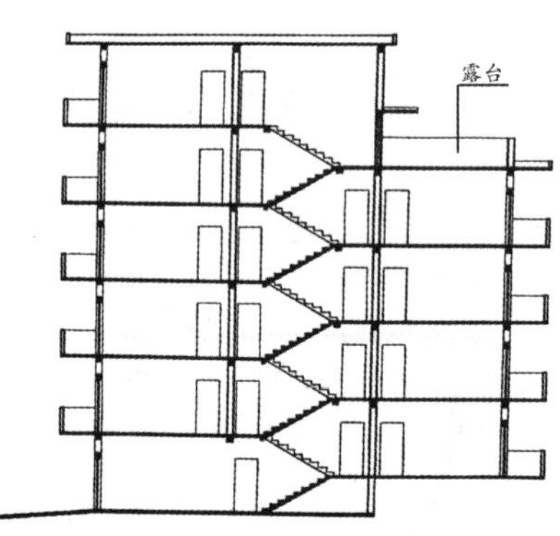

图 5-2-33　室内公共楼梯间两侧自然层数不同

典型例题

［**2014 真题·单选**］建筑物内的管道井，其建筑面积计算说法正确的是（　　）。

A. 不计算建筑面积

B. 按管道井图示结构内边线面积计算

C. 按管道井的净空面积的 1/2 乘以层数计算

D. 按自然层计算建筑面积

［**解析**］建筑物的室内楼梯、电梯井、提物井、管道井、通风排气竖井、烟道，应并入建筑物的自然层计算建筑面积。

［**答案**］D

（20）室外楼梯应并入所依附建筑物自然层，并应按其水平投影面积的 1/2 计算建筑面积。室外楼梯立面示意图见图 5-2-34。

1）层数为室外楼梯所依附的楼层数，即梯段部分投影到建筑物范围的层数。

2）利用室外楼梯下部的建筑空间不得重复计算建筑面积；利用地势砌筑的为室外踏步，不计算建筑面积。

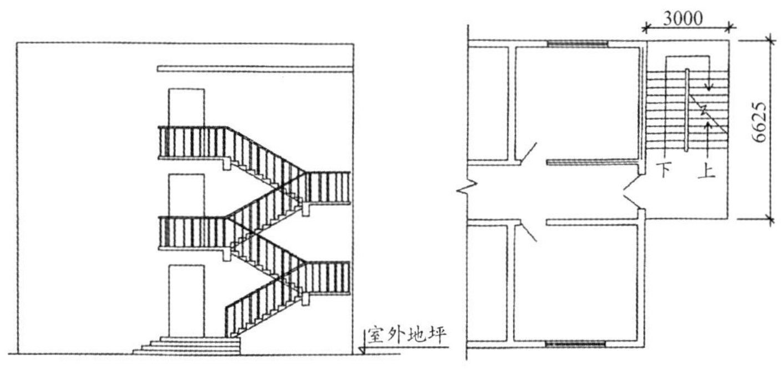

图 5-2-34　室外楼梯立面示意图

典型例题

[**2020 真题·单选**] 根据《建筑工程建设面积计算规范》（GB/T 50353—2013），建筑物室外楼梯建筑面积计算正确的为（　　）。

A. 并入建筑物自然层，按其水平投影面积计算　B. 无顶盖的不计算

C. 结构净高＜2.10m 的不计算　D. 下部建筑空间加以利用的不重复计算

[**解析**] 室外楼梯应并入所依附建筑物自然层，并应按其水平投影面积的 1/2 计算建筑面积。室外楼梯不论是否有顶盖都需要计算建筑面积。层数为室外楼梯所依附的楼层数，即梯段部分投影到建筑物范围的层数。利用室外楼梯下部的建筑空间不得重复计算建筑面积；利用地势砌筑的为室外踏步，不计算建筑面积。

[**答案**] D

（21）在主体结构内的阳台，应按其结构外围水平面积计算全面积；在主体结构外的阳台，应按其结构底板水平投影面积计算 1/2 面积。

判断阳台是在主体结构内还是在主体结构外是计算建筑面积的关键。

1）砖混结构。通常以外墙来判断。

2）框架结构。柱梁体系来判断。

3）剪力墙结构。分以下几种情况：①阳台在剪力墙包围之内，则属于主体结构内；②相对两侧均为剪力墙时，也属于主体结构内；③相对两侧仅一侧为剪力墙时，属于主体结构外；④相对两侧均无剪力墙时，属于主体结构外。

4）阳台处剪力墙与框架混合时，分两种情况：①角柱为受力结构，根基落地，则阳台为主体结构内；②角柱仅为造型，无根基，则阳台为主体结构外。阳台平面图见图 5-2-35。

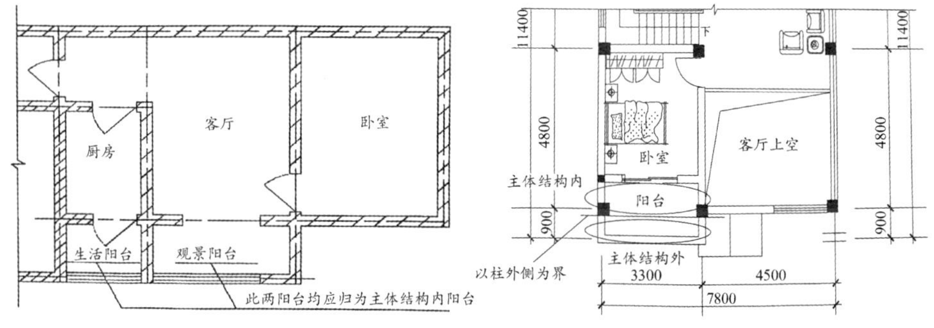

图 5-2-35　阳台平面图

（22）有顶盖无围护结构的车棚、货棚、站台、加油站、收费站等，应按其顶盖水平投影面积的 1/2 计算建筑面积。

典型例题

［**例题·案例**］某站台屋顶平面、剖面图见图 5-2-36，计算其建筑面积。

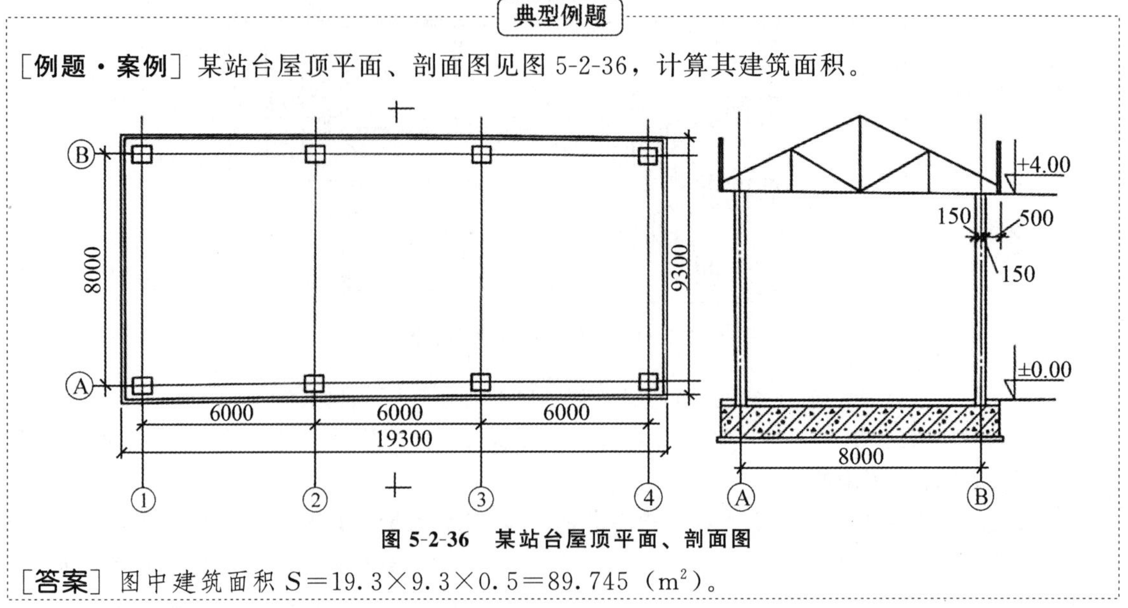

图 5-2-36　某站台屋顶平面、剖面图

［**答案**］图中建筑面积 $S=19.3\times9.3\times0.5=89.745$（$m^2$）。

（23）幕墙以其在建筑物中所起的作用和功能来区分，直接作为外墙起围护作用的幕墙，按其外边线计算建筑面积；设置在建筑物墙体外起装饰作用的幕墙，不计算建筑面积。

（24）建筑物的外墙外保温层，应按其保温材料的水平截面积计算，并计入自然层建筑面积。

1）建筑物外墙外侧有保温隔热层的，保温隔热层以保温材料的净厚度乘以外墙结构外边线长度按建筑物的自然层计算建筑面积，其外墙外边线长度不扣除门窗和建筑物外已计算建筑面积构件（如阳台、室外走廊、门斗、落地橱窗等部件）所占长度。当建筑物外已计算建筑面积的构件（如阳台、室外走廊、门斗、落地橱窗等部件）有保温隔热层时，其保温隔热层也不再计算建筑面积。

2）外墙是斜面者按楼面楼板处的外墙外边线长度乘以保温材料的净厚度计算（见图 5-2-37）。外墙外保温以沿高度方向满铺为准，某层外墙外保温铺设高度未达到全部高度时（不包括阳台、室外走廊、门斗、落地橱窗、雨篷、飘窗等），不计算建筑面积。建筑外墙外保温结构见图 5-2-38。

3）保温隔热层的建筑面积是以保温隔热材料的厚度来计算的，不包含抹灰层、防潮层、保护层（墙）的厚度，只计算保温材料本身的面积。

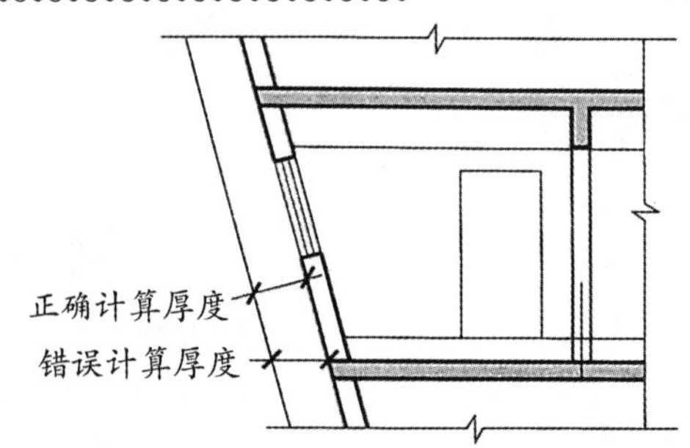

图 5-2-37　外墙是斜面时外墙外保温计算厚度

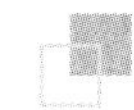

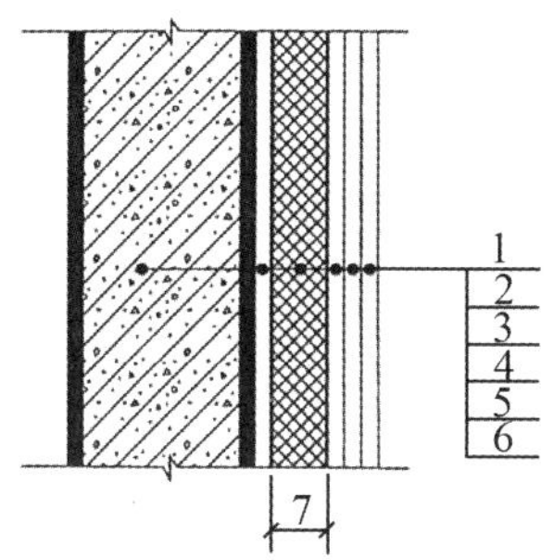

图 5-2-38　建筑外墙外保温结构

1—墙体；2—黏结胶浆；3—保温材料；4—标准网；5—加强网；6—抹面胶浆；7—计算建筑面积范围

（25）与室内相通的变形缝，应按其自然层合并在建筑物建筑面积内计算。对于高低联跨的建筑物，当高低跨内部连通时，其变形缝应计算在低跨面积内。建筑物内部不连通变形缝见图 5-2-39；有高低跨的情形见图 5-2-40。

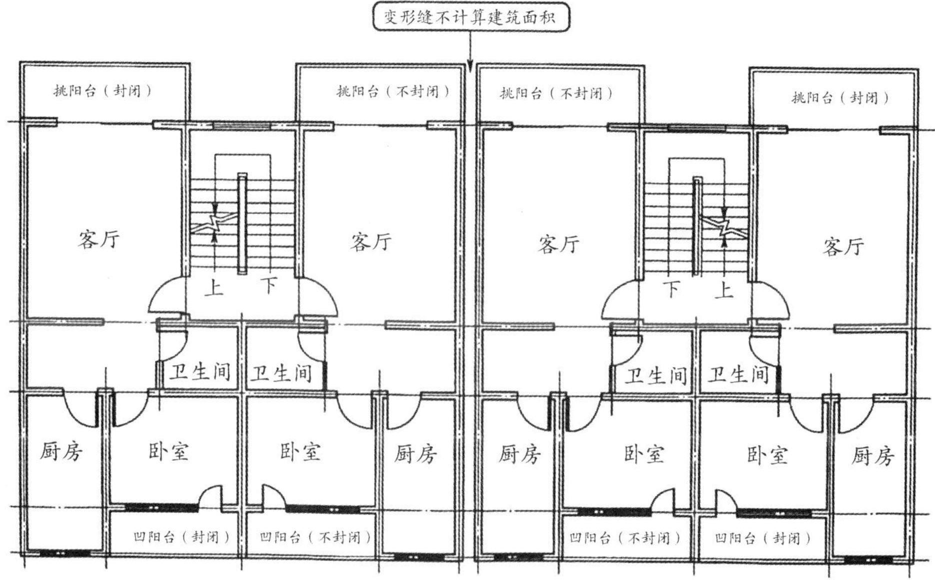

图 5-2-39　建筑物内部不连通变形缝

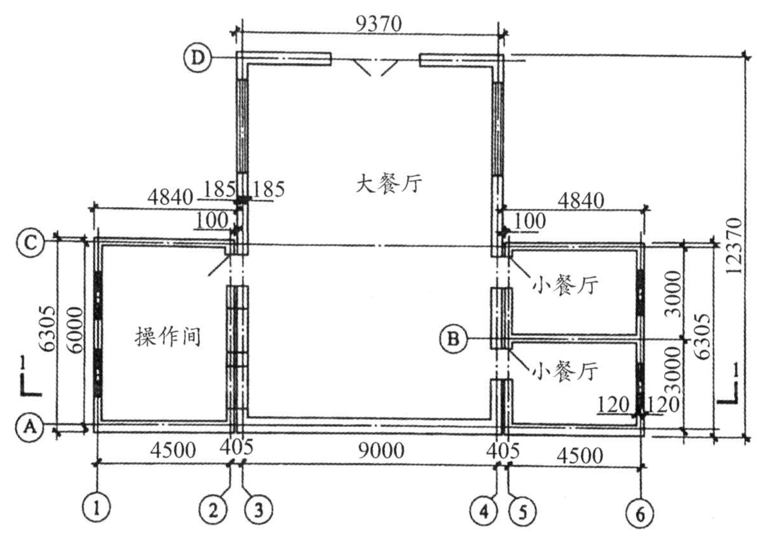

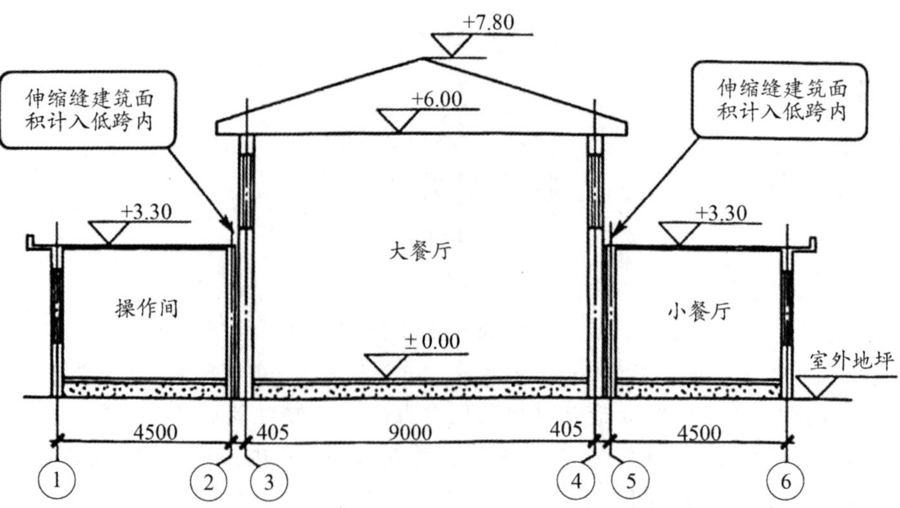

图 5-2-40　有高低跨的情形

（26）对于建筑物内的设备层、管道层、避难层等有结构层的楼层，结构层高在 2.20m 及以上的，应计算全面积；结构层高在 2.20m 以下的，应计算 1/2 面积。（在吊顶空间内设置管道的，则吊顶空间部分不能被视为设备层、管道层）

➤ **总结**：建筑面积计算规则见表 5-2-4。

表 5-2-4　建筑面积计算规则

<table>
<tr><th colspan="2">项目</th><th colspan="2">计算规则</th></tr>
<tr><td rowspan="3">正常楼层</td><td rowspan="2">类似平屋顶
（2.20m 为界）</td><td>按围护结构</td><td>（1）正常楼层
（2）局部楼层的二层及以上楼层
（5）地下室、半地下室
（11）有围护结构的舞台灯光控制室
（12）落地橱窗
（15）门斗
（17）有围护结构的楼梯间、水箱间、电梯机房
（26）建筑物内的设备层、管道层、避难层</td></tr>
<tr><td>按顶板</td><td>（7）架空层、吊脚架空层</td></tr>
<tr><td>类似坡屋顶
（1.20m 和 2.10m 为界）</td><td>按围护结构</td><td>（3）坡屋顶
（4）场馆看台下的建筑空间（室内悬挑看台：结构底板水平投影面积）
（18）围护结构不垂直于水平面的楼层（地板面外墙外围）</td></tr>
<tr><td rowspan="2">无围护结构
（有围护设施）</td><td>建筑里面
（全面积）</td><td>按结构底板
（2.20 为界）</td><td>（2）无围护结构的局部楼层
（8）大厅内设置的走廊
（10）立体书库、立体仓库、立体车库（各种“库”）</td></tr>
<tr><td>建筑外面
（按 1/2 计算）</td><td>按结构底板</td><td>（9）架空走廊（无围护结构有围护设施）
（14）室外走廊（挑廊）（檐廊取围护设施外围）</td></tr>
<tr><td rowspan="4">并入自然层</td><td colspan="2">水平投影面积的 1/2</td><td>（20）室外楼梯</td></tr>
<tr><td colspan="2">水平截面积</td><td>（24）外墙外保温层</td></tr>
<tr><td colspan="2">高低跨内部连通时计算在低跨</td><td>（25）与室内相通的变形缝</td></tr>
<tr><td colspan="2">除“采光井（2.10m 为界）”</td><td>（19）室内楼梯＋烟道＋各种“井”</td></tr>
</table>

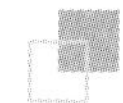

续表

项目	计算规则	
纯 1/2 的规定	按外墙结构外围	(6) 出入口外墙外侧坡道有顶盖的部位
	按顶板	(16) 门廊
	按顶盖	(4) 有顶盖无围护结构的场馆看台 (22) 有顶盖无围护结构的车棚、货棚、站台、加油站、收费站（各种“棚”）

➤ **特殊记忆**：(13) 凸（飘）窗（高差＜0.45 且净高≥2.10m）：围护结构 1/2 面积。

(16) 雨篷：①有柱雨篷：结构板水平投影面积的 1/2；②无柱雨篷：宽度在 2.10m 及以上的，按水平投影面积的 1/2 计算。

(21) 阳台：①主体内：全面积；②主体外：底板水平投影 1/2。

(23) 幕墙：作围护结构按照幕墙外边线计算、起装饰作用的不计算。

典型例题

［**2021 真题 · 单选**］根据《建筑工程建筑面积计算规范》(GB/T 50353—2013)，下列建筑物建筑面积计算方法正确的是（　　）。

A. 设在建筑物顶部，结构层高为 2.15m 的水箱间应计算全面积

B. 室外楼梯应并入所依附建筑物自然层，按其水平投影面积计算全面积

C. 建筑物内部通风排气竖井并入建筑物的自然层计算建筑面积

D. 没有形成井道的室内楼梯并入建筑物的自然层计算 1/2 面积

［**解析**］设在建筑物顶部的、有围护结构的楼梯间、水箱间、电梯机房等，结构层高在 2.20m 及以上的应计算全面积；结构层高在 2.20m 以下的，应计算 1/2 面积。室外楼梯应并入所依附建筑物自然层，并应按其水平投影面积的 1/2 计算建筑面积。建筑物的室内楼梯、电梯井、提物井、管道井、通风排气竖井、烟道，应并入建筑物的自然层计算建筑面积。室内楼梯包括了形成井道的楼梯（即室内楼梯间）和没有形成井道的楼梯，即没有形成井道的室内楼梯也应该计算建筑面积。

［**答案**］C

知识点 5　不计算建筑面积的范围

(1) 与建筑物内不相连通的建筑部件。建筑部件指的是依附于建筑物外墙外不与户室开门连通，起装饰作用的敞开式挑台（廊）、平台，以及不与阳台相通的空调室外机搁板（箱）等设备平台部件。

(2) 骑楼（见图 5-2-41）、过街楼（见图 5-2-42）底层的开放公共空间和建筑物通道。

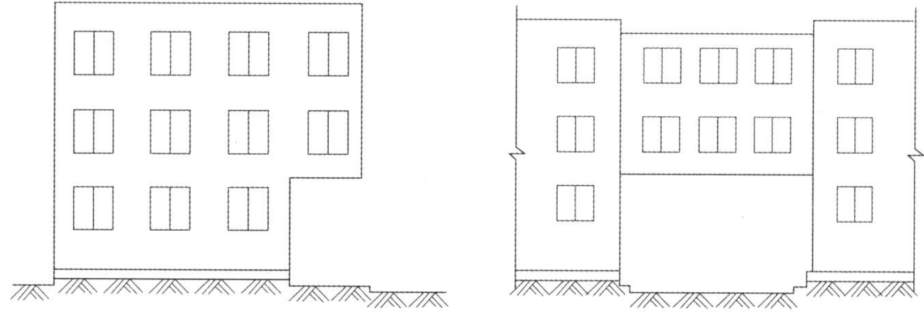

图 5-2-41　骑楼　　**图 5-2-42　过街楼**

(3) 舞台及后台悬挂幕布和布景的天桥、挑台等。这里指的是影剧院的舞台及为舞台服务的可供上人维修、悬挂幕布、布置灯光及布景等搭设的天桥和挑台等构件设施。

(4) 露台、露天游泳池、花架、屋顶的水箱及装饰性结构构件，见图 5-2-43。

(5) 建筑物内的操作平台、上料平台、安装箱和罐体的平台。

(6) 勒脚、附墙柱（附墙柱是指非结构性装饰柱）、垛、台阶、墙面抹灰、装饰面、镶贴块料面层、装饰性幕墙，主体结构外的空调室外机搁板（箱）、构件、配件，挑出宽度在 2.10m 以下的无柱雨篷和顶盖高度达到或超过两个楼层的无柱雨篷。

(7) 窗台与室内地面高差在 0.45m 以下且结构净高在 2.10m 以下的凸（飘）窗，窗台与室内地面高差在 0.45m 及以上的凸（飘）窗。

(8) 室外爬梯、室外专用消防钢楼梯。专用的消防钢楼梯是不计算建筑面积的。当钢楼梯是建筑物唯一通道，兼顾消防，则应按室外楼梯相关规定计算建筑面积。

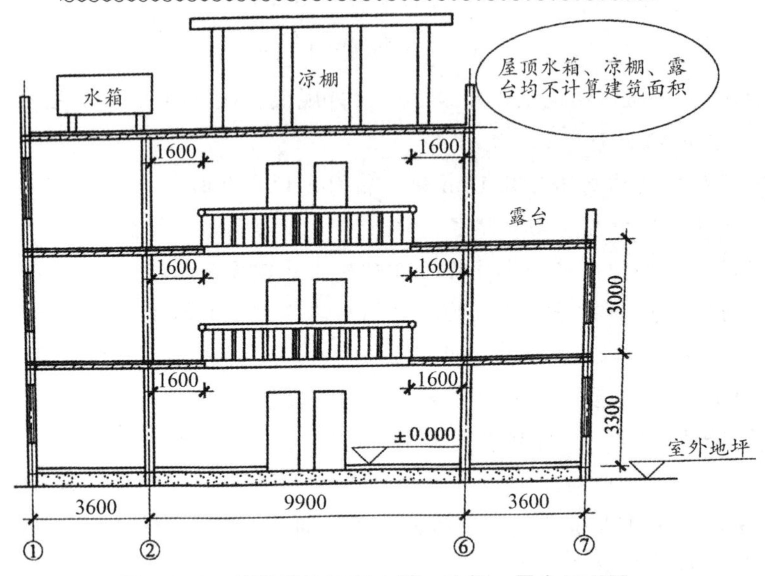

图 5-2-43 某建筑物屋顶水箱、凉棚、露台平面图

(9) 无围护结构的观光电梯。无围护结构的观光电梯是指电梯轿厢直接暴露，外侧无井壁，不计算建筑面积。如果观光电梯在电梯井内运行时（井壁不限材料），观光电梯井按自然层计算建筑面积。

(10) 建筑物以外的地下人防通道，独立的烟囱、烟道、地沟、油（水）罐、气柜、水塔、贮油（水）池、贮仓、栈桥等构筑物。

➤ **考分统计**：统计近 10 年该知识点的考核情况，2015、2016、2017、2018、2019、2020 年进行了考核。考核频次为 60%。其中 2015 年考核一道多选题，2016 年考核一道多选题，2017 年考核一道多选题，2018 年考核一道多选题，2019、2020 年各考核一道多选题。

典型例题

[2020 真题 · 多选] 根据《建筑工程建筑面积计算规范》(GB/T 50353—2013)，不计算建筑面积的有（　　）。

A. 厚度为 200mm 石材勒脚

B. 规格为 400mm×400mm 的附墙装饰柱

C. 挑出宽度为 2.19m 的雨篷

D. 顶盖高度超过两个楼层的无柱雨篷

E. 突出外墙 200mm 的装饰性幕墙

［**解析**］结构外边线至外墙结构外边线的宽度在 2.10m 及以上的，应按雨篷结构板的水平投影面积的 1/2 计算建筑面积，选项 C 计算建筑面积。

［**答案**］ABDE

［**2017 真题·多选**］根据《建筑工程建筑面积计算规范》（GB/T 50353—2013），不计算建筑面积的有（　　）。

A. 建筑物首层地面有围护设施的露台

B. 兼顾消防与建筑物相通的室外钢楼梯

C. 与建筑物相连的室外台阶

D. 与室内相通的变形缝

E. 形成建筑空间，结构净高 1.50m 的坡屋顶

［**解析**］露台、露天游泳池、花架、屋顶的水箱及装饰性结构构件、台阶，不计算建筑面积。

［**答案**］AC

第三节　工程量计算规则与方法

知识点 1　土方工程（编码：010101）

土方工程的内容见图 5-3-1。

土方工程
- （1）平整场地 ⟶ 建筑物场地厚度≤±300mm的挖、填、运、找平
- （2）挖一般土方 ⟶ 厚度>±300mm的竖向布置挖土或山坡切土
- （3）挖沟槽土方、挖基坑土方 ⟶ ①沟槽：底宽≤7m，底长>3倍底宽；②基坑：底长≤3倍底宽、底面积≤150m²；③超出上述范围则为一般土方
- （4）冻土开挖
- （5）挖淤泥（流砂）
- （6）管沟土方

图 5-3-1　土方工程的内容

一、平整场地

（1）按设计图示尺寸以建筑物首层建筑面积计算。

（2）项目特征包括土壤类别、弃土运距、取土运距。

二、挖一般土方

（1）按设计图示尺寸以体积计算。

（2）挖土方平均厚度应按自然地面测量标高至设计地坪标高间的平均厚度确定。

（3）土方体积应按挖掘前的天然密实体积计算，如需按天然密实体积折算时，应按表 5-3-1系数计算。

（4）桩间挖土不扣除桩的体积，并在项目特征中加以描述。

表 5-3-1　土方体积折算系数表

天然密实度体积	虚方体积	夯实后体积	松填体积
0.77	1.00	0.67	0.83
1.00	1.30	0.87	1.08
1.15	1.50	1.00	1.25
0.92	1.20	0.80	1.00

三、挖沟槽土方、挖基坑土方

按设计图示尺寸以基础垫层底面积乘以挖土深度按体积计算。基础土方开挖深度应按基础垫层底表面标高至交付施工场地标高确定，无交付施工场地标高时，应按自然地面标高确定。

四、冻土开挖

按设计图示尺寸开挖面积乘以厚度以体积计算。

五、挖淤泥、流砂

按设计图示位置、界限以体积计算。挖方出现流砂、淤泥时，如设计未明确，在编制工程量清单时，其工程数量可为暂估量，结算时应根据实际情况由发包人与承包人双方现场签证确认工程量。

六、管沟土方

（1）按设计图示以管道中心线长度计算，或按设计图示管底垫层面积乘以挖土深度以体积计算。

（2）无管底垫层按管外径的水平投影面积乘以挖土深度计算。不扣除各类井的长度，井的土方并入。

（3）有管沟设计时，平均深度以沟垫层底面标高至交付施工场地标高计算；无管沟设计时，直埋管深度应按管底外表面标高至交付施工场地标高的平均高度计算。

➤ **注意**：除了“天沟和檐沟”，所有的“沟”都可以以长度来计量。混凝土部分的“天沟和檐沟板”按体积计量，防水部分的“天沟和檐沟”按面积计量。

➤ **考分统计**：统计近 10 年该知识点的考核情况，2012、2013、2014、2015、2016、2017、2018、2019、2020 年进行了考核。考核频次为 90%。其中 2012 年考核一道单选题，2013 年考核两道单选题，一道多选题，2014 年考核一道单选题，2015 年考核两道单选题，2016 年考核一道单选题、一道多选题，2017 年考核一道单选题，2018 年考核一道单选题，2019 年考核一道单选题，2020 年考核一道多选题。

典型例题

[**2017 真题·单选**] 根据《房屋建筑与装饰工程工程量计算规范》(GB/T 50854—2013)，某建筑物场地土方工程，设计基础长 27m，宽 8m，周边开挖深度均为 2m，实际开挖后场地内堆土量为 570m^3，则土方工程量为（　　）。

A. 平整场地 216m^3　　B. 沟槽土方 655m^3

C. 基坑土方 528m^3　　D. 一般土方 438m^3

[**解析**] 沟槽、基坑、一般土方的划分为：底宽≤7m、底长>3 倍底宽为沟槽；底长≤3 倍底宽、底面积≤150m^2 为基坑；超出上述范围则为一般土方。

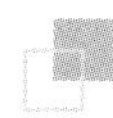

[答案] D

[2016 真题·单选] 根据《房屋建筑与装饰工程工程量计量规范》(GB 50854—2013)，若开挖设计长为 20m、宽为 6m、深度为 0.8m 的土方工程，在清单中列项应为（　　）。

A. 平整场地　　B. 挖沟槽　　C. 挖基坑　　D. 挖一般土方

[解析] 沟槽、基坑、一般土方的划分为：底宽≤7m、底长＞3 倍底宽为沟槽；底长≤3 倍底宽、底面积≤150m² 为基坑；超出上述范围则为一般土方。

[答案] B

[2015 真题·单选] 根据《房屋建筑与装饰工程工程量计算规范》(GB 50854—2013) 规定，关于土方的项目列项或工程量计算正确的为（　　）。

A. 建筑物场地厚度为 350mm 的挖土应按平整场地项目列项

B. 挖一般土方的工程量通常按开挖虚方体积计算

C. 基础土方开挖需区分沟槽、基坑和一般土方项目分别列项

D. 冻土开挖工程量按虚方体积计算

[解析] 建筑物场地厚度≤±300mm 的挖、填、运、找平，应按平整场地项目编码列项。厚度＞±300mm 的竖向布置挖土或山坡切土应按一般土方项目编码列项，故选项 A 错误。挖一般土方按设计图示尺寸以体积计算，土石方体积应按挖掘前的天然密实体积计算，故选项 B 错误。冻土按设计图示尺寸开挖面积乘以厚度以体积计算，故选项 D 错误。

[答案] C

[2015 真题·单选] 某管沟工程，设计管底垫层宽度为 2000mm，开挖深度为 2.00m，管径为 1200mm，工作面宽为 400mm，管道中心线长为 180m，管沟土方工程量计量正确的为（　　）。

A. 432m³　　B. 576m³　　C. 720m³　　D. 1008m³

[解析] 管沟土方按设计图示以管道中心线长度计算，或按设计图示管底垫层面积乘以挖土深度以体积计算。无管底垫层按管外径的水平投影面积乘以挖土深度计算。不扣除各类井的长度，井的土方并入。管沟土方工程计量＝2×180×2＝720 (m³)。

[答案] C

[2014 真题·单选] 某建筑工程挖土方工程量需要通过现场签证核定，已知用斗容量为 1.5m³ 的轮胎式装载机运土 500 车，则挖土工程量应为（　　）。

A. 501.92m³　　B. 576.92m³　　C. 623.15m³　　D. 750.00m³

[解析] 根据土方体积折算系数表可知，虚方和天然密实体积转换系数为 1.30。本题中天然密实体积＝500×1.5/1.3＝576.92 (m³)。

[答案] B

[2013 真题·单选] 根据《房屋建筑与装饰工程工程量计算规范》(GB 50854—2013)，当建筑物外墙砖基础垫层底宽为 850mm，基槽挖土深度为 1600mm，设计中心线长为 40000mm，土层为三类土，放坡系数为 1∶0.33，则此外墙基础人工挖沟槽工程量应为（　　）。

A. 34m³　　B. 54.4 m³　　C. 88.2 m³　　D. 113.8m³

[解析] 挖沟槽土方、挖基坑土方按设计图示尺寸以基础垫层底面积乘以挖土深度计算。人工挖沟槽工程量＝0.85×40×1.6＝54.40 (m³)。

[答案] B

［**2016 真题·多选**］根据《房屋建筑与装饰工程工程量计算规范》（GB 50854—2013），关于土方工程量计算与项目列项，说法正确的有（　　）。

A. 建筑物场地挖、填厚度≤±300mm 的挖土应按一般土方项目编码列项

B. 平整场地工程量按设计图示尺寸以建筑物首层建筑面积计算

C. 挖一般土方应按设计图示尺寸以挖掘前天然密实体积计算

D. 挖沟槽土方工程量按沟槽设计图示中心线长度计算

E. 挖基坑土方工程量按设计图示尺寸以体积计算

［**解析**］建筑物场地挖、填厚度≤±300mm 的挖土应按平整场地项目编码列项，选项 A 错误。挖沟槽土方工程量应按计图示尺寸以基础垫层底面积乘以挖土深度计算，选项 D 错误。

［**答案**］BCE

［**2013 真题·多选**］根据《房屋建筑与装饰工程工程量计算规范》（GB 50854—2013），关于管沟土方工程量计算的说法，正确的有（　　）。

A. 按管沟宽乘以深度再乘以管道中心线长度计算

B. 按设计管道中心线长度计算

C. 按设计管底垫层面积乘以深度计算

D. 按管道外径水平投影面积乘以深度计算

E. 按管沟开挖断面乘以管道中心线长度计算

［**解析**］管沟土方按设计图示以管道中心线长度计算，或按设计图示管底垫层面积乘以挖土深度以体积计算。无管底垫层按管外径的水平投影面积乘以挖土深度计算。不扣除各类井的长度，井的土方并入。

［**答案**］BCD

知识点 2　石方工程（编码：010102）

石方工程内容见图 5-3-2。

石方工程
- （1）挖一般石方 ⟶ 厚度>±300mm的竖向布置挖石或山坡凿石应按挖一般石方项目编码列项
- （2）挖沟槽石方、挖基坑石方 ⟶ ①沟槽：底宽≤7m且底长>3倍底宽；②基坑：底长≤3倍底宽且底面积≤150m²；③超出上述范围则为一般石方
- （3）挖管沟石方

图 5-3-2　石方工程内容

一、挖一般石方

（1）按设计图示尺寸以体积计算。

（2）挖石方应按自然地面测量标高至设计地坪标高的平均厚度确定。

（3）弃渣运距可以不描述，但应注明由投标人根据施工现场实际情况自行考虑，决定报价。

（4）石方体积应按挖掘前的天然密实体积计算，非天然密实折算系数见表 5-3-2。

表 5-3-2　石方体积折算系数

石方类别	天然密实度体积	虚方体积	松填体积	码方
石方	0.65	1.00	0.85	—
	0.76	1.18	1.00	
	1.00	1.54	1.31	
块石	1.00	1.75	1.43	1.67
砂夹石	1.00	1.07	0.94	—

二、挖沟槽（基坑）石方

按设计图示尺寸沟槽（基坑）底面积乘以挖石深度以体积计算。

三、管沟石方

（1）按设计图示以管道中心线长度计算，或按设计图示截面积乘以长度以体积计算。

（2）有管沟设计时，平均深度以沟垫层底面标高至交付施工场地标高计算；无管沟设计时，直埋管深度应按管底外表面标高至交付施工场地标高的平均高度计算。

➤ **考分统计**：统计近 10 年该知识点的考核情况，2014、2015、2016、2017、2019 年进行了考核。考核频次为 50%。其中 2014 年考核一道单选题，2015 年考核一道单选题，2016 年考核一道单选题，2017 年考核一道多选题，2019 年考核一道单选题。

典型例题

［**2019 真题 · 单选**］某较为平整的软岩施工场地，设计长度为 30m，宽为 10m，开挖深度为 0.8m，根据《房屋建筑与装饰工程工程量计算规范》（GB 50854—2013），开挖石方清单工程量为（　　）。

A. 沟槽石方工程量 300m³　　B. 基坑石方工程量 240m³

C. 管沟石方工程量 30m　　D. 一般石方工程量 240m³

［**解析**］沟槽、基坑、一般石方的划分为：底宽小于或等于 7m 且底长大于 3 倍底宽为沟槽；底长小于或等于 3 倍底宽且底面积小于或等于 150m² 为基坑；超出上述范围则为一般石方。

［**答案**］D

知识点 3　回填（编码：010103）

一、回填方

（1）按设计图示尺寸以体积计算。不同回填类型的计算规则见表 5-3-3。

表 5-3-3　不同回填类型的计算规则

回填类型	计算规则
场地回填	回填面积乘以平均回填厚度
室内回填	主墙间净面积乘以回填厚度，不扣除间隔墙
基础回填	挖方清单项目工程量减去自然地坪以下埋设的基础体积（包括基础垫层及其他构筑物）

（2）回填土方项目特征包括密实度要求、填方材料品种、填方粒径要求、填方来源及运距。

二、余方弃置

（1）按挖方清单项目工程量减利用回填方体积（正数）计算。

（2）项目特征包括废弃料品种、运距。

➢ **考分统计**：统计近10年该知识点的考核情况，2014、2015、2016、2017、2021年进行了考核。考核频次为50%。其中2014年考核一道多选题，2015年考核一道单选题、一道多选题，2016年考核一道单选题，2017年考核一道多选题，2021年考核一道单选题。

典型例题

［**2016真题·单选**］根据《房屋建筑与装饰工程工程量计算规范》（GB 50854—2013），关于土石方工程量计算，说法正确的是（　　）。

A. 回填土方项目特征应包括填方来源及运距

B. 室内回填应扣除间隔墙所占体积

C. 场地回填按设计回填尺寸以面积计算

D. 基础回填不扣除基础垫层所占体积

［**解析**］场地回填：回填面积乘以平均回填厚度；室内回填：主墙间净面积乘以回填厚度，不扣除间隔墙；基础回填：挖方清单项目工程量减去自然地坪以下埋设的基础体积（包括基础垫层及其他构筑物）。回填土方项目特征包括密实度要求、填方材料品种、填方粒径要求、填方来源及运距。

［**答案**］A

［**2015真题·单选**］根据《房屋建筑与装饰工程工程量计算规范》（GB 50854—2013）规定，关于石方的项目列项或工程量计算正确的为（　　）。

A. 山坡凿石按一般石方列项

B. 考虑石方运输，石方体积需折算为虚方体积计算

C. 管沟石方均按一般石方列项

D. 基坑底面积超过120m^2的按一般石方列项

［**解析**］厚度＞±300mm的竖向布置挖石或山坡凿石应按挖一般石方项目编码列项。石方体积应按挖掘前的天然密实体积计算。管沟石方按设计图示以管道中心线长度计算，或按设计图示截面积乘以长度以体积计算。底宽≤7m且底长＞3倍底宽为沟槽；底长≤3倍底宽且底面积≤150m^2为基坑；超出上述范围则为一般石方。

［**答案**］A

［**2015真题·多选**］某坡地建筑基础，设计基底垫层宽为8.0m，基础中心线长为22.0m，开挖深度为1.6m，地基为中等风化软岩，根据《房屋建筑与装饰工程工程量计算规程》（GB 50854—2013）规定，关于基础石方的项目列项或工程量计算正确的有（　　）。

A. 按挖沟槽石方列项

B. 按挖基坑石方列项

C. 按挖一般石方列项

D. 工程量为281.60m^3

E. 工程量为22.00m^3

［**解析**］沟槽、基坑、一般石方的划分为：底宽≤7m且底长＞3倍底宽为沟槽；底长≤3倍底宽且底面积≤150m^2为基坑；超出上述范围则为一般石方。挖一般石方按设计图示尺寸以体积计算。工程量＝8×22×1.6＝281.60（m^3）。

[答案] CD

[2014 真题·多选] 某工程石方清单为暂估项目，施工过程中需要通过现场签证确认实际完成工程量，挖方全部外运。已知开挖范围为底长 25m、底宽 9m，使用斗容量为 $10m^3$ 的汽车平装外运 55 车，则关于石方清单列项和工程量，说法正确的有（　　）。

A. 按挖一般石方列项

B. 按挖沟槽石方列项

C. 按挖基坑石方列项

D. 工程量 $357.14m^3$

E. 工程量 $550.00m^3$

[解析] 沟槽、基坑、一般石方的划分为：底宽≤7m 且底长>3 倍底宽为沟槽；底长≤3 倍底宽且底面积≤$150m^2$ 为基坑；超出上述范围则为一般石方。$V=550/1.54=357.14$（m^3）。

[答案] AD

知识点 4　地基处理与边坡支护工程（编码：0102）

一、地基处理（编码：010201）

（一）工程量计算规划

地基处理计量规则见表 5-3-4。

表 5-3-4　地基处理计量规则

项目	计量规则
换填垫层	（1）体积 （2）项目特征描述：材料种类及配比、压实系数、掺加剂品种
铺设土工合成材料	面积
预压地基、强夯地基、振冲密实（不填料）	按设计图示处理范围以面积计算
振冲桩（填料）	（1）桩长 （2）体积（设计桩截面乘以桩长） （3）项目特征应描述：地层情况，空桩长度、桩长，桩径，填充材料种类
砂石桩	（1）桩长 （2）体积［设计桩截面乘以桩长（包括桩尖）］
水泥粉煤灰碎石桩、夯实水泥土桩、石灰桩、灰土（土）挤密桩	桩长
深层搅拌桩、粉喷桩、柱锤冲扩桩、高压喷射注浆桩	
注浆地基	（1）以钻孔深度计算 （2）以加固体积计算
褥垫层	（1）面积 （2）体积

（二）相关说明

（1）项目特征中的桩长应包括桩尖，空桩长度＝孔深－桩长，孔深为自然地面至设计桩底的深度。

（2）泥浆护壁成孔，工作内容包括土方、废泥浆外运，如采用沉管灌注成孔，工作内容包括桩尖制作、安装。

二、基坑与边坡支护（编码：010202）

（一）工程量计算规则

基坑与边坡支护计量规则见表 5-3-5。

表 5-3-5 基坑与边坡支护计量规则

项目	计量规则
地下连续墙	墙中心线长乘以厚度乘以槽深以体积计算
咬合灌注桩	（1）桩长（米） （2）数量（根）
圆木桩、预制钢筋混凝土板桩	（1）桩长（米） （2）数量（根）
型钢桩	（1）质量（吨） （2）数量（根）
钢板桩	（1）质量（吨） （2）面积（平方米）：墙中心线长乘以桩长
锚杆（锚索）、土钉	（1）钻孔深度（米） （2）数量（根）
喷射混凝土（水泥砂浆）	面积
钢筋混凝土支撑、钢支撑	（1）钢筋混凝土支撑：体积 （2）钢支撑：质量（不扣除孔眼质量，焊条、铆钉、螺栓等不另增加质量）

（二）相关说明

（1）土钉置入方法包括钻孔置入、打入或射入等。在清单列项时要正确区分锚杆项目和土钉项目。

（2）混凝土种类：指清水混凝土、彩色混凝土等，如在同一地区既使用预拌（商品）混凝土，又允许现场搅拌混凝土时，也应注明（下同）。

（3）地下连续墙和喷射混凝土（砂浆）的钢筋网、咬合灌注桩的钢筋笼及钢筋混凝土支撑的钢筋制作、安装，按“混凝土及钢筋混凝土工程”中相关项目列项。

➢ **考分统计**：统计近 10 年该知识点的考核情况，在 2012、2013、2015、2016、2017、2018、2020、2021 年进行了考核。考核频次为 80%。其中 2012 年考核一道单选题，2013 年考核一道单选题，2015 年考核两道单选题，2016 年考核一道单选题，2017 年考核一道单选题，2018 年考核一道单选题，2020 年考核一道单选题，2021 年考核一道单选题。

典型例题

［**2017 真题·单选**］根据《房屋建筑与装饰工程工程量计算规范》（GB 50854—2013），地基处理工程量计算正确的是（　　）。

A. 换填垫层按设计图示尺寸以体积计算

B. 强夯地基按设计图示处理范围乘以处理深度以体积计算

C. 填料振冲桩以填料体积计算

D. 水泥粉煤灰碎石桩按设计图示尺寸以体积计算

［解析］强夯地基按设计图示处理范围以面积计算，选项 B 错误。振冲桩（填料）以米计量，按设计图示尺寸以桩长计算；以立方米计量，按设计桩截面乘以桩长以体积计算，选项 C 错误。水泥粉煤灰碎石桩以米计量，按设计图示尺寸以桩长（包括桩尖）计算，选项 D 错误。

［答案］A

［2016 真题·单选］根据《房屋建筑与装饰工程工程量计算规范》（GB 50854—2013），关于地基处理，说法正确的是（　　）。

A. 铺设土工合成材料按设计长度计算

B. 强夯地基按设计图示处理范围乘以深度以体积计算

C. 填料振冲桩按设计图示尺寸以体积计算

D. 砂石桩按设计数量以根计算

［解析］铺设土工合成材料按设计图示尺寸以面积计算，选项 A 错误。预压地基、强夯地基、振冲密实（不填料）按设计图示处理范围以面积计算，选项 B 错误。砂石桩按设计图示尺寸以桩长（包括桩尖）计算或按设计桩截面乘以桩长（包括桩尖）以体积计算，选项 D 错误。

［答案］C

［2015 真题·单选］根据《房屋建筑与装饰工程工程量计算规范》（GB 50854—2013）规定，关于地基处理工程量计算正确的为（　　）。

A. 振冲桩（填料）按设计图示处理范围以面积计算

B. 砂石桩按设计图示尺寸以桩长（不包括桩尖）计算

C. 水泥粉煤灰碎石桩按设计图示尺寸以体积计算

D. 深层搅拌桩按设计图示尺寸以桩长计算

［解析］振冲桩（填料）以米计量，按设计图示尺寸以桩长计算，选项 A 错误；以立方米计量，按设计桩截面乘以桩长以体积计算。砂石桩按设计图示尺寸以桩长（包括桩尖）计算，选项 B 错误；以立方米计量，按设计桩截面乘以桩长（包括桩尖）以体积计算。水泥粉煤灰碎石桩按设计图示尺寸以桩长（包括桩尖）计算，选项 C 错误。

［答案］D

［2015 真题·单选］根据《房屋建筑与装饰工程工程量计算规范》（GB 50854—2013）规定，关于基坑支护工程量计算正确的为（　　）。

A. 地下连续墙按设计图示墙中心线长度以米计算

B. 预制钢筋混凝土板桩按设计图示数量以根计算

C. 钢板桩按设计图示数量以根计算

D. 喷射混凝土按设计图示面积乘以喷层厚度以体积计算

［解析］地下连续墙按设计图示墙中心线长乘以厚度乘以槽深以体积计算，选项 A 错误。钢板桩以吨计量，按设计图示尺寸以质量计算；以平方米计量，按设计图示墙中心线长乘以桩长以面积计算，选项 C 错误。喷射混凝土按设计图示尺寸以面积计算，选项 D 错误。

［答案］B

知识点 5 桩基础工程（编码：0103）

一、打桩（编码：010301）

（一）工程量计算规则

打桩计量规则见表 5-3-6。

表 5-3-6 打桩计量规则

项目	计量规则
预制钢筋混凝土方桩，预制钢筋混凝土管桩	桩长（米）、体积（立方米）、数量（根）
钢管桩	（1）质量（吨） （2）数量（根）
截（凿）桩头	（1）体积（立方米）：截面乘以桩头长度 （2）数量（根）

（二）相关说明

（1）打试验桩和打斜桩应按相应项目单独列项，并应在项目特征中注明试验桩或斜桩（斜率）。

（2）打桩的工程内容中包括了接桩和送桩，不需要单独列项，应在综合单价中考虑。截（凿）桩头需要单独列项，同时截（凿）桩头项目适用于“地基处理与边坡支护工程、桩基础工程”所列桩的桩头截（凿）。同时还应注意，桩基础项目（打桩和灌注桩）均未包括承载力检测、桩身完整性检测等内容，相关的费用应单独计算（属于研究试验费的范畴）。

二、灌注桩（编码：010302）

（一）工程量计算规则

灌注桩计量规则见表 5-3-7。

表 5-3-7 灌注桩计量规则

项目	计量规则
泥浆护壁成孔灌注桩、沉管灌注桩、干作业成孔灌注桩	桩长（米）、体积（立方米）、数量（根）
挖孔桩土（石）方	体积：设计图示尺寸（含护壁）截面积乘以挖孔深度
人工挖孔灌注桩	（1）体积：桩芯混凝土体积 （2）根
钻孔压浆桩	（1）桩长（米） （2）数量（根）
灌注桩后压浆	按设计图示以注浆孔数计算

（二）相关说明

（1）项目特征中的桩长应包括桩尖，空桩长度＝孔深－桩长，孔深为自然地面至设计桩底的深度。

（2）项目特征中的桩截面（桩径）、混凝土强度等级、桩类型等可直接用标准图代号或设计桩型进行描述。

➤ **考分统计**：统计近 10 年该知识点的考核情况，2013、2015、2017、2018、2019、2020 年进

行了考核。考核频次为60%。其中2013年考核两道单选题，2015年考核一道单选题，2017年考核一道单选题，2018年考核一道单选题，2019年考核一道单选题，2020年考核一道单选题。

典型例题

[**2017真题·单选**] 根据《房屋建筑与装饰工程工程量计算规范》（GB 50854—2013），打桩工程量计算正确的是（　　）。

A. 打预制钢筋混凝土方桩，按设计图示尺寸桩长以米计算，送桩工程量另计

B. 打预制钢筋混凝土管桩，按设计图示数量以根计算、截桩头工程量另计

C. 钢管桩按设计图示截面积乘以桩长、以实体积计算

D. 钢板桩按不同板幅以设计长度计算

[解析] 预制钢筋混凝土方桩、预制钢筋混凝土管桩以米计量，按设计图示尺寸以桩长（包括桩尖）计算；或以立方米计量，按设计图示截面积乘以桩长（包括桩尖）以实体积计算；或以根计量，按设计图示数量计算，选项A错误，选项B正确。钢管桩以吨计量，按设计图示尺寸以质量计算；以根计量，按设计图示数量计算，选项C错误。钢板桩以吨计量，按设计图示尺寸以质量计算；以平方米计量，按设计图示墙中心线长乘以桩长以面积计算，选项D错误。

[答案] B

[**2015真题·单选**] 根据《房屋建筑与装饰工程工程量计算规范》（GB 50854—2013）规定，关于桩基础的项目列项或工程量计算正确的为（　　）。

A. 预制钢筋混凝土管桩试验桩应在工程量清单中单独列项

B. 预制钢筋混凝土方桩试验桩工程量应并入预制钢筋混凝土方桩项目

C. 现场截凿桩头工程量不单独列项，并入桩工程量计算

D. 挖孔桩土方按设计桩长（包括桩尖）以米计算

[解析] 打试验桩和打斜桩应按相应项目单独列项，选项A正确，选项B错误。截（凿）桩头以立方米计量，按设计桩截面乘以桩头长度以体积计算；以根计量，按设计图示数量计算，选项C错误。挖孔桩土（石）方按设计图示尺寸（含护壁）截面积乘以挖孔深度以体积计算，选项D错误。

[答案] A

知识点 6 砖砌体（编码：010401）

一、工程量计算规则

（一）砖基础

（1）工程量按设计图示尺寸以体积计算。砖基础计量规则见表5-3-8。

表5-3-8 砖基础计量规则

计量规则	内容
扣除	地梁（圈梁）、构造柱所占体积
不扣除	基础大放脚T形接头处的重叠部分（见图5-3-3）及嵌入基础内的钢筋、铁件、管道、基础砂浆防潮层和单个面积≤0.3m²的孔洞所占体积
加	附墙垛基础宽出部分体积（见图5-3-4）
不加	靠墙暖气沟的挑檐

（2）基础长度的确定：外墙基础按外墙中心线，内墙基础按内墙净长线计算。

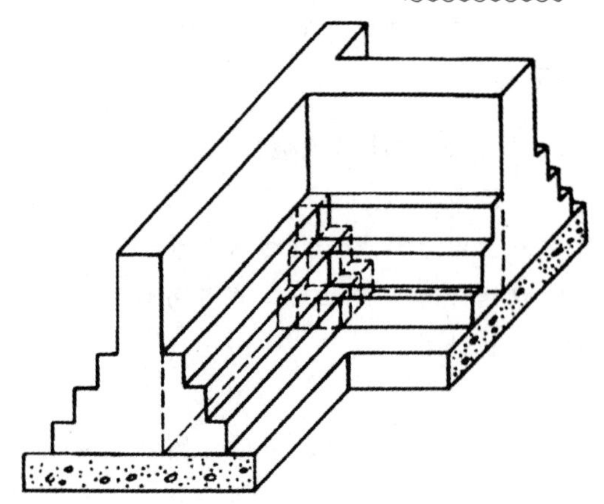

图 5-3-3　基础大放脚 T 形接头处的重叠部分

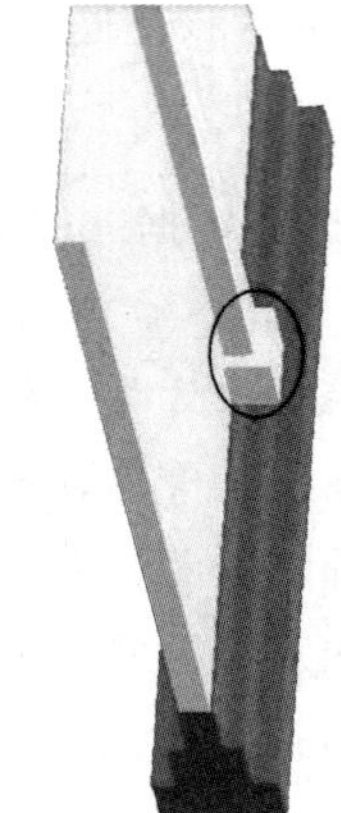

图 5-3-4　附墙垛基础宽出部分

（二）实心砖墙、多孔砖墙、空心砖墙

（1）按设计图示尺寸以体积计算。实心砖墙、多孔砖墙、空心砖墙的计量规则见表5-3-9。

表 5-3-9　实心砖墙、多孔砖墙、空心砖墙的计量规则

计量规则	内容
扣除	门窗、洞口、嵌入墙内的钢筋混凝土柱、梁、圈梁、挑梁、过梁及凹进墙内的壁龛、管槽、暖气槽、消火栓箱所占体积
不扣除	梁头、板头、檩头、垫木、木楞头、沿缘木、木砖、门窗走头、砖墙内加固钢筋、木筋、铁件、钢管及单个面积≤0.3m² 的孔洞所占的体积
加	（1）凸出墙面的砖垛并入墙体体积内计算 （2）附墙烟囱、通风道、垃圾道应按设计图示尺寸以体积（扣除孔洞所占体积）计算并入所依附的墙体体积内
不加	凸出墙面的腰线、挑檐、压顶、窗台线、虎头砖、门窗套的体积亦不增加

1）当设计规定孔洞内需抹灰时，应按“墙、柱面装饰与隔断、幕墙工程”中零星抹灰项目编码列项。

2）框架间墙工程量计算不分内外墙按墙体净尺寸以体积计算。

3）围墙的高度算至压顶上表面（如有混凝土压顶时算至压顶下表面），围墙柱并入围墙体积内计算。

（2）墙长度的确定：外墙按中心线、内墙按净长线计算。

（3）墙高度的确定见表 5-3-10。

表 5-3-10　墙高度的确定

类型	高度的确定
外墙	（1）斜（坡）屋面（见图 5-3-5）无檐口天棚者算至屋面板底 （2）有屋架且室内外均有天棚的（见图 5-3-6）算至屋架下弦底另加 200mm （3）无天棚的（见图 5-3-7）算至屋架下弦底另加 300mm，出檐宽度（见图 5-3-8）超过 600mm 时按实砌高度计算 （4）有钢筋混凝土楼板隔层者算至板顶 （5）平屋顶（见图 5-3-9）算至钢筋混凝土板底

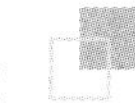

续表

类型	高度的确定
内墙	(1) 位于屋架下弦者，算至屋架下弦底 (2) 无屋架者算至天棚底另加 100mm (3) 有钢筋混凝土楼板隔层者算至楼板顶 (4) 有框架梁时算至梁底
女儿墙	从屋面板上表面算至女儿墙顶面（如有混凝土压顶时算至压顶下表面）
内、外山墙	按其平均高度计算

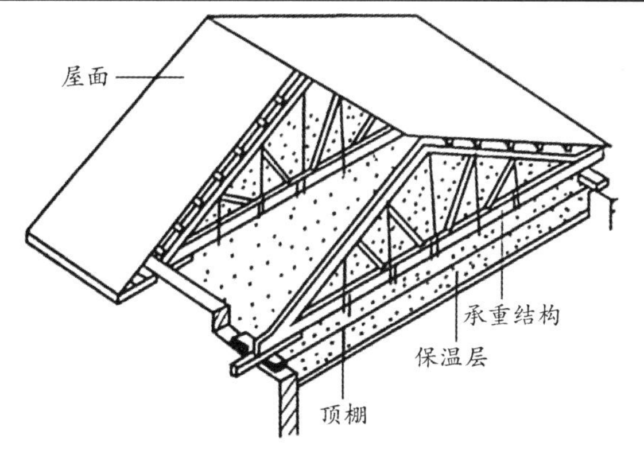

图 5-3-5　坡屋顶的构造

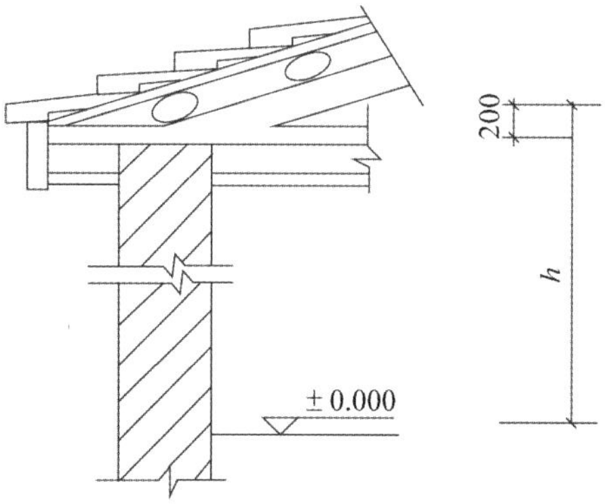

图 5-3-6　坡屋面有天棚

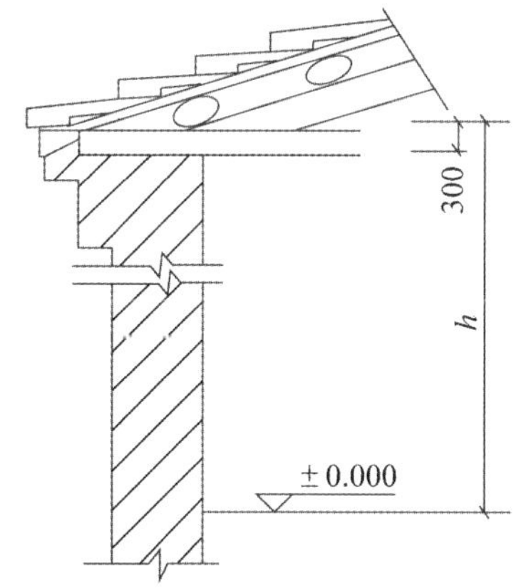

图 5-3-7　坡屋面无天棚

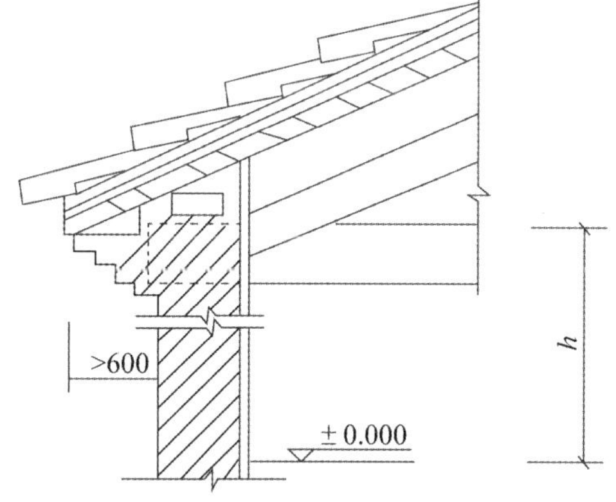

图 5-3-8　出檐宽度

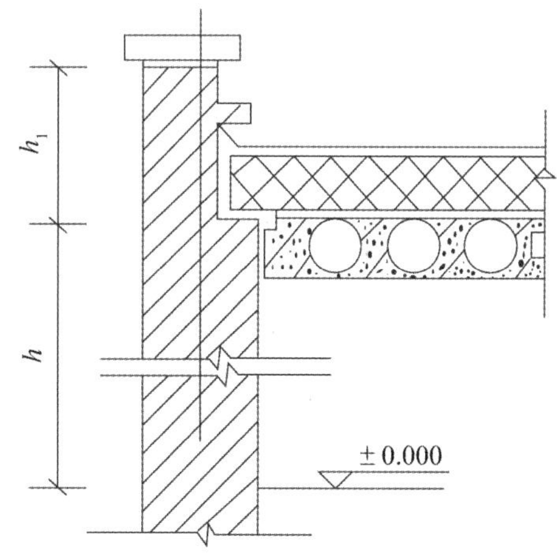

图 5-3-9　平屋顶

（三）空斗墙、空花墙、填充墙

空斗墙、空花墙、填充墙计量规则见表5-3-11。

表5-3-11　空斗墙、空花墙、填充墙计量规则

类型	计量规则
空斗墙（见图5-3-10）	(1) 按设计图示尺寸以空斗墙外形体积计算 (2) 墙角、内外墙交接处、门窗洞口立边、窗台砖、屋檐处的实砌部分体积并入空斗墙体积内
空花墙（见图5-3-11）	按设计图示尺寸以空花部分外形体积计算，不扣除空洞部分体积
填充墙	按设计图示尺寸以填充墙外形体积计算

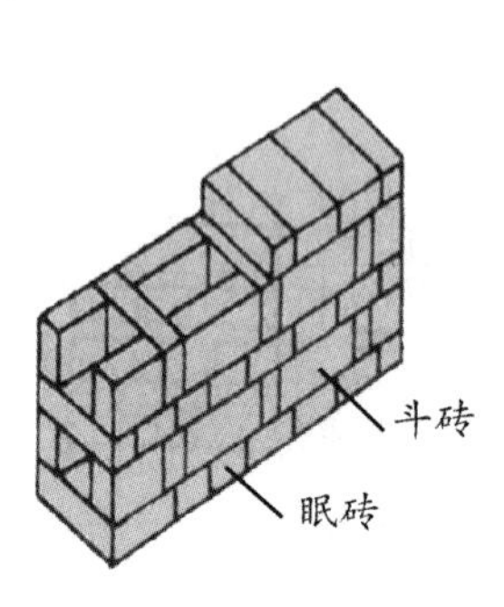

图5-3-10　空斗墙

图5-3-11　空花墙

（四）实心砖柱、多孔砖柱

(1) 按设计图示尺寸以体积计算。

(2) 扣除混凝土及钢筋混凝土梁垫、梁头、板头所占体积。

（五）砖检查井、散水、地坪、地沟、明沟、砖砌挖孔桩护壁

砖检查井、散水、地坪、地沟、明沟、砖砌挖孔桩护壁计量规则见表5-3-12。

表5-3-12　砖检查井、散水、地坪、地沟、明沟、砖砌挖孔桩护壁计量规则

项目	计量规则
砖检查井	以座为单位，按设计图示数量计算
砖散水、地坪	面积
砖地沟、明沟	中心线长度
砖砌挖孔桩护壁	体积

（六）零星砌砖

(1) 框架外表面的镶贴砖部分，按零星项目编码列项。空斗墙的窗间墙、窗台下、楼板下、梁头下等的实砌部分，台阶、台阶挡墙、梯带、锅台、炉灶、蹲台、池槽、池槽腿、砖胎模、花台、花池、楼梯栏板、阳台栏板、地垄墙、小于或等于0.3m²的孔洞填塞等。按零星砌砖项目编码列项。

(2) 工程量计算的四种情况见表5-3-13。

表 5-3-13　工程量计算的四种情况

单位	工程
立方米 （按设计图示尺寸截面积乘以长度计算）	其他工程
平方米 （按设计图示尺寸水平投影面积计算）	砖砌台阶
米 （按设计图示尺寸长度计算）	小便槽、地垄墙
个 （按设计图示数量计算）	砖砌锅台、炉灶

二、相关说明

（1）砖砌体勾缝按墙面抹灰中“墙面勾缝”项目编码列项，实心砖墙、多孔砖墙、空心砖墙等项目工作内容中不包括勾缝，包括刮缝。

（2）标准砖尺寸应为 240mm×115mm×53mm，标准砖墙厚度应按表 5-3-14 计算。

表 5-3-14　标准砖墙厚度

砖数/厚度	1/4	1/2	3/4	1	$1\frac{1}{2}$	2	$2\frac{1}{2}$	3
计算厚度/mm	53	115	180	240	365	490	615	740

（3）基础与墙（柱）身的划分：

1）基础与墙（柱）身使用同一种材料时，以设计室内地面为界（有地下室者，以地下室室内设计地面为界），地面以下为基础，地面以上为墙（柱）身。

2）基础与墙身使用不同材料时，位于设计室内地面高度≤±300mm 时，以不同材料为分界线；高度>±300mm 时，以设计室内地面为分界线。

3）砖围墙应以设计室外地坪为界，以下为基础，以上为墙身。基础和墙见图 5-3-12。

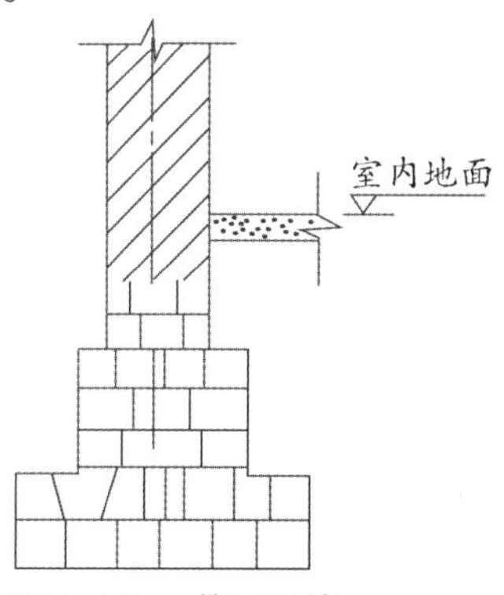

图 5-3-12　基础和墙

➤ **考分统计**：统计近 10 年该知识点的考核情况，2012、2013、2015、2016、2017、2020、2021 年进行了考核。考核频次为 70%。其中 2012 年考核一道单选题，2013 年考核一道单选题，2015 年考核一道单选题，2016 年考核一道单选题，2017 年考核两道单选题，2020 年考核一道单选题，2021 年考核一道单选题、一道多选题。

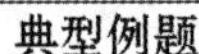

典型例题

[**2021 真题·单选**] 根据《房屋建筑与装饰工程工程量计算规范》，（GB 50854—2013），下列实心砖墙工程量计算方法正确的是（　　）。

A. 不扣除沿缘木、木砖及凹进墙内的暖气槽所占的体积

B. 框架间墙工程量区分内外墙，按墙体净尺寸以体积计算

C. 围墙柱体积并入围墙体积内计算

D. 有混凝土压顶围墙的高度算至压顶上表面

[**解析**] 实心砖墙、多孔砖墙、空心砖墙，按设计图示尺寸以体积“m^3”计算。扣除门窗、洞口、嵌入墙内的钢筋混凝土柱、梁、圈梁、挑梁、过梁及凹进墙内的壁龛、管槽、暖气槽、消火栓箱所占体积，不扣除梁头、板头、檩头、垫木、木楞头、沿缘木、木砖、门窗走头、砖墙内加固钢筋、木筋、铁件、钢管及单个面积≤0.3m^2 的孔洞所占的体积。框架间墙工程量计算不分内外墙，按墙体净尺寸以体积计算。围墙的高度算至压顶上表面（如有混凝土压顶时算至压顶下表面），围墙柱并入围墙体积内计算。

[**答案**] C

[**2017 真题·单选**] 根据《房屋建筑与装饰工程工程量计算规范》（GB 50854—2013），砖基础工程量计算正确的是（　　）。

A. 外墙基础断面积（含大放脚）乘以外墙中心线长度以体积计算

B. 内墙基础断面积（大放脚部分扣除）乘以内墙净长线以体积计算

C. 地圈梁部分体积并入基础计算

D. 靠墙暖气沟挑檐体积并入基础计算

[**解析**] 砖基础工程量按设计图示尺寸以体积计算，包括附墙垛基础宽出部分体积，扣除地梁（圈梁）、构造柱所占体积，不扣除基础大放脚T形接头处的重叠部分及嵌入基础内的钢筋、铁件、管道、基础砂浆防潮层和单个面积≤0.3m^2的孔洞所占体积，靠墙暖气沟的挑檐不增加。

[**答案**] A

[**2017 真题·单选**] 根据《房屋建筑与装饰工程工程量计算规范》（GB 50854—2013），实心砖墙工程量计算正确的是（　　）。

A. 凸出墙面的砖垛单独列项

B. 框架梁间内墙按梁间墙体积计算

C. 围墙扣除柱所占体积

D. 平屋顶外墙算至钢筋混凝土板顶面

[**解析**] 凸出墙面的砖垛并入墙体体积内计算，选项故A错误。围墙柱并入围墙体积内计算，选项C错误。平屋顶外墙算至钢筋混凝土板底面，选项D错误。

[**答案**] B

[**2016 真题·单选**] 根据《房屋建筑与装饰工程工程量计算规范》（GB 50854—2013），关于砌墙工程量计算，说法正确的是（　　）。

A. 扣除凹进墙内的管槽，暖气槽所占体积

B. 扣除伸入墙内的梁头、板头所占体积

C. 扣除凸出墙面砖垛体积

D. 扣除檩头、垫木所占体积

[**解析**] 砖墙按设计图示尺寸以体积计算。扣除门窗、洞口、嵌入墙内的钢筋混凝土柱、梁、圈梁、挑梁、过梁及凹进墙内的壁龛、管槽、暖气槽、消火栓箱所占体积。不扣除梁头、板头、檩头、垫木、木楞头、沿缘木、木砖、门窗走头、砖墙内加固钢筋、木筋、铁件、钢管及单个面积≤0.3m^2的孔洞所占的体积。凸出墙面的砖垛并入墙体体积内计算。

[**答案**] A

[**2015 真题·单选**] 根据《房屋建筑与装饰工程工程量计算规范》(GB 50854—2013) 规定，关于砌块墙高度计算正确的为（　　）。

A. 外墙从基础顶面算至平屋面板底面

B. 女儿墙从屋面板顶面算至压顶顶面

C. 围墙从基础顶面算至混凝土压顶上表面

D. 外山墙从基础顶面算至山墙最高点

[**解析**] 女儿墙从屋面板上表面算至女儿墙顶面（如有混凝土压顶时算至压顶下表面），选项B错误。砖围墙应以设计室外地坪为界，以下为基础，以上为墙身，选项C错误。外山墙按其平均高度计算，选项D错误。

[**答案**] A

[**2013 真题·单选**] 根据《房屋建筑与装饰工程量计算规范》(GB 50854—2013)，关于砖砌体工程量计算的说法，正确的是（　　）。

A. 空斗墙按设计尺寸以墙体外形体积计算，其中门窗洞口立边的实砌部分不计入

B. 空花墙按设计尺寸以墙体外形体积计算，其中空洞部分体积应予以扣除

C. 实心砖柱按设计尺寸以柱体积计算，钢筋混凝土梁垫、梁头所占体积应予以扣除

D. 空心砖围墙中心线长乘以高以面积计算

[**解析**] 空斗墙按设计图示尺寸以空斗墙外形体积计算。墙角、内外墙交接处、门窗洞口立边、窗台砖、屋檐处的实砌部分体积并入空斗墙体积内。空花墙按设计图示尺寸以空花部分外形体积计算，不扣除空洞部分体积。实心砖柱按设计图示尺寸以体积计算。扣除混凝土及钢筋混凝土梁垫、梁头、板头所占体积。

[**答案**] C

[**经典例题·单选**] 已知某砖外墙中心线总长 60m，设计采用毛石混凝土基础，基础底层标高−1.4m，毛石混凝土与砖砌筑的分界面标高−0.24m，室内地坪±0.00m，墙顶面标高3.3m、厚0.37m，按照《建设工程工程量清单计价规范》计算规则，则砖墙工程量为（　　）。

A. 67.93m^3　　B. 73.26m^3　　C. 78.59m^3　　D. 104.34m^3

[**解析**] 墙体工程量＝墙长×墙厚×墙高。砖墙工程量＝60×0.37×（3.3＋0.24）＝78.588（m^3）。

[**答案**] C

知识点 7 砌块砌体（编码：010402）

一、工程量计算规则

（1）砌块墙，同实心砖墙的工程量计算规则。项目特征描述：砌块品种、规格、强度等级；墙体类型；砂浆强度等级。

（2）砌块柱，按设计图示尺寸以体积计算。扣除混凝土及钢筋混凝土梁垫、梁头、板头所占体积。

二、相关说明

（1）砌体内加筋、墙体拉结的制作、安装，应按“混凝土及钢筋混凝土工程”中相关项目编码列项。

（2）砌块排列应上、下错缝搭砌，如果搭错缝长度满足不了规定的压搭要求，应采取压砌钢筋网片的措施，具体构造要求按设计规定。若设计无规定时，应注明由投标人根据工程实际情况自行考虑；钢筋网片按“混凝土及钢筋混凝土工程”中相应编码列项。

（3）砌块砌体中工作内容包括了勾缝。

（4）砌体垂直灰缝宽大于 30mm 时，采用 C20 细石混凝土灌实。灌注的混凝土应按“混凝土及钢筋混凝土工程”相关项目编码列项。

知识点 8 石砌体（编码：010403）

石基础、石勒脚、石墙的划分：基础与勒脚应以设计室外地坪为界。勒脚与墙身应以设计室内地面为界。石围墙内外地坪标高不同时，应以较低地坪标高为界，以下为基础；内外标高之差为挡土墙时，挡土墙以上为墙身。

（1）石基础。

1）工程量按设计图示尺寸以体积计算。

2）包括附墙垛基础宽出部分体积。

3）不扣除基础砂浆防潮层及单个面积小于或等于 0.3m^2 的孔洞所占体积。

4）靠墙暖气沟的挑檐不增加。

5）基础长度：外墙按中心线、内墙按净长线计算。

（2）石勒脚。

1）工程量按设计图示尺寸以体积计算。

2）扣除单个面积大于 0.3m^2 的孔洞所占体积。

（3）石挡土墙。

1）工程量按设计图示尺寸以体积计算。

2）石梯膀应按石挡土墙项目编码列项。石台阶见图 5-3-13。

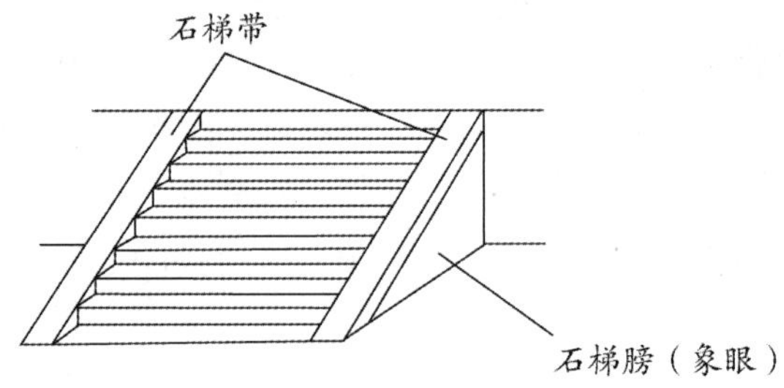

图 5-3-13　石台阶

（4）石栏杆。

1）工程量按设计图示以长度计算。

2）石栏杆项目适用于无雕饰的一般石栏杆。

（5）石护坡。工程量按设计图示尺寸以体积计算。

（6）石台阶。工程量按设计图示尺寸以体积计算。

（7）石坡道。工程量按设计图示尺寸以水平投影面积计算。

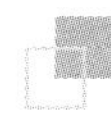

（8）石地沟、明沟。工程量按设计图示尺寸以中心线长度计算。

➤ **总结**：石砌体工程量计算规则见表 5-3-15。

表 5-3-15　石砌体工程量计算规则

类型	计量规则
石基础、石勒脚、石挡土墙、石护坡、石台阶	体积
石栏杆	长度
石坡道	水平投影面积
石地沟、明沟	中心线长度

➤ **考分统计**：统计近 10 年该知识点的考核情况，2013、2015、2018、2020、2021 年进行了考核。考核频次为 50%。其中 2013 年考核一道单选题，2015 年考核一道单选题，2018、2020 年各考核一道单选题，2021 年考核一道单选题。

典型例题

[**2020 真题·单选**] 根据《房屋建筑与装饰工程工程量计算规范》（GB 50854—2013），石砌体工程量计算正确的为（　　）。

A. 石台阶项目包括石梯带和石梯膀

B. 石坡道按设计图示尺寸以水平投影面积计算

C. 石护坡按设计图示尺寸以垂直投影面积计算

D. 石挡土墙按设计图示尺寸以挡土面积计算

[**解析**] 石台阶项目包括石梯带（垂带），不包括石梯膀，选项 A 错误。石护坡，按设计图示尺寸以体积“m^3”计算，选项 C 错误。石挡土墙，按设计图示尺寸以体积“m^3”计算，选项 D 错误。

[**答案**] B

[**2015 真题·单选**] 根据《房屋建筑与装饰工程工程量计算规范》（GB 50854—2013）规定，关于石砌体工程量计算正确的为（　　）。

A. 挡土墙按设计图示中心线长度计算

B. 勒脚工程量按设计图示尺寸以延长米计算

C. 石围墙内外地坪标高之差为挡土墙墙高时，墙身与基础以较低地坪标高为界

D. 石护坡工程量按设计图示尺寸以体积计算

[**解析**] 石挡土墙工程量按设计图示尺寸以体积计算，选项 A 错误。石勒脚工程量按设计图示尺寸以体积计算，选项 B 错误。石围墙内外地坪标高不同时，应以较低地坪标高为界，以下为基础；内外标高之差为挡土墙时，挡土墙以上为墙身，选项 C 错误。

[**答案**] D

知识点 9　垫层（编码：010404）

（1）除混凝土垫层外，没有包括垫层要求的清单项目应按该垫层项目编码列项，例如灰土垫层、碎石垫层、毛石垫层等。

（2）其工程量按设计图示尺寸以体积计算。

➤ **考分统计**：统计近 10 年该知识点的考核情况，2017 年考核一道单选题。考核频次为 10%。

典型例题

[**2017真题·单选**] 根据《房屋建筑与装饰工程工程量计算规范》（GB 50854—2013），砌筑工程垫层工程量应（　　）。

A. 按基坑（槽）底设计图示尺寸以面积计算

B. 按垫层设计宽度乘以中心线长度以面积计算

C. 按设计图示尺寸以体积计算

D. 按实际铺设垫层面积计算

[**解析**] 除混凝土垫层外，没有包括垫层要求的清单项目应按该垫层项目编码列项，例如灰土垫层、碎石垫层、毛石垫层。其工程量按设计图示尺寸以体积计算。

[**答案**] C

知识点 10 混凝土及钢筋混凝土工程

在计算现浇或预制混凝土和钢筋混凝土构件工程量时，不扣除构件内钢筋、螺栓、预埋铁件、张拉孔道所占体积，但应扣除劲性骨架的型钢所占体积。

知识点 11 现浇混凝土基础（编码：010501）

现浇混凝土基础包括垫层、带形基础、独立基础、满堂基础、桩承台基础、设备基础等项目。

（1）按设计图示尺寸以体积计算。

（2）不扣除构件内钢筋、预埋铁件和伸入承台基础的桩头所占体积。

（3）项目特征包括混凝土种类、混凝土的强度等级。

（4）垫层项目适用于基础现浇混凝土垫层；有肋带形基础、无肋带形基础应分册编码列项，并注明肋高；箱式满堂基础及框架式设备基础中柱、梁、墙、板按现浇混凝土柱、梁、墙、板分别编码列项；箱式满堂基础底板按满堂基础项目列项，框架设备基础的基础部分按设备基础列项。

（5）混凝土项目的工作内容中列出了模板及支架（撑）的内容，即模板及支架（撑）的价格可以综合到相应混凝土项目的综合单价中，也可以在措施项目中单独列项计算工程量。

➤ **考分统计**：统计近10年该知识点的考核情况，2015年考核一道单选题。考核频次为10%。

典型例题

[**2015真题·单选**] 根据《房屋建筑与装饰工程工程量计算规范》（GB 50854—2013）规定，关于现浇混凝土基础的项目列项或工程量计算正确的为（　　）。

A. 箱式满堂基础中的墙按现浇混凝土墙列项

B. 箱式满堂基础中的梁按满堂基础列项

C. 框架式设备基础的基础部分按现浇混凝土墙列项

D. 框架式设备基础的柱和梁按设备基础列项

[**解析**] 箱式满堂基础及框架式设备基础中柱、梁、墙、板按现浇混凝土柱、梁、墙、板分别编码列项；箱式满堂基础底板按满堂基础项目列项，框架设备基础的基础部分按设备基础列项。

[**答案**] A

知识点 12 现浇混凝土柱（编码：010502）

扫码听课

现浇混凝土柱包括矩形柱、构造柱、异形柱等项目。按设计图示尺寸以体积计算。

（1）柱高计算规则见表 5-3-16。

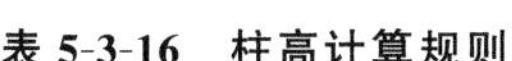
表 5-3-16　柱高计算规则

类型	计算规则
有梁板的柱高（见图 5-3-14）	自柱基上表面（或楼板上表面）至上一层楼板上表面之间的高度计算
无梁板的柱高（见图 5-3-15）	自柱基上表面（或楼板上表面）至柱帽下表面之间的高度计算
框架柱的柱高（见图 5-3-16）	自柱基上表面至柱顶高度计算
构造柱（见图 5-3-17）	按全高计算，嵌接墙体部分并入柱身体积

（2）依附柱上的牛腿和升板的柱帽，并入柱身体积计算。带牛腿的现浇混凝土柱高示意图见图 5-3-18。

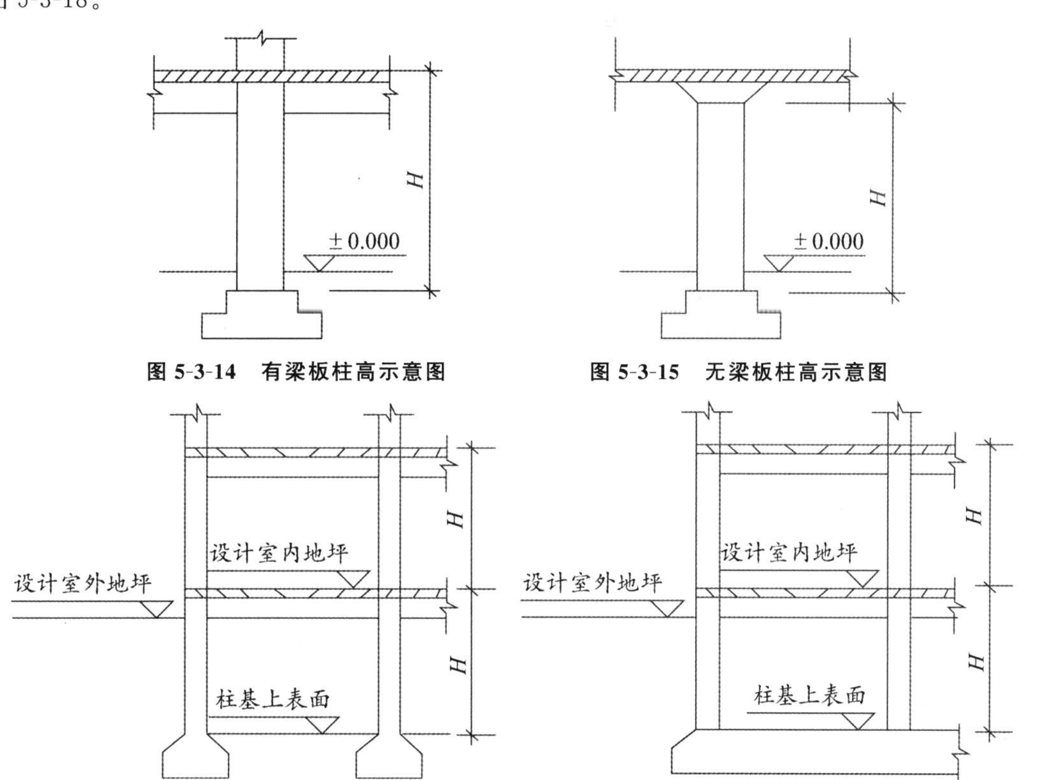

图 5-3-14　有梁板柱高示意图　　图 5-3-15　无梁板柱高示意图

图 5-3-16　框架柱高示意图

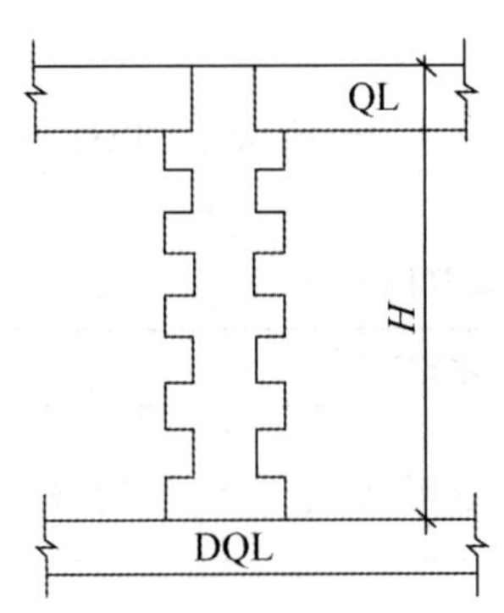

图 5-3-17　构造柱高示意图

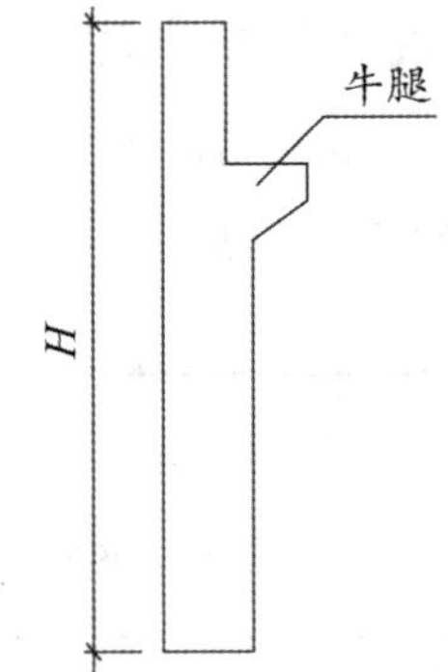

图 5-3-18　带牛腿的现浇混凝土柱高示意图

➤ **考分统计**：统计近 10 年该知识点的考核情况，2013、2014、2015、2016、2017、2021 年进行了考核。考核频次为 60%。其中 2013 年考核一道单选题，2014 年考核一道单选题，2015 年考核一道单选题，2016 年考核一道单选题，2017 年考核一道单选题，2021 年考核一道单选题。

典型例题

［**2021 真题·单选**］根据《房屋建筑与装饰工程工程量计算规范》（GB 50854—2013），关于现浇钢筋混凝土柱工程量计算，下列说法正确的是（　　）。

A. 有梁板的柱高为自柱基上表面至柱顶之间的高度

B. 无梁板的柱高为自柱基上表面至柱帽上表面之间的高度

C. 框架柱的柱高为自柱基上表面至柱顶的高度

D. 构造柱嵌接墙体部分并入墙身体积计算

［**解析**］有梁板的柱高，应自柱基上表面（或楼板上表面）至上一层楼板上表面之间的高度计算。无梁板的柱高，应自柱基上表面（或楼板上表面）至柱帽下表面之间的高度计算。框架柱的柱高应自柱基上表面至柱顶高度计算。构造柱按全高计算，嵌接墙体部分（马牙槎）并入柱身体积。

［**答案**］C

［**2017 真题·单选**］根据《房屋建筑与装饰工程工程量计算规范》（GB 50854—2013），混凝土框架柱工程量应（　　）。

A. 按设计图示尺寸扣除板厚所占部分以体积计算

B. 区别不同截面以长度计算

C. 按设计图示尺寸不扣除梁所占部分以体积计算

D. 按柱基上表面至梁底面部分以体积计算

［**解析**］现浇混凝土柱包括矩形柱、构造柱、异形柱等项目。按设计图示尺寸以体积计算。不扣除构件内钢筋、预埋铁件所占体积。框架柱的柱高应自柱基上表面至柱顶高度计算。

［**答案**］C

［**2016 真题·单选**］根据《房屋建筑与装饰工程工程量计算规范》（GB 50854—2013），关于现浇混凝土柱高计算，说法正确的是（　　）。

A. 有梁板的柱高自楼板上表面至上一层楼板下表面之间的高度计算

B. 无梁板的柱高自楼板上表面至上一层楼板上表面之间的高度计算

C. 框架梁柱的柱高自柱基上表面至柱顶高度减去各层板厚的高度计算

D. 构造柱按全高计算

［**解析**］有梁板的柱高，应自柱基上表面（或楼板上表面）至上一层楼板上表面之间的高度计算，选项 A 错误。无梁板的柱高，应自柱基上表面（或楼板上表面）至柱帽下表面之间的高度计算，选项 B 错误。框架柱的柱高应自柱基上表面至柱顶高度计算，选项 C 错误。
［**答案**］D

知识点 13　现浇混凝土梁（编码：010503）

现浇混凝土梁包括基础梁、矩形梁、异形梁、圈梁、过梁、弧形梁（拱形梁）等项目。

（1）按设计图示尺寸以体积计算。

（2）不扣除构件内钢筋、预埋铁件所占体积，伸入墙内的梁头、梁垫并入梁体积内。

（3）梁长的确定：梁与柱连接时，梁长算至柱侧面（见图 5-3-19）；主梁与次梁连接时，次梁长算至主梁侧面见图 5-3-20。

➤ **记忆**：断梁不断柱，断次梁不断主梁。

（4）圈梁与过梁相连时，应分别列项。当梁与混凝土墙连接时，梁的长度应计算到混凝土墙的侧面。

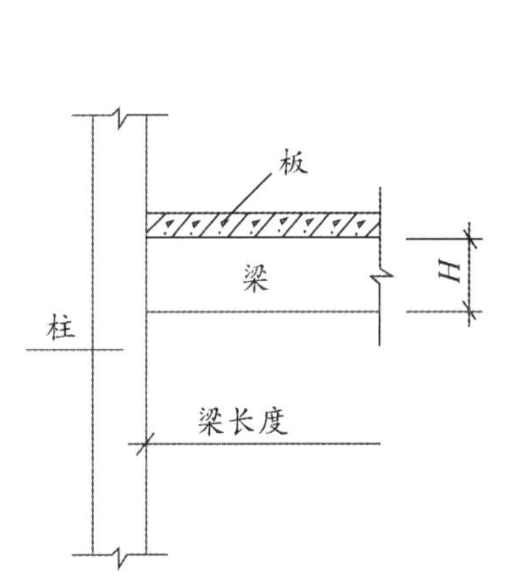

图 5-3-19　梁与柱连接示意图

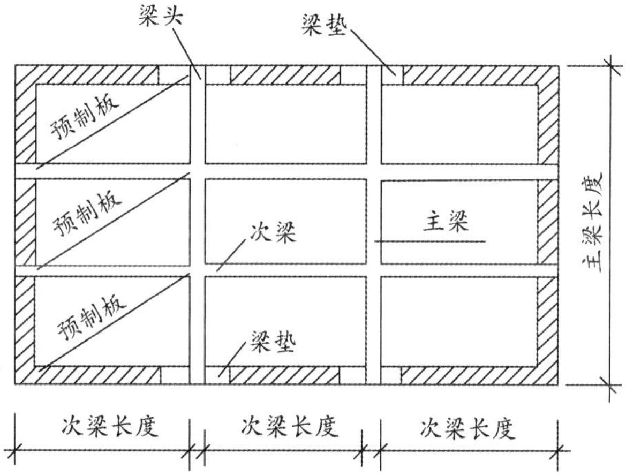

图 5-3-20　主梁与次梁连接示意图

➤ **考分统计**：统计近 10 年该知识点的考核情况，考核频次为 20%。2013 年考核一道单选题，2020 年考核一道单选题。

典型例题

［**2020 真题・单选**］根据《房屋建筑与装饰工程工程量计算规范》（GB 50854—2013），现浇混凝土过梁工程量计算正确的是（　　）。

A. 伸入墙内的梁头计入梁体积

B. 墙内部分的梁垫按其他构件项目列项

C. 梁内钢筋所占体积予以扣除

D. 按设计图示中心线计算

［**解析**］现浇混凝土梁包括基础梁、矩形梁、异型梁、圈梁、过梁、弧形梁（拱形梁）等项目。按设计图示尺寸以体积“m^3”计算，不扣除构件内钢筋、预埋铁件所占体积，伸入墙内的梁头、梁垫并入梁体积内。
［**答案**］A

知识点 14 现浇混凝土墙（编码：010504）

现浇混凝土墙包括直形墙、弧形墙、短肢剪力墙、挡土墙。

（1）按设计图示尺寸以体积计算。

（2）不扣除构件内钢筋，预埋铁件所占体积，扣除门窗洞口及单个面积大于 0.3m^2 的孔洞所占体积，墙垛及突出墙面部分并入墙体体积内计算。

（3）短肢剪力墙是指截面厚度不大于 300mm、各肢截面高度与厚度之比的最大值大于 4 但不大于 8 的剪力墙；各肢截面高度与厚度之比的最大值不大于 4 的剪力墙按柱项目编码列项。

➤ **总结**：柱：高度/厚度≤4。短肢剪力墙：4＜高度/厚度≤8。短肢剪力墙与柱区分见图 5-3-21。

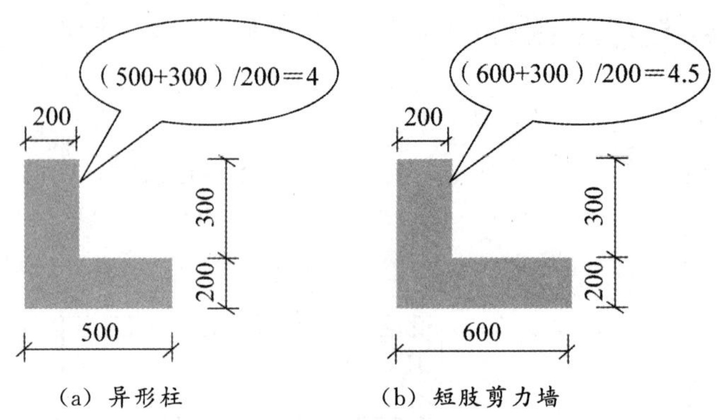

图 5-3-21 短肢剪力墙与柱区分

➤ **考分统计**：统计近 10 年该知识点的考核情况，2014、2017 年进行了考核。考核频次为 20%。其中 2014 年考核一道多选题，2017 年考核一道单选题，2019 年考核一道单选题。

典型例题

［**2019 真题·单选**］根据《房屋建筑与装饰工程工程量计算规范》（GB 50854—2013），现浇混凝土短肢剪力墙工程量计算正确的是（　　）。

A. 短肢剪力墙按现浇混凝土异形墙列项

B. 各肢截面高度与厚度之比大于 5 时，按现浇混凝土矩形柱列项

C. 各肢截面高度与厚度之比小于 4 时，按现浇混凝土墙列项

D. 各肢截面高度与厚度之比为 4.5 时，按短肢剪力墙列项

［**解析**］现浇混凝土墙包括直形墙、弧形墙、短肢剪力墙、挡土墙。短肢剪力墙是指截面厚度不大于 300mm、各肢截面高度与厚度之比的最大值大于 4 但不大于 8 的剪力墙；各肢截面高度与厚度之比的最大值不大于 4 的剪力墙按柱项目编码列项。

［**答案**］D

［**2017 真题·单选**］根据《房屋建筑与装饰工程工程量计算规范》（GB 50854—2013），现浇混凝土墙工程量应（　　）。

A. 扣除突出墙面部分体积

B. 不扣除面积为 0.33m^2 孔洞体积

C. 将伸入墙内的梁头计入

D. 扣除预埋铁件体积

［**解析**］现浇混凝土墙包括直形墙、弧形墙、短肢剪力墙、挡土墙。按设计图示尺寸以体积计算。不扣除构件内钢筋，预埋铁件所占体积，扣除门窗洞口及单个面积大于 0.3m^2 的孔洞所占体积，墙垛及突出墙面部分并入墙体体积内计算。

［**答案**］C

［**2014 真题·多选**］关于现浇混凝土墙工程量计算，说法正确的有（　　）。

A. 一般的短肢剪力墙，按设计图示尺寸以体积计算

B. 直形墙、挡土墙按设计图示尺寸以体积计算

C. 弧形墙按墙厚不同以展开面积计算

D. 墙体工程量应扣除预埋铁件所占体积

E. 墙垛及突出墙面部分的体积不计算

［**解析**］直形墙、弧形墙、挡土墙、短肢剪力墙，按设计图示尺寸以体积计算；不扣除构件内钢筋，预埋铁件所占体积；墙垛及突出墙面部分的体积并入墙体体积计算。

［**答案**］AB

知识点 15　现浇混凝土板（编码：010505）

（1）有梁板（见图 5-3-22）、无梁板（见图 5-3-23）、平板、拱板、薄壳板、栏板。

1）按设计图示尺寸以体积计算。

2）不扣除构件内钢筋、预埋铁件及单个面积小于或等于 $0.3m^2$ 的柱、垛以及孔洞所占体积；压形钢板混凝土楼板扣除构件内压形钢板所占体积。

3）有梁板（包括主、次梁与板）按梁、板体积之和计算。无梁板按板和柱帽体积之和计算。各类板伸入墙内的板头并入板体积内计算。薄壳板的肋、基梁并入薄壳体积内计算。

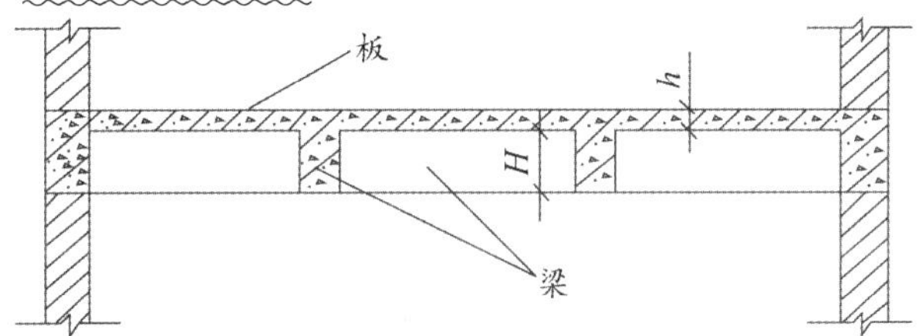

图 5-3-22　有梁板（包括主、次梁与板）

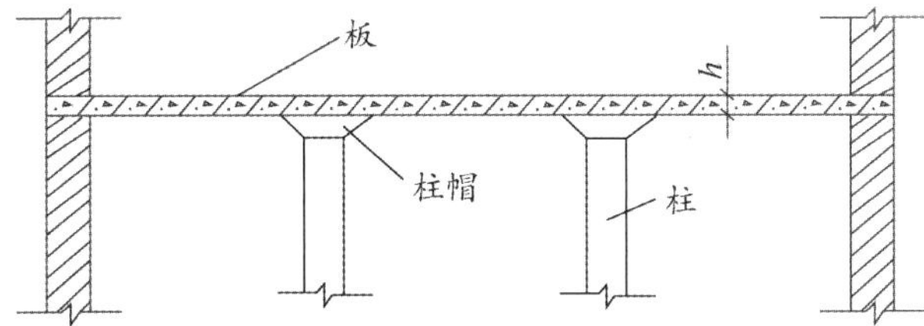

图 5-3-23　无梁板（包括柱帽）

（2）天沟（檐沟）、挑檐板。按设计图示尺寸以体积计算。

（3）雨篷、悬挑板、阳台板。

1）按设计图示尺寸以墙外部分体积计算。包括伸出墙外的牛腿和雨篷反挑檐的体积。

2）现浇挑檐、天沟板、雨篷、阳台与板（包括屋面板、楼板）连接时，以外墙外边线为分界线；与圈梁（包括其他梁）连接时，以梁外边线为分界线，见图 5-3-24。

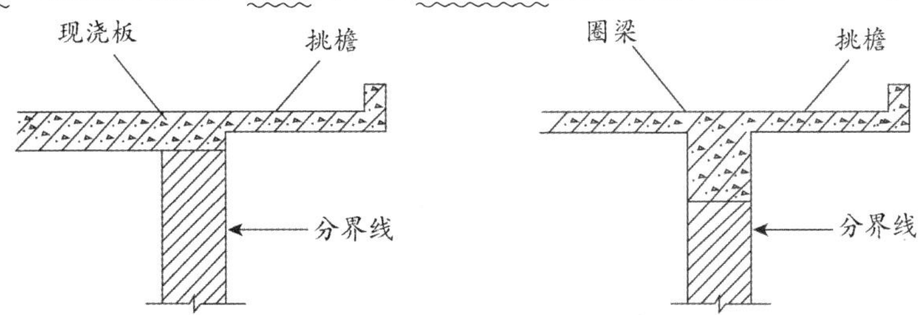

图 5-3-24　现浇混凝土挑檐板分界线示意图

（4）空心板。按设计图示尺寸以体积计算。空心板应扣除空心部分体积。

➤ **考分统计**：统计近 10 年该知识点的考核情况，2012、2013、2017、2019、2020 年进行了考核。考核频次为 50%。其中 2012 年考核一道多选题，2013 年考核一道单选题，2017 年考核一道单选题、一道多选题，2019 年考核一道多选题，2020 年考核一道单选题。

典型例题

［**2017 真题·单选**］根据《房屋建筑与装饰工程量计算规范》（GB 50854—2013），现浇混凝土工程量计算正确的是（　　）。

A. 雨篷与圈梁连接时其工程量以梁中心为分界线

B. 阳台梁与圈梁连接部分并入圈梁工程量

C. 挑檐板按设计图示水平投影面积计算

D. 空心板按设计图示尺寸以体积计算，空心部分不予扣除

［**解析**］现浇挑檐、天沟板、雨篷、阳台与板（包括屋面板、楼板）连接时，以外墙外边线为分界线；与圈梁（包括其他梁）连接时，以梁外边线为分界线，选项 A 错误。挑檐板按设计图示尺寸以体积计算，选项 C 错误。空心板按设计图示尺寸以体积计算，应扣除空心部分体积，选项 D 错误。

［**答案**］B

［**2019 真题·多选**］根据《房屋建筑与装饰工程工程量计算规范》（GB 50854—2013），现浇混凝土板清单工程量计算正确的有（　　）。

A. 压形钢板混凝土楼板扣除钢板所占体积

B. 空心板不扣除空心部分体积

C. 雨篷反挑檐的体积并入雨篷内并计算

D. 悬挑板不包括伸出墙外的牛腿体积

E. 挑檐板按设计图示尺寸以体积计算

［**解析**］空心板应扣除空心部分体积，选项 B 错误。雨篷、悬挑板、阳台板，按设计图示尺寸按墙外部分体积以“m^3”计算，包括伸出墙外的牛腿和雨篷反挑檐的体积，选项 D 错误。

［**答案**］ACE

知识点 16 现浇混凝土楼梯（编码：010506）

现浇混凝土楼梯包括直形楼梯、弧形楼梯，其示意图见图 5-3-25。

（1）以平方米计量，按设计图示尺寸以水平投影面积计算。不扣除宽度小于或等于 500mm 的楼梯井，伸入墙内部分不计算；或以立方米计算，按设计图示尺寸以体积计算。

（2）整体楼梯（包括直形楼梯、弧形楼梯）水平投影面积包括休息平台、平台梁、斜梁和楼梯的连接梁。当整体楼梯与现浇楼板无梯梁连接时，以楼梯的最后一个踏步边缘加 300mm 为界。

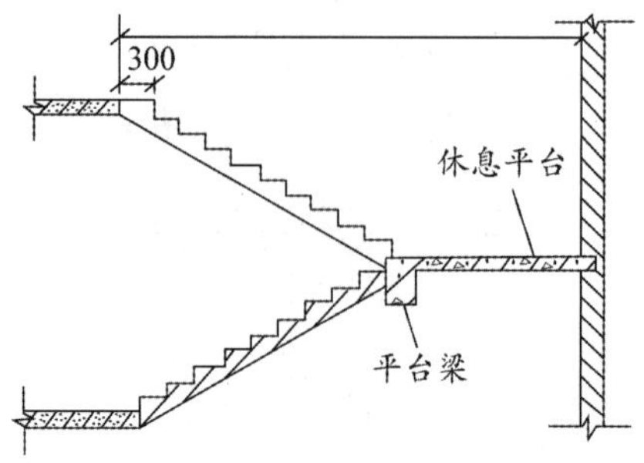

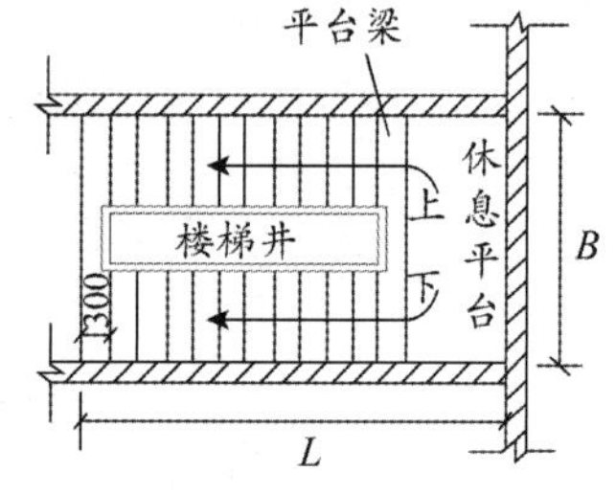

（a）整体楼梯与现浇楼板无梯梁连接

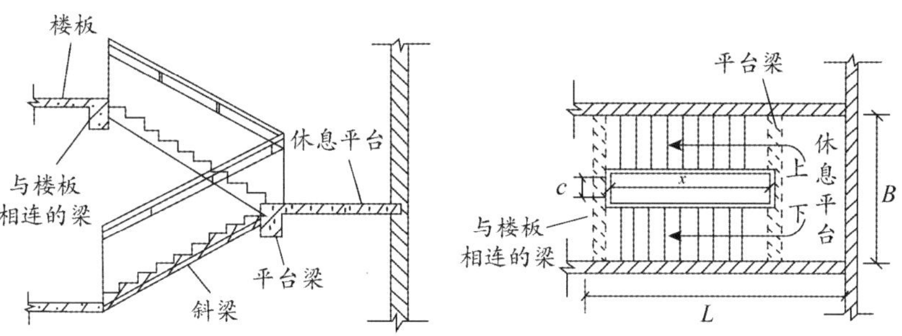

（b）整体楼梯与现浇楼板有梯梁连接

图 5-3-25 现浇混凝土楼梯示意图

➤ **考分统计**：统计近 10 年该知识点的考核情况，2013 年考核一道多选题。考核频次为 10%。

典型例题

［**2013 真题 · 多选**］根据《房屋建筑与装饰工程工程量计算规范》（GB 50854—2013），现浇混凝土楼梯的工程量应（　　）。

A. 按设计图示尺寸以体积计算

B. 按设计图示尺寸以水平投影面积计算

C. 扣除宽度不小于 300mm 的楼梯井

D. 包含伸入墙内部分

E. 现浇混凝土楼梯的工程量应并入自然层

［**解析**］现浇混凝土楼梯，包括直形楼梯、弧形楼梯。按设计图示尺寸以水平投影面积计算。不扣除宽度小于 500mm 的楼梯井，伸入墙内部分不计算；或以立方米计算，按设计图示尺寸以体积计算。整体楼梯（包括直形楼梯、弧形楼梯）水平投影面积包括休息平台、平台梁、斜梁和楼梯的连接梁。当整体楼梯与现浇楼板无梯梁连接时，以楼梯的最后一个踏步边缘加 300mm 为界。

［**答案**］AB

知识点 17 现浇混凝土其他构件（编码：010507）

一、工程量计算规则

现浇混凝土其他构件的计量规则见表 5-3-17。

表 5-3-17 现浇混凝土其他构件的计量规则

类型	计量规则
散水、坡道、室外地坪	（1）按设计图示尺寸以面积计算 （2）不扣除单个面积小于或等于 0.3m² 的孔洞所占面积
电缆沟、地沟	按设计图示以中心线长度计算
台阶	（1）以平方米计量，按设计图示尺寸水平投影面积计算 （2）以立方米计量，按设计图示尺寸以体积计算
扶手、压顶	（1）以米计量，按设计图示的中心线延长米计算 （2）以立方米计量，按设计图示尺寸以体积计算
化粪池、检查井	（1）以立方米计量，按设计图示尺寸以体积计算 （2）以座计量，按设计图示数量计算

二、相关说明

（1）现浇混凝土小型池槽、垫块、门框等，应按其他构件项目编码列项。

（2）架空式混凝土台阶，按现浇楼梯计算。

典型例题

［**2020真题·单选**］根据《房屋建筑与装饰工程工程量计算规范》（GB 50854—2013），现浇混凝土构件工程量计算正确的为（　　）。

A. 坡道按设计图示尺寸以"m^3"计算

B. 架空式台阶按现浇楼梯计算

C. 室外地坪按设计图示面积乘以厚度以"m^3"计算

D. 地沟按设计图示结构截面积乘以中心线长度以"m^3"计算

［**解析**］散水、坡道、室外地坪，按设计图示尺寸以面积"m^2"计算，不扣除单个面积小于或等于0.3m^2的孔洞所占面积，选项A、C错误。地沟，按设计图示以中心线长度"m"计算，选项D错误。

［**答案**］B

知识点 18 后浇带（编码：010508）

按设计图示尺寸以体积计算。

知识点 19 预制混凝土

一、工程量计算规则

（一）预制混凝土柱（编码：010509）

（1）以立方米计量时，按设计图示尺寸以体积计算。

（2）以根计量时，按设计图示尺寸以数量计算。

（二）预制混凝土梁（编码：010510）

（1）以立方米计量时，按设计图示尺寸以体积计算。

（2）以根计量时，按设计图示尺寸以数量计算。

（三）预制混凝土屋架（编码：010511）

（1）以立方米计量时，按设计图示尺寸以体积计算。

（2）以榀计量时，按设计图示尺寸以数量计算。三角形屋架按折线型屋架项目编码列项。

（四）预制混凝土板（编码：010512）

预制混凝土板计量规则见表5-3-18。

表5-3-18　预制混凝土板计量规则

类型	计量规则
平板、空心板、槽形板、网架板、折线板、带肋板、大型板	（1）以立方米计量时，按设计图示尺寸以体积计算，不扣除单个面积≤300mm×300mm的孔洞所占体积，扣除空心板空洞体积 （2）以块计量时，按设计图示尺寸以数量计算
沟盖板、井盖板、井圈	（1）以立方米计量时，按设计图示尺寸以体积计算 （2）以块计量时，按设计图示尺寸以数量计算

（五）预制混凝土楼梯（编码：010513）

（1）以立方米计量时，按设计图示尺寸以体积计算，扣除空心踏步板空洞体积。

（2）以段计量时，按设计图示数量计算。以块计量，项目特征必须描述单件体积。

（六）其他预制构件（编码：010514）

（1）其他预制构件包括烟道、垃圾道、通风道及其他构件。预制钢筋混凝土小型池槽、压顶、扶手、垫块、隔热板、花格等，按其他构件项目编码列项。

（2）计量方法。

1）工程量计算以立方米计量时，按设计图示尺寸以体积计算，不扣除单个面积小于或等于 300mm×300mm 的孔洞所占体积，扣除烟道、垃圾道、通风道的孔洞所占体积。

2）以平方米计量时，按设计图示尺寸以面积计算，不扣除单个面积小于或等于 300mm×300mm 的孔洞所占面积。

3）以根计量时，按设计图示尺寸以数量计算。

二、相关说明

以上项目以“块、套、根、榀”计量时，项目特征必须描述单件体积。

➤ **考分统计**：统计近 10 年该知识点的考核情况，2014、2016、2020 年进行了考核。考核频次为 30%。其中 2014 年考核一道单选题，2016 年考核一道单选题，2020 年考核一道单选题。

典型例题

[**2016 真题·单选**] 根据《房屋建筑与装饰工程工程量计算规范》（GB 50854—2013），关于预制混凝土构件工程量计算，说法正确的是（　　）。

A. 如以构件数量作为计量单位，特征描述中必须说明单件体积

B. 异形柱应扣除构件内预埋件所占体积，铁件另计

C. 大型板应扣除单个尺寸≤300mm×300mm 的孔洞所占体积

D. 空心板不扣除空洞体积

[**解析**] 在计算现浇或预制混凝土和钢筋混凝土构件工程量时，不扣除构件内钢筋、螺栓、预埋铁件、张拉孔道所占体积，但应扣除劲性骨架的型钢所占体积，选项 B 错误。单个尺寸≤300mm×300mm 的孔洞所占体积不扣除，选项 C 错误。空心板扣除空洞体积，选项 D 错误。

[**答案**] A

[**2014 真题·单选**] 根据《房屋建筑与装饰工程工程量计算规范》（GB 50584—2013）规定，关于预制混凝土构件工程量计算，说法正确的是（　　）。

A. 预制组合屋架，按设计图示尺寸以体积计算，不扣除预埋铁件所占体积

B. 预制网架板，按设计图示尺寸以体积计算，不扣除孔洞占体积

C. 预制空心板，按设计图示尺寸以体积计算，不扣除空心板空洞所占体积

D. 预制混凝土楼梯设计图示尺寸以体积计算，不扣除空心踏步板空洞体积

[**解析**] 在计算现浇或预制混凝土和钢筋混凝土构件工程量时，不扣除构件内钢筋、螺栓、预埋铁件、张拉孔道所占体积。预制网架板、空心板需要扣除空洞体积。预制混凝土楼梯扣除空心踏步板空洞体积。

[**答案**] A

知识点 20 钢筋工程（编码：010515）

一、现浇混凝土钢筋、预制构件钢筋、钢筋网片、钢筋笼

（1）按设计图示钢筋（网）长度（面积）乘以单位理论质量计算。

（2）现浇构件中伸出构件的锚固钢筋应并入钢筋工程量内。除设计（包括规范规定）标明的搭接外，其他施工搭接不计算工程量，在综合单价中综合考虑。

（3）钢筋的工作内容中包括了焊接（或绑扎）连接，不需要计量，在综合单价中考虑，但机械连接需要单独列项计算工程量。

二、先张法预应力钢筋

先张法预应力钢筋，按设计图示钢筋长度乘以单位理论质量计算。

三、后张法预应力钢筋、预应力钢丝、预应力钢绞线

后张法预应力钢筋、预应力钢丝、预应力钢绞线，按设计图示钢筋长度乘以单位理论质量计算。其计算规则见表 5-3-19。

表 5-3-19　后张法预应力钢筋、预应力钢丝、预应力钢绞线长度计算规则

锚具类型	计算规则
低合金钢筋两端均采用螺杆锚具	钢筋长度按孔道长度减 0.35m 计算，螺杆另行计算
低合金钢筋一端采用镦头插片，另一端采用螺杆锚具	钢筋长度按孔道长度计算，螺杆另行计算
低合金钢筋一端采用镦头插片，另一端采用帮条锚具	钢筋按孔道长度增加 0.15m 计算
两端均采用帮条锚具	钢筋长度按孔道长度增加 0.3m 计算
低合金钢筋采用后张混凝土自锚时	钢筋长度按孔道长度增加 0.35m 计算
低合金钢筋（钢绞线）采用 JM、XM、QM 型锚具	（1）孔道长度≤20m 时，钢筋长度增加 1m 计算 （2）孔道长度>20m 时，钢筋长度增加 1.8m 计算
碳素钢丝采用锥形锚具	（1）孔道长度≤20m 时，钢丝束长度按孔道长度增加 1m 计算 （2）孔道长度>20m 时，钢丝束长度按孔道长度增加 1.8m 计算
碳素钢丝采用镦头锚具	钢丝束长度按孔道长度增加 0.35m 计算

四、支撑钢筋（铁马）

（1）按钢筋长度乘单位理论质量计算。

（2）在编制工程量清单时，如果设计未明确，其工程数量可为暂估量，结算时按现场签证数量计算。支撑钢筋见图 5-3-26。

图 5-3-26　支撑钢筋

五、声测管

按设计图示尺寸以质量计算。

六、相关说明

（1）现浇构件中伸出构件的锚固钢筋应并入钢筋工程量内。除设计（包括规范规定）标明的搭接外，其他施工搭接不计算工程量，在综合单价中综合考虑。

（2）在工程计价中，钢筋连接的数量可根据《房屋建筑与装饰工程消耗量定额》中的规定确定。即钢筋连接的数量按设计图示及规范要求计算，设计图纸及规范要求未标明的，按以下规定计算：

1）ϕ10 以下的长钢筋按每 12m 计算一个钢筋接头。

2）ϕ10 以上的长钢筋按每 9m 计算一个钢筋接头。

七、钢筋工程量计算的基本方法

钢筋工程量计算的基本方法见下式：

钢筋工程量＝图示钢筋长度×单位理论质量

（一）纵向钢筋图示长度的计算

1. 混凝土的保护层厚度

混凝土保护层是结构构件中钢筋外边缘至构件表面范围用于保护钢筋的混凝土。构件中受力钢筋的保护层厚度不应小于钢筋的公称直径 d。

（1）设计使用年限为 50 年的混凝土结构，最外层钢筋的保护层厚度应符合表 5-3-20 的规定。

（2）设计使用年限为 100 年的混凝土结构，最外层钢筋的保护层厚度不应小于表 5-3-20 中数值的 1.4 倍。

表 5-3-20　混凝土保护层最小厚度　（单位：mm）

环境类别	板、墙、壳	梁、柱、杆
一	15	20
二 a	20	25
二 b	25	35
三 a	30	40
三 b	40	50

注：（1）混凝土强度等级不大于 C25 时，表中保护层厚度数值应增加 5mm。

（2）钢筋混凝土基础宜设置混凝土垫层，基础中钢筋的混凝土保护层厚度应从垫层顶面算起，且不应小于 40mm。

2. 弯起钢筋增加长度

弯起钢筋的弯曲度数有30°、45°、60°，见图5-3-27。弯起钢筋增加的长度为$S-L$，不同弯起角度的$S-L$值见表5-3-21。

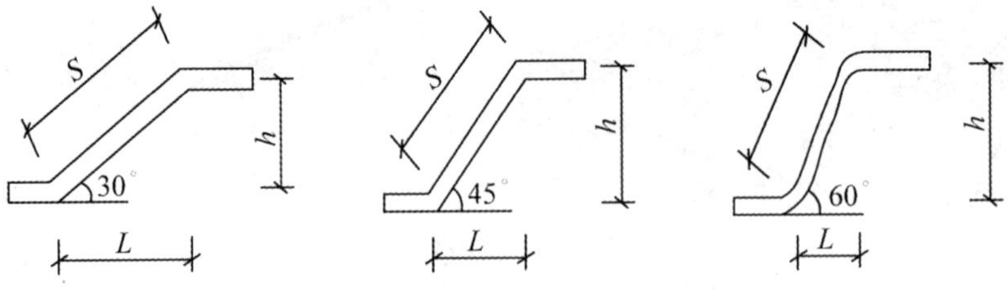

图5-3-27　弯起钢筋增加长度示意图

表5-3-21　弯起钢筋增加长度计算表

弯起角度	S	L	S－L
30°	2.000h	1.732h	0.268h
45°	1.414h	1.000h	0.414h
60°	1.155h	0.577h	0.578h

注：弯起钢筋高度h＝构件高度－保护层厚度。

3. 钢筋弯钩增加长度

钢筋的弯钩主要有半圆弯钩（180°）、直弯钩（90°）和斜弯钩（135°），见图5-3-28。

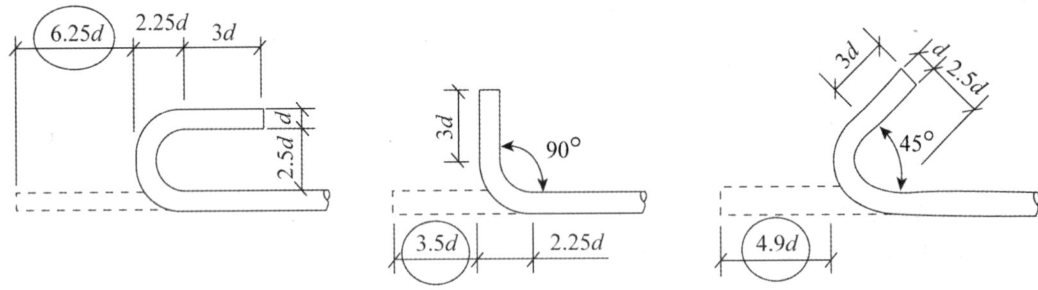

图5-3-28　钢筋弯钩长度示意图

4. 钢筋的锚固长度

为便于工程量计算，钢筋锚固长度可查表。

5. 纵向受拉钢筋的搭接长度

为便于工程量计算，纵向受拉钢筋的搭接长度可查表。

（二）箍筋长度的计算

箍筋见图5-3-29；双肢箍、拉箍见图5-3-30；箍筋弯钩长度见图5-3-31。

箍筋长度及根数计算见下式：

箍筋单根长度＝箍筋的外皮尺寸周长＋2×弯钩增加长度

双肢箍单根长度＝箍筋的外皮尺寸周长＋2×弯钩增加长度

＝构件周长－8×混凝土保护层厚度＋2×弯钩增加长度

（1）一般结构构件，箍筋弯钩的弯折角度不应小于90°，弯折后平直段长度不应小于箍筋直径的5倍。

（2）对有抗震设防要求或设计有专门要求的结构构件，箍筋弯钩的弯折角度不应小于135°，弯折后平直段长度不应小于箍筋直径的10倍和75mm两者之中的较大值。

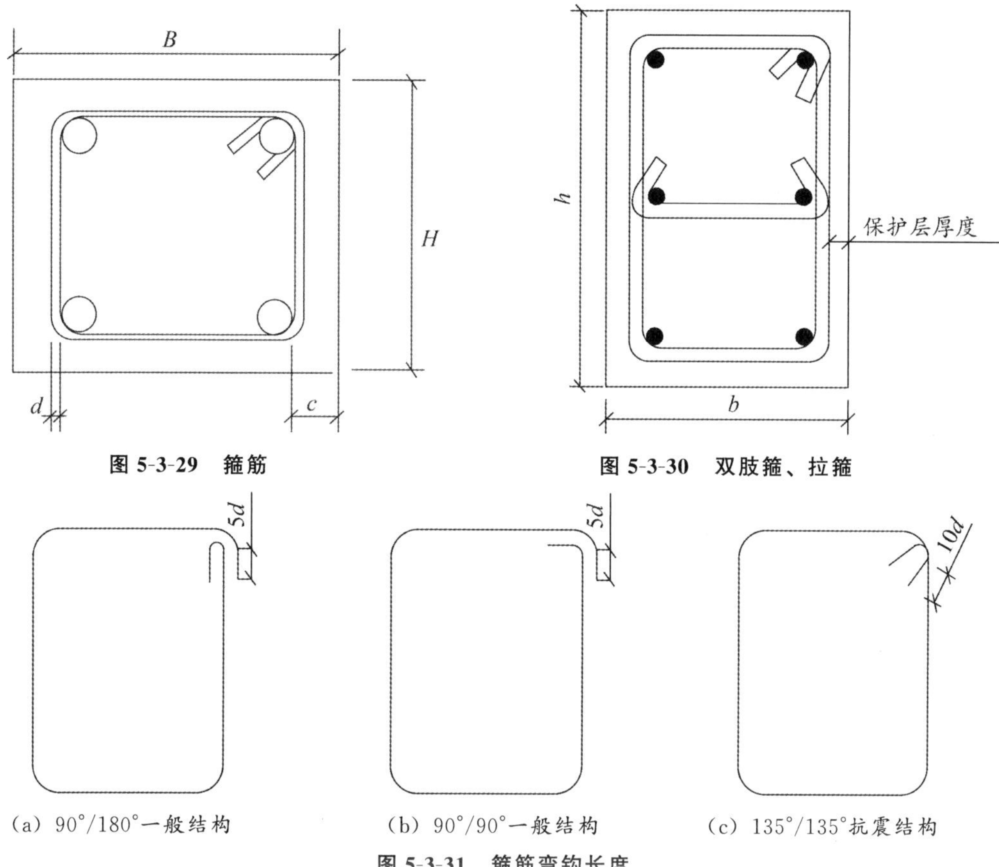

图 5-3-29　箍筋

图 5-3-30　双肢箍、拉箍

图 5-3-31　箍筋弯钩长度

(三) 平法钢筋工程量计算方法

楼层框架梁中的主要钢筋长度可参考以下公式计算。

上部贯通钢筋长度＝通跨净长＋两端支座锚固长度＋搭接长度

端支座负筋长度＝锚固长度＋伸出支座的长度

中间支座负筋长度＝中间支座宽度＋左右两边伸出支座的长度

伸出支座的长度，第一排为净跨的 1/3，第二排为净跨的 1/4。

当支座两端净跨不相等时，取左右跨中较大的跨度值。

架立筋长度＝每跨净长－左右两边伸出支座的负筋长度＋2×搭接长度

架立筋与支座负筋搭接长度按 150mm 计算。

下部钢筋一般为分跨布置，当布置有贯通钢筋时与上部钢筋计算相同，当分跨布置时按下式计算。

下部钢筋长度（分跨布置）＝净跨长度＋左侧锚固长度＋右侧锚固长度

下部钢筋长度（不深入支座）＝净跨长－2×0.1l_{ni}（各跨净跨长度）

侧面纵向钢筋长度＝通跨净长＋锚固长度＋搭接长度

吊筋长度＝2×锚固长度＋2×斜段长度＋次梁宽度＋2×50

楼层框架梁纵向钢筋构造见图 5-3-32。

附加吊筋构造见图 5-3-33。

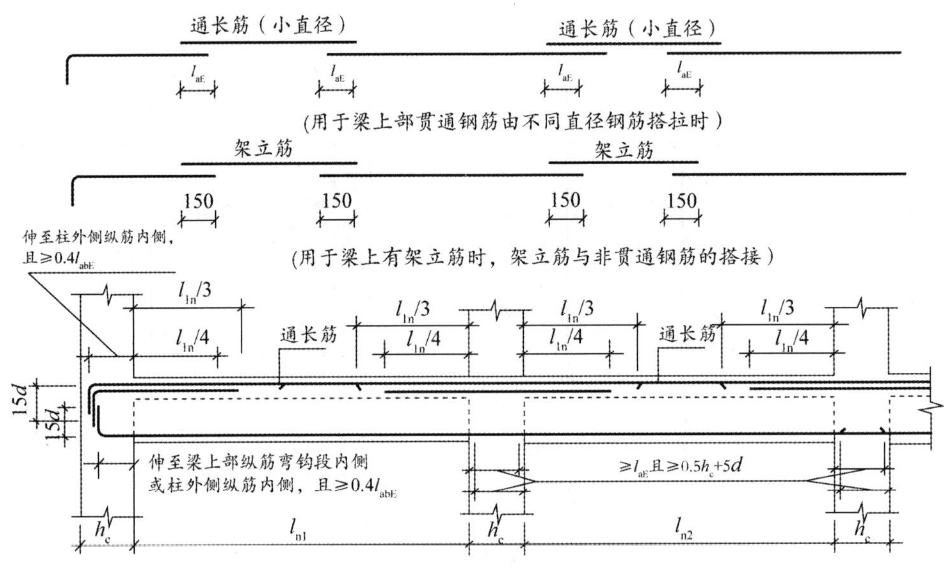

图 5-3-32　楼层框架梁纵向钢筋构造

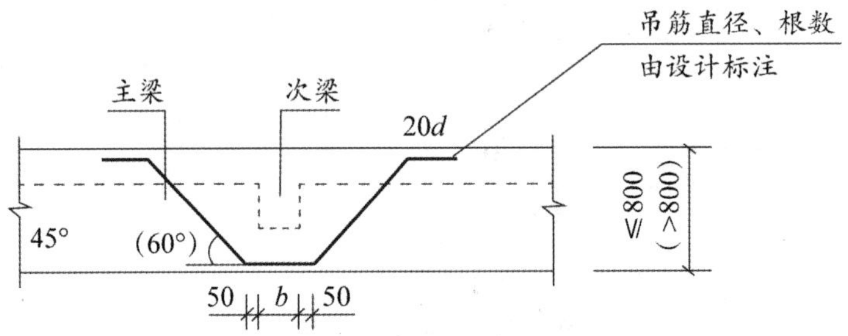

图 5-3-33　附加吊筋构造

➤ **考分统计**：统计近 10 年该知识点的考核情况，2014、2015、2016、2017、2018、2019、2020 年进行了考核。考核频次为 70%。其中 2014 年考核一道单选题，2015 年考核一道多选题，2016 年考核一道单选题，2017 年考核一道单选题，2018 年考核一道单选题，2019 年考核一道单选题，2020 年考核一道单选题。

典型例题

［**2019 真题·单选**］关于混凝土保护层厚度，下列说法正确的是（　　）。

A. 现浇混凝土柱中钢筋的混凝土保护层厚度指纵向主筋至混凝土外表面的距离

B. 基础中钢筋的混凝土保护层厚度应从垫层顶面算起，且不应小于 30mm

C. 混凝土保护层厚度与混凝土结构设计使用年限无关

D. 混凝土构件中受力钢筋的保护层厚度不应小于钢筋的公称直径

［**解析**］混凝土保护层是结构构件中钢筋外边缘至构件表面范围用于保护钢筋的混凝土。构件中受力钢筋的保护层厚度不应小于钢筋的公称直径 d。钢筋混凝土基础宜设置混凝土垫层，基础中钢筋的混凝土保护层厚度应从垫层顶面算起，且不应小于 40mm。

［**答案**］D

［**2017 真题·单选**］根据《混凝土结构工程施工规范》(GB 50666—2011)，一般构件的箍筋加工时，应使（　　）。

A. 弯钩的弯折角度不小于 45°

B. 弯钩的弯折角度不小于 90°

C. 弯折后平直段长度不小于 2.5d

D. 弯折后平直段长度不小于 3d

[解析] 对一般结构构件，箍筋弯钩的弯折角度不应小于90°，弯折后平直段长度不应小于箍筋直径的5倍。

[答案] B

[2016真题·单选] 后张法施工预应力混凝土，孔道长度为12.00m，采用后张混凝土自锚低合金钢筋，钢筋工程量计算的每孔钢筋长度为（ ）m。

A. 12.00 B. 12.15

C. 12.35 D. 13.00

[解析] 低合金钢筋采用后张混凝土自锚时，钢筋长度按孔道长度增加0.35m计算。

[答案] C

[2015真题·多选] 根据《房屋建筑与装饰工程工程量计算规范》（GB 50854—2013）规定，关于钢筋保护层或工程量计算正确的有（ ）。

A. ϕ20mm钢筋一个半圆弯钩的增加长度为125mm

B. ϕ16mm钢筋一个90°弯钩的增加长度为56mm

C. ϕ20mm钢筋弯起45°，弯起高度为450mm，一侧弯起增加的长度为186.3mm

D. 通常情况下混凝土板的钢筋保护层厚度不小于15mm

E. 箍筋根数=构件长度/箍筋间距+1

[解析] 选项E错误，箍筋根数=箍筋分布长度/箍筋间距+1。

[答案] ABCD

知识点21 螺栓、铁件（编码：010516）

（1）螺栓、预埋铁件，按设计图示尺寸以质量计算。

（2）机械连接以个计量，按数量计算。

知识点22 金属结构工程（编码：0106）

一、钢网架（编码：010601）

钢网架工程量按设计图示尺寸以质量计算，不扣除孔眼的质量，焊条、铆钉等不另增加质量。

二、钢屋架、钢托架、钢桁架、钢架桥（编码：010602）

钢屋架、钢托架、钢桁架、钢架桥计量规则见表5-3-22。

表5-3-22 钢屋架、钢托架、钢桁架、钢架桥计量规则

类型	计量规则
钢屋架	（1）以榀、吨计量 （2）不扣除孔眼的质量，焊条、铆钉、螺栓等不另增加质量
钢托架 钢桁架 钢架桥	（1）以质量计量 （2）不扣除孔眼、切边、切肢的质量，焊条、铆钉、螺栓等不另增加质量

三、钢柱（编码：010603）

钢柱计量规则见表5-3-23。

表 5-3-23　钢柱计量规则

类型	计量规则
实腹柱、空腹柱	（1）按设计图示尺寸以质量计算 （2）依附在钢柱上的牛腿及悬臂梁等并入钢柱工程量内
钢管柱	（1）按设计图示尺寸以质量计算 （2）钢管柱上的节点板、加强环、内衬管、牛腿等并入钢管柱工程量内
不扣除孔眼的质量，焊条、铆钉、螺栓等不另增加质量	

四、钢梁（编码：010604）

（1）钢梁、钢吊车梁，按设计图示尺寸以质量计算。

（2）不扣除孔眼的质量，焊条、铆钉、螺栓等不另增加质量。

（3）制动梁、制动板、制动桁架、车挡并入钢吊车梁工程量内。

五、钢板楼板、墙板（编码：010605）

（1）压型钢板楼板，按设计图示尺寸以铺设水平投影面积计算。不扣除单个面积小于或等于 $0.3m^2$ 柱、垛及孔洞所占面积。

（2）压型钢板墙板，按设计图示尺寸以铺挂面积计算。不扣除单个面积小于或等于 $0.3m^2$ 的梁、孔洞所占面积，包角、包边、窗台泛水等不另加面积。

六、钢构件（编码：010606）

钢构件计量规则见表 5-3-24。

表 5-3-24　钢构件计量规则

类型	计量规则
支撑、钢拉条、钢檩条、钢天窗架、钢挡风架、钢墙架、钢平台、钢走道、钢梯、钢栏杆、钢支架、零星钢构件	（1）按设计图示尺寸以质量计算 （2）不扣除孔眼的质量，焊条、铆钉、螺栓等不另增加质量，不规则或多边形钢板以其外接矩形面积乘以厚度乘以单位理论质量计算
钢漏斗	（3）依附漏斗的型钢并入漏斗工程量内

七、金属制品（编码：010607）

（1）成品空调金属百叶护栏、成品栅栏、金属网栏，按设计图示尺寸以面积计算。

（2）成品雨篷以米计量时，按设计图示接触边以长度计算；以平方米计量时，按设计图示尺寸以展开面积计算。

（3）砌块墙钢丝网加固、后浇带金属网按设计图示尺寸以面积计算。

➤ **考分统计**：统计近 10 年该知识点的考核情况，在 2013、2014、2015、2016、2017、2018、2019 年进行了考核。考核频次为 70%。其中 2013 年考核一道单选题，2014 年考核一道单选题，2015 年考核一道多选题，2016 年考核一道单选题，2017 年考核一道单选题，2018 年考核一道单选题，2019 年考核三道单选题。

典型例题

［**2017 真题·单选**］根据《房屋建筑与装饰工程工程量计算规范》（GB 50854—2013），球型节点钢网架工程量（　　）。

A. 按设计图示尺寸以质量计算

B. 按设计图示尺寸以榀计算

C. 按设计图示尺寸以铺设水平投影面积计算

D. 按设计图示构件尺寸以总长度计算

[解析] 钢网架工程量按设计图示尺寸以质量计算，不扣除孔眼的质量，焊条、铆钉等不另增加质量。

[答案] A

[2015 真题·多选] 根据《房屋建筑与装饰工程工程量计算规范》（GB 50854—2013）规定，关于金属结构工程量计算正确的有（　　）。

A. 钢吊车梁工程量应计入制动板、制动梁、制动桁架和车挡的工程量

B. 钢梁工程量中不计算铆钉、螺栓工程量

C. 压型钢板墙板工程量不计算包角、包边

D. 钢板天沟按设计图示尺寸以长度计算

E. 成品雨篷按设计图示尺寸以质量计算

[解析] 钢漏斗、钢板天沟，按设计图示尺寸以重量计算，选项 D 错误。成品雨篷按设计图示接触边以长度计算；或按设计图示尺寸以展开面积计算，选项 E 错误。

[答案] ABC

知识点 23 木结构（编码：0107）

一、木屋架（编码：010701）

（1）木屋架包括木屋架和钢木屋架。屋架的跨度以上、下弦中心线两交点之间的距离计算。

（2）带气楼的屋架和马尾、折角以及正交部分的半屋架，按相关屋架项目编码列项。

（3）计量单位。木屋架计量规则见表 5-3-25。

表 5-3-25　木屋架计量规则

类型	计量规则
木屋架	（1）以榀计量时，按设计图示数量计算 （2）以立方米计量时，按设计图示的规格尺寸以体积计算
钢木屋架	钢木屋架工程量以榀计量，按设计图示数量计算

二、木构件（编码：010702）

木构件包括木柱、木梁、木檩、木楼梯及其他木构件。在木构件工程量计算中，若按图示数量以米计量，项目特征必须描述构件规格尺寸。木构件计量规则见表 5-3-26。

表 5-3-26　木构件计量规则

类型	计量规则
木柱、木梁	按设计图示尺寸以体积计算
木檩条	（1）以立方米计量时，按设计图示尺寸以体积计算 （2）以米计量时，按设计图示尺寸以长度计算
木楼梯	按设计图示尺寸以水平投影面积计算；不扣除宽度小于 300mm 的楼梯井，伸入墙内部分不计算

三、屋面木基层（编码：010703）

按设计图示尺寸以斜面积计算，不扣除房上烟囱、风帽底座、风道、小气窗、斜沟等所占面积，小气窗的出檐部分不增加面积。

➤ **考分统计**：统计近10年该知识点的考核情况，在2014、2018、2019年进行了考核。考核频次为30%。其中2014年考核一道单选题，2018年考核一道单选题，2019年考核一道多选题。

典型例题

［**2014真题·单选**］根据《房屋建筑与装饰工程工程量计算规范》（GB 50854—2013）规定，有关木结构工程量计算，说法正确的是（　　）。

A. 木屋架的跨度应以墙或柱的支撑点间的距离计算

B. 木屋架的马尾、折角工程量不予计算

C. 木楼梯按设计图示尺寸以水平投影面积计算

D. 木柱区分不同规格以高度计算

［**解析**］木屋架的跨度以上、下弦中心线两交点之间的距离计算，选项A错误。带气楼的屋架和马尾、折角以及正交部分的半屋架，按相关屋架项目编码列项，选项B错误。木柱按设计图示尺寸以体积计算，选项D错误。

［**答案**］C

知识点24 门窗工程（编码：0108）

当工程量是按图示数量以樘计量的，项目特征必须描述洞口尺寸，以平方米计量的，项目特征可不描述洞口尺寸或框、扇外围尺寸。

一、木门（编码：010801）

木门计量规则见表5-3-27。

表5-3-27　木门计量规则

类型	计量规则
木质门 木质门带套 木质连窗门 木质防火门	（1）工程量以樘计量，按设计图示数量计算 （2）以平方米计量，按设计图示洞口尺寸以面积计算 （3）木质门带套计量按洞口尺寸以面积计算，不包括门套的面积，但门套应计算在综合单价中
木门框	（1）木门框以樘计量，按设计图示数量计算 （2）以米计量，按设计图示框的中心线以延长米计算 （3）木门框项目特征除了描述门代号及洞口尺寸、防护材料的种类，还需描述框截面尺寸
门锁	门锁安装按设计图示数量计算

二、金属门（编码：010802）

（1）五金安装应计算在综合单价中。但应注意，金属门门锁已包含在门五金中，不需要另行计算。

（2）各金属门项目工程量计算分两种情况：

1）以樘计量，按设计图示数量计算。

2）以平方米计量，按设计图示洞口尺寸以面积计算（无设计图示洞口尺寸，按门框、扇外围以面积计算）。

三、金属卷帘（闸）门（编码：010803）

（1）工程量以樘计量，按设计图示数量计算。

（2）以平方米计量，按设计图示洞口尺寸以面积计算。

四、厂库房大门、特种门（编码：010804）

厂库房大门、特种门计量规则见表 5-3-28。

表 5-3-28　厂库房大门、特种门计量规则

类型	计量规则
木板大门、钢木大门、全钢板大门、金属格栅门、特种门	（1）以樘计量，按设计图示数量计算 （2）以平方米计量，按设计图示洞口尺寸以面积计算
防护铁丝门	（1）以樘计量，按设计图示数量计算 （2）以平方米计量，按设计图示门框或扇以面积计算

五、其他门（编码：010805）

（1）工程量以樘计量，按设计图示数量计算。

（2）以平方米计量，按设计图示洞口尺寸以面积计算（无设计图示洞口尺寸，按门框、扇外围以面积计算）。

六、木窗（编码：010806）

木窗计量规则见表 5-3-29。

表 5-3-29　木窗计量规则

类型	计量规则
木质窗	（1）以樘计量，按设计图示数量计算 （2）以平方米计量，按设计图示洞口尺寸以面积计算
木飘（凸）窗、木橱窗	（1）以樘计量，按设计图示数量计算，项目特征必须描述框截面及外围展开面积 （2）以平方米计量，按设计图示尺寸以框外围展开面积计算
木纱窗	（1）木纱窗工程量以樘计量，按设计图示数量计算 （2）以平方米计量，按框的外围尺寸以面积计算

七、金属窗（编码：010807）

对于金属橱窗、飘（凸）窗以樘计量，项目特征必须描述框外围展开面积。在工程量计算时，当以平方米计量，无设计图示洞口尺寸的，可按窗框外围以面积计算。金属窗计量规则见表 5-3-30。

表 5-3-30　金属窗计量规则

类型	计量规则
金属（塑钢、断桥）窗、金属防火窗、金属百叶窗、金属格栅窗	（1）以樘计量，按设计图示数量计算 （2）以平方米计量，按设计图示洞口尺寸以面积计算

续表

类型	计量规则
金属纱窗	（1）以樘计量，按设计图示数量计算 （2）以平方米计量，按框的外围尺寸以面积计算
金属（塑钢、断桥）橱窗、金属（塑钢、断桥）飘（凸）窗	（1）以樘计量，按设计图示数量计算 （2）以平方米计量，按设计图示尺寸以框外围展开面积计算
彩板窗、复合材料窗	（1）以樘计量，按设计图示数量计算 （2）以平方米计量，按设计图示洞口尺寸或框外围以面积计算

八、门窗套（编码：010808）

门窗套计量规则见表 5-3-31。

表 5-3-31 门窗套计量规则

类型	计量规则
木门窗套、木筒子板、饰面夹板筒子板、金属门窗套、石材门窗套、成品木门窗套	（1）以樘计量，按设计图示数量计算 （2）以平方米计量，按设计图示尺寸以展开面积计算 （3）以米计量，按设计图示中心以延长米计算
门窗贴脸	（1）以樘计量，按设计图示数量计算 （2）以米计量，按设计图示尺寸以延长米计算

九、窗台板（编码：010809）

工程量按设计图示尺寸以展开面积计算。

十、窗帘、窗帘盒、窗帘轨（编码：010810）

窗帘、窗帘盒、窗帘轨计量规则见表 5-3-32。

表 5-3-32 窗帘、窗帘盒、窗帘轨计量规则

类型	计量规则
窗帘	（1）工程量以米计量，按设计图示尺寸以成活后长度计算 （2）以平方米计量，按图示尺寸以成活后展开面积计算
木窗帘盒，饰面夹板、塑料窗帘盒，铝合金属窗帘盒，窗帘轨	按设计图示尺寸以长度计算

➢ **考分统计**：统计近 10 年该知识点的考核情况，2014、2015、2016、2018、2019、2020、2021 年进行了考核。考核频次为 70%。其中 2014 年考核一道单选题，2015 年考核一道单选题，2016 年考核一道单选题，2018 年考核一道单选题，2019 年考核一道单选题，2020 年考核一道单选题，2021 年考核一道多选题。

典型例题

［**2019 真题·单选**］根据《房屋建筑与装饰工程工程量计算规范》（GB 50854—2013），金属门清单工程量计算正确的是（　　）。

A. 门锁、拉手按金属门五金一并计算，不单独列项

B. 按设计图示洞口尺寸以质量计算

C. 按设计门框或扇外围图示尺寸以质量计算

D. 钢质防火和防盗门不按金属门列项

［解析］金属（塑钢）门、彩板门、钢质防火门、防盗门，以“樘”计量，按设计图示数量计算；以“m^2”计量，按设计图示洞口尺寸以面积计算。五金安装应计算在综合单价中。但应注意，金属门门锁已包含在门五金中，不需要另行计算。

［答案］A

知识点 25　屋面及防水工程（编码：0109）

一、瓦、型材屋面及其他屋面（编码：010901）

瓦、型材屋面及其他屋面计量规则见表 5-3-33。

表 5-3-33　瓦、型材屋面及其他屋面计量规则

类型	计量规则
瓦屋面、型材屋面	按设计图示尺寸以斜面积计算；不扣除房上烟囱、风帽底座、风道、小气窗、斜沟等所占面积，小气窗的出檐部分不增加面积
阳光板、玻璃钢屋面	按设计图示尺寸以斜面积计算；不扣除屋面面积小于或等于 0.3m^2 孔洞所占面积
膜结构屋面（见图 5-3-34）	按设计图示尺寸以需要覆盖的水平投影面积计算

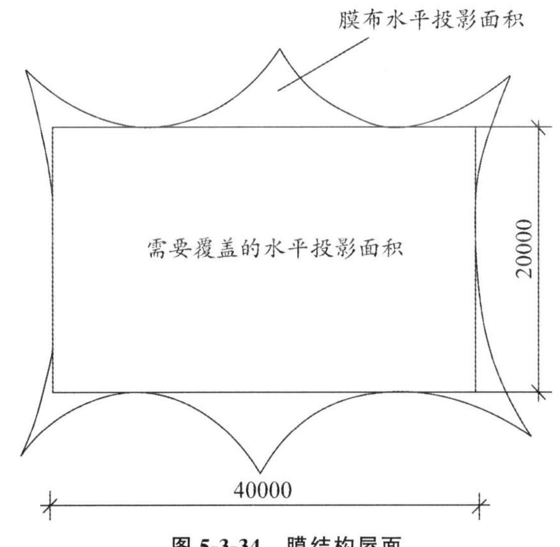

图 5-3-34　膜结构屋面

二、屋面防水及其他（编码：010902）

（1）屋面卷材防水、屋面涂膜防水。

1）按设计图示尺寸以面积计算。

2）斜屋顶（不包括平屋顶找坡）按斜面积计算，平屋顶按水平投影面积计算，不扣除房上烟囱、风帽底座、风道、屋面小气窗和斜沟所占面积。

3）屋面的女儿墙、伸缩缝和天窗等处的弯起部分，并入屋面工程量内。屋面防水搭接及附加层用量不另行计算，在综合单价中考虑。

（2）屋面刚性防水，按设计图示尺寸以面积计算。不扣除房上烟囱、风帽底座、风道等所占的面积。

（3）屋面排水管，按设计图示尺寸以长度计算。如设计未标注尺寸，以檐口至设计室外散水上表面垂直距离计算。

（4）屋面排（透）气管，按设计图示尺寸以长度计算。

（5）屋面（廊、阳台）泄（吐）水管，按设计图示数量计算，以“根（个）”计量。

（6）屋面天沟、檐沟，按设计图示尺寸以展开面积计算。

（7）屋面变形缝，按设计图示以长度计算。

三、墙面防水、防潮（编码：010903）

墙面防水、防潮计量规则见表 5-3-34。

表 5-3-34　墙面防水、防潮计量规则

类型	计量规则
墙面卷材防水、墙面涂膜防水、墙面砂浆防水（潮）	（1）按设计图示尺寸以面积计算 （2）墙面防水搭接及附加层用量不另行计算，在综合单价中考虑
墙面变形缝	（1）按设计图示尺寸以长度计算 （2）墙面变形缝，若做双面，工程量乘系数 2

四、楼（地）面防水、防潮（编码：010904）

（1）楼（地）面卷材防水、楼（地）面涂膜防水、楼（地）面砂浆防水（潮）。

1）按设计图示尺寸以面积计算。

2）楼（地）面防水搭接及附加层用量不另行计算，在综合单价中考虑。

3）楼（地）面防水按主墙间净空面积计算，扣除凸出地面的构筑物、设备基础等所占面积，不扣除间壁墙及单个面积小于或等于 0.3m^2 柱、垛、烟囱和孔洞所占面积。

4）楼（地）面防水反边：楼（地）面防水反边高度≤300mm 算作地面防水，反边高度＞300mm 按墙面防水计算。

（2）楼（地）面变形缝。按设计图示尺寸以长度计算。

➤ **考分统计**：统计近 10 年该知识点的考核情况，在 2012、2014、2016、2017、2018、2019、2020、2021 年进行了考核。考核频次为 80%。其中 2012 年考核一道单选题，2014 年考核一道单选题，2016 年考核一道单选题，2017 年考核一道单选题，2018 年考核一道单选题，2019 年考核一道多选题，2020 年考核一道单选题、一道多选题，2021 年考核一道单选题。

典型例题

［**2020 真题·单选**］根据《房屋建筑与装饰工程工程量计算规范》（GB 50854—2013），屋面防水工程量计算正确的为（　　）。

A. 斜屋面按水平投影面积计算　　B. 女儿墙处弯起部分应单独列项计算

C. 防水卷材搭接用量不另行计算　　D. 屋面伸缩缝弯起部分单独列项计算

［**解析**］屋面卷材防水、屋面涂膜防水，按设计图示尺寸以面积“m^2”计算。斜屋顶（不包括平屋顶找坡）按斜面积计算，平屋顶按水平投影面积计算。不扣除房上烟囱、风帽底座、风道、屋面小气窗和斜沟所占面积。屋面的女儿墙、伸缩缝和天窗等处的弯起部分，并入屋面工程量内。

［**答案**］C

［**2017 真题·单选**］根据《房屋建筑与装饰工程工程量计算规范》（GB 50854—2013），屋面防水及其他工程量计算正确的是（　　）。

A. 屋面卷材防水按设计图示尺寸以面积计算，防水搭接及附加层用量按设计尺寸计算

B. 屋面排水管设计未标注尺寸，考虑弯折处的增加以长度计算

C. 屋面铁皮天沟按设计图示尺寸以展开面积计算

D. 屋面变形缝按设计尺寸以铺设面积计算

［**解析**］屋面防水搭接及附加层用量不另行计算，在综合单价中考虑，选项 A 错误。屋面排水管，按设计图示尺寸以长度计算。如设计未标注尺寸，以檐口至设计室外散水上表面垂直距离计算，选项 B 错误。屋面变形缝，按设计图示以长度计算，选项 D 错误。

［**答案**］C

知识点 26 保温、隔热、防腐工程（编码：0110）

一、保温、隔热（编码：011001）

保温、隔热计量规则见表 5-3-35。

表 5-3-35　保温、隔热计量规则

类型	计量规则
保温隔热屋面	（1）按设计图示尺寸以面积计算 （2）扣除面积大于 0.3m² 孔洞及占位面积
保温隔热天棚	（1）按设计图示尺寸以面积计算 （2）扣除面积大于 0.3m² 柱、垛、孔洞所占面积，与天棚相连的梁按展开面积，计算并入天棚工程量内 （3）柱帽保温隔热应并入天棚保温隔热工程量内
保温隔热墙面	（1）按设计图示尺寸以面积计算 （2）扣除门窗洞口以及面积大于 0.3m² 梁、孔洞所占面积 （3）门窗洞口侧壁以及与墙相连的柱，并入保温墙体工程量
保温柱、梁	（1）保温柱、梁适用于不与墙、天棚相连的独立柱、梁 （2）按设计图示尺寸以面积计算。柱按设计图示柱断面保温层中心线展开长度乘保温层高度以面积计算，扣除面积大于 0.3m² 梁所占面积。梁按设计图示梁断面保温层中心线展开长度乘保温层长度以面积计算
隔热楼地面	（1）按设计图示尺寸以面积计算 （2）扣除面积大于 0.3m² 柱、垛、孔洞所占面积
其他保温隔热	（1）按设计图示尺寸以展开面积计算 （2）扣除面积大于 0.3m² 孔洞及占位面积

二、防腐面层（编码：011002）

（1）防腐混凝土面层、防腐砂浆面层、防腐胶泥面层、玻璃钢防腐面层、聚氯乙烯板面层、块料防腐面层。按设计图示尺寸以面积计算。

1）平面防腐：扣除凸出地面的构筑物、设备基础等以及面积大于 0.3m²孔洞，柱、垛所占面积。

2）立面防腐：扣除门、窗洞口以及面积大于 0.3m²孔洞、梁所占面积。门、窗、洞口侧壁、垛突出部分按展开面积计算。

（2）池、槽块料防腐面层。按设计图示尺寸以展开面积计算。

三、其他防腐（编码：011003）

（1）隔离层。按设计图示尺寸以面积计算。

1）平面防腐：扣除凸出地面的构筑物、设备基础等以及面积大于 0.3m² 孔洞、柱、垛所占面积。

2）立面防腐：扣除门、窗、洞口以及面积大于 0.3m² 孔洞、梁所占面积，门、窗、洞口侧壁、垛突出部分按展开面积并入墙面积内。

（2）砌筑沥青浸渍砖。按设计图示尺寸以体积计算。(此处特殊)

（3）防腐涂料。按设计图示尺寸以面积计算。(同隔离层)

➤ **考分统计**：统计近 10 年该知识点的考核情况，2014、2016、2017、2018、2020、2021 年进行了考核。考核频次为 60%。其中 2014 年考核两道单选题，2016 年考核一道单选题，2017 年考核一道单选题，2018 年考核一道单选题，2020 年考核一道单选题，2021 年考核一道单选题。

典型例题

[**2021 真题·单选**] 根据《房屋建筑与装饰工程工程量计算规范》(GB 50854—2013)，下列保温隔热工程量计算方法正确的是（　　）。

A. 柱帽保温隔热包含在柱保温工程量内

B. 池槽保温隔热按其他保温隔热项目编码列项

C. 保温隔热墙面工程量计算时，门窗洞口侧壁不增加面积

D. 梁按设计图示梁断面周长乘以保温层长度以面积计算

[**解析**] 柱帽保温隔热应并入天棚保温隔热工程量内。池槽保温隔热应按其他保温隔热项目编码列项。门窗洞口侧壁以及与墙相连的柱，并入保温墙体工程量。梁按设计图示梁断面保温层中心线展开长度乘保温层长度以面积计算。

[**答案**] B

[**2014 真题·单选**] 根据《房屋建筑与装饰工程工程量计算规范》(GB 50854—2013) 规定，有关防腐工程量计算，说法正确的是（　　）。

A. 隔离层平面防腐，门洞开口部分按图示面积计入

B. 隔离层立面防腐，门洞口侧壁部分不计算

C. 砌筑沥青浸渍砖，按图示水平投影面积计算

D. 立面防腐涂料，门洞侧壁按展开面积并入墙面积内

[**解析**] 隔离层平面防腐：扣除凸出地面的构筑物、设备基础等以及面积大于 0.3m² 孔洞、柱、垛所占面积。隔离层立面防腐：扣除门、窗、洞口以及面积大于 0.3m² 孔洞、梁所占面积，门、窗、洞口侧壁、垛突出部分按展开面积并入墙面积内。砌筑沥青浸渍砖按设计图示尺寸以体积计算。

[**答案**] D

知识点 27 楼地面装饰工程（编码：0111）

（1）整体面层及找平层。(编码：011101)

1）水泥砂浆楼地面、现浇水磨石楼地面、细石混凝土楼地面、菱苦土楼地面、自流坪楼地面：①按设计图示尺寸以面积计算。②扣除凸出地面构筑物、设备基础、室内铁道、地沟等所占面积，不扣除间壁墙及小于或等于 0.3m² 柱、垛、附墙烟囱及孔洞所占面积。门洞、空

圈、暖气包槽、壁龛的开口部分不增加面积。

2）平面砂浆找平层。按设计图示尺寸以面积计算。

（2）块料面层。（编码：011102）

（3）橡塑面层。（编码：011103）

（4）其他材料面层。（编码：011104）

对于块料面层、橡塑面层、其他材料面层，其工程量的计算应满足：①按设计图示尺寸以面积计算。②门洞、空圈、暖气包槽、壁龛的开口部分并入相应的工程量内。

（5）踢脚线。（编码：011105）

1）以平方米计量，按设计图示长度乘高度以面积计算。

2）以米计量，按延长米计算。

（6）楼梯面层。（编码：011106）

1）按设计图示尺寸以楼梯（包括踏步、休息平台及小于或等于500mm的楼梯井）水平投影面积计算。

2）楼梯与楼地面相连时，算至梯口梁内侧边沿；无梯口梁者，算至最上一层踏步边沿加300mm。

（7）台阶装饰。（编码：011107）

按设计图示尺寸以台阶（包括最上层踏步边沿加300mm）水平投影面积计算。

（8）零星装饰项目。（编码：011108）

按设计图示尺寸以面积计算。

➤ **考分统计**：统计近10年该知识点的考核情况，在2012、2016、2018、2021年进行了考核。考核频次为40%。其中2012年考核一道单选题、一道多选题，2016年考核一道多选题，2018年考核一道单选题、一道多选题，2021年考核一道单选题。

典型例题

［**2021真题·单选**］根据《房屋建筑与装饰工程工程量计算规范》（GB 50854—2013），楼地面装饰工程中，门洞、空圈、暖气包槽、壁龛应并入相应工程量的是（　　）。

A. 碎石材楼地面　　B. 水磨石楼地面

C. 细石混凝土楼地面　　D. 水泥砂浆楼地面

［**解析**］水泥砂浆楼地面、现浇水磨石楼地面、细石混凝土楼地面、菱苦土楼地面、自流坪楼地面，按设计图示尺寸以面积“m^2”计算。扣除凸出地面构筑物、设备基础、室内铁道、地沟等所占面积，不扣除间壁墙及小于或等于0.3m^2柱、垛、附墙烟囱及孔洞所占面积。门洞、空圈、暖气包槽、壁龛的开口部分不增加面积。

［**答案**］A

知识点28　墙、柱面装饰与隔断、幕墙工程（编码：0112）

（1）墙面抹灰。（编码：011201）

1）墙面抹灰工程量按设计图示尺寸以面积计算。

2）扣除墙裙、门窗洞口及单个大于0.3m^2的孔洞面积，不扣除踢脚线、挂镜线和墙与构件交接处的面积，门窗洞口和孔洞的侧壁及顶面不增加面积。附墙柱、梁、垛、烟囱侧壁并入相应的墙面面积内。飘窗凸出外墙面增加的抹灰并入外墙工程量内。外墙抹灰面积按外墙垂直投影面积计算。外墙裙抹灰面积按其长度乘以高度计算。内墙抹灰面积按主墙间的净长乘以高度计算。无墙裙的内墙高度按室内楼地面至天棚底面计算；有墙裙的内墙高度按墙裙顶至天棚底面计算。但有吊顶天棚的内墙面抹灰，抹至吊顶以上部分在综合单价中考虑。内墙裙抹灰面积按内墙净长乘以高度计算。

（2）柱（梁）面抹灰。（编码：011202）

柱（梁）面抹灰工程量按设计图示柱（梁）断面周长乘以高度以面积计算。

（3）零星抹灰（编码：011203），按设计图示尺寸以面积计算。

（4）墙面块料面层。（编码：011204）

1）石材墙面、碎拼石材、块料墙面。按设计图示尺寸以面积计算。

2）干挂石材钢骨架按设计图示尺寸以质量计算。

（5）柱（梁）面镶贴块料（编码：011205），按设计图示尺寸以镶贴表面积计算。

（6）零星镶贴块料（编码：011206），按设计图示尺寸以镶贴表面积计算。

（7）墙饰面（编码：011207），按设计图示尺寸以面积计算。

（8）柱（梁）饰面（编码：011208）计量规则见表 5-3-36。

表 5-3-36　柱（梁）饰面计量规则

类型	计量规则
柱（梁）面装饰	按设计图示饰面外围尺寸以面积计算，柱帽、柱墩并入相应柱饰面工程量内
成品装饰柱	（1）工程量以根计量，按设计数量计算 （2）以米计量，按设计长度计算

（9）幕墙工程（编码：011209），按设计图示尺寸以面积计算。

（10）隔断（编码：011210），按设计图示尺寸以面积计算。

知识点 29　天棚工程（编码：0113）

（1）天棚抹灰（编码：011301）。

1）工程量计算规则。

①按设计图示尺寸以水平投影面积“m^2”计算。

②不扣除间壁墙、垛、柱、附墙烟囱、检查口和管道所占的面积，带梁天棚的梁两侧抹灰面积并入天棚面积内，板式楼梯底面抹灰按斜面积计算，锯齿形楼梯底板抹灰按展开面积计算。

2）相关说明。

天棚抹灰项目特征描述包括基层类型、抹灰厚度及材料种类、砂浆配合比，其中基层类型是指混凝土现浇板、预制混凝土板或木板条等。天棚抹灰展开面积计算示意图见图 5-3-35。

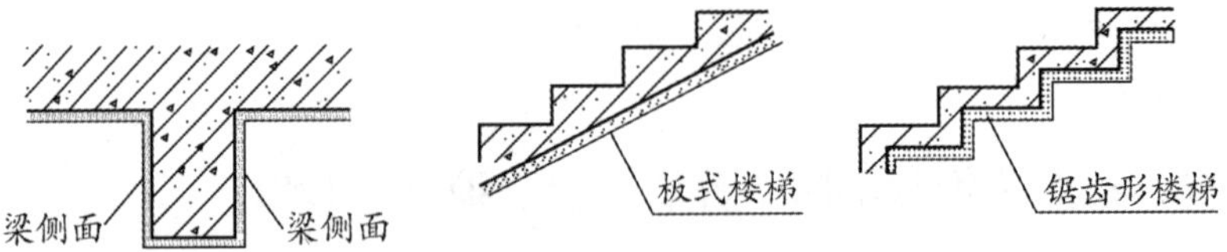

（a）梁侧面展开面　　（b）楼梯底面展开

图 5-3-35　天棚抹灰展开面积计算示意图

（2）天棚吊顶（编码：011302），按设计图示水平投影面积计算。

（3）采光天棚（编码：011303），按框外围展开面积计算。

（4）天棚其他装饰（编码：011304），计算规则见表 5-3-37。

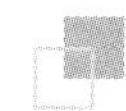

表 5-3-37　天棚其他装饰计量规则

类型	计量规则
灯带（槽）	按设计图示尺寸以框外围面积“m²”计算
送风口、回风口	按设计图示数量“个”计算

➤ **考分统计**：统计近 10 年该知识点的考核情况，在 2014、2018、2021 年进行了考核。考核频次为 30%。其中 2014 年考核一道单选题，2018 年考核一道单选题，2021 年考核一道单选题。

知识点 30　油漆、涂料、裱糊工程（编码：0114）

（1）门油漆（编码：011401）以樘计量，按设计图示数量计算；以平方米计量，按设计图示洞口尺寸以面积计算。

（2）窗油漆（编码：011402），按设计图示数量计量；以平方米计量，按设计图示洞口尺寸以面积计算。

（3）木扶手及其他板条、线条油漆（编码：011403），按设计图示尺寸以长度计算。

（4）木材面油漆。（编码：011404）

1）木护墙、木墙裙油漆，窗台板、筒子板、盖板、门窗套、踢脚线油漆，清水板条天棚、檐口油漆，木方格吊顶天棚油漆，吸音板墙面、天棚面油漆，暖气罩油漆及其他木材面油漆。按设计图示尺寸面积计算。

2）木间壁、木隔断油漆，玻璃间壁露明墙筋油漆，木栅栏、木栏杆（带扶手）油漆。按设计图示尺寸以单面外围面积计算。

3）衣柜、壁柜油漆，梁柱饰面油漆，零星木装修油漆。按设计图示以油漆部分展开面积计算。

4）木地板油漆、木地板烫硬蜡面。按设计图示尺寸以面积计算。

空洞、空圈、暖气包槽、壁龛的开口部分并入相应的工程量内。

（5）金属面油漆。（编码：011405）

以吨计量，按设计图示尺寸以质量计算；以平方米计量，按设计展开面积计算。

（6）抹灰面油漆（编码：011406），计量规则见表 5-3-38。

表 5-3-38　抹灰面油漆计量规则

类型	计量规则
抹灰面油漆	按设计图示尺寸以面积计算
抹灰线条油漆	按设计图示尺寸以长度计算
满刮腻子	按设计图示尺寸以面积计算

（7）刷喷涂料（编码：011407）计量规则见表 5-3-39。

表 5-3-39　刷喷涂料计量规则

类型	计量规则
墙面喷刷涂料、天棚喷刷涂料	按设计图示尺寸以面积计算
空花格、栏杆刷涂料	按设计图示尺寸以单面外围面积计算
线条刷涂料	按设计图示尺寸以长度计算
金属构件刷防火涂料	以吨计量，按设计图示尺寸以质量计算
	以平方米计量，按设计展开面积计算
木材构件喷刷防火涂料	工程量以平方米计量，按设计图示尺寸以面积计算

（8）裱糊（编码：011408），按设计图示尺寸以面积计算。

➤ **考分统计**：统计近10年该知识点的考核情况，在2012、2013、2016、2021年进行了考核。考核频次为40%。其中2012年考核一道单选题，2013年考核一道多选题，2016年考核一道单选题，2021年考核一道单选题。

典型例题

［**2016真题·单选**］根据《房屋建筑与装饰工程工程量计算规范》（GB 50854—2013），关于涂料工程量的计算，说法正确的是（　　）。

A. 木材构件喷刷防火涂料按设计图示以面积计算

B. 金属构件刷防火涂料按构件单面外围面积计算

C. 空花格、栏杆刷涂料按设计图示尺寸以双面面积计算

D. 线条刷涂料按设计展开面积计算

［**解析**］线条刷涂料，按设计图示尺寸以长度计算，选项D错误。金属构件刷防火涂料，以吨计量，按设计图示尺寸以质量计算；以平方米计量，按设计展开面积计算，选项B错误。选项C，此知识点现在不作考查内容。

［**答案**］A

知识点31 其他装饰工程（编码：0115）

（1）柜类、货架。（编码：011501）

1）以个计量，按设计图示数量计量。

2）以米计量，按设计图示尺寸以延长米计算。

3）以立方米计量，按设计图示尺寸以体积计算。

（2）压条、装饰线。（编码：011502）

工程量按设计图示尺寸以长度计算。

（3）扶手、栏杆、栏板装饰。（编码：011503）

工程量按设计图示尺寸以扶手中心线长度（包括弯头长度）计算。

（4）暖气罩（编码：011504）

工程量按设计图示尺寸以垂直投影面积（不展开）计算。

（5）浴厕配件。（编码：011505）

1）洗漱台：①按设计图示尺寸以台面外接矩形面积计算。②不扣除孔洞、挖弯、削角所占面积，挡板、吊沿板面积并入台面面积内。

2）晒衣架、帘子杆、浴缸拉手、卫生间扶手、卫生纸盒、肥皂盒、镜箱按设计图示数量计算。

3）镜面玻璃按设计图示尺寸以边框外围面积计算。

（6）雨篷、旗杆（编码：011506），计量规则见表5-3-40。

表5-3-40　雨篷、旗杆计量规则

类型	计量规则
雨篷吊挂饰面、玻璃雨篷	按设计图示尺寸以水平投影面积计算
金属旗杆	按设计图示数量计算，以根为单位计量

（7）招牌、灯箱（编码：011506），计量规则见表5-3-41。

表 5-3-41　招牌、灯箱计量规则

类型	计量规则
平面、箱式招牌	按设计图示尺寸以正立面边框外围面积计算。复杂形的凸凹造型部分不增加面积
竖式标箱、灯箱、信报箱	按设计图示数量计算，以个为单位计量

（8）美术字（编码：011508），按设计图示数量计算，以个为单位计量。

知识点 32　拆除工程（编码：0116）

一、砖砌体拆除（编码：011601）

砖砌体拆除以“m^3”计量，按拆除的体积计算；以“m”计量，按拆除的延长米计算。

二、混凝土及钢筋混凝土构件拆除（编码：011602）

（一）工程量计算规则

混凝土构件拆除、钢筋混凝土构件拆除以“m^3”计量，按拆除构件的混凝土体积计算；以“m^2”计量，按拆除部位的面积计算；以“m”计量，按拆除部位的延长米计算。

（二）相关说明

以“m^3”作为计量单位时，可不描述构件的规格尺寸；以“m^2”作为计量单位时，则应描述构件的厚度；以“m”作为计量单位时，则必须描述构件的规格尺寸。

三、木构件拆除（编码：011603）

（一）工程量计算规则

木构件拆除以“m^3”计量，按拆除构件的体积计算；以“m^2”计量，按拆除面积计算；以“m”计量，按拆除延长米计算。

（二）相关说明

以“m^3”作为计量单位时，可不描述构件的规格尺寸；以“m^2”作为计量单位时，则应描述构件的厚度；以“m”作为计量单位时，则必须描述构件的规格尺寸。

四、抹灰面拆除（编码：011604）

平面抹灰层拆除、立面抹灰层拆除、天棚抹灰面拆除，按拆除部位的面积“m^2”计算。

五、块料面层拆除（编码：011605）

平面块料拆除、立面块料拆除，按拆除面积“m^2”计算。

六、龙骨及饰面拆除（编码：011606）

楼地面龙骨及饰面拆除、墙柱面龙骨及饰面拆除、天棚面龙骨及饰面拆除，按拆除面积“m^2”计算。

七、屋面拆除（编码：011607）

屋面拆除包括刚性层拆除、防水层拆除。按铲除部位的面积“m^2”计算。

八、铲除油漆涂料裱糊面（编码：011608）

（一）工程量计算规则

铲除油漆面、铲除涂料面、铲除裱糊面以“m^2”计量，按铲除部位的面积计算；以“m”

计量，按铲除部位的延长米计算。

（二）相关说明

按“m”计量，必须描述铲除部位的截面尺寸；以“m^2”计量时，则不用描述铲除部位的截面尺寸。

九、栏杆栏板、轻质隔断隔墙拆除（编码：011609）

（1）栏杆、栏板拆除以“m^2”计量，按拆除部位的面积计算；以“m”计量，按拆除的延长米计算。

（2）隔断隔墙拆除，按拆除部位的面积计算。

十、门窗拆除（编码：011610）

木门窗拆除、金属门窗拆除以“m^2”计量，按拆除面积计算；以“樘”计量，按拆除樘数计算。项目特征描述：室内高度、门窗洞口尺寸。

十一、金属构件拆除（编码：011611）

（1）钢梁拆除、钢柱拆除以“t”计量，按拆除构件的质量计算；以“m”计量，按拆除延长米计算。

（2）钢网架拆除，按拆除构件的质量计算。

（3）钢支撑及钢墙架拆除、其他金属构件拆除以“t”计量，按拆除构件的质量计算；以“m”计量，按拆除延长米计算。

十二、管道及卫生洁具拆除（编码：011612）

（1）管道拆除，按拆除管道的延长米计算。

（2）卫生洁具拆除，按拆除的数量“套或个”计算。

除此之外，拆除工程还有灯具、玻璃拆除（编码011613），其他构件拆除（编码011614），开孔（打洞）（编码011615）。

典型例题

［**2019真题·单选**］根据《房屋建筑与装饰工程工程量计算规范》（GB 50854—2013），混凝土构件拆除清单工程量计算正确的是（　　）。

A. 按拆除构件的虚方工程量计算，以“m^3”计量

B. 可按拆除部位的面积计算，以“m^2”计量

C. 可按拆除构件的运输工程量计算，以“m^3”计量

D. 按拆除构件的质量计算，以“t”计量

［**解析**］混凝土构件拆除、钢筋混凝土构件拆除以“m^3”计量，按拆除构件的混凝土体积计算；以“m^2”计量，按拆除部位的面积计算；以“m”计量，按拆除部位的延长米计算。

［**答案**］B

知识点33 措施项目（编码：0117）

一、脚手架工程（编码：011701）

（1）综合脚手架。工程量按建筑面积计算。

1）综合脚手架针对整个房屋建筑的土建和装饰装修部分。在编制清单项目时，当列出了综合脚手架项目时，不得再列出外脚手架、里脚手架等单项脚手架项目。

2）同一建筑物有不同的檐高时，按建筑物竖向切面分别按不同檐高编列清单项目。

3）建筑物的檐口高度是指设计室外地坪至檐口滴水的高度（平屋顶系指屋面板底高度）。

4）突出主体建筑物屋顶的电梯机房、楼梯出口间、水箱间、瞭望塔、排烟机房等不计入檐口高度。

（2）外脚手架、里脚手架、整体提升架、外装饰吊篮。按所服务对象的垂直投影面积计算。

（3）悬空脚手架、满堂脚手架。按搭设的水平投影面积计算。

（4）挑脚手架。按搭设长度乘以搭设层数以延长米计算。

二、混凝土模板及支架（撑）（编码：011702）

以下仅规定了按接触面积计算的规则与方法：

（1）混凝土基础、柱、梁、墙板等主要构件模板及支架工程量按模板与现浇混凝土构件的接触面积计算。原槽浇灌的混凝土基础、垫层不计算模板工程量。若现浇混凝土梁、板支撑高度超过 3.6m 时，项目特征应描述支撑高度。

1）现浇钢筋混凝土墙、板单孔面积小于或等于 0.3m^2 的孔洞不予扣除，洞侧壁模板亦不增加；单孔面积大于 0.3m^2 时应予扣除，洞侧壁模板面积并入墙、板工程量内计算。

2）现浇框架分别按梁、板、柱有关规定计算；附墙柱、暗梁、暗柱并入墙内工程量内计算。

3）柱、梁、墙、板相互连接的重叠部分，均不计算模板面积。

4）构造柱按图示外露部分计算模板面积。

（2）天沟、檐沟、电缆沟、地沟，散水、扶手、后浇带、化粪池、检查井按模板与现浇混凝土构件的接触面积计算。

（3）雨篷、悬挑板、阳台板，按图示外挑部分尺寸的水平投影面积计算，挑出墙外的悬臂梁及板边不另计算。

（4）楼梯，按楼梯（包括休息平台、平台梁、斜梁和楼层板的连接梁）的水平投影面积计算，不扣除宽度小于或等于 500mm 的楼梯井所占面积，楼梯踏步、踏步板、平台梁等侧面模板不另计算，伸入墙内部分亦不增加。

三、垂直运输（编码 011703）

垂直运输可按建筑面积计算也可以按施工工期日历天数计算，以天为单位。

四、超高施工增加（编码 011704）

（1）单层建筑物檐口高度超过 20m，多层建筑物超过 6 层时，可按超高部分的建筑面积计算超高施工增加。

（2）同一建筑物有不同檐高时，可按不同高度的建筑面积分别计算建筑面积，以不同檐高分别编码列项。

（3）其工程量计算按建筑物超高部分的建筑面积计算。

五、大型机械设备进出场及安拆（编码：011705）

按使用机械设备的数量“台·次”计算。

六、施工排水、降水（编码：011706）

施工排水、降水计量规则见表 5-3-42。

表 5-3-42　施工排水、降水计量规则

类型	计量规则
成井	按设计图示尺寸以钻孔深度计算
排水、降水	按排水、降水日历天数“昼夜”计算

七、安全文明施工及其他措施项目（编码：011707）

（1）安全文明施工（含环境保护、文明施工、安全施工、临时设施）。

（2）“三宝”（安全帽、安全带、安全网）。

“四口”（楼梯口、电梯井口、通道口、预留洞口）。

“五临边”（阳台围边、楼板围边、屋面围边、槽坑围边、卸料平台两侧）。

➢ **考分统计**：统计近 10 年该知识点的考核情况，在 2013、2014、2015、2016、2017、2018、2020、2021 年进行了考核。考核频次为 80%。其中 2013 年考核一道多选题，2014 年考核一道多选题，2015 年考核一道多选题，2016 年考核一道多选题，2017 年考核一道多选题，2018 年考核一道多选题，2020 年考核一道多选题，2021 年考核两道单选题。

典型例题

［**2021 真题·单选**］根据《房屋建筑与装饰工程工程量计算规范》（GB 50854—2013），下列关于脚手架的说法正确的是（　　）。

A. 综合脚手架按建筑面积计算，适用于房屋加层

B. 外脚手架、里脚手架按搭设的水平投影面积计算

C. 整体提升式脚手架按所服务对象的垂直投影面积计算

D. 同一建筑物有不同檐口时，按平均高度计算

［**解析**］综合脚手架不适用于房屋加层、构筑物及附属工程脚手架。外脚手架、里脚手架、整体提升架、外装饰吊篮，按所服务对象的垂直投影面积计算。同一建筑物有不同的檐高时，按建筑物竖向切面分别按不同檐高编列清单项目。

［**答案**］C

同步强化训练

一、单项选择题（每题的备选项中，只有 1 个最符合题意）

1. 工程量清单项目编码，应采用十二位阿拉伯数字表示，前三、四位表示（　　）。

A. 专业工程代码　　B. 附录分类顺序码

C. 分部工程顺序码　　D. 分项工程顺序码

2. 下列有关项目特征的说法正确的是（　　）。

A. 异形柱的项目特征不需要描述柱形状

B. 项目特征描述不需要满足确定综合单价的需要

C. 项目特征描述不可以直接详见相关图集

D. 项目特征中对报价有实质影响的内容都必须描述

3. 根据《房屋建筑与装饰工程工程量计算规范》（GB 50854—2013）规定，以下说法正确的

是（　　）。

A. 分部分项工程量清单与定额所采用的计量单位相同

B. 同一建设项目的多个单位工程的相同项目可采用不同的计量单位分别计量

C. 以“m”“m^2”“m^3”等为单位的应按四舍五入的原则取整

D. 项目特征反映了分部分项和措施项目自身价值的本质特征

4. 统筹法计算工程量常用的“三线一面”中的“一面”是指（　　）。

A. 建筑物标准层建筑面积　　B. 建筑物地下室建筑面积

C. 建筑物底层建筑面积　　D. 建筑物转换层建筑面积

5. 在梁的平法施工图中，若梁的某项数值的集中标注和原位标注不一致时，施工时（　　）。

A. 原位标注值优先　　B. 集中标注值优先

C. 根据实际需要选用　　D. 两者任选其一

6. 某框架梁箍筋平法标注为 ϕ10@100（4）/150（2），下列说法错误的是（　　）。

A. 箍筋为 HPB300 钢筋，直径为 10

B. 加密区间距为 100，四肢箍

C. 非加密区间距为 150，两肢箍

D. 加密区间距为 100，非加密区间距为 150，均为双肢箍

7. 在混凝土结构施工图平面整体表示方法中，关于梁侧面纵向构造钢筋或受扭钢筋配置的说法，正确的是（　　）。

A. 当梁腹板高度 h_w≥550mm 时，需配置纵向构造钢筋

B. G4ϕ12 表示梁的两个侧面配置 4ϕ12 的纵向构造钢筋，每侧面各配置 4ϕ12

C. N6Φ22 表示梁的两个侧面配置 6Φ22 的受扭纵向钢筋，每侧面各配置 3Φ22

D. 梁侧面构造钢筋，其搭接与锚固长度可取 $10d$

8. 梁支座上部纵筋标注为“2Φ25＋2Φ22”表示（　　）。

A. 梁支座上部纵筋上一排为 2Φ25，下一排纵筋为 2Φ22

B. 梁支座上部纵筋上一排为 2Φ22，下一排纵筋为 2Φ25

C. 梁支座上部有四根纵筋，2Φ25 放在角部，2Φ22 放在中部

D. 梁支座上部有四根纵筋，2Φ25 放在中部，2Φ22 放在角部

9. 下列关于梁原位标注的说法，不正确的是（　　）。

A. 上部纵筋和下部纵筋多于一排时，都是用斜线“/”将各排纵筋自上而下分开

B. 当同排纵筋有两种直径时，用加号“＋”将两种直径的纵筋相连

C. 当梁中间支座两边的上部纵筋相同时，也须在支座两边分别标注

D. 梁支座上部纵筋的长度为第一排非通长筋从柱（梁）边起延伸至 $l_n/3$

10. 下列关于建筑面积表达式，说法正确的是（　　）。

A. 有效面积＝使用面积＋辅助面积　　B. 使用面积＝有效面积＋结构面积

C. 建筑面积＝使用面积＋结构面积　　D. 辅助面积＝使用面积－结构面积

11. 有顶盖无围护结构的场馆看台，其建筑面积计算正确的是（　　）。

A. 按看台底板结构外围水平面积计算

B. 按顶盖水平投影面积计算

C. 按看台底板结构外围水平面积的 1/2 计算

D. 按顶盖水平投影面积的 1/2 计算

12. 地下室、半地下室的建筑面积，应（　　）。

A. 结构层高在 1.20m 以下的不予计算　　B. 按其结构外围水平面积计算

C. 按其上口外墙中心线水平面积计算　　D. 高度超过 2.20m 时计算

13. 根据《建筑工程建筑面积计算规范》(GB/T 50353—2013)，围护结构不垂直于水平面的建筑物，建筑面积应（　　）。

A. 按其底板面的外墙外围水平面积计算　　B. 按其顶盖水平投影面积计算

C. 按围护结构外边线计算　　D. 按其外墙结构外围水平面积计算

14. 根据《建筑工程建筑面积计算规范》(GB/T 50353—2013) 规定，建筑物大厅内的层高为 2.10m 的走廊，建筑面积计算正确的是（　　）。

A. 按走廊水平投影面积并入大厅建筑面积　　B. 不单独计算建筑面积

C. 按结构底板水平投影面积的 1/2 计算　　D. 按结构底板水平面积计算

15. 根据《建筑工程建筑面积计算规范》(GB/T 50353—2013)，室外楼梯的建筑面积计算正确的是（　　）。

A. 按建筑物自然层的水平投影面积计算

B. 最上层楼梯不计算面积

C. 按建筑物自然层的垂直投影面积计算

D. 按建筑物自然层的水平投影面积的 1/2 计算

16. 根据《建筑工程建筑面积计算规范》(GB/T 50353—2013)，内部连通的高低联跨建筑物内的变形缝应（　　）。

A. 计入高跨面积　　B. 高低跨平均计算

C. 计入低跨面积　　D. 不计算面积

17. 某 3 层办公楼每层外墙结构外围水平面积均为 670m^2，一层为车库，层高 2.2m。二至三层为办公室，层高为 3.2m，二层设有高 2.20m 的有围护设施的室外走廊，其结构底板水平投影面积为 67.5m^2，该办公楼的建筑面积是（　　）m^2。

A. 1340.00　　B. 1373.75　　C. 2043.75　　D. 2077.50

18. 根据《建筑工程建筑面积计算规范》(GB/T 50353—2013)，建筑物架空层及坡地建筑物吊脚架空层，正确的是（　　）。

A. 结构层高不足 2.20m 的部位应计算 1/2 面积

B. 结构层高在 2.10m 及以上的部位应计算全面积

C. 结构层高不足 2.10m 的部位不计算面积

D. 按照利用部位的水平投影的 1/2 计算

19. 根据《建筑工程建筑面积计算规范》(GB/T 50353—2013)，关于阳台建筑面积计算，说法正确的是（　　）。

A. 主体结构内的阳台，应按其结构底板水平投影面积计算全面积

B. 主体结构内的阳台，应按其结构外围水平面积计算全面积

C. 主体结构外的阳台，应按其结构底板水平投影面积计算全面积

D. 主体结构外的阳台，应按其结构外围水平面积计算全 1/2 面积

20. 根据《建筑工程建筑面积计算规范》(GB/T 50353—2013)，下列不计算建筑面积的是（　　）。

A. 建筑物外墙外侧保温隔热层

B. 建筑物内的变形缝

C. 有围护结构的屋顶水箱间

D. 窗台与室内地面高差在 0.45m 以下且结构净高在 2.10m 以下的飘窗

21. 下列应计算全部建筑面积的是（　　）。

A. 结构层高为 2.20m 的落地橱窗　　B. 层高 2.10m 的半地下室

C. 外挑宽度 1.6m 的无柱雨篷　　D. 屋面上有顶盖和围栏的凉棚

22. 根据《建筑工程建筑面积计算规范》(GB/T 50353—2013)，下列情况可以计算建筑面积的是（　　）。

A. 形成建筑空间的坡屋顶内净高在 1.20m 至 2.10m

B. 室外爬梯

C. 外挑宽度在 1.20m 以上的无柱雨篷

D. 不与建筑物内连通的装饰性平台

23. 根据《房屋建筑与装饰工程工程量计算规范》(GB 50854—2013)，挖一般土方的工程量按设计图示尺寸以体积计算，挖土方平均厚度应按（　　）。

A. 交付施工场地标高至设计地坪标高间的平均厚度确定

B. 基础垫层底面标高至设计地坪标高间的平均厚度确定

C. 基础垫层表面标高至设计地坪标高间的平均厚度确定

D. 自然地面测量标高至设计地坪标高间的平均厚度确定

24. 挖土方的工程量按设计图示尺寸的体积计算，此时的体积是指（　　）。

A. 虚方体积　　B. 夯实后体积

C. 松填体积　　D. 天然密实体积

25. 某建筑工程挖土方工程量需要通过现场签证核定，已知用斗容量为 1.5m^3 的轮胎式装载机运土 5000 车，则挖土工程量应为（　　）m^3。

A. 5019.23　　B. 5769.23　　C. 6231.50　　D. 7500.00

26. 根据《房屋建筑与装饰工程工程量计算规范》(GB 50854—2013)，土石方工程中，建筑物场地厚度在±300mm 以内的，平整场地工程量应（　　）。

A. 按建筑物自然层面积计算　　B. 按设计图示厚度计算

C. 按建筑有效面积计算　　D. 按建筑物首层面积计算

27. 根据《房屋建筑与装饰工程工程量计算规范》(GB 50854—2013)，当土方开挖底长≤3 倍底宽，且底面积为 300m^2，开挖深度为 0.8m 时，清单项应列为（　　）。

A. 平整场地　　B. 挖一般土方

C. 挖沟槽土方　　D. 挖基坑土方

28. 根据《房屋建筑与装饰工程工程量计算规范》(GB 50854—2013)，管沟土方工程中的挖沟平均深度，正确的计算规则是（　　）。

A. 有管沟设计时，平均深度以沟垫层顶面标高至交付施工场地标高计算

B. 有管沟设计时，平均深度以沟底标高至交付施工场地标高计算

C. 无管沟设计时，直埋管深度应按管底内表面标高至交付施工场地标高的平均高度计算

D. 无管沟设计时，直埋管深度应按管底外表面标高至交付施工场地标高的平均高度计算

29. 根据《房屋建筑与装饰工程工程量计算规范》(GB 50854—2013) 规定，关于基坑支护工程量计算正确的为（　　）。

A. 地下连续墙按设计图示墙中心线长度计算

B. 预制钢筋混凝土板桩按设计图示数量以根计算

C. 钢板桩按设计图示数量以根计算

D. 喷射混凝土按设计图示面积乘以喷层厚度以体积计算

30. 根据《房屋建筑与装修工程工程量计算规范》（GB 50854—2013），地下连续墙的工程量应（　　）。

A. 按设计图示槽横断面面积乘以槽深以体积计算

B. 按设计图示尺寸以支护面积计算

C. 按设计图示以墙中心线长度计算

D. 按设计图示中心线长乘以厚度乘以槽深以体积计算

31. 根据《房屋建筑与装饰工程工程量计算规范》（GB 50854—2013），基坑与边坡支护的工程量计算，不正确的是（　　）。

A. 钢支撑按设计图示尺寸以质量计算

B. 喷射混凝土按设计图示尺寸以面积计算

C. 钢板桩按设计图示尺寸以桩长计算

D. 锚杆可按设计图示尺寸以钻孔深度计算

32. 根据《房屋建筑与装饰工程工程量计算规范》（GB 50854—2013），关于桩基础工程的工程量计算规则，正确的说法是（　　）。

A. 预制钢筋混凝土方桩按设计图示以桩长（包括桩尖）计算

B. 钢管桩按设计图示尺寸以长度计算

C. 挖孔桩土石方按设计图示尺寸（不含护壁）截面积乘以挖孔深度以体积计算

D. 钻孔压浆桩按图示尺寸以体积计算

33. 根据《房屋建筑与装饰工程工程量计算规范》（GB 50854—2013）规定，关于砖砌体工程量计算说法正确的为（　　）。

A. 砖基础工程量中不含基础砂浆防潮层所占体积

B. 使用同一种材料的基础与墙身以设计室内地面为分界

C. 实心砖墙的工程量中不应计入凸出墙面的砖垛体积

D. 坡屋面有屋架的外墙高由基础顶面算至屋架下弦底面

34. 根据《房屋建筑与装饰工程工程量计算规范》（GB 50854—2013）规定，关于砌块墙高度计算正确的为（　　）。

A. 有屋架且室内外均有天棚者算至屋架下弦底另加 200mm

B. 女儿墙从屋面板顶面算至压顶顶面

C. 围墙从基础顶面算至混凝土压顶上表面

D. 外山墙从基础顶面算至山墙最高点

35. 根据《房屋建筑与装修工程工程量计算规范》（GB 50854—2013），下列关于砖基础工程量计算中的基础与墙身的划分，正确的是（　　）。

A. 以设计室内地坪为界（包括有地下室的建筑）

B. 基础与墙身使用材料不同时，以材料界面为界

C. 基础与墙身使用材料不同时，以材料界面另加 300mm 为界

D. 围墙基础应以设计室外地坪为界

36. 根据《房屋建筑与装饰工程工程量计算规范》（GB 50854—2013），以下关于砖砌体工程量计算，正确的说法是（　　）。

A. 砖砌台阶按设计图示尺寸以体积计算

B. 砖散水按设计图示尺寸以体积计算

C. 砖地沟、明沟按设计图示尺寸以体积计算 D. 小便槽、地垄墙可按长度计算

37. 根据《房屋建筑与装饰工程工程量计算规范》(GB 50854—2013)，关于混凝土及钢筋混凝土工程量计算规则，不正确的说法是（　　）。

A. 无梁板体积包括板和柱帽的体积

B. 现浇混凝土楼梯可按水平投影面积计算

C. 外挑雨篷上的反挑檐并入雨篷计算

D. 预制钢筋混凝土楼梯可按设计图示尺寸以水平投影面积计算

38. 根据《房屋建筑与装饰工程工程量计算规范》(GB 50854—2013)，现浇钢筋混凝土楼梯的工程量应按设计图示尺寸（　　）。

A. 以体积计算，扣除宽度小于 500mm 的楼梯井

B. 以水平投影面积计算，不扣除宽度小于 500mm 的楼梯井

C. 以水平投影面积计算，伸入墙内部分并入楼梯内计算

D. 当整体楼梯与现浇楼板无连接梁时，以分界线为界

39. 根据《房屋建筑与装饰工程工程量计算规范》(GB 50854—2013)，直径为 d 的钢筋作受力筋，两端设有弯钩，每钩增加长为 $4.9d$，其弯起角度应是（　　）。

A. 90°　　B. 120°　　C. 135°　　D. 180°

40. 某根 C20 钢筋混凝土单梁长 6m，受压区布置 2ϕ12 钢筋（设半圆弯钩），已知 ϕ12 钢筋的理论质量 0.888kg/m，则 2ϕ12 钢筋的工程量是（　　）kg。

A. 10.72　　B. 10.78　　C. 10.80　　D. 10.83

41. 根据《房屋建筑与装饰工程工程量计算规范》(GB 50854—2013)，关于金属结构工程的工程量计算的说法，错误的是（　　）。

A. 钢梁不扣除孔眼、切边、切肢的质量，焊条、铆钉、螺栓等不另增加质量

B. 钢管柱上牛腿的质量不增加

C. 压型钢板墙板按设计图示尺寸以铺挂面积计算

D. 金属网栏按设计图示尺寸以面积计算

42. 根据《房屋建筑与装饰工程工程量计算规范》(GB 50854—2013)，金属结构工程中，压型钢板楼板、墙板的工程量计算规则，正确的说法是（　　）。

A. 压型钢板楼板按设计图示尺寸以铺挂面积计算

B. 压型钢板楼板扣除柱、垛所占面积

C. 压型钢板墙板按设计图示尺寸以铺设水平投影面积计算

D. 压型钢板墙板的包角、包边、窗台泛水不另加面积

43. 根据《房屋建筑与装饰工程工程量计算规范》(GB 50854—2013)，关于屋面及防水工程的工程量计算的说法，正确的是（　　）。

A. 瓦屋面、型材屋面按设计图示尺寸以水平投影面积计算

B. 屋面涂膜防水中，女儿墙的弯起部分不增加面积

C. 屋面排水管按设计图示尺寸以长度计算

D. 屋面变形缝防水按设计图示以面积计算

44. 根据《房屋建筑与装饰工程工程量计算规范》(GB 50854—2013)，有关防腐、隔热和保温工程的工程量计算规则，正确的计算方法是（　　）。

A. 保温隔热屋面按设计图示尺寸以面积计算，不扣除大于 0.3m^2孔洞所占面积

B. 柱帽保温隔热应并入保温柱工程量内

C. 防腐混凝土面层按设计图示尺寸以体积计算

D. 隔离层立面防腐中，砖垛突出部分按展开面积并入墙面积内

45. 根据《房屋建筑与装饰工程工程量计算规范》(GB 50854—2013)，关于措施项目，说法不正确的是（　　）。

A. 综合脚手架按搭设的水平投影面积计算

B. 超高施工增加，按建筑物超高部分的建筑面积计算

C. 大型机械设备进出场及安拆，以台次计量，按使用机械设备的数量计算

D. 成井，按设计图示尺寸以钻孔深度计算

二、多项选择题（每题的备选项中，有2个或2个以上符合题意，至少有1个错项）

1. 下列按水平投影面积1/2计算建筑面积的有（　　）。

A. 屋顶上的水箱

B. 有顶盖无围护结构的站台

C. 室外楼梯

D. 外挑宽度超过2.1m不跨层的无柱雨篷

E. 有围护设施的檐廊

2. 下列关于建筑面积的计算，说法正确的有（　　）。

A. 建筑物内的变形缝不计算建筑面积

B. 建筑物室外台阶按水平投影面积计算

C. 有围护设施的室外挑廊按其结构底板水平投影面积计算1/2面积

D. 地下人防通道超过2.20m按结构底板水平面积计算

E. 建筑物间的架空走廊有围护结构的按其围护结构外围水平面积计算全面积

3. 根据《房屋建筑与装饰工程工程量计算规范》(GB 50854—2013）规定，关于土石方的项目列项或工程量的计算，正确的有（　　）。

A. 山坡凿石按一般石方项目编码列项

B. 挖沟槽石方按沟槽设计底面积乘以挖石深度以体积计算

C. 室内回填按设计图示尺寸以体积计算，扣除间隔墙

D. 基础回填按设计图示尺寸以体积计算，减去自然地坪以下埋设的基础体积

E. 挖管沟石方按设计图示截面积乘以长度以体积计算

4. 根据《房屋建筑与装饰工程工程量计算规范》(GB 50854—2013)，以下关于现浇混凝土工程量计算正确的有（　　）。

A. 梁工程量不包括伸入墙内的梁头体积

B. 构造柱工程量包括嵌入墙体部分

C. 墙体工程量包括墙垛体积

D. 有梁板按梁、板体积之和计算工程量

E. 无梁板伸入墙内的板头和柱帽并入板体积内计算

5. 根据《房屋建筑与装饰工程工程量计算规范》(GB 50854—2013)，在装饰装修工程中，天棚抹灰的工程量计算规则，正确的有（　　）。

A. 按设计图示尺寸以水平投影面积计算

B. 带梁天棚、梁两侧抹灰面积并入天棚面积内

C. 扣除检查口、管道、间壁墙所占的面积

D. 板式楼梯底面抹灰以水平投影面积计算

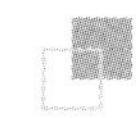

E. 锯齿形楼梯底板抹灰按斜面积计算

6. 根据《房屋建筑与装饰工程工程量计算规范》(GB 50854—2013)，以下关于装饰装修工程量计算，正确的说法有（　　）。

A. 门窗套可按设计图示尺寸以展开面积计算

B. 木踢脚线油漆按设计图示尺寸以长度计算

C. 金属面油漆按设计图示尺寸以质量计算

D. 窗帘盒按设计图示尺寸以长度计算

E. 木门、木窗均按设计图示框外围尺寸以面积计算

7. 根据《房屋建筑与装饰工程工程量计算规范》(GB 50854—2013)，关于楼地面装饰工程量计算的说法，正确的有（　　）。

A. 整体面层按面积计算，扣除 $0.3m^2$ 以内的孔洞所占面积

B. 水泥砂浆楼地面门洞开口部分不增加面积

C. 块料面层门洞开口部分不增加面积

D. 橡塑面层门洞开口部分并入相应的工程量内

E. 地毯楼地面的门洞开口部分不增加面积

8. 根据《房屋建筑与装饰工程工程量计算规范》(GB 50854—2013)，措施项目工程量的计算规则，正确的有（　　）。

A. 垂直运输可按施工工期日历天数计算

B. 垂直运输可按建筑物高度计算

C. 超高施工增加按建筑物超高部分的高度计算

D. 大型机械设备进出场及安拆按使用机械设备的数量计算

E. 施工排水、降水按施工工期日历天数计算

9. 根据《房屋建筑与装饰工程工程量计算规范》(GB 50854—2013) 规定，以下关于措施项目工程量计算，说法正确的有（　　）。

A. 垂直运输费用，按施工工期日历天数计算

B. 大型机械设备进出场及安拆，按使用数量计算

C. 施工降水成井，按设计图示尺寸以钻孔深度计算

D. 超高施工增加，按建筑物总建筑面积计算

E. 雨篷混凝土模板及支架，按外挑部分水平投影面积计算

10. 根据《房屋建筑与装饰工程工程量计算规范》(GB 50854—2013)，措施项目中安全文明施工的“四口”有（　　）。

A. 电梯井口　　B. 楼梯口

C. 卸料平台口　　D. 槽坑口

E. 通道口

参考答案及解析

一、单项选择题

1. [答案] B

[解析] 项目编码的十二位数字的含义是：一、二位为专业工程代码，三、四位为附录分类顺序码，五、六位为分部工程顺序码，七、八、九位为分项工程项目名称顺序码。

2. [答案] D

［解析］异形柱需要描述的项目特征有：柱形状、混凝土类别、混凝土强度等级，选项A错误。项目特征体现的是对清单项目的质量要求，是确定一个清单项目综合单价不可缺少的重要依据，选项B错误。若采用标准图集或施工图纸能够全部或部分满足项目特征描述的要求，项目特征描述可直接采用详见××图集或××图号的方式，选项C错误。对不能满足项目特征描述要求的部分，仍应用文字描述。

3. ［答案］D

［解析］工程量清单项目的计量单位一般采用基本的物理计量单位或自然计量单位，如m^2、m^3、m、kg、t等，基础定额中的计量单位一般为扩大的物理计量单位或自然计量单位，如$100m^2$、$1000m^3$、100m等，选项A错误。有多个单位工程的相同项目计量单位必须保持一致，选项B错误。以“m”“m^2”“m^3”“kg”为单位，应保留小数点后两位数字，第三位小数四舍五入，选项C错误。项目特征是表征构成分部分项构成项目、措施项目自身价值的本质特征。

4. ［答案］C

［解析］统筹法的“线”和“面”指的是长度和面积，常用的基数为“三线一面”，“三线”是指建筑物的外墙中心线、外墙外边线和内墙净长线；“一面”是指建筑物的底层建筑面积。

5. ［答案］A

［解析］当集中标注中的某项数值不适用于梁的某部位时，则将该项数值原位标注，施工时，原位标注优先于集中标注。

6. ［答案］D

［解析］表示箍筋为HPB300钢筋，直径为10，加密区间距为100，四肢箍；非加密区间距为150，两肢箍。

7. ［答案］C

［解析］当梁腹板高度$hw \geqslant 450mm$时，需配置纵向构造钢筋，选项A错误。G4ϕ12表示梁的两个侧面配置4ϕ12的纵向构造钢筋，每侧面各配置2ϕ12，选项B错误。梁侧面构造钢筋，其搭接与锚固长度可取$15d$，选项D错误。

8. ［答案］C

［解析］当同排纵筋有两种直径时，用加号“+”将两种直径的纵筋相连，注写时将角部纵筋写在前面。2Φ25+2Φ22表示：梁支座上部有四根纵筋，2Φ25放在角部，2Φ22放在中部。

9. ［答案］C

［解析］当梁中间支座两边的上部纵筋不同时，须在支座两边分别标注；当梁中间支座两边的上部纵筋相同时，可仅在支座的一边标注配筋值，另一边省去不注。

10. ［答案］A

［解析］建筑面积可以分为使用面积、辅助面积和结构面积。使用面积与辅助面积的总和称为“有效面积”。

11. ［答案］D

［解析］对于场馆看台下的建筑空间，结构净高在2.10m及以上的部位应计算全面积；结构净高在1.20m及以上至2.10m以下的部位应计算1/2面积；结构净高在1.20m以下的部位不应计算建筑面积。室内单独设置的有围护设施的悬挑看台，应按看台结构底板水平投影面积计算建筑面积。有顶盖无围护结构的场馆看台应按其顶盖水平投影面积的1/2计算面积。

12. ［答案］B

［解析］地下室、半地下室应按其结构外围水平面积计算。结构层高在2.20m及以上的，应计算全面积；结构层高在2.20m以下的，应计算1/2面积。

13. ［答案］A

［解析］围护结构不垂直于水平面的楼层，应按其底板面的外墙外围水平面积计算。结构净高在2.10m及以上的部位，应计算全面积；结构净高在1.20m及以上至2.10m以下的部位，应计算1/2面积；结构净高在1.20m以下的部位，不应计算建筑面积。

14. ［答案］C

［解析］建筑物的门厅、大厅应按一层计算建筑面积，门厅、大厅内设置的走廊应按走廊结构底板水平投影面积计算建筑面积。结构层高在2.20m及以上的，应计算全面积；结构层高在2.20m以下的，应计算1/2面积。

15. ［答案］D

［解析］室外楼梯应并入所依附建筑物自然层，并应按其水平投影面积的1/2计算建筑面积。

16. ［答案］C

［解析］高低联跨的建筑物，当高低跨内部连通或局部连通时，其连通部分变形缝的面积计算在低跨面积内；当高低跨内部不相连通时，其变形缝不计算建筑面积。

17. ［答案］C

［解析］建筑物的建筑面积应按自然层外墙结构外围水平面积之和计算。结构层高在2.20m及以上的，应计算全面积；结构层高在2.20m以下的，应计算1/2面积。有围护设施的室外走廊（挑廊），应按其结构底板水平投影面积计算1/2面积。所以本题建筑面积为：670×3＋67.5/2＝2043.75（m^2）。

18. ［答案］A

［解析］建筑物架空层及坡地建筑物吊脚架空层，应按其顶板水平投影计算建筑面积。结构层高在2.20m及以上的，应计算全面积；结构层高在2.20m以下的，应计算1/2面积。

19. ［答案］B

［解析］在主体结构内的阳台，应按其结构外围水平面积计算全面积；在主体结构外的阳台，应按其结构底板水平投影面积计算1/2面积。

20. ［答案］D

［解析］窗台与室内地面高差在0.45m以下且结构净高在2.10m以下的凸（飘）窗不计算建筑面积。

21. ［答案］A

［解析］地下室、半地下室应按其结构外围水平面积计算。结构层高在2.20m及以上的，应计算全面积；结构层高在2.20m以下的，应计算1/2面积。挑出宽度在2.10m以下的无柱雨篷不计算建筑面积；凉棚不计算建筑面积。无柱雨篷的结构外边线至外墙结构外边线的宽度在2.10m及以上的，应按雨篷结构板的水平投影面积的1/2计算建筑面积。屋顶水箱、凉棚、露台不计算建筑面积。

22. ［答案］A

［解析］形成建筑空间的坡屋顶，结构净高在2.10m及以上的部位应计算全面积；结构净高在1.20m及以上至2.10m以下的部位应计算1/2面积；结构净高在1.20m以下的部位不应计算建筑面积。与建筑物内不相连通的建筑部件、室外爬梯不计算建筑面积。挑出宽度在2.10m以下的无柱雨篷和顶盖高度达到或超过两个楼层的无柱雨篷不计算建筑面积。

23. ［答案］D

［解析］挖土方平均厚度应按自然地面测量标高至设计地坪标高间的平均厚度确定。

24. ［答案］D

［解析］土石方体积应按挖掘前的天然密实体积计算。

25. ［答案］B

［解析］挖土工程量＝1.5×5000/1.3＝5769.23（m^3）。

26. ［答案］D

［解析］平整场地按设计图示尺寸以建筑物首层建筑面积计算。

27. ［答案］B

［解析］沟槽、基坑、一般土方的划分为：底宽≤7m、底长＞3倍底宽为沟槽；底长≤3倍底宽、底面积≤150m^2为基坑；超出上述范围则为一般土方。

28. ［答案］D

［解析］①有管沟设计时，平均深度以沟垫层底面标高至交付施工场地标高计算；②无管沟设计时，直埋管深度应按管底外表面标高至交付施工场地标高的平均高度

计算。

29. [答案] B

[解析] 地下连续墙按设计图示墙中心线长乘以厚度乘以槽深以体积计算，选项A错误。钢板桩按设计图示尺寸以质量计算，以平方米计量，按设计图示墙中心线长乘以桩长以面积计算，选项C错误。喷射混凝土（水泥砂浆）按设计图示尺寸以面积计算，选项D错误。

30. [答案] D

[解析] 地下连续墙按设计图示墙中心线长乘以厚度乘以槽深以体积计算。

31. [答案] C

[解析] 型钢桩以吨计量，按设计图示尺寸以质量计算；以根计量，按设计图示数量计算。

32. [答案] A

[解析] 钢管桩以吨计量，按设计图示尺寸以质量计算；以根计量，按设计图示数量计算，选项B错误。挖孔桩土石方按设计图示尺寸（含护壁）截面积乘以挖孔深度以体积计算，选项C错误。钻孔压浆桩以米计量，按设计图示尺寸以桩长计算；以根计量，按设计图示数量计算，选项D错误。

33. [答案] B

[解析] 不扣除基础大放脚T形接头处的重叠部分及嵌入基础内的钢筋、铁件、管道、基础砂浆防潮层和单个面积≤$0.3m^2$的孔洞所占体积，靠墙暖气沟的挑檐不增加，选项A错误。基础与墙（柱）身使用同一种材料时，以设计室内地面为界（有地下室者，以地下室室内设计地面为界），以下为基础，以上为墙（柱）身。凸出墙面的砖垛并入墙体体积内计算，选项C错误。斜（坡）屋面无檐口天棚者算至屋面板底；有屋架且室内外均有天棚者算至屋架下弦底另加200mm；无天棚者算至屋架下弦底另加300mm，选项D错误。

34. [答案] A

[解析] 女儿墙，从屋面板上表面算至女儿墙顶面（如有混凝土压顶时算至压顶下表面），选项B错误。围墙的高度算至压顶上表面（如有混凝土压顶时算至压顶下表面），围墙柱并入围墙体积内计算，选项C错误。外山墙按其平均高度计算，选项D错误。

35. [答案] D

[解析] 基础与墙（柱）身的划分：基础与墙（柱）身使用同一种材料时，以设计室内地面为界（有地下室者，以地下室室内设计地面为界），地面以下为基础，地面以上为墙（柱）身。基础与墙身使用不同材料时，位于设计室内地面高度≤±300mm时，以不同材料为分界线，高度＞±300mm时，以设计室内地面为分界线。砖围墙应以设计室外地坪为界，以下为基础，以上为墙身。

36. [答案] D

[解析] 砖砌台阶可按水平投影面积以平方米计算，选项A错误。小便槽、地垄墙可按长度计算。砖散水、地坪按设计图示尺寸以面积计算，选项B错误。砖地沟、明沟按设计图示以中心线长度计算，选项C错误。

37. [答案] D

[解析] 预制混凝土楼梯以立方米计量时，按设计图示尺寸以体积计算，扣除空心踏步板空洞体积。以块计量时，按设计图示数量计。以块计量，项目特征必须描述单件体积。

38. [答案] B

[解析] 现浇混凝土楼梯以平方米计量，按设计图示尺寸以水平投影面积计算。不扣除宽度小于或等于500mm的楼梯井，伸入墙内部分不计算；或以立方米计算，按设计图示尺寸以体积计算。整体楼梯（包括直形楼梯、弧形楼梯）水平投影面积包括休息平台、平台梁、斜梁和楼梯的连接梁。当整体楼梯与现浇楼板无梯梁连接时，以楼梯的最后一个踏步边缘加300mm为界。

39. [答案] C

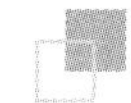

[解析] 钢筋的弯钩主要有半圆弯钩（180°）、直弯钩（90°）和斜弯钩（135°）。三种形式的弯钩增加长度分别为 6.25d、3.5d、4.9d。

40. [答案] D

[解析] 钢筋工程量＝图示钢筋长度×单位理论质量。钢筋长度＝构件尺寸－保护层厚度＋弯起增加长度＋两端弯钩长度＋搭接长度（图纸注明）。所以本题中钢筋工程量为：(6－0.025×2＋6.25×0.012×2)×2×0.888＝10.83（kg）。

41. [答案] B

[解析] 依附在钢柱上的牛腿及悬臂梁等并入钢柱工程量内。

42. [答案] D

[解析] 压型钢板楼板，按设计图示尺寸以铺设水平投影面积计算，选项 A 错误。不扣除单个面积小于或等于 0.3m^2 柱、垛及孔洞所占面积，选项 B 错误。压型钢板墙板，按设计图示尺寸以铺挂面积计算，选项 C 错误。不扣除单个面积小于或等于 0.3m^2 的梁、孔洞所占面积，包角、包边、窗台泛水等不另加面积。

43. [答案] C

[解析] 瓦屋面、型材屋面按设计图示尺寸以斜面积计算，选项 A 错误。屋面涂膜防水中，女儿墙的弯起部分并入屋面工程量内，选项 B 错误。屋面变形缝按设计图示以长度计算，选项 D 错误。

44. [答案] D

[解析] 保温隔热屋面，按设计图示尺寸以面积计算，扣除面积大于 0.3m^2 孔洞及占位面积，选项 A 错误。柱帽保温隔热应并入天棚保温隔热工程量内，选项 B 错误。防腐混凝土面层按设计图示尺寸以面积计算，选项 C 错误。

45. [答案] A

[解析] 综合脚手架工程量按建筑面积计算。

二、多项选择题

1. [答案] BCD

[解析] 屋顶上的水箱不计算建筑面积。有围护设施（或柱）的檐廊，应按其围护设施（或柱）外围水平面积计算 1/2 面积。

2. [答案] CE

[解析] 与室内相通的变形缝，应按其自然层合并在建筑物建筑面积内计算，选项 A 错误。室外台阶、地下人防通道不计算建筑面积，选项 B、D 错误。

3. [答案] ABDE

[解析] 室内回填，主墙间净面积乘以回填厚度，不扣除间隔墙，选项 C 错误。

4. [答案] BCDE

[解析] 现浇混凝土梁不扣除构件内钢筋、预埋铁件所占体积，伸入墙内的梁头、梁垫并入梁体积内，选项 A 错误。墙垛及突出墙面部分并入墙体体积内计算。有梁板按梁、板体积之和计算，无梁板按板和柱帽体积之和计算，各类板伸入墙内的板头并入板体积内计算。

5. [答案] AB

[解析] 天棚抹灰适用于各种天棚抹灰。按设计图示尺寸以水平投影面积计算。不扣除间壁墙、垛、柱、附墙烟囱、检查口和管道所占的面积，带梁天棚、梁两侧抹灰面积并入天棚面积内，板式楼梯底面抹灰按斜面积计算，锯齿形楼梯底板抹灰按展开面积计算。

6. [答案] ACD

[解析] 木踢脚线油漆按设计图示尺寸以面积计算，选项 B 错误。木质门、木质门带套、木质连窗门、木质防火门工程量以樘计量，按设计图示数量计算。以平方米计量，按设计图示洞口尺寸以面积计算。木质窗以樘计量，按设计图示数量计算。以平方米计量，按设计图示洞口尺寸以面积计算，选项 E 错误。

7. [答案] BD

[解析] 选项 A，整体面层按面积计算，不扣除 0.3m^2 以内的孔洞所占面积。选项 C，

块料面层扣除凸出地面的设备基础所占面积。选项E，地面地毯按设计图示尺寸以面积计算，门洞开口部分并入相应的工程量内。

8. [答案] AD

[解析] 垂直运输可按建筑面积计算也可以按施工工期日历天数计算，以天为单位，选项A正确，选项B错误。单层建筑物檐口高度超过20m，多层建筑物超过6层时，可按超高部分的建筑面积计算超高施工增加，选项C错误。排水、降水以昼夜（24h）为单位计量，按排水、降水日历天数计算，选项E错误。

9. [答案] ABCE

[解析] 垂直运输可按建筑面积计算也可以按施工工期日历天数计算，以天为单位。大型机械设备进出场及安拆工程量以台次计量，按使用机械设备的数量计算。施工降水成井，按设计图示尺寸以钻孔深度计算。超高施工增加其工程量计算按建筑物超高部分的建筑面积计算，选项D错误。雨篷、悬挑板、阳台板，按图示外挑部分尺寸的水平投影面积计算，挑出墙外的悬臂梁及板边不另计算。

10. [答案] ABE

[解析] “三宝”（安全帽、安全带、安全网）；“四口”（楼梯口、电梯井口、通道口、预留洞口）；“五临边”（阳台围边、楼板围边、屋面围边、槽坑围边、卸料平台两侧）。

参考文献

[1] 中华人民共和国住房和城乡建设部．建筑工程建筑面积计算规范：GB/T 50353—2013 [S]. 北京：中国计划出版社，2013.

[2] 中华人民共和国住房和城乡建设部．房屋建筑与装饰工程工程量计算规范：GB 50854—2013 [S]. 北京：中国计划出版社，2015.

[3] 黄伟典．建筑工程计量与计价 [M]. 北京：中国电力出版社，2015.

[4] 贾宏俊，吴新华．建筑工程计量与计价 [M]. 北京：化学工业出版社，2014.

[5] 王洪强．可持续发展与节能建筑 [M]. 北京：人民交通出版社，2015.

[6] 中华人民共和国住房和城乡建设部．房屋建筑与装饰工程消耗量定额：TY01—31—2015 [S]. 北京：中国计划出版社，2015.

[7] 上官子昌．16G101 图集应用—平法钢筋图识读 [M]. 北京：中国建筑工业出版社，2016.

[8] 贾宏俊．建设工程技术与计量（土木建筑工程）[M]. 北京：中国计划出版社，2017.

[9] 中华人民共和国住房和城乡建设部．混凝土结构工程施工质量验收规范：GB 50204—2015 [S]. 北京：中国建筑工业出版社，2015.

[10] 中华人民共和国住房和城乡建设部．民用建筑设计通则：GB 50352—2005 [S]. 北京：中国建筑工业出版社，2014.

[11] 中华人民共和国住房和城乡建设部．建筑设计防火规范：GB 50016—2014 [S]. 北京：中国计划出版社，2014.

[12] 中华人民共和国国家质量监督检验检疫总局．通用硅酸盐水泥：GB 175—2007/XG2—2015 [S]. 北京：中国建筑工业出版社，2015.

[13] 中华人民共和国住房和城乡建设部．混凝土外加剂应用技术规范：GB 50119—2013 [S]. 北京：中国计划出版社，2013.

[14] 中华人民共和国国家质量监督检验检疫总局．天然花岗石建筑板材：GB/T 18601—2009 [S]. 北京：中国标准出版社，2009.

[15] 中华人民共和国国家质量监督检验检疫总局．建筑材料放射性核素限量：GB 6566—2010 [S]. 北京：中国标准出版社，2010.

[16] 中华人民共和国住房和城乡建设部．大体积混凝土施工标准：GB 50496—2009 [S]. 北京：中国计划出版社，2009.

[17] 中华人民共和国住房和城乡建设部．混凝土结构工程施工质量验收规范：GB 50666—2015 [S]. 北京：中国建筑工业出版社，2015.

[18] 中华人民共和国住房和城乡建设部．砌体结构工程施工规范：GB 50924—2014 [S]. 北京：中国建筑工业出版社，2014.

[19] 中华人民共和国住房和城乡建设部．建筑施工扣件式钢管脚手架安全技术规范：JGJ 130—2011 [S]. 北京：中国建筑工业出版社，2011.

[20] 中华人民共和国住房和城乡建设部．屋面工程质量验收规范：GB 50207—2012 [S]. 北京：中国建筑工业出版社，2012.

[21] 中华人民共和国住房和城乡建设部．绿色建筑评价标准：GB/T 50378—2014 [S]. 北京：中国建筑工业出版社，2014.

亲爱的读者：

如果您对本书有任何**感受、建议、纠错**，都可以告诉我们。我们会精益求精，为您提供更好的产品和服务。

祝您顺利通过考试！

扫码参与调查

环球网校造价工程师考试研究院